U0171057

日地空间物理学

（第二版）

下册·磁层物理

涂传诒　宗秋刚　周煦之　编著

科学出版社

北　京

内 容 简 介

本书系统地叙述了发生在日地空间(日球层和磁层)中的各种物理过程及其基本理论、探测结果和研究方法，全书分为上册、下册。

上册简要介绍日球层的主要物理过程，包括太阳大气、太阳风、行星际激波和行星际空间中的高能粒子、地球弓形激波、地球磁层形成以及太阳风与其他行星、彗星、月球以及银河风的相互作用。

下册介绍磁层中的主要物理过程，包括磁层等离子体和高能粒子、磁层中的波动、磁层亚暴和磁暴，以及日地相关现象和空间等离子体的理论描述。

本书可供从事空间物理、地球物理、天体物理、等离子体物理、磁流体力学、空间科学和航天工程等专业以及其他关心空间环境和空间等离子体物理的高等院校师生、科学工作者和科研管理人员参考。

图书在版编目(CIP)数据

日地空间物理学. 下册，磁层物理/涂传诒，宗秋刚，周煦之编著. —2版. —北京：科学出版社，2020.11

ISBN 978-7-03-066043-5

Ⅰ. ①日… Ⅱ. ①涂… ②宗… ③周… Ⅲ. ①日–地空间–空间物理学–研究②磁层物理学–研究 Ⅳ. ①P353

中国版本图书馆CIP数据核字(2020)第170552号

责任编辑：孟美岑 韩 鹏 魏英杰 崔慧娴/责任校对：张小霞

责任印制：肖 兴/封面设计：北京图阅盛世

科学出版社 出版

北京东黄城根北街16号

邮政编码：100717

http://www.sciencep.com

北京九天鸿程有限责任公司 印刷

科学出版社发行 各地新华书店经销

*

2020年11月第 一 版 开本：787×1092 1/16

2020年11月第一次印刷 印张：27 3/4

字数：655 000

定价：368.00元

(如有印装质量问题，我社负责调换)

再版前言

本书(上下册)出版30年来，一直是北京大学开设的日地空间物理学课程指定的教材(研究生课)和主要参考书(本科生课)，也是空间科学界颇受欢迎的一本书。由于空间物理学的飞速发展，书中一些内容需要更新。2016年，在北京大学、北京航空航天大学和中国地质大学(北京)三校空间物理专业教学科研交流会上，大家建议将本书再版。

再版坚持原版书的“内容简介”叙述的原则，“本书系统地叙述了发生在日地空间中的各种物理过程及其基本理论和研究方法”。原书的概念讲述部分基本保留；原书介绍观测结果部分，经典的结果保留，过时的部分更新；理论讲解部分，则保留定性的和简要的讲解，删去繁杂的理论推导，增加新发展的理论的介绍。

再版写作分工如下。

上册：第1章“太阳大气”由田晖负责修改；第2章“太阳风”和第3章“行星际激波与日冕物质抛射”由何建森负责修改；第4章“太阳和日球层高能带电粒子”由王玲华负责修改；第5章“太阳风与地球的相互作用”(原版第5章第1～4节)、第6章“太阳风与其他行星、彗星和月球的相互作用”(原版第5章第5节扩充)，第7章“太阳风与银河星际风的相互作用”(再版增加)，都由宗秋刚负责修改和撰写。

下册：第8章“地球磁层中的场和等离子体”、第9章“地球磁层中捕获的高能粒子(辐射带)”、第10章“地球磁层中的波动与波-粒相互作用”、第11章第2节“磁暴”和第12章“日地联系现象”都由宗秋刚负责修改；第11章第1节“地磁亚暴”和第13章“空间等离子体的理论描述”都由周煦之负责修改。

我们感谢国家自然科学基金委和国家航天局对我们科研工作的支持和资助。感谢中国地质大学(北京)姚硕在三校交流会上提出本书再版的建议，并负责与出版社联系再版的具体事项。

希望本书再版后可作为为研究生和本科生开设的空间科学相关课程的教材或教学参考书，并对空间物理学、太阳物理学、行星科学等领域的教学和科研人员以及管理人员有所帮助。

涂传诒，宗秋刚，何建森，田晖，王玲华，周煦之

2019年4月20日

于北京大学

第一版前言

20 世纪 50 年代末发展起来的空间飞行技术开辟了对外层空间和行星际空间直接探测的新纪元。二十多年来的空间探测导致人们对于日地空间概念的变革。在空间直接探测以前，人类对于地球大气层和电离层以外的空间了解很少。人们认为地球大气层之外基本上是真空，地球磁场就像磁棒的磁场一样在真空中伸展到无穷远。虽然已经发现太阳耀斑暴发常常伴随迟延的极光增亮和地磁扰动的增强，但是人们并不知道这些地球物理现象本身的物理机制和它们与太阳活动之间的内在联系。空间飞行器的直接探测发现，日地之间的空间不是真空，而是充满着由太阳发出的数十万摄氏度高温的稀薄的磁化等离子体。这些等离子体以每秒数百公里的速度向外运行，通常被称作太阳风。太阳风在星际空间所占据的区域称为日球层。地球和其他行星都在这太阳风中“航行”。 地球磁场被太阳风压缩在一个宽为数十个地球半径的有限的区域内，这一有限区域被称作磁层。磁层中聚集着大量的高能带电粒子和热等离子体。日地空间中除充满等离子体外，还有通量极小的高能粒子。起源于太阳的高能粒子——太阳宇宙线，通过行星际磁场传播到太阳系较外部分；起源于银河系的高能粒子——银河宇宙线，由太阳系外部传播到太阳系较内部分。观测表明，发生在太阳风和磁层中的一些现象是与电离层、中层大气以及低层大气的活动相关联的。太阳活动引起的扰动除通过电磁辐射的形式外，还通过增强的太阳风和增强的太阳宇宙线的形式传到近地空间，导致在磁层、电离层和大气中发生一系列的日地相关现象。 进入空间时代的二十多年来，关于行星际空间与磁层中磁场、等离子体以及高能粒子的研究已由初期的探测和发现发展成为一个重要的科学分支——日地空间物理学①。

行星际和磁层中的物理过程不仅与电离层物理、高层大气物理有密切的联系，而且与天体物理、等离子体物理有着共同关心的理论课题。直接探测表明，在日球层和磁层发生的主要等离子体过程，如粒子的加速、等离子体的磁约束等，也是地面等离子体实验室中，尤其是在热核聚变装置中经常遇到的。行星际空间和近地空间是唯一容易进入并能进行实地测量的等离子体环境，它是研究地面实验室中一些重要的但尺度极小不易直接测量的等离子体过程的一种“大尺度实验室”。在行星际空间发生的等离子体过程也发生在广阔的天体系统中。例如，行星际空间飞船的探测发现，围绕着水星、木星和土星都有磁层，而据天文学家推测，围绕着中子星，甚至围绕着某些庞大的星系也有类似地球磁层的结构。行星际空间又可看作是一个“小尺度的实验室”，在其中可以细致地研究广泛发生在宇宙中的由于尺度太大而不能实地直接探测的一些基本过程。日地空

---

① 这里所用“日地空间物理”一词援引自赵九章等编著《高空大气物理学》一书的绪论以及某些国外出版的专著。它的含义比《空间物理论文集》所用的“空间物理”一词的含义要小，后者除本书讨论的内容外，还包括电离层物理、高层大气物理、高层大气光学以及行星物理。

间物理学可以看作是近代天体物理学、等离子体物理学以及高能物理学的交汇点，它已成为近代自然科学基础理论研究的一个重要方面。

现代技术特别是空间技术的飞速发展向日地空间物理学提出了越来越多的新课题。现代技术已将人类的环境由地球大气层扩展至行星际空间。各种类型的人造飞行器，如通信卫星、资源卫星、气象卫星和空间实验室等，已经为人类提供了许多实际效益，并且加深了人们对太阳系和宇宙的认识。看来，空间太阳能站和某些类型的空间工厂等空间工程的实现也不是十分遥远的事了。发生在日地空间中的一系列扰动现象不仅对地面各波段的通信系统、导航系统有显著的影响，而且对各种空间工程系统有着重要的影响。日地空间物理学的研究将搞清楚发生在日地空间环境内的物理过程，为各类有关工程设计提供参考数据，并进而预测有危害性的扰动。

现有有关日地空间的概念和知识是建立在对黄道面附近的不同区域在不同时间进行的单点测量的基础上的。空间环境的不同区域是一个复杂的高度相互作用的整体系统，对其单个区域的分散的测量不能揭示其内在的联系。目前，日地空间物理学已经进入了综合研究其动力过程的阶段。它的主要课题是研究物质和能量怎样注入这个系统中，物质和能量又是怎样在这个系统中传输、储存以及损失和耗散的。这不仅要对黄道面附近的日地环境做综合的探测和研究，而且还要进一步探测研究太阳系高纬和外太阳系的空间。

鉴于目前日地空间物理学正处于飞速发展阶段，许多重要问题还没有解决，所以在本书中我们一般是先介绍有关的观测事实，再阐明有关的物理概念和讨论有关的理论，最后将理论与观测结果进行比较。本书章节的安排是以各现象之间的联系为线索的。本书分上下两册出版，上册主要讨论行星际空间物理，下册主要讨论磁层物理和日地相关现象。与各章都有关的等离子体物理和磁流体力学的内容在本书最后(第 11 章)予以简要介绍，以便不十分熟悉这部分内容的读者查阅。在各章之后都给出了较为详细的参考文献，但远不是完备的。由于本学科涉及的范围极广，大部分课题还处于迅速发展阶段，作者的水平又有限，因此书中难免有不妥之处，希望读者批评指正。

本书上下册均由涂传诒执笔编写。张树礼参加了全书的编写工作，张荫春参加了部分章节的编写工作。

承蒙黄云潮(Y. C. Whang)阅读并修改了第 1 章至第 5 章和第 11 章中磁流体力学部分手稿，肖佐、宋礼庭阅读并修改了全书手稿，赵凯华阅读修改了第 5 章和第 11 章中有关等离子体和无碰撞激波结构的部分，杨海寿阅读修改了第 1 章手稿，王少武阅读并修改了第 10 章中关于气候变化与太阳活动相关的部分。美国高山天文台(HAO) R. M. MacQueen 寄来了描绘日冕瞬变事件的彩色图片。在编写过程中，我们还得到其他许多同事的帮助，在此一并表示衷心的感谢。

涂传诒
于北京大学地球物理系
1988 年 10 月

目　录

第 8 章　地球磁层中的场和等离子体

电导率无穷大的太阳风把地球磁场限制在一个有限的空间内，这个空间被称为磁层。磁层与太阳风交界处的过渡区称为磁层顶。磁层顶的厚度为 400～1000 km。在向日侧，磁层顶近似为半球形，近日点的地心距离为 10～12R_E（R_E 为地球半径）。在背日侧，磁层顶被拉长成半径约为 20R_E 的圆柱形。圆柱内的空间被称为磁尾，磁尾可一直伸展到太阳风下游 1000R_E 的地方。

图 8.0.1 示出了磁层内磁力线的位形。从图中可以看到，由较低纬度发出的磁力线是闭合的，而由地球两高纬区域发出的磁力线被拖到地球后面形成一开磁力线（非闭合的）的区域，即磁尾，相应的南北两高纬区域被称为极盖区。磁尾中由南半球“发出”的磁力线与“进入”北半球的磁力线被一个电流片分开，电流片的厚度大约为 1000 km。电流片中的磁场值很小，因而也被称为中性片。

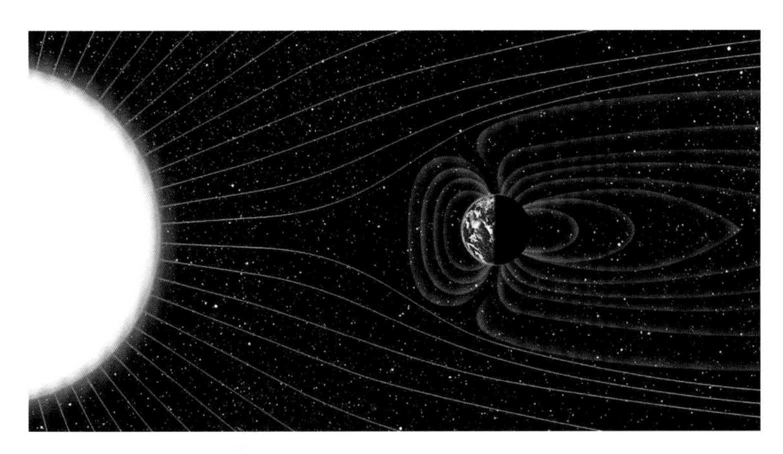

图 8.0.1　磁层内磁力线的位形示意图

磁层中充满着低能等离子体和高能带电粒子。主要的低能等离子体区域有边界层等离子体、等离子体片、极尖区等离子体和等离子体层。高能带电粒子存在的区域称为辐射带，位于闭合磁力线区域内。

在图 8.0.2 中标明了上述等离子体区域和辐射带的位置。本章主要讨论磁层磁场和磁层中低能等离子体的特性，而辐射带的特性在第 9 章中讨论。

在外磁层中（辐射带和等离子体层之外）各区域的等离子体都处于被称为磁层对流的同一运动系统之中。经过一个循环运动之后，粒子或沉降在高纬上层大气之中，或由向阳面磁层顶向外逃逸。虽然已经发现高纬电离层直接向磁层高纬区域和等离子体片注入离子的事件，但是外磁层中的等离子体主要起源于太阳风。是什么物理机制把太阳风的粒子、动量和能量输运到磁层中来是目前科学界正在研究的重要课题。Dungey（1961）提出行星际磁力线与地球磁力线重联的机制，Axford 和 Hines(1961)提出黏性层传输机制。

Dungey(1961)认为地球高纬区域发出的磁力线是与行星际磁力线相互连接的，磁层顶是旋转间断面，太阳风将沿着磁力线进入磁层，这一模式又被称为开磁层模式。Axford 和 Hines(1961)认为由地球发出的磁力线是闭合的，磁层顶是切向间断面，通过在磁层顶的某种黏性作用，太阳风把粒子的动量及能量传入磁层，这一模式又称为闭磁层模式。开磁层模式要求在磁层顶向阳侧存在着磁重联过程，而闭磁层模式则要求在磁层顶有某种反常输运过程。

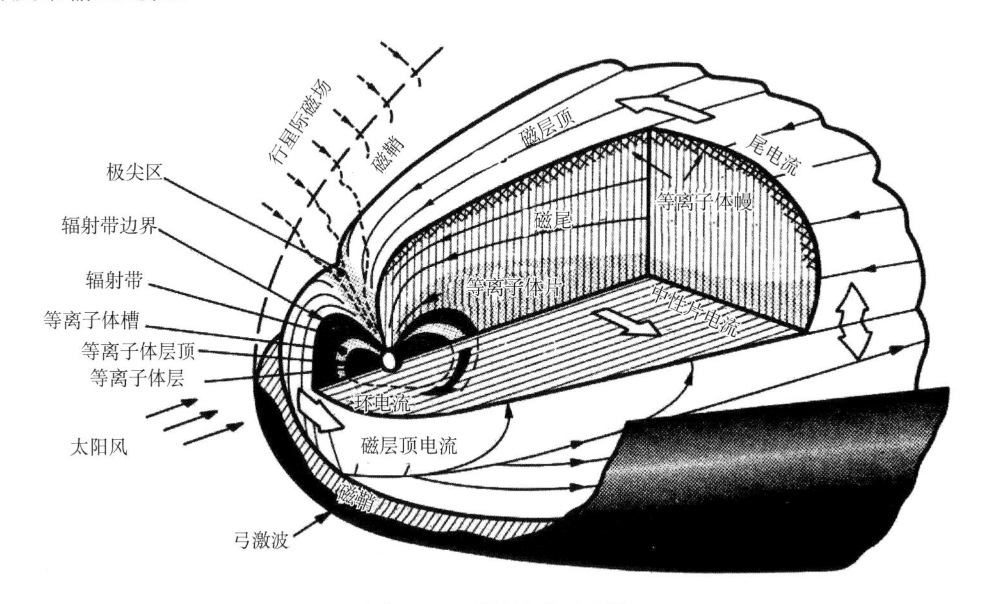

图 8.0.2　磁层结构示意图

图中标出了磁层中各等离子体区域和辐射带的位置(Willis, 1978)

8.1　磁层中的磁场

8.1.1　地球基本磁场

地球表面附近的磁场强度，在赤道约为 30 000 nT(1 nT=10^{-9} T)，在极区约为 630 000 nT，磁场方向大致由南向北。地磁场按其变化的时间尺度可以分为两部分：长期变化和短期变化。

长期变化的时间尺度为数十年，它是地磁场的主要部分(约占 99%)，被称为基本磁场或者**内磁场**。一般认为基本磁场是由地球内部熔化的金属核中的流体运动激发的电流引起的。

短期变化是指在不到 1 s 至数小时的时间范围内发生的变化，其变化幅度很小，一般在几 nT 至几百 nT 之间。在地面观测到的这部分磁场称为变化磁场或者外磁场。它是由电离层和磁层中的电流引起的。

下面首先讨论如何描述地球基本磁场。

要完全描述空间某一点的磁场需要三个完全独立的坐标量。通常取向下局地直角坐标系：z 轴由地面铅直向下，x 轴沿着地理子午线指向北，y 轴沿着纬度圈指向东，见图 8.1.1。任意磁场矢量 $\boldsymbol{B}$ 在这个坐标系中可表示为

$$\boldsymbol{B}=(B_X, B_Y, B_Z)$$

B_X 称为地磁场的北向分量，有时用 X 表示；B_Y 称为地磁场的东向分量，有时记为 Y；B_Z 称为地磁场的垂直分量，有时记为 Z。

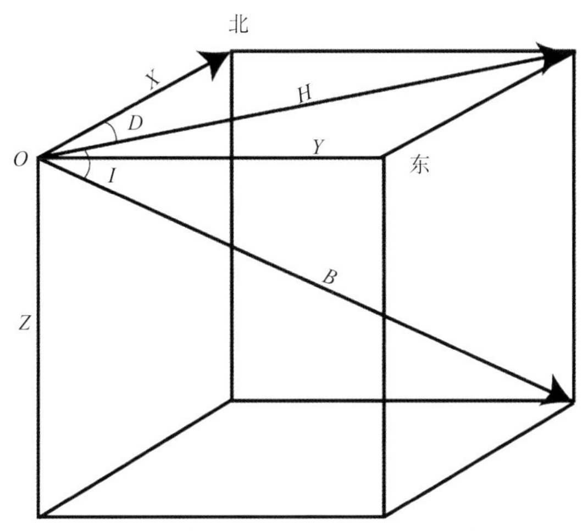

图 8.1.1　描述地磁场的局地直角坐标系

通常，地磁场用另外三个独立的量来表示：

(1) 水平分量 H，它是总磁场矢量 $\boldsymbol{B}$ 在水平面上的分量；

(2) 磁偏角 D，即水平分量 $\boldsymbol{H}$ 与北向之间的夹角(由北转向东为正值)；

(3) 磁倾角 I，即总磁场矢量 $\boldsymbol{B}$ 与水平面之间的夹角(由水平面向下为正值)。

在地球表面磁倾角为 90°的点称为磁极，北半球的磁极称为磁北极，南半球的磁极称为磁南极。北半球的磁倾角都是正值，南半球的磁倾角是负值。上述描述地磁场的参量通称为地磁要素。

各要素之间有下面的关系：

$$B_X=H\cos D,\quad B_Y=H\sin D,\quad B_Z=H\tan I$$

人们不可能测量地面上每一点的地磁要素，测量点总是有限的。下面讨论如何通过地面有限点的测量来描述地磁场。假定基本磁场的源在地球内部，地表面以上空间内的磁势 V 满足方程

$$\nabla^2 V = 0 \tag{8.1.1}$$

在球坐标系中利用分离变量法可以得到如下形式的解：

$$V = R_{\mathrm{E}} \sum_{n=1}^{\infty} \sum_{m=0}^{n} (R_{\mathrm{E}}/r)^{n+1} [q_n^m \cos(m\phi) + h_n^m \sin(m\phi)] P_n^m(\cos\theta) \tag{8.1.2}$$

其中，R_{E} 为地球半径；r 为地心到场点的距离；θ 为地球余纬(即极角)；ϕ 为经度；$P_n^m\left(\cos\theta\right)$ 为 n 次 m 阶的缔合勒让德多项式；q_n^m、h_n^m 是由地球表面实测的磁场数据确定的系数，称为高斯系数。由势函数的梯度给出地面的磁场

$$B_X = \frac{1}{r}\frac{\partial V}{\partial \theta},\ B_Y = -\frac{1}{r\sin\theta}\frac{\partial V}{\partial \phi},\ B_Z = \frac{\partial V}{\partial r} \tag{8.1.3}$$

通过地面有限点的观测可以定出级数式(8.1.2)中前几项的系数。

如果考虑到地球外面的源，还要在 V 的展开式中加上 $(r/R_E)^n$ 项。图 8.1.2 和图 8.1.3

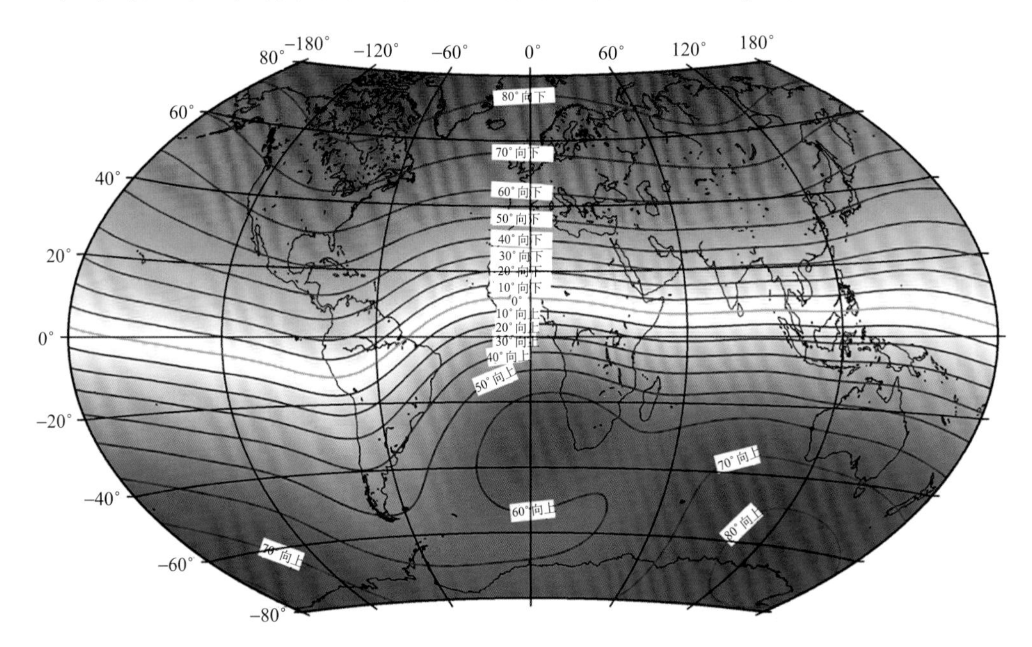

图 8.1.2　2012 年国际参考地磁场（IGRF-12）磁倾角 I 等值线图

https://geomag.bgs.ac.uk/ research/modelling/IGRF.html

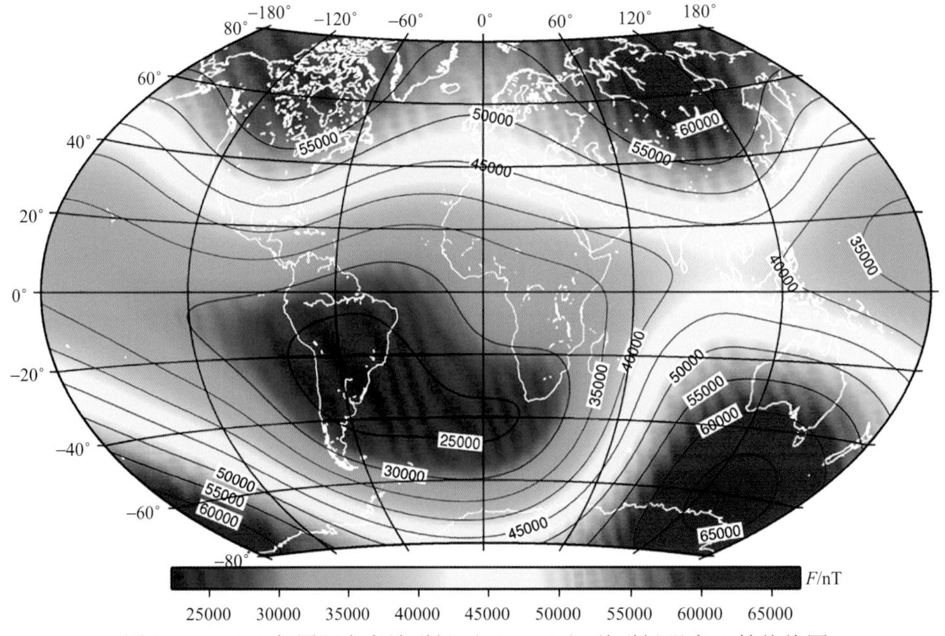

图 8.1.3　2012 年国际参考地磁场（IGRF-12）总磁场强度 B 等值线图

https://geomag.bgs. ac.uk/research/modelling/IGRF.html

分别为用球谐分析得到的 2012 年磁倾角 I 的等值线及总磁场强度 B 的等值线图。图 8.1.3 中地球表面总磁场最低值区(23900 nT)为南大西洋异常区的中心区域。关于 2012 年国际参考地磁场可参阅 http://www.geomag.bgs.ac.uk/research/modelling/IGRF.html。

因为小范围的磁异常不易用球谐展开式表示出来，用上述方法计算的磁场值在靠近地面处误差较大，而在离地面较远的地方与实际磁场较为接近。为了反映磁场在小范围的变化，在局部磁场分析中广泛采用泰勒级数法、样条函数法和矩谐分析法。徐文耀和朱岗昆(1984)详细介绍了这些方法各自的优越性和局限性，这里不再进一步讨论了。

8.1.2　偶极子场和地磁坐标

观测表明，磁势 V 的球谐展开的第一项

$$V_1=(R_E^3/r^2)[q_1^0\cos\theta+(q_1^1\cos\phi+h_1^1\sin\phi)\sin\theta] \tag{8.1.4}$$

的值最大。V_1 可以看成一个位于地球中心 O 的磁偶极子引起的磁势，偶极子的磁势为

$$V_1=-\frac{M\cos\theta'}{r^2} \tag{8.1.5}$$

其中，$M=H_0R_E^3$ 为偶极矩，$H_0^2=(q_1^0)^2+(q_1^1)^2+(h_1^1)^2$。

偶极矩的方向是指向南的，偶极子轴与北半球的交点 B 称为地磁北极(或称磁偶极子北极)，θ' 为观测点至地磁北极的大圆弧度。在地理坐标中，地磁北极的余纬为 θ_0，经度为 ϕ_0，令 θ_0=180°–θ_A，φ_0=180°+φ_A。在 2015 年，地磁北极的纬度 θ_A=80.37°N，经度 ϕ_A=72.62°W。

θ_A 和 ϕ_A 可用高斯系数表示：

$$\cos\theta_A=q_1^0/H_0,\quad \sin\theta_A\cos\phi_A=q_1^1/H_0,\quad \sin\theta_A\sin\phi_A=h_1^1/H_0$$

偶极矩的数值 M 有长期变化。图 8.1.4 给出了近 200 年来地球磁偶极矩的变化。

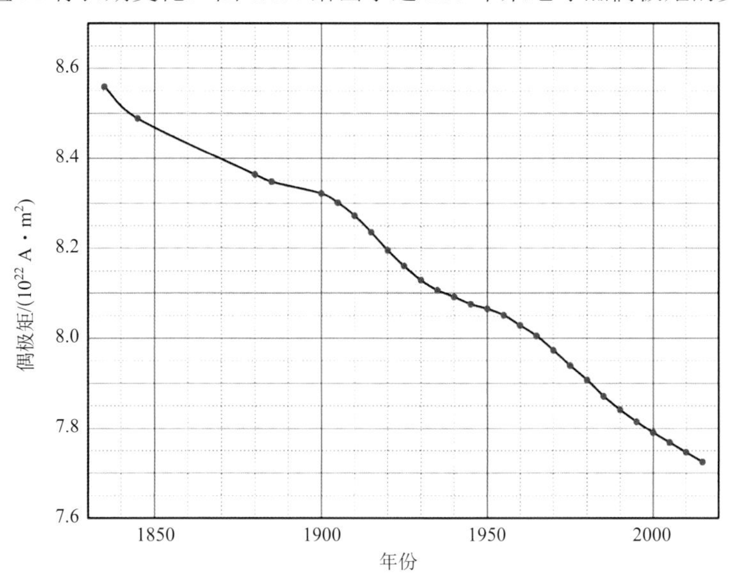

图 8.1.4　近 200 年来地球磁偶极矩的变化(参见 IGRF-12)

http://www.geomag.bgs.ac.uk/ education/reversals.html

图 8.1.5 展示了近 400 年来地磁北极的位置变化。红圆点为直接观测北磁极所在位置的数据，曲线旁数字为观测年代。蓝圆点为国际地磁参考模型(International Geomagnetic Reference Field，IGRF)模型(1590～1890 年)数据和 IGRF-12 模型 (1900～2020 年)数据，1890～1900 年数据点为两个模型的插值，2015 年之后为 IGRF-12 的预测值。同样，地磁南极的位置也有长期变化。这里需要指出的是，在古地磁学的研究工作中采用的不是上述高斯展开的方法，通常采用的方法是在地磁场是中心磁偶极子场的假设下，根据单点测量数据推算偶极矩的大小和偶极轴的方向，然后再将不同点换算的值用适当的方法加以平均。图 8.1.4 和图 8.1.5 中的等效偶极矩和虚地磁极的位置就是这样得到的。

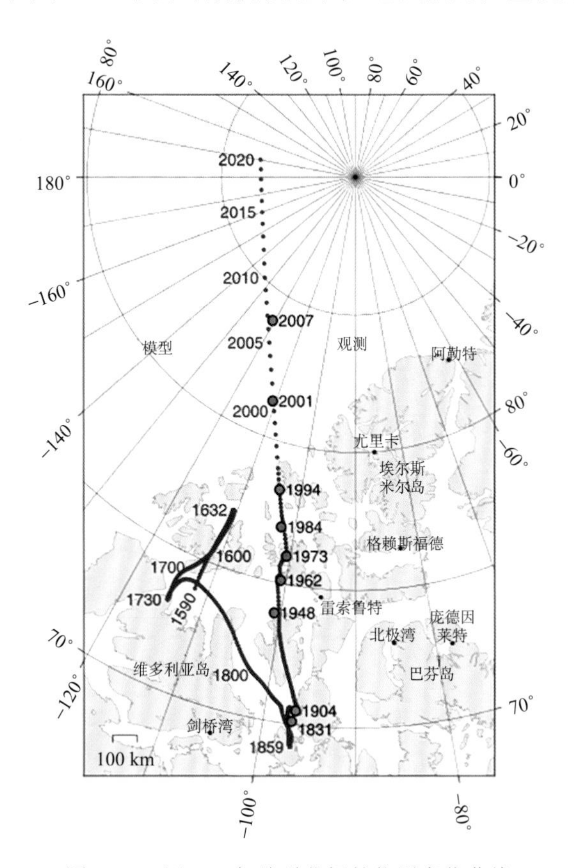

图 8.1.5　近 400 年地磁北极的位置变化曲线

https://commons.wikimedia.org/wiki/File: Magnetic_North_Pole_Positions_2015.svg

由球谐展开系数可以看到偶极子场是实际地磁场的一个较好的近似。在近地空间偶极子场描述导致的误差约为 10%，在 3～6R_E 范围内误差为 1%，在 6R_E 以外的空间不能应用偶极子场来描述地磁场，因为在这个区域，磁层电流系产生的磁场不能忽略。在近地空间测量到的磁场相对中心偶极子场模式的偏离被称为地磁异常，它是由地核电流系的高极矩、地壳中铁磁物质的集中以及地面和电离层中的电流系所引起的。

在许多太阳地球物理的相关现象中，地磁场都有着重要作用。在处理这些问题时通常不用地理坐标系，而用地磁坐标系(或称地磁偶极坐标系)。在地磁坐标系中，以磁偶极子轴为极轴，与它垂直的大圆面为磁赤道面，地磁北极 B(偶极子轴与地球北半球的交点)和地理北极 N 确定的子午线为零度子午线，见图 8.1.6。若已知任意一点 P 的地理坐标(θ, ϕ)，则计算出它的地磁偶极坐标(θ', ϕ')的公式为

$$\begin{cases}\cos\theta' = -\cos\theta\cos\theta_0 - \sin\theta\sin\theta_0\cos(\phi-\phi_0)\\ \sin\phi' = \sin\theta\sin(\phi-\phi_0)\operatorname{cosec}\theta'\end{cases} \tag{8.1.6}$$

若已知空间任意一点的地磁偶极坐标(θ', ϕ')，也可以换算出它的地理坐标：

$$\begin{cases}\cos\theta = \cos\theta'\cos\theta_0 - \sin\theta'\sin\theta_0\cos\phi'\\ \sin(\phi-\phi_0) = \sin\theta'\sin\phi'\operatorname{cosec}\theta\end{cases} \tag{8.1.7}$$

在极光和高纬地磁活动现象的分析中，经常用到地磁时日(或称偶极时间)的概念。假定在某时刻地球上某点的地磁经度为 ϕ'，太阳的地磁经度为 ϕ_s'，则地磁时间定义为

$$t = \frac{\phi_s - \phi'}{15°} \tag{8.1.8}$$

下面我们将在偶极坐标系中讨论磁偶极子场(Roederer, 1970)。用 ϕ 表示经度，λ 表示纬度，θ 表示余纬，见图 8.1.7。

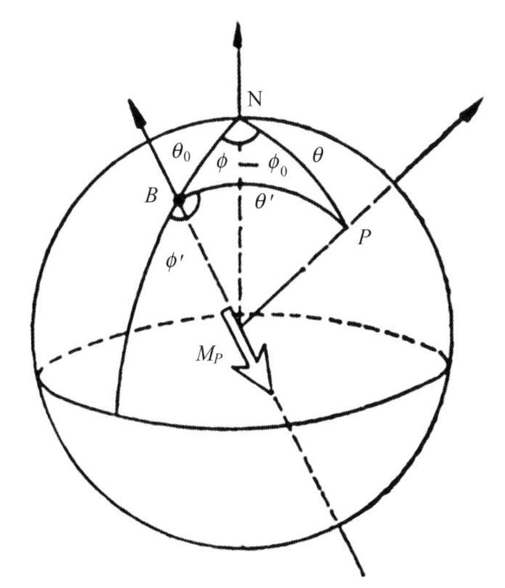

图 8.1.6 地磁偶极坐标系与地理坐标系的关系

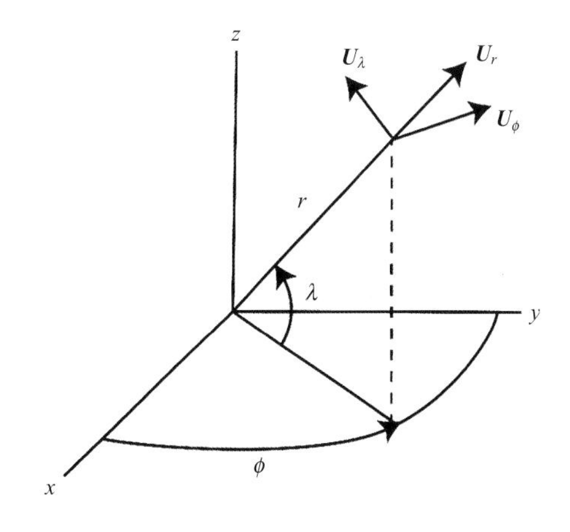

图 8.1.7 偶极坐标系示意图($\boldsymbol{U}_r$、$\boldsymbol{U}_\lambda$、$\boldsymbol{U}_\phi$是在所示空间点的三个单位矢量)

偶极矩为 $\boldsymbol{M}$ 的偶极子磁场 $\boldsymbol{B}$ 为

$$\boldsymbol{B} = \frac{1}{r^3}[3(\boldsymbol{M}\times\boldsymbol{e}_r)\boldsymbol{e}_r - \boldsymbol{M}] \tag{8.1.9}$$

其中，$\boldsymbol{e}_r$ 为矢径 $\boldsymbol{r}$ 方向的单位矢量。在偶极坐标系中磁场矢量各分量为

$$B_r = -\frac{2M}{r^3}\cos\theta, \quad B_\lambda = \frac{M}{r^3}\sin\theta, \quad B_\phi = 0 \tag{8.1.10}$$

总磁场强度为

$$B = (B_r^2 + B_\lambda^2)^{1/2} = \frac{M}{r^3}(1+3\sin^2\lambda)^{1/2} \tag{8.1.11}$$

磁倾角为

$$\tan I = 2\cot\theta \tag{8.1.12}$$

偶极子场磁倾角不依赖于径向距离 r，在一个台站上空任意高度的磁场矢量都平行于地面磁场矢量，而磁场强度同径向距离的三次方成反比。磁力线的微分方程为

$$\frac{r\mathrm{d}\lambda}{B_\lambda} = \frac{\mathrm{d}r}{B_r}, \quad \mathrm{d}\phi = 0 \tag{8.1.13}$$

将式(8.1.10)代入式(8.1.13)积分，得到

$$r = r_0\cos 2\lambda\,, \quad \phi = \phi_0 \tag{8.1.14}$$

其中，r_0 为磁力线与赤道面的交点的地心距离。磁力线弧长的变化量为

$$\mathrm{d}s = \left(\mathrm{d}r^2 + r^2\mathrm{d}\lambda^2\right)^{1/2} - r_0\cos\lambda\left(4 - 3\cos 2\lambda\right)^{1/2}\mathrm{d}\lambda \tag{8.1.15}$$

在子午面内，每一根磁力线完全由 r_0 和经度 ϕ 来确定，通常引入无量纲量 L，其定义为

$$L = \frac{r_0}{R_\mathrm{E}} \tag{8.1.16}$$

参数为 L 的磁力线与地表面交点的磁纬度 λ_e 由下式给出：

$$\cos^2\lambda_\mathrm{e} = \frac{R_\mathrm{E}}{r_0} = \frac{1}{L}$$

由式(8.1.11)和式(8.1.14)得到沿着磁力线磁场强度的表达式为

$$B(\lambda) = \frac{M}{r_0^3}\frac{(4 - 3\cos^2\lambda)^{1/2}}{\cos^6\lambda} = B_0\frac{(4 - 3\cos^2\lambda)^{1/2}}{\cos^6\lambda} \tag{8.1.17}$$

其中，$B_0 = \dfrac{M}{r_0^3} = \dfrac{0.311}{L^3}(\mathrm{Gs})$，是磁力线与赤道面交点的磁场强度。

下面求磁力线的曲率半径。在磁力线上取一点 P，令 χ 为在 P 点磁力线的切向方向与偶极子轴(OB)的夹角。P 点切向方向的变化为 $\mathrm{d}\chi$，在 P 点磁力线的曲率半径为 $R_\mathrm{c}=\mathrm{d}s/\mathrm{d}\chi$。

假设 θ 为 P 点余纬，有

$$\chi = \theta + 90° - I$$

$$\frac{\mathrm{d}\chi}{\mathrm{d}\theta} = 1 + \frac{2}{2 + 3\cos^2\theta}$$

$$\left(\frac{\mathrm{d}s}{\mathrm{d}\theta}\right)^2 = r_0^2\sin^2\theta\left(4 - 3\sin^2\theta\right)$$

由此可以得到磁力线的曲率半径为

$$R_\mathrm{c} = \frac{\mathrm{d}s}{\mathrm{d}\chi} = \frac{r_0}{3}\cos\lambda\frac{\left(4 - 3\cos^2\lambda\right)^{3/2}}{2 - \cos^2\lambda} \tag{8.1.18}$$

在磁赤道面磁力线的曲率半径为 $R_{\mathrm{c}0} = \dfrac{1}{3}r_0$。

除了上面介绍的坐标系外，在磁层测量中还经常用到另外三种坐标系。

(1) 地心太阳黄道坐标系(GSE)。坐标原点取在地心，X_{GSE} 轴指向太阳，Z_{GSE} 轴垂直黄道面向北，Y_{GSE} 轴与 X_{GSE}、Z_{GSE} 组成右手坐标系，参见图 8.1.8(a)。

(2) 地心太阳磁层坐标系(GSM)。X_{GSM} 轴指向太阳，Z_{GSM} 轴在 X_{GSM} 轴与磁偶极子轴决定的平面内，方向指向磁赤道北侧，Y_{GSM} 与 X_{GSM}、Z_{GSM} 组成右手坐标系，见图 8.1.8(b)。

(3) 太阳磁坐标系(SM)。Z_{SM} 轴与地球磁偶极子轴重合，Y_{SM} 轴与 Y_{GSM} 轴相同，X_{SM} 轴在日地连线与地球偶极子轴决定的平面内，见图 8.1.8(c)。在极光和极盖区吸收现象的研究中还广泛采用修正的地磁坐标(corrected geomagnetic coordinates)，这一修正考虑了前述球谐展开式中的高阶项 (Hakura, 1965)。

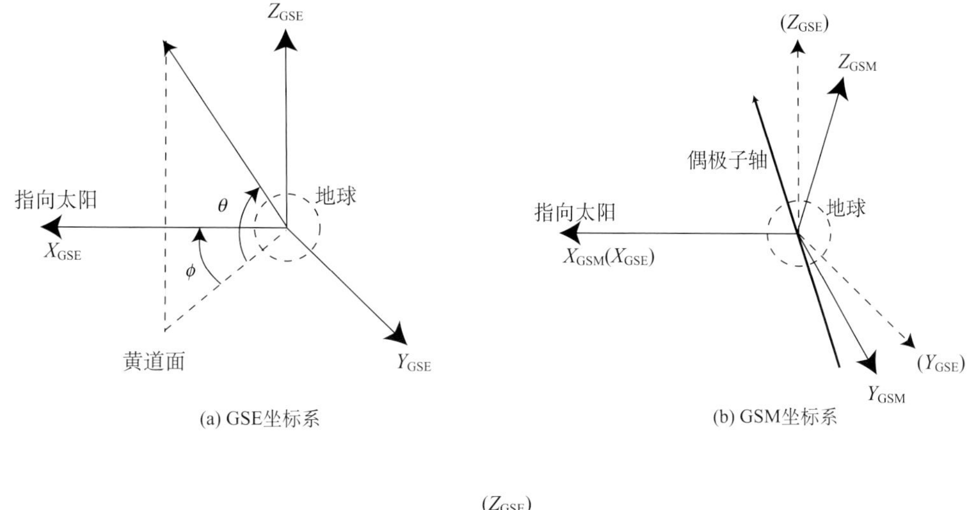

(a) GSE坐标系　　(b) GSM坐标系

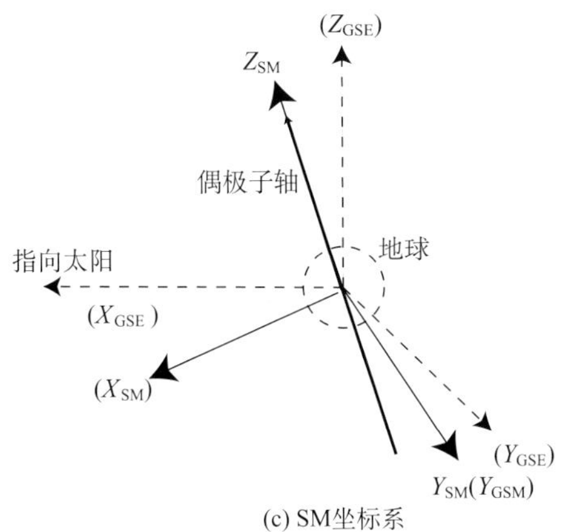

(c) SM坐标系

图 8.1.8　在磁层测量中经常用到的三种坐标系

8.1.3　磁层磁场与电流体系

实际空间探测表明，在距地心 3～6R_E 范围内，地磁场近似于偶极子磁场，但在 6R_E 以外，地磁场明显地偏离偶极子磁场。在这样的高度上，地球内部的源及电离层中的电流效应都很弱，磁场主要的形变来自磁层电流系。

磁层电流系主要有如下几个。

(a)磁层顶电流(magnetopause current)：由于在磁层顶磁场产生跃变，因而磁层顶是一电流层。在赤道向阳侧，磁层顶电流方向是由黎明指向黄昏的。该电流产生的磁场在磁层外抵消了地球偶极子场，在磁层内加强了偶极子场。在磁尾磁层顶电流(J_{mp})的方向由黄昏指向黎明。图 8.1.9 和图 8.1.10 示出了磁层顶的电流分布，磁层顶电流系通常称为 Chapman-Ferraro 电流系。

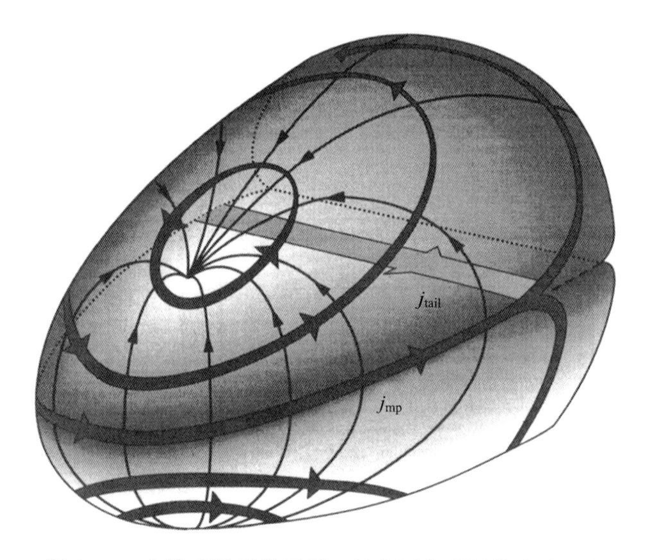

图 8.1.9　由地球侧看磁层顶、极尖区和磁尾的电流分布

(b)中性片电流或者越尾电流(cross-tail current)：太阳风把由极盖区发出的磁力线拖到地球后面形成磁尾。中性片电流把由南北极盖区发出的磁力线分开。中性片电流方向是由黎明指向黄昏的，与磁尾磁层顶电流形成两个闭合的电流圈(J_{tail})，在中性片的北面形成指向地球的磁场，在中性片的南边形成由地球向外的磁场，见图 8.1.9 和图 8.1.10。

(c)场向电流：又称为伯克兰电流(Birkeland current)。在磁层中，特别是在磁层亚暴期间，在地球高纬上空存在沿着磁力线流动的电流，见图 8.1.10。

(d)环电流(ring current)：内磁层的能量带电粒子在地磁场内的漂移运动围绕地球产生了环电流。部分环电流是指无法围绕地球一圈的能量带电粒子的漂移运动所形成的电流。磁暴时环电流会突然增强，是造成地面上磁场水平分量下降(D_{st} 指数)的最重要因素，见图 8.1.10。后面三种电流系将在适当的章节进一步说明。

如果已知磁层中的电流系，可以建立磁层磁场模式。Choe 和 Beard(1974)由磁层顶表面电流计算了磁层内和磁层顶表面 688 个点的磁场，再由此确定球谐展开系数，最后求得整个磁层内的磁场分布。假设磁层磁场是地球的偶极子场 $\boldsymbol{B}_d$ 和由磁层顶表面电流引起的磁场 $\boldsymbol{B}_s$ 的矢量和：

$$\boldsymbol{B}(r,\theta,\varphi,\lambda)=\boldsymbol{B}_d(r,\theta)+\boldsymbol{B}_s(r,\theta,\phi,\lambda) \tag{8.1.19}$$

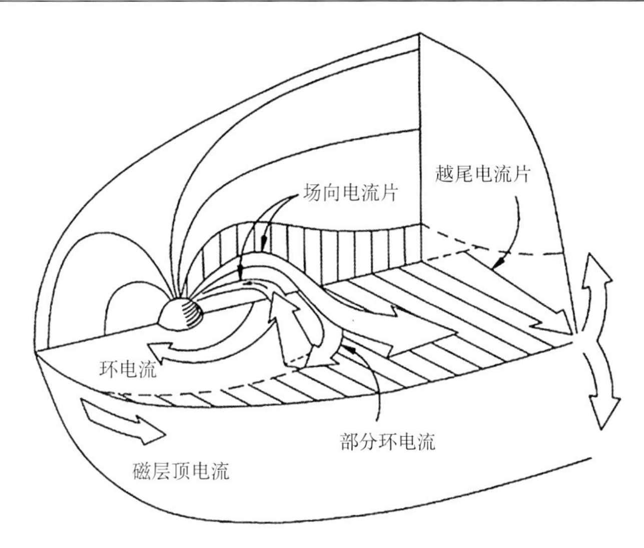

图 8.1.10　地球磁层剖面图(Stern, 1994)

这里，r、θ、ϕ 是地磁坐标(方位角 ϕ 由指向太阳风来的方向开始计算)；λ 是太阳风的入射角。略去磁层内部的电流效应(如环电流、中性片电流等)，磁层顶表面电流引起的磁场 $\boldsymbol{B}_{\mathrm{s}}$ 可以用标量势 V_{s} 来表示：

$$\boldsymbol{B}_{\mathrm{s}} = -\nabla V_{\mathrm{s}}(r, \theta, \phi, \lambda)$$

将势函数展开成球谐级数：

$$V_{\mathrm{s}} = \sum_{e=1}^{\infty} r^l \sum_{m=0}^{l} q_l^m(\lambda)\cos(m\phi)P_l^m(\cos\theta) \tag{8.1.20}$$

因为电流源在外面，所以只保留正幂次项。由于磁场分布具有对中午子午面的对称性，式中消去了含有 $\sin(m\phi)$ 因子的项。由磁层顶表面电流计算的 688 个点的磁场数据来确定球谐展开系数 q_l^m。图 8.1.11 给出了计算的午夜子午面内磁层磁力线的分布，图中数字表示磁力线由地表面发出时的θ值(Choe and Beard, 1974)。计算表明，作为一个近似，可以在球谐展开式中略去 $l>2$ 的项。于是势场可简化为

$$V_{\mathrm{s}}(r, \theta, \phi) = -[B_1 Z - B_2 Z(X/b)]\left(\frac{R_{\mathrm{E}}}{b}\right)^3 \tag{8.1.21}$$

其中，$\lambda = 0$，$X = r\sin\theta\cos\phi$，$Z = r\cos\theta$，B_1=0.25 Gs，B_2=0.21 Gs，b 为赤道对日点磁层顶的地心距离：

$$b = 1.068(B_0^2/4\pi\rho_{\mathrm{s}}V^2)^{1/6}R_{\mathrm{E}}$$

B_0=0.31 Gs，ρ_{s} 为太阳风质量密度，V 为太阳风速度。

在偶极坐标系中磁场可以写为

$$\begin{aligned} B_r &= -2B_0\left(\frac{R_{\mathrm{E}}}{r}\right)^3\cos\theta + B_1\left(\frac{R_{\mathrm{E}}}{b}\right)^3\cos\theta \\ &= -ZB_2\left(\frac{R_{\mathrm{E}}}{b}\right)^4\left(\frac{r}{R_{\mathrm{E}}}\right)\sin\theta\cos\theta\cos\phi \end{aligned} \tag{8.1.22}$$

$$B_\theta = -B_0\left(\frac{R_E}{r}\right)3\sin\theta - B_1\left(\frac{R_E}{b}\right)3\sin\theta$$
$$= B_2\left(\frac{R_E}{b}\right)4\left(\frac{r}{R_E}\right)(2\sin 2\theta - 1)\cos\phi \tag{8.1.23}$$

$$B_\phi = B_2\left(\frac{R_E}{b}\right)4\left(\frac{r}{R_E}\right)\cos\theta\sin\phi \tag{8.1.24}$$

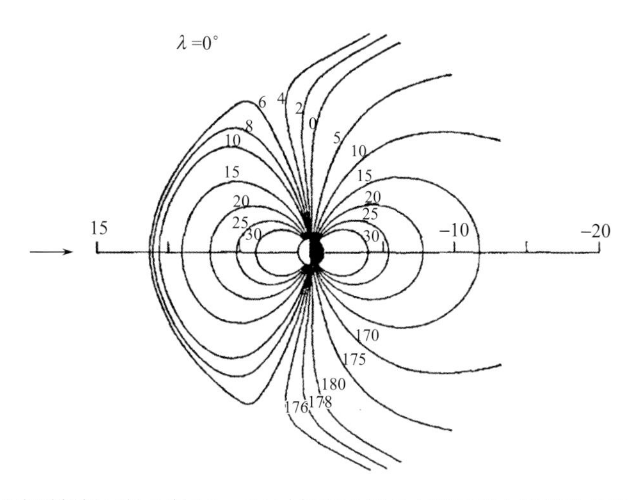

图 8.1.11　太阳风垂直磁偶极子轴入射（$\lambda=0$）时午夜子午面内磁层磁力线的分布（Choe and Beard, 1974）

在地表面，最低阶项是主要的。当 λ=0 时，在赤道面 $\boldsymbol{B}_s$ 指向北。磁层顶电流系产生的磁场对地方时的平均值近似为

$$\left|\left\langle \boldsymbol{B}_s\left(R_E,\frac{\pi}{2},\phi,0\right)\right\rangle_\phi\right| = 0.20\times10^5\left(\frac{r_0}{R_E}\right)^{-3} = 1.6\times10^5\left(10KnmV^2\right)^{1/2} \tag{8.1.25}$$

其中，符号“$<>_\phi$”表示对 ϕ 的平均；$\boldsymbol{B}_s$ 单位为 nT；n、m、V 分别为太阳风的数密度、质量和速度，用实用单位制表示。

取 $K=0.84$，$V=300$ km/s，$n=5\,\text{cm}^{-3}$，$r_0=12.5R_E$，相应磁层顶电流系在地球赤道面产生的平均磁场强度为 1.5 nT。若太阳风速度增加到 600 km/s，平均磁场强度增加到 43 nT。

为了模拟磁尾磁场，需要考虑中性片电流。Williams 和 Mead（1965）考虑了磁层顶电流和垂直日地连线的地球偶极子及磁尾中性片电流，建立了一个磁层磁场模式。

在这个模式中有四个参数，它们分别是：磁层顶对日点的地心距离 R_s，位于赤道面磁尾电流片（模拟中性片电流）的近地的和远地的边界 R_n、R_f，以及磁尾磁场强度 B_T。在平静日这些参数的典型值为 $R_s=10R_E$，$R_n=10R_E$，$R_f=200R_E$，$B_T=15$ nT。

当地磁活动增强时，R_s 减小，B_T 增加，R_n 减小。磁暴急始后的典型值为 $R_s=8R_E\sim9R_E$，$R_n=8R_E$，$B_T=40$ nT，$R_f=200R_E$。图 8.1.12 给出了由磁层磁场模式得到的在午夜子午面内的磁力线位形。图中每条磁力线上的数字为该磁力线与地面交点的地磁纬

度，虚线为单独由中性片电流决定的磁力线(Williams and Mead, 1965)。在赤道面内，在 $1R_E \leqslant r \leqslant 7R_E$ 范围，模式的一级近似可以表示为

$$B = \frac{K_0}{r^3} + K_1 - K_2 r\cos\phi \tag{8.1.26}$$

其中，$K_0 = 8.02\times 10^{15}\ \text{Wb}\cdot\text{m}$；$K_1 = 12\left(\frac{10}{R_s}\right)^3 \text{nT}$；$K_2 = 2.27\left(\frac{10}{R_s}\right)^4 \frac{1}{R_E}\text{nT}$；$\phi$ 是经度，午夜为零度，向东为正值。式中第一项为偶极子场的贡献，另外两项是外部源的贡献。当 $r \leqslant 4R_E$ 时，外部源的贡献可以略去；当 $r<1.5R_E$ 时，由于地磁异常成为重要的因素，该模式与实际情况偏离较大。

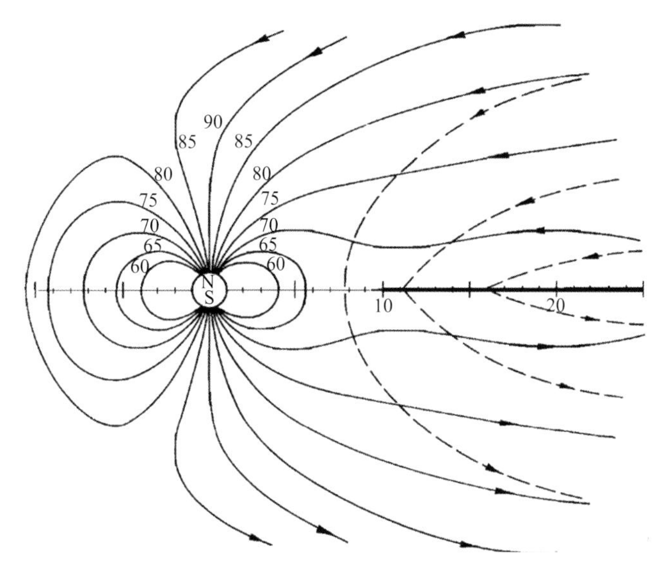

图 8.1.12　Williams 和 Mead 磁层磁场模式午夜子午面内的磁力线位形(Williams and Mead, 1965)

在理论计算中还常常采用更为简单的镜像偶极子和电流片模式来描述磁层磁场。假设地磁偶极子轴垂直黄道面，在日地连线上距地心 $40R_E$ 处置一垂直于黄道面的镜像偶极子，偶极矩是地球偶极矩的 28 倍。于是地磁场被限制在一个空腔内，对日点地磁边界的距离为$10.8R_E$，磁场强度为 60 nT。为了描述磁尾磁场，还应在磁尾黄道面上设置一电流片，位于 $X = -10R_E \sim -40R_E$，或者更远。这一电流片在南北产生相反方向的磁场。电流片参数由磁尾磁场强度确定。图 8.1.13 给出了由镜像偶极子和电流片模式得到的在午夜子午面内的磁力线的分布。图中 μ_E 和 μ 分别为地球和镜像偶极矩，D_1 是两者之间的距离，每条磁力线旁的数字是该磁力线与地面交点的余纬，电流片下的数字是地心的距离，以 R_E 为单位(Taylor and Hones, 1965)。

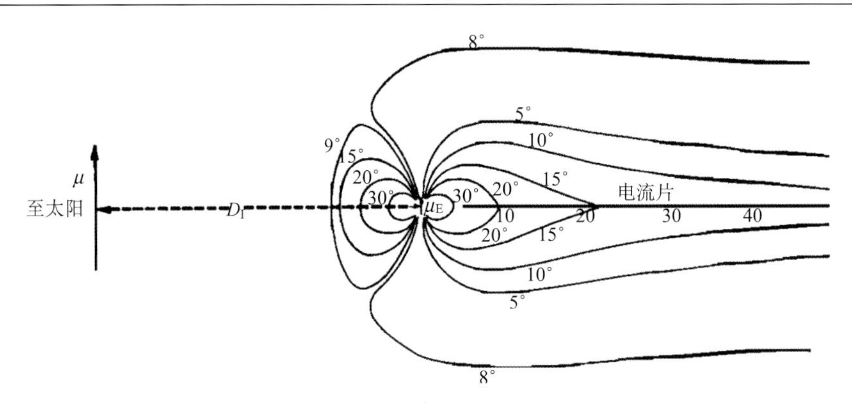

图 8.1.13　由镜像偶极子和电流片模式得到的在午夜子午面内的磁力线位形(Taylor and Hones, 1965)

8.1.4　地球表面磁场的周日变化

地磁场是不断变化的。如果在某日观测到的地磁场三个分量是规则平滑的变化的，这天就称为磁静日；如果有大的不规则起伏发生，这天就称为磁扰日。地磁场的周日变化是指在磁静日地磁要素随地方时的变化。为此首先要区分哪些天是磁静日。每一个国际合作地磁观测台都把当天观测的地磁活动按其活动程度分为平静、中等程度扰动和强的扰动三个等级，分别记为 0，1，2，并将所确定的级数报往国际磁情中心——荷兰德卑尔台进行处理。

该台对所报来的数字求平均值，得到的数值就是国际磁情指数 Ci。Ci 取值为 0，0.1，0.2，…，2.0，共 21 级，根据国际磁情指数，每个月确定 5 个磁静日和 5 个磁扰日。

地磁场有以太阳日为周期的变化(Chapman and Bartels, 1940)。将一个月或者更多一些时间内所有磁静日中每个地方时的地磁数据求平均，得到 24 个平均值；再由其中的每个值减去这 24 个值的总平均值，又得到 24 个值，它们分别对应于 24 个地方时，且平均值为零。这样得到的结果近似于地磁场的宁静太阳日变化，记为 *Sq*。

在中纬度典型的 *Sq* 变化幅度为 20 nT，在接近磁赤道 *Sq* 变化的幅度增加到 100～200 nT。*Sq* 变化几乎与台站经度无关。在不同季节以及太阳活动的不同时期，*Sq* 场是不同的。

图 8.1.14 示出了在二分点太阳黑子低年地磁场的 *Sq* 变化。由图可以看出，北向分量 *X* 的变化对于南北半球相同纬度都是相同的，但是在纬度±30°左右换向；*Y* 和 *Z* 分量在南北半球的变化是相反的，在赤道换向。在磁静日磁场变化中除了太阳日 *Sq* 变化外还有太阴日 *L* 变化(Matsushita and Maeda, 1965)。相对月球，地球自转一周的时间为一个太阴日。太阴日变化较小，一般只有几个 nT。

由分析出来的 *Sq* 变化，可以导出一个高空电流系(Chapman and Bartels, 1940; Matsushita, 1968)。电流的分布相对太阳固定不动，该电流系产生的磁场分布也是相对太阳不动的，在地面固定台站就测量到磁场的周日变化。

图 8.1.15 示出了电离层 *Sq* 变化的电流系。由图可见左侧是面对太阳的白天半球，右侧是夜间半球；两条相邻等值线之间流过的电流为 10^4 A，箭头指示电流方向。*Sq* 电流系

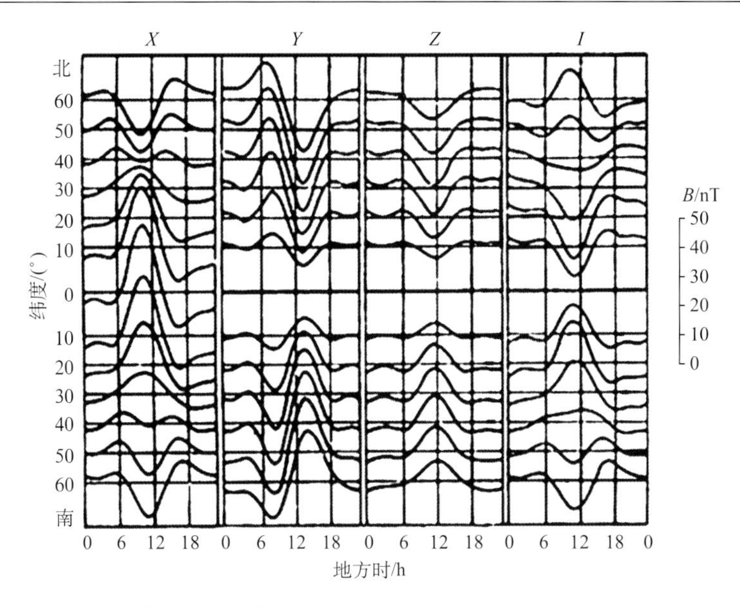

图 8.1.14　在二分点太阳黑子低年地磁场的 Sq 变化(Chapman and Bartels, 1940)

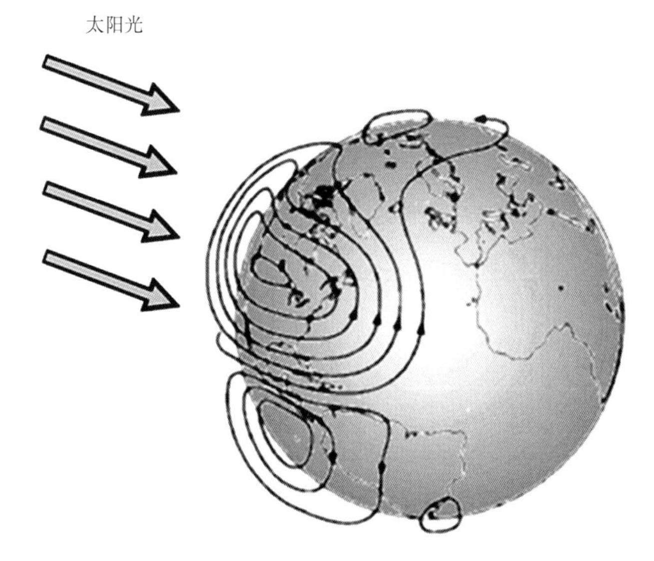

图 8.1.15　电离层中的电流系

图中两条相邻等值线之间流过的电流为 10^4 A，箭头指示电流方向；http://roma2.rm.ingv.it/en/themes/6/external_origin_time_variations/6/regular_variations

在磁倾赤道(磁倾角为零) 上空±5°窄的区域内最强。电流系在每一半球有一个电流涡旋，中心大致位于地磁纬度±30°左右的中午子午线上。电流绕着涡旋中心在北半球逆时针旋转，而在南半球顺时针旋转。Sq 电流系的电流强度在地球的向日侧最大，这些电流产生的水平磁场方向垂直于这些电流并且指向电流的高值。例如在中午，北向分量的 Sq 变化在北纬 40°和南纬 40°之间是正值，在这个范围以外都是负值。火箭探测表明，Sq 电流系在电离层 95～120 km 的高度，即在电离层的 E 层高度。

Sq 电流系是经常变化的。它随季节而变化，夏至时最强，冬至时最弱。同时，它也受太阳耀斑和磁层活动的影响。此外，在日食期间，本影区的电离层电导率的变化也导致 *Sq* 电流系的局域变化，这可由叠加在 *Sq* 变化上的地磁场的局域变化看出(朱岗昆和何友文，1984)。

极区的地磁台站还观测到另外一种特殊类型的地磁场变化，记为 Sq^p。图 8.1.16 示出了磁场矢量 Sq^p 变化的分布。假设这种变化是由极区电离层中的电流产生的，可以推出相应的等效电流系(Nagata and Kokubun, 1962; Matsushita and Xu, 1982b)，即 Sq^p 电流系，见图 8.1.17。

由图看出，Sq^p 电流系集中在高纬区域。电流系由两个电流涡旋组成，一个位于极区黎明部分，电流沿着顺时针方向；另一个位于极区黄昏部分，电流沿着逆时针方向。

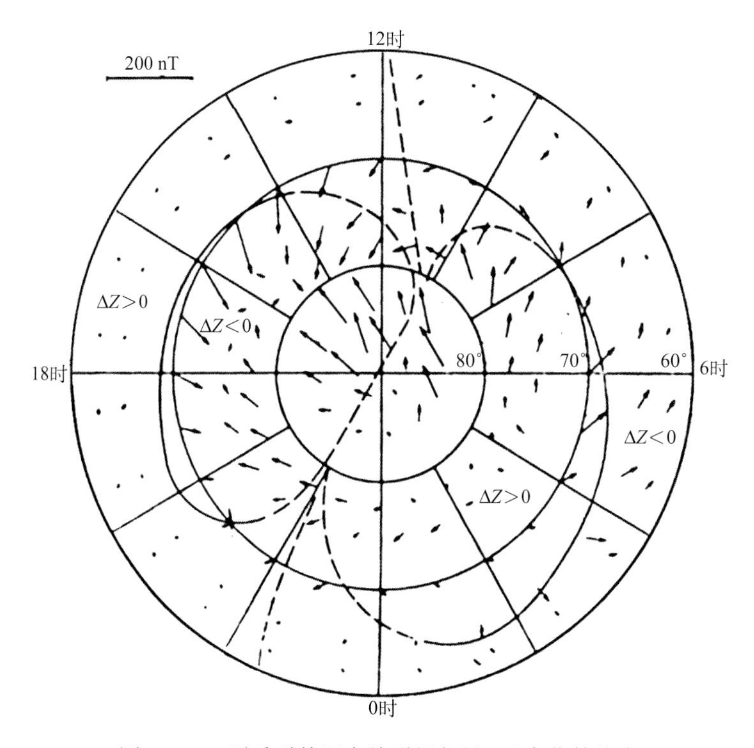

图 8.1.16　夏季磁静日高纬磁场矢量 Sq^p 变化的分布

图中标明了偶极纬度和磁地方时，箭头表示水平量的变化。
图中还标明了 $\Delta Z>0$ 和 $\Delta Z<0$ 的区域(Feldstein and Zaitzev, 1967)

下一部分将讨论 *Sq* 电流系的成因，而 Sq^p 电流系的成因将在 8.4 节和 8.5 节中讨论。

8.1.5　电离层电导率和发电机理论

地磁场的周日变化是电离层中的 *Sq* 电流系产生的。在电离层中，主要在 E 层有一水平导电层。大气的潮汐运动使得这一导电层横切磁力线运动，因而产生电流。这就是 *Sq* 电流系发电机的基本理论。

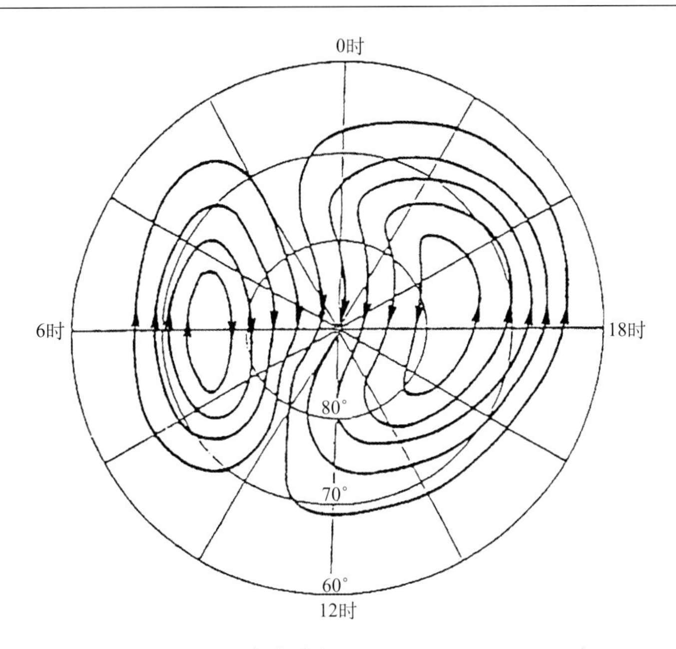

图 8.1.17　Sq^{p} 电流系(Nagata and Kokubun, 1962)

电离层中的气体是部分电离的，所以电离层是导电的。导电率受碰撞频率和地磁场的控制。当高度从 300 km 下降到 70 km 时，电子与中性成分的碰撞频率大约从 10^3 Hz 增加到 10^7 Hz；离子与中性成分的碰撞频率大约从 0.5 Hz 增加到 10^5 Hz；而回旋频率基本保持不变，电子的回旋频率大约为 8×10^6 Hz，离子回旋频率大约为 160 Hz。显然，在这个区间的不同高度上，带电粒子的运动特性有很大的不同。

在 80 km 以下，电子和离子与中性粒子的碰撞十分频繁，平均自由程比其在地磁场中的回旋半径小得多，地磁场的作用可以忽略。在外加电场 E 的作用下，两次碰撞之间电子和离子都做均加速运动。假设 τ_{en} 和 τ_{in} 分别为电子和离子的自由运行时间，电子和离子沿电场方向平均速度分别为

$$v_{\mathrm{e}} = -\frac{eE}{m_{\mathrm{e}}}\tau_{\mathrm{en}} \tag{8.1.27}$$

$$v_{\mathrm{f}} = -\frac{eE}{m_{\mathrm{i}}}\tau_{\mathrm{in}} \tag{8.1.28}$$

其中，e 为单位电荷；m_{e}，m_{i} 分别为电子和离子的质量。在这种情况下，电子和离子的运动都对电流有贡献，电流密度可以写为

$$J = en_{\mathrm{i}}v_{\mathrm{i}} - en_{\mathrm{e}}v_{\mathrm{e}} \tag{8.1.29}$$

其中，n_{e}、n_{i} 分别为电子和离子的数密度。在电中性条件下，

$$n_{\mathrm{e}} = n_{\mathrm{i}} = n \tag{8.1.30}$$

于是得到电导率为

$$\sigma_0 = ne^2\left(\frac{1}{m_{\mathrm{e}}\nu_{\mathrm{en}}} + \frac{1}{m_{\mathrm{i}}\nu_{\mathrm{in}}}\right) \tag{8.1.31}$$

其中，$\nu_{\text{en}} = 1/\tau_{\text{en}}$，$\nu_{\text{in}} = 1/\tau_{\text{in}}$ 分别为电子和离子与中性粒子的碰撞频率。

在较高的高度，由于碰撞频率减小，因而需要考虑地磁场的作用。但沿着磁场方向的电导率，即平行电导率，仍然为σ_0。这是因为磁场对带电粒子的作用力在垂直磁场方向上，因而对平行磁场方向的运动不产生任何影响。

在 150 km 以上，电子和离子与中性粒子碰撞非常少，其平均自由程比在地磁场中的回旋半径大得多。电子和离子将沿着 $\boldsymbol{E}\times\boldsymbol{B}$ 的方向以相同速度漂移。垂直磁场方向的电场只引起整个等离子体垂直于电场方向的漂移运动，而不产生电流。

在 80～150 km 之间情况比较复杂，离子与中性粒子的碰撞成为主要的，而电子与中性粒子的碰撞仍然很少。离子的平均自由程比其回旋半径小得多。这就是说，在两次碰撞之间离子基本上做直线运动，而电子却绕着磁力线转了许多圈。在外加垂直电场作用下，离子获得沿着外电场方向的平均速度，而电子却获得垂直于电场和磁场方向的漂移速度。在这种情况下，离子的运动导致了沿着电场方向的电流，通常称为彼德森电流；电子的运动导致了沿着 $\boldsymbol{B}\times\boldsymbol{E}$ 方向的电流，称为霍尔电流。

在平均自由程与回旋半径可以相比的情况下，带电粒子沿着回旋轨道运动不到一个周期就与中性粒子发生碰撞。在外加垂直电场的作用下，粒子既获得沿着电场方向的速度又获得沿着 $\boldsymbol{B}\times\boldsymbol{E}$ 方向的漂移速度，两者的大小依赖于回旋频率与碰撞频率之比。

电子和离子的运动方程可以分别写为

$$\frac{\mathrm{d}\boldsymbol{v}_{\mathrm{e}}}{\mathrm{d}t} = -\frac{e}{m_{\mathrm{e}}c}\boldsymbol{E} - \frac{e}{m_{\mathrm{e}}c}\left(\boldsymbol{v}_{\mathrm{e}} \times \boldsymbol{B}\right) - \frac{1}{nm_{\mathrm{e}}}\nabla P_{\mathrm{e}} - \nu_{\mathrm{en}}\left(\boldsymbol{v}_{\mathrm{e}} - \boldsymbol{u}\right) \tag{8.1.32}$$

$$\frac{\mathrm{d}\boldsymbol{v}_{\mathrm{i}}}{\mathrm{d}t} = -\frac{e}{m_{\mathrm{i}}c}\boldsymbol{E} + \frac{e}{m_{\mathrm{i}}c}\left(\boldsymbol{v}_{\mathrm{i}} \times \boldsymbol{B}\right) - \frac{1}{nm_{\mathrm{i}}}\nabla P_{\mathrm{i}} - \nu_{\mathrm{in}}\left(\boldsymbol{v}_{\mathrm{i}} - \boldsymbol{u}\right) \tag{8.1.33}$$

这里忽略了重力，假设压力是各向同性的，只有单独的离化成分。其中，ν_{en} 和 ν_{in} 分别是电子和离子与中性成分的碰撞频率；$\boldsymbol{u}$ 是中性粒子的平均速度。如果不考虑中性风，可以假设 u=0。由式(8.1.32)和式(8.1.33)可以得到电流密度的表达式：

$$\boldsymbol{j} = \sigma_0 \boldsymbol{E}_{\parallel} + \sigma_1 \boldsymbol{E}_{\perp} + \sigma_2 \frac{\boldsymbol{B} \times \boldsymbol{E}}{\boldsymbol{B}} \tag{8.1.34}$$

$$\sigma_1 = ne^2 \left[\frac{\nu_{\text{en}}}{m_{\mathrm{e}}(\omega_{\text{ce}}^2 + \nu_{\text{en}}^2)} - \frac{\nu_{\text{in}}}{m_{\mathrm{i}}(\omega_{\text{ci}}^2 + \nu_{\text{in}}^2)} \right] \tag{8.1.35}$$

$$\sigma_2 = ne^2 \left[\frac{\omega_{\text{ce}}}{m_{\mathrm{e}}(\omega_{\text{ce}}^2 + \nu_{\text{en}}^2)} - \frac{\omega_{\text{ci}}}{m_{\mathrm{i}}(\omega_{\text{ci}}^2 + \nu_{\text{in}}^2)} \right] \tag{8.1.36}$$

其中，$\boldsymbol{E}_{\parallel}$和 $\boldsymbol{E}_{\perp}$分别为平行于和垂直于电场的分量；σ_0，σ_1，σ_2 分别为平行电导率、彼德森电导率和霍尔电导率；ω_{ce}，ω_{ci} 分别为电子和离子的回旋频率。

图 8.1.18 给出了 σ_0，σ_1，σ_2 随高度的变化。实线代表中午时刻的值，虚线代表午夜时刻的值。图中所示“上标度”意为图上方的标度(Maeda and Matsumoto, 1962)。由图看出，σ_0 是随着高度增加而增加的，因此电流可以沿着磁力线一直流到磁层中去。由于随高度增加碰撞频率趋于零，最后沿着磁力线的电导率 σ_0 趋于无穷大。但是当沿着磁力线的电流足够大时，等离子体波动将被激发起来，电子和离子通过波动交换动量，于是

将产生反常电阻。

由图看出，垂直磁力线方向的电导率 σ_1 和 σ_2 在 80～160 km 在向阳面有比较大的数值，从而形成一平行于地表面的导电层。

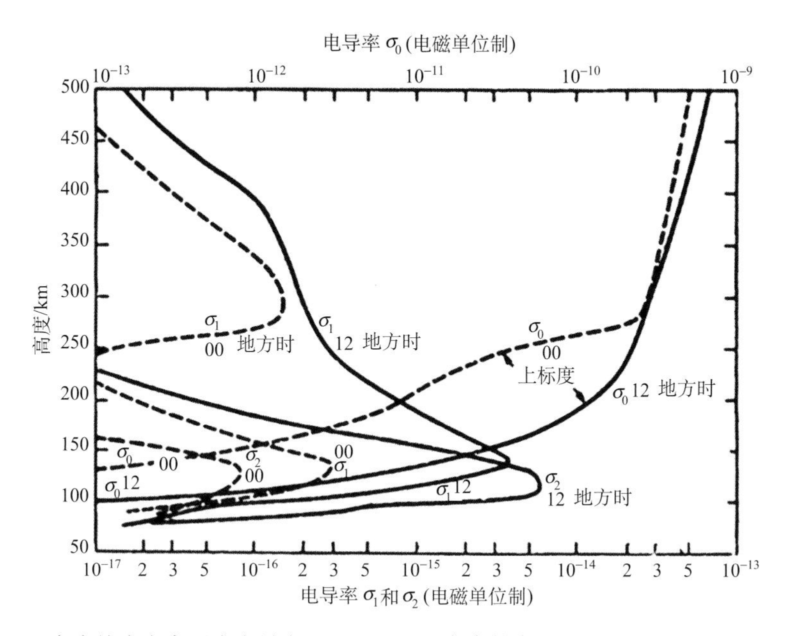

图 8.1.18　在中纬度电离层中电导率 σ_0，σ_1，σ_2 随高度的变化(Maeda and Matsumoto, 1962)

垂直磁力线的电流只能在这一平行于地表面的导电层内流动。如果磁场 $\boldsymbol{B}_0$ 和垂直于磁场的电场 $\boldsymbol{E}_\perp$ 都平行于该导电层(如同在磁倾赤道电离层的情况)，垂直导电层的电流将在其上下两界面积累电荷，从而产生极化电场。极化电场使得平衡时垂直方向的电流为零，但同时又使得原电场 $\boldsymbol{E}_\perp$ 方向上的电流增加，这时在原电场方向上的电导率称为柯林电导率，记为 σ_3，并且有

$$\sigma_3 = \sigma_1 + \frac{\sigma_2^2}{\sigma_1} \tag{8.1.37}$$

在磁倾赤道，柯林电导率 σ_3 比 σ_1 大得多，因而使得在磁倾赤道上空 95～110 km 电离层中电流强度比其他纬度的电流强度大得多，其电流密度可达到 10^{-5} A/m^2 (Richmond, 1973)。在以磁倾赤道为中心的一窄的纬度带内增强的电流称为赤道电集流，它使得地磁周日变化在赤道地区大大增加，其详细物理过程在后文讨论。

Sq 变化的发电机理论认为 $\boldsymbol{E}_\perp$ 是由大气的潮汐运动诱导的。太阳通过对地球向日面大气加热，在大气振荡系统中施加了一个潮汐力，大气在潮汐力的作用下产生潮汐风。潮汐风会对许多地球物理现象产生重要影响(Chapman and Lindzen, 1970)。潮汐风主要有周日分量和半周日分量，在电离层高度主要是周日分量。

图 8.1.19(a)给出了通过模拟计算得到的在电离层高度太阳潮汐水平风速的分布(Tarpley, 1970)。导电层中的电子和离子同中性成分一样也在潮汐力的作用下横越地磁场运动。由于电子和离子受到洛伦兹力的作用，于是在导电层中产生电动势。在这个电动

势的驱动下，在导电层中形成了闭合的电流系，就像发电机的转子在磁场中转动时在回路中产生电流一样。太阳潮汐运动诱导的电流系通常被认为是 *Sq* 电流系。

在图 8.1.19(b) 中示出了用图 8.1.19(a) 给出的潮汐风场计算得到的在电离层导电层中产生的电流系。由图可见，曲线为电流的等值线，相邻等值线之间流过的电流是 10^4 A (由于水平电导率在高度为 110 km 有一个峰值，所以发电机电流主要集中在这一高度附近，火箭探测已经证实了这一结论)。在赤道区域，电流显著增强，这是因为在赤道区域极化电场大大增加了导电层的水平电导率。

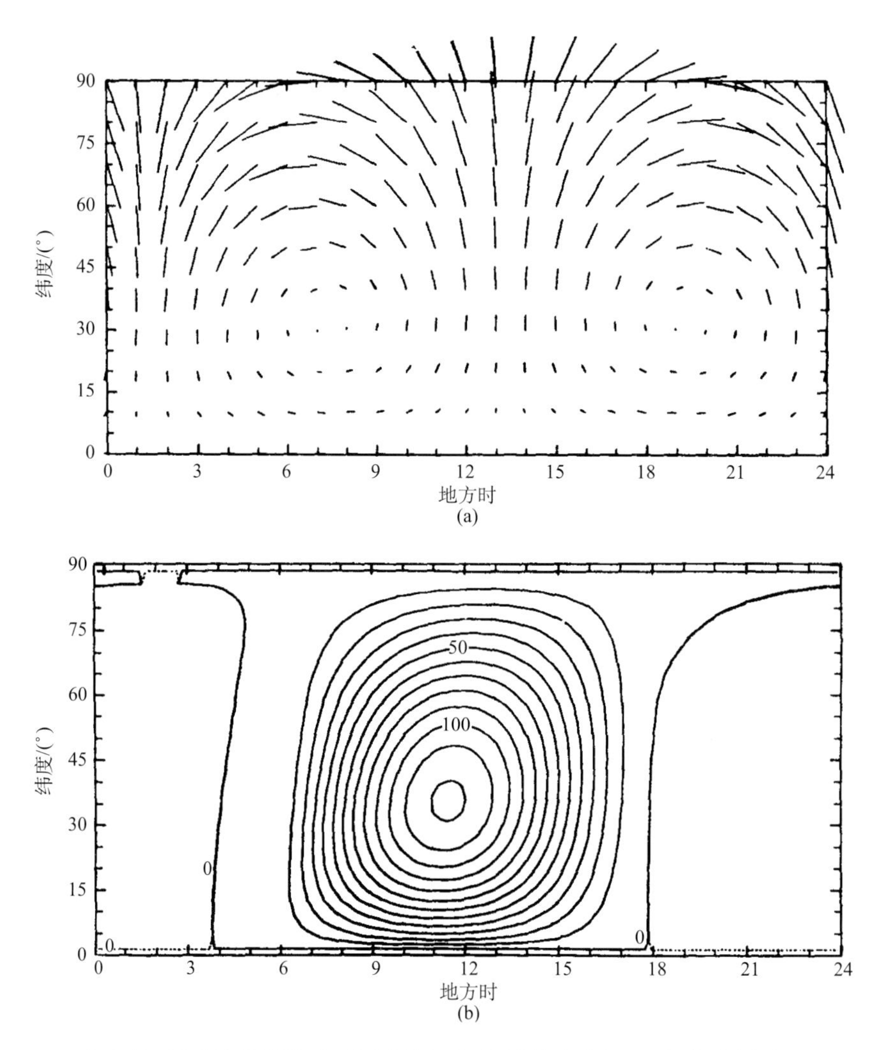

图 8.1.19　在电离层高度太阳潮汐水平风速的分布 (a) 及其产生的 *Sq* 电流系 (b) (Tarpley, 1970)

太阳潮汐运动在导电层中诱导的电流分布相对太阳是固定不变的。在该电流系下面的台站随地球一起自转，因而观测到的该电流系产生的磁场是周日变化的，就是 *Sq* 变化。由于电离层的电子密度有逐日变化和季节变化，所以 *Sq* 电流系也有逐日变化和季节变化。另外，由于在耀斑期间电离层电导率增加，在日食期间电离层电导率减小，所以 *Sq*

变化经常受到太阳耀斑和日食的影响。

月球的引力也产生大气的潮汐运动，像海洋潮汐一样有半太阴日的周期，月球引力产生的潮汐运动也在电离层中诱导电流；这些电流产生了地磁场的太阴日变化，记为 *Lq*。*Lq* 变化有半周日的特性，最大值在太阴时的 6 时和 18 时。*Lq* 变化非常小，典型幅度为几 nT，这是由于在大气中太阴潮汐运动十分得小。

下面进一步讨论赤道电集流的成因。

如果潮汐风在磁倾赤道的垂直分量为零，发电机电动力的水平分量也为零。但是，整个电离层电流系在赤道产生一静电场。通常在白天该静电场的方向是指向东的，为 0.5～1.0 mV/m 量级。在该静电场作用下产生东向电集流。在极少数情况下，午后的静电场是指向西的，于是产生西向电集流，或称反向电集流（Reddy and Devasia, 1981）。

在正向(东向)电集流情况下，东向电场驱动了沿着磁倾赤道的东向彼德森电流(主要由东向离子流携带)，以及垂直向下的霍尔电流(主要由向上的漂移电子携带，电子漂移速度约为 30 m/s)。霍尔电流在导电层的上下边界积累电荷，产生向上的静电场，从而导致向上的彼德森电流(主要由向上的离子携带)。当向上的彼德森电流等于向下的霍尔电流时，电荷积累停止，但电子和离子都以相同的速度(约为 30 m/s)向上漂移。这时极化场比初始东向静电场大一个量级。

极化场导致很强的东向霍尔电流，即东向电射流，主要由西向运动的电子携带。初始静电场越大，电集流的强度应越大。但是，随着电集流强度的增大，电集流区域内电子与离子的相对速度也增大，导致等离子体双流静电不稳定性的发展(Bowles et al., 1963)，使极化场减小，当静电波增长达到饱和时，电子与离子之间的相对速度数值为 $C_s\left(1+\dfrac{\nu_{en}\nu_{in}}{\omega_{ce}\omega_{ci}}\right)$，$C_s$ 为声速，通常取为 360 m/s(Rogister, 1971)，在 10^3 km 高度，$\dfrac{\nu_{en}\nu_{in}}{\omega_{ce}\omega_{ci}}$ 约为 0.3。

实际上，赤道电集流不能看成是严格水平分层的，因为通过电集流区域的磁力线在赤道南北两侧向下弯曲，随高度变化的水平中性风一般不能产生完全极化电场。磁力线连接了具有不同电位的电荷层，因而积累的极化电荷通过磁力线在电集流南北两侧放电中和，放电电流垂直通过电集流区域。模拟计算表明，某些风场在赤道电集流区域产生的垂直电流可达 2×10^{-7} A/m^2。

徐传诒(1985)指出，在这种情况下，除了电场引起的电子与离子的相对运动之外，剪切中性风还驱动离子与电子的相对运动，因而双流不稳定性的阈值及饱和水平都会与水平分层的情况有所不同。

Richmond(1973)指出，赤道电集流的模式应包括等离子体不稳定性的发展引起的非线性效应。关于赤道电集流和反向电集流中的不稳定性可参阅 Rogister and D'Angelo (1970)、Fejer 和 Kelley(1980)、Tu(1984)和徐传诒(1985, 1986)等有关文章。

8.1.6　地磁活动指数

在地磁场的短期变化中，除去磁静日变化后，还经常出现幅度较大的变化，主要是由磁层和太阳风中的扰动引起的。地磁活动指数就是用来描述这种扰动的剧烈程度的。

下面分别介绍几种常用的地磁指数：K、K_p、A_p，AU、AL、AE ，D_{st}。

1. K、K_p 和 A_p 指数

地磁指数 K 可以更好地反映磁场在短时间内的变化，它是这样得到的：把每日按世界时分成 8 个 3 小时段(00～03，03～06，…，21～24)，用 0～9 十个整数来表达每个时段内磁场偏离正常值的程度。更具体地说，从 H 分量每日变化曲线中减去磁静日太阳日变化 Sq 和太阴日变化 Lq，记下所得余数在每个时段内的最大变幅 (用 R 来表示)。

根据规定，由 R 值可得到相应时段的 K 指数。处于不同纬度的地磁台 K 和 R 有不同的对应关系。按规定，中国各地磁台采用的标准见表 8.1.1。凡 R 小于 3 nT 都记为 K=0，R 等于 3 nT 而小于 6 nT 记为 K=1，…，R≥300 nT 都记为 K=9。K 是单站指数，受局部区域因素的影响。国际中心机构将 12 个中高纬 (在 48°～63°之间)的 K 指数作平均，最后得到一组包括 0，0+，1–，1，1+，…，9–，9 共 28 级，用来代表全球地磁扰动情况的磁情指数，称为 K_p 指数。

表 8.1.1 中国各地磁台采用的标准

$R(r)$	0	3	6	12	24	40	70	120	200	300
K	0	1	2	3	4	5	6	7	8	9

K 指数及其对应的变幅 R 之间不是线性关系，而是近似于对数关系。为了表示变化幅度，又在 K 及 K_p 指数的基础上定义了新的 A_k 指数和 A_p 指数。A_k 指数是单台 3 小时等效幅度指数，A_p 指数是全球性的 3 小时等效幅度指数。A_k 和 A_p 指数与变幅的关系是线性的。指数 K_p 和 A_p 的对应关系如表 8.1.2 所示。

2. AU、AL 及 AE 指数

AE 指数是由戴维斯和 Sugiura 于 1966 年引入的，可作为极光带地磁活动的量度，它是由均匀分布在极光带 62°～72°之间的 10～13 个地磁台的每分钟内测量的水平磁场强度扣除平均的平静变化后的值决定的，单位为 nT。AE 指数是用来描述磁层亚暴强度即描述极光带电集流强度的指数。现在，AE 指数已广泛应用于地磁、电离层物理学和磁层物理学的研究中。

表 8.1.2 指数 K_p 和 A_p 的对应关系

K_p= 0	0_+	1_-	1_0	1_+	2_-	2_0	2_+	3_-	3_0
A_p= 0	2	3	4	5	6	7	9	12	15

K_p= 3_+	4_-	4_0	4_+	5_-	5_0	5_+	6_-	6_0	6_+
A_p= 18	22	27	32	39	48	56	67	80	94

K_p= 7_-	7_0	7_+	8_-	8_0	8_+	9_-	9_0	
A_p= 111	132	154	179	207	236	300	400	(单位 2 nT)

AE 指数来源于北半球极光区(10～13)天文台观测到的水平分量的地磁变化,所用的台站见图 8.1.20 和表 8.1.3。计算 *AE* 指数时,每个工作站的基值首先需要数据归一化,然后,在给定的时间(UT)对所有的 *AE* 极光台站的数据进行时间序列叠加(Nose et al., 2015),叠加结果的上包络线就是 *AU* 指数,下包络线就是 *AL* 指数;*AE* 指数等于 $(AU - AL)$,*AO* 指数等于 $(AU + AL)/2$。

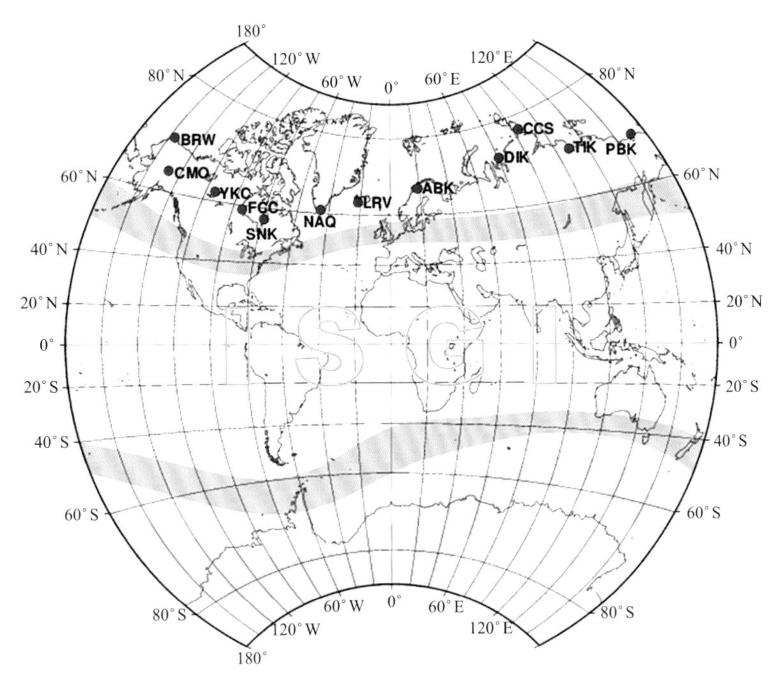

图 8.1.20 极光台站位置的分布

http://isgi.unistra.fr/indices_ae.php

表 8.1.3 *AE* 指数所用的地磁台站列表

IAGA 编码	位置	国家	订正地磁坐标(IGRF-12 2015.5)		备注
			纬度	经度	
ABK	阿比斯库(Abisko)	瑞典(Sweden)	65.39°N	100.44°E	
BRW	巴罗(Barrow)	美国(United States of America)	70.33°N	255.13°E	
CCS	切柳斯金角(Cape Chelyuskin)	俄罗斯(Russia)	72.89°N	176.62°E	
CMO	科利奇(College)	美国(United States of America)	65.03°N	267.4°E	
CWE	乌厄连角(Cape Wellen)	俄罗斯(Russia)	63.12°N	248.87°E	由 PBK 替代
DIK	迪克森(Dixon)	俄罗斯(Russia)	69.35°N	156.15°E	
FCC	丘吉尔要塞(Fort Churchill)	加拿大(Canada)	67.75°N	335.18°E	

续表

IAGA 编码	位置	国家	订正地磁坐标（IGRF-12 2015.5）		备注
			纬度	经度	
LRV	雷扎尔菲厄译(Leirvogur)	冰岛(Iceland)	64.21°N	65.45°E	
NAQ	纳萨尔苏瓦克(Narsarsuaq)	格陵兰(丹麦)[Greenland (Denmark)]	64.83°N	42.41°E	
PBK	佩韦克(Pebek)	俄罗斯(Russia)	65.68°N	232.29°E	
PBQ	库朱瓦拉皮克(Poste De La Baleine)	加拿大(Canada)	64.19°N	0.36°E	由 SNK 替代
SNK	萨尼吉鲁(Sanikiluaq)	加拿大(Canada)	65.48°N	358.28°E	
TIK	季克西湾(Tixie Bay)	俄罗斯(Russia)	66.62°N	199.27°E	
YKC	耶洛奈夫(Yellowknife)	加拿大(Canada)	68.86°N	304.45°E	

AU 指数是在这些台站中每分钟内的最大正变化。通常正变化出现在午后和傍晚，因此，*AU* 指数反映了东向的极光带电集流的强度。*AL* 指数是在这些台站中每分钟内的最大负变化。通常负变化出现在夜间和早晨，因此，*AL* 指数反映了西向的极光带电集流的强度。*AE* 指数是每分钟内最大正变化同最大负变化的绝对值之和，反映了极光电集流的整体活动。*AO* 指数提供了等效纬向极光电集流的量度。

3. D_{st} 指数

D_{st} 指数是将赤道附近的 4 个低纬地磁台站每小时的测量值归一化到磁赤道，然后平均所得到的地磁指数。地磁台站的位置如图 8.1.21 红点及表 8.1.4 所示。D_{st} 指数主要反映地球磁场水平分量的强度变化，由于在磁赤道附近的磁场强度主要是受到地球磁暴环电流影响，因此，D_{st} 指数主要用来估算磁暴环电流的强度变化。

D_{st} 指数的计算使用了分布在地磁纬度 25° 附近的 4 个地磁台站的数据。首先根据过去的平静日观测拟合估算出当前的地磁水平分量长期变化 $H_{base}(T)$，然后拟合估算出当前的平静日逐小时变化 $Sq(T)$，最后用观测的水平分量 $H_{obs}(T)$ 减去平静日长期变化和逐小时变化后进行纬度权重平均，就得到了 D_{st} 指数：

$$D_{st}(T)=\sum_{i=1}^{4}\left[H_{obs}(T)-H_{base}(T)-Sq(T)\right]^{(i)}/\sum_{i=1}^{4}\cos(\varphi^{i})$$

在地球磁暴急始之后，地磁水平分量通常保持在其平均值之上数小时，这个阶段被称为磁暴的初相。然后，地磁水平分量开始剧烈减少，这对应着地球磁暴的主相阶段的发展。地磁水平分量的减小幅度表示磁暴扰动的严重性。

需要指出的是，D_{st} 指数给出了一般磁暴的统计平均特征，但个别情况下的磁暴变化可能有一定的偏差。

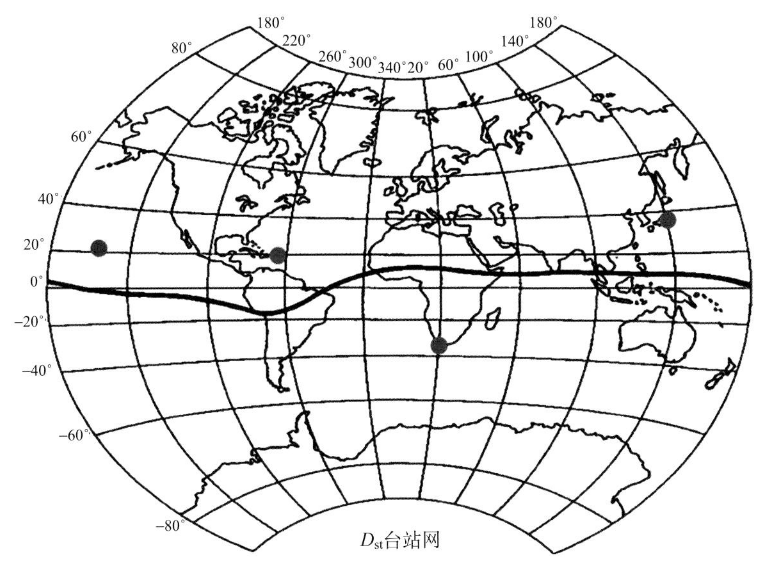

图 8.1.21　D_{st} 指数台站网

http://wdc.kugi.kyotou.ac.jp/dstdir/dst2/onDstindex.html

表 8.1.4　D_{st} 指数台站列表

台站	地理坐标		地磁偶极纬度
	经度	纬度	
Hermanus	19.22°	–34.40°	–33.3°
Kakioka	140.18°	36.23°	26.0°
Honululu 1960 年 4 月前	201.90°	21.30°	21.0°
Honululu 1960 年 4 月后	201.98°	21.32°	21.1°
Sanjuan 1965 年 1 月前	293.88°	18.38°	29.9°
Sanjuan 1965 年 1 月后	293.88°	18.11°	28.0°

8.2　磁层中的等离子体

空间探测表明，磁层中充满着等离子体。除磁尾中性片外，磁场对等离子体的运动起控制作用，等离子体的 β 值一般较小。

等离子体在磁层中的分布是不均匀的，主要集中在如下四个区域：等离子体边界层、极尖区、等离子体片和等离子体层(Akasofu, 1977)，见图 8.2.1。本节将讨论这些区域中等离子体的特性。近年来的空间探测还发现了其他一些等离子体区域，如超热等离子体区域。这些将在本节后面给予简要描述。

8.2.1　等离子体边界层

在整个磁层顶表面内都存在着一等离子体层，其中充满具有类似磁鞘中等离子体特性的沿着背日方向运动的低能等离子体，其密度和温度介于磁鞘等离子体和磁层等离子体之间。该层厚度在 0.1～5R_E 的范围内变化，随着深度的增加，密度和流速逐渐减小。磁层顶内的等离子体区域主要包括向阳侧磁层顶内的等离子体进入层、由向日面极尖区进入磁尾高纬的等离子体幔以及在磁尾低纬观测到的低纬边界层。这些类磁鞘等离子体也在远离磁层顶的磁层区域观测到(瓣区等离子体)。下面分别讨论这些区域中的等离子体特性。

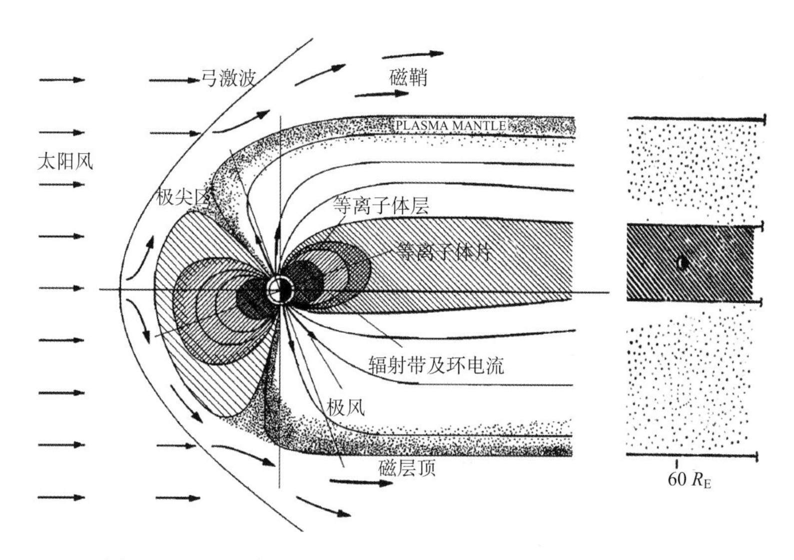

图 8.2.1　磁层中四个等离子体区域(Rosenbauer et al., 1975)

在磁层的向阳侧，磁层顶内等离子体边界层的厚度为 0.5～4R_E (Rosenbauer et al., 1975)。等离子体流在背阳方向，速度为 100～200 km/s，这个速度值总是小于磁鞘中太阳风流动的速度值。

图 8.2.2 给出了 ISEE-1 飞越磁层顶前后观测到的等离子体和磁场参数。磁场 B(点线)的突变给出了磁层顶的位置(由竖实线表示)，在磁层顶内温度和密度的跃变对应着等离子体边界层的内边界(用竖虚线表示)。实线和虚线之间的区域就是磁层前部的等离子体幔。由图看出，在等离子体边界层中电子温度与磁鞘中的温度一样，质子温度虽然有一些扰动，但仍然和磁鞘中质子温度相近。等离子体边界层中的密度小于磁鞘中的密度，却大于磁层中的密度。

月球表面的探测器发现，在月球轨道上(地心距离大约为 60R_E)，磁尾等离子体片北面和南面较高的纬度内的整个磁尾经度(Φ_{SM})范围都充满了边界层等离子体(Hardy et al., 1975)。然而，由于月球的运动对纬度的覆盖是非常有限的，很可能是在月球的距离上等离子体边界层占据整个高纬瓣区域，见图 8.2.1。图 8.2.3 示出了在月球轨道距离上等离子体片和等离子体幔中等离子体微分通量能谱。图中 V_B 为等离子体整体速度，①是等离子体片(温度较高)，②是等离子体片(温度较低)，③是等离子体幔(Hardy et al., 1975)。

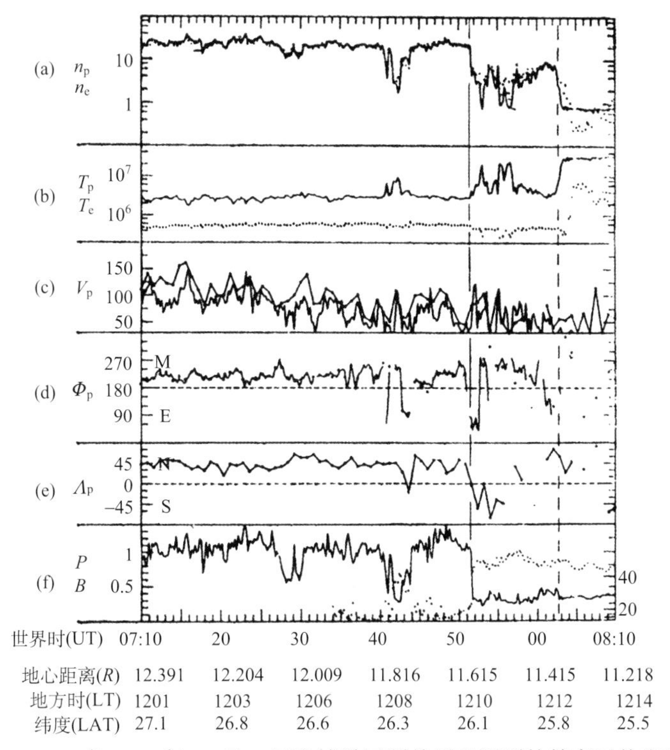

图 8.2.2　ISEE-1 在 1977 年 11 月 3 日飞越磁层顶前后观测到的等离子体和磁场参数

(a)为质子(实线)和电子(点线)数密度(cm^{-3})；(b)为质子(实线)和电子(点线)温度(K)；(c)、(d)中连续线分别表示质子整体速度在飞船赤道面(近似为黄道面)内的投影的量值和方位角(°)，Φ_p=180°表示反太阳方向流，Φ_p=90°(E)，Φ_p=270°(M)分别表示流动指向黄昏和黎明方向，点线分别表示质子三维整体速度值和方位角；(e)Λ_p为质子整体速度对黄道面的仰角，Λ_p=0°表示流在黄道面内，Λ_p=90°表示流向北；(f)P为等离子体的热压力(实线，10^{-8} dyn/cm^2，左标度)，B为磁场强度(点线，单位为 nT，右标度)。垂直实线表示磁层顶，垂直虚线表示低纬边界层的内边界。R 为卫星位置的地心距离，以 R_E 为单位。LT 为地方时，以小时为单位。LAT 为在太阳磁层坐标系(GSM)中的纬度(°)(Bame et al., 1978)

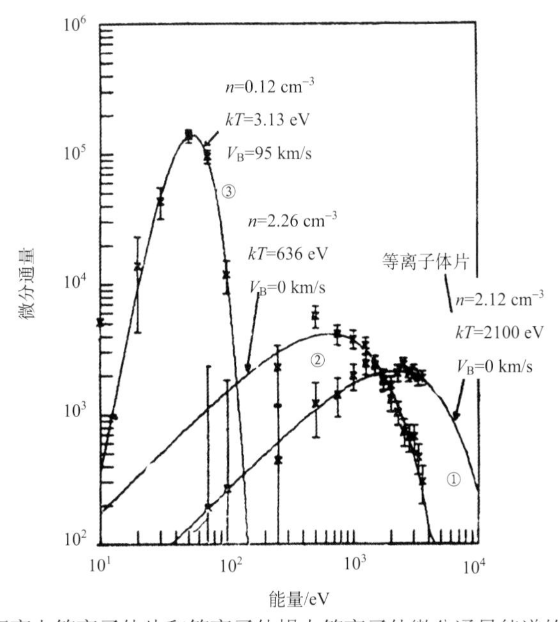

图 8.2.3　在月球轨道距离上等离子体片和等离子体幔中等离子体微分通量能谱的比较(Hardy et al., 1975)

对于距地心约为 1000R_E 远处的磁尾结构，多年来一直是有争议的。争论的焦点是在这样远的距离上磁尾的结构是相关的还是湍动的，或者是丝状的。Pioneer-7 空间探测器在太阳风下游 900～1000R_E 的地方断断续续在 6 天内观测到了通常的磁尾结构。作为一个低密度区域，磁尾可以很容易地被识别出来，其宽度为 60～90R_E 的量级。当飞船越过磁尾中性片时，磁场方向由径向方向变为相反的方向。在 11 个事例中有 8 例在磁场最小值时磁场有北向分量。图 8.2.4 给出一个观测实例。由上至下分别是整体速度、热运动速度、密度、磁场值、磁场 z 分量、磁场 y 分量和磁场 x 分量，横轴为时间(Villante, 1975)。由图看到，所有的参量都是有规律变化的，整个磁尾等离子体流都是背日方向流动的。上述观测说明，很可能幔等离子体在远磁尾充满了整个磁尾。

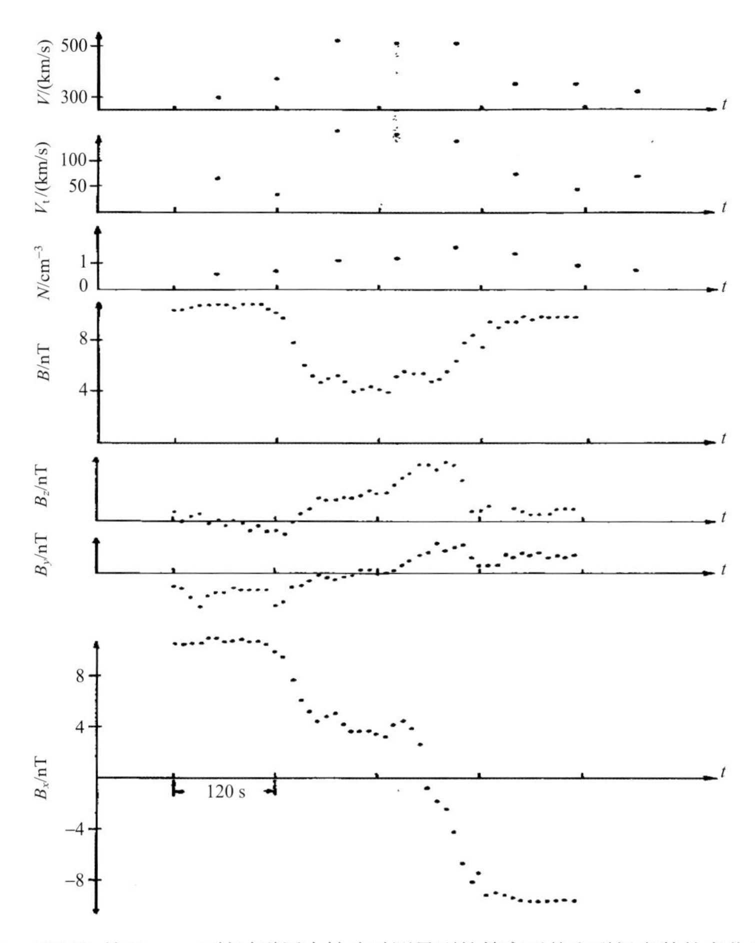

图8.2.4 在X= – 1000R_E处Pioneer-7越过磁尾中性片时测量到的等离子体和磁场参数的变化(Villante, 1975)

8.2.2 极尖区等离子体

磁层极尖区的存在是由 Chapman 和 Ferraro(1930)首次提出的。如图 8.2.1 所示，磁层顶的超导特性和偶极子场的特性共同产生了高纬磁零点(以 Q 标记)。从地球表面延伸到磁零点 Q 的单根磁力线被称为 Chapman-Ferraro 极尖区。气动力学模型首次预测了极尖区内的停滞流(stagnant flow)(Spreiter and Briggs, 1962)。

极轨卫星的发射提供了极尖区局地测量的机会。磁层极尖区是通过日侧磁层低高度处磁鞘等离子体的存在发现的(Heikkila and Winningham, 1971)。观测显示磁层极尖区的中心位置通常在正午侧(12MLT)，不变量纬度(ILAT)75°～80°处，在几个小时的 MLT 区间内 ILAT 有所变化(Heikkila and Winningham, 1971; Newell and Meng, 1988)。观测显示极尖区是图 8.2.1 的漏斗结构。极尖区的外部磁场较弱，被称为外极尖区。

磁层极尖区是磁层的一个复杂区域，强烈地受太阳风动压和行星际磁场(IMF)方向的影响。极尖区等离子体占据了磁层向阳侧两个漏斗状的区域，见图 8.2.1。在极尖区，质子和电子的能谱与磁鞘的能谱相似。图 8.2.5 给出了一个两者比较的例子。从图中可以看出，磁鞘中的质子谱和极尖区域的质子谱基本相同。部分磁鞘中的等离子体被认为是在磁层顶的中性点附近进入极尖区的，其中一部分通过这一区域进入磁层，另一部分沿着磁力线沉降到上层大气。

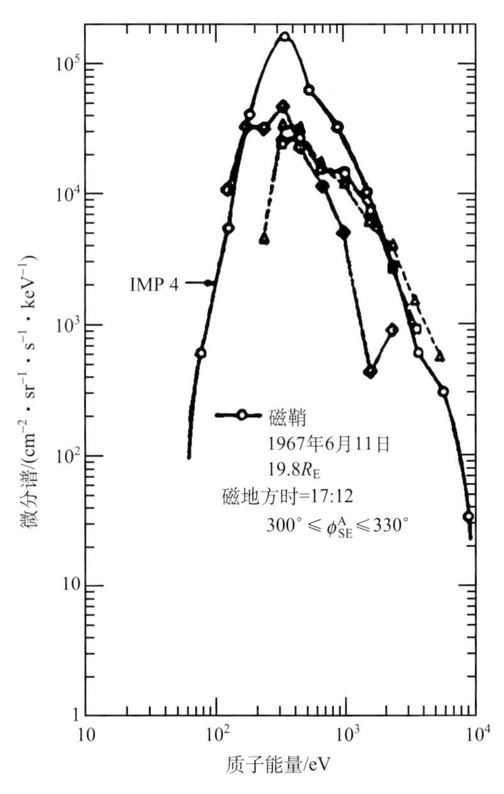

图 8.2.5　IMP-4 在磁鞘中测量到的质子谱与 ISEE 在极尖区不同高度(△，低高度极尖区；◇，中高度极尖区；□，高高度极尖区)得到的质子谱的比较(Heikkila and Winningham, 1971)

区分磁鞘和极尖区的一种方法是比较局地时钟角和太阳风时钟角。时钟角(clock angle)是磁场在 GSE 坐标系 YZ 平面内的投影与 Z 轴之间的夹角，即 $\arctan\left(B_y/B_z\right)$。根据共面理论(Song et al., 1992; Zong et al., 2005)，跨越弓激波前后时钟角应当保持不变。图 8.2.6 给出 Cluster 卫星的一次极尖区穿越观测，由上至下分别是等离子体密度、等离

子体速度分量 V_x 和磁场、时钟角，红色为 ACE 卫星给出的 IMF 时钟角，黑色为 Cluster 卫星给出的局地时钟角(Zhang et al., 2005)。可以看到在极尖区内时钟角与太阳风有明显差距，而进入磁鞘后时钟角与太阳风相同(Zhang et al., 2005)。

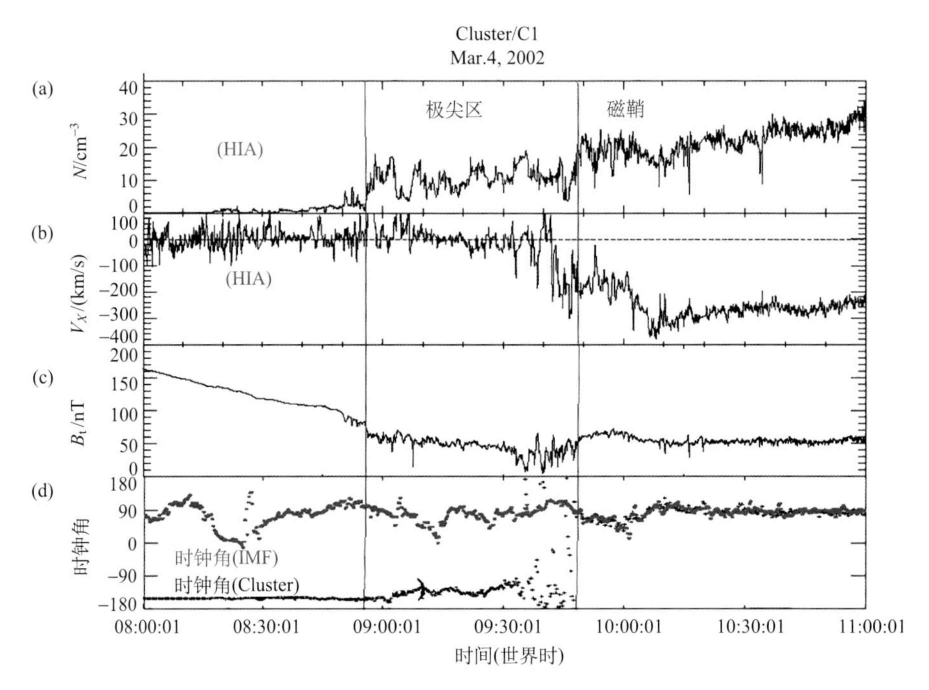

图 8.2.6　Cluster 卫星 2002 年 3 月 3 日观测到的极尖区概览(Zhang et al., 2005)

在极尖区可以发生各种等离子体不稳定性。Russell 等(1971)、Scarf 等(1972)、Fredricks 等(1973)观测到强的极低频磁场扰动和甚低频电场噪声,他们用漂移不稳定性、波粒子的相互作用以及波与波的相互作用来解释这些现象。D'Angelo 等(1974)也观测到强的磁场扰动，并用 Kelvin-Helmholtz 不稳定性来解释。

8.2.3　等离子体幔和低纬边界层

磁鞘等离子体注入磁层后，可能会沿着磁力线尾向运动，等离子体幔就位于这样的磁力线上，由 Rosenbauer 等(1975)首次报道。如图 8.2.1 所示，等离子体幔覆盖了极尖区极侧的高纬磁层，幔中的等离子体密度在 0.01～1 cm^{-3} 间变化。温度大约为 100 eV，尾向流速度为 100～200 km/s(Rosenbauer et al., 1975)。

当 IMF 南向时，日下点发生磁重联，等离子体幔就此形成(Kivelson and Russell, 1995)。新开放的磁力线携带着磁鞘和磁层的等离子体从幔向磁尾运动。

低纬边界层包含磁鞘和磁层等离子体，位于磁层顶地球侧(Eastman et al., 1976)。低纬边界层沿着侧翼从日侧延伸到夜侧。低纬边界层在开放磁力线(Fuselier et al., 1991)和闭合磁力线上(Williams et al., 1985; Song et al., 1993)都曾观测到。开放磁力线上的低纬边界层来自磁层顶的磁重联，而闭合磁力线上的低纬边界层形成机制还在争论中，目前有至少六种机制：①局地扩散进入，②外极尖区内的交换混合，③梯度漂移进入，④脉冲穿透，⑤重新重联(re-reconnection)，⑥高纬重联(Lotko and Sonnerup, 1995)。其中，高纬重联机制备受关注，可能解释这一现象。

IMF 北向时，极尖区尾侧磁场与 IMF 反平行，将会发生双瓣区重联。这一过程由 Dungey (1961) 首次提出，Song 和 Russell (1992) 进一步发展了这个模型。南北两侧高纬区域同时或几乎同时发生重联，产生携带磁鞘等离子体的闭合通量管，这一通量管随后扩大并沉入磁层。磁鞘等离子体沿着磁层顶扩展，形成了向日夜交界面(terminator)延伸的低纬边界层。位于低纬边界层通量管上的等离子体继续背离太阳运动，尽管磁张力使得等离子体有所减速，但它们仍然向着磁层顶尾侧翼运动。双瓣区重联模型也是在 IMF 北向时形成冷而稠密的等离子体片的重要机制。

8.2.4 等离子体片

等离子体片占据以磁尾中间平面为中心、厚度约为 $10R_E$ 的区域，其内边界的地心距离为 $5\sim10R_E$。在等离子体片中的等离子体是热而稀薄的等离子体，其密度约为 0.5 cm^{-3} 的量级。电子的能量由几百 eV 直到大于 10 keV。等离子体片中典型的电子温度为 $k_BT_e\sim$ 1 keV，质子温度为 $k_BT_i\sim$5 keV，粒子分布是准麦克斯韦分布，在 50 keV 以上具有一个可用幂律描述的高能尾。

等离子体片中离子的主要成分是 H^+，被认为是起源于太阳风的；其次是 O^+，被认为是起源于电离层的；再次是 He^{++}，是起源于太阳风的；而 O^+的含量的变化范围很大，由百分之几直到 50%，随磁活动增加而增加。He^{++}的丰度通常小于 0.5% (Young, 1983)。下面讨论在磁尾不同区域等离子体片的平均特性。

在$-10R_E>x>-30R_E$ 的范围，在典型情况下，等离子体片中质子的平均能量约为 6 keV，是同时观测到电子能量的 6 倍。在月球距离($x=-60R_E$)上等离子体片的横截面形状与在 $18R_E$ 的形状是相似的。此处等离子体片粒子的微分能谱峰值能量小于 3 keV (Hardy et al., 1975)。

Sanders 等(1980)发现，在 $60R_E$ 处，边界层中等离子体流动的方向开始转向等离子体片，并为等离子体片提供 $5\times10^{25}\ s^{-1}$ 的粒子注入率。Meng 和 Anderson(1974)指出，磁尾高能电子的出现频率在接近赤道面最高，由赤道面向外逐渐下降，在黎明侧的出现频率高于黄昏侧。

在磁尾的高纬区域中，磁力线的分布是系统的和有规律的。磁力线相对光行差磁尾轴(即考虑了地球绕太阳公转速度后引起磁层位形的修正)经度偏离 14°，纬度偏离 10°。

在等离子体片内，磁力线更显著地偏离磁尾轴。经度偏离和纬度偏离分别为 20°和 17°。B_y 平均值约为 1.9 nT。低地磁指数 K_p 值($K_p\leqslant1_+$)和高 K_p 值($K_p\geqslant2_-$)相应的磁场位形没有显著不同，只是在等离子体片内磁场方向的纬度偏离由低 K_p 值的 17.2°减小到高 K_p 值的 15.8°。

等离子体片中的等离子体是一个高 β 等离子体，它处于磁压和粒子压力之间的平衡状态中。许多作者(Toichi, 1972；Birn, 1979; Schindler, 1979)都讨论了等离子体片中的电流和磁场的平衡结构。下面介绍 Toichi 的工作。假设 A_y 是磁场 $\boldsymbol{B}(B_x, 0, B_z)$ 的势函数，它与电流密度相联系的方程为

$$\frac{\partial^2 A_y}{\partial x^2}+\frac{\partial^2 A_y}{\partial z^2}=-\frac{4\pi}{c}(j_{yi}+j_{ye}) \tag{8.2.1}$$

取电子和离子的分布函数为

$$f=n_0\left(\frac{m}{2\kappa T}\right)^{3/1}\exp(-\eta^2)\exp\left(-\frac{\varepsilon}{\kappa T}\right)\exp\left(\frac{2\eta p}{\sqrt{2m\kappa T}}\right) \tag{8.2.2}$$

其中，η 是一个无量纲参数，$p=mv+\frac{eA_y}{c}$，磁势 A_y 的方程可以写为

$$\frac{\partial^2 A_y}{\partial x^2}+\frac{\partial^2 A_y}{\partial z^2}=\frac{4\pi}{c}n_0|e|\left(1+\frac{T_{\rm i}}{T_{\rm e}}\right)v_{\rm e}\exp\left(-\frac{eA_y v_{\rm e}}{C\kappa T_{\rm e}}\right) \tag{8.2.3}$$

其中，$v_{\rm e}=(2\kappa T_{\rm e}/m_{\rm e})^{1/2}$。Toichi(1972)引入无量纲参量 $X^*=x\lambda$，$Z^*=z/\lambda$，$A_y^*=A_y/\lambda B_0$，$B^*=B_z/B_0$，其中

$$\lambda=(T_{\rm e}/v_{\rm e})\sqrt{\frac{\kappa}{2\pi n_0 e^2(T_{\rm i}+T_{\rm e})}} \tag{8.2.4}$$

$$B_0=\sqrt{8\pi n_0\kappa(T_{\rm i}+T_{\rm e})} \tag{8.2.5}$$

一级近似无量纲方程为

$$\frac{\partial^2 A_y^*}{\partial X^*}+\frac{\partial^2 A_y^*}{\partial Z^*}={\rm e}^{-2A_y^*} \tag{8.2.6}$$

假设边界条件为

$$X^*\to\infty,\quad A_y^*=\lg[\cosh(Z^*)] \tag{8.2.7}$$

$$X^*\to 0,\quad A_y^*=\lg[\cosh(Z^*)-a] \tag{8.2.8}$$

$$Z^*\to+\infty,\quad B_z^*=-\frac{\partial A_y^*}{\partial Z^*}=-1 \tag{8.2.9}$$

$$Z^*\to-\infty,\quad B_z^*=1 \tag{8.2.10}$$

图 8.2.7 和图 8.2.8 给出了分别对两组参数值(表 8.2.1)计算的等离子体片中的磁场结构，称为模式 1 和模式 2。Toichi 认为模式 1 相应于一个平衡状态，模式 2 相应于亚暴

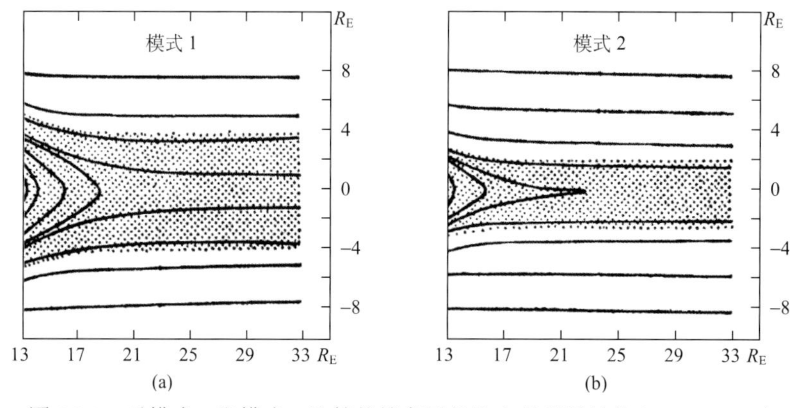

图 8.2.7 对模式 1 和模式 2 计算的等离子体片中的磁场结构(Toichi, 1972)

前的状态。由图 8.2.7 看到，模式 2 中的 B_y 分量小于模式 1 中的值。图 8.2.8(a)、(b) 分别给出了相应的数密度 n 随 X 和 Z 的分布。

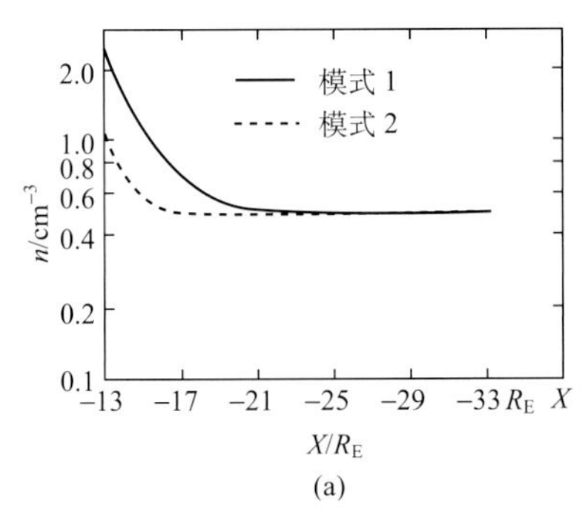

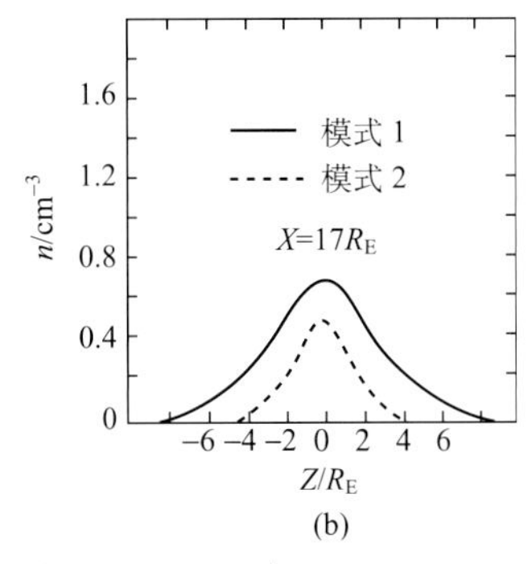

图 8.2.8 数密度 n 随 X 和 Z 的分布(Toichi, 1972)

表 8.2.1 磁尾参数

磁尾参数	模式 1	模式 2
	平衡状态	亚暴状态
Λ/R_E	4	2
n_0/cm^{-3}	0.5	0.5
T_i=2T_e/4eV	1	1.0
α*	0.6	0.4
B_0/nT	17.0	17.0
V/(km/s)	3.5	8.8
Φ/(γR_E)	1800	480
N_T/(粒子数)	7.5×10^{29}	3.3×10^{29}
J_T/A	4.2×10^6	3.7×10^6

*α 为一个任意参数。

8.2.5 等离子体层

等离子体层的形状大致像是最大地心距离约为 5R_E 的一条地球偶极子磁力线旋转一周所形成的旋转体，见图 8.2.1。等离子体层中的等离子体是随同地球共转的。等离子体层中的离子成分主要是 H^+，约占 90%，其次是 He^+，约占 9%，还有 O^+，约占 1%。等离子体层的外边界叫作等离子体层顶(plasmapause)。在赤道面等离子体层顶的地心距离通常为 4～5R_E。

在等离子体层顶附近，随日心距离增加，电子密度迅速下降。通常等离子体层顶以内每立方厘米有几百个质子，而在等离子体层顶以外每立方厘米只有几个质子，边界层的厚度不到 1R_E。

图 8.2.9 示出了一个典型的 H^+，He^+，O^+的数密度随无量纲地心距离($L=r/R_E$)和地方时的变化。由图看到，在这个特例中等离子体层顶位于 L=4.9。

等离子体层顶的形状不完全是轴对称的，它的位置是随着地方时(LT)变化的。在地方时 15:00～22:00 时等离子体层向外突起，叫作突起区 (bulge region)。

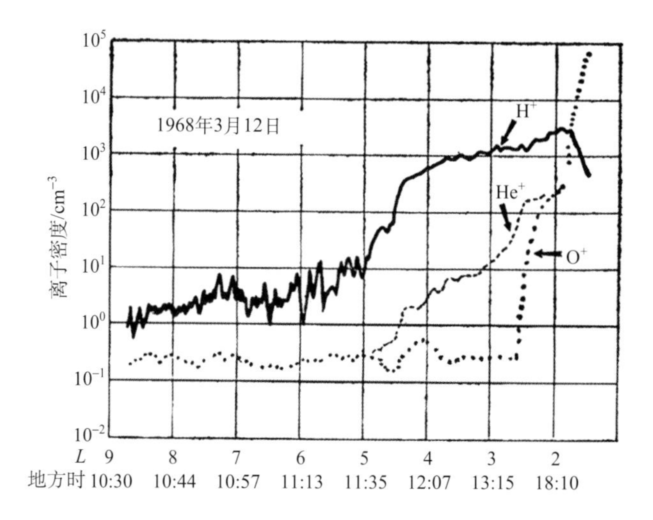

图 8.2.9　由 OGO-5 卫星观测到的 H^{+}，He^{+}，O^{+}数密度随 L 值和地方时的变化(Chappell et al., 1970)

图 8.2.10 示出了在赤道面内等离子体层顶的平均位置。观测表明，等离子体层顶在赤道面内的位置沿着磁力线在电离层高度上的投影与电离层槽的低纬边界大致重合。电离层槽是指在中高纬度围绕极盖区的一个窄的纬度带，其电离层的电子密度很低。由槽的低纬边界到其高纬一侧，电子密度陡然下降。例如，在 1000 km 高度，大约在 10 km 范围内，电子密度下降 2 倍。电子密度变化的高度最低可达到 F_2 层峰值处。电子密度的变化在夜间最明显。其他轻离子也有类似的变化。

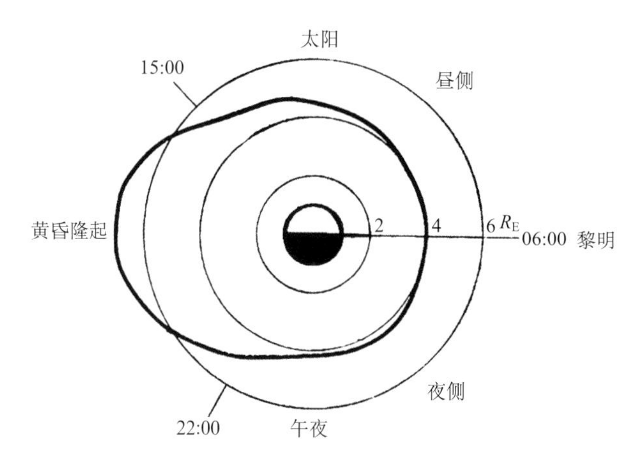

图 8.2.10　赤道面内等离子体层顶的平均位置

图 8.2.11 示出了由地面甚低频探测确定的等离子体层顶位置的投影(虚线)和轻离子(H^+和 He^+)槽的位置(黑点)。由图看到两者是相符合的。

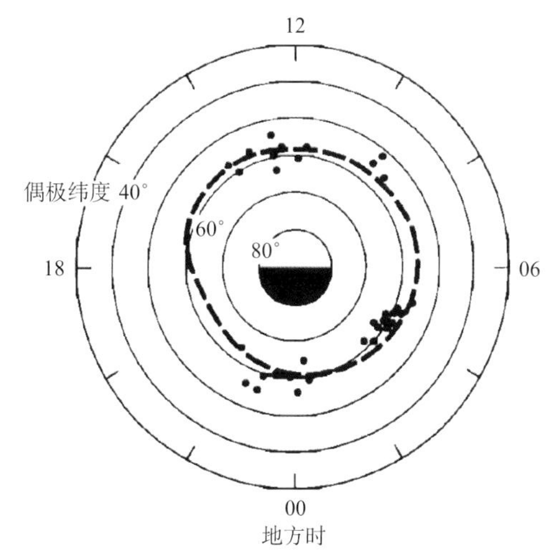

图 8.2.11　由地面甚低频探测确定的等离子体层顶位置的投影(虚线)和轻离子(H^+和 He^+)槽的位置(黑点)(Taylor and Walsh, 1972)

赤道面内等离子体层顶的地心距离是随地磁活动程度而变化的。图 8.2.12 示出了在不同 K_p 指数期间卫星探测的质子密度随 $L=r/R_E$ 的分布。由图看到，当 $K_p<1$ 时，等离子体层顶伸展到 5～6R_E，而在 $K_p\simeq 4\sim 5$ 时，等离子体层顶小于 4R_E。

在等离子体层内充满着冷等离子体，其速度分布一般为麦克斯韦分布。

在内层，等离子体温度 $T_e\sim 0.3$ eV，在接近等离子体层顶，$T_e\geqslant 1$ eV(1 eV 相应于 11 600 K)。内等离子体层的等离子体处于扩散平衡态，随着高度的增加密度逐渐降低。

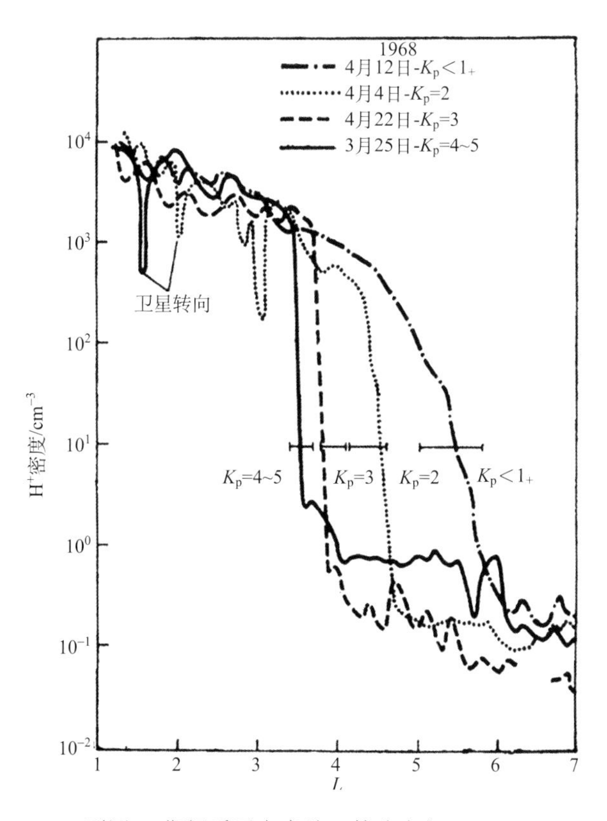

图 8.2.12　不同 K_p 期间质子密度随 L 的分布(Chappell et al., 1970)

在 L=4 以外，电子密度的径向剖面显示了 L^{-4} 的关系，通常认为等离子体层中的等离子体是由电离层提供的。在白天沿着磁力线管向上扩散的离子通量为 $3\times10^{8}\ \mathrm{cm^{-2}\cdot s^{-1}}$(Park，1970)，在夜间又有等离子体由等离子体层向下扩散。冷的(约 1 eV)离子 H^+和 He^+由上电离层沿磁力线管向上扩散，这一现象已被 ISEE-1 卫星观测到(Horwitz et al., 1981)。

在磁扰期间，等离子体层顶收缩，使得原来位于等离子体层内较外部分的等离子体释放到磁层中去。在 L=3～4 以外，等离子体层磁通量管的填充时间比两次磁扰动之间的平静时间长，这使得等离子体层内较外部分的等离子体经常处于不平衡状态。

8.2.6　其他等离子体区域

在由等离子体层顶向外几个地球半径的空间范围内，在所有的地方时都发现了超热等离子体，其主要成分是 H^+，其次是 O^+，再次是 He^+，其速度分布函数通常不是麦克斯韦分布，其特征能量可由数电子伏直至 1 keV。超热等离子体被认为是起源于地球电离层，但是对这些粒子的直接产生过程并不十分清楚(Young, 1983)

8.3　极光粒子沉降

8.3.1　极光和极光椭圆

在地磁高纬地区，夜间经常看到天空中沿着磁力线方向出现很亮的光带，主要呈黄绿色，有时呈红色。在高纬地区，中午也有极光出现，但需借助仪器才能看到。在夜间观测到的极光主要有下面两种形态(Akasofu,1977)。

1. 分立极光

在地面上观看时，分立极光发光区由一些沿着磁力线方向的发亮的射线组成，亮线之间被暗的空间分开[图 8.3.1(a)和(b)]。极光射线实际是相互平行的近于垂直地面的磁力线，然而，发光区有时看起来就像波动起伏的折叠的幕布一样[图 8.3.1(c)和(d)]。光幕经常很快地运动，像是一个发亮的帐幕在天空中波动。它常常在午夜前出现，这种极光也被称为幕状极光。

图 8.3.2 给出了分立极光的典型形状。极光光幕底部高度通常约为 105 km，有时可下降到 95 km 左右，在 85 km 高度很少观测到极光，极光底部最高出现高度是 115 km，而极光光幕的顶部高度通常为 500 km，相邻亮线之间的距离为几十千米。

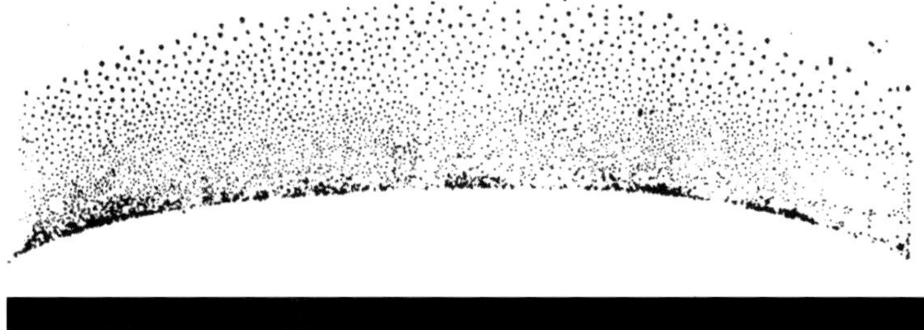

(a)

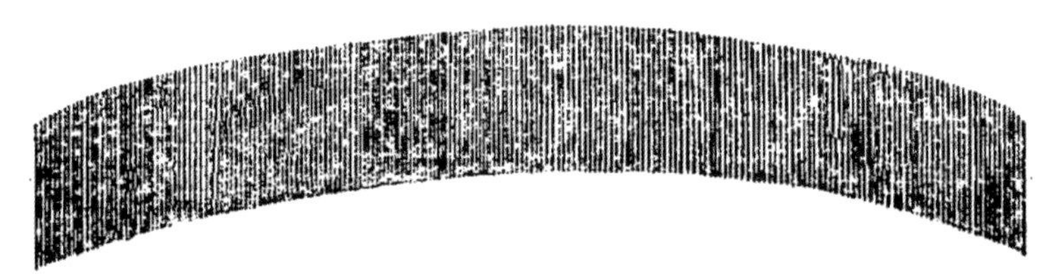

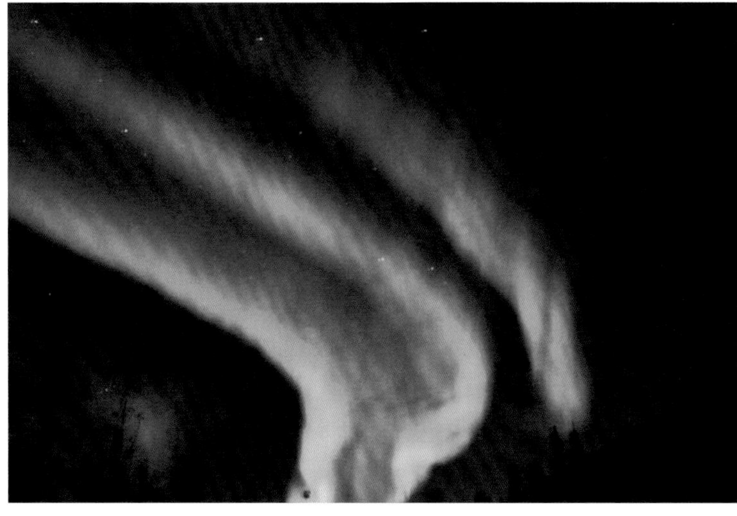

(b)

(c)

(d)

图 8.3.1　典型的分立极光结构(Akasofu, 1977；照片来自宗秋刚)

图 8.3.2　在中国南极中山站拍摄的分立极光照片(照片来自宗秋刚)

2. 弥散极光

弥散极光呈现为一个至少有几十千米宽的光带。在地面上看，它是天空中没有特殊形状和边界的发光区，有时可以覆盖半个天空。弥散极光经常在午夜后出现，它的亮度小而且是脉动的。然而，在地球磁暴时，弥散极光可以变得非常亮，甚至可见非常绚丽的红色极光，见图 8.3.3。图 8.3.3 是 2000 年 4 月 7 日当地时间凌晨 1 点在德国哥廷根附近拍摄的弥散极光照片，当时的 D_{st} 指数为–288 nT，这表明一个超强磁暴正在进行当中。

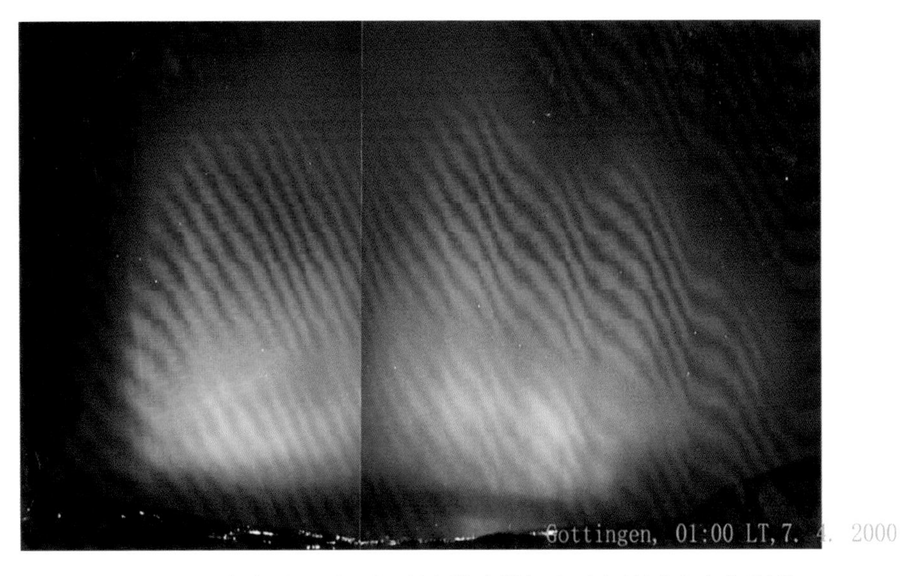

图 8.3.3　在德国哥廷根附近拍摄的弥散极光照片(照片来自宗秋刚)

一般来说，分立极光出现在极光椭圆区，纬度较高，对应的是磁层开放与闭合磁力线边界的磁层等离子体边界层，极光沉降粒子的能量通常也较高；而弥散极光出现的纬度较低，所对应的是内磁层闭合磁力线区域，极光沉降粒子的能量通常也较低。

极光经常在磁力线的南北半球的共轭区同时发生。在磁静日南北极光的共轭性非常好，但是在地磁扰动期间共轭性就被破坏了(Stenbaek-Nielsen et al., 1973)。

图 8.3.4 示出了分别在南北地磁共轭点上空用全天空照相机摄取的极光照片。图中南北极光照片清楚地显示出了极光的共轭性，发光区也没有复杂的结构，并且在极光区域，南北共轭点极光强度的变化是大致相关的。

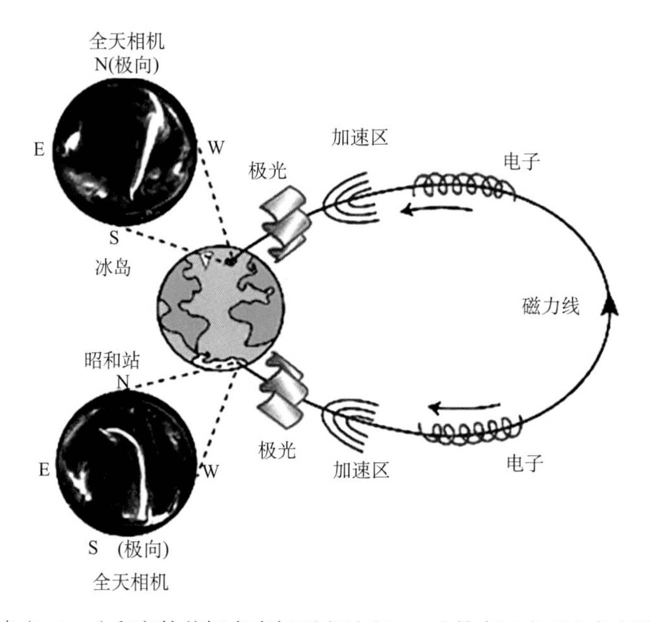

图 8.3.4 冰岛(Iceland)和它的共轭点南极昭和站(Syowa)的全天空照相机摄取的极光照片

地面极光观测可以给出极光在某地所有地方时的出现频次。极光平均每年出现的次数是随纬度而变化的，出现频次最大值在地磁纬度 65°～75°之间，这一纬度区域称为极光带。

极光带并不能描述单次极光活动的增亮区域。用统计方法可确定极光增亮区在经纬度坐标面上的平均位形 (Feldstein, 1963)，见图 8.3.5。图中阴影区为 Feldstein 用统计方法决定的极光椭圆的位形，细实线为 Frank 等得到的捕获区的外边界。图中给出了偶极纬度和磁地方时。由图中阴影区看到，极光弧倾向于沿着一个椭圆形状的带，称为极光椭圆(带)。它相对于偶极磁极是偏心的，中心向着黑夜半球移动 3°。

图 8.3.6 给出一张由 Polar 卫星拍摄的极光椭圆的照片。由图可以看到一个在所有地方时都同时存在的连续的发光带，这个发光带相对于极点是强烈偏心的。这是由强的地磁活动所造成的，此时一个超强磁暴正在进行中，其最大 D_{st} 为–301 nT。

Akasofu(1977)综合了所有上述极光的特征，给出了一个极光椭圆示意图，见图 8.3.7。图中波浪线表示分立极光弧，阴影区表示弥散极光区。

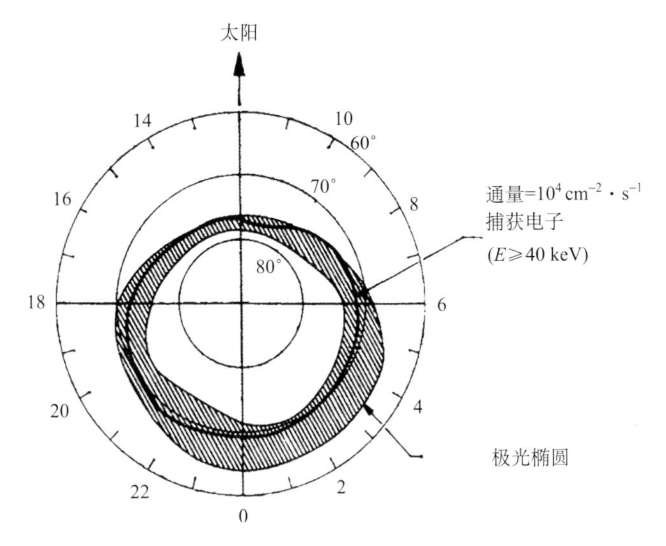

图 8.3.5　由统计方法得到的极光椭圆带(Feldstein, 1963)

由图看到，分立极光多出现于凌晨和早晨侧，而弥散极光则多出现于午夜及黄昏侧，并且弥散极光区分布在分立极光区的赤道侧(较低纬度区域)。图中给出了偶极纬度和磁地方时。

极光椭圆的大小不是固定不变的。在十分平静时期极光椭圆收缩到最小，其午夜部分收缩到地磁纬度 70°，中午部分收缩到地磁纬度 78°。随着地磁活动的增加，极光椭圆向低纬扩展。图 8.3.8 给出了中午极光和午夜极光出现的地磁纬度随 K_p 指数的变化。

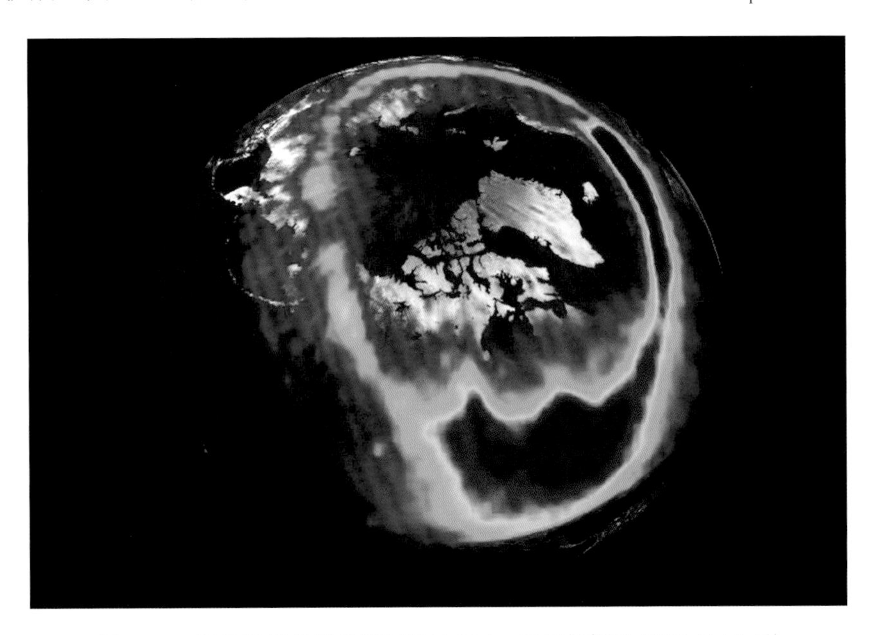

图 8.3.6　卫星拍摄的极光椭圆照片(Polar 卫星拍摄于 2007 月 15 日)

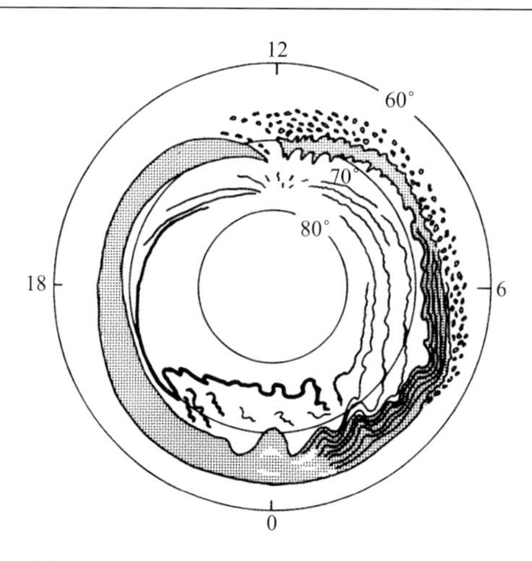

图 8.3.7　在极光亚暴期间极光主要特性示意图(Akasofu, 1977)

8.3.2　极光与电子和质子沉降

极光是大气中处于激发态的分子和原子发光的总和。极光发光区中的分子和原子的激发态是由沿磁力线沉降的高能粒子(电子和质子)与大气的分子和原子的碰撞产生的。

极光主要有红、绿两色，是因为在地球高空大气的氮和氧原子被电子激发，分别发出红色光和绿色光。氧原子激发后的辐射谱线为：绿色或红色，具体取决于氧原子所吸收能量多少。极光中最强的谱线是中性氧原子的 5577 Å 线，它是黄绿色的，发光高度约为 100 km。另一个显著的谱线是中性氧原子的双重线(6300 Å 和 6364 Å)，在光谱的红色区域。极光中氧原子的氧绿线(5577 Å)和氧红双重线 (6300 Å 和 6363 Å)的发光原理见图 8.3.9。

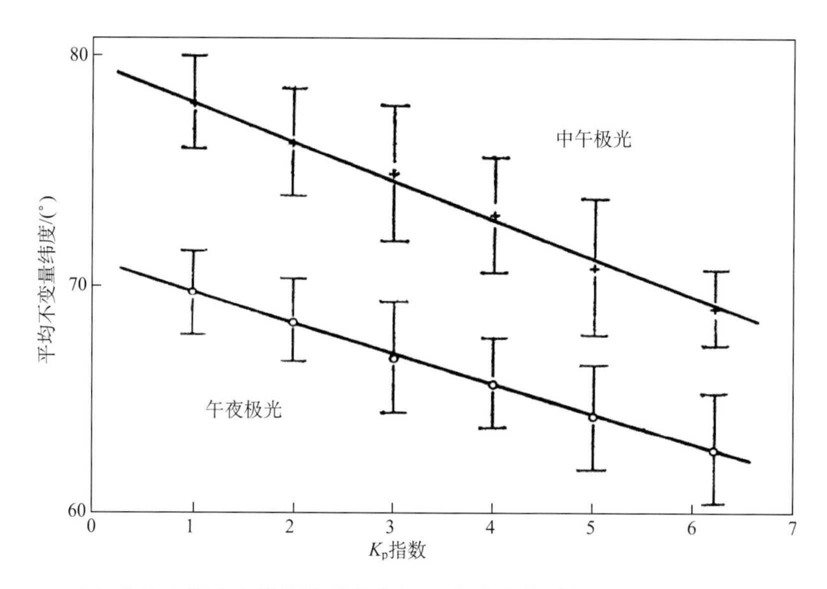

图 8.3.8　中午和午夜极光出现的地磁纬度与 K_p 指数的关系(Akasofu and Chapman, 1963)

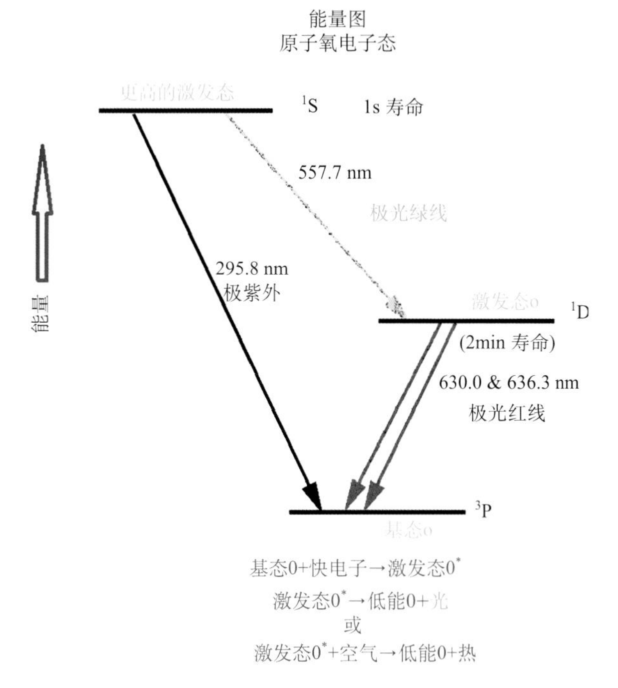

图 8.3.9　极光中氧原子的氧绿线(5577 Å)和氧红双重线(6300 Å 和 6363 Å)的发光原理图

受激后的氧原子回到基态的特点：它可以在 1 s 内(0.75 s)辐射出氧绿线(5577 Å)，但需长达 2 min 的时间才能辐射出氧红双重线(6300 Å 和 6363 Å)。受激后的氧原子与其他原子或分子的碰撞会吸收其激发的能量，并阻止氧原子辐射。然而，由于在高层大气层(约 350 km)，氧原子含量较高，而碰撞概率较小，因此，受激后的氧原子有足够的时间辐射出氧红双重线。如果这一过程发生在较低大气中(约 100 km)，碰撞的频率变得频繁起来，受激后的氧原子就没有足够的时间释放出红光，只能看见氧绿线。如果高度更低，由于剧烈的碰撞，连氧绿线也被阻止了，见图 8.3.10。

这就是在不同的高度会辐射出不同颜色的谱线的原因。地球大气的较高处(约 350 km)，由氧的红光主导，低一些的区域是氧的绿光和氮的蓝光与红光，最后只有氮的蓝光与红光，而碰撞阻止了氧辐射出任何的光线。双重线很弱，一般情况下肉眼几乎看不见。少数情况下双重线特别强，可以为肉眼所见，叫作高纬红弧，它的发光高度约为 350 km，有时伸展到 1000 km。

极光椭圆背阳面部分的沉降粒子的特性可由图 8.3.1 看出。图 8.3.11 展示了 Fast 卫星测量到的极光强度(5577 Å 和 3914 Å)、电子和质子的能谱、投掷角和电子能通量的变化(Colpitts et al., 2013)。

如图 8.3.11 所示，上部是 KIAN 台站全天空照相机所拍摄的图像，其上叠加了等离子物理卫星 Fast 的轨迹(利用 Tsyganenko-96 模型投影)，而卫星刚好通过分立极光弧；下部是 Fast 测量的粒子和磁场扰动数据，垂直黑线表示地面台站观测到分立极光弧的 3 个时间段 8:46:24、8:46:39 和 8:46:48(UT)。

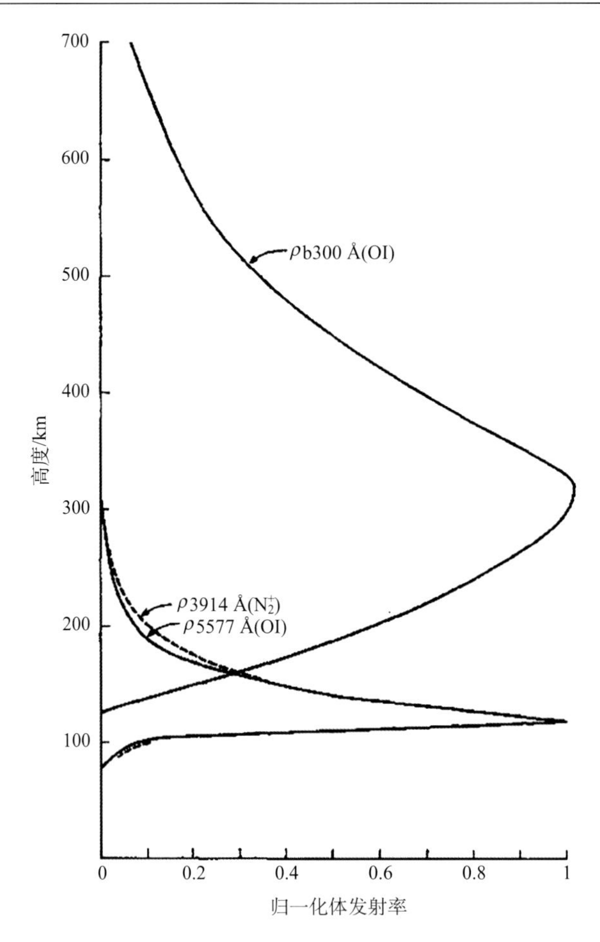

图 8.3.10　观测到的 6300 Å(OI)、5577 Å(OI) 和 3914 Å(N_2^+) 归一化体发射率的高度分布（Romick, 1967）

由图 8.3.11 可以明显看到几个白色的分立极光弧，极光弧光带大致东西向。对应这些极光弧是 Fast 卫星观察到的电子能量谱图和电子能量通量的峰值[分别是图 8.3.11(d) 和(i)]。这些电子具有倒 V 结构，其峰值能量为 5～10 keV，投掷角主要为 0°(沿磁力线)。从电子能量谱图中也可以看到能量小于约 30 eV 为背景电子。

第一个倒 V 结构的峰值对应 8:46:24 UT 在地面 KIAN 台站观察到的分立极光弧，第二个倒 V 结构的峰值对应于 KIAN 台站在 8:46:39 UT 和 8:46:48 UT 看到的分立极光弧结构。第一个倒 V 结构的峰的能量通量[图 8.3.11(i)]最高约为 7 erg/cm^2，对应于 KIAN 台站图像中最亮的弧，第二峰期间的通量(6 erg/cm^2)也比其他峰值高得多。

在离子谱图中[图 8.3.11(f) 和(g)]，只有一个微弱低能离子束(8:46:15 UT)可以被识别，接近 180°。上行离子束与向上的电流区是一致的，并且这意味着这个时候的加速度区域在 Fast 的卫星之下。

图 8.3.11(h) 中所示的磁场扰动是指成对的电流片结构，这是午夜前极光弧的典型特征。磁场扰动的南北分量几乎是恒定的，而东西分量(绿线)存在有较大扰动，这与场向电流片主要在经度上扩展一致。

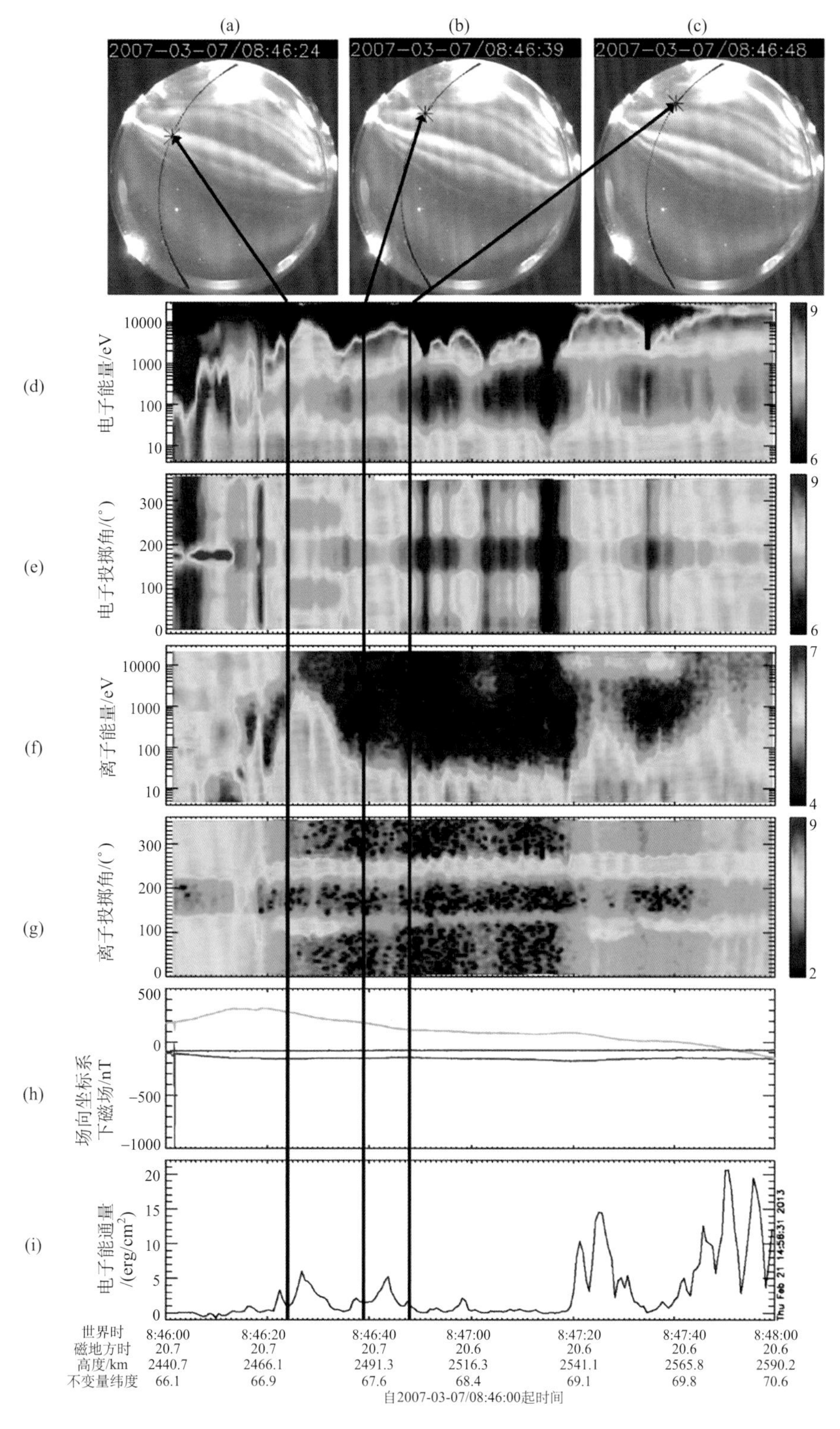

图 8.3.11　Fast 卫星测量到的极光强度(5577 Å 和 3914 Å)、电子和质子的能谱、投掷角和电子能通量的变化(Colpitts et al., 2013)

上述观测表明，在高纬区有一个宽的椭圆形状的粒子沉降区域，其中粒子的沉降是与扩散极光现象紧密联系的。通常沉降粒子的微分能谱由一个麦克斯韦谱和一个幂律谱组成。在沿着极光椭圆中一些十分窄的条形区域，经常在沉降粒子的微分能谱上观测到麦克斯韦谱和幂律谱以外的一个峰值分量，通常叫作单能分量，它是与分立极光相联系的。

下面我们将看到由沉降粒子能谱特性可求得极光发射率的高度剖面。Banks 等(1974)假设入射电子能量为高斯分布：

$$F=Ae(E-E_{o})^{2}\,/\,2\sigma^{2}$$

并且投掷角是各向同性分布的。对特征能量 E_o 为 10 keV、5 keV、2 keV、0.8 keV 的不同能谱分别计算了每单位入射通量产生的 5577 Å 线和 6300 Å 线的发射率随高度的变化。

图 8.3.12 给出了计算结果(Banks et al., 1974)。由图看到，能量在 2～10 keV 范围的入射电子主要在 100～150 km 的高度激发 5577 Å 的发射，特征能量为 420 keV 的电子主要在 250 km 高度激发 6300 Å 的发射。

由于在极光椭圆的午夜部分沉降电子能量较高，所以相应极光主要是 5577 Å 的发射。极光椭圆的中午部分的沉降电子来自极尖区，能量较低，所以相应极光主要是 6300 Å 的发射。

8.3.3　日侧(向阳面)极光

前面已经提到在地球日侧也存在极光活动。最新观测表明，在地球的向阳面高纬地区存在各式各样的极光活动，日侧极光区域沉降粒子的来源包括极盖区(极雨，polar rain)、等离子体幔区(Mantle)、极尖区(Cusp)、低纬边界层区(LLBL)、磁尾中心等离子体片区(CPS)和等离子体边界层区(BPS)。图 8.3.13 给出了平均地磁活动状态下的向阳侧极光沉降粒子区域来源的分布示意图，图中坐标为不变量纬度和磁地方时。

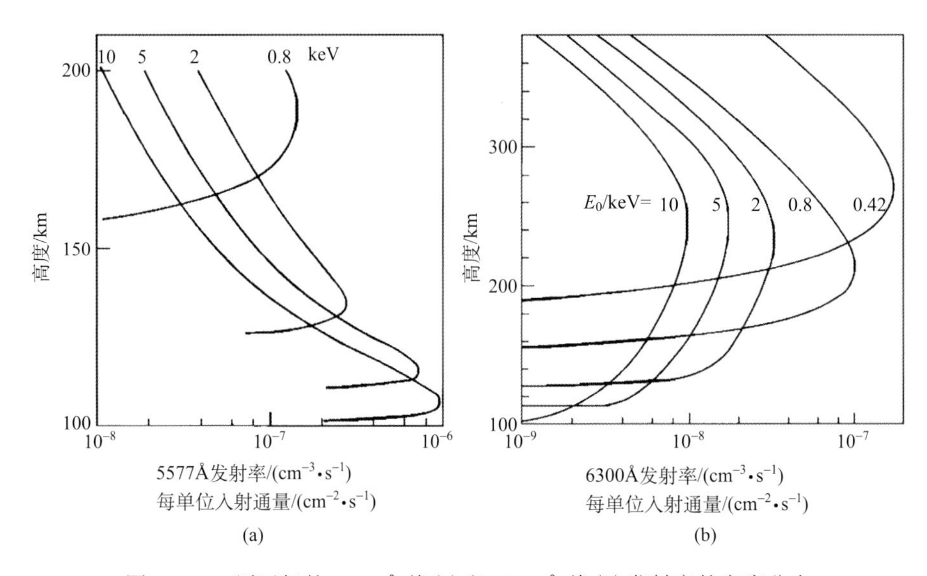

图 8.3.12　原子氧的 5577 Å 线(a)和 6300 Å 线(b)发射率的高度分布

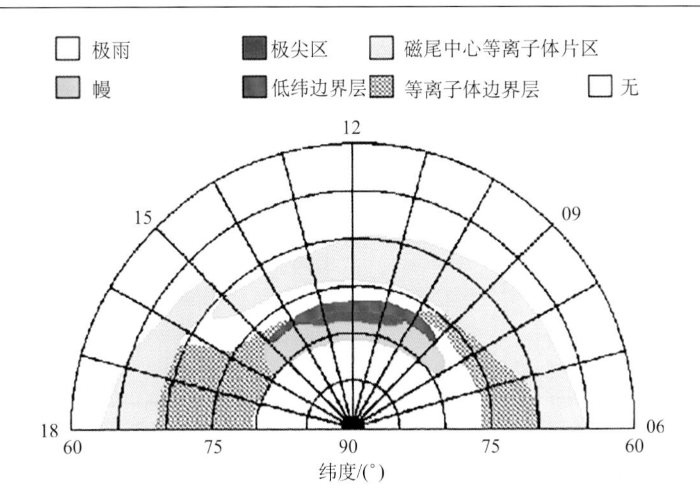

图 8.3.13　在平均地磁活动状态下向阳侧极光沉降粒子区域来源的分布示意图(Newell and Meng, 1992)

日侧粒子沉降可以简单总结如下。

(1) 来源于日侧磁鞘边界层粒子沉降：可以间接通过极尖区和等离子体幔沿低纬边界层（LLBL）场线连接；

(2) 来源于磁尾等离子片粒子沉降：磁尾中心等离子体片区和等离子体边界层区沉降粒子从夜晚侧扩展到日侧，等离子体边界层区在下午侧的沉降强于来源于磁尾中心等离子体片区，而磁尾中心等离子体片则在早晨侧沉降更强。

图 8.3.13 给出了向阳侧极光在地磁活动平均状态下的不同区域的沉降粒子特征(Newell and Meng, 1992)。由图看到，磁尾中心等离子体片区和等离子体边界层区粒子沉降区域形成一个椭圆形状的带，这一椭圆带看起来与极光椭圆带是一致的。

在平静条件下进入极尖区粒子沉降区域的热流为$(1\sim10)\times10^{-7}$ J/$(\mathrm{cm}^2\cdot\mathrm{s})$的量级。该沉降区中质子谱与电子谱分别与磁鞘中质子谱和电子谱十分类似，这说明该区域中的沉降粒子是直接由磁鞘进入的。

在极盖区(即极光椭圆高纬侧的区域)的上空有两种类型的极光沉降粒子。

一种是十分均匀的软电子(大约为 100 keV)，这种软电子在所有时间里都存在，它们可能是起源于磁鞘的，但其通量比极尖区电子通量小约 2 个量级。这种电子沉降被称为“极雨”。

另一种类型的沉降称为“极阵雨”。在极轨道卫星上看起来，这种沉降是不均匀的。沉降电子的能量约为 1 keV。极盖区分立极光可能是这种沉降引起的。在大的磁亚暴期间，这种沉降大大增强，因此又叫作“极暴雨”(Winningham and Heikkila, 1974)。

8.3.4　极光与场向电流

Birkeland 于 20 世纪初提出，与极光现象相联系在地球高空电离层中存在着大尺度的电流，这些电流沿着地磁场磁力线流进和流出(场向电流，也称为 Birkeland 电流)极区大气。关于这一场向电流是否存在，过去一直是有争议的，因为很难通过地面磁场的测量来直接证明在电离层以上存在沿着磁场方向的电流。近十年来，卫星的直接探测表明，在高纬上空的确有一个环绕极区的场向电流带，它的位置与极光椭圆带重合。场向电流是经常存在的现象，即使在十分平静的日子也能观测到。

通过对由场向电流引起的垂直于背景磁场的扰动磁场的测量可以得到场向电流的位置、方向和大小(Zmuda et al., 1966)。场向电流最先由极轨道卫星上的磁强计数据分析得出来。TRIAD 卫星是第一个极轨道卫星，它携带一个三轴磁强计。观测表明，磁场东西分量受到很大的扰动，这说明有一个沿着方位方向伸展的场向电流片。

图 8.3.14 给出了沿着卫星轨道东向(实线)和西向(点线)磁场扰动的位置，在这些虚线和实线的位置上存在着场向电流。图中坐标为不变量纬度和磁地方时，阴影区为极光椭圆带(Yasuhara et al., 1975)。由图看到，场向电流的区域与统计的极光椭圆的位置大致符合。

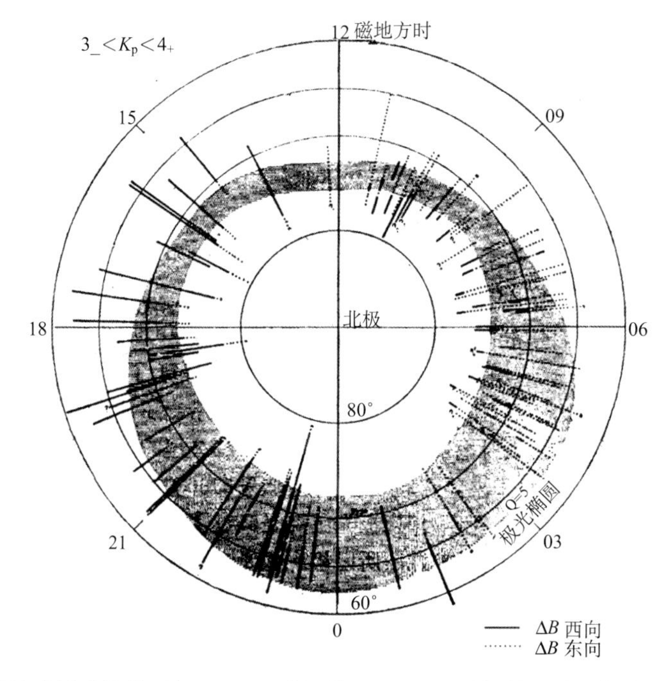

图 8.3.14　在中等地磁活动条件下($3_- \leqslant K_p \leqslant 4_+$)沿着 TRIAD 卫星轨道测到东向(实线)和西向(点线)磁场扰动的位置(Yasuhara et al., 1975)

观测表明，在黄昏部分主要磁场扰动是东向的。这可由一对场向电流片产生，一个在该磁场扰动的极向一侧沿着磁力线向上流，另一个在该磁场扰动的赤道一侧沿着磁力线向下流。在黎明部分观测到主要的磁场扰动是西向的，说明场向电流的方向与黄昏部分相反，在极向一侧场向电流向下流，在赤道一侧场向电流向上流。

场向电流存在的直接证据是通过分析极光粒子的投掷角分布得到的。观测表明，向上和向下的场向电流可能主要由能量小于 0.5 keV 的电子携带(Casserly and Cloutier, 1975)。向上的场向电流主要由典型的极光沉降电子携带，向下的场向电流由向上的电离层电子携带。Berko(1973, 1975)定义当能量为 2.3 keV 的电子的 0°投掷角通量与 60°投掷角通量的比等于或大于 2 时，电子的通量称为场向通量。Berko 发现场向通量倾向于非常频繁地发生在接近不变量纬度 70°的午夜，并且与高极光粒子通量相伴随。

图 8.3.15 示出了大尺度场向电流的分布，(a)为平静时(弱扰动情况，$|AL| < 100$ nT)的分布，(b)为扰动时($|AL| > 100$ nT)的分布。图中有两个场向电流环状区域，与靠

近极区的环相联系的电流叫作电流系 1（1 区），与靠近赤道方向的环相联系的电流叫作电流系 2（2 区）。

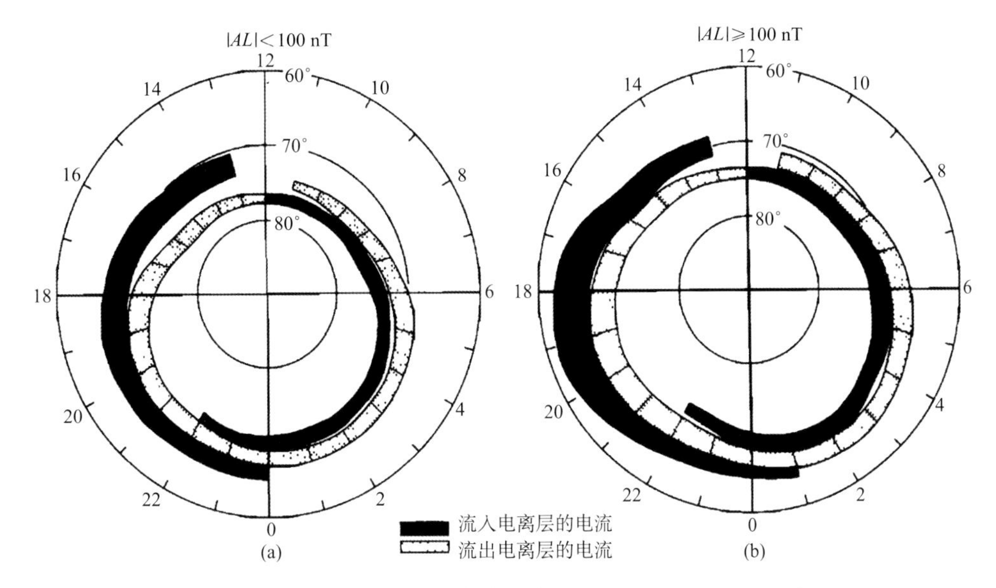

图 8.3.15　大尺度场向电流的分布（Iijima and Potemra, 1978）

电流系 1 的电流在磁地方 0～12 时流进电离层，在磁地方时 12～24 时流出电离层。电流系 2 的电流方向正好与电流系 1 相反。在南半球也有同样的两个电流系。在场向电流区域地面以上几百千米，场向电流密度为 0.3～2.5 mA/m^2。一般地说，如果把场向电流的分布与分立极光和弥散极光比较，就会发现 1 区向上的场向电流与晚上的分立极光相联系，2 区向下的场向电流相应于弥散极光区域（Akasofu, 1977）。

图 8.3.15 还显示出另外一个场向电流的主要特征，就是随着地磁活动的增加，场向电流分布的主要特性没有显著的变化，而只是简单地移动到某个较低的纬度。在实验误差范围内，流进电离层的总电流等于流出电离层的总电流。在平静时总电流为 2.5×10^6 A，在扰动期间为 5×10^6 A。

8.4　磁层电场和磁层等离子体对流

8.4.1　极区电场分布和场向电流

根据气球或卫星携带的长探针上的电位可以直接推算电离层中的电场。

图 8.4.1 显示了典型的沿着晨昏子午面越过极盖区上空的电场分布，E_x 是垂直日地连线的电场的水平分量，箭头指示其方向（Heppner, 1972）。(a) 中曲线表示 OGO-6 卫星由黄昏侧越过北半球极区向着黎明侧运动时测量到的电场变化。当卫星由黄昏侧向北运动时，电场的方向是指向极区的，强度逐渐增加；当卫星到达黄昏侧纬度为 70°时，极向电场达到峰值，为 20～30 mV/m 的量级。

在这以后，电场很快减小，在纬度为 75°处，电场转换方向，由黎明方向指向黄昏方向，一直到卫星沿着黎明子午面达到纬度 70°处，电场才又反转方向，并且突然增加。在纬度 69°处电场达到峰值，约为 40 mV/m，然后下降。图 8.4.1 (b) 是南半球极区上空电场的变化。在南半球极盖区电场也是由黎明指向黄昏方向的。

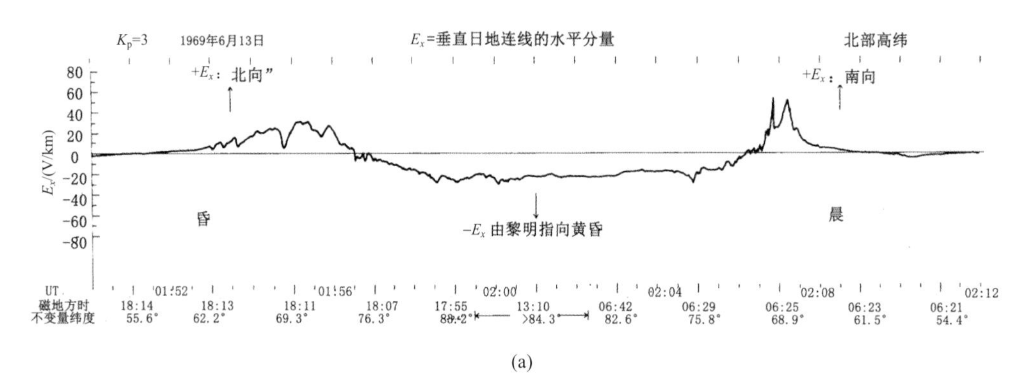

(a)

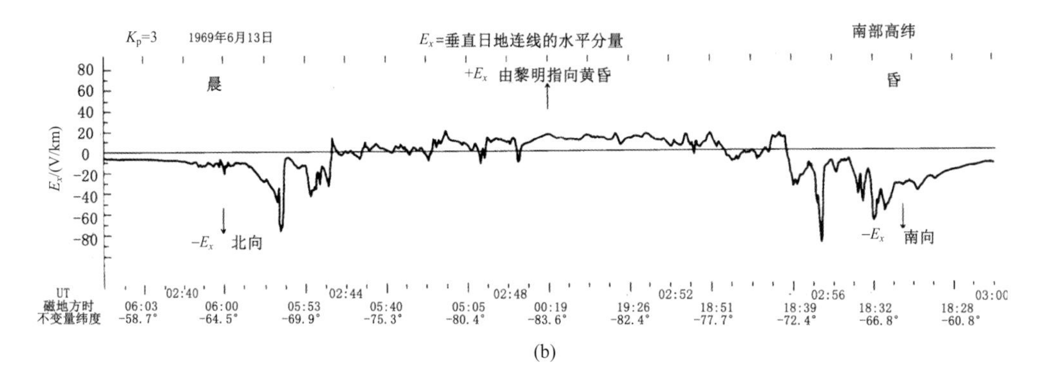

(b)

图 8.4.1　北半球(a)和南半球(b)极区电场晨昏分量沿着晨昏子午面的变化(Heppner, 1972)

图 8.4.2 给出了 Injun-5 卫星沿着不同经度多次越过极区测量到的电场方向反转点的位置。圆圈指示在该电场反转点极向一侧等离子体在电场中的漂移速度是向东的，而在反转点赤道一侧漂移速度是向西的。黑点表示相反(Gurnett, 1972b)。反转点大致沿着极光椭圆分布(Gurnett, 1972a)。

Zi 和 Nielsen(1980, 1982)用 STARE 雷达的观测资料分析了高纬电离层中电场的分布，并且分析了电场在磁静日和磁扰日的变化，发现与磁静日相比磁扰日有如下一些特点：

(1) 电场增强，电场最大值平均位置移向低纬，并且更加接近中午经度；

(2) 在磁静日最大电场在午夜观测到，而在磁扰日在午后观测到；

(3) 晨侧对流无增强；

(4) 西向和东向电子漂移的反转点发生在更早的地方时。这些倾向都随 K_p 指数增大而增强。

极盖区电场可以近似地看成是电离层中沿着极光椭圆的电荷分布 ρ_e 产生的。在最简单的情况下，极光椭圆被假设为一个纬度圈，沿着这一纬度圈电荷分布为

$$\rho_e = \rho_{e_0} \sin\psi \tag{8.4.1}$$

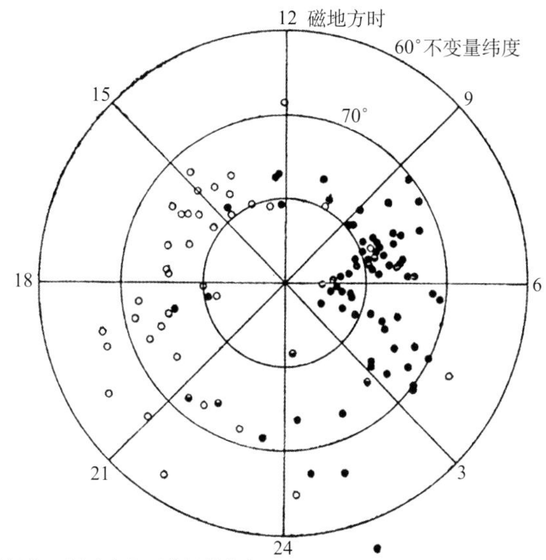

图 8.4.2　由 Injun-5 卫星多次测量得到的电场方向反转点的位置(Gurnett, 1972)

其中，ψ=15°×MLT，MLT 为磁地方时。该电荷分布产生的电场等势线示于图 8.4.3 中。沿着晨昏子午线，在极光椭圆极向一侧，电场方向为由黎明指向黄昏，在极光椭圆的赤道一侧电场反向，这一特点与前面观测结果是一致的。

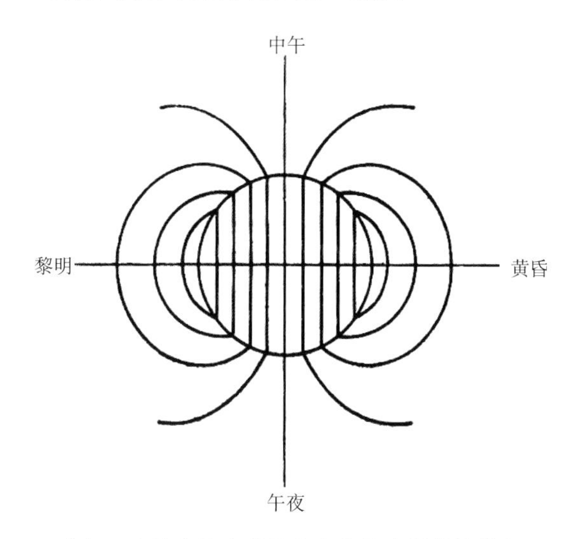

图 8.4.3　式(8.4.1)给出的电荷分布产生的电场等势线(Stern, 1975)

实际上，在导电的电离层中不能单独存在稳定的电荷分布，这个电荷分布只能看成是由于流入和流出极区电离层的场向电流引起的极化电荷。如果已知场向电流的分布和电离层的电导率，可求相应极化电荷的极区电场和极区电离层中电流。

Yasuhara 等(1975)根据电导率的不同，把电离层分为三个区域：极盖区、极光椭圆带和中低纬带。它们的边界线为 2 个纬度圈(λ_1=70°，λ_2=65°)，每个区域内电离层的电导率都假设是均匀的。极光椭圆带内电导率是区域 I 和III中电导率的 5 倍，见表 8.4.1。

表 8.4.1 单环模式中所用的电导率的数值 (单位：S)

极盖区		极光椭圆带		中低纬带	
区域 I		区域 II (高导电带)		区域III	
$\sum_P$	$\sum_M$	$\sum_P$	$\sum_M$	$\sum_P$	$\sum_M$
1.0	2．0	5.0	10.0	1.0	2.0

因为只有一个高导电环，该模式又称为单环模式。表中 $\sum_P$、$\sum_H$ 分别为电离层的彼德森电导率和霍尔电导率对高度的积分。电离层中电流 I 与电势 $\varPhi$ 的关系为

$$I=-\begin{pmatrix}\sum_P & \sum_H\\ -\sum_H & \sum_P\end{pmatrix}\cdot\nabla\varPhi \tag{8.4.2}$$

假设沿着极光椭圆带内外边界有场向电流 $j_{\parallel}$，它的分布已给定，见图 8.4.4，这是实际情况(图 8.3.15)的一个近似。(a)为单环模式假定的高导电带的位置(阴影区)，峰值场向电流的位置(由阴影区边上的圆圈表示)；(b)为场向电流的经度分布，虚线表示沿阴影区外边界(赤道向边界)场向电流的分布，而实线表示沿阴影区内边界(极向边界)的场向电流的分布(Yasuhara et al., 1975)。

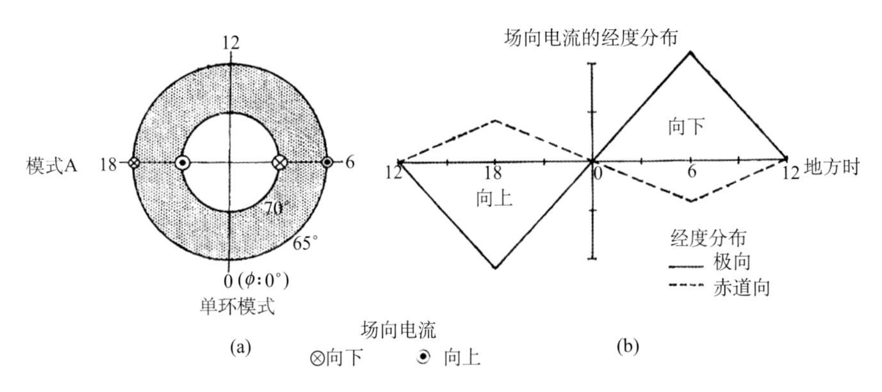

图 8.4.4 极光椭圆带内外边界有场向电流 $j_{\parallel}$分布(Yasuhava, 1975)

电流 $\boldsymbol{I}$ 与流进电离层的场向电流 $j_{\parallel i}$ 的关系为

$$\nabla\cdot\boldsymbol{I}=j_{\parallel i} \tag{8.4.3}$$

由式(8.4.2)和式(8.4.3)可以计算出电离层电流和电位的分布，见图 8.4.5(a)、(b)。图 8.4.5(a)中箭头指示电流的方向，相邻流线之间的电流是 20 kA(Yasuhara et al., 1975)。由图看到，在极盖区电场基本上沿着晨昏方向，电场沿着晨昏子午线在高导电区的内边界转换方向。与前面的观测(图 8.4.1 和图 8.4.2)比较，我们看到，单环模式可以描述观测到的极区电场的主要特性。

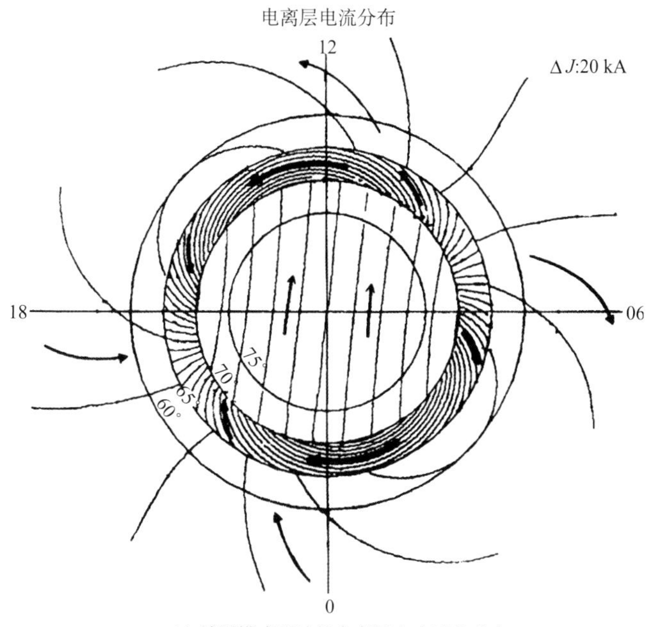

(a) 单环模式预计的电离层中电流的分布

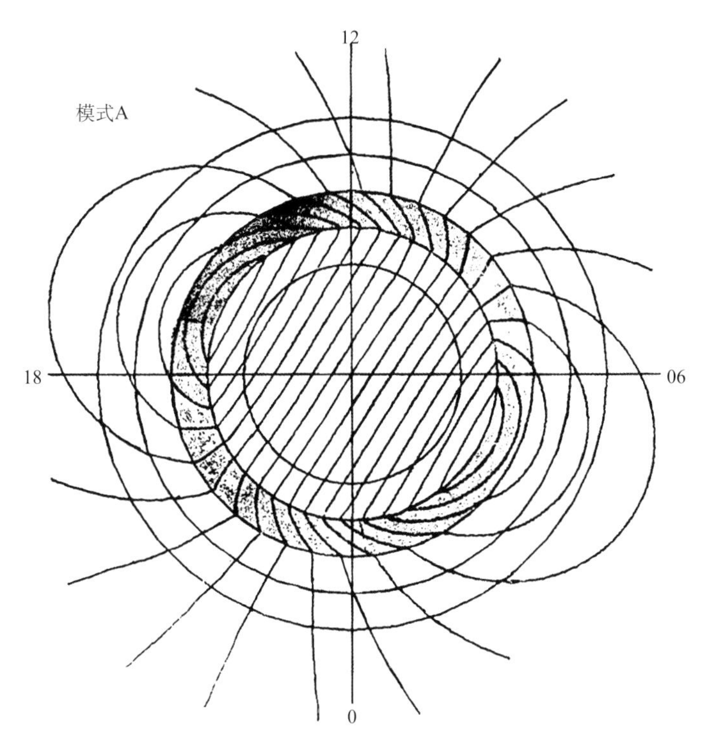

(b) 单环模式预计的电离层中的电场等势线(Yasuhara et al., 1975)

图 8.4.5　单环模式预计的电离层中电流的分布和电场等势线

在 8.1.4 节中，介绍了极区静日地面磁场 Sq^{p} 变化的形态，说明场向电流在极区电离层中产生的电位降表现为极区电场。下面我们将看到正是由于场向电流驱动的电离层的电流与场向电流本身一起产生了极区 Sq^{p} 变化（Kawasaki and Akasofu, 1973）。

在 8.5 节将看到，场向电流可以解释为是太阳风-磁层发电机产生的。太阳风与磁层的相互作用使得磁层顶的黎明侧比其黄昏侧的电位高约几十千伏。磁层顶的黎明侧和黄昏侧分别通过磁力线与极盖区电离层的黎明侧和黄昏侧相连接。

晨、昏两侧磁层顶可看成是一个电源的两极，而与晨昏侧磁层顶和电离层相连接的磁力线以及极区电离层可以看成这一电源的外电路，晨昏侧磁层顶的电位差就在该外电路中产生电流。由于沿着磁力线的电导率是无穷大的(我们暂不考虑等离子体不稳定性引起的反常电阻)，外回路中的电位降主要降在极区电离层中，于是在极盖区电离层中出现了由黎明指向黄昏的电场，即图 8.4.3 中给出的等势线分布。

在高纬区等势线会出现两个涡漩。这是由于电离层中霍尔电导率比彼德森电导率大得多，电流主要是由漂移电子携带。假设磁场在垂直方向，电子将沿着电场的等位线漂移，因而由电子携带的电流形成两个涡漩，就是在高纬观测到的 Sq^{p}，见图 8.1.17 和图 8.1.18。

实际上极区电离层中的水平电流是不连续的，其散度就等于流入导电层的场向电流。极区电离层电流、沿着磁力线的场向电流和磁层顶电流共同组成一个电流回路，极区电离层中的水平导电层是太阳风磁层发电机的负载。Sq^{p} 变化就是磁层-电离层回路的磁效应。

8.4.2 对流电场和旋转电场

1. 对流电场

通常在磁层中可以近似地假设沿着磁力线的等离子体电导率是无穷大的，因而磁力线是一等势线(当沿着磁力线的电流足够大时，在稀薄等离子体中就会产生沿着磁力线的电场，此时该假设不再成立)。因此只要知道磁力线的几何结构，就可以把极区电离层中观测到的电场沿磁力线投影到赤道面。由于磁尾中的磁力线是由极盖区发出的，所以在磁尾中也存在着由黎明指向黄昏的电场，通常叫作晨昏电场。这一电场驱动着磁层等离子体的对流运动，通常又称为对流电场。电场的数值随着太阳风的速度和行星际磁场的变化而变化。

在磁静日对流电场可取为

$$E_{\mathrm{o}}(\text{静日}) \geqslant 0.4\ \mathrm{mV/m}=2.6\ \mathrm{kV}/R_{\mathrm{E}} \tag{8.4.4}$$

在磁扰日对流电场为

$$E_{\mathrm{o}}(\text{扰日}) \geqslant 1\ \mathrm{mV/m}=8.4\ \mathrm{kV}/R_{\mathrm{E}} \tag{8.4.5}$$

对流电场与太阳风速度 V 有如下的经验关系：

$$E_{\mathrm{o}}=3.63\,(V/533)^{2}\ \ \mathrm{kV}/R_{\mathrm{E}} \tag{8.4.6}$$

与地磁指数 K_{p} 的经验关系为

$$E_{\mathrm{o}}=4.5\times10^{-4}\left(1-\frac{K_{\mathrm{p}}}{10}\right)^{-2}\left(\frac{V}{m}\right) \tag{8.4.7}$$

现在普遍接受的对流电场模型是 Volland-Stern 根据物理模型所得到的依靠地磁指数 K_p 的半经验公式，可以表示为

$$\phi_{conv} = A\left(\frac{r}{R_E}\right)^2 \sin\varphi \tag{8.4.8}$$

$$A=\frac{0.045}{(1-0.159K_p+0.0093K_p{}^2)^3}kV \tag{8.4.9}$$

$$E=\nabla\phi \tag{8.4.10}$$

其中，φ 表示磁地方时，φ=0 表示午夜；A 由 Maynard 和 Chen（1975）的研究确定。磁暴越强（由 K_p 指数表示），对流电场越强，磁尾的等离子体就能运动到内磁层中更靠近地球的区域。

2. 旋转电场

由于大气的黏性传输作用，电离层等离子体与地球共转。如果我们在相对太阳静止的参考系中测量电场，除了对流电场 E_0 外，还有由地球自转引起的电场，被称为旋转电场。假定在随同地球自转的参考系中来看，只有磁场 B_0，而没有电场（E_0=0），在相对太阳静止的参考系中一固定点 P，矢径为 $\boldsymbol{r}$，在随同地球自转的参考系中来看 P 点的速度为

$$V=-\boldsymbol{\Omega}\times\boldsymbol{r}$$

这里，$\boldsymbol{\Omega}$ 为地球自转角速度。在相对太阳静止的参考系中观测到的磁场 B' 和电场 E' 分别为

$$B'=B_0$$

$$\boldsymbol{E}'=\boldsymbol{E}_R=-\frac{1}{c}(\boldsymbol{\Omega}\times\boldsymbol{r})\times\boldsymbol{B}_0$$

其中，E_R 为旋转电场，在赤道面内旋转电场 E_R 是指向地心的。

我们可以这样来理解旋转电场：可以将地球看成是一个被导电率无穷大的等离子体包围着的旋转球体。如同电动机中旋转的磁场带动转子转动一样，地球磁场将带着周围等离子体一同转动。严格地说，等离子体区域与固体地球之间有一中性大气层，由于大气的黏性传输作用，底部的等离子体是与地球共转的。又由于等离子体与磁力线是冻结在一起的，磁力线将带动着上层等离子体与地球共转。

假定地球旋转角速度为 $\boldsymbol{\Omega}$，则 r 处的等离子体被磁力线带着一同转动的速度为 $\boldsymbol{V}=\boldsymbol{\Omega}\times\boldsymbol{r}$。

在静止参考系来看，以速度 $\boldsymbol{V}$ 运动的电荷将受到洛伦兹力的作用：

$$\boldsymbol{F}=q\frac{\boldsymbol{\Omega}\times\boldsymbol{r}}{c}\times\boldsymbol{B}_0$$

在这一力的作用下，等离子体中的电荷将发生分离。又由于等离子体层的厚度是有限的，因而电荷分离产生极化电场，电荷受到的电场力与洛伦兹力相反，最后每一个电荷受到的电场力与洛伦兹力平衡。这个平衡电场就是旋转电场 $\boldsymbol{E}_R$。在相对太阳静止的参考系中

来看，旋转电场的作用使得等离子体的漂移速度和地球的旋转速度是一样的，也就是说等离子体随同地球自转。

假设地磁场是偶极子场，在地磁坐标系中旋转电场可以写为

$$\boldsymbol{E}_{\mathrm{R}}=\frac{\Omega B_0 R_{\mathrm{E}}}{c}\left(\frac{R_{\mathrm{E}}}{r}\right)^2 \sin\theta(2\cos\theta\boldsymbol{e}_\theta-\sin\theta\boldsymbol{e}_\tau) \tag{8.4.11}$$

B_0为赤道面上磁场，$B_0 \simeq 0.31\mathrm{Gs}$。在赤道面上有 θ=90°，得到

$$E_{\mathrm{R}}=\frac{\Omega B_0 R_{\mathrm{E}}}{cL^2}\simeq\frac{91}{L^2}\frac{kV}{R_{\mathrm{E}}}$$

当 L=3 时，$E_{\mathrm{R}} \simeq 1.6$ mV/s。

8.4.3 磁层等离子体对流与等离子体层边界层

磁层等离子体将在磁场和电场作用下漂移。起源于低纬电离层的等离子体将在旋转电场作用下与地球一同旋转，极区电离层中等离子体和等离子体片中的等离子体将在对流电场的作用下对流。

下面讨论对流的物理过程。当没有平行于磁场 $\boldsymbol{B}$ 的电场作用时，等离子体的漂移速度 $\boldsymbol{V}$ 由下式给出：

$$\boldsymbol{V}=\frac{c}{B^2}(\boldsymbol{E}\times\boldsymbol{B})$$

这里，电场 $\boldsymbol{E}$ 由势函数 ϕ 的梯度给出：

$$\boldsymbol{E}=-\nabla\phi$$

因为 $E_{\parallel}$=0，所以 $\boldsymbol{V}\perp\boldsymbol{E}$，就是说带电粒子都以相同的速度沿着电场的等势线($\phi$=常数)漂移，这样赤道面内和极区电离层内冷等离子体对流运动的流线就是电场的等势线。此外，带电粒子还受到磁场梯度漂移的作用，电场漂移与粒子的电荷及能量无关，而梯度漂移与二者都有关。对于能量非常低的粒子，电场漂移是主要的。

由极区电场的测量可以推导出等离子体在极区电离层中的对流速度，见图 8.4.6。由图可知，在接近极点的高纬区域，等离子体是沿背日方向漂移的；而在电场反向点外，等离子体是沿向日方向漂移的。

图 8.4.7 显示了根据 Injun-5 和 OGO-6 卫星观测数据得到的极盖区等离子体平均对流流线(Gurnett, 1972b)。(a)是在极盖区流线非均匀和非对称分布的情况，这是经常发生的；(b)是极盖区流线基本均匀分布的情况。图中虚线分开向日流的区域和背日流的区域，是电场方向反转的平均位置。将图 8.4.7(a)与图 8.4.2 比较，可以看到两者是一致的。

下面分析磁层赤道面内等离子体在旋转电场和对流电场作用下的运动。

由于对流电场和旋转电场的方向都在赤道面内与磁场方向垂直，因而低能(能量近似为 0)带电粒子将沿着电场的等势线漂移。在赤道面内某一点(r, λ)，电场的位势可以写为

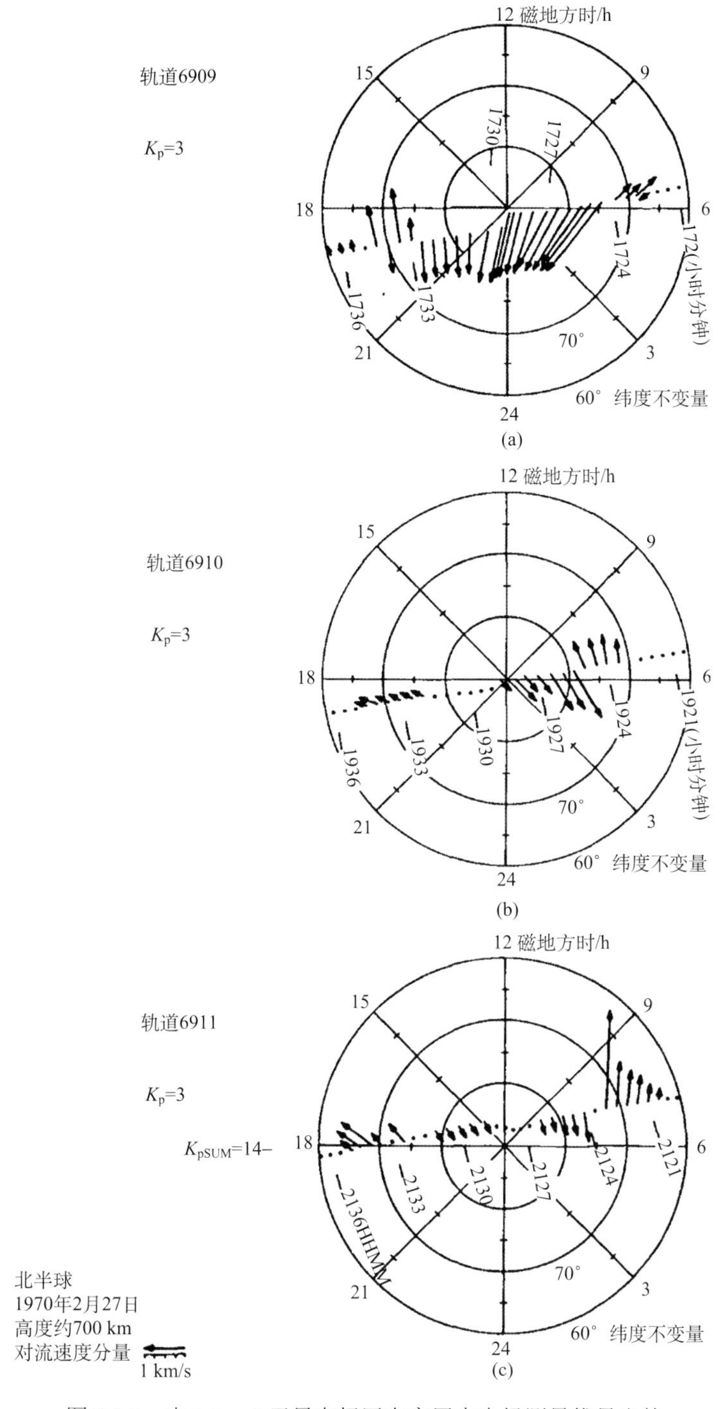

图 8.4.6　由 Injun-5 卫星在极区电离层中电场测量推导出的等离子体对流速度(Gurnett, 1972b)

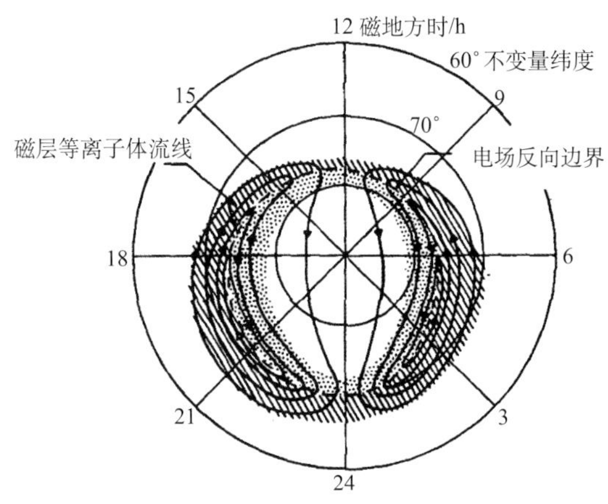

(a) 在极盖区流线非均匀和非对称分布的情况

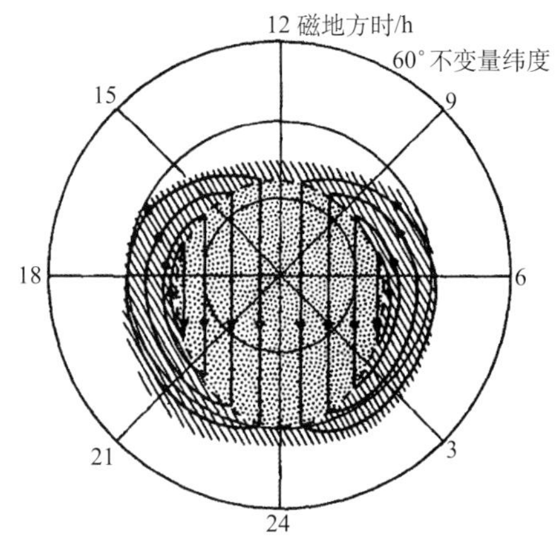

日向对流(>0.75 km/s)

背日对流(>0.75 km/s)

对流速度(<0.75 km/s)

(b) 极盖区流线基本均匀分布的情况

图 8.4.7　根据 Injun-5 和 OGO-6 卫星观测数据得到的极盖区等离子体平均对流线分布情况(Gurnett, 1972a)

$$U(r,\lambda)=\pm\left(-\frac{C_1}{r}+C_2 r\sin\lambda\right) \tag{8.4.12}$$

其中，r 为矢径；λ 为方位角(在日地连线上 λ=0)；对质子取正号，对电子取负号。第一项相应于旋转电场，第二项相应于晨昏电场。其中

$$C_1=91.5\ \text{kV}\cdot R_\text{E}$$

C_2 可取为

$$C_2\leqslant 2.6\ \text{kV}/R_\text{E}\quad(静日)$$
$$C_2\geqslant 8.4\ \text{kV}/R_\text{E}\quad(扰日)$$

等势线为

$$U(r,\lambda)=常数 \tag{8.4.13}$$

它表示带电粒子漂移的轨迹。

能量为零的电子和质子将沿着等势线向着同一方向漂移。

图 8.4.8 示出了当 C_2=1.8 kV/R_E 时由式(8.4.11)计算的曲线(Roederer and Zhang,

2014)，这就是在赤道面内等离子体的对流曲线。由图看到，在赤道面内接近地球的区域，式(8.4.10)中第一项是主要的，冷等离子体与地球共转，这个区域叫作共同旋转区，也就是等离子体层的位置。在该区域外侧，以晨昏电场为主，等离子体沿向日方向漂移，最后通过磁层顶逃逸出磁层。

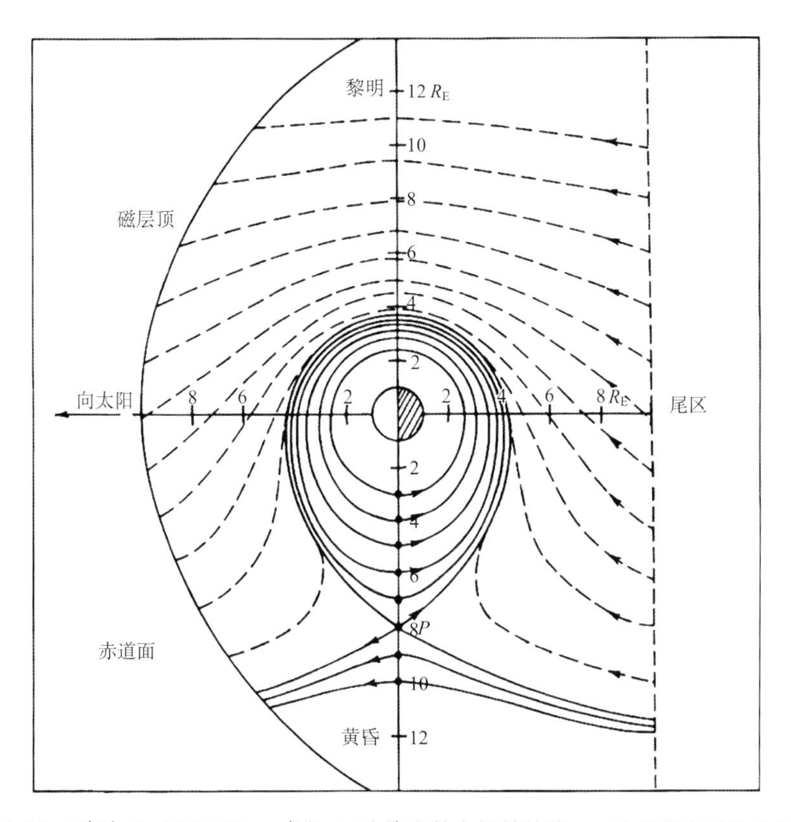

图 8.4.8　对于 C_2=1.8 kV/R_E，式(8.4.12)给出的电场等势线——冷热等离子体分界面

等离子体层是相对较冷的等离子体与地球共转的区域，在该区域中，磁力线是闭合的，共转电场起主导作用。该区域主要由来自电离层的高密度(>10^4 cm^{-3})、低温度(1 eV)的质子和氦离子组成。低高度电离层冷等离子体沿磁力线向上扩散到磁层，这些冷等离子体在与地球的共同旋转区中被捕获，因而，等离子体层可以保持较高的等离子体密度；而在共同旋转区之外的区域，对流作用占主导，等离子体会不断损失，所以密度较低。

一般情况下，我们把等离子体密度陡然下降的地方称为等离子体层的外边界或等离子体层顶。在地磁平静时期，等离子体层顶常常就是共转区边缘电势平衡面。

共转电场(沿径向方向指向地心)和对流电场(由地球的晨侧指向昏侧)。由对流电场和旋转电场相等的条件，可以决定在黄昏方向上两个区域分界面(电势平衡面)的位置，也就是冷热等离子体分界面的位置。在等离子体分界面以内，由于粒子被共转电场捕获，粒子逃不出去；而在等离子体分界面之外的粒子，由于受到对流电场的控制也不能穿透这个分界面进入。

由式(8.4.4)、式(8.4.5)和式(8.4.9)可求得，在磁静日等离子体分界面位于 L=6 处，而在磁扰日位于 L=3.6 处。这是由于在磁扰日晨昏电场大大增强，因而等离子体分界面的地心距离就减小了。

然而，在地磁活动期间，等离子体的能量不能近似为 0，等离子体层顶位置与等离子体边界出现分离。实际的等离子体层顶位置可以通过原位卫星测量，或者通过地面测量和哨声波分析来进行判断。等离子体层顶的赤道投射通常位于 L 为 3～6 之间(图 8.4.9)，较小的值出现在地磁活动更高（磁暴）期间。此外，等离子体层是不对称的，受地磁活动影响，等离子体层通常在黄昏侧隆起（Carpenter et al., 1993)，这个隆起区的高密度等离子体往往被限制在赤道平面附近。

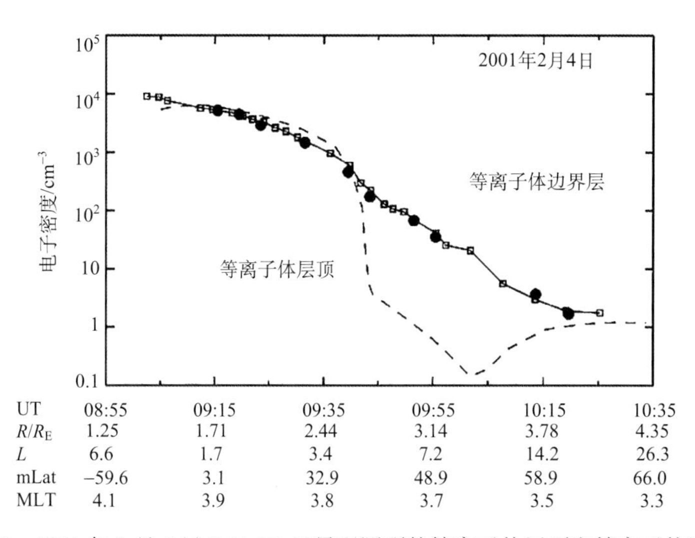

图 8.4.9 2001 年 2 月 4 日 IMAGE 卫星观测到的等离子体层顶和等离子体边界层

观测表明，等离子体层外边界的位置(L_{pp})和地球磁场扰动是密切相关的。在平静时期，等离子体层顶位于 L=5～6 地球半径(R_E)的位置，根据 O'Brien 和 Moldwin(2003)的经验模型公式，等离子体层顶的位置为

$$L_{pp} = -1.57Q+8.3 \tag{8.4.14}$$

其中，$Q = \log_{10}\left|\min_{-24,0} D_{st}\right|$。

近年来的研究表明(Carpenter and Lemaire, 2004)，等离子体层顶并不是一个简单的电势平衡面，而是具有一定厚度的存在一些特殊结构的区域。于是，等离子体层边界层(plasmasphere boundary layer，PBL)这一新的概念被提出，它事实上是一个区分热等离子体和冷等离子体的边界层，见图 8.4.9。

8.4.4 磁层等离子体对流和极区电离层电流的耦合

在解释磁层等离子体对流和极区电离层电流耦合过程之前，我们首先需要介绍磁层等离子体和电离层等离子体的特性。磁层等离子体的平均自由程比磁层的特征长度大得多，因此可以认为磁层等离子体是无碰撞的。当略去磁场梯度漂移时，等离子体

以速度

$$V_{\perp} = \frac{c}{B^2}(\boldsymbol{E} \times \boldsymbol{B})$$

做垂直磁场 $\boldsymbol{B}$ 的漂移运动，上式可以写为

$$\boldsymbol{E}_{\perp} = \frac{1}{c}\boldsymbol{V} \times \boldsymbol{B}=0$$

若 $\boldsymbol{E}$=0，则有

$$\boldsymbol{E} + \frac{1}{c}\boldsymbol{V} \times \boldsymbol{B} = 0$$

将上式取旋度，于是得到

$$\nabla \times (\boldsymbol{V} \times \boldsymbol{B}) - \frac{\partial \boldsymbol{B}}{\partial t} = 0$$

由此可以证明，在等离子体中以 $V_{\perp}$运动的封闭曲线内的磁通量守恒，如果没有平行磁力线方向的电场出现，等离子体在垂直磁场的平面内的运动可以近似看成是与磁力线冻结在一起的。于是磁力线可以看成是物质力线，描述磁力线的运动可以给出等离子体在垂直磁力线方向上运动的整体图像。但是这一描述方法是有条件限制的。当平行电场分量不为零，电导率取有限值时，或者在小于回旋半径的空间范围内，讨论磁力线的运动是没有意义的。

考虑到 8.1～8.5 节所述的内容，可以将磁层、电离层 F 层中的等离子体以及电离层 E 层中的电子都看成是与磁力线冻结在一起的，因而它们在垂直磁场方向上的运动是相互耦合的。

磁层中每一垂直磁力线的漂移运动都伴随着相应 F 层等离子体的漂移运动和 E 层电子的漂移运动，从而伴随 E 层的电流。由于 E 层中的霍尔电导率是主要的(表 8.4.1)，可以近似地认为 E 层中的电流主要是由电子漂移产生的，因而 E 层电流方向大致与 F 层以上等离子体漂移方向相反。

通过磁力线可以把极区等离子体对流的流线与赤道面内等离子体对流的流线连接起来，见图 8.4.10，实线表示赤道面内等离子体对流流线，空心线表示昼夜子午面内的磁力线，太阳位置在图的左侧(Harel and Wolf, 1976)。这一对流运动在极区 E 层中感应的电流就是极区 Sq^{p} 电流系。磁层对流仅仅是磁力线的相互交换，其形状并不改变，也不对地面上的地磁变化产生直接影响。地磁变化主要是 E 层的 Sq^{p} 电流系与场向电流共同作用的结果。

上面用磁力线冻结的观点直观地说明了电离层与磁层对流运动耦合的图像，但是为了严格计算，需要考虑电场沿磁力线的传输、沿磁力线的场向电流、在高纬电离层中的极化电场及极化电流。

假定磁力线是一等势线，磁层中的电场引起磁层等离子体的漂移，同时磁层中的电场将沿着磁力线传送到电离层中，引起 F 层中等离子体的漂移和 E 层中的电流。E 层中的电子在这一电场作用下通过漂移产生霍尔电流，同时通过沿着电场方向的运动产生

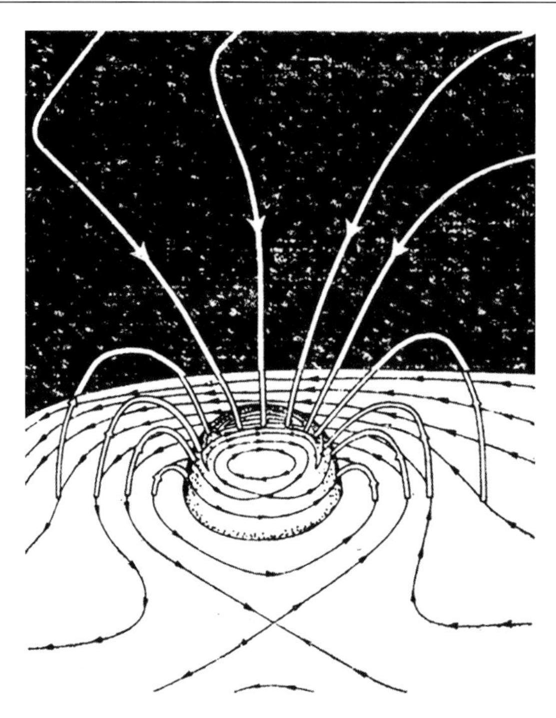

图 8.4.10 磁层对流示意图(Harel and Wolf, 1976)

彼德森电流。由于霍尔电流垂直于 $\boldsymbol{E}$，所以不产生耗散。而彼德森电流是沿着磁力线从外磁层流进电离层的场向电流在 E 层转为水平方向而形成的，会产生焦耳热，将一部分磁层对流的能量耗散在电离层中。通过电磁力 $\frac{1}{c}(\boldsymbol{j}\times\boldsymbol{B})$，磁层等离子体的动量也传输给了电离层等离子体，最后通过碰撞传给电离层高度的中性成分。

上述过程说明，位于磁力线管根部(约 100 km 高处)的电离层可以被看成是磁层对流运动的“摩擦”边界。磁层对流运动在该边界损失动量和能量。有些情况下，中性大气的运动，如潮汐运动，可以通过在该边界的“摩擦”作用驱动磁层运动，这时边界的“摩擦”为相应的运动提供动量和能量的源。下面我们只讨论前一种情况。前一种运动的时间尺度比后一种运动的时间尺度的要短。

8.4.5 磁层内场向电流的来源与磁层-电离层耦合

1. *磁层电流*

控制磁层-电离层耦合的是等离子体运动方程：

$$\rho\frac{\mathrm{d}\boldsymbol{V}}{\mathrm{d}t}=-\nabla\cdot\boldsymbol{P}+\boldsymbol{J}\times\boldsymbol{B}+\rho\boldsymbol{g}-\rho\gamma_{\mathrm{in}}(\boldsymbol{V}-\boldsymbol{U}) \tag{8.4.15}$$

这里，$\boldsymbol{P}=P_{\perp}\boldsymbol{I}+(P_{\perp}-P_{//})\boldsymbol{bb}$，$\boldsymbol{I}$ 是单位张量，$\boldsymbol{bb}$ 是二级张量，由沿磁场的单位矢量 $\boldsymbol{b}$ 组成；$\boldsymbol{U}$ 是中性气体速度；γ_{in} 是离子-中性粒子碰撞频率；$\boldsymbol{B},\boldsymbol{J},\rho,\boldsymbol{P}$ 分别是磁场、电流密度、质量密度和压力。

$$\frac{\mathrm{d}\boldsymbol{V}}{\mathrm{d}t}=\frac{\partial \boldsymbol{V}}{\partial t}+\boldsymbol{V}\cdot\nabla\boldsymbol{V} \tag{8.4.16}$$

这里，$\boldsymbol{V}$ 是等离子体速度。

由式(8.4.15)可得，磁层垂直磁场的电流为

$$\boldsymbol{J}_{\perp}=-\left(\rho\frac{\mathrm{d}\boldsymbol{V}}{\mathrm{d}t}+\nabla P\right)\times\frac{\boldsymbol{B}}{B^2} \tag{8.4.17}$$

如果我们考虑各向异性的压力，可得

$$\boldsymbol{J}_{\perp}=\frac{\boldsymbol{B}}{B^2}\times\nabla P_{\perp}+\frac{P_{\parallel}-P_{\perp}}{B^2}[\boldsymbol{B}\times(\boldsymbol{b}\cdot\nabla)\boldsymbol{b}]+\frac{\boldsymbol{B}}{B^2}\times\rho\frac{\mathrm{d}}{\mathrm{d}t}\boldsymbol{V} \tag{8.4.18}$$

进一步考虑磁层−电离层系统的黏性相互作用，则可得

$$\boldsymbol{J}_{\perp}=\frac{\boldsymbol{B}}{B^2}\times\nabla P_{\perp}+\frac{P_{\parallel}-P_{\perp}}{B^2}[\boldsymbol{B}\times(\boldsymbol{b}\cdot\nabla)\boldsymbol{b}]+\frac{\boldsymbol{B}}{B^2}\times[\rho\frac{\mathrm{d}\boldsymbol{V}}{\mathrm{d}t}-\mu\nabla^2\boldsymbol{V}] \tag{8.4.19}$$

由于电流是无散的，则

$$\nabla\cdot\boldsymbol{J}=\nabla\cdot(\nabla\times B)=0$$

$$\nabla\cdot\boldsymbol{J}_{\parallel}=-\nabla\cdot\boldsymbol{J}_{\perp}$$

$$\nabla\cdot\boldsymbol{J}_{\parallel}=\nabla\cdot\left(\frac{J_{\parallel}}{B}\boldsymbol{B}\right)=B\frac{\partial}{\partial s}\left(\frac{J_{\parallel}}{B}\right)$$

这里，$\frac{\partial}{\partial s}=\boldsymbol{b}\cdot\nabla$ 是沿磁力线的梯度操作符。

因此，可得

$$\frac{\partial J_{\parallel}}{\partial s}=-\nabla\cdot J_{\perp} \tag{8.4.20}$$

而

$$\nabla\cdot\nabla^2\boldsymbol{V}=\nabla\cdot[\nabla(\nabla\cdot\boldsymbol{V})]=\nabla^2(\nabla\cdot\boldsymbol{V}) \tag{8.4.21}$$

$$\begin{aligned}&\nabla\cdot\left\{\frac{P_{\parallel}-P_{\perp}}{B^2}[\boldsymbol{B}\times(\boldsymbol{b}\cdot\nabla)\boldsymbol{b}]\right\}\\&=\frac{P_{\parallel}-P_{\perp}}{B^2}\nabla\cdot[B\boldsymbol{b}\times(\boldsymbol{b}\cdot\nabla\boldsymbol{b})]+[B\boldsymbol{b}\times(\boldsymbol{b}\cdot\nabla\boldsymbol{b})]\cdot\nabla\frac{P_{\parallel}-P_{\perp}}{B^2}\\&=\frac{\boldsymbol{B}}{B^2}[\nabla(P_{\parallel}-P_{\perp})\times(\boldsymbol{b}\cdot\nabla\boldsymbol{b})]\\&=\frac{\boldsymbol{B}}{B^2}\left[\nabla(P_{\parallel}-P_{\perp})\times\frac{\nabla B}{B}\right]\end{aligned} \tag{8.4.22}$$

如果考虑等离子体是各向同性的，则 $P_{\perp}=P_{\parallel}$，

$$\nabla\cdot\boldsymbol{J}_{\perp}=\frac{\nabla P}{P}\cdot(\boldsymbol{J}_{\mathrm{c}}+\boldsymbol{J}_{\nabla B})-\nabla\cdot\left(\frac{\rho}{B^2}\frac{\mathrm{d}\boldsymbol{V}}{\mathrm{d}t}\times\boldsymbol{B}\right)$$

这里，$\boldsymbol{J}_{\nabla B}=\frac{p}{B^3}(\boldsymbol{B}\times\nabla B)$ 和 $\boldsymbol{J}_{\mathrm{c}}=\frac{p}{B}\nabla\times\boldsymbol{b}$ 分别是磁场的梯度和曲率电流。上式中右边最后

一项可写为

$$\nabla\cdot\left(\frac{\rho}{B^2}\frac{\mathrm{d}\boldsymbol{V}}{\mathrm{d}t}\times\boldsymbol{B}\right)=\frac{\rho}{B^2}\boldsymbol{B}\cdot\left(\nabla\times\frac{\mathrm{d}\boldsymbol{V}}{\mathrm{d}t}\right)-\boldsymbol{J}_{\text{in}}\cdot\nabla\ln\rho-\frac{\rho}{P}\frac{\mathrm{d}\boldsymbol{V}}{\mathrm{d}t}\cdot(\boldsymbol{J}_{\text{c}}+\boldsymbol{J}_{\nabla B}) \tag{8.4.23}$$

这里，$\boldsymbol{J}_{\text{in}}=-\dfrac{\rho}{B^2}\dfrac{\mathrm{d}\boldsymbol{V}}{\mathrm{d}t}\times\boldsymbol{B}$ 是极化电流或者惯性电流。

上式中右边第一项可写为

$$\frac{\rho}{B^2}\boldsymbol{B}\cdot\left(\nabla\times\frac{\mathrm{d}\boldsymbol{V}}{\mathrm{d}t}\right)=\frac{\rho}{B}\left[\frac{\partial\boldsymbol{\Omega}}{\partial t}+\boldsymbol{\Omega}(\nabla\cdot\boldsymbol{V})-\boldsymbol{b}\cdot(\boldsymbol{\Omega}\cdot\nabla)\boldsymbol{V}-\boldsymbol{b}\cdot(\boldsymbol{V}\cdot\nabla)\boldsymbol{\Omega}\right] \tag{8.4.24}$$

由于 $\boldsymbol{\Omega}=\nabla\times\boldsymbol{V}$ 和 $\Omega=\boldsymbol{b}\cdot\boldsymbol{\Omega}$，因此，我们假设

$$\boldsymbol{\Omega}=\Omega\boldsymbol{b}$$

式(8.4.24)可以写为

$$\frac{\rho}{B^2}\boldsymbol{B}\cdot\left(\nabla\times\frac{\mathrm{d}\boldsymbol{V}}{\mathrm{d}t}\right)=\frac{\rho}{B}\left\{\frac{\mathrm{d}\boldsymbol{\Omega}}{\mathrm{d}t}+\Omega(\nabla\cdot\boldsymbol{V})-\Omega[\boldsymbol{b}\cdot(\boldsymbol{b}\cdot\nabla)\boldsymbol{V}-\boldsymbol{b}\cdot(\boldsymbol{V}\cdot\nabla)\boldsymbol{b}]\right\} \tag{8.4.25}$$

利用式(8.4.16)化简式(8.4.25)和式(8.4.23)，可得

$$\frac{\rho}{B^2}\boldsymbol{B}\cdot\left(\nabla\times\frac{\mathrm{d}\boldsymbol{V}}{\mathrm{d}t}\right)=\rho\frac{\mathrm{d}}{\mathrm{d}t}\left(\frac{\boldsymbol{\Omega}}{B}\right) \tag{8.4.26}$$

$$\nabla\cdot\boldsymbol{J}_{\perp}=-\rho\frac{\mathrm{d}}{\mathrm{d}t}\left(\frac{\boldsymbol{\Omega}}{B}\right)+\frac{\nabla P}{P}\cdot(\boldsymbol{J}_{\text{c}}+\boldsymbol{J}_{\nabla B})+\frac{\rho}{P}\frac{\mathrm{d}\boldsymbol{V}}{\mathrm{d}t}\cdot(\boldsymbol{J}_{\text{c}}+\boldsymbol{J}_{\nabla B})-\boldsymbol{J}_{\text{in}}\cdot\nabla\ln\rho \tag{8.4.27}$$

$$\nabla\cdot\boldsymbol{J}_{\perp}=-\rho\frac{\mathrm{d}}{\mathrm{d}t}\left(\frac{\boldsymbol{\Omega}}{B}\right)-\frac{2}{P}\boldsymbol{J}_{\perp}\cdot\nabla B-\boldsymbol{J}_{\text{in}}\cdot\nabla\ln\rho \tag{8.4.28a}$$

$$\nabla\cdot J_{\perp}=-\rho\frac{\mathrm{d}}{\mathrm{d}t}\left(\frac{\boldsymbol{\Omega}}{B}\right)-\frac{2}{P}\boldsymbol{J}_{\perp}\cdot\nabla B+\frac{\boldsymbol{B}}{B^2}\left[\nabla(P_{\parallel}-P_{\perp})\times\frac{\nabla B}{B}\right]-\boldsymbol{J}_{\text{in}}\cdot\nabla\ln\rho \tag{8.4.28b}$$

$$\begin{aligned}\nabla\cdot\boldsymbol{J}_{\perp}=&-\rho\frac{\mathrm{d}}{\mathrm{d}t}\left(\frac{\boldsymbol{\Omega}}{B}\right)-\frac{2}{P}\boldsymbol{J}_{\perp}\cdot\nabla B+\frac{\boldsymbol{B}}{B^2}\left[\nabla(P_{\parallel}-P_{\perp})\times\frac{\nabla B}{B}\right]-\boldsymbol{J}_{\text{in}}\cdot\nabla\ln\rho\\&+\frac{\mu}{B^2}[\nabla^2\boldsymbol{V}\cdot(\nabla\times\boldsymbol{B})-\boldsymbol{B}\cdot(\nabla\times\nabla^2\boldsymbol{V})]\end{aligned} \tag{8.4.28c}$$

$$-\frac{\partial J_{\parallel}}{\partial s}=\nabla\cdot\boldsymbol{J}_{\perp}=\rho\frac{\mathrm{d}}{\mathrm{d}t}\left(\frac{\boldsymbol{\Omega}}{B}\right)+\frac{2}{P}\boldsymbol{J}_{\perp}\cdot\nabla B+\boldsymbol{J}_{\text{in}}\cdot\nabla\ln\rho \tag{8.4.29a}$$

$$\frac{\partial\boldsymbol{J}_{\parallel}}{\partial s}=-\nabla\cdot\boldsymbol{J}_{\perp}=\rho\frac{\mathrm{d}}{\mathrm{d}t}\left(\frac{\boldsymbol{\Omega}}{B}\right)+\frac{2}{P}\boldsymbol{J}_{\perp}\cdot\nabla B-\frac{\boldsymbol{B}}{B^2}\left[\nabla(P_{\parallel}-P_{\perp})\times\frac{\nabla B}{B}\right]+\boldsymbol{J}_{\text{in}}\cdot\nabla\ln\rho \tag{8.4.29b}$$

$$\begin{aligned}\frac{\partial\boldsymbol{J}_{\parallel}}{\partial s}=-\nabla\cdot\boldsymbol{J}_{\perp}=&\rho\frac{\mathrm{d}}{\mathrm{d}t}\left(\frac{\boldsymbol{\Omega}}{B}\right)+\frac{2}{P}\boldsymbol{J}_{\perp}\cdot\nabla B-\frac{\boldsymbol{B}}{B^2}\left[\nabla(P_{\parallel}-P_{\perp})\times\frac{\nabla B}{B}\right]+\boldsymbol{J}_{\text{in}}\cdot\nabla\ln\rho\\&-\frac{\mu}{B^2}[\nabla^2\boldsymbol{V}\cdot(\nabla\times\boldsymbol{B})-\boldsymbol{B}\cdot(\nabla\times\nabla^2\boldsymbol{V})]\end{aligned} \tag{8.4.29c}$$

方程(8.4.28) 和(8.4.29)右侧的项对应于热压梯度、流的阻力和涡度。涡度项也对应于 Alfvén 或剪切模式。在地球磁层顶和地球磁尾，剪切模式是动态磁层-电离层耦合的基本特征。

然而，在内磁层中，等离子体热压 P 通常远大于动压，在这种情况下热压梯度项占主导地位，并且场向电流出现在 $\nabla P\times\nabla B\neq 0$ 的区域。由于内磁层中的磁场更接近偶极磁场的特征，方位角向的压力梯度也许会变得重要。

此外，在低纬度地区发现了 2 区电流，因此经常认为 2 区电流是由压力梯度驱动的。压力梯度“驱动”场向电流只是一个简便的表达方式。考虑，

$$\boldsymbol{j}\cdot\boldsymbol{E}=\boldsymbol{u}\cdot\left(\boldsymbol{j}\times\boldsymbol{B}\right)=\boldsymbol{u}\cdot\left(\rho\mathrm{D}\boldsymbol{u}/\mathrm{D}t+\nabla\boldsymbol{P}\right) \tag{8.4.30}$$

对于发电机，$\boldsymbol{j}\cdot\boldsymbol{E}<0$。因此，要么是等离子体减速，要么是失去与总体流动相关的能量，要么由热压完成。

与 2 区电流相比，1 区电流在更高的纬度流动，通常在连接到外磁层甚至是磁层顶。特别是在磁层顶时动压占主导地位，1 区电流与流的梯度紧密联系。然而，地磁场在午夜附近可能会被严重拉伸而变得更加复杂，会影响电离层和磁层之间的耦合。此外，在亚暴期间经常观察到的快速等离子体流会穿透到相当低的纬度。

2. *磁层-电离层耦合电流*

电流的连续性条件 $\nabla\cdot\boldsymbol{j}=0$ 使我们能够根据力和流两个参量深入分析磁层-电离层的耦合系统。已知电离层电流可写为

$$\boldsymbol{J}_{\perp}=\sigma_{\mathrm{P}}\boldsymbol{E}+\sigma_{\mathrm{H}}\boldsymbol{B}\times\boldsymbol{E} \tag{8.4.31}$$

对上述电流密度积分，则总的垂直磁场方向的电流为

$$\boldsymbol{i}_{\perp}=\Sigma_{\mathrm{P}}\boldsymbol{E}+\Sigma_{\mathrm{H}}\boldsymbol{B}\times\boldsymbol{E} \tag{8.4.32}$$

这里，$\Sigma_{\mathrm{P}}=\int\sigma_{\mathrm{P}}\mathrm{d}z$ 是高度积分的彼德森电导率；$\Sigma_{\mathrm{H}}=\int\sigma_{\mathrm{H}}\mathrm{d}z$ 是高度积分的霍尔电导率。

沉降粒子也会通过碰撞增加电离。电离速率取决于沉降粒子(离子和电子)的通量和能量，由此产生的电导率有几种模型，具有不同程度的复杂性。在这里，我们引用了最常用的关系之一，这是由 Robinson 等于 1987 年提出的。沉降电子的高度积分电导率：

$$\Sigma_{\mathrm{P}}=\frac{40<W>}{16+<W>^{2}}Q_0^{0.5} \tag{8.4.33}$$

和

$$\frac{\Sigma_{\mathrm{H}}}{\Sigma_{\mathrm{P}}}=0.45\,Q_0^{0.85} \tag{8.4.34}$$

其中，Σ_{P} 和 Σ_{H} 分别是高度积分的彼德森和霍尔电导率，单位为 S；$\langle W\rangle$是沉积电子的平均能量，单位为 keV；Q_0 是电子的能量通量，单位为 mW/m^2。应注意，$\langle W\rangle$是由能量通量与数量通量的比率给出的平均能量。对于麦克斯韦分布，$\langle W\rangle=10^{-3}(2kT/e)$，其中$\langle W\rangle$以 keV 为单位。

式(8.4.33)和式(8.4.34)的电导率可以直接根据沉降电子的测量值确定，也可以用作全局数值模拟的背景，特别是，模拟中可用的参数之一是场向电流密度，所需的其他参数是磁层电子的数密度和温度。

电离层的场向电流可从垂直电流导出

$$J_{\|i} = \nabla_h \cdot \boldsymbol{i}_\perp = \nabla_h \cdot (\Sigma_{\mathrm{P}} \boldsymbol{E} + \Sigma_{\mathrm{H}} \boldsymbol{B} \times \boldsymbol{E}) \tag{8.4.35}$$

进一步，磁层的电流与电离层电流之间的关系(Sonnerup, 1980)可以写为

$$J_\| = \left(\frac{B}{B_{\mathrm{i}}}\right) J_{\|\mathrm{i}} \tag{8.4.36}$$

3. *磁层-电离层耦合不同运用*

1) 场向电流与磁层涡流之间的关系(Southwood and Kivelson, 1991)

Southwood 和 Kivelson 提出磁层的涡流不会孤立存在，涡流会与场向电流耦合在一起，它们之间的关系可以由上述推导简化得出

$$\mu_{\mathrm{o}} J_\| = \int (\boldsymbol{B} \cdot \nabla \Omega_\|) \mathrm{d}t \tag{8.4.37}$$

这个公式表明，场向电流与平行涡流的积分紧密相关。

2) 场向电流与极化电流之间的关系(Luehr et al., 1996)

考虑式(8.4.29)最后一项，当极化电流变成主要项时，可得

$$\frac{\partial J_\|}{\partial s} = -\frac{1}{B^2} \frac{\mathrm{d}\boldsymbol{E}}{\mathrm{d}t} \cdot \nabla \rho \tag{8.4.38}$$

3) 场向电流与磁层等离子体压力梯度之间的关系(Vasyliunas, 1975)

如果磁层-电离层耦合电流在南北两个半球流动电流密度相等，忽略极化电流项，假设等离子体压力是各向同性并沿磁力线恒定，则有

$$J_\| = -\frac{B_{\mathrm{i}}}{2B} \boldsymbol{B} \cdot \nabla P \times \nabla V = -\frac{B_{\mathrm{i}}}{2BV^{5/3}} \boldsymbol{B} \cdot \nabla (\rho V^{5/3}) \times \nabla V \tag{8.4.39}$$

这里，V 是单位磁通的体积。

8.4.6 极光区的场向电流与 Knight 关系

在 8.4.5 节中，我们讨论了在磁层-电离层耦合中场向电流会在磁层和电离层之间流动。本节中，我们将讨论磁层-电离层耦合电流的结构和可变性，场向电流载流子的性质以及场向电流与沉降粒子加速电势和粒子分布函数之间的关系——Knight 关系(Knight, 1973)。

现在已知的分立极光是电子被平行电场沿着磁场加速沉降而产生的。通常，无碰撞的磁化等离子体不能保持平行电场，因为离子和电子沿磁力线运动会很快使得电场中和。但是，这种说法有例外，处于无碰撞与碰撞等离子体之间的极光加速区就是其中之一。在极光加速区，平行电场加速向下的沉降电子，从而产生上行的电流。

为了证明这一点，我们考虑麦克斯韦分布的等离子体，其相空间密度由下式给出

$$f = \frac{n_0}{\pi^{3/2} v_{\mathrm{T}}^3} \exp\left(-v^2 / v_{\mathrm{T}}^2\right) \tag{8.4.40}$$

其中，n_0 是电子密度；v 是速度；v_{T} 是热速度，由 $m_{\mathrm{e}} {v_{\mathrm{T}}}^2 = KT$ 给出，其中 m_{e} 是电子质量，T 是温度。为简单起见，我们假设等离子体是各向同性分布的。

我们假设这种分布存在于电子沉降的底部，与沉降相关联的场向电流密度分布可由下式积分给出：

$$j_0 = \frac{n_0 e}{\pi^{3/2} v_T^3} 2\pi \int_0^{\pi/2} \sin\theta \mathrm{d}\theta \int_0^{\infty} v^2 \mathrm{d}v \left[v\cos\theta \exp\left(-v^2/v_T^2\right) \right] \tag{8.4.41}$$

其中，θ 是锥角(或投掷角)；θ 积分极区间由 $\pi/2$ 给出，以便仅将积分限制为沉降分布的一半，积分前的因子 2π 对应于回旋相位积分 φ，但我们假设分布相对于回旋相位是各向同性的；$v\cos\theta$ 是平行速度。

积分后我们得到

$$j_0 = \frac{n_0 e v_T}{2\pi^{1/2}} \tag{8.4.42}$$

这是在没有任何额外加速的情况下，沉降电子可以提供的电离层-磁层的上行电流。如果我们假设电子密度为 1 cm^{-3}，电子的温度为 1 keV，那么 $j_0 \approx 0.85\ \mu\mathrm{A/m}^2$。如果场向电流的强度超过该值，则需要额外的加速了的沉降电子。Knight(1973)发展了场向电流与加速电子的平行电场的净电势之间的关系(Knight 关系)。

为了得到这个关系式，我们需要使用 Liouville 定理。Liouville 定理指出分布函数在速度空间中沿着粒子轨迹是恒定的。随着沉降电子加速进入大气层，这些电子保持总能量和磁矩守恒。

我们使用下标“m”(磁层)来表示加速区域上边界的纬度，将上边界磁层的电势 φ 设置为零，而沉降电子的总能量必须满足

$$v_{\|}^2 + v_{\perp}^2 = v_{\mathrm{m}\|}^2 + v_{\mathrm{m}\perp}^2 + \frac{2e\phi}{m_e} \tag{8.4.43}$$

磁矩守恒给出

$$v_{\perp}^2 / B = v_{\mathrm{m}\perp}^2 B_{\mathrm{m}} \tag{8.4.44}$$

这里我们将速度分成平行和垂直于磁场的分量。

因此

$$v_{\|}^2 + v_{\perp}^2 (1 - B_{\mathrm{m}}/B) = v_{\mathrm{m}\|}^2 + \frac{2e\phi}{m_e} \tag{8.4.45}$$

式(8.4.45)描述了速度空间中的椭圆。

由于 $B_{\mathrm{m}} < B$，并且任何被加速的粒子必须位于 $v_{\mathrm{m}\|}$ 为零的椭圆外部的速度空间：

$$v_{\|}^2 + v_{\perp}^2 (1 - B_{\mathrm{m}}/B) = \frac{2e\phi}{m_e} \tag{8.4.46}$$

这一等式就是所谓的“加速椭圆”(参见图 8.4.11)。

类似地，使用下标“I”来表示电离层或极光加速区域的底部，由能量守恒和磁矩守恒可以得到

$$v_{\|}^2 + v_{\perp}^2 (1 - B_{\mathrm{I}}/B) = v_{\mathrm{I}\|}^2 - \frac{2e(\phi_{\mathrm{I}} - \phi)}{m_e} \tag{8.4.47}$$

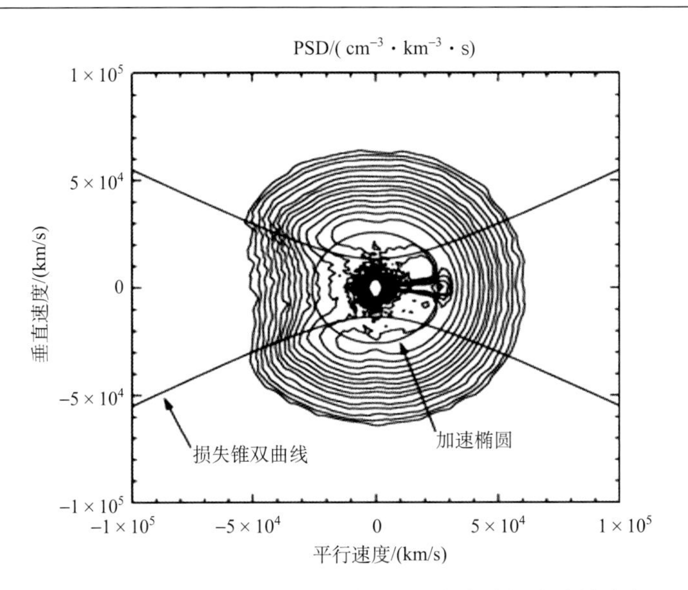

图 8.4.11　通过 Fast 在极光加速区域中测量的电子分布的相空间密度轮廓(Treumann, 2006)

$v_{\|}>0$ 的任何电子都会损失到大气中。因此，相空间中的另一个边界由“损失锥双曲线”(参见图 8.4.1)给出。

$$v_{\perp}^{2}(B_{1}/B-1)-v_{\|}^{2}=\frac{2e(\phi_{1}-\phi)}{m_{\mathrm{e}}} \tag{8.4.48}$$

式(8.4.46)和式(8.4.48)给出的相空间边界和 Fast 航天器在地球极光区测量的电子分布如图 8.4.11 所示。相空间边界由式(8.4.46)和式(8.4.48)确定。电场向下加速和磁镜力向上加速的综合效应导致特征“马蹄形”分布。沉降粒子位于图的右侧，在由加速椭圆和损失锥双曲线界定的区域中。

图左侧的相应区域具有大大减小的相空间密度，主要填充有反向散射的二次电子。在损失锥双曲线之外，相空间密度轮廓关于 $v_{\|}=0$ 是镜像对称的，正如对于在进入大气之前由磁镜力反射的粒子所预期的那样。由于上行电子的相空间密度降低，在损失锥内的电子存在下行通量，即上行电流。

给定如图 8.4.11 所示的数据，我们至少可以直接测量一些电子电流(大部分向下的电流由能量低于仪器能量阈值的电子携带)。虽然这里没有显示，但是在电子携带的上行电流密度和从磁场中的梯度推导出的上行电流密度之间通常存在合理的一致性。此外，图 8.4.11 中的相空间分布具有与平行电场加速一致的特征，这一事实为 Knight(1973)的理论提供了强有力的支持。

首先，我们使用 Liouville 定理来指定加速区域内的相空间密度。如果我们将关注点处的相空间密度表示为 $f(v)$，并且将加速区域顶部的相位密度表示为 $f_{\mathrm{m}}(v_{\mathrm{m}})$，那么 Liouville 定理表明 $f(v)=f_{\mathrm{m}}(v_{\mathrm{m}})$，其中 v 和 v_{m} 满足式(8.4.44)。换句话说，如果我们再次假设相空间密度由加速度区域上方的麦克斯韦分布给出，那么

$$f(v)=\frac{n_0}{\pi^{3/2}v_{\mathrm{T}}^3}\exp\left(e\phi/KT-v^2/v_{\mathrm{T}}^2\right) \tag{8.4.49}$$

为了计算合电流，我们需要运用类似于式(8.4.41)中的积分。但积分区域必须限制在图 8.4.11 中仅包含沉降粒子的加速椭圆和损失锥双曲线所限定的区域。

在这个阶段，我们确定电离层的净电流。在这种情况下，唯一的边界曲线是加速椭圆，由下式给出

$$v_{\mathrm{I}\|}^2+v_{\mathrm{I}\perp}^2(1-B_{\mathrm{m}}/B_{\mathrm{I}})=2e\phi_{\mathrm{I}}/m_{\mathrm{e}} \tag{8.4.50}$$

这里假定所有下行粒子都丢失了。在式(8.4.50)中 B_{I} 是电离层的磁场强度，ϕ_{I} 是总加速电势。

速度空间积分变为

$$j=j_0\left\{\frac{4}{v_{\mathrm{T}}^4}\left(\int_0^{v_{\mathrm{L}\|}}v_\|\mathrm{d}v_\|\int_{v_{\mathrm{L}\perp}}^\infty v_\perp\mathrm{d}v_\perp+\int_{v_{\mathrm{L}\|}}^\infty v_\|\mathrm{d}v_\|\int_0^\infty v_\perp\mathrm{d}v_\perp\right)\left[\exp\left(e\phi_{\mathrm{I}}/KT-v^2/v_{\mathrm{T}}^2\right)\right]\right\} \tag{8.4.51}$$

我们将积分分成两部分，以强调如何处理积分的边界。第一个积分覆盖了速度空间的区域，其中垂直速度上的积分被限制在位于式(8.4.50)给出的加速椭圆之外的值，即 $v_\perp \geqslant v_{\mathrm{L}\perp}$，

$$v_{\mathrm{L}\perp}^2=\frac{\dfrac{2e\phi_{\mathrm{I}}}{m_{\mathrm{e}}}-v_\|^2}{1-\dfrac{B_m}{B_{\mathrm{I}}}} \tag{8.4.52}$$

我们首先在垂直速度上进行积分。式(8.4.52)要求有限的平行速度($v_{L\|}$)不能是负的，即

$$v_{\mathrm{L}\|}^2=2e\phi_{\mathrm{I}}/m_{\mathrm{e}} \tag{8.4.53}$$

在式(8.4.52)中，当 $v_\|=v_{L\|}$ 时，$v_{L\perp}=0$。

式(8.4.51)中的第二个速度空间积分涵盖 $v_\|\geqslant v_{L\|}$ 的速度空间区域，并且 $v_\perp$ 的下限 为 0。

在垂直速度方向积分时，式(8.4.51)成为

$$j=j_0\left(\frac{2}{v_{\mathrm{T}}^2}\left\{\int_0^{v_{\mathrm{L}\|}}v_\|\mathrm{d}v_\|\exp\left[-\frac{\left(v_{\mathrm{L}\|}^2-v_\|^2\right)/v_{\mathrm{T}}^2}{(B_{\mathrm{I}}/B_{\mathrm{m}}-1)}\right]+\int_{v_{\mathrm{L}\|}}^\infty v_\|\mathrm{d}v_\|\exp\left[\left(v_{\mathrm{L}\|}^2-v_\|^2\right)/v_{\mathrm{T}}^2\right]\right\}\right) \tag{8.4.54}$$

这里使用式(8.4.53)替换 φ_{I} 项。显然，式(8.4.54)可以通过适当的变量变化来简化，有

$$j=j_0\left(\frac{2}{v_{\mathrm{T}}^2}\left\{\int_0^{v_{\mathrm{L}\|}}v_\|\mathrm{d}v_\|\exp\left[-\frac{v_\|^2-v_{\mathrm{T}}^2}{(B_{\mathrm{I}}/B_{\mathrm{m}}-1)}\right]+\int_0^\infty v_\|\mathrm{d}v_\|\exp\left(-v_\|^2/v_{\mathrm{T}}^2\right)\right\}\right) \tag{8.4.55}$$

通过对平行速度求积分，可以得到

$$j=j_0\left\{(B_{\mathrm{I}}/B_m-1)\left[1-\exp\left(-\frac{e\phi_{\mathrm{I}}/KT}{B_{\mathrm{I}}/B_{\mathrm{m}}-1}\right)\right]+1\right\} \tag{8.4.56}$$

这里再次用到式(8.4.53)。

新的各项给出了 Knight 关系的最终形式：

$$j = j_0 B_\mathrm{I}/B_\mathrm{m}\left\{1-(1-B_\mathrm{m}/B_\mathrm{I})\ \exp\left[-\frac{e\phi_\mathrm{I}/KT}{\left(B_\mathrm{I}/B_\mathrm{m}-1\right)}\right]\right\} \tag{8.4.57}$$

当 ϕ_I 增加时，由式(8.4.57)给出的电流达到由 $j = j_0 B_\mathrm{I} / B_\mathrm{m}$ 给出的渐近值。该限制对应于将加速区域上方存在的整个下行电子分布加速到大气中；$B_\mathrm{I}/B_\mathrm{m}$ 称为磁镜比。磁镜比的倒数给出了通量管面积的变化，并且可以通过通量守恒来理解渐近极限。式(8.4.57)可用于指定加速区域内任何高度的电流密度，只需使用局部磁镜比作为大括号外的乘数即可。注意，大括号内的因子是不变的，即该项保持了电离层−磁层磁镜比。

当指数中的项很小时，给出另一个限制：

$$j \approx j_0\left\{1+e\phi_\mathrm{I}/K_\mathrm{B}T\right\} \tag{8.4.58}$$

这是在全局磁流体力学(MHD)模拟中从场向电流密度导出特征能量时经常调用的极限。MHD 模拟可以从等离子体压力给出场向电流和等离子体温度的值，但是模拟不能自洽地得出加速电势。

在图 8.4.12 中显示的式(8.4.57)给出了不同的磁镜比时的解决方法。

尚未讨论的 Knight 关系涉及加速电势如何随磁场强度变化的限制。有两个约束，$\mathrm{d}\varphi=\mathrm{d}B>0$ 和 $\mathrm{d}^2\varphi=\mathrm{d}B^2\leqslant 0$。我们使用磁矩重写式(8.4.45)，有

$$\frac{1}{2}m_\mathrm{e}v_\parallel^2 = \frac{1}{2}m_\mathrm{e}v_{\mathrm{m}\parallel}^2 + \mu\left(B_\mathrm{m}-\mathrm{B}\right)+e\phi \tag{8.4.59}$$

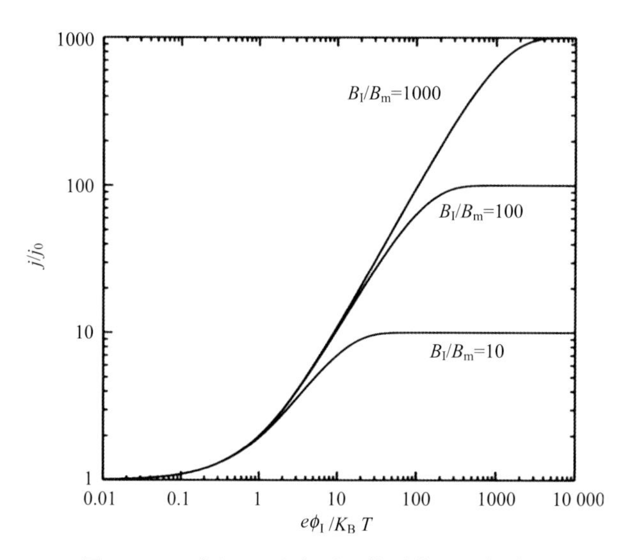

图 8.4.12　式(8.4.57)在不同的磁镜比下的结果

显然，$\mathrm{d}\varphi/\mathrm{d}B>0$ 的要求确保平行电场加速电子进入电离层，否则镜像力和电场都会加速电子远离地球。第二个要求更加微妙，要求 $\mathrm{d}\varphi/\mathrm{d}B$ 随着磁场强度的增加而降低。这确保了一旦式子(8.4.58)变为零，对应于粒子的反射，任何较大磁场强度(即较低高度)处的平行能量也为零或负值。因此，如果电子在电离层中具有正向下的速度，则电子沿

着其轨迹都具有正向下的速度。换句话说，如果不满足 $d^2\varphi/dB^2 \leqslant 0$，则即使粒子的平行能量在加速区域的上方和下方为正，粒子的平行能量也可能在加速区域的某处变为零，并且粒子会在那一点被反射出来。

除了增加场向电流密度的主要因素之外，平行加速还有两个结果。第一个是沉降电子的增强的能量通量，第二个是无线电波的产生，称为极光千米辐射(AKR)。

然后可以使用式(8.4.58)来确定给定电流密度所需的电位降。在这种情况下，如果电流密度为 j，当以适当的单位表示时，能量通量 $Q_0 = j\phi_1$ 和 $\langle W\rangle = \phi_1$（$\phi_1$ 的单位是 keV，j 的单位是 $\mu A/m^2$）。

与极光粒子沉降相关的电导率变化的一个方面是极光，它是磁层-电离层耦合的结果，也可以反过来改变耦合状态。

8.4.7　赤道面内对流运动和极区电离层内的电流分布的自洽解

图 8.4.8 给出的等离子体对流图只适用于冷等离子体，而且没有考虑场向电流效应。实际上等离子体片中的等离子体粒子的热能在 keV 以上，当等离子体片中的等离子体被磁尾晨昏电场驱动向地球方向对流达到地心距离约 $10R_E$ 的空间时，地球的非均匀磁场引起的等离子体粒子的梯度漂移就开始占主导。质子向着黄昏方向漂移，电子向着黎明方向漂移。电子和离子的分离就在等离子体片的地球一侧产生了一个空间电荷层。

另外，因为电离层是一个导电层，空间电荷沿着磁力线通过电离层放电。在稳定情况下，空间电荷产生一稳定的极化场，其方向是由黄昏指向黎明的，使原来的晨昏电场趋于被抵消，从而使得等离子体向地球方向的对流速度减慢。离地球越近，极化场越强，在极化电场完全抵消原有晨昏电场的地方，等离子体片中的等离子体就不能再向地球方向漂移了，于是等离子体片的内边界形成。这一屏蔽晨昏电场的边界层被称为 Alfvén 层。图 8.4.10 示出了 IMP-6 观测到的等离子体片的内边界。由图看到，在 $8R_E$～$8.5R_E$ 的空间范围，等离子体片内电子平均能量和能量密度都减小了一个量级。

下面介绍一个考虑磁场梯度漂移和场向电流效应的磁层对流模式(Wolf, 1975; Harel and Wolf, 1976)。在平衡情况下，沿着磁力线在单位面积上流入极区电离层中的场向电流 $j_{\parallel i}$ 等于电离层中水平方向电流的散度，见式(8.4.3)。电离层中水平方向电流与电离层中的电位和电导率张量的关系由式(8.4.2)给出。

假设磁力线是等势线，电离层中的电场通过磁力线传到赤道面内。第 s 种粒子(给定磁矩 μ_s 和电荷)的数密度 n_s(单位磁通量磁力线管中的粒子数)和总的漂移速度 V_s 满足连续性方程：

$$\left(\frac{\partial}{\partial t} + \boldsymbol{V}_s \cdot \nabla\right) n_s = 0 \tag{8.4.60}$$

由于电子和质子在磁场中梯度漂移的方向是相反的，因而产生电流。在赤道面内单位长度上通过的由梯度漂移产生的电流密度为

$$\boldsymbol{j}_{eq} = \frac{1}{B_{eq}} \times \nabla B_{eq} \sum_S n_s \mu_s \tag{8.4.61}$$

其中，B_{eq} 为赤道面磁场。在赤道面内电流的散度等于在单位面积内流入赤道面的场向电

流，即

$$\nabla \cdot \boldsymbol{j}_{eq} = -j_{\text{IIeq}} \tag{8.4.62}$$

其中，j_{eq} 为流入赤道面的场向电流，它等于沿着磁力线流出极区电离层的电流，这样方程封闭。假设在 $t=t_1$ 时刻在赤道面有一初始的等离子体分布，由式(8.4.51)和式(8.4.52)可以计算场向电流。假定电离层的电导率张量已知，利用式(8.4.2)和式(8.4.3)，可以通过场向电流 j_{II} ($j_{\text{II}}=j_{\text{IIeq}}$) 计算电离层中的电势分布。假设磁力线是等势线，由电离层中的电势分布又可以计算磁层赤道面内的电场 E，从而可以计算漂移速度$(\boldsymbol{E}\times\boldsymbol{B})/c$ 及总的漂移速度 V_s。

最后由式(8.4.50)计算等离子体密度的分布。上述过程可一直重复下去，直到计算结果不再有明显变化为止。假设越过极盖区电势降为 33.4 kV，在 $L=3.5$ 处，$n_s=22\ \text{cm}^{-3}$；在 $L=10$ 处，$n_s=0.33\ \text{cm}^{-3}$，磁矩 $\mu_s=200\ \text{eV/nT}$，电离层中午后平均彼德森电导率 $\langle\sigma_p\rangle=8\ \Omega$。使等离子体片中的等离子体分布和电场分布自洽地发展 2.5 小时以后，得到赤道间内电场等势线，见图 8.4.13。

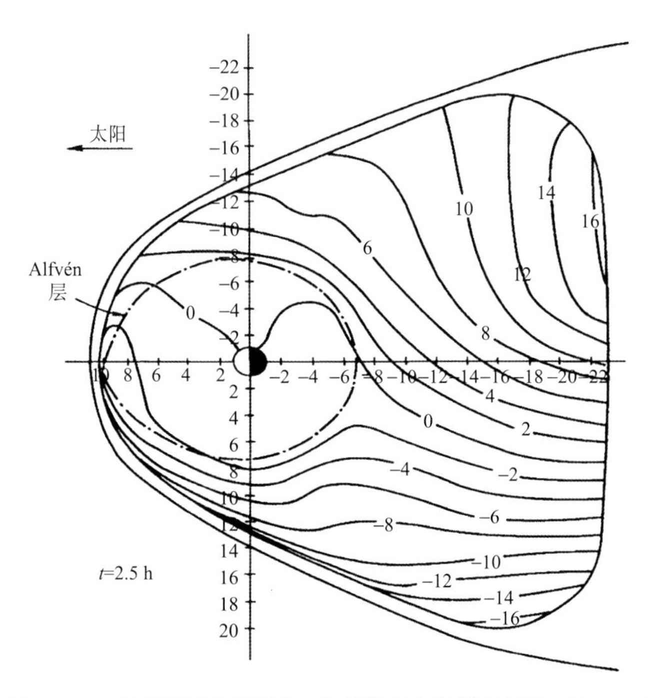

图 8.4.13 在赤道面内的以 kV 为单位的电场等势线(Wolf, 1975)

由图看到，在虚线以内电场变得很弱，比初始晨昏电场小约一个量级。这是由于电子和质子在非均匀磁场内梯度漂移方向相反，产生与晨昏电场相反的极化场。这个电场陡然减小的边界层就是 Alfvén 层，它是等离子体片的内边界。

在图 8.4.13 中等离子体片的内边界位于 $L=7\sim8$，图中坐标系是随同地球一起自转的(Wolf, 1975)。图 8.4.14 示出了由上述模式计算的极区电离层中电场等势线与场向电流的分布(Wolf, 1975)。

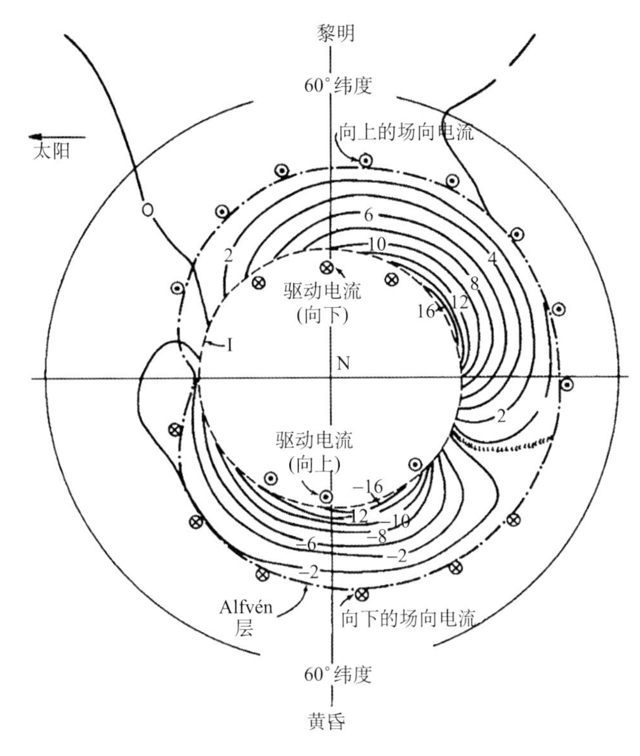

图 8.4.14　极区电离层中电场等势线与场向电流的分布(Wolf, 1975)

下面简要地介绍已经提出的两个描述磁层场向电流系的模式。

(1) FSVW 模式(Wolf, 1975)：该模式认为场向电流由初级和次级场向电流组成。初级场向电流(驱动电流)沿着极光椭圆的极向边界，横越极盖区的电位降通过初级场向电流维持。

次级场向电流沿着极光椭圆的低纬边界。次级场向电流与 Alfvén 层相联系(在 Alfvén 层黎明一侧次级场向电流向上，黄昏一侧次级场向电流向下)。在这个模式中，沿着极光椭圆极向边界的初级场向电流与沿着极光椭圆低纬边界的次级场向电流在磁层中并不连接，只能通过电离层连接起来，见图 8.4.15。

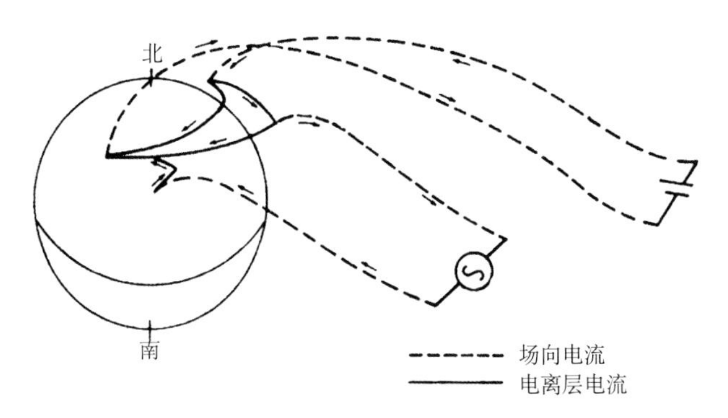

图 8.4.15　FSVW 模式的场向电流(Yasuhara et al., 1975)

(2) BR 模式(Boström, 1964, 1968; Rostoker and Boström, 1974)：这个模式认为电流系 1 和电流系 2 在赤道面内通过等离子体片能够连接起来，因而在子午面内形成了完整的电流回路，见图 8.4.16。图中给出了场向电流 $j_{\parallel}$ 和相应的彼德森电流 j_{P}、霍尔电流 j_{H}，以及在赤道面内横越磁力线的电流 $j_{\perp}$，等离子体的漂移运动速度 V 和电场 E(Boström, 1975)，在赤道面内横越磁力线的电流由粒子在磁场中运动的总漂移速度(电场漂移、磁场梯度漂移和磁场曲率漂移)决定。

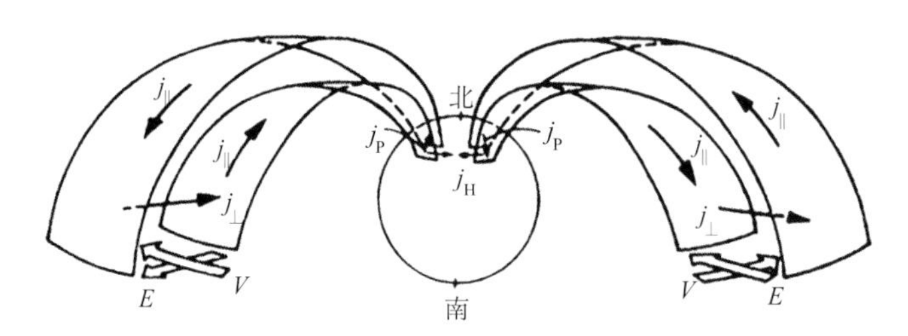

图 8.4.16 BR 模式给出的电流

Akasofu 等(1981) 利用阿拉斯加(Alaska)台站网(由北纬 60°至北极一系列台站组成)约 1.5 个月得到的磁场矢量的平均值，推算出了磁层中的电位和场向电流的分布。图 8.4.17 示出了由阿拉斯加台站网 1978 年 3 月 9 日至 4 月 27 日得到的磁场矢量变化 ΔB 的平均值。图中三个圆圈分别表示磁纬 60°、70°和 80°。在最外圈外标出了磁地方时(Akasofu et al., 1981)。

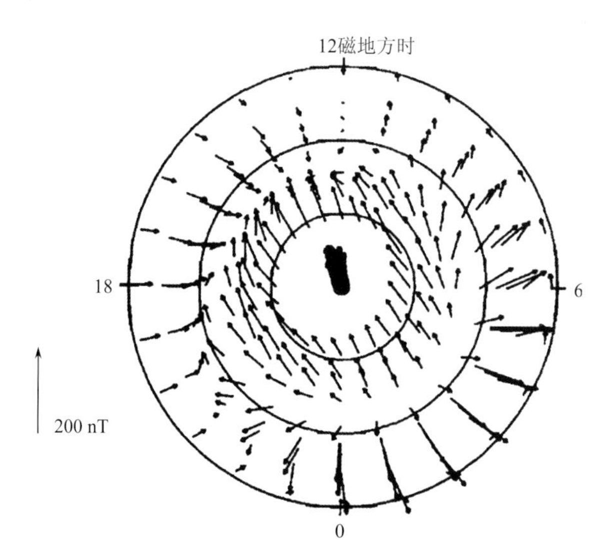

图 8.4.17 由阿拉斯加台站网在 1978 年 3 月 9 日至 4 月 27 日观测得到的磁场矢量变化的平均值

根据地磁台站网的实测数据推算极区上空的电离层电场、电离层电流和场向电流，通常用的方法是由 Kamide 等(1981)提出的，被称为 KRM 方法。Akasofu 等(1981)把这种方法与另一种称为 Forward 的方法做了比较。孙纬等(1984，1985)用 KRM 方法来计算中纬磁场扰动，并改进了对三维电流系的计算。

8.4.8　磁层等离子体在子午面内的对流

由前面讨论可知，在等离子体片中，等离子体会在对流电场作用下漂移到磁层顶，最后逃逸出磁层。这只是磁层等离子体对流运动的一个部分。下面讨论对流运动的另一部分，等离子体片中等离子体的起源问题。

等离子体片中的等离子体的一个重要特点是质子和电子的平均能量显著地依赖于它们在磁层中的位置。在地心距离 18R_E 处，等离子体片上下边界的粒子平均能量明显地小于在中间平面附近的值。

另一个重要特点表现在它的再填充过程。当磁场平静时期开始时，在地心距离 18R_E 附近，等离子体片上下边界的质子能量首先降低。如果 K_p=0 可持续 40 小时或者更长，内等离子体片的质子平均能量将变为 1 keV 或者更小(由于一个单独的弱亚暴也能够使等离子体片中的质子加速到 25 keV，因而在内等离子体片中观测到低能质子的机会很少)。对这个现象最合理的解释是等离子体片中的等离子体连续地被新的能量较低的磁层粒子再填充。

上述现象说明等离子体片中粒子的源是磁鞘中的等离子体。磁鞘等离子体对等离子体片的再填充过程，首先从离磁尾较远的距离上等离子体片的上下边界区域开始，然后逐渐发展到较近的距离。磁鞘等离子体由向日面磁层顶经过某种过程进入磁层内形成等离子体幔，当它向下游运动时，由于晨昏电场的作用，这些等离子体将在北半球向下漂移，在南半球向上漂移。

图 8.4.18 给出了等离子体幔粒子的漂移路径(点线)。漂移进入磁场反向区的粒子被捕获形成等离子体片。图中磁力线(实线)显示了平静时的磁场结构。

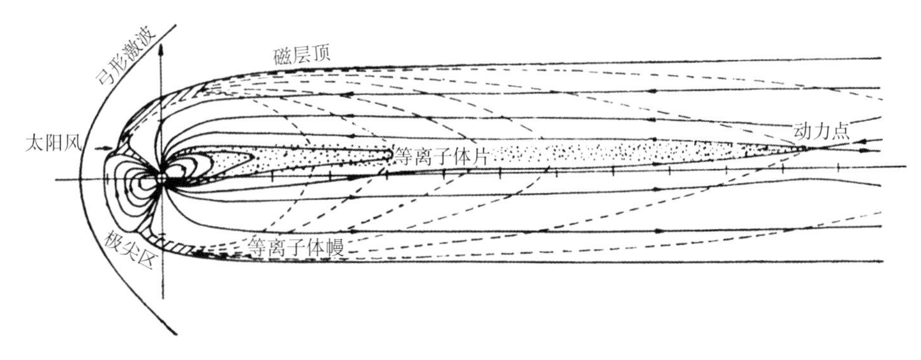

图 8.4.18　在大尺度对流电场作用下等离子体幔中的等离体向等离子体片中漂移的示意图(Pilipp and Morfill, 1975)

至此，我们讨论了等离子体的一个完整的对流(又称为环流)运动：一部分磁鞘等离子体进入磁层，沿着磁尾的高纬区向着背日方向运动(等离子体幔)，这些等离子体逐渐漂移到等离子体片区域，然后在等离子体片中沿向日方向运行，最后由磁层顶离开磁层。某些高能等离子体粒子(特别在磁层亚暴期间)也注入极光带电离层和辐射带中去，最后损失在大气中。当等离子在体等离子体片中运行时，能量不断增加(尤其在磁亚暴期间)，当等离子体粒子(质子)完成一个环流时，具有的能量约为 10 keV，比它们进入磁层时的能量大得多(进入磁层时的能量约为 1 keV 以下)。

除了太阳风外，等离子体片中的离子还有另一个来源，就是电离层。在极盖区电离层中的热等离子体可沿着极盖区开磁力线向外热逃逸，形成沿磁力线向外的等离子体流，被称为极风(图 8.2.1)。这与日冕等离子体向外热膨胀产生太阳风十分相似，但是在极风的情况下，H^+向外的速度不必是超声速的。中高纬电离层中的等离子体也可通过等离子体层较外部分在磁活动期间的瓦解过程注入外磁层等离子体的对流系统中。这样，外磁层等离子体至少有两个来源：一部分来自太阳风，另一部分来自于电离层。由高纬电离层注入对流磁通管中的离子注入率估计为 $6\times10^{25}\ s^{-1}$(Wolf and Harel, 1980)。

8.5 磁层等离子体对流驱动模式

8.5.1 太阳风粒子动量和能量向磁层内的输运

Chapman 和 Ferraro (1932)首先指出，地磁场不能伸入到由太阳断续发出的导电等离子体中去。当太阳发出的一团“热气体”流过时，地磁场暂时被限制在一个“空腔”内。当由太阳连续向外辐射的等离子体流——太阳风被发现以后，人们认识到地磁空腔不是暂时的，而是持续存在的。Johnson (1960)提出，由于太阳风的热压力，这个空腔在太阳风下游距离地心 $20R_E$ 的地方封闭，形成一个泪滴的形状，见图 8.5.1。

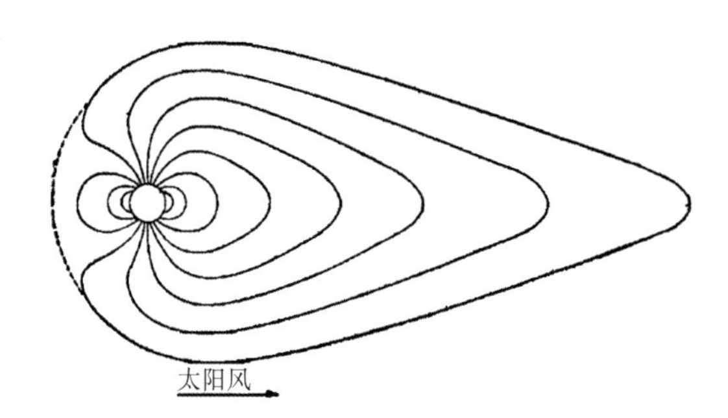

图 8.5.1 泪滴形磁层(Johnson, 1960)

然而，直接探测表明，磁层不是一个泪滴的形状，它有一个长 $1000R_E$ 以上的圆柱形的磁尾，并且磁层也不是一个空腔，而是充满着稀薄的等离子体。磁层等离子体持续不断地经历着大尺度的对流运动。观测表明，磁层对流导致粒子、动量和能量的损失。在极光椭圆带观测到的场向电流、粒子沉降、极光和越过极盖区的晨昏电场也与对流运动密切相关。

在地面可以测量到极区电离层中 Sq^p 电流系引起的磁场变化。上述直接观测结果说明，磁层等离子体不断由磁层顶逃逸，或者在极光椭圆带大气层中沉降。为了维持平衡，需要不断地向磁层供给等离子体；为了驱动对流运动和把磁尾拖成很长的距离，需要有动量传输给磁层等离子体；为了补充沉降粒子和 Sq^p 电流系产生的能量损失，需要有能量不断输入到磁层中。

太阳风能够向磁层提供粒子、动量和能量。一般认为在磁层的最外层存在着一层相互作用区，太阳风通过某种相互作用把一部分粒子、动量和能量传输到磁层中来。因为进入磁层的粒子很少，不会影响磁层顶的主要位形，所以不需要修改 5.2 节中介绍的关于磁层顶位形的计算模式。

太阳风与磁层的相互作用像一个磁流体发电机一样，它向主要的磁层活动现象供给电动力和电功率。晨昏电场可以看成是这个发电机外电路的极化电场，磁层边界层是发电机的内电路，在这里太阳风等离子体的一小部分动能转化为电磁能。一部分太阳风-磁层发电机发出的电磁能通过沿磁力线的通路馈送到极光椭圆带。

极光就是一种由该发电机驱动的放电现象。流入极光椭圆带的电流通过焦耳热的形式使得相当一部分电磁能转化为极区电离层等离子体的热能。Sq^{p} 变化的经常性说明场向电流是持续存在的。由此，可以推论出太阳风-磁层发电机是永久开动着的，持续地向极光椭圆带供给电流。在极区电离层中 Sq^{p} 电流产生的焦耳热估计为

$$P_{\mathrm{J}}=2\ (E\cdot J)\times d=6\times10^{10}\ \mathrm{J/s}$$

其中，J 为总电流，约为 5×10^5 A；E 为越过极盖区的电场强度，约为 20 mV/m；d 表示极盖区的直径，取 d=3000 km。这是太阳风-磁层发电机在平静时期的最小功率。

另一部分太阳风-磁层发电机发出的电力直接加在磁尾等离子体片上，磁尾中性片电流是这一发电机的另一个外电路。晨昏电场还使等离子体片中的等离子体向地球方向漂移，并且不断地增加能量。

为了说明磁层对流的形成和与之相伴的太阳风输运粒子、动量和能量的物理过程，两种原理不同但可能同时起作用的机制已经被提出，分别为黏性驱动模式（又称闭磁层模式；Axford and Hines, 1961）和重联模式（又称开磁层模式；Dungey, 1961）。前一种模式认为一小部分太阳风等离子体可直接进入闭合磁力线管的“等离子体边界层”，因此这一模式又称为闭磁层模式。后一种模式认为太阳风磁力线与地球磁力线可相互连接，一小部分太阳风粒子可沿着磁力线进入磁层，这一模式又称为开磁层模式。

虽然这两种模式能分别解释一些观测现象，但近年来大量的卫星观测都支持磁重联驱动的开磁层模式。现在，开磁层模式已被广泛地接受。

8.5.2　重联磁层模式

观测表明，虽然行星际磁场的能量密度只是太阳风总能量密度的 1%，但是它的方向显著地影响着太阳风等离子体动量和能量向磁层内的传输过程。在重联模式中这种影响被想象为当行星际磁场南向时，行星际磁力线与地球磁力线连接起来，太阳风等离子体可以直接沿着磁力线穿入到磁层内，在太阳风中的电场也直接沿着磁力线传进磁层。

为了说明地磁场与行星磁场相互连接的重要性，首先讨论两磁场真空叠加的情况。最简单的情况是一个偶极子场（地磁场）和一个均匀磁场（行星际磁场）的叠加。图 8.5.2(a) 给出了在赤道面内均匀场与偶极子场平行的情况（模拟行星际磁场北向），图 8.5.2(b) 示出了两者方向相反的情况（模拟行星际磁场南向）。由图可以清楚地看到，当行星际磁场北向时，磁层磁力线是闭合的，当行星际磁场南向时，磁层磁力线是开放的，并在磁场为零的地方形成两个 X 形中性点。

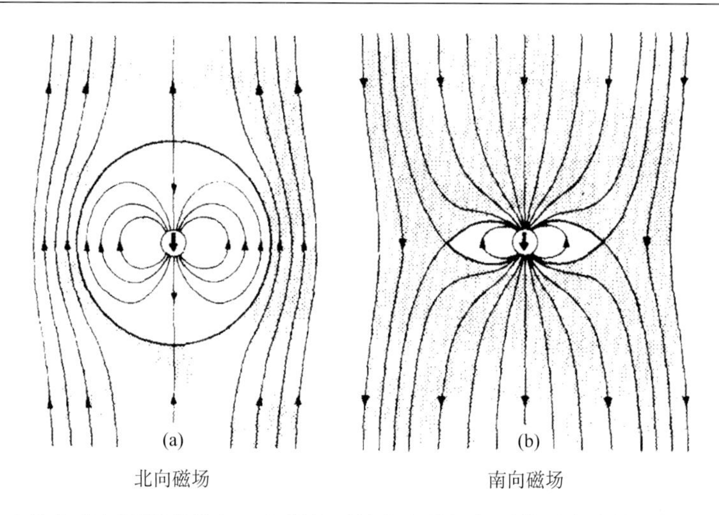

图 8.5.2　由一个均匀的行星际磁场与一个偶极子场真空叠加得到的磁力线的几何形状(Willis, 1978)

在实际情况下需要考虑太阳风等离子体的作用。Chapman-Ferraro 理论只考虑了太阳风等离子体，略去了行星际磁场。这里叙述了相反的极限情况，只考虑行星际磁场，而略去了太阳风等离子体。如果考虑太阳风等离子体的流动，图 8.5.2 中的图形就会变得很不对称，地球的向日面磁场被压缩，而背日面形成磁尾。下面讨论当磁力线被太阳风携带向下游运行时，它与地球磁场磁力线合并和分开的过程。

图 8.5.3 给出了合并过程的示意图。一条行星际磁力线被太阳风携带由太阳向着地球方向传播，在行星际磁场和地球磁场形成 X 位形的地方发生磁力线的合并，形成一对开磁力线(一端与地球相连接，另一端在行星际空间)。在磁层顶的背日面，X 形中性点发生相反过程。一对开磁力线重新连接起来形成一条闭合磁力线和一条行星际磁力线，这一重联的基本过程与向日面的合并是一样的。

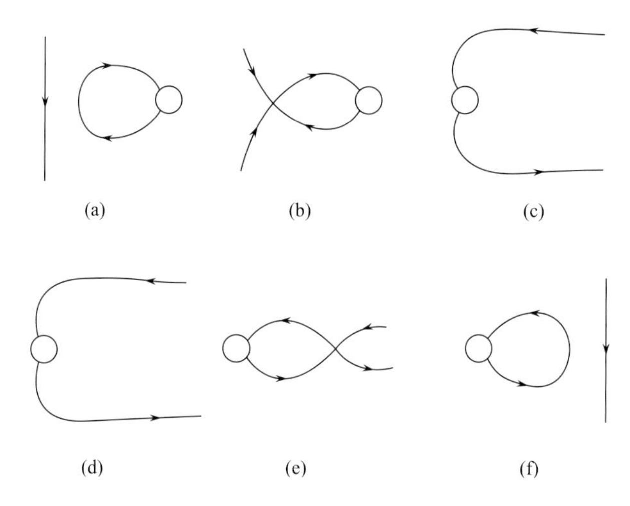

图 8.5.3　在磁层顶向日面磁力线的重联(a)、(b)、(c)以及在磁层顶背日面的重联(d)、(e)、(f)(Akasofu, 1977)

下面介绍重联模式给出的磁层内等离子体的对流模型。假定行星际磁场南向，所有中性点都在赤道面内形成环绕磁层的一条中性线。可以想象与中性线相交的地球磁场的所有磁力线组成一个面，这个面把开磁力线区域与闭磁力线区域分开。这个分界面与电离层的交线近似与极光椭圆重合。极光椭圆可以看成是中性线沿着磁力线在极区电离层上的投影，也就是极盖区的边界，见图 8.5.4 开磁层模式，当行星际磁场只有南向分量时磁层被中性线环绕。

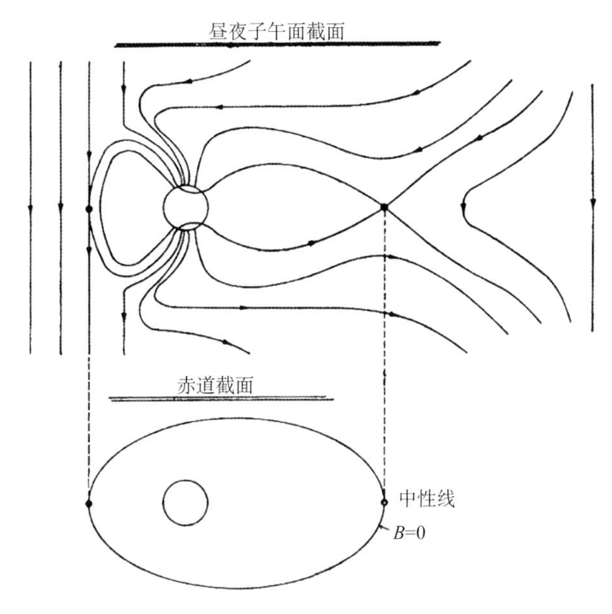

图 8.5.4　开磁层模式（Akasofu, 1977）

磁鞘等离子体通过合并过程进入磁层，见图 8.5.5。图中大箭头表示进入磁层的等离子体在磁层的高纬区域向着背日方向运动，小箭头表示磁力线的运动方向，由 2 至 3，4，…。等离子体到达磁尾中间面附近就会被等离子体片捕获，然后在向日方向回流，在赤道面内绕过等离子体层到达向日面磁层顶，并且从磁层顶逃逸出去。磁力线运动到 6 后，南北两半球的磁力线又重新连接起来形成闭合的磁力线 7 和行星际磁力线 7′。闭合的磁力线向左边运动到达 8，然后 9，最终又回到位置 1，并继续重复上述合并过程。磁力线 7′被太阳风携带向下游行星际空间运动。

在这一过程中，磁力线在开放和闭合两种位形之间周期性地变化。开放磁力线一端与极盖区电离层相连接，另一端与太阳风磁力线相连接并被太阳风带着向下游运动形成磁尾。太阳风等离子体可沿着开磁力线直接进入白天的极光带，但多数进入磁层的太阳风粒子被磁镜反射，不能达到极光发光高度。这些被反射的粒子被磁力线带到磁尾形成等离子体幔。闭合磁力线的两端都与高纬电离层相连接，向着太阳方向运动，形成等离子体片中等离子体的“回流”。“开放”和“闭合”的转换是通过在磁层顶和磁尾中的磁重联过程来完成的。

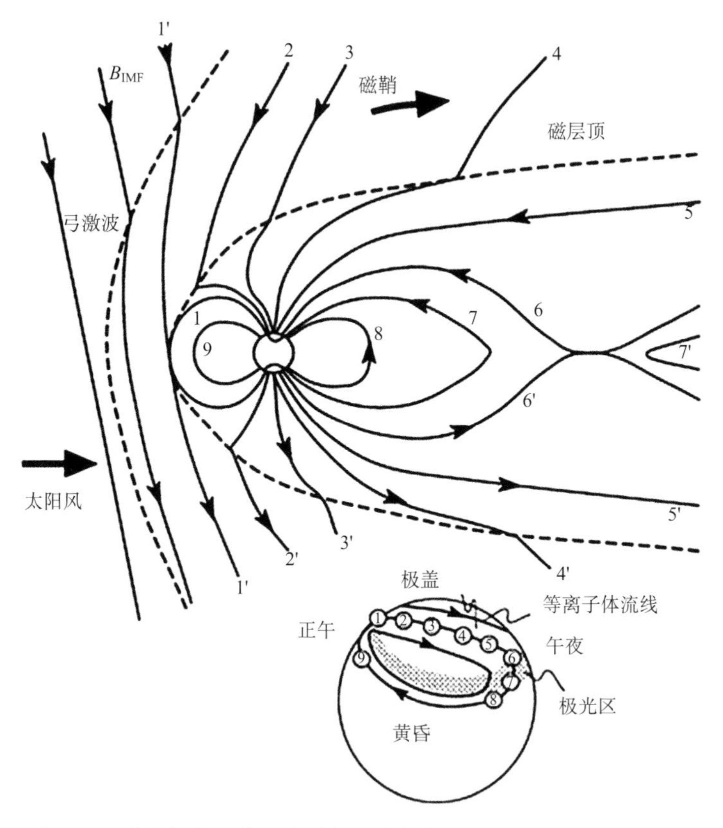

图 8.5.5 磁层等离子体对流过程示意图(Kivelson and Russell, 1995)

磁层在对流中所消耗的动量和能量可以理解为是太阳风-磁层发电机提供的。图 8.5.6 示出了这个发电机的原理和内外电路 (Akasofu, 1977)。由图 8.5.6(a)看到，当合并发生后，磁层顶不再是切向间断面，磁场的垂直分量 $B_n \neq 0$，并且在南北半球都是南向的。磁力线被太阳风携带着以速度 V 向背日方向运动。在相对地球静止的参考系中，我们看到等离子体垂直磁力线运动。在洛伦兹力的作用下，正电荷向磁尾磁层顶的黎明侧偏转，负电荷向黄昏侧偏转。于是在磁尾黎明侧积累了正电荷，在黄昏侧积累了负电荷，见图 8.5.6(b) (Siscoe, 1966; Heikkila, 1974)。

下面考察与发电机相接的外电路。在最简单的情况下行星际磁场只有南向分量，磁中性线完全环绕磁层。中性线的黎明一侧为发电机的正极，而黄昏一侧为其负极。发电机产生的电流主要通过等离子体片的中间部分放电。磁尾磁层顶与中性片构成了两个“半圆筒”形的回路，这部分电流叫作磁尾电流，见图 8.5.6(c)。

正是太阳风-磁层发电机驱动了在两个“半圆筒”形回路中流动的电流，而这一电流回路形成了磁尾磁场。也就是说磁尾是太阳风-磁层发电机的产物。该发电机在磁尾中的另一负载可看成是一驱动等离子体片中等离子体对流的电动机。

另外，中性线还通过一组磁力线与极区电离层相连接，因而发电机发出的一部分电流可以流过极光椭圆带电离层，这部分电流叫作极光椭圆回路电流。如果假定磁力线是高导电的，在中性片黎明和黄昏两侧之间的电位降应当近似地等于极光椭圆黎明和黄昏

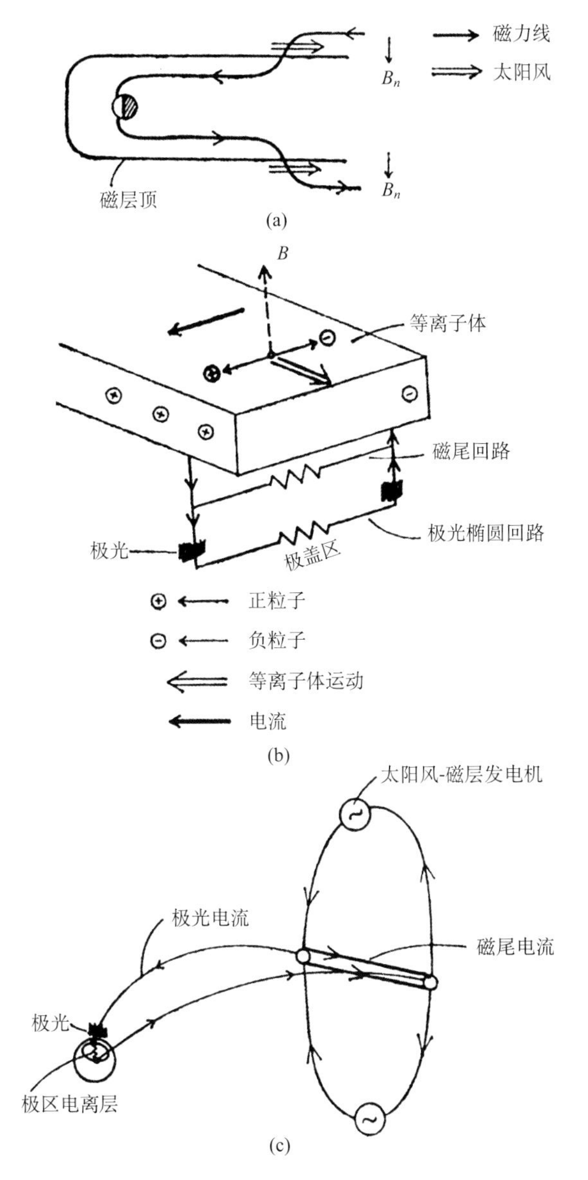

图 8.5.6　太阳风-磁层发电机示意图(Akasofu, 1976; Siscoe, 1966)

两侧之间的电位降，量级约为 50 kV，根据 Siscoe 和 Cummings（1969）估计发电机的功率为 10^{12} W(在扰动时)。由功率可以推算发电机产生的总电流为 2×10^7 A，与 Sq^p 电流系总电流强度 10^6 A 比较，显然发电机产生的功率的主要部分由于驱动磁尾电流而供给磁尾了，只有非常小的一部分电流沿着极光椭圆回路，因而只有一小部分能量作为热能耗散在极区电离层中。

如果在平静时太阳风-磁层发电机的功率变得小于 10^{12} W，例如 10^{11} W 或更小，它与 Sq^p 电流系在电离层中的焦耳热耗散差不多。这样极区电离层就变成太阳风-磁层发电机的主要负载了。

太阳风磁层发电机还通过沿磁力线的场向电流把太阳风的动量传输到极区电离层以

克服磁层对流运动在电离层边界受到的“摩擦”阻力。太阳风提供动量的方式对于开磁层模式和闭磁层模式是不同的。对于前者，太阳风通过横越磁层顶的磁力线向磁层提供动量；对于后者，太阳风通过黏性作用向磁层内提供动量。然而，动量由磁层顶向电离层的传输机制对于这两个模式是大致相同的。我们将在讨论闭磁层模式时对这一机制给以详细说明。

图 8.5.7 显示了根据极盖区测量到的太阳粒子事件推测出的磁层磁场结构(Page and Domingo, 1972)。(a)为 1969 年 1 月 24 日观测，(b)为 1967 年 11 月 2 日观测。箭头指示太阳高能粒子各向异性的方向。进一步的测量还表明，在行星际空间中的太阳电子能谱随时间的变化与磁尾中电子能谱随时间的变化十分相似，但磁尾中的电子的变化延迟约为 100 s。这说明太阳电子可能在磁尾下游 64～900R_E 范围进入磁尾。因为太阳电子和低能质子的刚度很小，只能沿着磁力线进入磁尾。这就要求在椭圆形的极盖区发出的磁力线与行星际磁力线是相互连接的(Akasofu, 1977)。

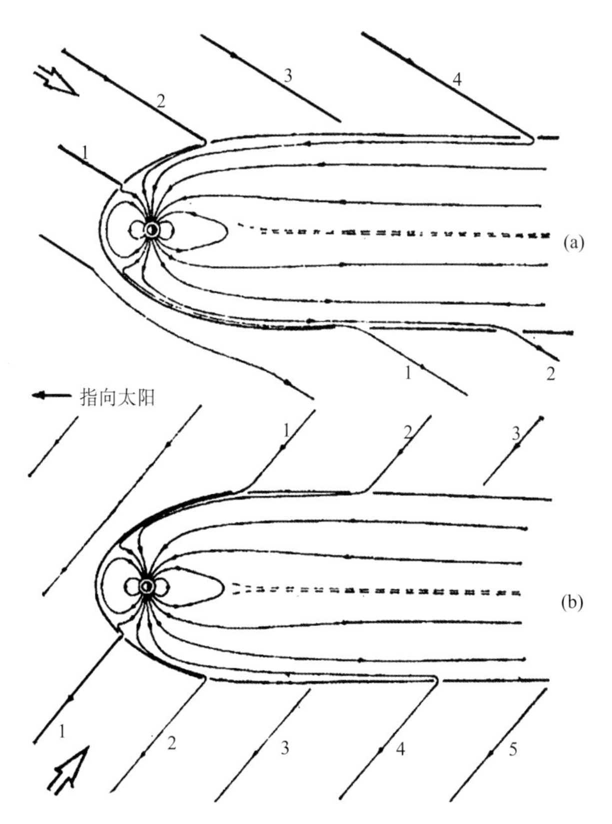

图 8.5.7　根据在极盖区测量到的太阳粒子事件推测出的行星际磁力线与由极盖区发出的磁力线相互连接的结构(Page and Domingo, 1972)

ISEE-1，2 的观测发现了重联理论预计的等离子体磁场和电场特性。观测表明，在磁尾重联总是发生的，但是在磁层顶观测到的次数很少。在许多理论预计有重联发生的情况下，没有观测到重联现象(Russell and Greenstadt, 1983)中在磁层顶的向阳侧经常被观测到的一些有限尺度的开磁力线管（通量管传输事件）。这说明地磁场的磁力线与行星际空间中磁力线的重联很可能是脉冲式的，而磁层顶只在一些局部区域成为开放的。

8.5.3　黏性驱动磁层模式

Cowley (1982) 和 Hones (1983) 指出，ISEE 飞船的观测表明，这两种机制可能是同时存在的。对于驱动磁层等离子体的对流运动来说，重联的机制被认为是主要的，在低纬边界层内闭合的磁力线所受到的“黏性”驱动作用可能通常是不重要的。但“黏性”驱动作用也许对于驱动 1 区的场向电流是主要的。地球磁力线与太阳风磁力线的重联有时是脉冲式发生的，而磁层顶只在一些局部区域开放(Russell, 1979; Lee and Fu, 1985)。

黏性驱动磁层模式假设在磁层的最外层有一黏性层，太阳风通过黏性相互作用把动量和能量传输到黏性层中，驱动磁层对流运动。Axford 和 Hines (1961) 首先提出了磁层对流的黏性驱动磁层模式，他们在泪滴状磁层模式的基础上进一步讨论了大尺度磁层对流运动。图 8.5.8 示出了赤道面中磁层对流运动的流线(Axford and Hines, 1961)，闭合实线为赤道面内等离子体的对流流线，虚线和磁层顶之间的区域为黏性层。等离子体的流线同时也是电场等势线。假设接近磁层边界有一黏性层，这一层中的等离子体由于黏性相互作用被太阳风驱动向着背日方向流动。

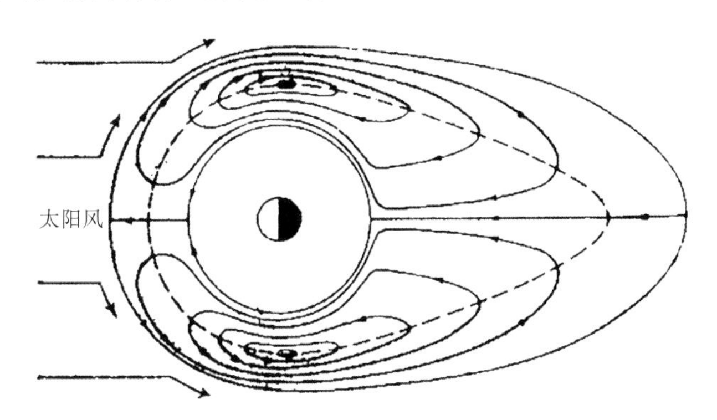

图 8.5.8　黏性驱动的磁层对流模式(Axford and Hines, 1961)

下面讨论动量和能量由黏性层向磁层内的输运过程(Hones, 1978)。在磁场 B 中以速度 V 运动的粒子将受到洛伦兹力的作用，见图 8.5.9(a)，磁场 B 指向纸外，电子和质子的轨迹分别偏向左和偏向右。图 8.5.9(b) 示出了利用这一原理设计的发电机。由等离子体发生器产生的等离子体垂直穿过磁力线运动，电子被磁场偏转积累在磁场区域的左边，质子被磁场偏转积累在右边。在没有传导外电路的情况下，由于粒子偏转而产生的极化电流将很快地在磁场区域的边界积累电荷层，电荷层导致的极化电场将完全与洛伦兹力平衡，这以后再进入磁场区域的粒子将以直线轨道通过磁力线，而不再受到偏转作用。图 8.5.9(b) 中示出的外电路提供了一个“去极化电流”的通路，该电流将使已经积累起来的电荷中性化，极化电流 J_p 由左至右通过磁场，电流对等离子体的作用力为 $\frac{1}{c}(\boldsymbol{J}_\mathrm{p}\times\boldsymbol{B})$，与发生器产生的等离子体运动的方向相反。也就是说，等离子体流受到了阻力，其动量减少了。如果磁场 $\boldsymbol{B}$ 向外延伸，并把“电负载”包括在其中，流过负载的去极化电流 $\boldsymbol{J}_\mathrm{D}$

由右向左通过磁场 $\boldsymbol{B}$，因而负载将受到一个力 $\frac{1}{c}(\boldsymbol{J}_{\mathrm{D}} \times \boldsymbol{B})$ (在图中向上)，这正是等离子体流的方向。这样两电极之间的等离子体损失的动量就传递给了电负载。Baker 和 Hammel (1965) 在实验室中已经证实了这个磁化等离子体中的动量传输过程。

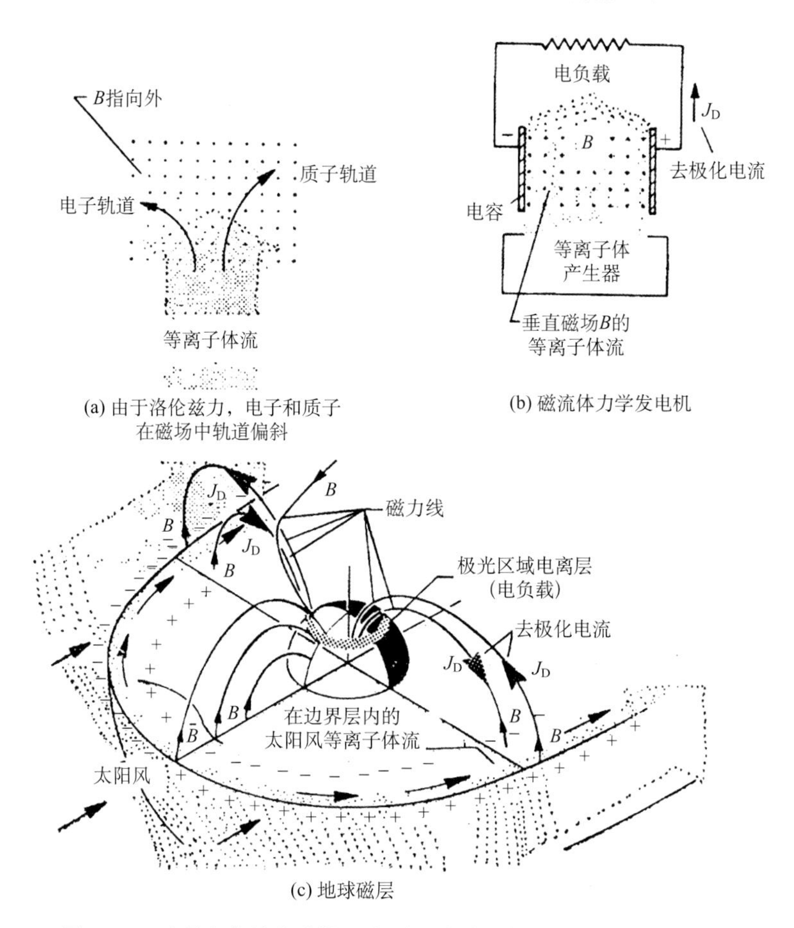

图 8.5.9　动量和能量由黏性层向磁层内输运的示意图(Hones, 1978)

图 8.5.9(c) 根据上述原理示意说明太阳风的动量和能量是怎样传输给磁层赤道部分的等离子体的。在图中用磁层顶(实线)内密度逐渐减少的点来表示等离子体幔中的等离子体，箭头表示等离子体流的方向。由于进入磁层的太阳风等离子体的密度随着进入深度增加而逐渐减少，所以点的密度逐渐减少。在黏性模式中，这一等离子体层称为黏性层。Palmer 和 Hones(1978) 发现，在低纬的等离子体幔内磁力线是闭合的(就是磁力线的两端点在地球上)。这样，在黏性层中必定有一个极化电场使得等离子体横越磁力线流动。图 8.5.10(c) 中用“+”和“−”表示产生这个电场的电荷层的符号，我们看到在磁层顶的黎明侧(左边)和黄昏侧(右边)电荷层的符号是相反的。在黏性层中发展起来的极化电场将沿着磁力线传送到极盖区产生电场和对流作用。

图 8.5.10 示意说明黏性层与极光区电离层的耦合。在这一模式中，从晨昏方向越过

磁层外边界的电位差为零。这是因为虽然在太阳风中有电场，但是由于太阳风磁力线完全被排斥在磁层顶的外面(黏性模式假设磁层顶是切向间断面)，在太阳风中包围磁层顶晨昏两侧的磁力线在远处将会聚在一起，因而磁层顶晨昏侧电位是相同的。黏性层中产生的极化电场必然由磁力线传到极盖区，极盖区内外存在电位差。对于在黏性层中经常观测到的磁场和流速的数值来说，为了产生观测到的极盖区电位差需要黏性层有 $1R_E$ 的厚度，这与观测到的等离子体幔的厚度相当。在黏性边界层内将有极化电流 $\boldsymbol{J}_p$ 流过，在磁层顶的黎明侧向内，黄昏侧向外，这使得力 $\frac{1}{c}(\boldsymbol{J}_p \times \boldsymbol{B})$ 在晨昏两侧都是向日方向的，成为边界层内等离子体流动的阻力。极化电流产生的极化电荷将沿着磁力线通过极光区电离层放电，从而形成退极化电流 $\boldsymbol{J}_D$。极化电流 $\boldsymbol{J}_p$ 与退极化电流 $\boldsymbol{J}_D$ 形成一个回路。

图 8.5.10 中黑环带表示黏性层，黑箭头表示磁场方向，白箭头表示电流方向，“0”表示该处电位为零，“+”表示该处电位高于零电位，“-”表示该处电位低于零电位(Johnson, 1978)。退极化电流将垂直磁力线流经导电的电离层，通过力 $\frac{1}{c}(\boldsymbol{J}_D \times \boldsymbol{B})$ 把边界层等离子体的动量的一部分传输给电离层等离子体，又通过 $\boldsymbol{J}_D$ 在电离层中引起焦耳热损耗，把边界层中等离子体的一部分能量传输给电离层等离子体。另外，黏性层中的等离子体又把闭合磁力线管沿着磁层的两侧拉向磁尾，使得磁尾的磁通量增加，所以太阳风传给磁层的一部分动量直接被黏性层中的磁力线吸收了。磁尾磁通量的增加使得那里储存的能量增加了，磁尾中储存能量的突然释放就产生了磁层亚暴。

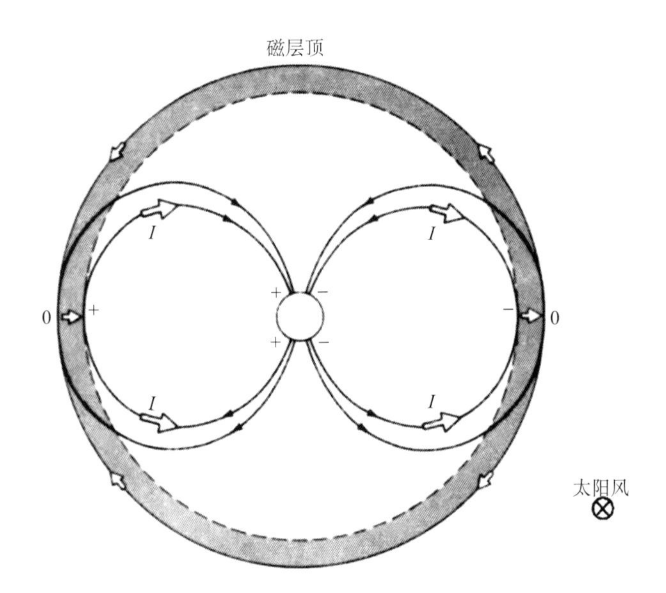

图 8.5.10　在晨昏子午面内黏性层与极光区电离层的耦合(Palmer and Hones, 1978)

太阳风向磁层传输动量可以被设想为同时从两方面进行：

(1) 由边界层流出的退极化电流产生的电磁力将动量传输给电离层。

(2) 在边界层内，极化电流对等离子体流产生阻力作用，使得磁力线被拉伸至磁尾，并将磁能储存在那里。当电流中断时，即电离层突然变成非导电状态，在边界层中等离子体会迅速变成完全极化状态，极化电场为$\boldsymbol{E}=-\frac{1}{c}(\boldsymbol{V}\times\boldsymbol{B})$。它将完全补偿作用到等离子体粒子上的洛伦兹力，等离子体将无阻碍地通过黏性边界层，这样也就没有动量传输了。

Piddington(1965)在闭磁层的黏性模式基础上提出了开磁尾黏性驱动模式。在该模式中，磁力线在黏性层中被向后拉到十分远的地方，最后磁尾北边径向向内的磁力线与南边径向向外的磁力线合并；然后与地球相连的磁力线开始向地球方向对流，不与地球相连接的磁力线向着太阳风下游运动。这一磁尾的合并过程与重联模式预计的一样，但是在黏性模式中传输到等离子体片中的能量来自边界层中的粒子能量，而不是直接来源于磁鞘。由上述分析看到，黏性层模式也可以应用到具有开磁尾位形的磁层。它与重联模式的基本区别在于地球磁场磁力线是否与行星际磁场磁力线相互连接。磁力线的重联很可能在适当的行星际磁场方向(有南向分量)发生，重联模式提供主要的传输机制；而在其他情况下，黏性传输机制是主要的。

8.6　磁层顶和磁尾中性片的内部结构

磁层顶是磁层磁场与行星际磁场的交界区域，由太阳风向磁层内等离子体输运的动量和能量必须经过磁层顶。任何一个磁层对流驱动模式都要假设在磁层顶有某种输运机制。要证实一个磁层对流模式，最终要看是否能够证实在磁层顶有相应的输运机制。磁尾中性片是磁尾南北两瓣相反方向磁场的过渡区。前述的磁层对流模式，无论是开磁层还是闭磁层，都要求被太阳风携带到下游的地磁场磁力线在磁尾合并，并形成中性片。显然，磁层顶和磁尾中性片的内部结构对于磁层中等离子体的动力过程是十分重要的。本节中先介绍磁层顶内部结构的主要观测结果，然后再分别讨论不同的磁层模式对磁层顶结构的理论描述，并把理论与观测进行比较，最后讨论磁尾中性片的观测结果和理论描述。

8.6.1　磁层顶结构的观测

单一人造卫星的直接探测表明向日面磁层顶的厚度通常是100 km的量级(Willis, 1975)，这个厚度与磁层中质子的回旋半径相当。但它有时变得很厚，可达到1000 km。在磁尾($60R_E$)处磁层顶的厚度经常是1000 km左右，约为10个质子回旋半径的量级，有时也会薄到30 km左右。

由于磁层顶是不断运动的，单一卫星不能确定卫星本身相对磁层顶的速度，所以也不能准确地确定磁层顶的厚度。两个卫星同时测量可以得到更准确的值。ISEE-1，2是1977年10月22日发射的一组地球轨道卫星，远地点约在$23R_E$的地方。这两个卫星相距约500 km，同步运行。

通过分析ISEE卫星的测量数据，发现磁层顶的运动速度的变化是无规律的，变化范围为4～40 km/s，最大可达到每秒几百千米，而变化时间小于卫星越过边界层所需的时间。当磁鞘磁场矢量与磁层磁场矢量夹角大于100°时，磁层顶显得薄一些，厚度经常是400～

1000 km，当两者夹角小于 60°时，磁层顶的厚度为 1000～2000 km(Russell, 1979)。

观测表明，磁层顶有时呈切向间断面，有时呈旋转间断面。实际上在大部分时间里观测到的垂直边界层的磁场分量很小。Fairfield (1974) 分析了 20 次横越磁层顶的观测资料，得到 $B_n/B \leqslant 0.05$ (B 为总磁场强度，B_n 为垂直边界层的分量)。

图 8.6.1 示出了卫星 OGO-5 在越过具有切向间断结构的磁层顶前后观测到的磁场和粒子通量的变化(Neugebauer et al., 1974)。θ、ϕ 为磁场 B 在地心太阳磁层坐标系(GSM)中的方位角和纬度角，见图 8.1.8(b)。卫星穿越磁层顶的位置在 GSM 坐标系中的坐标为 ($-10.0R_E$，$-14.5R_E$，$+12.6R_E$)。相应的太阳-地球-卫星连线夹角为 117°，地方时为 03:23，纬度为 15°。由图看到，当卫星通过磁层顶进入磁鞘时，粒子通量增加，同时伴随着磁场强度下降。这与 3.1 节中式(3.1.20)要求间断面两侧流体总压力平衡是完全一致的。在磁层和磁鞘中都有 $\phi=0$，$\theta=0$，磁场方向都是指向太阳的。

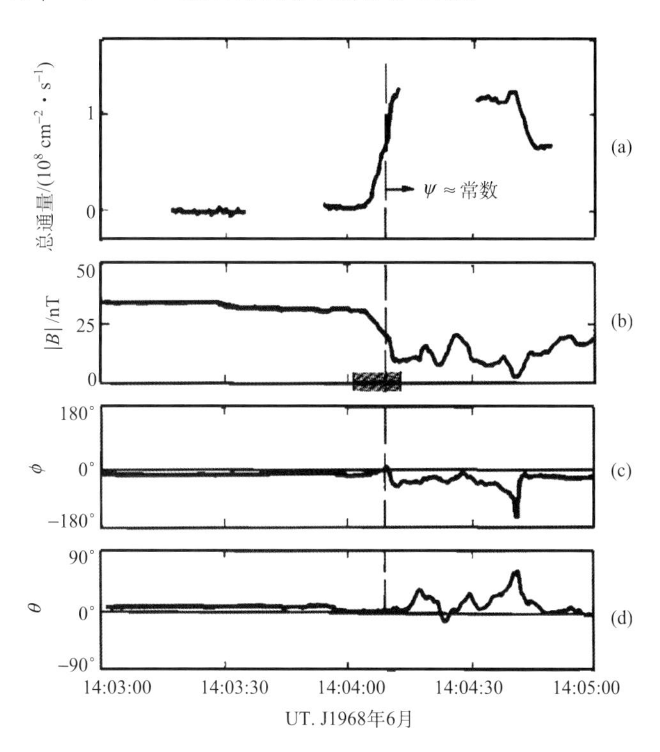

图 8.6.1　具有切向间断结构的磁层顶两侧磁场和粒子通量(Neugebauer et al., 1974)

为了确定边界面是否为切向间断面，需要确定边界面的法向方向，从而判断是否有可辨认的磁场的垂直分量 B_n。Sonnerup 和 Cahill (1967) 提出了用一次卫星通过磁层顶的磁场测量数据确定磁层顶法线方向的方法。假设磁层顶结构是一维的，x_3 是垂直边界层的坐标，磁场只是 x_3 的函数，卫星穿过磁层顶时磁层顶的姿态不变。由磁流体间断面的跃变关系得到$[B_3]=0$。也就是说，垂直边界层的磁场分量是常数。如果在卫星越过边界层的过程中做了 N 次测量，得到 N 组数据 $\boldsymbol{B}_i$($i=1$，2，⋯，N)，则 $\boldsymbol{B}_i$ 在法向方向 $\boldsymbol{n}_3$ 上的投影的偏差平方和为

$$\sigma_N^2 = \frac{1}{N}\sum_{i=1}^{N}\left[(\boldsymbol{B}_i - \overline{\boldsymbol{B}_i})\cdot \boldsymbol{n}_3\right]^2$$

其中

$$\overline{\boldsymbol{B}_i} = \frac{1}{N}\sum_{i-1}^{N}\boldsymbol{B}_i$$

在理想情况下，$\sigma_N^2=0$，但实际上σ_N^2不会严格等于零。可以求出这样一个方向，使得磁场在该方向上的投影变化最小，就是偏差平方和σ_N^2最小。这个方向就被看成是磁层顶的法向方向$\boldsymbol{n}_3$。Sonnerup 和 Cahill(1967)以及 Sonnerup (1976)给出了具体的计算方法，叫作最小变数法。通常选择$\boldsymbol{n}_1$、$\boldsymbol{n}_2$分别近似指向北和西，$\boldsymbol{n}_1$、$\boldsymbol{n}_2$、$\boldsymbol{n}_3$组成右手系，这样$\boldsymbol{n}_3$由磁层顶内指向外。对于图 8.6.1 的情况，估计的垂直边界面的磁场分量B_3=0.7 nT，其标准偏离是 0.4 nT，法向方向的估计可能有 5°的误差。因为估计的B_3的数值与标准偏离相差不多，所以图 8.6.1 的磁层顶结构被认为是切向间断面。

图 8.6.2 示出了 OGO-5 接连两次穿越磁层顶测量到的磁场变化(Sonnerup, 1976)。图中零时为 1968 年 3 月 27 日世界时 17 时 46 分 29 秒。B为磁场强度值，θ、φ分别是磁场矢量$\boldsymbol{B}$在太阳磁层坐标系的纬度和经度(向东为正值)。卫星在太阳磁层坐标中的位置为X=56480 km，Y=–50080 km，Z=6590 km。第一次穿越磁层顶得到的磁场垂直分量B_3=(–0.13±0.44) nT，n_3方位估计的误差在$\boldsymbol{n}_1$与$\boldsymbol{n}_2$决定的平面内是±0.01 弧度，在$\boldsymbol{n}_2$与$\boldsymbol{n}_3$平面内是±0.4 弧度，可以认为B_3近似为零。这一计算只给出了飞船穿越磁层顶期间(4s)磁层顶的平均状态。

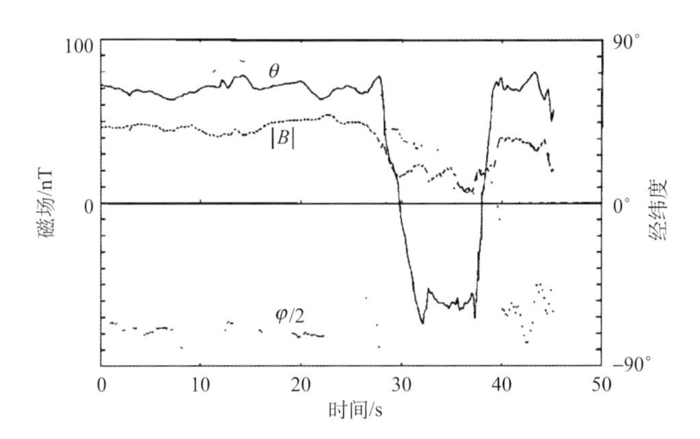

图 8.6.2　OGO-5 两次穿越磁层顶测量到的磁场变化(Sonnerup, 1976)

图 8.6.3 示出了在图 8.6.2 中第一次穿越磁层顶时磁场矢量在($\boldsymbol{n}_1$，$\boldsymbol{n}_2$)平面(a)和($\boldsymbol{n}_1$，$\boldsymbol{n}_3$)平面(b)上的矢端曲线(Sonnerup, 1976)，观测时间为 1963 年 3 月 27 日世界时 17 时 46 分 53 秒。由原点到曲线上每一点的矢量分别表示磁场矢量在($\boldsymbol{n}_1$, $\boldsymbol{n}_2$)平面及($\boldsymbol{n}_1$, $\boldsymbol{n}_3$)平面上的投影。在($\boldsymbol{B}_1$, $\boldsymbol{B}_2$)图中和($\boldsymbol{B}_1$, $\boldsymbol{B}_3$)图中曲线的上端和下端的坐标分别给出磁层和磁鞘磁场分量的数值。由图 8.6.3(b)看到，$\boldsymbol{B}_3 \approx 0$，说明这是一个切向间断面。由 8.6.3(a)看到，越过这一间断面切向磁场的方向和量值都有变化。

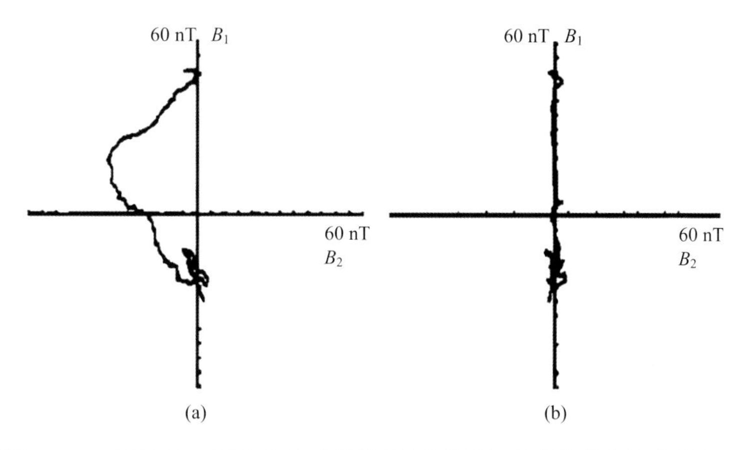

图 8.6.3　描述 OGO-5 穿越切向间断面磁层顶测量到的磁场矢量变化的矢端曲线(Sonnerup, 1976)

由 OGO-5 卫星 57 次穿越向日面磁层顶期间测量到的磁场数据得到的磁层顶内的平均磁场强度 $\overline{B_i}=42$ nT，磁层顶外的平均磁场强度 $\overline{B_0}$ =28 nT。假设在平均情况下磁层顶相应于稳定的切向间断面，由总压力平衡条件，令温度为常数(T=10^6 K)，得到磁层顶内外平均数密度差 Δn=28 cm^{-3}。

如果磁层顶是旋转间断面，行星际磁场磁力线就应该通过磁层顶与地球磁场磁力线连接起来。这时磁层顶磁场应满足如下的条件：

(1) B_3 不为零；

(2) 在北半球 B_3 为负值(即指向磁层顶内)，在南半球 B_3 为正值(即指向磁层顶外)；

(3) 切向分量的量值是常数仅方向发生改变。Sonnerup 和 Ledley (1979) 在 OGO-5 的 50 多组穿越磁层顶的数据中找到了两组说明存在着磁流体旋转间断面的证据。

图 8.6.4 是 OGO-5 于 1968 年 3 月 25 日穿越磁层顶测量到的磁场矢端曲线图(Sonnerup, 1976)，$B_1>0$ 在磁层内，$B_1<0$ 在磁鞘内。由图看到，磁场近似满足上述三项旋转间断面的条件。磁场的垂直分量 B_3 超过误差的 10 倍，垂直分量和切向分量都接近是常数。这样明确的典型旋转间断面的例子是很少的。在 57 次 OGO-5 越过磁层顶的数据中只有 19 次 $|B_3|>3\Delta B_3$。在许多情况下，虽然磁场法向分量不为零，但磁场的切向分量值有变化，这可能包含着旋转间断和某些非磁流体效应。

8.6.2　单粒子轨道理论预计的磁层顶结构

由上面的观测事例看到，磁层顶不是无限薄的间断面，而是有一定厚度和有复杂内部结构的磁场过渡区。第 5 章介绍的计算磁层顶的位置和形状的方法不能给出有关磁层顶内部结构的任何信息。为了讨论磁层顶的内部结构，需要考虑等离子体粒子在磁层内的分布和运动(Willis, 1971, 1972)。关于磁层顶内部结构的问题，可以分别从单粒子轨道理论、等离子体动理论和磁流体力学的角度予以讨论。

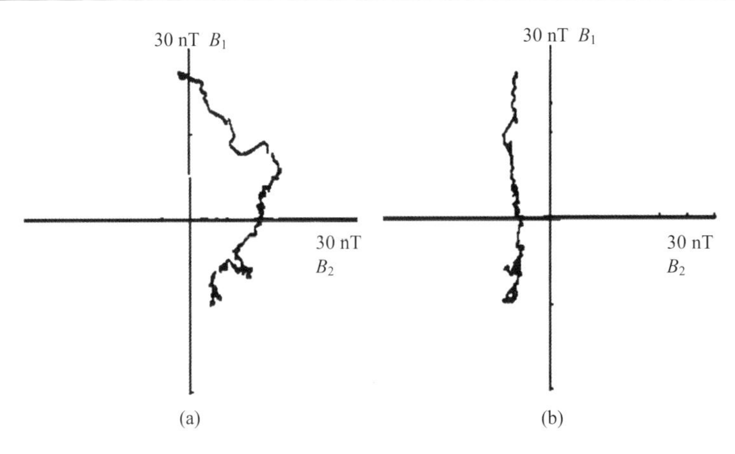

图 8.6.4 OGO-5 于 1968 年 3 月 25 日穿越磁层顶时测量到的磁场矢端曲线显示的一个旋转间断面的结构(Sonnerup, 1976)

下面首先讨论单粒子轨道理论。早期的工作假设磁层顶是一个分割非磁化等离子体区域与真空磁场区域的电流片(Ferraro, 1952; Dungey, 1958)。假设离子和电子具有相同的密度、速度，并且没有热运动，当它们由边界外垂直入射到地磁场内时，就会受到地磁场的偏转作用，最后被地磁场反射回去，见图 8.6.5。由于离子的质荷比大，它将比电子穿入磁场更深一些，这将导致电荷分离，产生极化电场。极化电场阻止进一步电荷分离，从而使得电子和离子一起运动。离子实际上受到极化场的作用(不是直接受磁场的作用)而反射，轨道显得很尖(图 8.6.5)。电子被极化场加速，一直到获得与原来离子相等的动能后被磁场反射。极化场把离子的能量传给电子，在平行于边界方向上电子速度大大超过离子速度，电流主要是由电子贡献的。反射后电子被极化场减速，能量又被极化场传输给反射回来的离子。

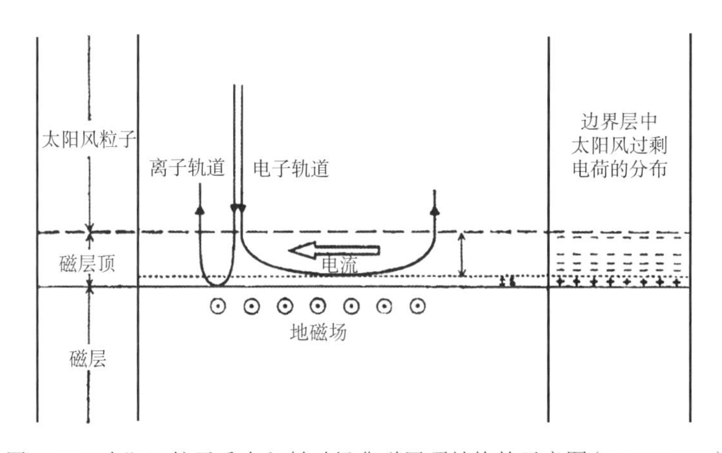

图 8.6.5 太阳风粒子垂直入射时经典磁层顶结构的示意图(Willis, 1972)

在边界层内电流密度、磁场强度和极化电场强度都是呈指数衰减的，特征长度为等离子体的集肤厚度，即 $d=c/\omega_p$，其中 c 为光速，ω_p 为等离子体频率。如果考虑切向间断面压力平衡条件，可以证明特征长度 d 等于电子的回旋半径。以上关于磁层顶的理论通常被称为经典边界层理论。在磁层顶 d 的典型值为 1 km。实际观测到的磁层顶厚度远远大于这个数值。Parker（1967a, b, 1968）认为，如果考虑磁层内的等离子体的作用，磁层顶内的极化场将被中和。

这可能有两种不同的过程：

(1) 周围磁层等离子体好像是电介质，极化场引起相反方向的极化电流，从而中和了大部分过剩电荷。

(2) 磁层电场可以通过磁力线管沿着磁层电离层回路放电。在这一情况中，磁层顶可看成一个简单的电容器（电容值为 C_m），电离层被看成一个电阻（电阻值为 R_0），连接磁层顶和电离层的磁力线管被看成是没有损耗的传输线。

假定太阳风的压力突然增加以后，很快就形成了经典边界层，因而在磁层顶形成极化电场。极化电场通过磁层电离层回路逐渐放电，放电的时间常数为 C_mR_0。Willis (1971) 估计 C_mR_0 为几小时。如果太阳风较长时间稳定不变，磁层顶电场将被完全中和，离子和电子将各自独立地入射到磁层顶中，入射深度等于各自的回旋半径。在稳定情况下，没有电子与离子之间的能量转化，电流主要由离子电流引起，见图 8.6.6。边界层的厚度为离子回旋半径 $D=(m_i/m_e)^{1/2}d$ 的量级。

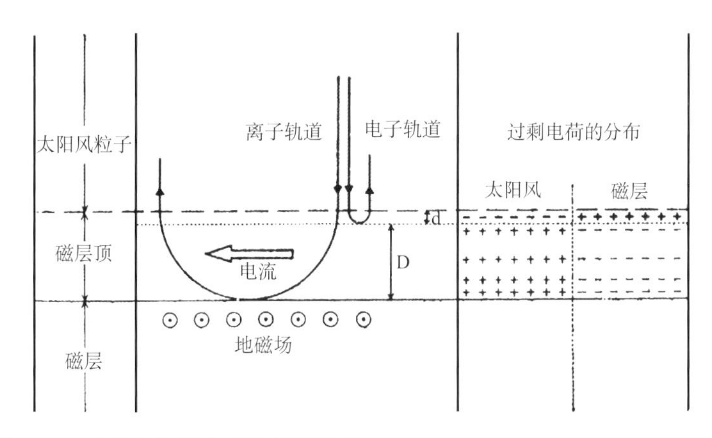

图 8.6.6　完全中性化的磁边界层结构，$D\simeq 100$ km，d=1 km（Willis, 1978）

ISEE-2 卫星于 1977 年 11 月 8 日渡越磁层顶时测量到了一个与 Paker 描述的中性化磁层顶很相似的结构（Paschmann et al., 1978）。当卫星由磁鞘进入磁层时，分别在不同的时间观测到电子密度和质子密度突然减小，电子密度的过渡明显地较先完成。能量越高的质子穿透得越深。同时随着密度开始减小，质子流旋转 90°，由背日方向转向在赤道面内的黄昏方向。这些特征都可以用上述模型来解释。在这次越过磁层顶的条件下，电子的回旋半径约为 0.5 km，而质子的回旋半径约为 50 km。由于电离层供给的用以中和磁层顶极化电荷的电子的能量很低，在仪器的量程以下，所以实际测量的电子和质子都是由太阳风入射的，它们的分布与图 8.6.6 中示出的太阳风过剩的电子和离子相同。北向磁场的洛伦兹力使得质子向黄昏方向偏转。

事实上，由于太阳风经常不稳定（稳定时间一般不超过 1 h），速度常常变化，所以磁层顶经常处于部分中性化状态。另外，当太阳风速度有平行磁场分量时（如在磁尾的情况下)，这一修正的经典模式不能给出稳定的边界层结构。这时，在磁层顶中由太阳风入射的过剩的电子和离子都沿着地磁场方向运动，过剩的电子和离子分别在边界层两边形成相反方向的电流，该电流在边界层中形成了一个垂直地磁场的附加磁场 $\boldsymbol{B}_{\mathrm{add}}$，见图 8.6.7。附加磁场对平行离子电流的作用力为

$$\boldsymbol{F}_2 = \frac{1}{c}\boldsymbol{j}_{\mathrm{II}} \times \boldsymbol{B}_{\mathrm{add}}$$

方向是指向里的。而过剩离子作用在磁力线上的力为$-F_2$，它是指向外的，其作用是把附加磁场磁力线推向太阳风。Parker (1967a) 认为这时的边界层是不稳定的。边界层的不稳定将导致附加磁场磁力线向外膨胀，使得太阳风粒子与磁层等离子体混合起来。通过这种混合太阳风把动量传给磁层，把磁力线拖到地球的背日面形成磁尾，并且驱动磁层对流。这种混合可能提供了黏性磁层模式所需要的传输机制。

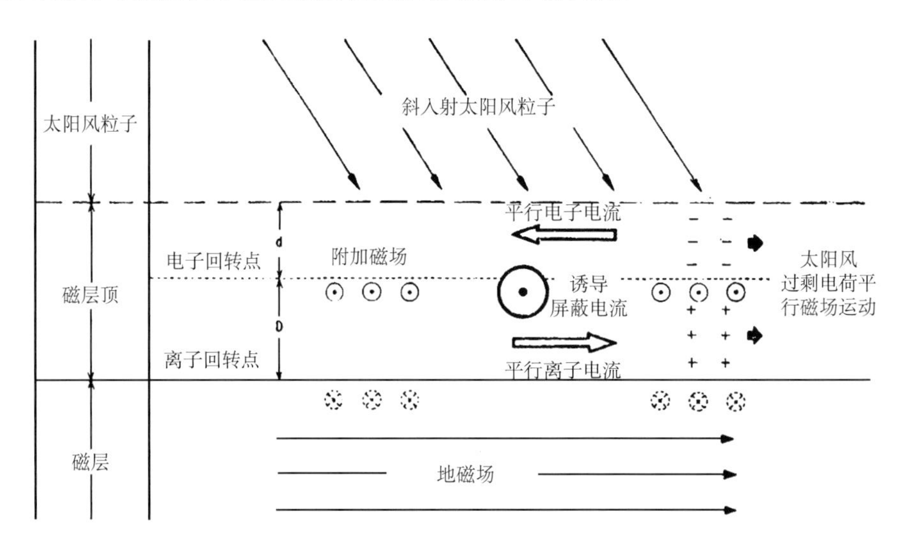

图 8.6.7　当太阳风速度有与地磁场平行分量时磁层顶的结构(Willis, 1972)

8.6.3　等离子体动理论预计的磁层顶结构

上述单粒子轨道理论说明磁层顶可以有与质子回旋半径同量级的厚度。但是要用单粒子轨道理论描述质子通过 10 个回旋半径后再反射的轨道是很困难的，超过一半的情况下，观测到的磁层顶太厚，不能用轨道理论来描述。为了描述较厚的磁层顶，需要描述磁层中粒子的分布函数，这就需要求解 Vlasov 方程。Alpers (1969, 1971) 得到了一个严格电中性的满足 Vlasov 方程和麦克斯韦方程的解。他证明了如果考虑在磁层顶内被捕获的等离子体的作用，在电荷完全中性化的条件下，即使在太阳风速度有平行磁场分量的情况下，仍然可以得到空间稳定的解。

假设磁层顶内、外磁场都是沿 z 方向，并且太阳风速度与磁场矢量平行(沿着 z 方向)，等离子体和磁场参数沿着 x 方向变化。Alpers 将粒子分布函数写成如下形式：

$$F_\alpha(v,x)=\left(\frac{m_\alpha}{2\pi\kappa T_\alpha}\right)^{3/2}\exp\left[-\frac{m_\alpha}{2\kappa T_\alpha}(v_x^2+v_y^2)\right]$$
$$\left\{\exp\left[-\frac{m_\alpha}{2\kappa T_\alpha}(v_z-V)^2\right]\cdot\left[\frac{C_1}{2}\left(1-\mathrm{erf}\sqrt{\frac{(Kv_\alpha)^2}{1-(Kv_\alpha)^2}}\eta_\alpha\right)+C_0\right]\right. \tag{8.6.1}$$
$$\left.+\left[\exp\left(-\frac{m_\alpha}{2T_\alpha}v_z^2\right)-\exp\left[-\frac{m_\alpha}{2T_\alpha}(v_z-V)^2\right]\right]\left[\frac{C_0}{2}\left(1+\mathrm{erf}\sqrt{\frac{(Kv_\alpha)^2}{1-(Kv_\alpha)^2}}\eta_\alpha\right)\right]\right\}$$

其中 α=e、i，$v_\mathrm{i}=1$，$v_\mathrm{e}=(m_\mathrm{e}T_\mathrm{e}/m_\mathrm{i}T_\mathrm{i})^{1/2}$；$\kappa$ 为玻尔兹曼常量；K 为常数；V 为常数；C_0、C_1 为由边界条件决定的常数；erf 为误差函数；$\eta_\alpha=(2\kappa T_\alpha m_\alpha)^{-1/2}\times(\pm m_\alpha v_y+eA_y)$，$A_y$ 为磁矢势，$\mathrm{d}A_y/\mathrm{d}x=B_z(x)$。下面首先证明这个分布函数满足稳态 Vlasov 方程。由等离子体理论知道 Vlasov 方程的通解为单个粒子的运动常数的任意函数(Boyd and Sanderson, 1969)。在上述磁场中运动的粒子有如下的运动常数：

$$\begin{cases}E_\alpha=\dfrac{1}{2}m_\alpha(v_x^2+v_y^2+v_z^2)\\ p_{\alpha y}=m_\alpha v_y\pm eA_y(x)\\ p_{\alpha z}=mv_z\end{cases} \tag{8.6.2}$$

由式(8.6.1)看到 F_α 是由粒子运动不变量组成的函数，因而满足 Vlasov 方程。由式(8.6.1)可求电子和离子的数密度。因为

$$n_\alpha=\iiint_{-\infty}^{+\infty}F_\alpha(v,\ x)\mathrm{d}^3v \tag{8.6.3}$$

将式(8.6.1)代入式(8.6.3)，可以证明

$$n=n_\mathrm{i}(A_y)=n_\mathrm{e}(A_y)=\frac{C_1}{2}\left[1-\mathrm{erf}\left(K\frac{eA_y}{2\sqrt{2T_tm_t}}\right)\right]+C_0 \tag{8.6.4}$$

电子数密度 n_e 和离子数密度 n_i 在边界层内处处相等，因而保证了电中性。假定边界层内总压力与 x 无关，即

$$n(A_y)(T_\mathrm{e}+T_\mathrm{i})+\frac{B_z^2(A_y)}{8\pi}=\text{常数} \tag{8.6.5}$$

其中的常数由磁层顶内外边界条件确定。由式(8.6.5)求出磁场 $B_z(A_y)$，再由

$$\frac{\mathrm{d}A_y(x)}{\mathrm{d}x}=B_x(A_y) \tag{8.6.6}$$

积分求磁势 $A_y(x)$。磁层顶中的电流密度可写为

$$j_{\alpha_y}=e_\alpha\int v_yF_\alpha(v_y)\mathrm{d}v_y \tag{8.6.7}$$

将式(8.6.1)代入式(8.6.7)用分布积分得到

$$j_{\alpha_y}=c\frac{\partial}{\partial A_y}(nT_\alpha) \tag{8.6.8}$$

利用式(8.6.5)和式(8.6.6)可以证明求得的解满足麦克斯韦方程：

$$\frac{\mathrm{d}B_z}{\mathrm{d}x}=-\frac{4\pi}{c}(j_e+j_i) \tag{8.6.9}$$

当 $x\to-\infty\,(A_y\to-\infty)$ 时，

$$F_\alpha(V,x\to-\infty)=\left(\frac{m_\alpha}{2\pi T_\alpha}\right)^{3/2}(c_0+c_1)\exp\left\{-\frac{m_\alpha}{2T_\alpha}[v_z^2+v_y^2+(v_z-V)^2]\right\} \tag{8.6.10}$$

这是磁层顶外太阳风等离子体的分布函数。其中，V 为太阳风速度，c_0+c_1 为磁鞘中等离子体密度。当 $x\to+\infty\,(A_y\to+\infty)$ 时

$$F_\alpha(\mathrm{v},x\to-\infty)=\left(\frac{m_\alpha}{2\pi T_\alpha}\right)^{3/2}c_0\exp\left[-\frac{m_\alpha}{2T_\alpha}(v_z^2+v_y^2+v_z^2)\right] \tag{8.6.11}$$

这是磁层内的等离子体的分布函数。其中，c_0 为磁层内等离子体的密度。至此已经证明了分布函数 F_α 满足 Vlasov 方程和麦克斯韦方程，在边界层内外分别描述磁层和磁鞘等离子体，并且证明了由这个分布函数决定的电子密度和离子密度处处相等。

上述分布函数可描述厚度大于两个质子回旋半径直至很厚的磁层边界层。令

$$X=\frac{A_y}{B_0},\quad D=\frac{\rho_{\text{cio}}}{K}$$

其中，B_0 为磁层内磁场强度；$\rho_{\text{cio}}=(2\kappa T_i/m_i)^{1/2}/(eB_0/m_ic)$ 为磁层内离子回旋半径。因此，式(8.6.4)可以写为

$$n=\frac{c_1}{2}\left(1-\operatorname{erf}\frac{X}{D}\right)+c_0 \tag{8.6.12}$$

由计算表明 x 与 X 相差不大，可取 $2D$ 为边界层厚度。当 $K\to1$ 时，边界层厚度最小，为 2 倍的质子回旋半径。图 8.6.8 给出了一个根据上述公式计算的磁层顶中磁场和等离子体数密度变化的例子。目前已经观测到这种类型的磁场结构，见图 8.6.1。

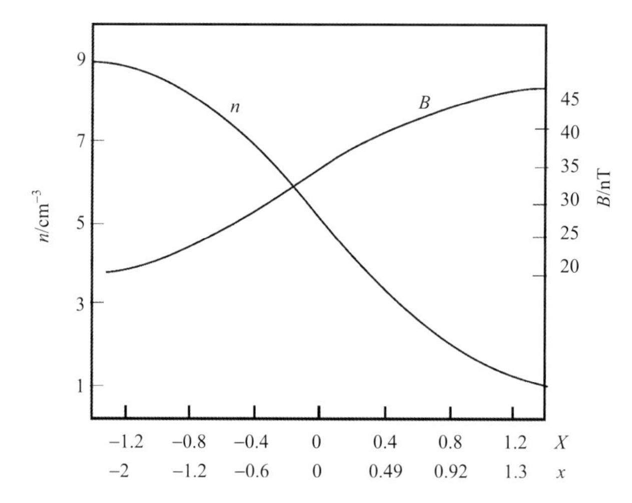

图 8.6.8　在一个电中性磁层顶内磁场 B 和等离子体数密度 n 变化的计算结果(涂传诒，1982b)

Alpers 的理论说明，在太阳风速度有平行于磁场分量的情况下可以存在宏观稳定的磁层顶结构。这与 Parker（1967a)的结论不同。两者的基本区别在于 Alpers 的理论考虑了边界层的捕获粒子，而 Paker 的理论则没有。

在上述理论中磁层顶被看成是两种磁化等离子体之间的电流片。假定它完全是电中性的，电流片的厚度可以任意大，但不能小于离子回旋半径。若电流片只是部分中性化的，其特征厚度可由电子回旋半径变到质子回旋半径(Lemaire and Burlaga, 1976; Roth, 1978)。然而，Lee 和 Kan （1979)发现部分中性化的电流片厚度由离子温度和电子温度之比来确定。如果 $T_i \gg T_e$，电流片厚度是一个离子回旋半径的量级。观测表明，$T_i/T_e \approx 10$，所以磁层顶的厚度估计为离子回旋半径的量级。Lee 和 Kan （1979)建立了一个描述磁层顶中等离子体和等离子体层(即等离子体幔)中等离子体的自洽的分布函数。

该分布函数可以描述如下的特征：

(1)在磁层顶磁场的方向和量值的突然变化；

(2)在等离子体层中背日方向的等离子体流；

(3)垂直磁层顶和等离子体边界层的电场；

(4)垂直磁场方向的电流以及平行于磁场方向的场向电流。实际上，该模式可描述黏性边界层中的主要特征。

虽然上述理论给出了宏观稳定的磁层顶结构，但是这一平衡位形是微观不稳定的。垂直磁场电流可以驱动低混杂不稳定性，而场向电流可以驱动离子回旋不稳定性。这些微观不稳定性将导致太阳风等离子体垂直磁场磁力线管向磁层内的扩散，把太阳风粒子动量和能量耦合到磁层中来。显然，描述磁层顶结构的理论应该考虑到这些不稳定性，8.2 节将对这一问题做进一步的讨论。

涂传诒(1982c)认为分布函数(8.6.1)将导致低混杂漂移不稳定性，低混杂不稳定性将导致反常电阻，从而引起磁场的扩散，并使边界层逐渐变厚。由于太阳风向磁尾流动，扩散形成的磁边界层在向日面磁层顶要薄一些，在磁尾要厚一些。下混杂漂移不稳定性决定的磁层顶的最大厚度为 13 r_{c_i}（r_{ci} 为离子回旋半径）。

8.6.4　磁层 MHD 重联理论

最初，Giovanelli (1947)尝试对太阳耀斑做出解释，“磁重联”这一概念由此产生。而后，Dungey (1961)将磁重联应用到磁层。磁重联提供了一种将磁能转化为动能并改变磁场拓扑结构的有效机制。在过去的半个多世纪里数种磁重联模型被提出，接下来我们将从磁流体力学(MHD)角度简要回顾这些模型。

前述关于磁层顶的单粒子轨道理论和等离子体动理论的理论都是假设磁层顶是一切向间断面，行星际磁场与地磁场被切向间断面完全分开。磁层对流的重联模式认为，当行星际磁场有南向分量时，行星际磁场与地磁场在磁层顶向日面中性线处可以合并起来，这时磁层顶将是一旋转间断面。学界已对磁重联过程的流体力学理论进行了广泛的研究(Parker, 1957, 1963; Petschek, 1964; Sweet, 1969; Sonnerup, 1970, 1974; Yeh and Axford, 1970)。Vasyliunas (1975)做了详细的综合评述。下面先简要地介绍一般理想的磁重联过程的磁流体力学理论，然后讨论磁层顶的重联过程。

考虑两束携带相反方向磁场的流体相互碰撞。假设流体是不可压缩的，磁力线和流线都被限制在 xy 平面内。在初始流中，流线沿着 y 方向，磁场沿着 x 方向，参见图 8.6.9。因为两束流不能相互渗透，流体必然要向侧面偏转。由于两束流中磁场的方向是相反的，两流体之间必然存在一磁场反向区，在驻点邻近必然有一个磁场强度为零的中性线（假定与 y 轴重合）。当系统达到稳态结构时，整个问题可以分为两个区域来研究。第一个区域是远离中性线的区域，在这个区域中下述方程成立：

$$\boldsymbol{E}+\frac{1}{c}\boldsymbol{V}\times\boldsymbol{B}=0 \tag{8.6.13}$$

把这个区域叫作对流区。第二个区域是中性线附近一个很小的区域（图中阴影区），在这个区域中式（8.6.13）不再成立。因为沿着中性线 $\frac{1}{c}(\boldsymbol{V}\times\boldsymbol{B})=0$，式（8.6.13）要求 E=0。可是，对于稳态流动有 $\nabla\times\boldsymbol{E}=0$，即 $\boldsymbol{E}(0, 0, E_z)$ 在所讨论的范围内是常数。因为在对流区 $V\neq0$，所以 $\boldsymbol{E}$ 不为零。在中性线附近方程（8.6.13）必然由下述方程代替：

$$\boldsymbol{E}+\frac{1}{c}(\boldsymbol{V}\times\boldsymbol{B})=\frac{1}{\sigma}\boldsymbol{j} \tag{8.6.14}$$

其中，σ 为电导率。这个小区域叫作扩散区。在这个区域中，由于存在有限的电导率，等离子体可横越磁力线扩散。由扩散区边界趋近中性线，磁场强度逐渐减小，等离子体压力逐渐增高。正是这个高的压力使得等离子体携带着相反方向的重联磁力线由 x 方向流出扩散区。

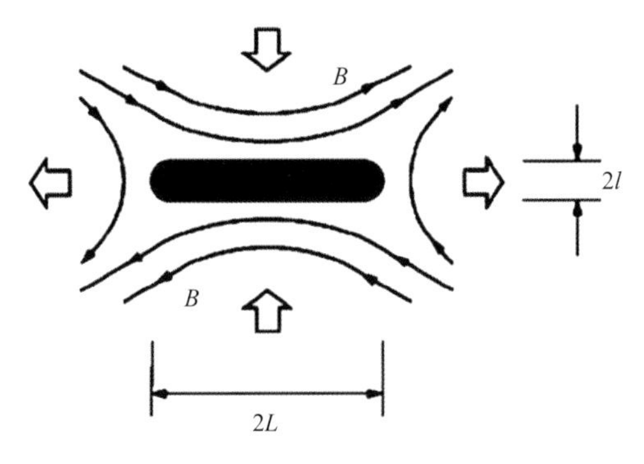

图 8.6.9 Parker 磁力线重联的几何结构

细实线为磁力线，双箭头为等离子体流的方向，阴影区为扩散区（Akasofu, 1977）

重联过程的磁流体力学理论主要有下面三种。

1. Sweet-Parker 模式

这个模式认为质量以 $2Lnmv$ 量级的速率被带到合并区（即重联区），L 为扩散区的长度，n 和 m 分别为等离子体粒子的数密度和质量，v 为场相互扩散的速度：

$$v=\frac{1}{l\sigma}$$

这里，l 为扩散区的半厚度，见图 8.6.9。最后流出的通量为 $2LnmV$。V 表示流出的等离子体的速度，它是 Alfvén 波速度的量级 ($V_A=B_1/(4\pi nm)^{1/2}\approx 2\times 10^3$ km/s)。系统的质量守恒定律可以用下式表示：

$$vL=Vl \tag{8.6.15}$$

由此，可以得到场相互扩散的速度为

$$v=\left(\frac{V}{L\sigma}\right)^{1/2}=\frac{V}{R_m^{1/2}} \tag{8.6.16}$$

R_m 为磁雷诺数，$R_m=L\sigma V$。合并率定义为

$$M=\frac{v}{V}=(R_m)^{-1/2} \tag{8.6.17}$$

扩散区电导率越小，合并率越大。磁力线的重联只能在有限电导率的介质中发生。对于无限电导率的介质，由于等式(8.6.13)处处成立，因而在中性点也适用。这就要求电场 E=0，从而要求等离子体在对流区中的漂移速度为零。在有限电导率情况下，不需要电场在中性点为零。但是当电导率很高时，等离子体以及磁力线在扩散区内扩散的速率很低。

2. Petschek 模式

在 Sweet-Parker 模式中磁能转化为等离子体的能量是在扩散区进行的，焦耳热耗散使磁能转化为等离子体热能。也存在着另外的使磁能转化为等离子体热能的机制，如磁流体慢激波。

由图 8.6.10 我们看到，当等离子体越过磁流体慢激波后磁力线向着激波法向方向偏转，磁场数值减小，等离子体压力 P 增加，这说明慢激波使磁能转化为等离子体的热能。Petschek (1964) 利用慢激波的这一特性修正了 Sweet-Parker 模式。他假设大部分流入重联区的等离子体通过两对慢激波后流出重联区。

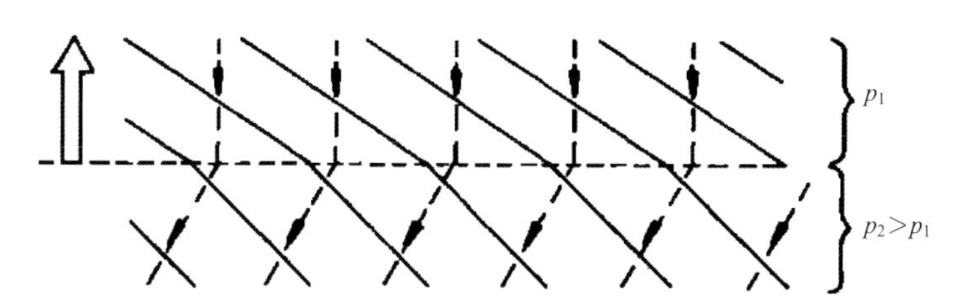

图 8.6.10　越过慢模式 MHD 激波前(横虚线)、磁力线(实线)和流线(带箭号虚线)的变化(Vasyliunas, 1975)

图 8.6.11 中两种线的分界面给出了慢激波的位形。这一对慢激波与由中性线邻近的扩散区伸展出来的一对慢磁流体压缩波相连接。这一对慢磁流体压缩波背靠背地形成磁场反向区域。在远离中性线的区域，慢磁流体压缩波将会变陡成为激波。激波相对于等离子体由磁场反向区域向外传播，同时它们又被等离子体流携带向着磁场反向区域对流。在稳态情况下，这两个效应必定平衡，波必然是一个驻波。等离子体向着磁场的反向区的对流速度必定等于波的传播速度，在不可压极限情况下，慢波的速度为

$$V_{慢} = \frac{B_n}{(4\pi\rho)^{1/2}}$$

其中，B_n 是垂直波前的磁场分量。波速以及等离子体流的速度与电阻率无关。在小电阻率的情况下，这个模式给出了比磁场扩散模式更大的流速。

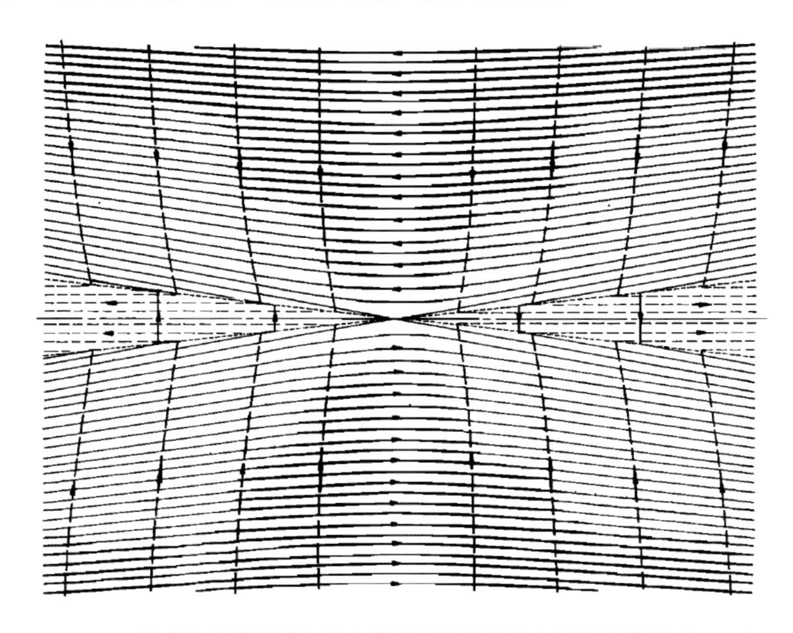

图 8.6.11　Petschek 模式的合并区域中磁力线(实线)和流线(虚线)的位形 (Vasyliunas, 1975)

在中性线附近，由于对称性磁场的垂直分量 B_n 等于零，因而波相对于等离子体是不传播的。在这一区域内磁场扩散的过程仍然起主导作用，Sweet-Parker 模式中对扩散区的描述仍然适用，只是 Petschek 模式中扩散区域较小，进入重联区的等离子体中只有一小部分通过扩散区。在扩散区以外的磁场反向区，B_n 足够大，以致慢激波控制了合并过程，从而显著地增加了合并率。在 Petschek 模式中合并率为 $M \sim 1/\ln(R_m)$。慢激波不仅提供了使磁能转化为等离子体热能的机制，而且使相对流动的超声速流能够衔接起来。

在通常的流体力学定常情况下，两相对的以超声速运动的束流之间必定存在着一组向相反方向传播的激波。在激波传播的前方束流不受任何影响，在激波后面流速变成亚声速的。在磁力线重联的问题中束流速度通常小于声速，但是大于相关的慢激波的传播速度。磁场合并可以看成是由两束携带相反方向磁场的等离子体的碰撞产生的，在中性线附近，流相互接近的速度相对磁流体慢激波来说是“超声”速的，因而碰撞产生慢激波。慢激波不垂直磁力线传播，因而保特与扩散区连接。

如果不做理想二维的假设，即允许相对束流携带的磁场方向相互旋转一个角度，上述模式将不能给出定常状态的解。因为慢激波两侧的磁场方向服从共面定理，因而通过慢激波后磁场的方向不能扭转到图 8.6.12 的平面之外去。

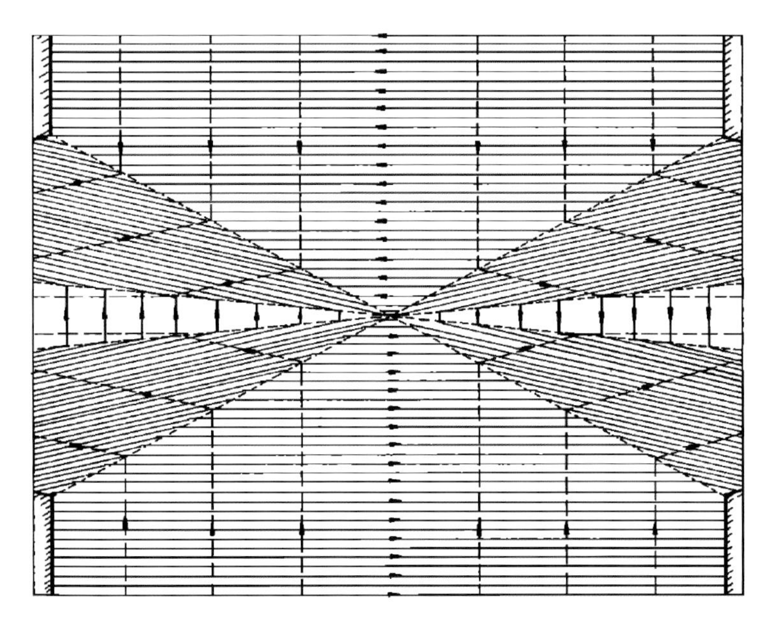

图 8.6.12　Sonnerup 磁重联模式中磁力线的位形（Vasyliunas, 1975）

能够使磁场产生这种旋转的唯一磁流体力学波就是旋转间断面（或叫 Alfvén 波中间面）。在一般情况下，它的传播速度为 $V=B_n/(4\pi\rho)^{1/2}$。因为对于 $B_n\sim 0$，波的传播速度为零，所以在接近扩散区，束流对于旋转间断面来说仍然是“超声”速的。为了使携带着相互扭转磁场的相对运动的束流衔接起来，需要在上述模式中的慢激波上游添加一组伸展到扩散区的旋转间断面（Petschek and Thorne, 1967）。

3. Sonnerup（1970）模式

在 Petschek 模式中，流体在流入磁场反向区之前流线和磁力线的弯曲是连续发生的。Sonnerup 认为在一定的外边界条件下，慢激波外面的对流区域中流速和磁力线方向的变化不是连续发生的。他假设，当束流绕过一个角形边界时（见图 8.6.13，在系统的上方）可能产生慢模式膨胀扇（与角形边界相连的虚线），在膨胀扇的两侧流动是均匀的。通常超声速流在一个角形边界的附近绕流时，密度和压力递减，而速度值递增。速度的方向顺着环绕方向转折。这种结构通常被称为稀疏波。

在图 8.6.13 中，束流在抵达角形边缘以前一直是保持均匀的，而下游流动与角形的另一边平行。在稀疏波与上游和下游均匀流动区域之间存在一对弱间断面 Oa 和 Ob。间断面之间的稀疏波区域形成一膨胀扇。一般地，该膨胀扇有有限的宽度，但是在不可压极限情况下它们的宽度趋于零。图 8.6.12 示出了 Sonnerup 磁重联模式的几何结构，Sonnerup 模式可以得到更高的合并率。

上文介绍了一般磁重联过程的磁流体力学描述。目前没有统一的模式能够适应各种边界条件，Petschek 模式或 Sonnerup 模式只能适应特定的边界条件。太阳风携带行星际磁场有可能与地磁场合并，但是边界条件与上文介绍的不同。在简化的情况下可以认为重联区的磁层顶一侧没有等离子体出现，这是一个可压缩的磁化等离子体与一个均匀真空磁场的碰撞问题。它要求间断面和波的几何结构与 Petschek 的模式有很大的不同。

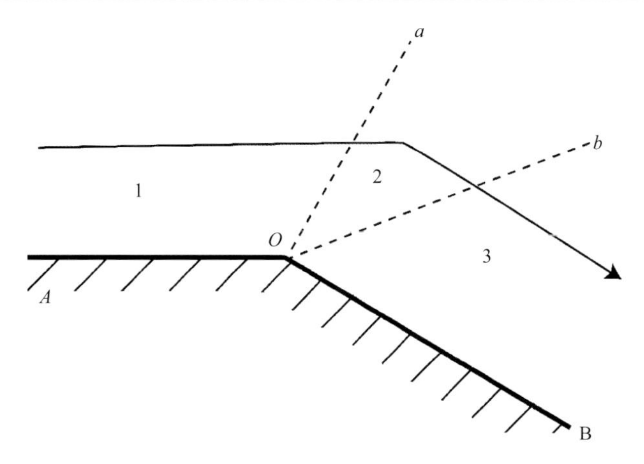

图 8.6.13 超声速流流过角形时产生的稀疏波(朗道和栗弗席兹, 1960)

磁层顶的重联模式是 Dungey (1961)提出的，Levy 等(1964)给出了详细的讨论。他们讨论了一种最简单的情况，即行星际磁场与地磁场反平行的情况。

图 8.6.14 给出了该模式中磁层顶边界层的流动和磁场结构示意图。行星际等离子体中的磁力线被太阳风携带着向磁层运动，磁力线首先到达驻点附近的边界层。因为磁场在边界层两边方向相反，如果没有在边界内，必定有一点磁场为零。在这一中性点两侧的磁力线可以连接起来，并且沿着边界向外运动。这一点已示意地表示在图 8.6.14 中。在图中上半部分，行星际磁力线与进入地球北极的磁力线相连接；在图中下半部分，行星际磁力线与地球南极发出的磁力线相连接。图 8.6.14 中示出的一系列磁力线可以被看成是同一条磁力线在不同时刻的位置。

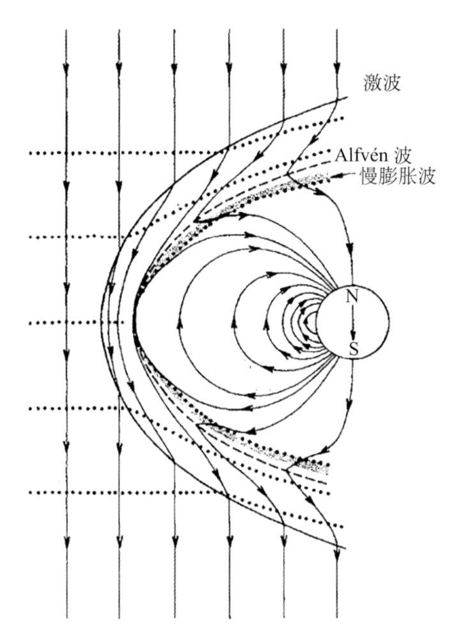

图 8.6.14 磁重联模式预计的在行星际磁场南向时磁层顶边界层流动和磁场结构

实线为场线，虚线为流线(Levy et al., 1964)

这一重联问题的边界条件是：在磁层顶外面太阳风携带着南向磁场，并且有有限的等离子体压力；而在磁层顶内磁场有相反的方向，等离子体压力为零。下面给出一组由中性点发出的波，从而把这两个性质不同的等离子体区域连接起来，使这一磁化等离子体与真空磁场相碰撞的问题得到定常的解。

在无耗散的磁流体中，有三种不同模式的波，即快磁声波、Alfvén 波和慢磁声波。虽然相对于快磁声波速度来说，在弓形激波后面的流动是亚声速的，但是相对于 Alfvén 波(中间波)和慢磁声波的传播速度，流动仍然是“超声”速的。在这种情况下，我们预期在激波后面的流场中某处会有 Alfvén 驻波和慢波驻波(波在流体中向上游传播，又被流体携带到下游，在平衡时形成驻波)。事实上，Alfvén 波和慢波垂直于磁场的传播速度为零。严格来说，在通过驻点的流线上流速和磁场垂直，对任何流速都不可能形成驻波。然而在这条流线外面的区域却可以存在驻波。

图 8.6.14 示出了能把磁层顶内外不同的等离子体区域连接起来的一组驻波。最外面的一对驻波是 Alfvén 波旋转间断面(图中注为 Alfvén 波)。通过旋转间断面磁场的切向分量可以旋转任意的角度，同时保持磁场的量值不变。在旋转间断面后面磁场方向已经旋转成与磁层内的磁场方向一致了，但是等离子体的压力和密度还没有变化。为了把旋转间断面后面的等离子体区域与磁层内的磁场区域连接起来，需要在这两区域之间嵌入一慢波膨胀扇。在慢膨胀扇中磁场压力增加而等离子体压力减小。

总的来说，在 Levy 等的模式中，磁层顶由一旋转间断面组成，其下游跟着一个等离子体边界层。等离子体边界层终止于一个慢膨胀扇。磁鞘等离子体以由磁场的法向分量决定的 Alfvén 波速越过旋转间断面。在旋转间断面的后面有一个窄的均匀流和均匀场的区域，最后等离子体进入慢膨胀扇。在慢膨胀扇中等离子体压力减小到零，而磁压增加，等离子体在膨胀扇中得到进一步的加速。慢膨胀扇的另一端则与均匀的真空磁场区域相连接。Heyn 和 Biernat (1985) 进一步发展了磁层顶的重联模式，考虑了磁层中的等离子体流，进而把 Petschek 模式中的慢激波结构加到了上述 Levy 等提出的磁重联模式的间断面系统中。

当磁鞘磁场与地磁场严格反平行时，数值计算发现在等离子体流入区域中流速与 Alfvén 波速度的比小于 0.2，边界层的角宽度小于 2°，垂直于磁层顶的磁场分量小于背景磁场的 5%，边界层中的等离子体速度为 500～1000 km/s。图 8.6.15 给出了根据 Levy-Petschek-Siscoe 的磁层顶磁力线重联模式中流和场的几何位形 (Sonnerup and Ledley, 1979)。OGO-5 在中性线以南进入磁层，由于边界层的角宽度太小，在 ISEE-1，2 卫星以前，所有观测到的等离子体数据都由于缺乏足够的时间分辨率和空间覆盖范围而不能辨别是否发生重联。在远离中性点的区域，磁层顶由大幅度旋转间断面组成，越过这个旋转间断面时，磁场切向分量以常数值旋转，而垂直波前的磁场分量保持为常数。根据重联模式可以决

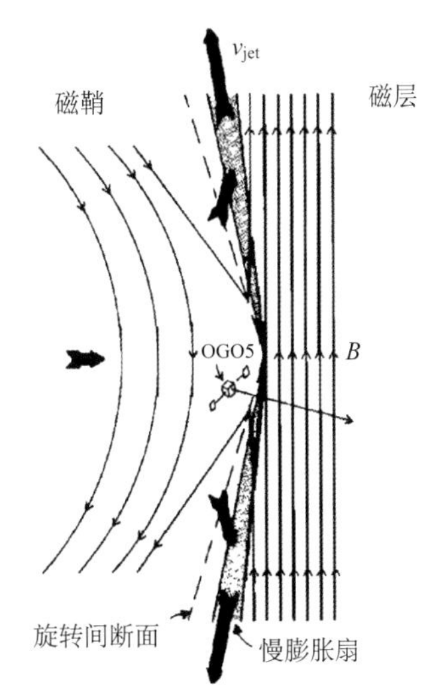

图 8.6.15　Levy-Petschek-Siscoe 的磁层顶磁力线重联模式

定旋转方向(Sonnerup and Ledley, 1979)。

图 8.6.16 为磁力线重联模式预计的越过磁层顶时磁场矢端曲线。(a)、(b)相应于渡越发生在 X 中性线以北的情况，(c)、(d)相应于渡越发生在 X 中性线以南的情况，B_1 轴近似指向北，B_2 轴指向西，B_3 轴垂直磁层顶并且指向地球。将 OGO 卫星的观测结果(图 8.6.4)与图 8.6.16 比较，我们发现两者是相似的。当然这一观测事例不能看成是存在重联的证据。为了证实确实存在重联，还需要直接测量平行磁层顶的切向电场分量，以及在重联区域被加速的粒子流。Mozer 等(1978, 1979)报道了已经观测到的切向电场分量。

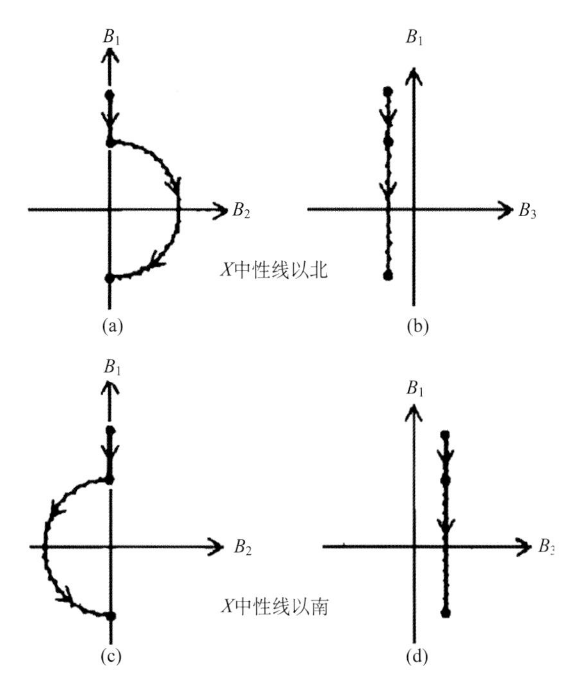

图 8.6.16　由中性线以北和以南渡越磁层顶时磁场矢端曲线(Sonnerup and Ledley, 1979)

图 8.6.17 示出了由 ISEE 卫星 11 次渡越磁层顶时测量数据得到在磁层顶静止坐标系中与实际磁层顶时相切的电场分量的直方图。平均切向电场强度为 1.6 mV/m。存在切向电场分量的事实不能看成是重联的直接证据，因为观测期间磁层顶有非常剧烈的不规则运动，观测到的电场可能是由磁场的快速变化导致的。

Paschmann 等(1979)和 Gosling 等(1982)报道已经观测到磁层顶等离子体加速现象，他们认为这是重联的证据。但是，对于重联机制仍然存在着一些疑问，虽然 ISEE-1，2 卫星探测资料表明确实发现了某些磁层顶准静态重联理论预计的等离子体特性(Sonnerup et al., 1981)，然而观测到的事例远比预期得要少。Eastman 和 Frank (1982)进一步分析了 Paschmann 等提出的磁层顶等离子体加速现象，认为观测结果更像是说明由磁流体或是等离子体不稳定性产生的由磁鞘向磁层的脉冲式的注入。

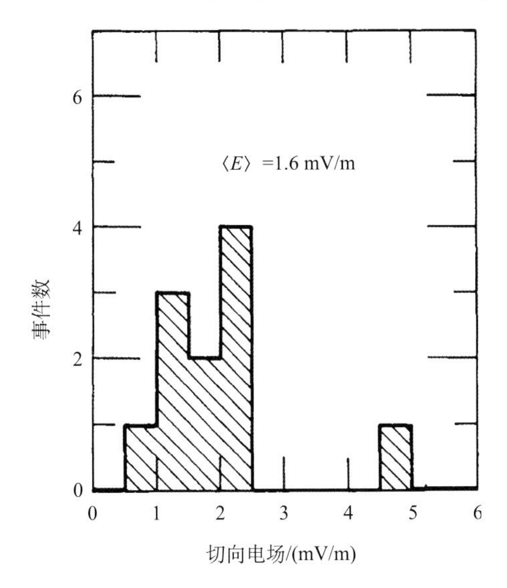

图 8.6.17　由 ISEE 卫星 11 次渡越磁层顶时的测量数据得到在磁层顶静止坐标系中与实际磁层顶相切的电场分量的直方图(Mozer et al., 1978)

8.6.5　磁层顶通量传输事件和动态重联

Dungey (1961) 提出的开磁层模式要求磁层顶向阳侧的重联是准静态的，只有单一 X 中性线。ISEE 飞船的观测发现在磁层顶的向阳侧低纬有由磁层伸展到磁鞘的磁力线管，这些磁力线管是离散的，因而形成这些磁力线管的重联过程应该是局域的脉动式的。为解释磁力线管的形成，Lee 和 Fu (1985) 提出了多重 X 线重联理论。与 Dungey 的模式不同，这一理论预示的重联过程是脉动式的随时间变化的。

Russell 和 Elphic (1978, 1979) 考察了 ISEE-1 和 2 飞船的磁场测量数据，发现在磁鞘磁场南向时，在磁层顶接近中午(地方时)的部分存在着局域的脉冲式的重联。

图 8.6.18 给出了飞船穿越重联后形成的磁通管前后的观测结果(Russell and Elphic, 1979)，数据为 1977 年 11 月 8 日观测到的磁场的 12 秒平均。飞船在太阳磁层坐标系中的位置是(10.16，–1.77，5.07) R_E，两飞船在该文的模式磁边界层法线方向上相距 299 km。图中 B_N、B_L 和 B_M 是磁场矢量在边界层正交坐标系中的三个分量，B_N 是沿着边界层法线方向向外的，B_L 是沿着太阳磁层坐标系中 Z 方向在边界层切平面上的投影，B_M 则完成右手直角坐标系，大致指向地球自转的相反方向。由图看到，在世界时 02:50，飞船穿越磁层顶，在磁层内世界时由 02:54 至 02:58 是等离子体边界层。在这一特例中，磁层顶和等离子体边界层是分开的。磁场三分量和磁场值在世界时 02:12 和 02:36 前后的系统的变化是一个新现象。单独 B_L 的变化可以认为是由飞船短时间进入磁层顶导致的，可是这一说法不能解释 B_M 和 B_N 的变化。Russell 和 Elphic 把这一现象解释为飞船穿越了连接磁鞘磁力线与磁层磁力线的磁通管，见图 8.6.19。

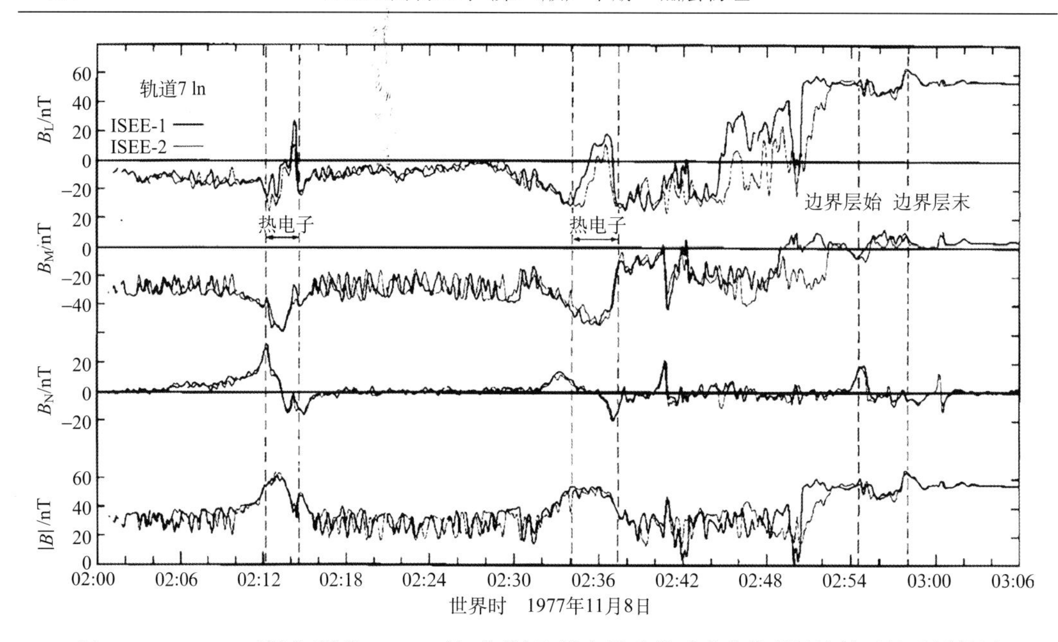

图 8.6.18　ISEE-1(粗实线)和 ISEE-2(细实线)飞船穿越重联后形成的磁通管前后的观测结果(Russell and Elphic, 1979)

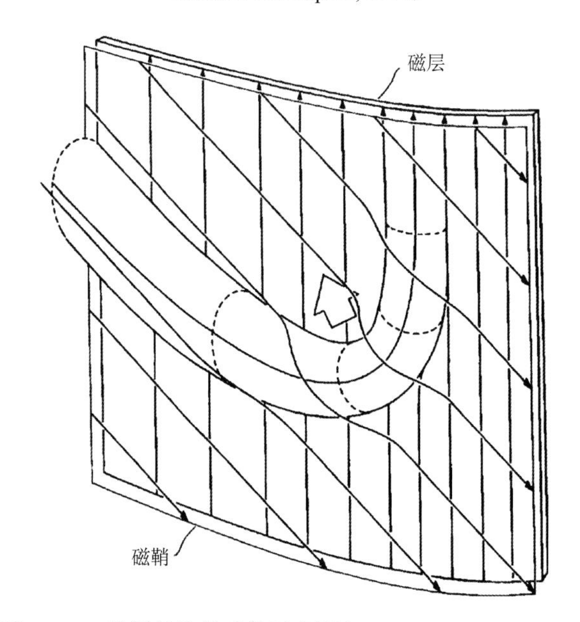

图 8.6.19　磁通量传输事件示意图(Russell and Elphic, 1979)

图中带箭头的斜线是磁鞘磁力线，带箭头的垂线是磁层磁力线，一部分磁鞘磁力线已经与磁层磁力线连接起来形成磁通管。当这磁通管被磁鞘流携带沿着大箭头方向运动时，磁通管弯曲部分倾向于变直，磁通管变短，因而磁力线张力变小，同时磁层磁力线被拉弯。没有与磁层磁力线连接的磁力线“铺”在连接的磁力线管上面，当该磁力线管有与磁鞘流相对运动时，“铺”在上面的磁鞘磁力线就被向上“顶”起来。在这个磁通管被磁鞘流携带向外运动的过程中，当磁通管在磁鞘中扫过飞船时，它产生的磁场信号包括：磁场值增加到磁通管内的数值，即磁层内的典型数值；在这之前和之后出现相反方向的磁场的法向分量；飞船在磁通管内测量到的磁层粒子通量。如果把磁层磁力线方向看成是 B_L 的方向，垂直边界面方向是 B_N 的方向，可以想象，当飞船在磁层外接近磁通管弯曲部分穿越磁通管时就会得到图 8.6.18 中世界时 02:12 和 02:36 观测到的磁场值和磁场分量的变化和在这期间观测到的热电子。

在这两次事件中，通量管截面接近 12 R_E^2，第一个通量管事件总磁通量为 2.9×10^7 Wb，第二个是 2.2×10^7 Wb，对于每小时 3 次的磁通管事件出现率，磁通量的传输率为 2×10^4 Wb/s。

Daly 等(1981) 和 Scholer 等(1982) 报道了在磁通管传输事件中观测到能量大于 20～30 keV 的质子。由它们的速度分布和相对丰度可以判断这些高能的离子可能是正在沿着新的开放磁力线逃逸的原来被捕获在磁层内的粒子。

根据多次观测结果，通量管传输事件有如下一些特性(Lee and Fu, 1985)：

(1) 当行星际磁场有很大的南向分量时，通量传输事件平均每 8 分钟观测到一次。

(2) 对于大的通量传输事件，典型的通量管截面是 $1R_E^2$。

(3) 在磁通管内观测到磁力线是螺旋形的，说明有平行磁通管方向的电流。

(4) 伴随着螺旋磁力线，Alfvén 波由磁层顶向外传播。

(5) 磁通管起源于低纬区域。

Dungey (1961) 开磁层模式中在磁层向阳侧的重联是准静态的。然而观测到的磁通传输事件的离散性表明，在磁层向阳侧在低纬区的重联是离散的或局域的过程。显然，直接探测到扩散区的机会是很少的。

Lee 和 Fu (1985) 提出一个理论对磁通管的形成进行解释。该理论认为在行星际磁场有 B_y 分量的情况下，撕裂模不稳定性导致地磁场和行星际磁场的互连。这种互连与 Dungey 提出的单一 X 线重联不同，而是有多重重联线(X 线)，见图 8.6.20 (Lee and Fu, 1985)。在图中，假设在 X 平面内有三条重联线(X 线)，在区域 1 ($X>0$) 内的磁场给定为 $\boldsymbol{B}_1=(0, B_{0y}, -B_{0z})$，在区域 2 ($X<0$) 内磁场为 $\boldsymbol{B}_2=(0, B_{0y}, B_{0z})$，其中 B_{0y} 和 B_{0z} 是常数，$B_{0y}\neq0$。当两侧的磁力线相互接近时 ($t=t_1$)，它们沿着图中所示三条磁力线重联，见图 8.6.21 (a)。实线描述 1 侧的磁力线，虚线描述 2 侧的磁力线。磁力线重联的位置在图中用符号“X”标出。在重联后 ($t>t_1$)，由于磁力线的张力，已经重新连接的磁力线产生运动或者收缩，见图 8.6.20 (b)。

由图看到，形成了一对螺旋磁力线 A_1A_2 和 F_1F_2，其他的重联后的磁力线，如 B_1B_2，C_1C_2，G_1G_2 和 H_1H_2 都同通常的单一 X 线重联的情况一样。随着时间的进展，1 区和 2 区的磁力线继续重联，产生新的螺旋磁力线对，即 $A_1'A_2'$ 和 $F_1'F_2'$，“老”的螺旋磁力线 A_1A_2 和 F_1F_2 被卷绕在新的螺旋磁力线 $A_1'A_2'$ 和 $F_1'F_2'$ 之内。这一过程一直继续下去，直到包含这些螺旋磁力线的磁通管的截面足够大，以致进一步的重联不能发生为止。在上述图像中，三条重联线是给定的，在实际情况下，这似乎不大可能，撕裂模不稳定性的发展将导致有多重重联线的重联。在这一过程中，B_y 是关键性的，若 $B_z=0$，撕裂模不稳定性只导致形成相互分离的磁力线圈，而不是磁力线管。

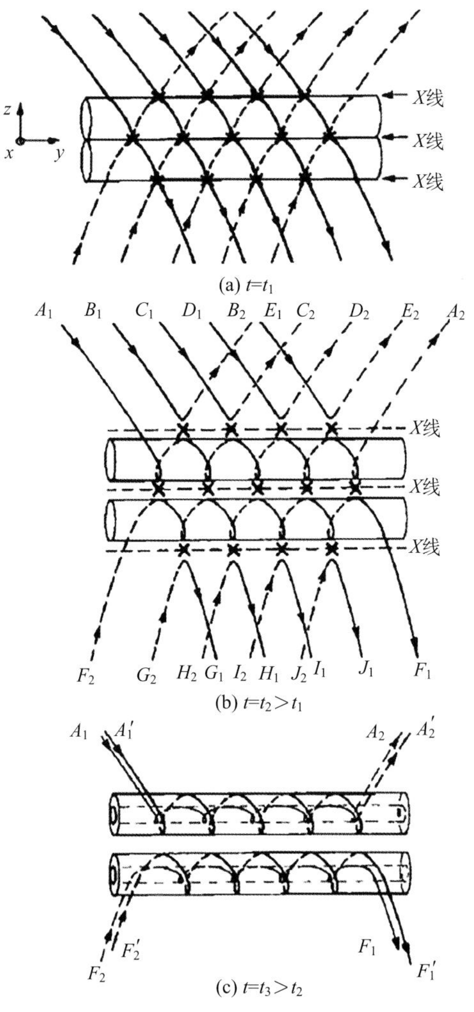

图 8.6.20　在多重 X 线重联过程中磁通管的形成(Lee and Fu, 1985)

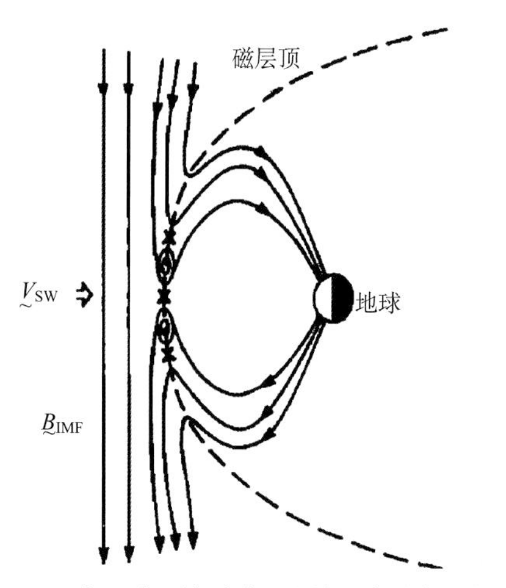

图 8.6.21　由三重 X 线重联形成的两个磁力线管和重联后的磁力线在昼夜子午面内的投影(Lee and Fu, 1985)

图 8.6.21 示出了磁力线管和重联后的磁力线在昼夜子午面内的投影。当撕裂模不稳定性发展到非线性饱和阶段，也就是包含重联磁力线的磁通管的截面足够大时，行星际磁力线和磁层磁力线的重联就停止了。当这一对磁通管分别被磁鞘流携带到磁层顶的南北两侧后，磁层顶对日点的多重 X 线的重联又开始了。这一模式能够解释观测到的通量传输事件的主要特性。

上述理论说明，地球磁力线与行星际磁力线的重联过程是脉冲式地发生的，而开放磁力线管的尺度是有限的。

通量管传输事件观测到的频次说明，分布在磁层顶的有限尺度的开放磁力线管可以向磁尾提供足够的磁通量传输，以驱动磁层对流和磁场扰动(Rijnbeek et al., 1984)。通量管传输事件的观测和相应的理论对于太阳风与磁层相互作用的研究有着重要的意义。

8.6.6　磁层顶非对称磁重联

8.6.4 节中提到的重联模型均是对称模型，即中性线两边的入流等离子体性质完全相同。然而，在磁层顶发生重联时，两边的入流等离子体分别来源于磁层和太阳风，它们的流速、磁场、密度等均有很大的不同。因此，需要引入非对称的模型来描述磁层顶的重联。下面我们推导描述非对称重联的 Cassick-Shaw 公式，得到其出流速度和重联率。由 MHD 方程：

$$\frac{\partial \rho}{\partial t} = -\nabla \cdot (\rho \boldsymbol{V}) \tag{8.6.18}$$

$$\frac{\partial (\rho \boldsymbol{v})}{\partial t} = -\nabla \cdot \left[\rho \boldsymbol{v}\boldsymbol{v} + \left(P + \frac{B^2}{8\pi} \right) \boldsymbol{I} - \frac{\boldsymbol{B}\boldsymbol{B}}{4\pi} \right] \tag{8.6.19}$$

$$\frac{\partial \varepsilon}{\partial t} = -\nabla \cdot \left[\left(\varepsilon + P + \frac{B^2}{8\pi} \right) \boldsymbol{v} - \frac{\boldsymbol{v} \cdot \boldsymbol{B}}{4\pi} \boldsymbol{B} \right] \tag{8.6.20}$$

$$\frac{\partial \boldsymbol{B}}{\partial t} = -c \nabla \times \boldsymbol{E} \tag{8.6.21}$$

$$\boldsymbol{E} = -\frac{\boldsymbol{v} \times \boldsymbol{B}}{c} + \boldsymbol{R} \tag{8.6.22}$$

其中，式(8.6.18)是质量的连续性方程；式(8.6.19)是动量的连续性方程；式(8.6.20)是能量的连续性方程，其中 $\varepsilon = \frac{1}{2}\rho v^2 + \frac{P}{\gamma - 1} + \frac{B^2}{8\pi}$，是总能量密度；式(8.6.21)是法拉第电磁感应定律；式(8.6.22)是广义欧姆定律，$\boldsymbol{R}$ 表示公式中的其他项。

可以认为图 8.6.22 中的重联区处于稳态，所有的时间导数为 0。耗散区域上方和下方的数量分别有“1”和“2”的下标。描述流出的数量有“out”下标。磁场线是蓝色的实线，速度流是红色虚线。点 X 和 S 标记 X 线和停滞点。耗散区域和线条通过 X 线和停滞点的边缘用虚线标记。考虑在重联区里的任意一个体积 V，对式(8.6.18)～式(8.6.21)进行体积分，利用奥高公式可得

$$\oint \mathrm{d}\boldsymbol{S} \cdot (\rho \boldsymbol{v}) = 0 \tag{8.6.23}$$

$$\oint \mathrm{d}\boldsymbol{S} \cdot \left[\rho \boldsymbol{v}\boldsymbol{v} + \left(P + \frac{B^2}{8\pi} \right) \boldsymbol{I} - \frac{\boldsymbol{B}\boldsymbol{B}}{4\pi} \right] = 0 \tag{8.6.24}$$

$$\oint \mathrm{d}\boldsymbol{S} \cdot \left[\left(\varepsilon + P + \frac{B^2}{8\pi} \right) \boldsymbol{v} - \frac{(\boldsymbol{v} \cdot \boldsymbol{B})}{4\pi} \boldsymbol{B} \right] = 0 \tag{8.6.25}$$

$$\oint \mathrm{d}\boldsymbol{S} \times \boldsymbol{E} = 0 \tag{8.6.26}$$

把此重联问题视为一个二维的问题，即在图 8.6.22 的基础上垂直于纸面向里/外延伸任意一段距离都是一样的，则由式(8.6.23)可得

$$L(\rho_1 v_1 + \rho_2 v_2) \sim 2\delta(\rho_{\text{out}} v_{\text{out}}) \tag{8.6.27}$$

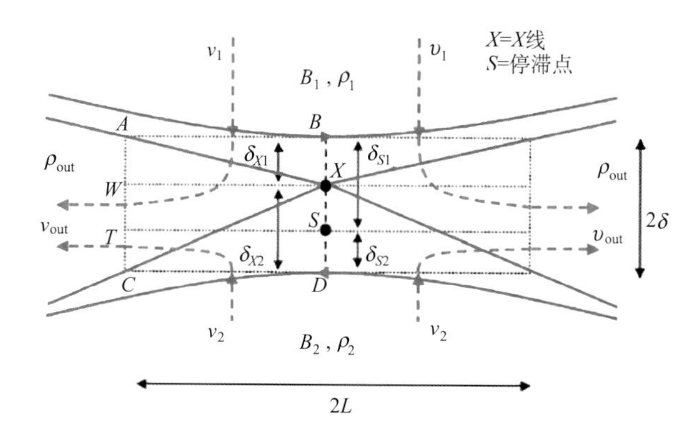

图 8.6.22　非对称磁重联的示意图(Cassak and Shay, 2007)

考虑式(8.6.23)，假设压强项可以忽略，则有

$$L\left(\frac{B_1^2}{8\pi}v_1 + \frac{B_1^2}{8\pi}v_2\right) \sim 2\delta\left(\frac{1}{2}\rho_{\text{out}} v_{\text{out}}^2\right)v_{\text{out}} \tag{8.6.28}$$

其中与 $\boldsymbol{v} \cdot \boldsymbol{B}$ 成比例的一项由于 $\boldsymbol{B} \cdot \mathrm{d}\boldsymbol{S} \approx 0$ 而忽略，由式(8.6.26)与式(8.6.22)给出：

$$v_1 B_1 \sim v_2 B_2 \tag{8.6.29}$$

其中在耗散区的边界处不考虑式(8.6.22)中的 $\boldsymbol{R}$ 项。我们认为上游处的密度和磁感应强度是已知的或可测的，则由式(8.6.28)/式(8.6.27)再联立式(8.6.29)可计算得到出流速度：

$$v_{\text{out}}^2 \sim \frac{B_1 B_2}{4\pi} \frac{B_1 + B_2}{\rho_1 B_2 + \rho_2 B_1} \tag{8.6.30}$$

重联率 $E \sim \dfrac{v_1 B_1}{c} \sim \dfrac{v_2 B_2}{c}$，联立式(8.6.27)、式(8.6.28)、式(8.6.29)可得

$$E \sim \left(\frac{\rho_{\text{out}} B_1 B_2}{\rho_1 B_2 + \rho_2 B_1}\right) \frac{v_{\text{out}}}{c} \frac{2\delta}{L} \tag{8.6.31}$$

为了导出ρ_{out}的表达式，参照图 8.6.23，考虑到重联后流管中的磁通连续，即

$$\varphi \sim B_1 A_1 \sim B_2 A_2 \tag{8.6.32}$$

用重联后流管中的总质量 $\rho_1 A_1 L + \rho_2 A_2 L$ 除以流管的总体积 $A_1 L + A_2 L$，再联立式(8.6.32)消去 A_1 和 A_2，可得

$$\rho_{\text{out}} \sim \frac{\rho_1 B_2 + \rho_2 B_1}{B_1 + B_2} \tag{8.6.33}$$

此处假设单位时间内流入耗散区的等离子体的体积约等于流出耗散区的等离子体的体积，即 $Lv_1 + Lv_2 \sim 2\delta v_{\text{out}}$。此条件在非常强烈的非对称磁重联过程中可能不满足。把式(8.6.33)代入式(8.6.31)消去 ρ_{out} 可得

$$E \sim \frac{B_1 B_2}{B_1 + B_2} \frac{v_{\text{out}}}{c} \frac{2\delta}{L} \tag{8.6.34}$$

(8.6.30)、(8.6.34)两式即为所求。

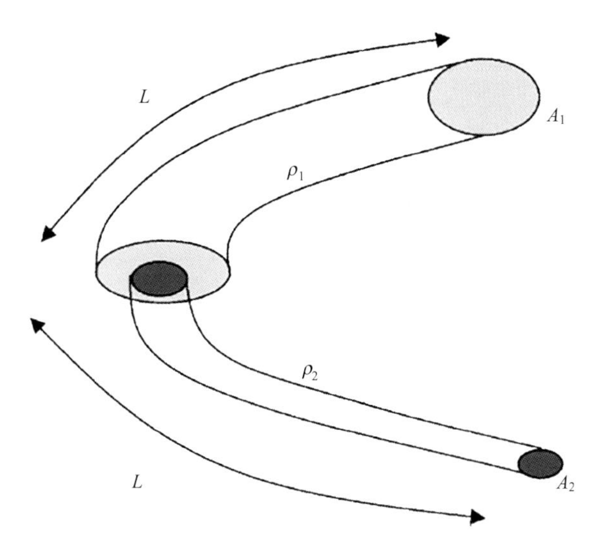

图 8.6.23　非对称重联区中重联后流管的示意图(Cassak and Shay, 2007)

8.6.7　磁层顶和磁尾无碰撞磁重联

地球磁层中等离子体密度仅为每立方厘米几个粒子，部分区域甚至更低，碰撞的平均自由程足够大，因此经典碰撞可以忽略。另外，磁层顶电流片的厚度通常仅有几个离子回旋半径，因此，人们或许会质疑在磁层顶重联中使用带电阻的 MHD 描述的是否恰当。观测表明，重联过程包含大尺度结构的，比如磁场的法向分量和获得加速的出流急流(Sonnerup et al., 1995)。

尽管大尺度磁重联过程可用带电阻的 MHD 相当好地描述，但是，MHD 重联率太慢(Drake, 1995)，不能解释太阳耀斑突然爆发和磁重联导致磁层亚暴中的快速开始(Drake and Shay, 2007)，并且有许多重联伴随现象无法用 MHD 方法来解释。

此外，MHD 是一种单流体模型，没有考虑粒子分布中的高能尾。因此，我们需要利用动力学模型来处理重联问题(Drake and Shay, 2007)。在带电阻的 MHD 重联模型中，扩散区的结构是由欧姆定律控制的，为了理解非 MHD 项在磁重联中的作用，我们首先分析一下广义欧姆定律。

1. 广义欧姆定律

由等离子体的运动方程：

$$m_\alpha n_\alpha \frac{\mathrm{d}\boldsymbol{u}_\alpha}{\mathrm{d}t} = n_\alpha q_\alpha(\boldsymbol{E} + \boldsymbol{u}_\alpha \times \boldsymbol{B}) - \nabla p_\alpha - \nabla \cdot \Pi_\alpha + \boldsymbol{R}_\alpha$$

式中，$\boldsymbol{R}_\alpha$ 是弹性碰撞造成的对 α 粒子的摩擦阻力；$-\nabla \cdot \Pi_\alpha$ 为粒子弹性碰撞引起的对 α

粒子的黏性力，对于理想流体该项为 0。

设 $n_{\mathrm{i}}=n_{\mathrm{e}}=n$，摩擦阻力 $\boldsymbol{R}_{\alpha}$ 项写为 $\boldsymbol{R}_{\mathrm{ei}}=-\boldsymbol{R}_{\mathrm{ie}}=-m_{\mathrm{e}}n_{\mathrm{e}}\nu_{\mathrm{ei}}\left(\boldsymbol{u}_{\mathrm{e}}-\boldsymbol{u}_{\mathrm{i}}\right)$，则可写出电子与离子的双流体运动方程：

$$nm_{\mathrm{i}}\left(\frac{\partial\boldsymbol{u}_{\mathrm{i}}}{\partial t}+\boldsymbol{u}_{\mathrm{i}}\cdot\nabla\boldsymbol{u}_{\mathrm{i}}\right)+\nabla p_{\mathrm{i}}=en(\boldsymbol{E}+\boldsymbol{u}_{\mathrm{i}}\times\boldsymbol{B})+m_{\mathrm{e}}n_{\mathrm{e}}\nu_{\mathrm{ei}}\left(\boldsymbol{u}_{\mathrm{e}}-\boldsymbol{u}_{\mathrm{i}}\right) \tag{8.6.35}$$

$$nm_{\mathrm{e}}\left(\frac{\partial\boldsymbol{u}_{\mathrm{e}}}{\partial t}+\boldsymbol{u}_{\mathrm{e}}\cdot\nabla\boldsymbol{u}_{\mathrm{e}}\right)+\nabla p_{\mathrm{e}}=-en(\boldsymbol{E}+\boldsymbol{u}_{\mathrm{e}}\times\boldsymbol{B})-m_{\mathrm{e}}n_{\mathrm{e}}\nu_{\mathrm{ei}}\left(\boldsymbol{u}_{\mathrm{e}}-\boldsymbol{u}_{\mathrm{i}}\right) \tag{8.6.36}$$

由式(8.6.35)$\times\dfrac{e}{m_{\mathrm{i}}}-$式(8.6.36)$\times\dfrac{e}{m_{\mathrm{e}}}$得到

$$\begin{aligned}&ne\left(\frac{\partial\boldsymbol{u}_{\mathrm{i}}}{\partial t}-\frac{\partial\boldsymbol{u}_{\mathrm{e}}}{\partial t}\right)+ne\left(\boldsymbol{u}_{\mathrm{i}}\cdot\nabla\boldsymbol{u}_{\mathrm{i}}-\boldsymbol{u}_{\mathrm{e}}\cdot\nabla\boldsymbol{u}_{\mathrm{e}}\right)+e\left(\frac{1}{m_{\mathrm{i}}}\nabla p_{\mathrm{i}}-\frac{1}{m_{\mathrm{e}}}\nabla p_{\mathrm{e}}\right)\\&=e^{2}n\left(\frac{1}{m_{\mathrm{i}}}+\frac{1}{m_{\mathrm{e}}}\right)\boldsymbol{E}+e^{2}n\left(\frac{1}{m_{\mathrm{i}}}\boldsymbol{u}_{\mathrm{i}}+\frac{1}{m_{\mathrm{e}}}\boldsymbol{u}_{\mathrm{e}}\right)\times\boldsymbol{B}-m_{\mathrm{e}}ne\nu_{\mathrm{ei}}\left(\frac{1}{m_{\mathrm{i}}}+\frac{1}{m_{\mathrm{e}}}\right)\left(\boldsymbol{u}_{\mathrm{i}}-\boldsymbol{u}_{\mathrm{e}}\right)\end{aligned} \tag{8.6.37}$$

其中，电流密度 $j=ne\left(\boldsymbol{u}_{\mathrm{i}}-\boldsymbol{u}_{\mathrm{e}}\right)$。由 $m_{\mathrm{e}}\ll m_{\mathrm{i}}$，$\dfrac{1}{m_{\mathrm{i}}}\pm\dfrac{1}{m_{\mathrm{e}}}\approx\dfrac{1}{m_{\mathrm{e}}}$，$\boldsymbol{u}=\dfrac{m_{\mathrm{i}}\boldsymbol{u}_{\mathrm{i}}+m_{\mathrm{e}}\boldsymbol{u}_{\mathrm{e}}}{m_{\mathrm{i}}+m_{\mathrm{e}}}\approx\dfrac{m_{\mathrm{i}}\boldsymbol{u}_{\mathrm{i}}+m_{\mathrm{e}}\boldsymbol{u}_{\mathrm{e}}}{m_{\mathrm{i}}}$；$p_{\mathrm{i}}=nT_{\mathrm{i}}$，$p_{\mathrm{e}}=nT_{\mathrm{e}}$，$T_{\mathrm{i}}\approx T_{\mathrm{e}}$，故 $\dfrac{1}{m_{\mathrm{i}}}\nabla p_{\mathrm{i}}\ll\dfrac{1}{m_{\mathrm{e}}}\nabla p_{\mathrm{e}}$。由以上几式可对式(8.6.37)进行化简，其中

$$\begin{aligned}ne\left(\frac{\partial\boldsymbol{u}_{\mathrm{i}}}{\partial t}-\frac{\partial\boldsymbol{u}_{\mathrm{e}}}{\partial t}\right)&=\frac{\partial}{\partial t}\left[ne\left(\boldsymbol{u}_{\mathrm{i}}-\boldsymbol{u}_{\mathrm{e}}\right)\right]-\left(\boldsymbol{u}_{\mathrm{i}}-\boldsymbol{u}_{\mathrm{e}}\right)e\frac{\partial n}{\partial t}\\&=\frac{\partial\boldsymbol{j}}{\partial t}-\left(\boldsymbol{u}_{\mathrm{i}}-\boldsymbol{u}_{\mathrm{e}}\right)e\frac{\partial n}{\partial t}\approx\frac{\partial\boldsymbol{j}}{\partial t}\end{aligned}$$

此式中忽略了$\left(\boldsymbol{u}_{\mathrm{i}}-\boldsymbol{u}_{\mathrm{e}}\right)e\dfrac{\partial n}{\partial t}$项，此项为二阶小量，这是因为平均速度 $\boldsymbol{u}_{\mathrm{i}}$、$\boldsymbol{u}_{\mathrm{e}}$ 很小，且 $\boldsymbol{u}_{\mathrm{i}}$、$\boldsymbol{u}_{\mathrm{e}}$、$n$ 随时空间变化都很缓慢。同理，式(8.6.37)左侧第二项也是二阶小量，可以忽略。式(8.6.37)右侧第二项中的因子：

$$\begin{aligned}e^{2}n\left(\frac{1}{m_{\mathrm{i}}}\boldsymbol{u}_{\mathrm{i}}+\frac{1}{m_{\mathrm{e}}}\boldsymbol{u}_{\mathrm{e}}\right)&=\frac{e^{2}n}{m_{\mathrm{e}}}\left(\frac{m_{\mathrm{e}}\boldsymbol{u}_{\mathrm{i}}+m_{\mathrm{i}}\boldsymbol{u}_{\mathrm{e}}}{m_{\mathrm{i}}}\right)\\&=\frac{e^{2}n}{m_{\mathrm{e}}}\left[\frac{m_{\mathrm{i}}\boldsymbol{u}_{\mathrm{i}}+m_{\mathrm{e}}\boldsymbol{u}_{\mathrm{e}}}{m_{\mathrm{i}}}-\left(\frac{m_{\mathrm{i}}\boldsymbol{u}_{\mathrm{i}}-m_{\mathrm{e}}\boldsymbol{u}_{\mathrm{i}}}{m_{\mathrm{i}}}-\frac{m_{\mathrm{i}}\boldsymbol{u}_{\mathrm{e}}-m_{\mathrm{e}}\boldsymbol{u}_{\mathrm{e}}}{m_{\mathrm{i}}}\right)\right]\\&=\frac{e^{2}n}{m_{\mathrm{e}}}\boldsymbol{u}-\frac{e}{m_{\mathrm{e}}}\left\{ne\left[\left(1-\frac{m_{\mathrm{e}}}{m_{\mathrm{i}}}\right)\left(\boldsymbol{u}_{\mathrm{i}}-\boldsymbol{u}_{\mathrm{e}}\right)\right]\right\}=\frac{e^{2}n}{m_{\mathrm{e}}}\boldsymbol{u}-\frac{e}{m_{\mathrm{e}}}\boldsymbol{j}\end{aligned}$$

应用以上结果，式(8.6.37)可以简化为

$$\frac{m_{\mathrm{e}}}{ne^{2}}\frac{\partial\boldsymbol{j}}{\partial t}=(\boldsymbol{E}+\boldsymbol{u}\times\boldsymbol{B})-\frac{1}{ne}\boldsymbol{j}\times\boldsymbol{B}+\frac{1}{ne}\nabla p_{\mathrm{e}}-\frac{1}{\sigma_{\mathrm{c}}}\boldsymbol{j}$$

此式即为等离子体的广义欧姆定律。式中，$\sigma_{\mathrm{c}}=\dfrac{e^{2}n}{m_{\mathrm{e}}\nu_{\mathrm{ei}}}$，为等离子体电导率。

2. 重联的动力学理论

广义欧姆定律可写为

$$\boldsymbol{E}+\boldsymbol{v}\times\boldsymbol{B}=\frac{1}{en}\boldsymbol{j}\times\boldsymbol{B}+\frac{1}{en}\nabla\cdot\boldsymbol{P}+\frac{1}{\varepsilon_0\omega_{\mathrm{pe}}^2}\frac{\mathrm{d}\boldsymbol{j}}{\mathrm{d}t}+\eta\boldsymbol{j} \tag{8.6.38}$$

可以看到，有四个过程可能打破冻结条件，使重联发生。式(8.6.38)等号右边各项分别为霍尔项、电子压强项、电子惯性项和电阻项。为了估计各项的相对重要性，我们计算当各项的大小与 $\boldsymbol{v}\times\boldsymbol{B}$ 可比时所需的标长 L(Priest, 2000)。

1) 霍尔项

假设 $\nabla\approx\dfrac{1}{L}, |\boldsymbol{j}|=B/(\mu_0 L)$，其中 L 为标长。首先看霍尔项 $\dfrac{1}{en}\boldsymbol{j}\times\boldsymbol{B}$。当霍尔项大小与 $\boldsymbol{v}\times\boldsymbol{B}$ 可比时，即

$$\frac{B^2}{en\mu_0 L}\approx VB \tag{8.6.39}$$

或表示为

$$L_{\mathrm{Hall}}\approx\frac{B}{en\mu_0 V}=\frac{\sqrt{m_{\mathrm{i}}}}{\sqrt{n\mu_0}eV}\frac{B}{\sqrt{n\mu_0 m_{\mathrm{i}}}}=\sqrt{\frac{m_{\mathrm{i}}}{n\mu_0}}\frac{1}{e}\frac{V_{\mathrm{A}}}{V}=\sqrt{\frac{m_{\mathrm{i}}\mathrm{c}^2\varepsilon_0}{n}}\frac{1}{e}\frac{V_A}{V}=\frac{c}{\omega_{\mathrm{pi}}}\frac{V_{\mathrm{A}}}{V}=\frac{\lambda_{\mathrm{i}}}{M} \tag{8.6.40}$$

其中，$\lambda_{\mathrm{i}}=\dfrac{c}{\omega_{\mathrm{pi}}}$ 为离子惯性长度，或称离子趋肤深度；ω_{pi} 是粒子等离子体频率；$M=\dfrac{V}{V_{\mathrm{A}}}$ 为阿尔芬马赫数。

2) 电子压强项

考虑电子压强项 $\dfrac{1}{en}\nabla\cdot\boldsymbol{P}$，假设 $|P|=nk_{\mathrm{B}}T_{\mathrm{e}}$，则有

$$\frac{nk_{\mathrm{B}}T_{\mathrm{e}}}{enL}\approx VB \tag{8.6.41}$$

可解得

$$L_{\mathrm{pressure}}\approx\frac{k_{\mathrm{B}}T_{\mathrm{e}}}{eVB} \tag{8.6.42}$$

若进一步假设 $T_{\mathrm{e}}\approx T_{\mathrm{i}}$，则等式(8.6.42)可写成

$$L_{\mathrm{pressure}}\approx\frac{k_{\mathrm{B}}T_{\mathrm{e}}}{eVB}\approx\frac{\sqrt{k_{\mathrm{B}}T_{\mathrm{e}}}}{V_{\mathrm{A}}}\frac{V_{\mathrm{A}}}{V}\frac{\sqrt{k_{\mathrm{B}}T_{\mathrm{i}}}}{eB}=\frac{\sqrt{\dfrac{k_{\mathrm{B}}T_{\mathrm{e}}}{m_{\mathrm{i}}}}}{\dfrac{B}{\sqrt{\mu_0\rho}}}\frac{V_{\mathrm{A}}}{V}\frac{\sqrt{k_{\mathrm{B}}T_{\mathrm{i}}m_{\mathrm{i}}}}{eB} \tag{8.6.43}$$

$$=\sqrt{\frac{nk_{\mathrm{B}}T_{\mathrm{e}}}{B^2/\mu_0}}\frac{V_{\mathrm{A}}}{V}\frac{\sqrt{k_{\mathrm{B}}T_{\mathrm{i}}m_{\mathrm{i}}}}{eB}\approx\frac{\beta^{1/2}}{M_{\mathrm{A}}}R_{\mathrm{gi}} \tag{8.6.44}$$

其中，等离子体 β 值为 $\beta=\dfrac{nk_{\mathrm{B}}T_{\mathrm{e}}}{B^2/2\mu_0}$，离子回旋半径 $R_{\mathrm{gi}}=\dfrac{\sqrt{k_{\mathrm{B}}T_{\mathrm{i}}m_{\mathrm{i}}}}{eB}$。

如果我们进一步假设 $V_{\text{thermal}}=\sqrt{3k_{\text{B}}T_{\text{i}}/2m_{\text{i}}}\approx V$，式(8.6.42)还可以写成

$$L_{\text{pressure}}\approx\frac{k_{\text{B}}T_{\text{e}}}{eVB}=\frac{m_{\text{i}}}{eB}\frac{k_{\text{B}}T_{\text{e}}}{m_{\text{i}}V}\approx\frac{\sqrt{k_{\text{B}}T_{\text{e}}/m_{\text{i}}}}{\omega_{\text{ci}}}\frac{\sqrt{k_{\text{B}}T_{\text{i}}/m_{\text{i}}}}{V}\approx\frac{\sqrt{k_{\text{B}}T_{\text{e}}/m_{\text{i}}}}{\omega_{\text{ci}}}=r_{\text{ci}}\tag{8.6.45}$$

其中，$r_{\text{ci}}=\dfrac{\sqrt{k_{\text{B}}T_{\text{e}}/m_{\text{i}}}}{\omega_{\text{ci}}}$ 为有效离子拉莫半径。

3) 电子惯性项

下面考虑电子惯性项 $\dfrac{1}{\varepsilon_0\omega_{\text{pe}}^2}\dfrac{\text{d}\boldsymbol{j}}{\text{d}t}$，假设 $\text{d}/\text{d}t\approx V/L$，则有

$$\frac{1}{\varepsilon_0\omega_{\text{pe}}^2}\frac{VB}{\mu_0L^2}\approx VB\tag{8.6.46}$$

或写成

$$\frac{c^2}{\omega_{\text{pe}}^2}\frac{VB}{L^2}\approx VB$$

据此，可解得

$$L_{\text{inertia}}\approx\frac{c}{\omega_{\text{pe}}}=\lambda_{\text{e}}\tag{8.6.47}$$

其中，ω_{pe} 为电子等离子体频率，而 $\lambda_{\text{e}}=\dfrac{c}{\omega_{\text{pe}}}$ 为电子惯性长度，或称趋肤深度。

4) 电阻项

对于电阻项 $\eta\boldsymbol{j}$，有

$$\eta\frac{B}{\mu_0L}\approx VB\tag{8.6.48}$$

$$L_{\text{resistive}}\approx\frac{\eta}{\mu_0V}=\lambda_{\text{res}}\tag{8.6.49}$$

因此，霍尔项、电子压强项、电子惯性项和电阻项之比为

$$L_{\text{Hall}}:L_{\text{pressure}}:L_{\text{inertia}}:L_{\text{resistive}}=\frac{c}{\omega_{\text{pi}}}:\frac{\beta^{1/2}}{M_{\text{A}}}R_{\text{gi}}\frac{V}{V_{\text{A}}}:\frac{c}{\omega_{\text{pe}}}\frac{V}{V_{\text{A}}}:\lambda_{\text{res}}\frac{V}{V_{\text{A}}}$$

$$L_{\text{Hall}}:L_{\text{pressure}}:L_{\text{inertia}}:L_{\text{resistive}}=1:\beta^{1/2}R_{\text{gi}}\frac{\omega_{\text{pi}}}{c}:\frac{1}{42}\frac{V}{V_{\text{A}}}:\lambda_{\text{res}}\omega_{\text{pi}}\frac{V}{cV_{\text{A}}}$$

以上各项的相对重要性与其特征标长有关，即离子惯性长度 $\lambda_{\text{i}}=\dfrac{c}{\omega_{\text{pi}}}$，有效拉莫半径 $r_{\text{ci}}=\dfrac{\sqrt{k_{\text{B}}T_{\text{e}}/m_{\text{i}}}}{\omega_{\text{ci}}}$，电子惯性长度 $\lambda_{\text{e}}=\dfrac{c}{\omega_{\text{pe}}}$ 和阻尼标长 $\lambda_{\text{res}}=\dfrac{\eta}{\mu_0V}$。当电流片薄到与特征标长可比时，重联就有可能发生。因此，拥有最大标长的那一项控制着重联过程。当阻尼标长与其他项相比较小时，重联可以看成无碰撞重联。

磁重联发生在一个小的扩散区域，在那里等离子体冻结的条件已被破坏。在扩散区，

MHD 理论就不适用了，这时就必须考虑广义欧姆定律。

无碰撞重联是基于离子和电子的惯性效应的理论。无碰撞磁重联中离子非磁化区是离子惯性长度的量级(c/ω_{pi})，称为离子扩散区域，而电子非磁化区是一个更小的区域，为电子惯性长度的量级，称为电子扩散区。

离子和电子的解耦产生霍尔磁场，在磁尾对称磁重联中表现为四极子磁场扰动信号(霍尔扰动)，见图 8.6.24。

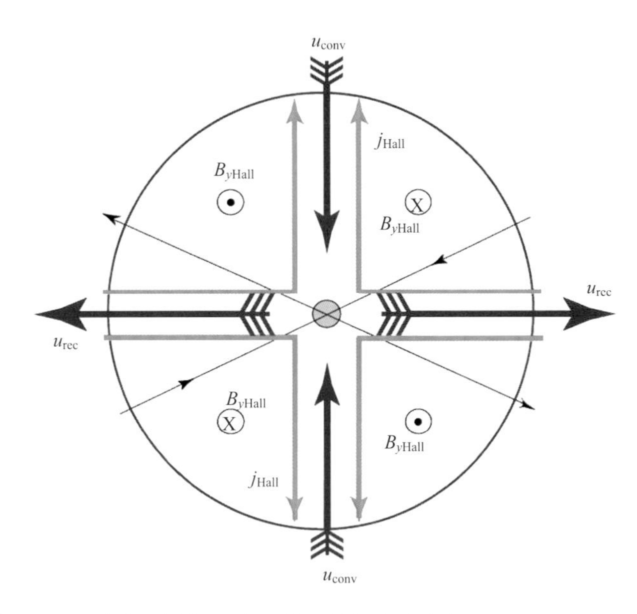

图 8.6.24　重联区霍尔电流与霍尔磁场的建立(Treumann et al., 2006)

从上述广义欧姆定律分析中可知，当霍尔项显著时，离子在离子惯性长度处与磁场解耦，而电子仍然冻结在磁场上。直到电子惯性长度处，电子与磁场解耦。离子与电子行为的不同导致了四极子磁场扰动信号，如图 8.6.24 所示(Sonnerup et al., 1979)。图中紫红圈为离子惯性区，蓝点为电子惯性区。由图 8.6.24 可以看出，上下的红色箭头表示缓慢的对流流入的电子，而水平的红色箭头表示快速电子重联喷流（电子 Alfvén 速度）。与带负电的电子流相反的薄蓝色箭头表示霍尔电流的方向，进入(⊕)和流出(⊙)平面则是通过霍尔电流产生四极霍尔磁场分量，最后形成的离子与电子扩散区示意图，见图 8.6.25(Øieroset et al., 2001)。图中小方形为电子耗散区。电子耗散区外是离子耗散区，其中离子与电子和磁场解耦，产生四极子霍尔磁场进入或离开平面。相关霍尔电流如虚线所示。红色箭头标识重联出流。

3. 典型磁尾反平行磁场重联

磁尾电流片是磁尾南北两部分方向相反的磁场之间的过渡区。在这一过渡区的中间，磁场强度下降到非常小的值。图 8.6.26 示出了 Wind 卫星在地心距离 $60R_E$ 越过磁尾中性片前后测量到的磁场强度的变化。等离子体离子的趋肤深度大约为 700 km，电子的趋肤

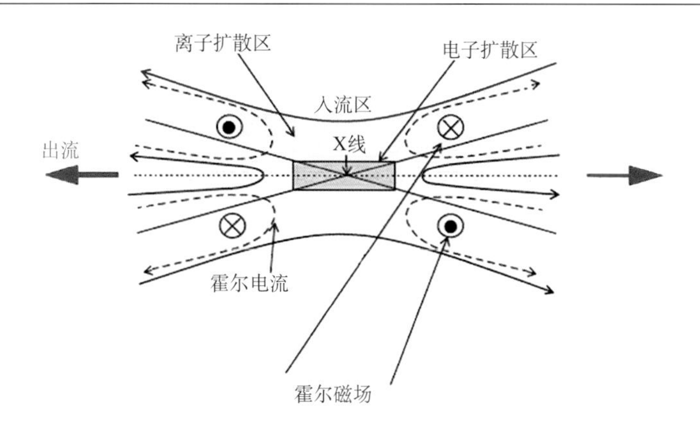

图 8.6.25　典型磁尾反平行磁场重联在霍尔项显著时耗散区多尺度结构示意图(Øieroset et al., 2011)

深度为 20 km。离子扩散区以着色红区域为标志。在离子扩散区，离子和电子分离产生了霍尔电流系统。这一分离过程反过来又导致了磁场的四极结构。Wind 卫星从 X 线的地球向穿越到 X 线的尾向一侧。与霍尔电流方向相一致的电子运动也可根据图像的预期在 X 线附近和等离子体片的边界附近观测到。图 8.6.26 为美国航空航天局的 Wind 卫星在离子扩散区的观测到的典型磁尾反平行磁场重联。离子扩散区域标记了霍尔磁场反转和等离子体流动反转附近的区域。(a) 为等离子密度；(b) 为质子流速度的 x 分量，显示球向和尾向双向的磁重联导致的等离子体喷流和等离子体流动反转；(c)、(d)、(e) 为磁场的三分量。霍尔磁场双极性的信号被标识为红色和蓝色的区域。

当卫星从等离子体喷流的球向侧运动到喷流的尾向流区时，Wind 卫星观测到与预计的霍尔磁场相一致的极性场变化。为了突出双极性的信号，磁场标识为红色和蓝色的区域。广义欧姆定律中的霍尔项将哨声波引入重联系统中(Drake, 1995)。在小于离子惯性长度 λ_i 标长内，电子与磁场依然冻结，而离子变成非磁化的。这时，四极子霍尔磁场是哨声波起驱动磁重联作用的重要信号。

4. *磁层顶具有导向场磁场重联*

如果磁场重联区存在导向场(guide field)，这一导向场的存在将对磁重联区域产生根本性影响。图 8.6.27(Zong and Zhang, 2018)给出了卫星观测到的具有导向场的磁场重联：(a) 高能电子通量；(b) 等离子体电子密度；(c) 等离子体离子投掷角；(d)、(e) 为等离子体电子 98 eV 和 70 eV 投掷角；(f)、(g) LMN 坐标系中的磁场分量 (B_L 和 B_M)；(h) 等离子速度的分量。重联喷流区从 08:17:20 UT 到 08:18:20 UT 标为 W_1，从 08:19:00 UT 到 08:20:00 UT 标为 W_2。磁重联的粒子模拟表明，重联的 X 线附近的较强导向场将使磁重联的过程和粒子动力学发生重要的改变(Drake et al., 2003)。

(1) 在重联区附近四极等离子体密度结构将取代霍尔磁场扰动信号成为导引场磁重联的重要观测标志(Kleva et al., 1995)；

(2) 电子和离子在小尺度的解耦意味着阿尔芬波不再控制等离子体行为，在 X 线附近，动力学阿尔芬波将会起主要作用，而不是哨声波(Drake and Shay, 2007)。

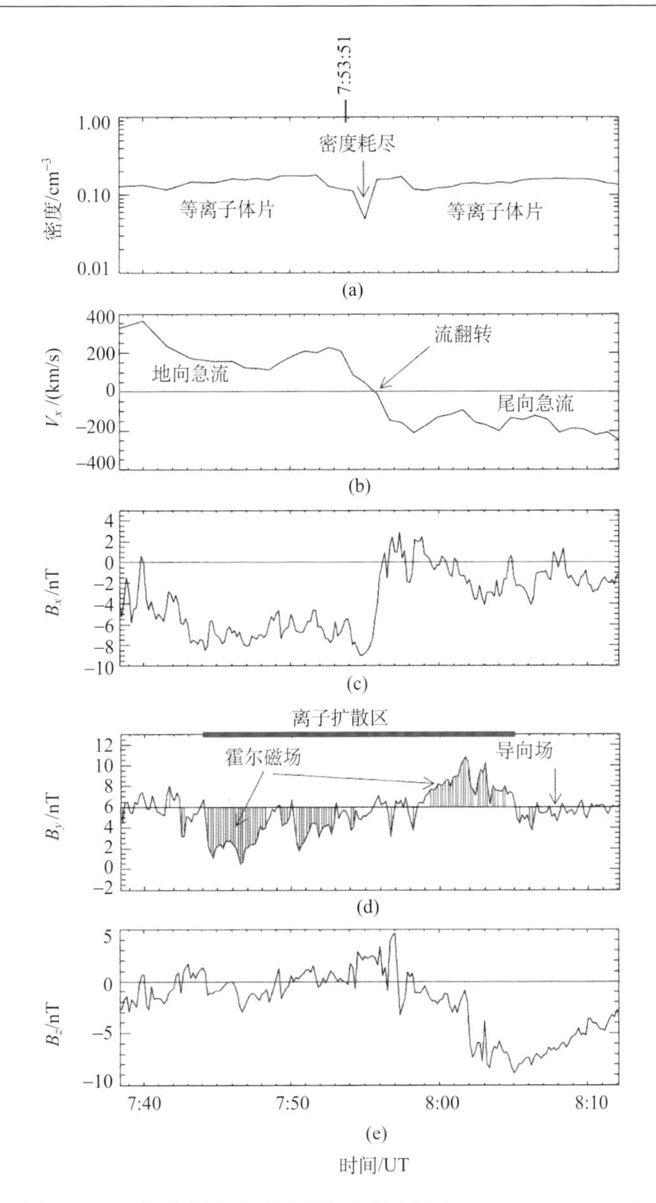

图 8.6.26　典型磁尾反平行磁场重联观测(Øieroset et al., 2011)

(3) 广义欧姆定律中的电子压强项将动力学阿尔芬波引入系统(Drake, 1995)。图 8.6.28 说明了电子压强项如何影响耗散区结构(Drake and Shay, 2007)，动力学阿尔芬主导时(电子压强项显著)耗散区多尺度结构示意图。电子沿磁场流动，产生密度不对称结构。平行于磁场的电子流动导致了密度不对称结构，与对称系统不同。离子则横越磁力线，中和电子。

在新重新连接的场线上平行流动的等离子体电子会导致在耗散区域的等离子体密度不对称，而不是在没有导引场的情况下发生的对称结构。等离子体离子极化漂移横跨磁场，中和电荷。而平行运动的电子沿着“新”重联的磁力线，这将导致越过耗

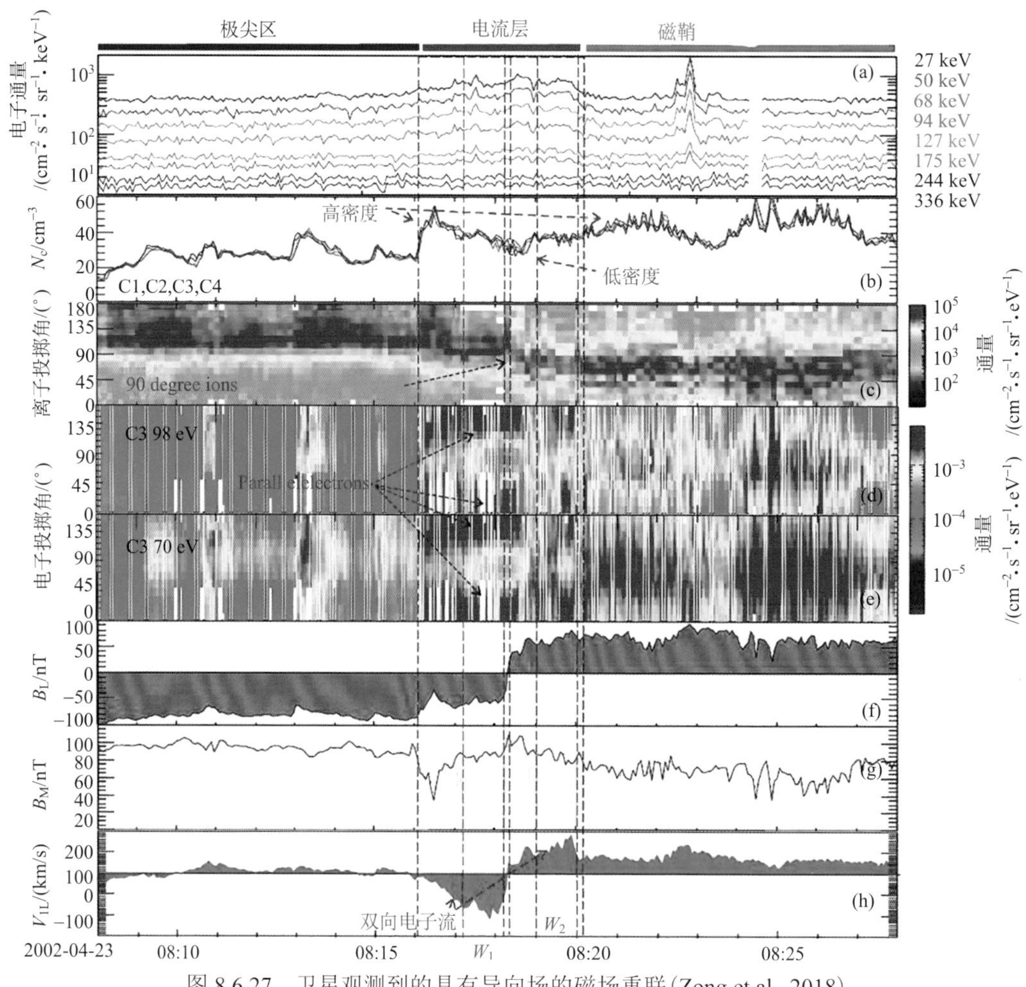

图 8.6.27　卫星观测到的具有导向场的磁场重联(Zong et al., 2018)

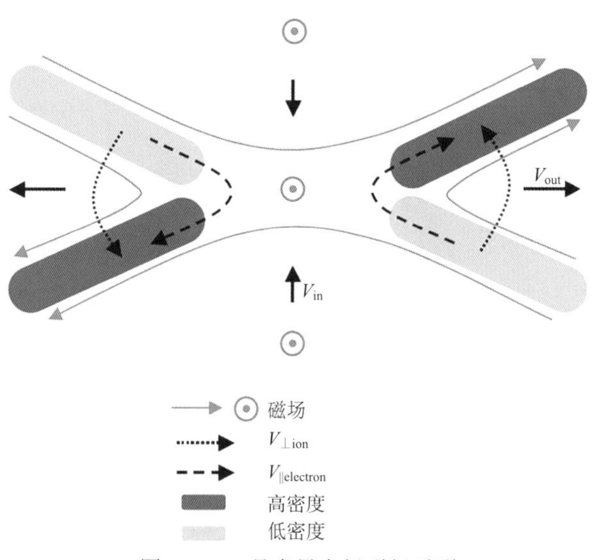

图 8.6.28　具有导向场磁场重联

散区的等离子体密度非对称性而不是反平行磁重联的对称结构，电子和离子在小尺度的解耦意味着阿尔芬波不再控制等离子体行为，在 X 线附近，动力学阿尔芬波将会起主要作用(Drake and Shay, 2007)。表 8.6.1 总结了具有导向场的磁重联和反平行重联的特征。

表 8.6.1　具有导向场的磁重联和反平行重联的特征

	具有导向场的磁重联	反平行重联	备注
导向场大小	$B_g/B_0>0.1$ (?)	$B_g/B_0=0$	B_g 为导向场，B_0 为背景场
电流	平行电流	垂直电流	
霍尔磁场	弱	强	
等离子体密度四级结构	具有	没有	
电子压力梯度	具有	没有	
平行电场	具有	没有	
Buneman 不稳定性	具有	也许没有	
电子耗散	电子压力梯度	电子弹跳运动	
耗散波	动力学阿尔芬波	哨声波	
离子出流	阿尔芬速度	阿尔芬速度	
电子加速	具有　$\sim 11\ V_A$ (数值模拟结果)	没有	
重联率	快速重联，但比反平行重联慢	快速重联	

参 考 文 献

何友文, 黄天桥, 朱穆求, 等. 1985. 1981 年 7 月 31 日漠河地区日食的外电离层效应. 空间科学学报, 5: 135.

朗道, 栗弗席兹. 1960. 连续介质力学. 彭旭麟译. 北京: 人民出版社.

刘振兴, 丁大庆. 1985. 等离子体流对等离子片结构的影响——理论模式及其在磁层亚暴过程中的应用. 中国科学(A 辑), 12: 1139.

濮祖荫, 周玉美. 1985. 速度梯度驱动的动力学阿尔芬不稳定性及其反常输运效应. 中国科学, 12: 1129.

祁燕琴, 高玉芬, 冯忠孝, 等. 1984. 1979—1980 年中国地区地磁日变场幅度的空间分布及其逐日变化. 空间科学学报, 4: 223.

宋笑亭, 刘培静, 李永生. 1981. 一九八〇年二月十六日云南地区日全食的电离层效应. 地球物理学报, 24: 359.

涂传诒. 1982a. 磁层顶低混杂漂移不稳定性及等离子体幔和磁层对流的形成机制. 空间科学学报, 2(81): 1982.

涂传诒. 1982b. 磁层顶中的低混杂漂移不稳定性. 物理学报, 31: 1.

涂传诒. 1982c. 磁层顶的扩散模式. 见: 全国空间物理学术会议文集(1979). 北京: 科学出版社: 80.

涂传诒. 1985. 垂直电流对赤道电射流中双流不稳定性的影响. 空间科学学报, 5: 101.

涂传诒. 1986. 赤道反向电射流中不均匀性的对流放大特性及对某些观测特性的解释. 空间科学学报, 6:

278.
徐文耀, 朱岗昆. 1984. 我国及邻近地区地磁场的矩谐分析. 地球物理学报, 27: 511.
朱岗昆. 1950. 关于地球物理记录中之潮汐现象及其测定. 地球物理学报, 2(1): 74.
朱岗昆, 何友文. 1984. 近半个世纪以来发生在中国境内十次日食的电离层效应分析. 地球物理学报, 27: 120.
Akasofu S I. 1965. The aurora. Scient Am, 213: 54.
Akasofu S I. 1976. Recent progress in studies of DMSP auroral photographs. Space Sci Rev, 19: 169.
Akasofu S I. 1977. Physics of Magnetospheric Substorm. Dordrecht: D Reidel Pub Co.
Akasofu S I, Chapman S. 1963. The lower limit of latitude (US sector) of northern quiet auroral arcs, and its relation to D_{st} (H). J Atmos Terr Phys, 25: 9.
Akasofu S I, Hones E W Jr, Bame S J, et al. 1973. Magnetotail boundary layer plasma at geocentric distance of—18 Re: Vela 5 and 6 observations. J Geophys Res, 78: 7257.
Akasofu S I, Kamide Y, Kisabeth J. 1981. Comparison of two modeling methods for three-dimensional current systems. J Geophys Res, 86: 3389.
Alfvén H. 1968. Some properties of magnetospheric neutral surfaces. J Geophys Res, 73: 4319.
Alpers W. 1969. Steady state charge neutral models of the magnetopause. Astrophys Space Sci, 5: 425.
Alpers W. 1971. On the equilibrium of an exact charge neutral magnetopause. Astrophys Space Sci, 11: 471.
Alfvén H, Fälthammar G G. 1971. A new approach to the theory of the magnetosphere. Cosmic Electrodynamics, 2: 78.
Armstrong J C, Zmuda A J. 1973. Triaxial magnetic measurements of field-aligned currents at 800 kilometers in the auroral region: Initial results. J Geophys Res, 78: 6802.
Arnoldy R L, Lewis P B, Isauson P O. 1974. Field-aligned auroral electron fluxes. J Geophys Res, 79: 4208.
Axford W I. 1964. Viscous interaction between the solar wind and the Earth's magnetosphere. Planet Space Sci, 12: 45.
Axford W I, Hines C O. 1961. An unifying theory of high latitude geophysical phenomena and geomagnetic storms. Can J Phys, 39: 1433.
Axford W I, Petschek H E, Siscoe G L. 1965. Tail of the magnetosphere. J Geophys Res, 70: 1231.
Baker D A, Hammel J E. 1965. Experimental studies of the penetration of a plasma stream into a transverse magnetic field. Phys Fluids, 8: 713.
Bame S J, Asbridge J R, Gosling J T, et al. 1978. ISEE plasma observation near the subsolar magnetopause. Space Sci Rev, 22: 717.
Banks P M, Chappell C R, Nagy A F. 1974. A new model for the ineraction of auroral elections with the atmosphere: Spectral degradation, Backscatler, Opticalemission, and ionization. J Geophys Res, 79: 1459.
Berko F W. 1973. Distributions and characteristics of high latitude field aligned electron precipitation. J Geophys Res, 78: 1615.
Berko F W, Hottman R A, Burton R K, et al. 1975. Simultaneous particle and field observations of field-aligned currents. J Geophys Res, 80: 37.
Birn J. 1979. Self-consistent magnetotail theory: General solution for the quiet tail with vanishing field-aligned currents. J Geophys Res, 84: 5143.
Birn J, Sommer R, Schindler K. 1975. Open and closed magnetospherir tail configurations and their stability. Astrophysics and Space Science, 35: 389.
Birn J, Sommer R R, Schindler K. 1977. Self-consistent theory of the quiet magnetotail in three dimensions. J Geophys Res, 82: 147.

Boström R A. 1964. A model of the auroral electrojets. J Geophys Res, 89: 4983.
Boström R A. 1968. Currents in the ionosphere and magnetosphere. Ann Geophys, 24: 681.
Boström R A. 1975. Mechanisms for Driving Birkeland Currents. In: Hultqvist B, Stenflo L (eds). Physics of the Hot Plasma in the Magnetophere: 341. New York: Plenum Press.
Bowles K L, Balsley B, Cohen E. 1963. Field-aligned E region irregularities identified with ion acoustic waves. J Geophys Res, 68: 2485.
Boyd T T M, Sanderson J T. 1969. Plasma Dynamics. London: Nelson.
Cain J C, Cain S J. 1968. Derivation of the international geomagnetic reference field 〔IGRF(10/68)〕. Goddard Space Flight Center Report, X-612-68-501.
Carpenter D L, Lemaire J. 2004. The Plasmasphere Boundary Layer. Annales Geophysicae, European Geosciences Union, 22(12): 4291-4298.
Carpenter D L, Giles B L, Chappell C R, et al. 1993. Plasmasphere dynamics in the duskside bulge region: A new look at an old topic. Journal of Geophysical Research: Space Physics, 98(A11): 19243-19271.
Cassak P A, Shay M A. 2007. Scaling of asymmetric magnetic reconnection: General theory and collisional simulations. Physics of Plasmas, 14(10): 102-114.
Casserly R T Jr, Cloutier P A. 1975. Rocket-based magnetic observations of auroral Birkeland currents in association with a structured auroral arc. J Geophys Res, 80: 2165.
Chapman S, Bartels J. 1940. Geomagnetism. London, New York: Oxford University Press.
Chapman S, Ferraro V C A. 1930. A new theory of magnetic storms. Terr Magn Atmos Elec, 37: 147.
Chapman S, Ferraro V C. 1932. A new theory of magnetic storms. Terr Magn Atmos Elec, 37: 147.
Chapman S, Lindzen R S. 1970. Atmospheric Tides. Dordrecht: D Reidel.
Chappell C R, Harris K K, Sharp G W. 1970. The morphology of the bulge region of the plasmasphere. J Geophys Res, 75: 3848.
Choe J Y, Beard D B. 1974. The Compressed geomagnetic field as a function of dipole tilt. Planet Space Sci, 22: 595.
Colpitts C A, Hakimi S, Cattell C A, et al. 2013. Simultaneous ground and satellite observations of discrete auroral arcs, substorm aurora, and Alfvénic aurora with FAST and THEMIS GBO. Journal of Geophysical Research: Space Physics, 118(11): 6998-7010.
Cowley S W H. 1973. A self consistent model of a simple magnetic neutral sheet system surrounded by a cold, collision less plasma. Cosmic Electrodynamics, 3: 448.
Cowley S W H. 1982. The cause of convection in the Earth's magnetosphere: A review of development during the IMS. Rev Geophys Space Phys, 20: 531.
Crochet M. 1981. Review of the eguatorial electrojet instability in light of recent developments in HF radar measurements. J Atmos Terres Phys, 43: 579.
Daly P W, Williams D J, Russell C T, et al. 1981. Particle signature of magnetic flux transfer events at the magnetopause. J Geophys Res, 86: 1628.
D'Angelo N, Bahnsen A, Rosenbauer H. 1974. Wave and particle measurements at the polar cusp. J Geophys Res, 79: 3129.
Davis T N, Sugiura M. 1966. Auroral electroject activity index AE and its universal time variations. J Geophys Res, 71: 785-801.
Deehr C S, Egeland A, Aarsnes K, et al. 1973. Particle and auroral observations from the ESRO 1/AURORAE Satellite. J Atmos Terr Phys, 35: 1979.
Drake J F. 1995. Magnetic reconnection: A kinetic treatment. Physics of the Magnetopause, 90: 155-165.
Drake J F, Shay M A. 2007. Basic theory of collisionless reconnection. In: Birn J, Priest E R (eds).

Reconnection of Magnetic Fields: Magnetohydrodynamics and Collisionless Theory and Observations (pp. 87- 107). Cambridge: Cambridge University Press.

Drake J F, Swisdak M, Cattell C, et al. 2003. Formation of electron holes and particle energization during magnetic reconnection. Science, 299(5608): 873-877.

Dungey J W. 1958. Cosmic Electrodynamics. London: Cambridge University Press.

Dungey J W. 1961. Interplanetary magnetic field and auroralzones. Phys Rev, 6: 47.

Dungey J W. 1963. Geophysics: The Earth's Environment. New York: Gordon and Breach.

Dungey J W. 1975. Neutral Sheets. Space Sci Rev, 17: 173.

Eastman T E, Frank L A. 1982. Observations of high-speed plasma flow near the Earth's magnetopause: Evidence for reconnection. J Geophys Res, 87: 2187.

Eastman T E, Hones E W Jr, Bame S J, et al. 1976. The magnetospheric boundary layer: Site of plasma, momentum and energy transfer from the magnetosheath into the magnetosphere. Geophysical Research Letters, 3(11): 685-688.

Eastwood J W. 1972. Consistency of field and particle motion in the "Speiser" model of the current sheet. Planet Space Sci, 20: 1555.

Eastwood J W. 1974. The warm current sheet model and its implications on the temporal behaviour of the geomagnetic tail. Planet Space Sci, 22: 1641.

Eviater A, Wolf R A. 1968. Transfer Processes in the magnetopause. J Geophys Res, 73: 5561.

Fairfield D H. 1974. Wave in the vicinity of the magnetopause. In: McCormac B M（ed）. Magnetospheric Particles and Fields. Dordrecht: D Reidel Pub Co.

Fejer B G, Kelley M C. 1980. Ionospheric irregularities. Rev Geophys Space Phys, 18: 401.

Feldstein Y A I. 1963. Some problems concerning the morphology of auroras and magnetic disturbances at high latitudes. Geomagn Aeron, 3: 183.

Feldstein Y I, Zaitzev A N. 1967. Magnetic field variations at high latitudes on quiet days in summer during the IGY. Geomag Aeronom, 7: 160.

Ferraro V C A. 1952. On the theory of the first phase of a geomagnetic storm: a new illustrative calculation based on an idealized（plane not cylindrical）model field distribution. J Geophys Res, 57: 15.

Frank L A. 1971. Plasma in the Earth's polar magnetosphere. J Geophys Res, 26: 5202.

Frank L A, Ackerson K L. 1975. Examples of plasma flows within the Earth's magnetosphere. In: McCormac B M（ed）. Magnetospheric Particles and Fields, p 29. Dordrecht: D Reidel Pub Co.

Fredricks R W, Scarf F L, Russell C T. 1973. Field-aligned currents, plasma waves, and anomalous resistivity in the disturbed polar cusp. J Geophys Res, 78: 2133.

Freeman J W Jr. 1974. *Kp* dependence of the plasma sheet boundary. J Geophys Res, 79: 4315.

Fu Z F, Lee L C. 1985. Simulation of multiple X-line reconnection at the dayside magnetopause. Geophys Res Lett, 12: 291.

Fuselier S A, Klumpar D M, Shelley E G. 1991. Ion reflection and transmission during reconnection at the Earth's subsolar magnetopause. Geophysical Research Letters, 18(2): 139-142.

Gary S P, Eastman T E. 1979. The lower hybrid drift instability at the magnetopause. J Geophys Res, 84: 7378.

Giovanelli R G. 1947. Magnetic and electric phenomena in the Sun's atmosphere associated with sunspots. Monthly Notices of the Royal Astronomical Society, 107(4): 338-355.

Gosling J T, Asbridge J R, Bame S J, et al. 1982. Evidence for quasi-stationary reconnection at the dayside magnetopause. J Geophys Res, 87: 2147.

Gurnett D A. 1972a. Injun 5 observations of magnetospheric electric field and plasma convection. In:

McCormac B M (ed). Earth's Magnetospheric Process, p 233. Dordrecht: D Reidel Pub Co.

Gurnett D A. 1972b. Electric field and plasma observations in the magnetosphere. In: Dyer E R (ed). Critical Problems of Magnetospheric Physics, p 123. Washington D C: IUCSTP Secretariat C/O National Academy of Sciences.

Haerendel G, Paschman G. 1982. Interaction of the solar wind with the dayside magnetosphere. In: Nishida A (ed). Magnetosphere Plasma Physics. Tokyo: Center for Academic Publications.

Hakura Y. 1965. Tables and maps of geomagnetic coordinates corrected by the higher orde spherical hormonic terms. Rep Ionosph Space Res Japan, 19: 121.

Hardy D A, Hills H K, Freeman J W. 1975. A new plasma regime in the distant geomagnetic tail. Geophys Res Lett, 2: 169.

Harel M, Wolf R A. 1976. Convection. Physics of Solar Planetary Environments. Boulder: American Geophysical Union.

Hasegawa A, Mima K. 1978. Anomalous transport produced by kinetic Alfvén wave turbulence. J Geophys Res, 83: 1117.

Hearendel G, Pasehmann G. 1975. Entry of solar wind plasma into the magnetosphere. In: Hultqvist B, Stenflo L (eds). Physics of the Hot Plasma in the Megnetosphere, p 23. New York: Plenum Press.

Heikkila W J. 1974. Outline of a magnetospheric theory. J Geophys Res, 79: 2496.

Heikkila W J, Winningham J C. 1971. Penetration of magnetosheath plasma to low altitudes through the dayside magnetopheric cusps. J Geophys Res, 76: 883.

Heppner J P. 1972. Electric field variation during substorms: OGO-6 Measurements. Planet Space Sci, 20: 1475.

Heyn M F, Biernat H K. 1985. Dayside magnetopause reconnection. J Geophys Res, 90: 1781.

Hill T W, Wolf R A. 1977. Solar Wind Interaction in the Upper Atmosphere and Magnetosphere, p 25. Washington D C: National Reserch Council.

Hoffman R A, Berko F W. 1971. Primary electron influx to dayside auroral oval. J Geophys Res, 76: 2957.

Hones E W Jr. 1968. Review and interpretation of particle measurements made by the Vela satellites in the magnetotail. In: Carovillano R, McClay J F, Radoski H R (ed). Physics of the Magnetosphere, p 392. Dordrecht: D Reidel Publ Co.

Hones E W Jr. 1972. Solar-terrestrial relations conference August 28-September 1, 1972. Calgary: University of Calgary.

Hones E W Jr. 1978. Solar wind-mangnetosphere-ionosphere compling. In: McCormac B M, Seliga T A (eds). Solar-Terrestrial Influences on Weather and Climate, p 83. London: D Reidel Pub Co.

Hones E W Jr. 1983. Magnetic structure of the boundary layer. Space Science Rev, 34: 201.

Horwitz J L, Baugher C R, Chappell C R, et al. 1981. ISEE 1 observations of thermal plasma in the vicinity of the plasmasphere during periods of quieting magnetic activity. Journal of Geophysical Research: Space Physics, 86(A12): 9989-10001.

Iijima T, Potemra T A. 1978. Large-scale characteristics of field-aligned currents associated with substorme. J Geophys Res, 83: 599.

Johnson F S. 1960. The gross character of the geomantic field in the solar wind. J Geophys Res, 65: 3049.

Johnson F S. 1965. Satellite Environment Handbook. Stanford: Stanford University Press.（人造卫星环境手册. 阮忠家, 李再琨译. 北京: 科学出版社: 1973.）

Johnson F S. 1978. The Driving force for magnetopheric convection. Rev Geophys Space Phys, 16: 161.

Kamide Y, Richmond A D, Matsushita S. 1981. Estimation of ionospheric electric fields, ionospheric currents, and field-aligned currents from ground magnetic records. J Geophys Res, 86: 801.

Kawasaki K, Akasofu S I. 1973. A possible current system associated with the *Sq*[p] variation. Planet Space Sci, 21: 329.

Kennel C F, pees M H. 1972. Dayside auroral-oval plasma density and conductivlty enhancements due to magnetosheath electron precipitation. J Geophys Res, 77: 2294.

Kivelson M, Russell C. 1995. Introduction to Space Physics. London: Cambridge University Press.

Kleva R G, Drake J F, Waelbroeck F L. 1995. Fast reconnection in high temperature plasmas. Physics of Plasmas, 2(1): 23-34.

Knight S. 1973. Parallel electric fields. Planetary and Space Science, 21(5): 741-750.

Lee L C, Fu Z F. 1985. A theory of magnetic flux transfer at the Earth's magnetopause. Geophys Res Let, 12: 105.

Lee L C, Kan J R. 1979. An unified kinetic model of the tangential magnetopause structure. J Geophys Res, 84: 6417.

Lemaire J, Burlaga L F. 1976. Diamagnetic boundary layers: A kinetic theory. Astrophys Space Sci, 45: 303.

Levy R H, Petcchek H E, Siscoe G L. 1964. Aerodynamic aspects of the magnetopheric flow. AIAAA JL, 2: 2065.

Lotko W, Sonnerup B U Ö. 1995.The low - latitude boundary layer on closed field lines. Physics of the Magnetopause, 90: 371-383.

Luehr H, Warnecke J, Rother M K A. 1996. An algorithm for estimating field-aligned currents from single spacecraft magnetic field measurements: A diagnostic tool applied to Freja satellite data. Geosci Remote Sens, 34: 1369-1376.

Lui A T Y, Anger C D, Venkatesan D, et al. 1975. The topology of the auroral oval as seen by the ISIS-2 scanning auroral photometer. J Geophys Res, 80: 1795.

Maeda K, Matsumoto H. 1962. Conductivity of the ionosphere and current system. Rep Ionos Space Res Japan, 16: 1.

Matsushita S. 1968. *Sq* and *L* current systems in the ionosphere. Geophys J R Astron Soc, 15: 109.

Matsushita S, Maeda H. 1965. On the geomagnetic lunar daily variation field. J Geophys Res, 70: 2559.

Matsushita S, Xu W Y. 1982a. Sq and L currents in the ionosphere. Ann Geo-Phys, 38: 295.

Matsushita S, Xu W Y. 1982b. Equivalent ionospheric current systems representing solar daily variations of the polar geomagnetic field. J Geophys Res, 87: 8241.

Maynard N C, Chen A J. 1975. Isolated cold plasma regions: Observations and their relation to possible production mechanisms. Journal of Geophysical Research, 80(7): 1009-1013.

McDonald K L, Gunst R H. 1967. An analysis of the Earth's magnetic field from 1835 to 1965. ESSA Techncal Rep, IER-46-IES-1.

Meed G D. 1964. Deformation of the geomagnetic field by the solar wind. J Geophys Res, 69: 1181.

Mendillo M, Pagagiannis M D. 1971. Estimate of the dependence of the magnetospherie eletric field on the velocity of the solar wind. J Geophys Res, 76: 6939.

Meng C I, Anderson K A. 1974. Magnetic field configuration in the magnetotail near $60R_E$. J Geophys Res, 79: 5143.

Miura A. 1984. Anomalous transport by magneto hydrodynamic Kelvin-Helmholtz instabilities in the solar wind-magnetosphere interaction. J Geophys Res, 89: 801.

Mozer F S, Torhert R B, Fahleson U V, et al. 1978. Electric field measurements in the solar wind, bow shock, magnetosheath, magnetopause and magnetosphere. Space Sci Rev, 22: 791.

Mozer F S, Torbert R B, Fahleson U V, et al. 1979. Direct observation of a tangential electric field at the magnetopause. Geophys Res Lett, 6: 305.

Nagata T, Kokubun S. 1962. An additional geomagnetic daily variation field（Sq^{p} field）in the polar region on geomagnetically quiet day. Rep Ionosoh Space Res Japan, 16: 258.

Ness N F. 1965. The Earth's magnetic tail. J Geophys Res, 70: 2989.

Neugebauer M, Russell C T, Smith E J. 1974. Observations of the internal structure of the magnetopause. J Geophys Res, 79: 499.

Newell P T, Meng C I. 1988. The cusp and the cleft/boundary layer: Low-altitude identification and statistical local time variation. Journal of Geophysical Research: Space Physics, 93(A12): 14549-14556.

Newell P T, Meng C I. 1992. Mapping the dayside ionosphere to the magnetosphere according to particle precipitation characteristics. Geophysical Research Letters, 19(6): 609-612.

Nose M, Iyemori T, Sugiura M, et al. 2015. World Data Center for Geomagnetism, Kyoto. Geomagnetic AE index, DOI: 10. 17593/15031-54800.

O'Brien T P, Moldwin M B. 2003. Empirical plasmapause models from magnetic indices. Geophysical Research Letters, 30(4).

Olson W P. 1969. The shape of the tilted magnetopause. J Geophys Res, 74: 5642.

Øieroset M, Phan T, Fujimoto M, et al. 2001. In situ detection of collisionless reconnection in the Earth's magnetotail. Nature, 412: 414-417.

Page D E, Domingo V. 1972. New results on particle arrival at the polar caps. In: MoCormac B M（ed）. Earth's Magnetospheric Processes, 32: 107. Dordrecht: D Reidel Publ Co.

Palmer I D, Hones E W Jr. 1978. Characteristics of energetic electrons in the visinity of the magnetospheric boundary layer at Vela orbit. J Geophys Res, 83: 2584.

Park C G. 1970. Whistler observation of the interchange of ionization between the ionosphere and the protonsphere. J Geophys Res, 75: 4249.

Parker E N. 1957. Sweet mechanism for merging magnetic fields iu conducting fluids. J Geo-Phys Res, 62: 509.

Parker E N. 1963. The solar-flare phenomenon and the theory of reconnection and annihilation of magnetic fields. Astrophys J（Suppl 77）, 8: 177.

Parker E N. 1967a. Confinement of a magnetic field by a beam of ions. J Geophys Res, 72: 2315.

Parker E N. 1967b. Small-scale nonequilibrium of the magnetopause and its consequences. J Geophys Res, 72: 4365.

Parker E N. 1968. Dynamical properties of the magnetosphere. In: Carovillano R L, McClay J F, Radoski H R（eds）. Physics of the Magnetosphere: 3. Dordrecht: D Reidel.

Paschmann G, Sckopko N, Hearendel G, et al. 1978. ISEE plasma observation near the subsolar magnetopause. Space Sci Rev, 22: 717.

Paschmann G, Sonnerup B U O, Papamastorakis I, et al. 1979. Plasma acceleration at the Earth's magnetopause: Evidence for reconnection. Nature, 282: 243.

Petschek H E. 1964. Magnetic field annihilation. In: AAS-Nasa Wymposium on the Physics of Solar Flares: 425. Maryland: Nasa Space Pub.

Petschek H E, Thorne R M. 1967. The existence of intermediate waves in nentral sheets. Astrophys J, 147: 1157.

Piddington J H. 1965. The magnetosphere and its environs. Planet Space Sci, 13: 363.

Pilipp W, Morfill G. 1975. The plasma mantle as the origin of the plasma sheet. In: McCormac B M（ed）. Magnetospheric Particles and Fields. Dordrecht: D Reidel Pub Co.

Podgorng I M. 1976. Laboratory experiments（Plasma intrusion into the magnetic field）. In: Williams D J（ed）. Physics of Solar Planetary Environments, 1: 241. Colorado: American Geophysical Union.

Priest E. 2000. Magnetic Reconnection. In: Priest E, Forbes T. Magnetic Reconnection. Cambridge: Cambridge University Press.

Reddy C A, Devasia C V. 1981. Hight and latitude structure of electric fields and currents due to local east-west winds in the equatorial electrojet. J Geophys Res, 86: 5751.

Rich F I, Reasoner D L, Burke W J. 1973. Plasma sheet at lunar distance characteristics and interactions with the lunar surface. J Geophys Res, 78: 8097.

Richmond A D. 1973. Equatorial electrojet, I: Development of a model including winds and instabilities. J Atmos Terr Phys, 35: 1083.

Riedler W, Borg H. 1972. High-latitude precipitation of low-energy particles as observed by ESRO 1A. Space Sci Rev, 12: 1397.

Rijnbeek R P, Cowley S W H, Southwood D J. 1984. A survey of dayside flux transfer events observed by ISEE 1 and 2 magnetometers. J Geophys Res, 89: 788.

Roederer J G. 1970. Dynamics of Geomagnetically Trapped Radiation. Berlin, Heidelberg, New York: Springer.

Roederer J G, Zhang H. 2014. Dynamics of Magnetically Trapped Particles, Astrophysics and Space Science Library, 403: 89-122

Rogister A. 1971. Nonlinear theory of type I irregularities in the equatorial electrojet. J Geophys Res, 76: 7754.

Rogister A, D'Angelo N. 1970. Type I irregularities in the equatorial electrojet. J Geophys Res, 75: 3879.

Romick G J, Belon A E. 1967. The spatial variation of auroral luminosjty-I: The behaviour of synthetic model auroras. Planet Space Sci, 15: 1695.

Rosenbauer H, Grünwaldt H, Montgomery M D, et al. 1975. Heos 2 plasma observations in the distant polar magnetosphere: The plasma mantle. J Geophys Res, 80: 2723.

Rostoker G, Boström R. 1974. A mechanism for driving the gross birheland current configuration in the auroral oval. Rep TRITA-EPP-74-25 Dept. Plasma Phys. Royal Inst Tech. Stockholm, Sweden.

Roth M. 1978. Structure of tangetial discontinuities at the magnetopause: the note of the magnetopause. J Atmos Terr Phys, 40: 323.

Russell C T. 1979. ISEE Observations of the magnetospheric boundary. Magnetospheric Study : 339. Japanese IMS Committee.

Russell C T, Elphic R C. 1978. Initial ISEE magnetometer results: Magnetopause observetions. Space Sci Rev, 22: 681.

Russell C T, Elphic R C. 1979. ISEE observations of flux transfer events at the dayside magnetopause. Geophys Res Lett, 6: 33.

Russell C T, Greenstadt E W. 1983. Plasma boundaris- and shocks. Rev Geophys Space Phys, 21: 449.

Russell C T, Chappell C R, Montgomery M D, et al. 1971. OGO-5 Observations of the polar cusp on November 1, 1968. J Geophys Res, 76: 6743.

Sanders G D, Maher L J, Freeman J W. 1980. Observation of the plasma boundary layer at lunar distances: Direct injection of plasma into the plasma sheet. J Geophys Res, 85: 4607.

Scarf F L, Frdricks R W. 1972. Electrostatic waves in the magnetosphere. In: McCormac B M (ed). Earth's Magnetospheric Processes, 32: 329. Dordrecht: D Reidel Publ Co.

Schindler K. 1979. Theories of tail structures. Space Sci Rev, 23: 365.

Scholer M, Hovestadt D, Ipavich F M, et al. 1982. Energetic protons, alpha particles, and electrons in magnetic flux transfer events. J Geophys Res, 87: 2169.

Siscoe G L. 1966. A unified treatment of magnetospheric dynamics with applications to magnetic storms.

Planet Space Sci, 14: 947.

Siscoe G L, Cummings W D. 1969. On the cause of geomagnetic bays. Planet Spacc Sci, 17: 195.

Song E, Russell C T. 1992. Model of the formation of the lowlatitude boundary layer for strongly northward interplanetary magnetic field. Journal of Geophysical Research: Space Physics, 97(A2): 1411-1420.

Song P, Russell C T, Thomsen M F. 1992. Slow mode transition in the frontside magnetosheath. Journal of Geophysical Research: Space Physics, 97(A6): 8295-8305.

Song P, Russell C T, Fitzenreiter R J, et al. 1993. Structure and properties of the subsolar magnetopause for northward interplanetary magnetic field: Multiple-instrument particle observations. Journal of Geophysical Research: Space Physics, 98(A7): 11319-11337.

Sonnerup B U Ö. 1970. Magnetic-field reconnetion in a highly conducting incompressible fluid. J Plasma Phys, 4: 161.

Sonnerup B U Ö. 1974. Magnetopause reconnection rate. J Geophys Res, 79: 1548.

Sonnerup B U Ö. 1976. Magnetopause and boundary layer. In: D J Williams（ed）. Physics of Solar Planetary Environments Ⅱ, 8: 541. Colorado: American Geophysical Union.

Sonnerup B U Ö. 1980. Theory of the low-latitude boundary layer. Journal of Geophysical Research: Space Physics, 85(A5): 2017-2026.

Sonnerup B U Ö, Cahill L J Jr. 1967. Magnetopause structure and attitude from Explorer-12 Observation. J Geophys Res, 72: 171.

Sonnerup B U Ö, Ledley B G. 1979. OGO-5 magnetopause structure and classical reconnection. J Geophys Res, 84: 399.

Sonnerup B U Ö, Paschmann G, Papamastorakis I, et al. 1981. Evidence for magnetic field reconnection at the Earth's magnetopause. J Geophys Res, 86: 10049.

Sonnerup B U Ö, Paschmann G, Phan T D. 1995. Fluid aspects of reconnection at the magnetopause: In situ observations. Physics of the Magnetopause, 90: 167-180.

Southwood D J, Kivelson M G. 1991. An approximate description of field-aligned currents in a planetary magnetic field. Journal of Geophysical Research: Space Physics, 96(A1): 67-75.

Speiser T W. 1965. Particle trajectovies in model current sheets, 1: Analytical solutions. J Geophys Res, 70: 4219.

Speiser T W. 1968. On the uncoupling of parallel and perpendicular particle motion in a neutral sheet. J Geophys Res, 73: 1112.

Speiser T W, Ness N F. 1967. The neutral sheet in the geomagnetic tail: Its motion, equivalent currents and field line connection through it. J Geophys Res, 72: 131.

Spreiter J R, Briggs B R. 1962. Theoretical determination of the form of the boundary of the solar corpuscular stream produced by interaction with the magnetic dipole field of the Earth. Journal of Geophysical Research, 67(1): 37-51.

Stenback Nielsen H C, Wescott E W, et al. 1973. Differences in auroral intensity at conjugate points. J Geophys Res, 78: 659.

Stern D P. 1975. A secondary source of electric field in the magnetosphere. Goddard Space Flight Center, X-602-75-17, January.

Stern D P. 1994. The art of mapping the magnetosphere. Journal of Geophysical Research, 99(A9): 17169-17198.

Sun W, Ahn B H, Akasofu S I, et al. 1984. A comparison of the observed mid-latitude magnetic disturbance fields with those reproduced from the high-latitude modeling current system. J Geophys Res, 89: 10881.

Sun W, Lee L C, Kamide Y, et al. 1985. An improvement of the Kamide-Richmond-Matsushlta Scheme for the estimation of the three-dimensional current system. J Geophys Res, 90: 6469.

Sweet P A. 1969. Mechanisms of solar flares. Ann Rev Astron Astrophys, 7: 149.

Tarpley J D. 1970. The ionospheric wind dynamo-Ⅱ: Solar tides. Planet Space Sci, 18: 1091.

Taylor H A Jr, Walsh W J. 1972. The light ion trough, the main trough and the plasmapause. J Geophys Res, 77: 6718.

Taylor H E, Hones E W Jr. 1965. A adiabatic motion of auroral particles in a model of the electric and magnetic field surrounding the Earth. J Geophys Res, 70: 3605.

Toichi T. 1972. Two-dimensional equilibrium solution of the plasma sheet and its application to the problem of the tail magnetosphere. Cosmic Electrodyn, 3: 81.

Treumann R A. 2006. The electron-cyclotron maser for astrophysical application. Astron Astrophys Rev, 13:229-315.

Treumann R A, Jaroschek C H, Nakamura R, et al. 2006. The role of the Hall effect in collisionless magnetic reconnection. Advances in Space Research, 38(1): 101-111.

Tschu K K, Zhang J X, Liu C F. 1982. Analysis of geomagnetic effect of previous 5 solar eclipses occurring in china during past 50 years. Planet Space Sci, 30: 587.

Tu C. 1984. Convective amplification of irregularities in counter equatorial electrojet conditions, in Conference Digest Seventh International Symposium On Equatorial Aeronomy. 3-10.

Vampola A L. 1971. Access of solar electrons to closed field lines. J Geophys Res, 76: 38.

Vasyliunas V M. 1975. Theoretical models of magnetic field line merging 1. Rev Geophys Space Phys, 13: 303.

Vertine E H, Laporte L, Lange I, et al. 1948. Description of the Earth's main magnetic field and its secular change 1905-1945. In: Publication No 578. Washington D C: Carnegie Institution of Washington.

Villante U. 1974. Magnetopause observations at larte geocentric distance. Lett Nuovo Cimento(Italy), 11: 557.

Villante U. 1975. Some remarks on the structure of the distant neutral sheet. Planet Space Sci, 23: 723.

Villante U, Lazarus A J. 1975. Double streams of protons in the distant geomagnetic tail. J Geophys Res, 80: 1245.

Watanabe K, Ashour-Abdalla M, Sato T. 1986. A numerical model of magnetosphere-ionosphere coupling: preliminary results. J Geophys Res, 91(A6): 6973-6978.

Willis D M. 1971. Structure of the magnetopause. Rev Geophys Space Phys, 9: 953.

Willis D M. 1972. The boundary of the magnetosphere: The magnetopause. In: Dyer E R (ed). Critical Problem of Magnetospheric Physics. Washington D C: IUCSTP Secretarial c/o National Academy of Sciences.

Willis D M. 1975. The microstructure of the magnetopause. Geophys J Roy Astron Soc(GB), 41: 355.

Willis D M. 1978. The magnetopause microstructure and interaction with magnetospheric plasma. J Atmos Terr Phys, 40: 301.

Williams D J, Mead G D. 1965. Night-side magnetospheric configuration as obtained from trapped electrons at 1100 kilometers. J Geophys Res, 70: 3017.

Williams D J, Mitchell D G, Eastman T E, et al. 1985. Energetic particle observations in the low-latitude boundary layer. Journal of Geophysical Research: Space Physics, 90(A6): 5097-5116.

Winningham J D, Heikkila W J. 1974. Polar cap auroral electron fluxes observed with ISIS-1. J Geophys Res, 79: 949.

Wolf R A. 1975. Ionosphere-magnetosphere coupling. Space Sci Rev, 17: 537.

Wolf R A, Harel M. 1980. Dynamics of the magnetospheric plasma. In: Akasofu S I(ed). Dynamics of the

Magnetosphere: 143. Dordrecht: D Reidel.

Yasuhara F, Kamide Y, Akasofu S I. 1975. Field-aligned and ionospheric currents. Planet Space Sci, 23: 1355.

Yeh T, Axford W I. 1970. Ou the re-connetion of magnetic field lines in conducting fluids. J Plasma Phys, 4: 207.

Young D T. 1983. Near-equatorial magnetospheric particles from ~1 eV to ~1 MeV. Rev Geophys Space Phys, 21: 402.

Zhang H, Fritz T A, Zong Q G, et al. 2005. Stagnant exterior cusp region as viewed by energetic electrons and ions: A statistical study using Cluster Research with Adaptive Particle Imaging Detectors (RAPID) data. Journal of Geophysical Research: Space Physics, 110(A5): 211-217.

Zi M Y, Nielsen E. 1980. Spatial variation of ionospheric electric field at high latitude on magnetic quiet days. In: Deehr C S, Holtet J A (eds). Exploration of the Polar Upper Atmosphere: 293. Dordrecht: Springer.

Zi M Y, Nielsen E. 1982. Spatial variation of electric fields in the high-latitude ionosphere. J Geophys Res, 87: 5202-5206.

Zmuda A J, Martin J M, Heuring F T. 1966. Transverse magnetic disturbances at 1100 km in the auroral region. J Geophys Res, 71: 5033.

Zong Q G, Zhang H. 2018. In situ detection of the electron diffusion region of collisionless magnetic reconnection at the high-latitude magnetopause. Earth and Planetary Physics, 2: 231-237.

Zong Q G, Fritz T A, Korth A, et al. 2005. Energetic electrons as a field line topology tracer in the high latitude boundary/cusp region: Cluster rapid observations. Surveys in Geophysics, 26(1-3): 215-240.

Øieroset M, Phan T D, Fujimoto M, et al. 2001. In situ detection of collisionless reconnection in the Earth's magnetotail. Nature, 412(6845): 414.

第 9 章　地球磁层中捕获的高能粒子(辐射带)

20 世纪初，挪威数学家和空间物理学家斯托默在伯克兰的地球磁场模拟实验的启发下，研究带电粒子在地球偶极磁场中的运动，从理论上证明在地球周围可以存在带电粒子的捕获区域。1958 年，美国科学家 James Van Allen 利用 Explorer Ⅰ 和Ⅱ卫星上的盖革粒子计数器，第一次直接探测到近地空间存在高辐射的高能带电粒子捕获区域。这一区域被称为辐射带，或者范艾伦(Van Allen)辐射带。

图 9.0.1 显示了地球辐射带结构，包括内辐射带、外辐射带和槽区。一起显示的还有在槽区运行的 MEO 轨道卫星，靠近外辐射带外边界的地球同步(GEO)轨道，以及穿越辐射带的 GPS 卫星的 MEO 轨道。如图 9.0.1 所示，在地球磁层中被捕获的带电粒子主要集中在两个区域：一个区域的范围在 1～$2R_E$(R_E 为地球半径)，叫内辐射带(inner belt)；另一个区域的中心在 3～$7R_E$，叫外辐射带(outer belt)。质子主要分布在内辐射带，捕获在内辐射带的质子主要来源于宇宙线反照中子衰减(CRAND)，其损失主要是因为与大气粒子的库仑碰撞。对高能质子来说，损失和径向扩散的时间尺度是年的量级，所以内辐射带质子的分布通常被认为是非常稳定的。

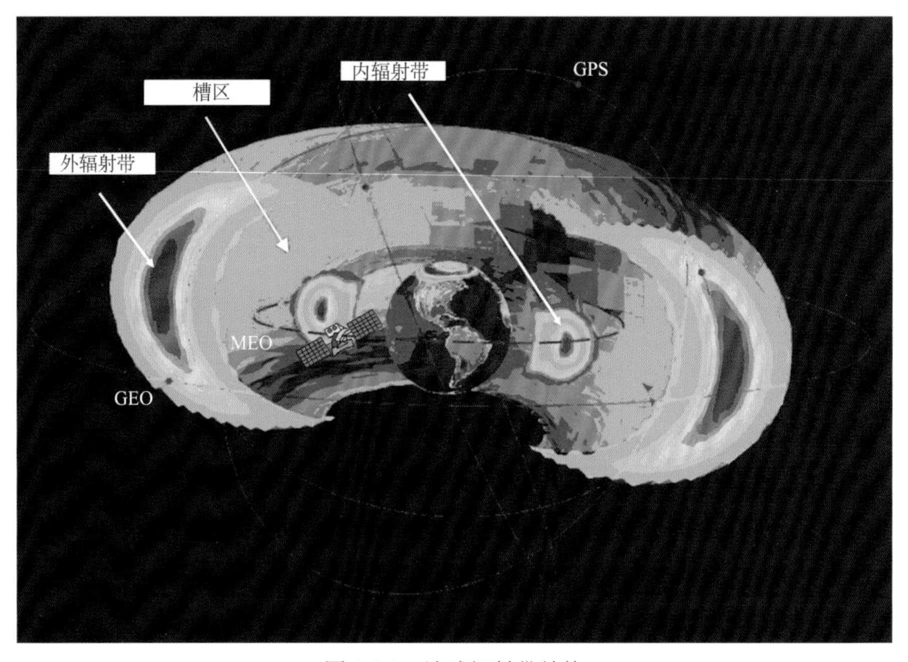

图 9.0.1　地球辐射带结构

https://www.swpc.noaa.gov/phenomena/radiation-belts

内、外辐射带之间存在一个粒子辐射通量很低的槽区(slot region)，中心位于 $2.5R_E$。这一区域也被认为是在轨卫星相对安全的区域。但是近期的研究显示，在发生磁暴等大的扰动事件时，槽区通常会被高通量的高能电子填满。

图 9.0.2 示出了卫星 Explorer-4 和 Pioneer-3 探测到的高能粒子计数率等值线的分布，由卫星 Explorer-4 和 Pioneer-3 的观测得到，图中带箭头的线为 Pioneer-3 的轨道。相应全向强度估计为 J_0=1.6R $\mathrm{cm^{-2}\cdot s^{-1}}$，$R$ 为计数率(Van Allen and Frank, 1959)。该卫星携带的盖革计数器的窗口屏蔽金属箔的平均密度是 1 g/cm^2，可屏蔽 30 MeV 的质子或 2.2 MeV 的电子，图中的数字表明由该计数器测量到的计数率。由图看到，在两个有阴影的区域中，计数率高达 10^4 次/s。一个阴影区的中心在 1.5R_E，叫作内辐射带，另一个阴影区域的中心在 3～4R_E，叫作外辐射带。进一步的测量表明，通常在内辐射带测量到的高计数率主要是由能量在 10～100 MeV 的质子产生的，通常在外辐射带测量到的高计数率主要是由能量高于 1 MeV 的电子产生的。较低能量的质子和电子充满整个磁层，因而不分内外辐射带。

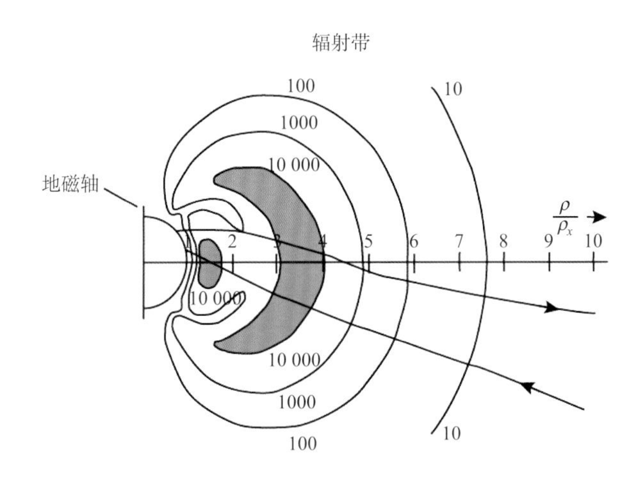

图 9.0.2　辐射带计数率等值线(Van Allen and Frank, 1959)

图 9.0.3 给出了辐射带中高能粒子的能谱。内辐射带的高能质子被认为是由宇宙线反照中子衰变产生的，而内外辐射带电子(高空核爆炸产生的除外)和外辐射带质子都被认为是起源于地球外磁层本身。

辐射带粒子的输运过程是：一方面，在地磁扰动期间磁层磁场和电场快速的变化使得位于外磁层的粒子向内径向扩散并且得到加速；另一方面，这些高能粒子与磁层中尤其是等离子体层中的波动的相互作用又导致了粒子的投掷角扩散，最后使得辐射带粒子沉降在大气中。径向扩散导致的粒子的注入与投掷角扩散导致的粒子的损失之间的平衡决定了辐射带的平衡分布。

本章中我们首先讨论高能带电粒子在地球磁场中的绝热运动，然后讨论辐射带的描述方法和带电粒子在磁场中的运动，最后讨论辐射带中带电粒子的平衡分布。

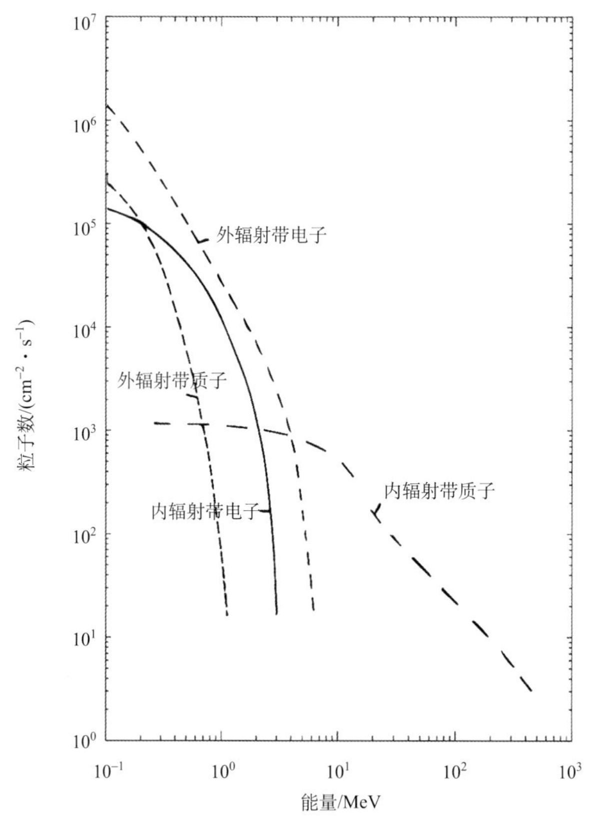

图 9.0.3　捕获在地球内辐射带和外辐射带中的高能粒子能谱(Paulikas and Blake, 1982)

9.1　带电粒子在地磁场中的运动

辐射带中带电粒子在地磁场中的运动可以分解为围绕着磁力线的回旋运动、沿着磁力线的弹跳运动和垂直磁力线的漂移运动三种基本形式，见图 9.1.1。Roederer (1970) 对辐射带中带电粒子的运动做了详细的描述。下面首先在地磁场的偶极近似条件下，讨论带电粒子的运动，然后再讨论实际地磁场的情况。

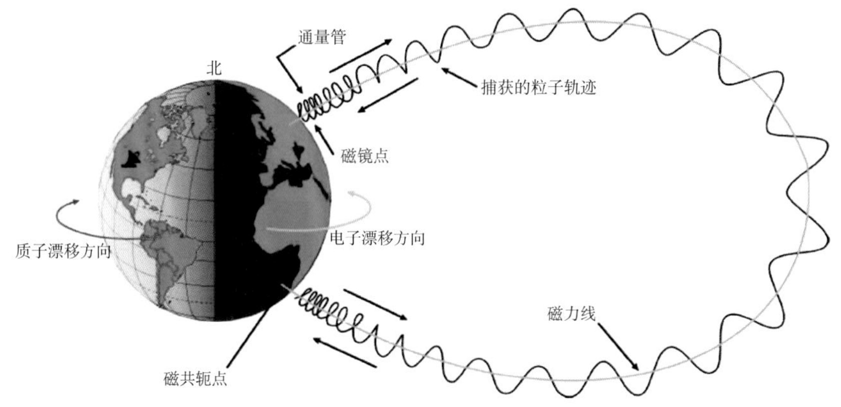

图 9.1.1　辐射带中带电粒子的运动

http://www-ssg.sr.unh.edu/tof/Smart/Students/lees/periods.html

9.1.1　带电粒子在偶极子磁场中的运动

由于在辐射带区域内的地磁场近似于一个偶极子场，所以在偶极子磁场中带电粒子的运动图像可以给我们一个对于实际辐射带中带电粒子运动的近似描述。在地磁偶极坐标赤道面内偶极子磁力线的曲率半径为 $R_{c_0}=r_0/3$，r_0 为磁力线与赤道面交点的地心距离。引导中心近似条件(即沿着一个回旋轨道，磁场变化很小)在这里可以写为

$$r_0 B \gg \frac{cmv}{q} \tag{9.1.1}$$

其中，cmv/q 是粒子的刚度，单位为 Gs·cm。引入无量纲量 $L=r_0/R_\mathrm{E}$，在参数为 L 的磁力线上粒子的回旋周期为

$$T_\sigma = CT\gamma L^3 \frac{(4-3\cos^2\lambda)^{1/2}}{\cos^6\lambda} \tag{9.1.2}$$

其中

$$C_T = \frac{2\pi m_0 c R_\mathrm{E}^3}{qM} = \begin{cases} 1.15\times10^{-6}\ \mathrm{s} & （电子）\\ 2.11\times10^{-3}\ \mathrm{s} & （质子）\end{cases}$$

粒子的回旋半径为

$$\rho_\mathrm{c} = C_\rho \gamma\beta L^3 \frac{\left(4-3\cos^2\lambda\right)^{\frac{3}{4}}}{\cos^9\lambda} \tag{9.1.3}$$

其中

$$C_\rho = \frac{m_0 c^2 R_\mathrm{E}^3}{qM} = \begin{cases} 54.8\ \mathrm{m} & （电子）\\ 1.01\times10^5\ \mathrm{m} & （质子）\end{cases}$$

式中，m_0 为粒子的静止质量；M 为地球磁场的磁矩；R_E 为地球半径；c 为光速；$\beta=v/c$；$\gamma=(1-\beta^2)^{-1/2}$。捕获电子的回旋周期为 1～1000 μs，捕获质子的回旋周期为 2～1000 ms。

表 9.1.1 给出了在 $L=2$，投掷角(粒子的速度矢量与磁力线的夹角) $\alpha=\pi/2$ 时，赤道面内不同能量的质子和电子的回旋周期和回旋半径。由表中数值可以看到，对于能量小于 100 MeV 的捕获质子和电子，引导中心的近似条件式(9.1.1)是成立的。

带电粒子在围绕磁力线做回旋运动的同时还沿着磁力线弹跳。将在第 11 章证明，只要引导中心近似条件满足，即只要外磁场在粒子的一个回旋半径范围内的空间变化很小，并且在一个回旋周期内随时间变化很小，带电粒子的磁矩 $\mu(=\frac{1}{2}mv_\perp^2/B)$ 是守恒的。另外，由于磁场对带电粒子的作用力垂直于粒子的运动速度，因而磁场不对带电粒子做功。若没有平行于磁场的外力，带电粒子在非均匀磁场中的运动过程，其总能量是常数，因而带电粒子的运动速度的大小也是一个常数。粒子总能量的守恒关系可以写为

$$\frac{1}{2}mv_\parallel^2 + B\mu = 常数 \tag{9.1.4}$$

表 9.1.1　磁层内 L=2 处投掷角 π/2 时带电粒子的回旋周期和回旋半径（Van Allen, 1963）

粒子	动能	β	T_σ(s) ($\alpha=\frac{\pi}{2}$)	ρ_σ ($\alpha=\frac{\pi}{2}$，$\lambda=0$)
电子	10 keV	0.195	0.64	87 m
	100 keV	0.548	0.23	287 m
	1 MeV	0.941	0.13	1.22 km
质子	10 keV	4.61×10^{-3}	27.3	3.71 km
	100 keV	1.46×10^{-2}	8.6	11.7 km
	1 MeV	4.61×10^{-2}	2.7	37.1 km
	10 MeV	0.146	0.86	118 km
	100 MeV	0.428	0.29	381 km
	1000 MeV	0.875	0.14	1451 km

由于 $v_{\|}=v\sin\alpha(s)$，结合磁矩守恒，得到

$$\frac{\sin^2\alpha(s)}{B(s)}=\text{常数} \tag{9.1.5}$$

式中，$\alpha(s)$为粒子的投掷角；s 为磁力线的弧长，表示粒子引导中心沿着一条磁力线运动的位置。考虑一个带电粒子的引导中心沿着一条磁力线运动，由于磁场 B 沿磁力线在磁赤道面达到最小值 B_0，因而投掷角 $\alpha(s)$也达到最小值 α_0。当粒子的引导中心向极区运动时，磁场强度逐渐增大，投掷角 $\alpha(s)$亦逐渐增大。当粒子引导中心到达某点时，投掷角增加到 $\alpha(s)=\pi/2$，在这一点磁场值可写为

$$B_{\mathrm{m}}=\frac{B_0}{\sin^2\alpha_0} \tag{9.1.6}$$

这时 $v_{\perp}=v$，$v_{\|}=0$，粒子不能继续沿着磁力线向前运动，而被磁场反射回来，这一点叫作磁镜点，见图 9.1.1。

对于粒子在磁镜点被反射的物理过程可以作这样的理解：由于沿磁力线由赤道至极区磁场增强，因而磁力线是会聚的，磁场在垂直回旋速度的方向上有一分量，这一磁场分量产生的洛伦兹力指向磁场减小的方向，因而使粒子平行磁场的运动逐渐减速，直至粒子被反射。

在地球磁场中，粒子的引导中心沿着磁力线在南北极两个磁镜点之间做周期性的弹跳运动。对辐射带粒子来说，这个运动的周期 T_{b} 一般为秒的量级。如果粒子的投掷角 α_0 减小，B_{m} 将增大，因而磁镜点降低。磁镜点低于 100 km 的粒子在反射之前很可能与大气中性成分碰撞而损失了，不能被地磁场捕获。粒子的这种损失称为粒子的沉降。

利用磁镜点 B_{m} 可以求出粒子速度的平行分量和垂直分量：

$$v_{\|}(s)=\left[1-\frac{B(s)}{B_{\mathrm{m}}}\right]^{1/2}v \tag{9.1.7}$$

$$v_{\perp}(s)=\left[\frac{B(s)}{B_{\mathrm{m}}}\right]^{1/2} v \tag{9.1.8}$$

在偶极子磁场中，赤道投掷角为 α_0 的粒子的磁镜点纬度 λ_m 由下式决定：

$$\frac{\cos^6 \lambda_{\mathrm{m}}}{(4-3\cos^2 \lambda_{\mathrm{m}})^{1/2}}=\sin^2 \alpha_0 \tag{9.1.9}$$

对于给定的 α_0，磁镜点纬度 λ_{m} 与磁力线参数 L 无关，即沿不同磁力线运动的有相同赤道投掷角的粒子都在同一磁偶极纬度镜反射。由于粒子的反射点必须在地表面以上，更确切地说是在地球大气之外，对于沿某一特定磁力线运动的粒子的镜反射纬度有一上限：

$$\lambda_{\mathrm{m}}<\lambda_l$$

λ_l 是磁力线与地表面相交的纬度。因而赤道投掷角 α_0 必须满足

$$\sin^2 \alpha_0 > \sin^2 \alpha_{0l} = \frac{1}{L^3\left(4-\dfrac{3}{L}\right)^{1/2}} \tag{9.1.10}$$

式中，α_{0l} 称为极限投掷角，它定义了弹跳损失锥。赤道投掷角在损失锥内的粒子在到达其反射点之前必然损失在稠密的大气之中。当 L 增加时，弹跳损失锥减小。

沿磁力线粒子的局地投掷角 $\alpha(\lambda)$ 与赤道投掷角 α_0 的关系为

$$\sin^2 \alpha(\lambda)=\sin^2 \alpha_0 \frac{(4-3\cos^2 \lambda)^{1/2}}{\cos^6 \lambda} \tag{9.1.11}$$

当 $\lambda\to\lambda_{\mathrm{m}}$ 时，$\alpha(\lambda)\to\pi/2$。根据式(9.1.7)、式(8.1.14)和式(8.1.17)可以求出具有赤道投掷角 α_0 的粒子的弹跳周期为

$$T_{\mathrm{b}}=2\int_{s_{\mathrm{m}}}^{s'_{\mathrm{m}}}\frac{\mathrm{d}s}{v_{\parallel}(s)}=8.2\times10^{-2} L f(\alpha_0)\beta^{-1} \tag{9.1.12}$$

T_{b} 的单位为 s，式中 s_{m}、s'_{m} 为南北的两个磁镜点，

$$f(\alpha_0)=\int_0^{\lambda_{\mathrm{m}}(\alpha_0)}\frac{\cos\lambda(4-3\cos^2\lambda)^{\frac{1}{2}}\mathrm{d}\lambda}{\left[1-\dfrac{\sin^2\alpha_0(4-3\cos^2\lambda)^{1/2}}{\cos^6\lambda}\right]^{1/2}} \tag{9.1.13}$$

式中，$\lambda_{\mathrm{m}}(\alpha_0)$ 由方程(9.1.9)决定。当 $40°\leqslant\alpha_0\leqslant90°$ 时，由数值计算得到

$$f(\alpha_0)\sim1.30-0.56\sin\alpha_0 \tag{9.1.14}$$

由上面的计算可以看到，当粒子赤道投掷角 α_0 趋于 90°时，它的反射点趋于赤道。这时式(9.1.12)中的被积函数趋于无穷，积分区间趋于一点，弹跳周期将趋于有限值。我们定义这一极限值为 90°赤道投掷角粒子的弹跳周期。表 9.1.2 给出了在偶极子磁层模型中具有 90°投掷角的有不同动能的电子和质子的极限弹跳周期 T_{b}。

表 9.1.2 偶极子磁层模型内 90°投掷角电子和质子的回旋周期 T_c、弹跳周期 T_b 和漂移周期 T_d（Rossi and Olbert, 1970）

带电粒子	动能/eV	L=1.02			L=1.738		
		T_c/s	T_b/s	T_d/s	T_c/s	T_b/s	T_d/s
质子	10^5	2.170×10^{-4}	4.393	2.598×10^4	1.074×10^{-3}	7.487	1.525×10^4
电子	10^4	1.204×10^{-7}	0.3286	2.623×10^5	5.960×10^{-7}	0.5601	1.540×10^3
质子	10^7	2.170×10^{-4}	0.4393	2.598×10^2	1.074×10^{-3}	0.7487	1.525×10^2
电子	10^6	3.494×10^{-7}	0.06818	3.884×10^3	1.729×10^{-6}	0.1102	2.265×10^3
带电粒子	动能/eV	L=4.080			L=6.680		
		T_c/s	T_b/s	T_d/s	T_c/s	T_b/s	T_d/s
质子	10^5	1.389×10^{-2}	17.57	6.495×10^3	6.096×10^{-2}	28.77	3.967×10^3
电子	10^4	7.709×10^{-6}	1.314	6.558×10^4	3.383×10^{-5}	2.152	4.005×10^4
质子	10^7	1.389×10^{-2}	1.757	64.95	6.096×10^{-2}	2.877	39.67
电子	10^6	2.236×10^{-5}	0.2727	9.710×10^2	9.815×10^{-5}	0.4465	5.931×10^2

带电粒子除了在磁镜点之间来回弹跳之外，还围绕着地球漂移。电子向东漂移，质子向西漂移。这种漂移有两个来源：一个是带电粒子沿着弯曲的磁力线运动时受到的离心力引起的漂移；另一个是磁场的径向梯度引起的漂移。由式(13.2.19)和式(13.2.17)可以计算相应漂移速度。

在偶极子场赤道面内，投掷角 α_0=90°的粒子漂移速度为

$$V_G(0) = -\frac{3mv^2cr_0^2}{2qM}e_\psi \tag{9.1.15}$$

为沿纬度线方向的单位矢量。相应的方位角漂移速度(rad/s)为

$$\dot{\phi}_0 = C_\phi L\gamma\beta^2 \tag{9.1.16}$$

式中，C_ϕ 为常数，

$$C_\phi = \begin{cases} 3.50\times10^{-2}\ \mathrm{rad/s} & （对电子） \\ 64.2\ \mathrm{rad/s} & （对质子） \end{cases}$$

对于投掷角为 α_0 的粒子，一个弹跳周期平均的角漂移速度为

$$\langle\dot{\phi}_0\rangle = C_\phi g(\alpha_0)L\gamma\beta^2 \tag{9.1.17}$$

对于 40°≤α_0≤90°，有

$$g(\alpha_0) \sim 0.70+0.30\sin\alpha_0 \tag{9.1.18}$$

由式(9.1.18)看到，漂移角速度随 L 增加而增加。对于动能 $E_{K\perp} \ll m_0c^2$ 的质子，在赤道面内的漂移周期为

$$T_d(\min) = 44/(LE_{K\perp}) \tag{9.1.19}$$

$E_{K\perp}$以 MeV 为单位。表 9.1.2 列出了不同能量的质子和电子在磁层内的漂移周期。

在 6 个地球半径处，动能为 10^4 eV 的电子围绕地球漂移一周的时间约为 1 h 的量级。

在地心距离大于 $7R_E$ 的距离上，由于实际地磁场对偶极子场模式的偏离较大，高能带电粒子往往在完成一周漂移以前就逃逸出磁层，不能成为捕获粒子。

在内磁层，磁场近似于偶极子场。一个捕获粒子在内磁层沿经度漂移的过程中，该粒子的磁镜点在南北半球高纬区分别划出两个圆，连接这两个圆的所有磁力线线段形成一个磁壳，称为漂移壳。漂移壳可以用磁镜点的磁场强度 B_m 和磁壳在赤道面的地心距离 L 表示。图 9.1.2 给出了漂移壳的示意图。

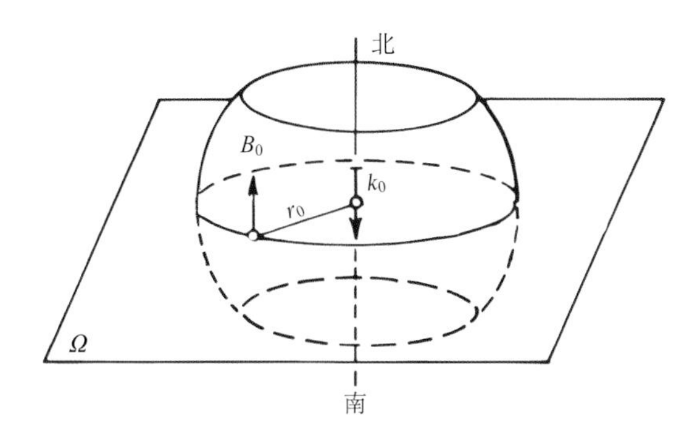

图 9.1.2　在偶极子磁场中带电粒子的漂移壳(Roederer, 1970)

9.1.2　带电粒子在实际磁层磁场中的运动

1. 带电粒子在地磁赤道面内的漂移

带电粒子在偶极子磁场中运动的图像仅仅是真实情况的近似描述。严格说来，实际地磁场不是轴对称的，而且是随时间变化的。在 $5R_E$ 以外，磁层磁场对偶极子场有较大的偏离。下面讨论带电粒子在实际地磁场中的运动。在讨论中要用到带电粒子在缓变磁场中漂移的寝渐不变量的理论(见第 13 章)。首先分析在地球磁赤道面内 90°投掷角粒子的运动。由于典型的辐射带粒子(电子和质子)能量大于 100 keV，相对于梯度漂移和曲率漂移来说，外力(电场力)引起的漂移可略去。在漂移运动中，电子和质子在相反方向沿着常磁场 B 的等值线运动。图 9.1.3 给出了由实测数据得到的赤道面内的磁场 B 的等值线。由图可以得到如下定性的结论。

在 7～$8R_E$ 以内，所有的漂移轨道都是闭合的。如果没有外部的扰动，在这个区域内的粒子将永远被磁场捕获。在 $4R_E$ 以内，等值线是一个圆，因为磁场基本是偶极子磁场。随着地心距离的增加，等值线不对称性增加，在午夜一侧等值线更接近地球，等值线更密。这说明相应磁场梯度较大，因而粒子的漂移速度也较大。每个粒子在一个漂移周期中，在向日面用去更多的时间。在 $6.6R_E$ 外的地球静止卫星在一周日内将与不同的等值线相交，在午夜与卫星相交的等值线在最外面，在中午与卫星相交的等值线在最里面。

假设粒子在一个漂移轨道上是均匀分布的，而且在内漂移轨道上的粒子通量大一些，那么由静止卫星上的探测器得到的计数率将有周日变化。在 ATS-1 卫星上确实记录到这样的结果，见图 9.1.4。较高能量的粒子通量有更陡的空间梯度，所以计数率有更大的周日变化幅度。

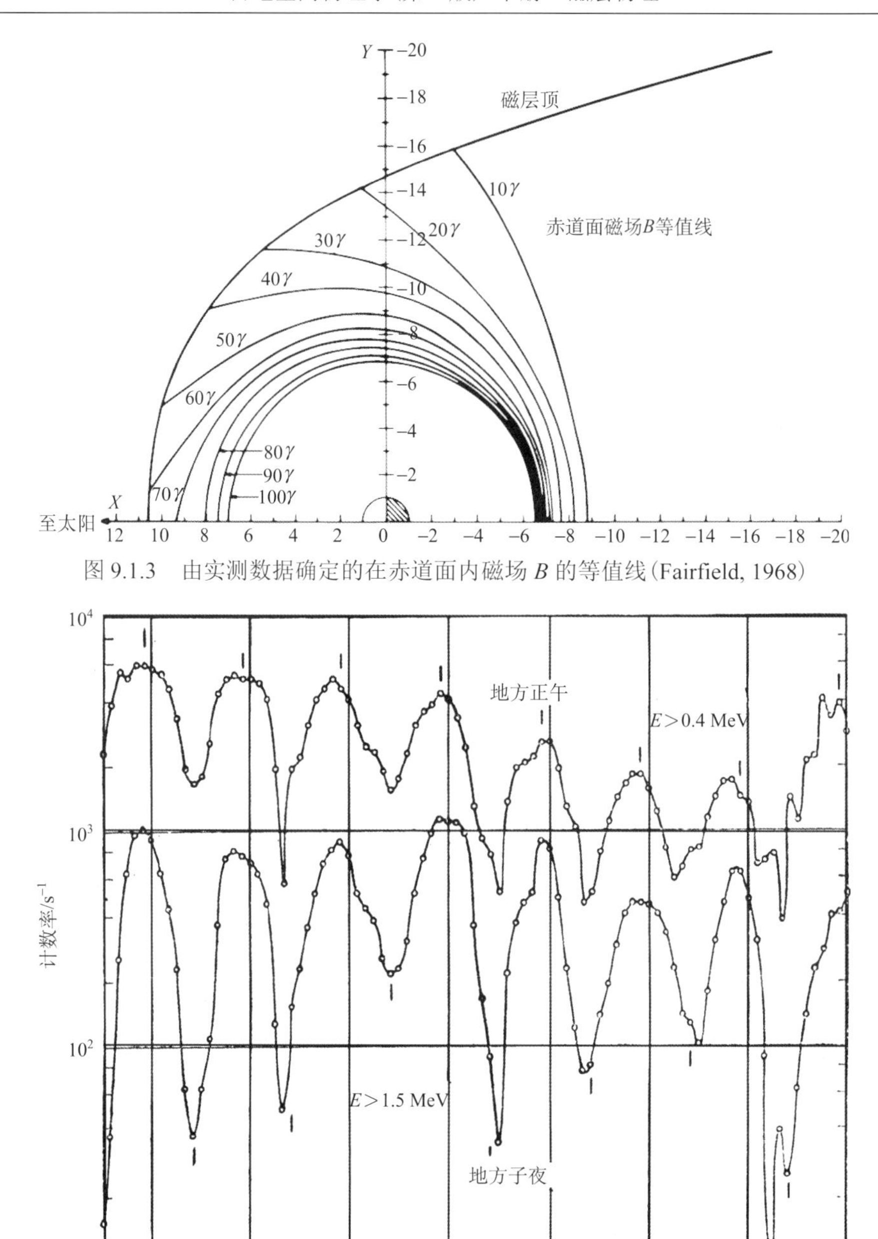

图 9.1.3　由实测数据确定的在赤道面内磁场 B 的等值线(Fairfield, 1968)

图 9.1.4　在同步卫星轨道上电子计数率的周日变化(Brown, 1968)

在大于 $7R_E$ 的地心距离上，通过午夜子午面的等值线是不闭合的。沿着这些等值线漂移的粒子只在一有限的时间内被磁层捕获，然后漂移到磁层两侧的边界。这些粒子叫作准捕获粒子。我们称最后一条闭合等值线为赤道粒子的稳定捕获线。通过这条等值线的磁力线与地面交于极光椭圆带的低纬边界。

前面对粒子漂移的描述适用于能量大于 100 keV 的粒子。小于 1 keV 的粒子的梯度漂移和曲率漂移是不重要的，主要受电场支配，在磁赤道面内沿着电场等值线漂移。能量在 100～1 keV 之间的粒子的漂移运动是相当复杂的，在磁场不随时间变化的情况下，

电势可以表示为势场 Φ。由磁矩 μ 守恒得到

$$\frac{W - q\Phi(r,\phi)}{B(r,\phi)} = 常数 \tag{9.1.20}$$

由于在势场中粒子的总能量 W(动能加势能)也是守恒的，式(9.1.20)给出了一般情况下粒子运动的轨迹线。当初始动能很小时，式(9.1.20)简化为 $\Phi(r,\varphi)$=常数。当 W 很大时，略去 $q\Phi(r,\varphi)$项，式(9.1.20)简化为

$$B(r,\varphi)=常数$$

2. 粒子漂移壳的分裂

在 11.1 节中给出了用积分不变量 I=常数，B_m=常数，寻找漂移壳的方法。对于无外力的稳定场，I 和 B_m 完全描述了粒子的漂移壳，而且这个漂移壳与粒子的能量无关。我们将看到，初始在同一磁力线上有不同镜反射点的两个粒子在非轴对称磁场中不在同一漂移壳上漂移。假设一个粒子从某一经度中开始围绕一条给定的磁力线旋转，其镜反射点的磁场强度为 B_m。沿着磁力线可以计算出 I 值。作出 B_m=常数的面和 I=常数的面(即所有能够给出积分值为 I 的粒子镜点组成的面)。当粒子经过经度漂移以后，例如漂移了 180°，粒子所占据的磁力线必定通过 B、B_m=常数面和 I=常数面的交线，见图 9.1.5。

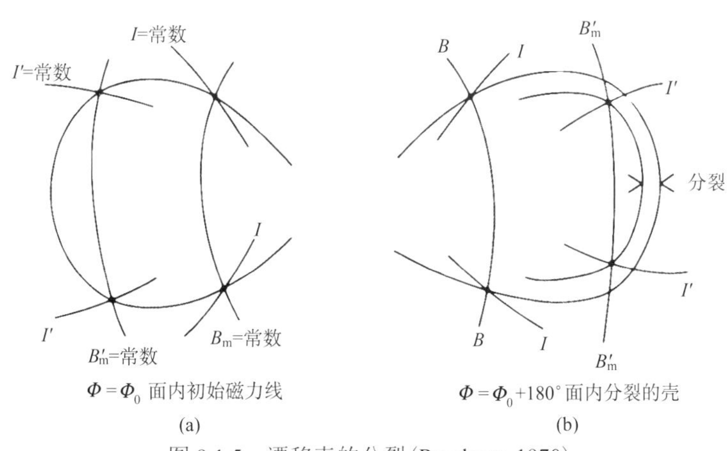

图 9.1.5　漂移壳的分裂(Roederer, 1970)

假定另一个粒子开始于同一初始磁力线，但是在较低的磁场强度值 B'_m($B'_m < B_m$)镜反射，积分值 I'也小一些($I' < I$)。经过 180°经度漂移后，第二个粒子将沿着与 I'=常数和 B'_m=常数面交线相交的磁力线行进。只有在完全轴对称的情况下(如纯偶极子场)，两个粒子所沿的磁力线是重合的，叫作漂移壳的简并。

在一般情况下，由同一条给定磁力线开始漂移的但具有不同赤道投掷角的粒子将沿着不同的壳漂移，这种效应叫作壳的分裂。图 9.1.6 给出了用平静时的 Mead-Williams 磁层磁场模式计算得到的漂移壳的分裂。粒子初始赤道投掷角的余弦值分别为 0.2，0.4，0.6，0.8，1.

由图 9.1.6(a)看到，若粒子由中午子午面的一共同磁力线开始漂移，当漂移到午夜子午面时，它们将在不同的磁力线上。图中的点表示这些粒子的镜点，曲线表示常赤道投掷角镜点的位置。显然，当一个粒子由中午漂移到午夜时投掷角减小了。这些粒子在

午夜将沿着不同的漂移壳漂移。随着初始粒子的投掷角的增加，相应午夜漂移壳的地心距离越小。图 9.1.6(b)给出了沿同一磁力线粒子由午夜开始向中午子午面的漂移，由午夜开始漂移的粒子在中午漂移壳分裂的方向是向外的。在两种情况下，磁镜点接近赤道的粒子的漂移壳分裂都最大。

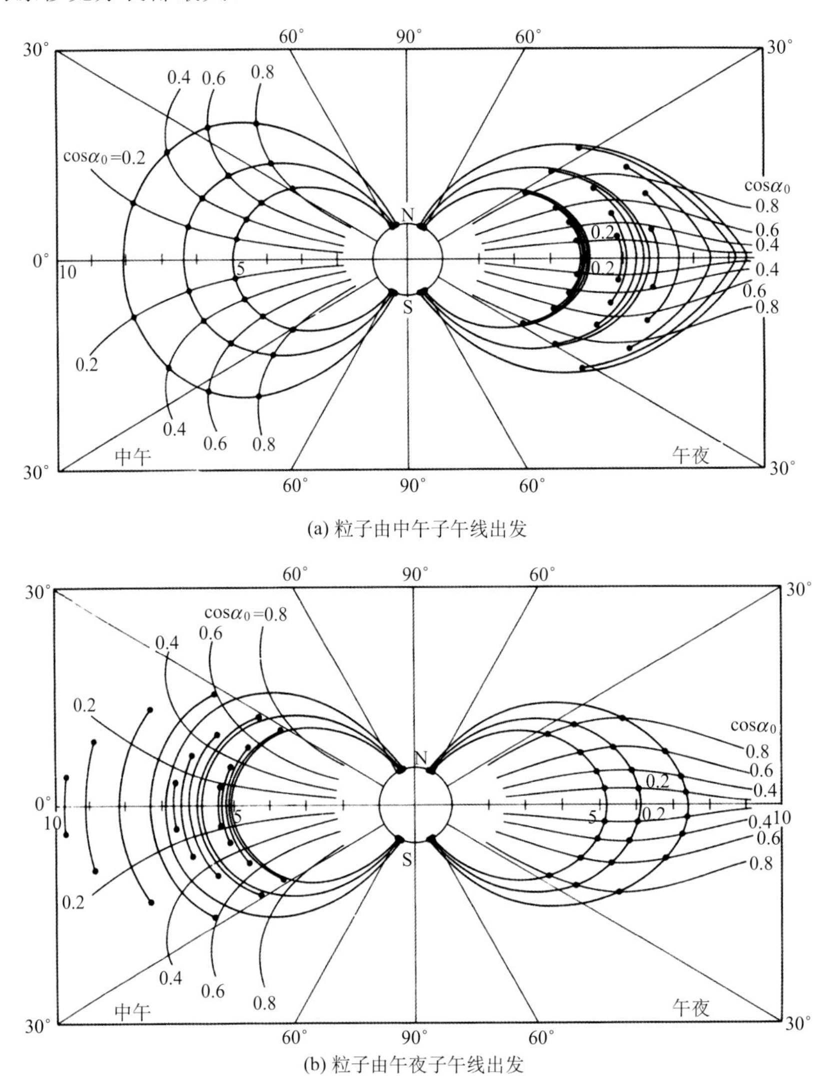

图 9.1.6　计算得到的由同一磁力线开始漂移的具有不同赤道投掷角的粒子的漂移壳的分裂(Roederer, 1970)

3. 带电粒子的准捕获和稳定捕获

如果粒子在磁层中形成一个闭合的漂移壳，就说这些粒子是稳定捕获的；如果磁层中的某些粒子不能在磁层中形成闭合的漂移壳，就是说在某些经度范围找不到南北两个 B_m=常数轨道之间的某个特定磁力线段使得相应的 I 值等于初始值，这些粒子就是准捕获的。准捕获粒子在漂移到这一经度范围之前就已经离开捕获区了。当一磁力线与赤道面的交点在 7～8R_E 以外时，沿着这根磁力线运动的一部分粒子就是准捕获粒子，它们不能围绕地球漂移一周。

特别是在午夜较低纬度(30°～40°以下)反射的粒子将通过向日面磁层顶逃逸掉，不能到达中午子午面；而在中午子午面内较高纬度上反射的粒子将漂移到磁尾中去，不可能漂移到午夜子午面。图 9.1.7 给出了计算得到的准捕获区和稳定捕获区的位置。在稳定捕获区粒子的漂移壳是闭合的，在准捕获区粒子的漂移壳是不闭合的。如果我们在准捕获区发现一个粒子，它必定是刚注入不久的(几分钟或几小时以前注入的)。在准捕获区高能粒子通量是较低的，而且是变化的；在稳定捕获区粒子通量较高，而且较为稳定。

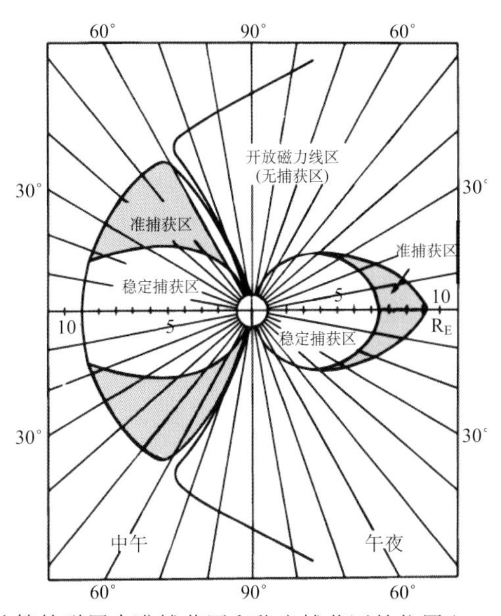

图 9.1.7　计算的磁层中准捕获区和稳定捕获区的位置(Roederer, 1967)

准捕获粒子在速度空间的“位置”由漂移损失锥来描述。漂移损失锥由所有的沿某一磁力线在准捕获区反射的粒子相应的磁赤道(沿着磁力线磁场最小值的地方)的投掷角组成，见图 9.1.8。在夜间漂移损失锥垂直磁力线，在中午它的方向沿着磁力线。漂移损失锥中的粒子在漂移过程中将逃逸出磁层。

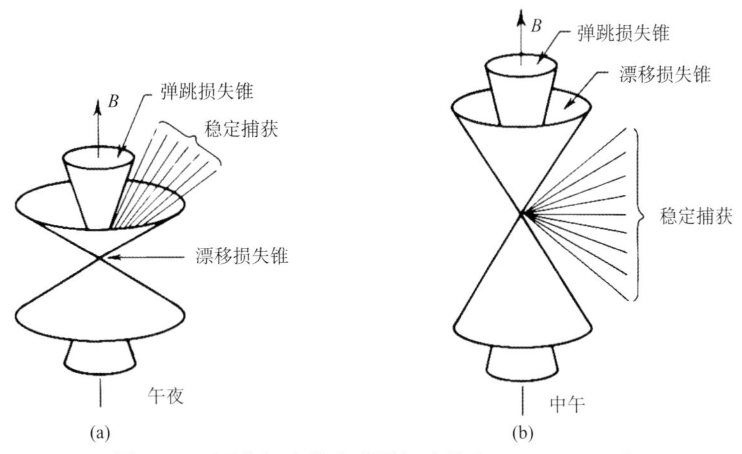

图 9.1.8　漂移损失锥和弹跳损失锥(Roederer, 1970)

9.2 磁层的不变量坐标和辐射带的描述

9.2.1 关于捕获粒子的刘维定理

上面已经讨论了单一带电粒子在地磁场中的运动图像，下面讨论如何描述辐射带带电粒子的分布。Roederer(1970)对于这一问题做了详细的讨论。假定在 t_0 时刻所有的被捕获的带电粒子都在同一位置，并且具有同样的速度，还假定磁场是不随时间变化的。由于这些粒子是被捕获的，粒子的引导中心将沿着一个封闭的磁壳漂移，见图 9.2.1。

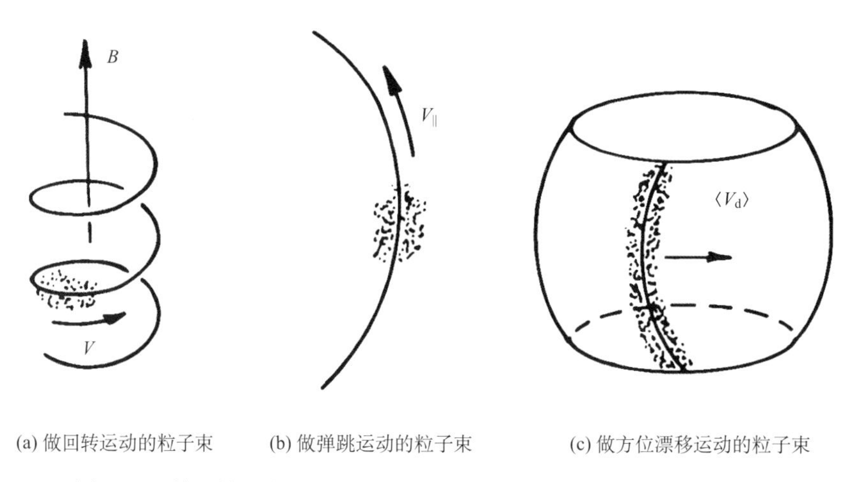

(a) 做回转运动的粒子束　(b) 做弹跳运动的粒子束　(c) 做方位漂移运动的粒子束

图 9.2.1 粒子的回旋运动、弹跳运动和方位漂移运动(Roederer, 1970)

单粒子轨道理论并不要求这些粒子开始在漂移壳上、在磁力线上和在回旋轨道上是均匀分布的。如果开始时它们是密集在一起的，在以后的时刻它们也将密集在一起。然而在实际条件下，上述情况很少发生。通常漂移壳上漂移的带电粒子的通量不随经度而变化。这是由于多数捕获粒子的寿命足够长，可以使得捕获粒子沿着漂移壳转许多次。即使这些粒子开始是密集在一起的，由于初始粒子之间运动特征参数的小的差异，并且由于磁场小的时间变化，在足够长的时间后，粒子沿着整个漂移壳的分布就被平滑成均匀的了。

在这种情况下，当描述稳态辐射带粒子时，不需要标定每个粒子在 6 维相空间的位置，而只需要确定它们所属的漂移壳(只需要确定 μ 和 J，或者 I 和 B_m)和粒子的通量。在理想情况下，如果已知单向探测器的位置和方向，并且有一个很好的磁场模式，就可以求出与探测到的粒子相应的 I 和 B_m。所求得的 I 和 B_m 描述了这一组有限投掷角和能量范围内粒子的漂移运动。下面我们将看到对于给定粒子，在漂移壳不同位置上的单向通量是相互关联的。

下面选用磁场方向做参考轴，见图 9.2.2。方位角 ξ 和投掷角 α 决定了入射粒子速度 v 的方向。假定引导磁力线管在 R 点有垂直截面积 δA_R，见图 9.2.3。粒子的投掷角在 α_R 和 $\alpha_R+\delta\alpha_R$ 之间。在时间间隔 δt 内引导中心穿过 δA_R 的粒子数为 δN。当粒子的回旋半径

比 δA_R 的限度小得多，并且在一个回旋半径的距离上粒子的分布空间变化很小时，δN 就是实际通过 δA_R 的粒子数，则

$$\delta N_R=2\pi j_R\delta A_R\cos\alpha_R\delta(\cos\alpha_R)\delta E_{KR}\delta t \tag{9.2.1}$$

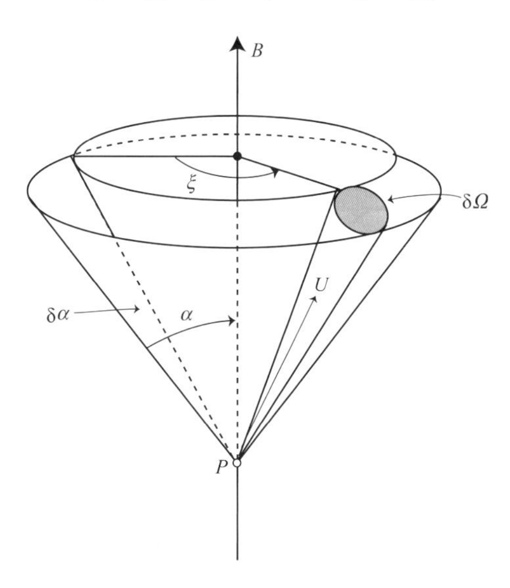

图 9.2.2　以磁场方向为参考轴的球坐标(Roederer, 1970)

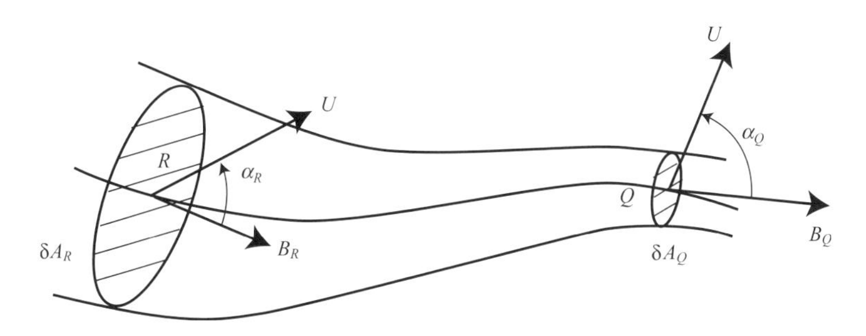

图 9.2.3　引导磁力线管(Roederer, 1970)

在无碰撞情况下，经过时间 δt 以后，这些粒子(实际是引导中心)在投掷角 $\alpha_Q\to\alpha_Q+\delta\alpha_Q$ 的范围，在 Q 点穿过 δA_Q，通过 δA_Q 的粒子数为

$$\delta N_Q=2\pi j_Q\delta A_Q\cos\alpha_Q\delta(\cos\alpha_Q)\delta E_{KQ}\delta t \tag{9.2.2}$$

式中，j_R，j_Q 为在 R 点和 Q 点的粒子微分单向(投掷角分别为 α_R 和 α_Q)强度；δE_K 为粒子的动能。由于 δA_R 和 δA_Q 是同一磁力线管的截面，由磁通量守恒，有

$$B_R\delta A_R=B_Q\delta A_Q \tag{9.2.3}$$

由能量方程，有

$$\delta E_{KR}=\delta E_{KQ} \tag{9.2.4}$$

由磁矩守恒，有

$$\frac{p_R^2 \sin^2 \alpha_R}{B_R} = \frac{p_Q^2 \sin^2 \alpha_Q}{B_Q} \tag{9.2.5}$$

式中，p_R 和 p_Q 为粒子在 R 点和 Q 点时的动量。将式(9.2.5)微分，得到

$$\frac{p_R^2 \cos\alpha_R \delta(\cos\alpha_R)}{B_R} = \frac{p_Q^2 \cos\alpha_Q \delta(\cos\alpha_Q)}{B_Q} \tag{9.2.6}$$

由式(9.2.1)～式(9.2.6)，得到

$$\frac{j_R(\cos\alpha_R)}{p_R^2} = \frac{j_Q(\cos\alpha_Q)}{p_Q^2} = 常数 \tag{9.2.7}$$

式(9.2.7)为捕获粒子的刘维定理，即沿着粒子的运动轨迹，相空间密度 $f(p_{\|}, p_{\perp}, r) = j/p^2 =$ 常数。对于非相对论粒子有

$$\frac{j_R(\cos\alpha_R)}{E_{K_R}} = \frac{j_Q(\cos\alpha_Q)}{E_{K_Q}} = 常数 \tag{9.2.8}$$

式中，E_{K_R} 和 E_{K_Q} 为粒子在 R 点和 Q 点的动能。如果 B 是常数，没有外力，根据粒子的能量方程

$$\frac{dE_K}{d} = \mu \frac{\partial B}{\partial t} + \boldsymbol{V} \cdot (q\boldsymbol{E} + \boldsymbol{F})$$

得到 E_K 也为常数，所以有

$$j_R(\cos\alpha_R) = j_Q(\cos\alpha_Q) = 常数 \tag{9.2.9}$$

可以证明，上述结论不仅对于一条磁力线，而且对于所讨论粒子漂移壳上任何一点都是适用的(Roederer, 1970)。

9.2.2 不变量坐标和捕获粒子的通量图

卫星探测器对辐射带的测量一般是在不同时间和不同位置进行的，在处理数据时必须区分开时间和空间效应，首先必须区分出哪些测量是等价的。由于粒子在漂移壳上是均匀分布的，如果用单向探测器在某个粒子漂移壳的不同点 P，Q，R，… 分别向该粒子局地投掷角 α_P，α_Q，α_R，… 进行探测，那么这样测量到的是同一群粒子，也就是说测量是等价的。根据式(9.2.7)，这些测量结果是可以互相换算的。

在无外力的情况下，在一给定地点 r 和一给定方向 n，就有一对 I 和 B_m 的数值与之对应，使得经过给定点 r 和以方向 n 运动的粒子决定的磁镜点的磁场为 B_m，第二积分不变量为 I。单向通量可以写为漂移壳的参数 I 和 B_m 的函数：

$$j = j(I, B_m, E_K, t) \tag{9.2.10}$$

下面讨论如何得到全向通量的数据。在赤道面内取一点 P，考虑投掷角分别为 α_P 和 α'_P 的两个粒子，见图 9.2.4(a)。

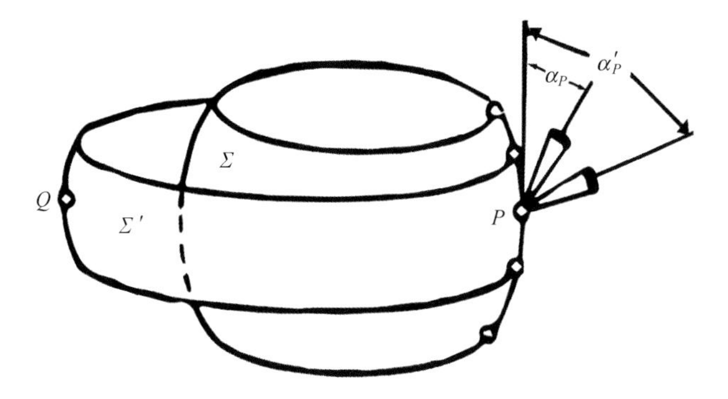

(a) 在非对称磁场中漂移壳的分裂

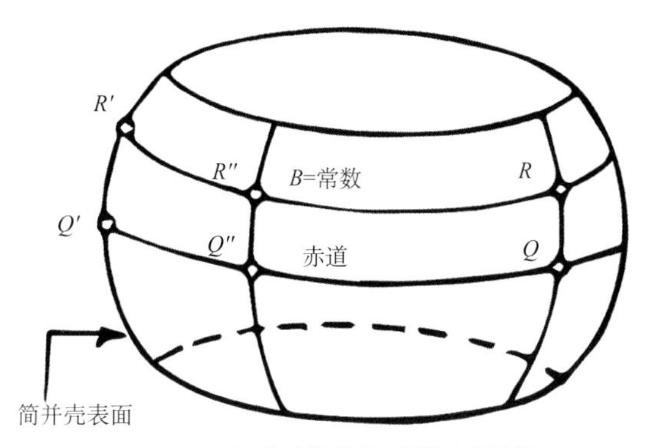

(b) 在对称磁场中漂移壳的简并

图 9.2.4　漂移壳的分裂与简并(Roederer, 1970)

在实际磁场中这两个粒子漂移运动产生的漂移壳是不同的(壳分裂)。两个粒子都对 P 点的全向通量有贡献，然而两个粒子中只有一个粒子对 Q 点的全向通量有贡献。显然在非轴对称的磁场中，全向通量没有明确的物理意义。对某一点全向通量有贡献的粒子在漂移过程中很快地分离了。在轴对称或者接近轴对称的磁场中(在 $5R_E$ 以内的磁层中)，将发生漂移壳的简并，就是所有通过 Q 点的粒子在其他的经度也将停留在共同的磁力线上[图 9.2.4(b)]，并且都将通过漂移壳与赤道面的其他的交点。

同样，所有对赤道面外 R 点的全向通量有贡献的粒子将通过壳上 B_R=常数环上的其他的点 R'、R''。这样在轴对称的磁场中，全向通量将是简并壳特性参数和局地磁场强度的函数。在偶极子磁场情况下，壳参数由赤道面地心距离 r_0，或者无量纲量 $L=r_0/R_E$ 给出。全向通量可以写为

$$j=j(L, B_m, E_K, t) \tag{9.2.11}$$

(L, B_m) 和 (I, B_m) 都是描述漂移壳的参量。下面求它们之间的关系。显然，L 是 I 和 B_m 的单值函数。方程 $L(I, B_m)$=常数决定了沿着一条偶极子磁力线(实际上沿着整个漂移壳) I 和 B_m 是如何变化的。假定在偶极子磁场磁力线 L 上的一个粒子在磁场强度为 B_m 处反射，与该粒子的漂移相应的积分不变量 I 可写为如下积分形式：

$$I = LR_{\mathrm{E}} \int_{-\arccos\left(1-\frac{M}{B_{\mathrm{m}}L^3R_{\mathrm{E}}^3}\right)^{\frac{1}{2}}}^{\arccos\left(1-\frac{M}{B_{\mathrm{m}}L^3R_{\mathrm{E}}^3}\right)^{\frac{1}{2}}} \left[1-\frac{M\left(4-3\cos^2\lambda\right)}{B_m L^3 R_{\mathrm{E}}^3 \cos^6\lambda}\right]^{\frac{1}{2}} \times \left(4-3\cos^2\lambda\right)^{\frac{1}{2}} \cos\lambda \mathrm{d}\lambda \quad (9.2.12)$$

推导中应用了式 (8.1.15)、式(8.1.17)和式(13.1.45)，上式可以写为

$$F\left(\frac{I^3 B_{\mathrm{m}}}{M}\right) = \frac{L^3 R_{\mathrm{E}}^3 B_{\mathrm{m}}}{M} \quad (9.2.13)$$

式(9.2.13)给出了 L 作为 I 和 B_{m} 的函数的公式。对于函数 F 已经给出了详细的数值表和级数展开式的形式(Roederer, 1970)。

在中心偶极子磁场中，粒子引导中心所沿的磁力线参数 L 和反射点磁场强度 B_{m} 决定了粒子在该磁场中的漂移壳。空间中每一点都对应于一对 L，B 值，L 为通过该点的磁力线参数，而 B 为该点的磁场强度。若捕获粒子在漂移壳上是均匀分布的，在定常没有外力的情况下，在 L，B 值相同的那些点上观测到的全向通量应该是相同的。

图 9.2.5 示出了在 B-L 坐标中表示的磁赤道面、地表面和漂移壳的曲线。在 B-L 坐标系中，地心距离为常数的地表面方程为

$$B_{\mathrm{E}}(L) = 0.311(4-3/L)^{1/2} \quad (\mathrm{Gs}) \quad (9.2.14)$$

赤道面为

$$B_0(L) = 0.311/L^3 (\mathrm{Gs}) \quad (9.2.15)$$

在磁赤道面和地表面之间的区域才是有物理意义的。偶极子场中的一个漂移壳在 B-L 坐标系中是一条垂线，而 B_{m}=常数的圆形轨道在 B-L 坐标中成为一点。

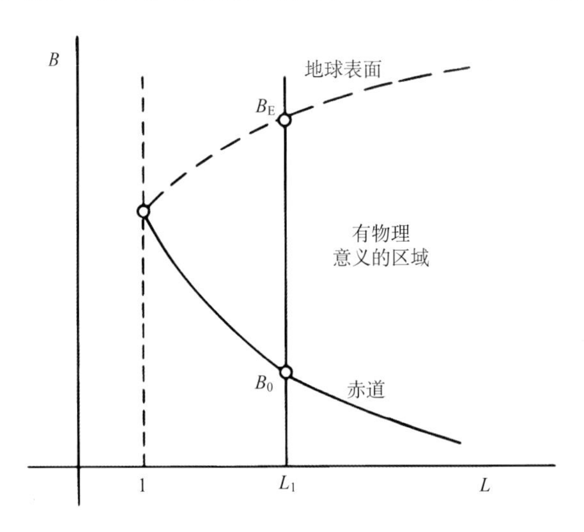

图 9.2.5　在 B-L 坐标中的磁赤道面、地表面和漂移壳(Roederer, 1970)

由于实际地磁场不是轴对称的，沿着同一磁力线运动的具有不同反射点的粒子有不同的漂移壳，因而不能应用全向通量的概念。但是在 $r \leqslant 4R_{\mathrm{E}}$ 时，沿着同一磁力线运动有不同反射点的粒子产生的漂移壳分裂很小，其径向分量约为积分不变量壳层与赤道面交

点的地心距离的 1%。

在近似的描述中可以不考虑这个小的径向分离,认为通过空间每一点有一个漂移壳,就是说对空间每一点有一个漂移壳参数 L 与之对应。当磁场趋于偶极子场时，L 趋于由偶极子中心到经过该点的磁力线与赤道面交点的地心距离。这样仍然可以用 B-L 坐标系描述辐射带粒子。下面较详细地讨论这个问题。

在 $r\leqslant 4R_E$ 以内，外部电流源对磁场的贡献可以略去，地球内部高阶多极子对场的畸变起着明显的作用，离地表面越近，地磁场的畸变越大。在下面的讨论中，假定可以随意地把这些多极子项加上或者去掉。

首先考虑一个纯偶极子场，令通过赤道点 O 的磁力线为 l(图 9.2.6)。当加上所有的高阶多极子项后，通过同一点 O 的磁力线为 l'(图中虚线)。在 l'上，O 点将不再是磁场强度最小的点。在 O 点场强可能已经变了，但只变化了一个很小的量。在接近赤道的空间，l 与 l'只有很小的区别，但是在接近地球表面的空间，它们之间就有明显的区别了。在纯偶极子场的情况下，在 O 点，以给定投掷角注入的粒子将沿着偶极子磁力线 l 在 P 和 P'点反射。反射点的磁场强度 $B_m=B_0/\sin^2\alpha$，I 值由式(9.2.12)给出。加上多极子项以后，同样的粒子将沿着 l'运动,在 Q 和 Q'点反射。Q 和 Q'点的空间位置与 P 和 P'点明显不同，但磁场强度是相同的，因为

$$B_Q=B_P=B_m=B_0/\sin^2\alpha \tag{9.2.16}$$

数值计算结果说明 I 值没有明显变化，即

$$\int_Q^{Q'}\left[1-\frac{B(s)}{B_m}\right]^{1/2}\mathrm{d}s\simeq\int_P^{P'}\left[1-\frac{B(s)}{B_m}\right]^{1/2}\mathrm{d}s \tag{9.2.17}$$

这是因为被积函数贡献最大的区域在赤道，而在那里多极子的影响却很小；磁场畸变在镜点附近最大，但是被积函数却很小。由式(9.2.16)和式(9.2.17)得到如下的结论：对于在 O 点以给定投掷角注入的粒子来说，用实际地磁场的数值计算得到的 I 和 B_m 值与用

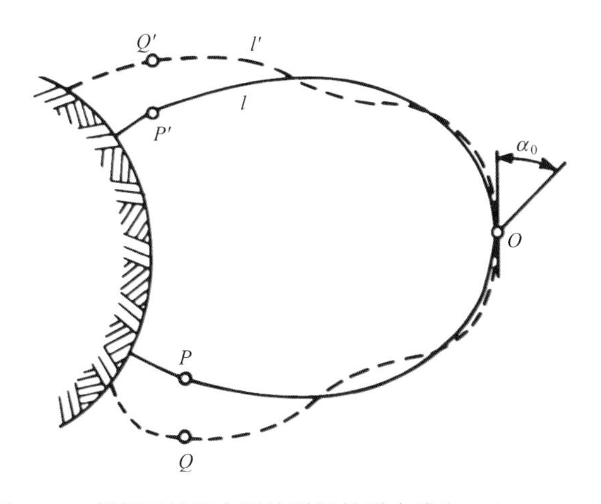

图 9.2.6　偶极子场和实际地磁场的磁力线(Roederer, 1970)

相应偶极子场的数值计算得到的结果近似相同。在实际地磁场情况下，可将由实际磁场测量值计算得到的 I 和 B_m 代入式(9.2.13)中求相应的 L 值。这样求得的 L 值沿着整个漂移壳都是近似相同的，叫作“McIlwain L 值”。

上述讨论说明，在 $4R_E$ 以内可以略去壳的分裂，全向通量是描述粒子分布的具有明确物理意义的量。B-L 坐标是适合绘制粒子全向通量的坐标。在 B-L 坐标中绘制内磁层全向通量的步骤可分为：

(1) 在给定位置 r_P 放置全向探测器测量全向通量 J_P；

(2) 决定在 r_P 点反射的粒子的 I 和 B_m 值；

(3) 由式(9.2.13)计算 L 值，把测量的全向通量标在 B-L 坐标中；

(4) 对其他的 r 点(如沿着卫星轨道)重复同样的步骤；

(5) 在 B-L 坐标中连接等全向通量线(J=常数)。

这样就在二维的 B-L 坐标系中描述了在实际三维空间的辐射带粒子的分布。为了使上述步骤有明确的意义，必须假设所有的测量都是在一个不太长的时间间隔内进行的，在这段时间内，辐射带没有明显的变化。

通过一个简单的变换可以把 B-L 坐标变成我们比较熟悉的形式。在偶极子场中磁力线方程为

$$R=L\cos^2\lambda \tag{9.2.18}$$

其中，λ 为磁力线上某点 P 的磁纬度；R 为 P 点在偶极坐标系内的中心距离(以 R_E 为单位)；L 为无量纲磁力线参数($L=r_0/R_E$)。利用式(8.1.17)，P 点的磁场强度可表示为

$$B(\lambda)=\frac{B_0}{R^3}\left(4-\frac{3R}{L}\right)^{1/2} \tag{9.2.19}$$

其中，B_0 为偶极赤道处磁场值，如果已知 B，L，通过式(9.2.18)和式(9.2.19)可以解出 R、λ。由于实际地磁场是偏离偶极子磁场的，方程(9.2.18)和(9.2.19)不再适用，但是可以引用式(9.2.18)和式(9.2.19)的形式定义一组新的变量 R，Λ。由已知某点的坐标 B 和 L，可以计算出 R，Λ。R，Λ 坐标系给出了类似偶极子场的描述。Λ 叫作不变量纬度，对于 $R=1$，有

$$\cos^2\Lambda=\frac{1}{L} \tag{9.2.20}$$

实际上，由于多极子的作用，$R=1$ 并不精确地相应于地表面。

图 9.2.7 示出了一个捕获电子的通量分布，在 $L=1.4$ 左右的峰值是 1962 年 7 月 9 日美国高空核爆炸注入的，在 $L=1.75$～2.0 的峰值是 1962 年 10 月至 11 月间苏联高空核爆炸注入的(McIlwain，1963)。图中给出了能量大于 5 MeV 的电子的全向通量等值线。(a)用 B-L 坐标，(b)用 R-λ 坐标。由图看到，在 $L=1.4$ 和 1.8 分别有通量的峰值。

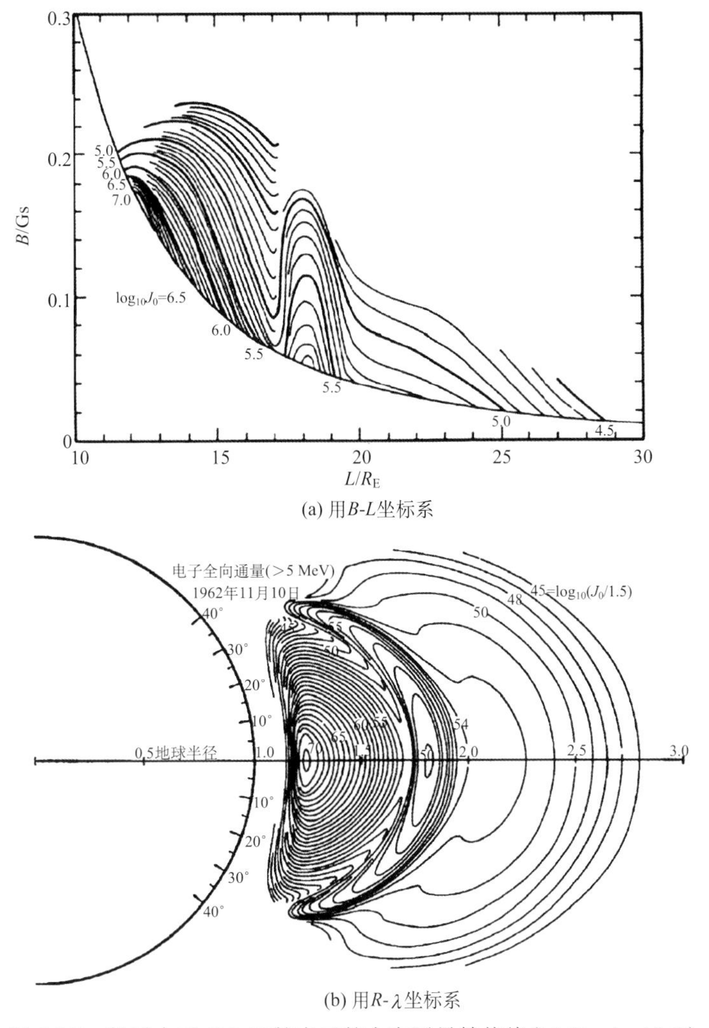

(a) 用 B-L 坐标系

(b) 用 R-λ 坐标系

图 9.2.7　能量大于 5MeV 的电子的全向通量等值线(McIlwain, 1963)

由于地磁场不是完全轴对称的，所以捕获粒子沿漂移壳漂移时，其镜点高度是随经度而变化的。图 9.2.8 示出了与不同的 B-L 值(L=1.20)对应的漂移壳的镜点高度随经度的变化。在南大西洋镜点高度最小，这叫作南大西洋异常。这里辐射带粒子与地球大气相互作用的可能性最大。

在 3～6R_E，由于磁场很接近偶极子场，可以用 R-λ 坐标系，R 是地球中心到测量点的距离，λ 是地磁纬度。还可以用 R_0-λ 坐标系，R_0 是通过观测点的磁力线与赤道面交点的地心距离。这种坐标系对辐射带的描述是以中心偶极子场为基础的，在地心距离 3～6R_E 之间精度约为 1%。在小于 3R_E 的地心距离上，地磁场偏离偶极子场，在这里 R-λ 坐标(或者 R_0-λ 坐标)误差达到 10%。

由于 B-L 坐标和 R-Λ 坐标是依赖于实际地磁场模式计算的，在 1～6R_E 误差仅为 1%左右。B-L 坐标系在处理辐射带数据时是非常有用的，特别是处理 1～3R_E 的辐射带数据。在 6R_E 以外及磁纬 70°以上，由于磁场受到外源的影响，有很大的畸变，上述坐标系都不适用(Johnsen, 1965)。

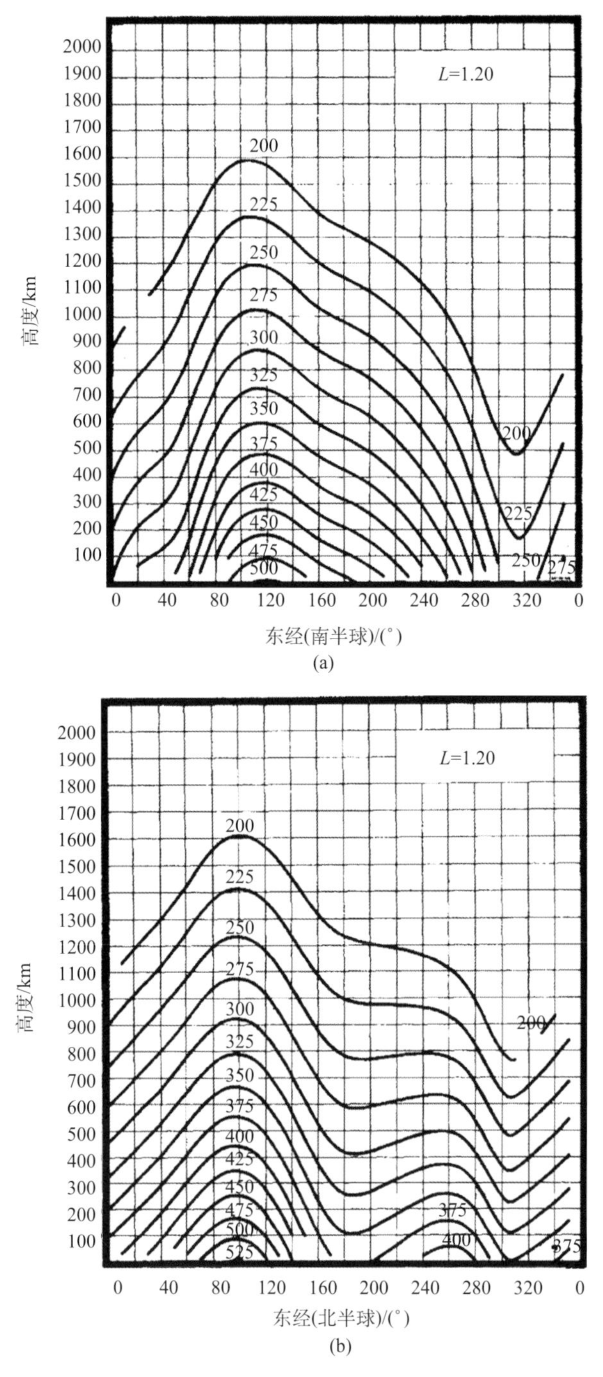

图 9.2.8　在 L=1.2 的壳上，对应于不同的镜点磁场数值 B_m(示于图中每条曲线上方，数字为小数点后有效数字，单位为高斯)，镜点高度随经度的变化(Roederer, 1970)

9.2.3　辐射带质子

1. 内辐射带质子

较高能量(E>300 MeV)的质子主要集中在 L=2 以内的空间。图 9.2.9 示出了高能质子在 R-Λ 坐标中的通量等值线。最外边的等值线所包围部分通常称为内辐射带，其余部分称为外辐射带。由图看到，在 L～1.5 的地方通量值最大，约为 3×10^4 个/($cm^2\cdot s$)。

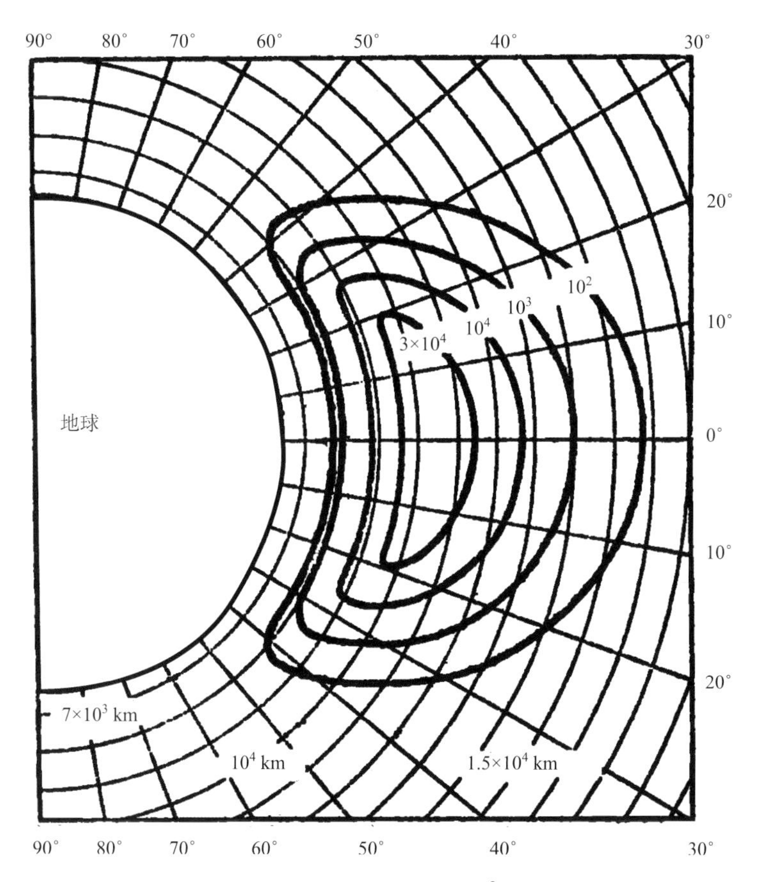

图 9.2.9　在 R-Λ 坐标中能量 $E\geqslant35$ MeV 的质子通量[个/($cm^2\cdot s$)]等值线(Dessler and O’Brien, 1965)

图 9.2.10 示出了漂移壳赤道相对地理坐标的位置及高度的变化，图中数字是以 km 为单位的高度值，误差为±25 km(Dessler and O’Brien, 1965)。漂移壳赤道也叫积分不变量赤道，即南北两镜点合为一点的轨迹，或者投掷角为 90°的漂移粒子的路径。在图中标明的千米数表示赤道附近的辐射带底部的高度。(b)给出了能量大于 40 MeV 的质子通量为 10^2 个/($cm^2\cdot s$)的高度，在该高度上磁场强度值为 B=2×10^5 nT。

图 9.2.11 示出了在漂移壳赤道辐射带底部之上不同高度处的能量大于 35 MeV 的质子通量，通量值在因数 2 以内是正确的(Dessler and O’Brien, 1965)。由图 9.2.10 可以定出辐射带底部的高度。由这两个图可以求出沿着飘移壳赤道的某一高度和某一经度的质子通量。

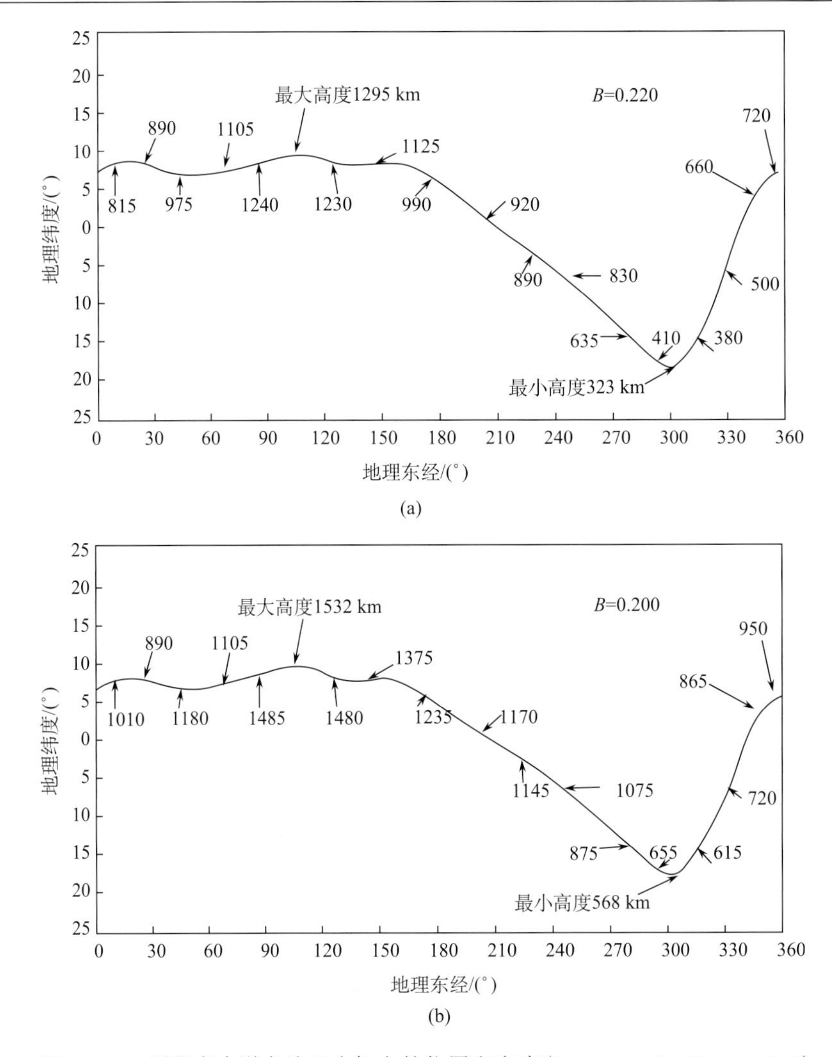

图 9.2.10　漂移壳赤道在地理坐标上的位置和高度(Dessler and O'Brien, 1965)

例如，我们求东经 45°，1500 km 高度的质子通量，由图 9.2.10 得到东经 45°的辐射带底部高度在地球表面以上 975 km，于是从图 9.2.11 查到在辐射带底部以上 525 km (1500～975 km)质子通量为 1.0×10^3 个/(cm^2·s)。

高能质子集中在接近地球的内辐射带，而低能(100 keV 至 4 MeV)捕获质子在赤道面内一直伸展到地球磁层边界。显然，随着 L 值增大，质子谱逐渐变软。图 9.2.12 示出了在赤道处对应不同 L 值观测到的捕获质子的能谱。

内辐射带能谱、通量和空间分布可以近似看成是不变的，它们只有很缓慢的长时间变化。若超过 L=2.1，高能质子通量由于受磁暴的影响而有突然的时间变化。

通常认为，至少有一部分内辐射带的高能粒子是由高能宇宙线作用产生的。高能宇宙线质子与大气的原子相碰撞，产生了向周围运动的中子，其中一些中子到达磁层，在那里衰减变成质子，并被地磁场捕获。这一内辐射带的质子源叫作“宇宙线反照中子衰变源”(CRAND)。辐射带的高能质子由于不断与大气中的原子非弹性碰撞而逐渐损失能量，最后损失在大气层中。辐射带的高能质子处于不断地产生又不断地损失的平衡状态(Hess, 1972)。

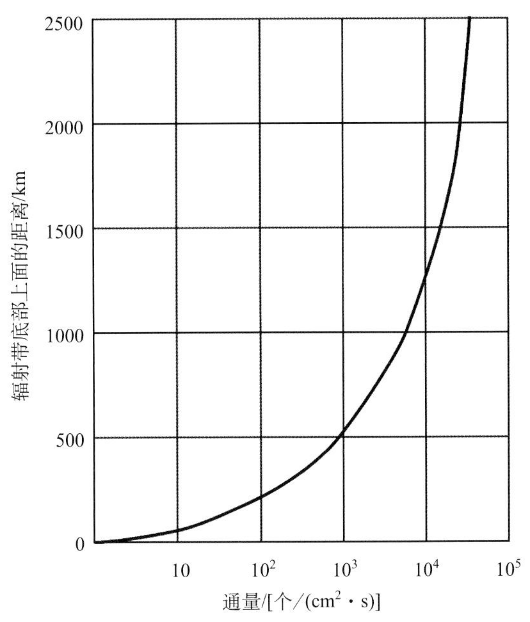

图 9.2.11　在漂移壳赤道附近的辐射带底部之上不同高度处能量大于 35 MeV 的质子通量(Dessler and O'Brien, 1965)

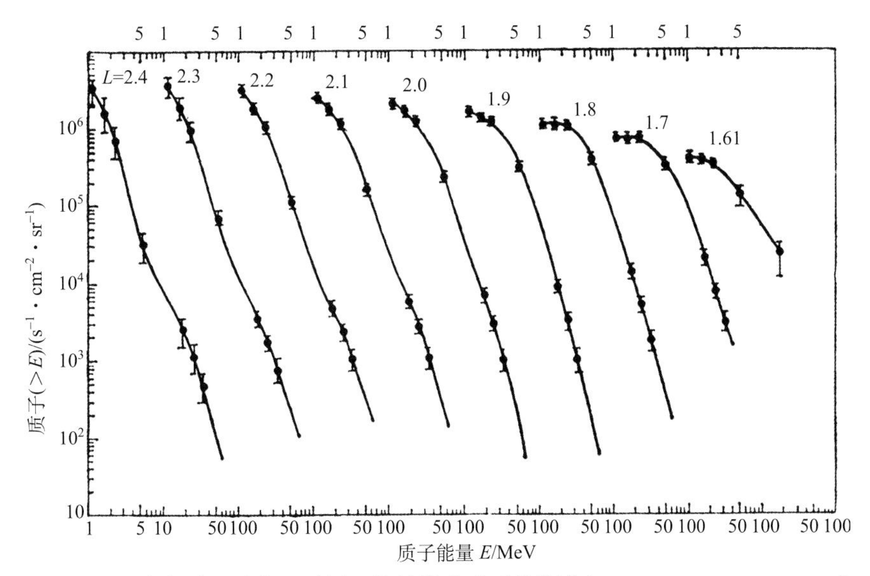

图 9.2.12　在赤道处对应于不同 L 值的捕获质子的能谱(Dessler and O'Brien, 1965)

2. 外辐射带质子

图 9.2.13 示出了能量在 40～110 MeV 质子全向通量的分布，曲线上的参数为 lg(1.4J_0)(McIlwain, 1961)。从图中看到，除了在 L=1.5 质子通量有一个峰值外，在 L～2.5 还有

一个峰值，引起第二个峰值的质子称电兆辐射带质子。图 9.2.14 给出了在接近赤道测量的阈值能量由几十千电子伏至几兆电子伏质子全向积分通量径向分布，图中 E_p 为质子能量，单位为 MeV(Søraas, 1973)。由图看到，随着能量减少，极大值的位置移向较大的 L 值，使得能谱随着 L 增大逐渐变软，能量越低，强度随 L 的变化越小。较低能量的质子伸展到更大的空间范围，对于这些低能质子，曲线只显示一个单独的极大值。实际上整个磁层充满了几十 keV 的质子。

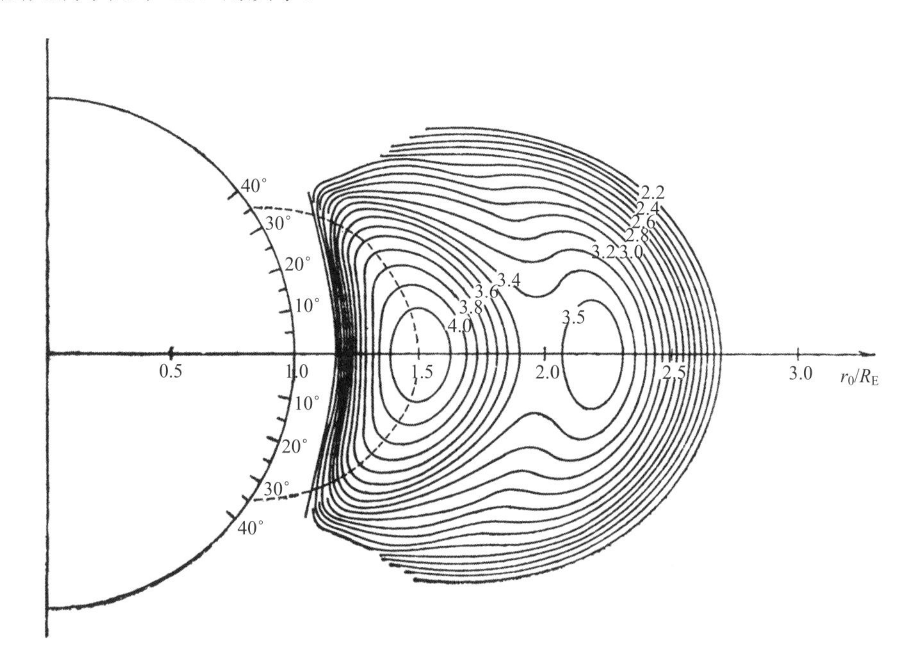

图 9.2.13 在 R-λ 坐标中能量在 40～110 MeV 的质子全向通量 J_0 的分布(McIlwain, 1961)

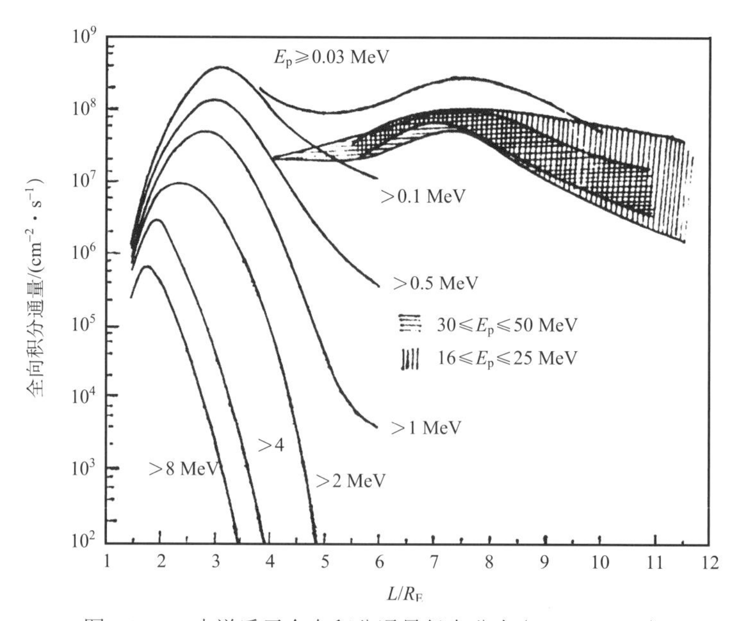

图 9.2.14 赤道质子全向积分通量径向分布(Søraas, 1973)

图 9.2.15 示出了在三个不同径向距离（R_0/R_E=2.8, 5.0, 6.1）测量到的质子微分通量能谱。这些能谱可以表示为指数的形式：

$$J(>E)=C\exp(-E/E_0) \tag{9.2.21}$$

式中，C、E_0 为常数；E_0 为特征能量，由实测确定的 E_0 值标在图上。随着 R_0 减小，E_0 增大，E_0 的径向变化正比于 L^{-3}。

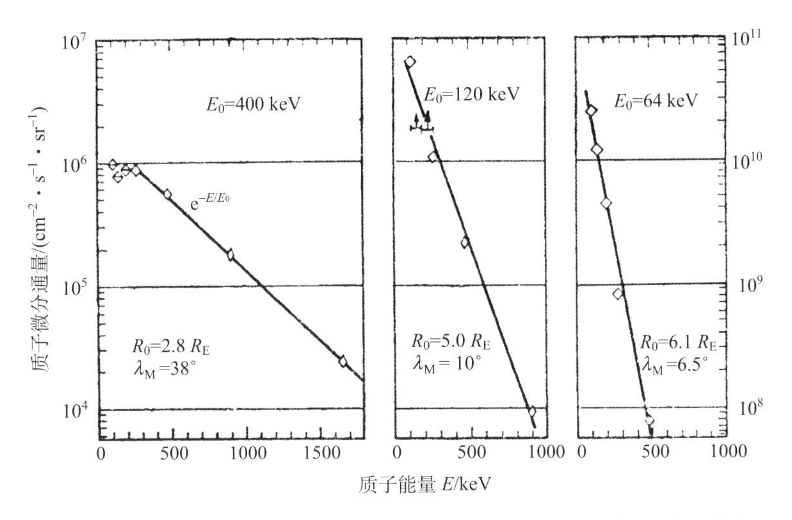

图 9.2.15　1968 年 8 月 8 日由 Explorer-12 测量到的外辐射带质子微分通量能谱(Davis and Williamson, 1963)

质子通量的空间分布比较稳定。图 9.2.16 显示了 1963 年 1 月和 1965 年 1 月测量到的质子通量变化。由图看到，在两年的时间中质子通量变化很小。质子分布随时间的变化可以分为寝渐变化和非寝渐变化。

外辐射带粒子被认为是由外磁层径向扩散进来的。9.4 节中还将进一步讨论这一问题。

3. 外辐射带电子

在地磁平静时期辐射带电子也分为两个分开的区域。图 9.2.17 示出了能量大于 0.5 MeV 电子全向积分通量的等值线分布，图中标的数值为 $\log_{10}J$(J 的单位为 $cm^{-2}\cdot s^{-1}$)(Vette et al., 1966)。由图看到，电子全向积分通量有两个峰值，一个在 1.5R_E 左右，另一个在 5R_E 左右，分别相应于内辐射带和外辐射带区域。在两个峰值之间有一个槽，在这里全向积分通量达到最小值，比峰值小一个量级以上。能量更低一些的电子也有类似的情况。

图 9.2.18 给出了 1971 年近地磁赤道附近测量到的 90°投掷角电子单向通量的径向变化，实线为 1971 年 12 月 9 日的测量结果，虚线为 12 月 15 日测量结果。图中 4 组曲线分别示出了 4 个能挡得到的结果,但其通量数值由上至下分别乘了 10^3、10^2、10 和 1(Lyons and Williams, 1975)。四条变化曲线分别相应于如下的能量范围：35～70 keV，75～125 keV，120～240 keV 和 240～560 keV。

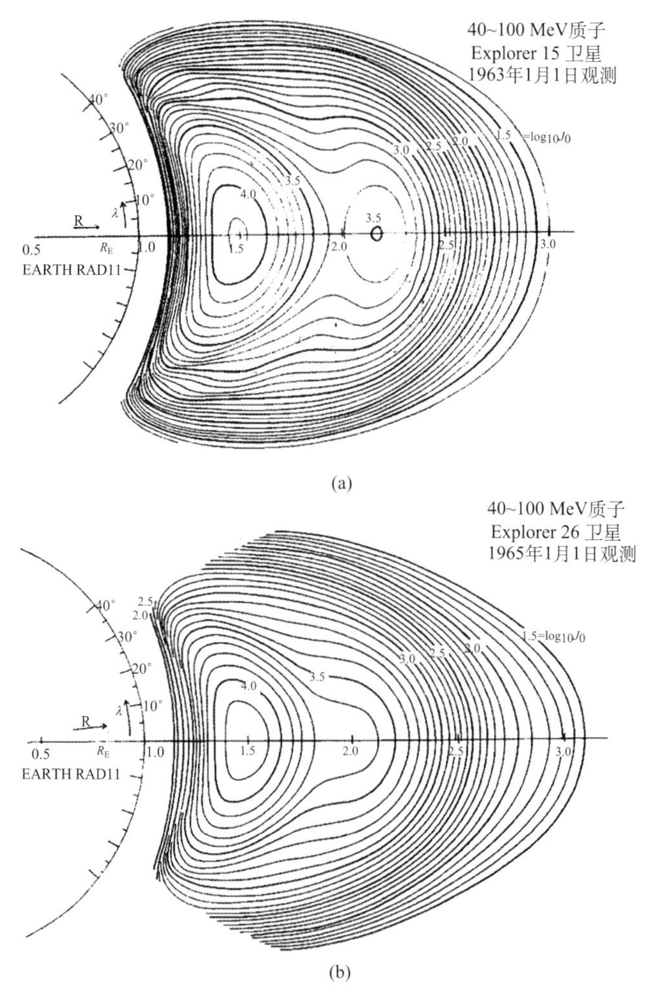

图 9.2.16　不同时间测量到的 40～110 MeV 质子通量分布的比较(Lavine and Vette, 1970)

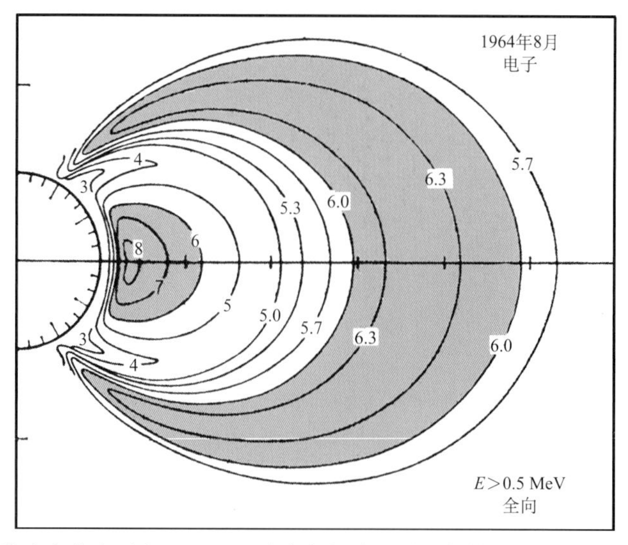

图 9.2.17　辐射带中高能电子(E>0.5 MeV)全向积分通量 J 的等值线的分布(Vette et al., 1966)

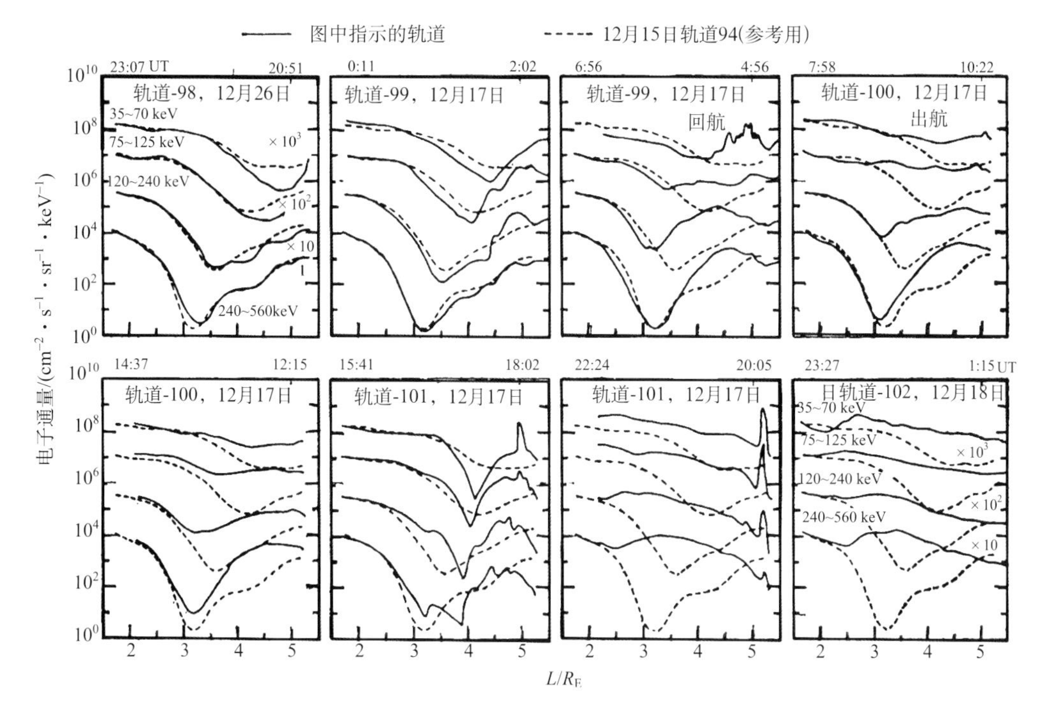

图 9.2.18　近地磁赤道附近 90°投掷角电子单向通量的径向变化(Lyons and Williams, 1975)

由图看到，在平静日所有四个剖面都显示了槽的结构，电子能量越高，电子通量在槽区域减少越明显；内带($L\leqslant2.0$)电子通量十分稳定，而外带($L\geqslant4$)电子通量对亚暴活动有明显的响应；实线和虚线分别表示在两种不同地磁活动条件下测量到的通量的分布。我们看到在内带，通量值没有明显变化，而在外带通量值有明显变化。

Frank 等(1964)研究了外辐射带电子，发现在外辐射带的中心(L=4.0)电子的典型强度为

$$J(E>40\ \text{keV})\sim3\times10^{7}\ \text{cm}^{-2}\cdot\text{s}^{-1}$$

$$J\ (E>230\ \text{keV})\sim3\times10^{6}\ \text{cm}^{-2}\cdot\text{s}^{-1}$$

$$J(E>1.6\ \text{MeV})\sim3\times10^{5}\ \text{cm}^{-2}\cdot\text{s}^{-1}$$

在 5 个月时间内强度变化为 10～100 倍。随着 L 值由 2.8 增加到 4.8，电子通量的时间变化幅度明显增加。Pizzella 等(1966)用装在 Explorer-14 上的闪烁器测量到在 L=2～10 空间范围低能电子通量。在两周时间内，观测到的电子通量的最大值见表 9.2.1，这些通量在两周内约变化 1 个量级。

表 9.2.1　电子峰值通量及其位置

E/keV	峰值通量 J/($\text{cm}^{-2}\cdot\text{s}^{-1}$)	峰值通量位置
50	8×10^{8}	$L\sim5$
10	1.6×10^{9}	$L\geqslant8$

在 $L>5$ 的空间，电子通量有很大的日变化，同质子一样，对于缓慢变化的磁场，电子分布也随着寝渐地变化。

Mihalov 和 White (1966)测量了捕获电子的微分能谱。图 9.2.19 示出了在平静时期的典型微分电子能谱，观测时间为 1964 年 8 月 15 日，(a)中 α 表示 E 的指数(Mihalov and White, 1966)。在内辐射带($L<1.7$)测量到的谱是由星鱼(Starfish)高空核爆炸产生的。在外辐射带电子微分能谱可以写成式(9.2.19)给出的指数分布形式。对能量 $E>0.5$ MeV，实测能谱的特征能量范围为 0.2 MeV<E_0<0.6 MeV。当 L 增加时，能谱一般变软。

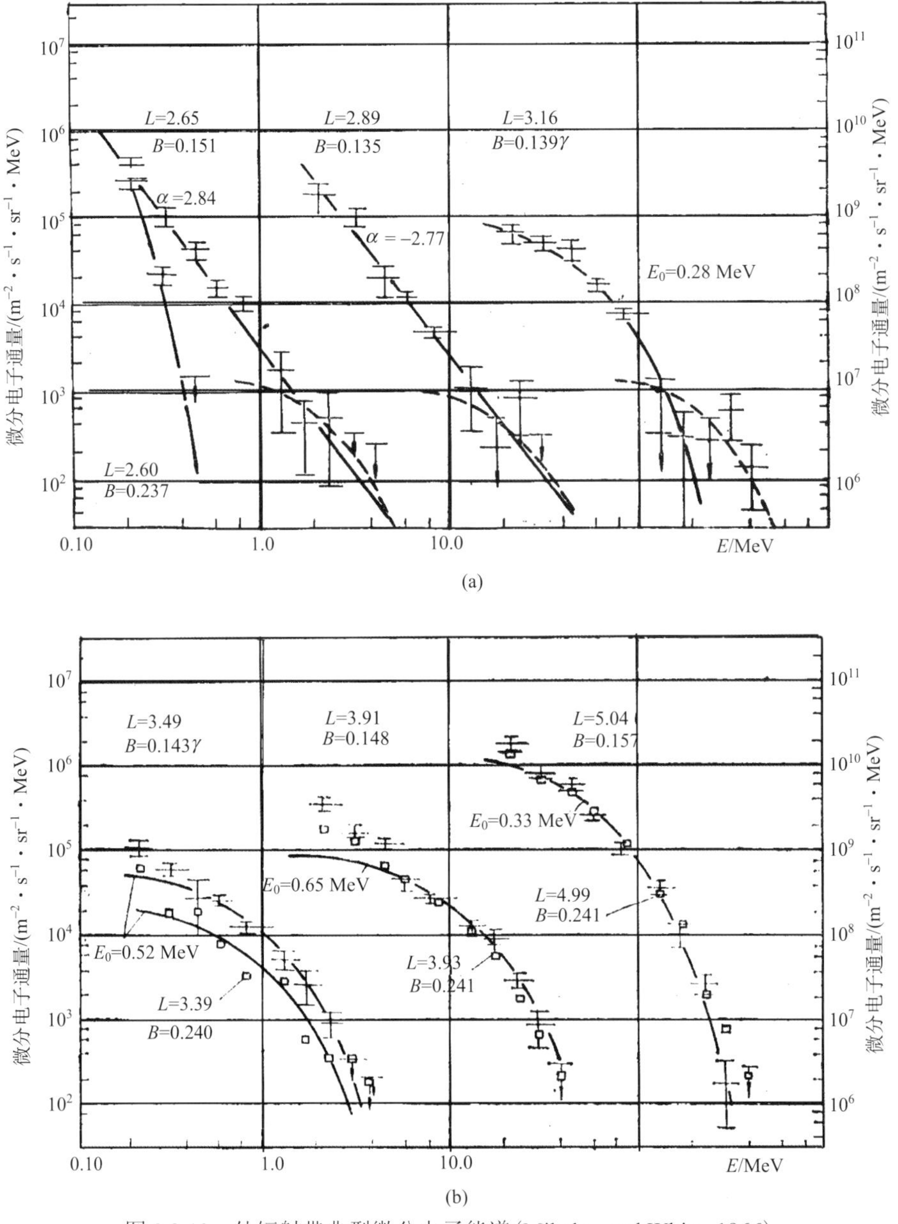

图 9.2.19 外辐射带典型微分电子能谱(Mihalov and White, 1966)

外辐射带电子能谱随 L 的变化事实表明外辐射带可能是由电子向内扩散形成的。在磁层亚暴过程中，等离子体片中的电子受到加速注入辐射带的外边界。这些电子通过扩散向内磁层输运。随着磁场强度增加(μ 守恒)，电子能量增大；另外，投掷角扩散使电子进入损失锥而损失在地球大气中，在平衡时就形成了平静期间观测到的外辐射带。

内辐射带中的一部分电子可能是由于宇宙线反照中子衰变产生的。但是，中子衰变源不能解释在内辐射带存在的大量较低能量(小于 200 keV)的电子。Lyons 和 Thorne (1973)认为电子由外磁层向内的扩散过程可以统一地解释由 200～2000 keV 的电子通量在内外辐射带形成的两个峰值。本章 9.4 节将介绍他们的理论。

9.3　捕获粒子的扩散

9.3.1　寝渐不变量的破坏，粒子的扩散和沉降

根据寝渐不变量理论(见 13.2 节)，只要粒子的所有寝渐不变量(磁矩 μ，积分不变量 I 和磁通不变量 Φ)都守恒，捕获粒子就永远沿着磁层内的一个漂移壳(由 μ，I，Φ 等于常数确定的漂移壳)漂移。当磁场缓慢变化时，漂移壳虽然也缓慢地移动，但是，这样的运动是可逆的。当磁场或者电场变化的特征时间很小，一个或一个以上的不变量的守恒关系受到破坏时，粒子将在不同的漂移壳之间移动，这就是粒子的扩散。如果扰动的时间尺度 Δt 是数分钟的量级，对于典型辐射带粒子通常有

$$T_{\mathrm{d}} \geqslant \Delta t \gg T_{\mathrm{b}} \gg T_{\mathrm{o}}$$

其中，T_{d} 是粒子漂移运动的周期；T_{b} 是粒子弹跳周期；T_{o} 是粒子回旋运动的周期。在这种情况下，只有第三寝渐不变量守恒关系破坏了，它相应于磁层突然受到压缩，或者磁层亚暴磁层磁场突然增强的情况。

如果 Δt 是秒的量级，并满足 $T_{\mathrm{b}} \geqslant \Delta t \gg T_{\mathrm{o}}$，这时，$J$ 和 Φ 都不守恒。这相当于磁层粒子与地磁微脉动相互作用的情况。

如果 $\Delta t \leqslant T_{\mathrm{o}}$(ms)，三个不变量都不守恒。这相当于辐射带粒子与磁层甚低频波和极低频波相互作用，以及辐射带粒子与地球大气分子库仑碰撞的情况。引起扩散的扰动可以是周期的或者是准周期的，如甚低频和极低频波动，以及地磁场微脉动等；这些扰动也可以是随机的。

扩散过程可以分为径向扩散和投掷角扩散两类。径向扩散使得粒子横越漂移壳运动，投掷角扩散使得粒子的镜点沿着磁力线变化，见图 9.3.1。通过径向扩散，粒子由稳定捕获区的边界向内输运。

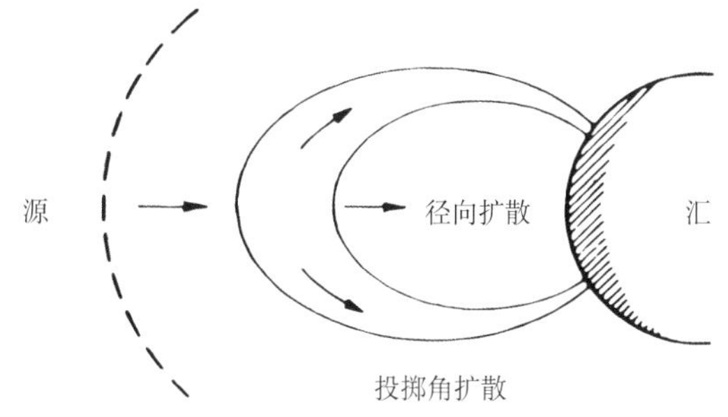

图 9.3.1　辐射带粒子的扩散(Roederer, 1970)

如果在这种过程中第一和第二寝渐不变量保持守恒，那么，粒子扩散伴随着粒子的加速。当粒子径向向内移动时，粒子镜点的磁场值不断增加(图 9.3.1)。由于磁

矩守恒，因而垂直磁场方向的动能也将增加。

又由于粒子弹跳运动的距离逐渐减小，粒子平行磁场方向的动能也增加了。实际测量结果表明，当 L 逐渐减小时，捕获质子能谱确实逐渐变硬，大致与 μ，J 守恒预计的结果一致。对于电子，当 L 减小时能谱也是逐渐变硬的。

投掷角扩散使粒子的镜点沿着磁力线向低高度扩散，这是使捕获粒子沉降到稠密大气层的主要机制，也就是说这个机制控制了捕获粒子的寿命。在磁层扰动期间，投掷角扩散率大大增加，从而使沉降粒子大大增加。

在辐射带粒子与大气分子和原子碰撞的过程中，μ，J 都不守恒，因而碰撞使镜点位置变化，但是引导磁力线仍然是同一根，称为磁力线守恒。这种情况也发生在多数非碰撞投掷角扩散中。在一个非对称的磁场中，即使磁力线是守恒的，粒子镜点位置的任何变化，也将伴随着漂移壳的变化，也就是 Φ 不守恒了。因而在非对称场中，投掷角扩散总是伴随着径向扩散。表 9.3.1 中列出了各种可能的粒子扩散机制。

表 9.3.1　粒子的不同扩散机制

	相互作用	不守恒的不变量	守恒量	扩散机制
准共振	回旋运动与甚低频波、极低频波相互作用	μ，J，Φ	粒子沿同一力线运动动能近似守恒	投掷角扩散(在非对称场中还有径向扩散)
	弹跳运动与 p_{c2}、p_{c3} 微脉动相互作用	J，Φ	μ	投掷角扩散、径向扩散
	漂移运动与长周期地磁脉动相互作用	Φ	μ，J	径向扩散
随机	磁层压缩、电场变化、环电流突然变化	Φ	μ，J	径向扩散
	与大气分子库仑碰撞	μ，J，Φ^*	粒子沿同一力线动能守恒	投掷角扩散(在非对称场中还有径向扩散)

注：“*”表示在对称场中守恒。引自(Roederer, 1970)。

已经发现在中低纬存在着辐射带电子和离子的沉降(Paulikas, 1975; Voss, 1984)。沉降电子来自内辐射带，是由波与粒子的相互作用驱动的。

沉降电子不引起重要的光学辐射，但是提供了重要的、有时是主要的中纬度夜间低电离层的电离源。沉降离子主要来自环电流的质子和氦离子。沉降机制主要是达到低高度的质子与大气逃逸层的氢碰撞，交换电荷。这一过程使质子变成中性原子达到更低的高度，在那里又再电离，并被短时间捕获。在接近磁赤道的区域，沉降的环电流质子在可见光及极紫外(EVU)波段给出弱的光学辐射。

前面的讨论说明，由于各种扰动经常存在，寝渐不变量是经常受到破坏的，辐射带粒子不会永久地停留在一个漂移壳上面。显然，每一个辐射带粒子都要经历下述四种过程(Roederer, 1970)：①注入捕获区，②加速，③扩散，④损失。由上面的分析看到，某些加速过程与扩散过程是耦合在一起的。

从长时间的平均来看，注入和损失的平衡决定了辐射带的平衡状态。为了求出辐射带的这种平衡态，首先需要在适当的坐标系内建立扩散方程，确立主要的扩散机制，并求出扩散系数，确定源和汇的机制和数值，最后再对扩散方程积分。

本节中我们主要讨论粒子与回旋波共振引起的投掷角扩散，以及磁层随机压缩和磁层亚暴电场引起的径向扩散。在 9.3.2 节中将求解扩散方程，讨论辐射带的平衡分布。

9.3.2　投掷角扩散

如果没有投掷角扩散，捕获粒子将永远不会进入损失锥，辐射带粒子永远不会损失掉。实际上，经常在辐射带粒子通量突然增加之后，观测到粒子通量的衰减，经过一段时间，增加的部分就消失了。例如，在磁暴后期，内辐射带和外辐射带之间的槽区(L 为 2～4)充满了高能电子。这些注入的电子通量在磁暴后数天之内就衰减光了，内外辐射带之间的槽又重新出现，见图 9.3.2。图中实线为不同日期得到的电子垂直通量径向变化，虚线为磁暴前平静时的径向变化，其余参考图 9.2.21 的说明(Thorne, 1976)。

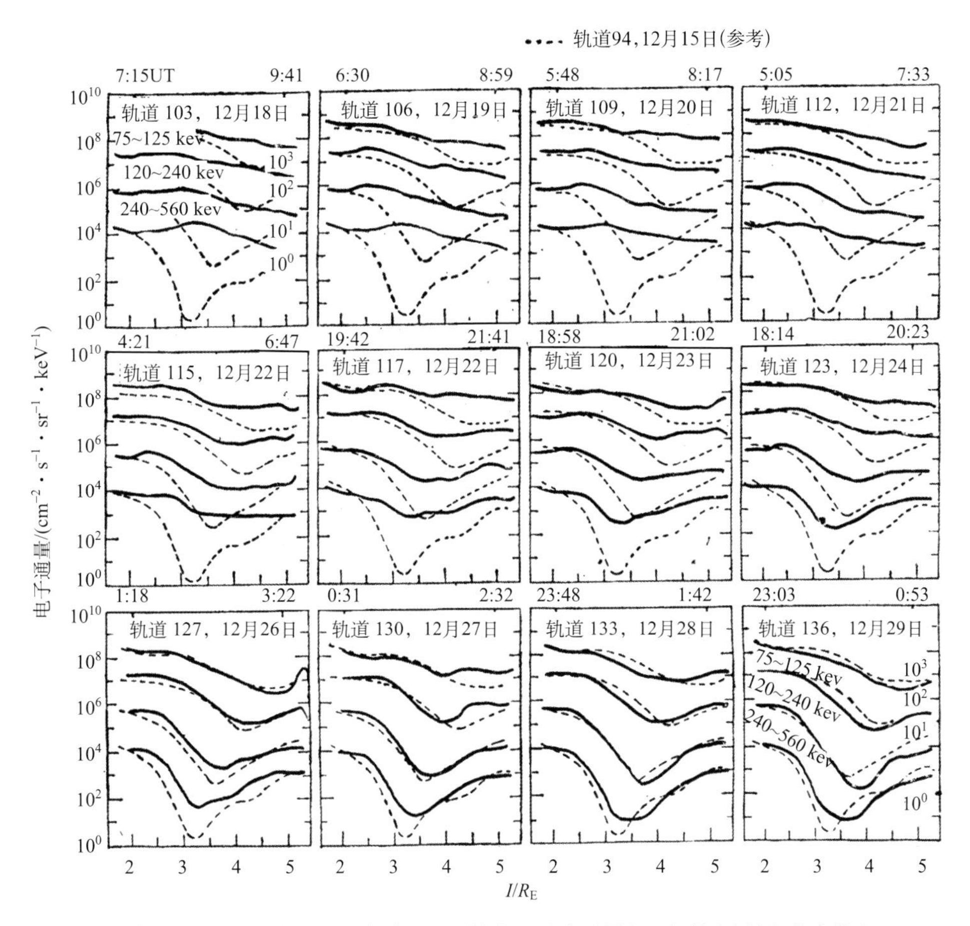

图 9.3.2　1971 年 12 月 17 日磁暴后近赤道观测到的电子垂直通量(90°投掷角)的径向变化(Thorne, 1976)

已经提出的电子的损失过程是：电子与甚低频波相互作用使得电子在速度空间中扩散，投掷角逐渐减小，最后进入损失锥，损失在大气中。这一关于电子损失的理论至少有如下的观测事实为依据：在磁暴的恢复相期间，等离子体层中极低频扰动明显增强，

同时中纬电离层 D 区的电离增加，后者可能是由沉降的电子引起的。

大气中分子和原子对辐射带粒子的散射可以造成粒子的投掷角扩散。然而，只有在 $L \leqslant 1.3$ 的空间中，与大气中性成分的碰撞才直接影响其中所有的高能粒子。在 $L \geqslant 3$ 时，大气的散射只是在辐射带粒子的速度空间中确定了一个损失锥，而粒子的投掷角向大气损失锥扩散的主要机制是粒子与磁层中波动的相互作用。

在高纬区反射的电子经历的主要相互作用可能是与哨声模式 Doppler 频移回旋共振，而在赤道反射的电子的投掷角扩散可能是由电子与电磁波回旋共振、与磁流体力学波弹跳共振，或者与斜传播(与磁场有一交角)哨声波朗道共振($\omega = k_{\parallel} v_{\parallel}$)引起的。

1. 等离子体层中回旋波与辐射带粒子的回旋共振

Kennel 和 Petschek (1966)提出了一个自激发投掷角扩散理论。他们认为在捕获粒子投掷角分布非常不均匀的情况下(实际上捕获粒子都分布在损失锥外面)，系统是不稳定的，捕获粒子将在等离子体中激发哨声波，哨声波又反过来散射捕获粒子，导致投掷角扩散。投掷角扩散使得粒子向着速度空间中密度小的区域扩散，就是向损失锥内扩散，最后粒子进入损失锥，沉降在大气之中。散射的机制是粒子与回旋波的共振相互作用。

实际上 Kennel 和 Petschek 研究了一种包含波与粒子相互作用的平衡态。在这个平衡态下，一方面粒子在磁通管的赤道部分的注入率与在磁通管根部由于与大气碰撞而产生的损失率相平衡，另一方面波在赤道区域的增长与其在电离层的损失相平衡。波与粒子的相互作用使得粒子扩散到损失锥中去，同时波又从各向异性的粒子分布中得到能量。

磁层对流运动是驱动这一过程的最终的源，它提供整个活动所需要的粒子和能量。当等离子体由磁尾向着地球方向运动时，投掷角各向异性得到发展。根据均匀等离子体的线性理论，这一各向异性分布函数对于哨声模式是不稳定的。等离子体的准线性理论又指出，哨声模将驱动投掷角扩散使等离子体粒子扩散进入速度空间中的损失锥。

然而磁层等离子体不是无限均匀的，在赤道增长的波将向不稳定区域传播，最后沿着磁力线传播到磁力线管底部的电离层区域，并在那里受到不完全反射。波在赤道的增长率与在电离层的损失率平衡就得到了定常的波谱。

磁层等离子体对流运动提供了辐射带所需要的粒子源，扩散进损失锥而损失到大气中的机制决定了粒子的汇，源与汇的平衡决定了粒子在相空间中定常的各向异性分布，而这一分布又供给波在赤道区域增长所需要的自由能。

下面根据 Kennel 和 Petschek 的理论由平行磁场传播的右旋波(即与电子共振的情况)的色散方程

$$\frac{k^2c^2}{\omega^2} = 1 - \pi \sum_a \frac{\omega_{pa}^2}{n_{a0}\omega} \int_0^{\infty} v_{\perp} \mathrm{d}v_{\perp} \int_{-\infty}^{+\infty} \mathrm{d}v_{\parallel} \left[\frac{\partial f_{a0}}{\partial v_{\perp}} - \frac{k}{\omega} \left(v_{\parallel} \frac{\partial f_{a0}}{\partial v_{\perp}} - v_{\perp} \frac{\partial f_{a0}}{\partial v_{\parallel}} \right) \right] \frac{1}{k v_{\parallel} - \omega \mp \omega_{ce}}$$

讨论为什么在内外辐射带之间有一高能粒子通量的“槽”。当等离子体的热速度比波的相速小得多时，为了计算折射指数的实部，可以假设等离子体是冷等离子体。利用冷等离子体理论讨论哨声波时，其折射指数主要依赖于外磁场强度和总粒子数密度。但由于该理论略去了热运动，不能讨论粒子的回旋共振，而波的增长和衰减都依赖于共振的电子数目。

下面假设在冷等离子体背景上有一束数目很小的高能电子，这些电子对在等离子体中传播的波的模式影响很小，但却决定着波的增长率，回旋共振现象起源于色散方程中的共振项：$(k_{\|}v_{\|}-\omega-\omega_0)^{-1}$。当 $k_{\|}v_{\|}-\omega-\omega_0=0$ 时，相应色散方程右端在速度空间沿朗道回路的积分有一个虚部，这将导致波的增长和衰减。对于回旋共振的电子，其平行磁场的速度分量 V_R 由下式决定：

$$kV_R=\omega_r-\omega_{ce} \tag{9.3.1}$$

其中，V_R 为电子共振速度。在随同电子运动的坐标系中，波动的频率与电子回旋频率相同，而电场回旋方向与电子回旋方向相同。考虑到哨声的色散关系，用共振电子的平行磁场方向的动能 E_R 来表示，共振条件可以写为

$$E_R\equiv\frac{1}{2}m_eV_R^2=E_c\frac{\omega_{ce}}{\omega}\left(1-\frac{\omega}{\omega_{ce}}\right)^3 \tag{9.3.2}$$

式中，$E_c=B^2/(8\pi n)$，为回旋相互作用的特征能量。能够与哨声模式相互作用的离子的能量要比共振电子能量大得多。由于通常具有高能量的离子的通量很小，离子对哨声的增长和衰减的影响可以忽略。

共振电子受到波场的作用力。这个力随着电子和波之间的相位不同而变化，它将使共振电子加速或减速。

下面只讨论波与位于分布函数高能尾部的电子共振情况。由于在这种情况下，共振粒子数很小，因而增长率也很小。令 $\omega=\omega_r+i\omega_i$，$\omega_r$ 和 ω_i 为实数，假设 $\omega_i/\omega\ll1$，用 Plemelj 公式

$$\lim_{\varepsilon\to0^+}\int_{-\infty}^{\infty}\frac{f(x)\mathrm{d}x}{x-y\pm i\varepsilon}=P\int_{-\infty}^{\infty}\frac{f(x)\mathrm{d}x}{x-y}\mp\int_{-\infty}^{\infty}f(x)\delta(x-y)\mathrm{d}x$$

估计色散方程在奇点的速度积分。令色散方程的实部和虚部分别为零，并且假定 $n^2\gg1$，得到

$$R_e\left(n^2\right)\sim\frac{\omega_{pe}^2}{\omega_r\left(\omega_{ce}-\omega_r\right)} \tag{9.3.3}$$

这与冷等离子体在 $\omega_{ci}\ll\omega\ll\omega_{ce}$ 得到的结果完全一样。由于考虑了粒子的分布函数，得到波的增长率为

$$\omega_i=\pi\omega_{ce}\left(1-\frac{\omega_r}{\omega_{ce}}\right)^2\eta^-\left(V_R\right)\left[A^-\left(V_R\right)-\frac{1}{\left(\omega_{ce}/\omega_r\right)-1}\right] \tag{9.3.4}$$

式中

$$\eta^-\left(V_R\right)=2\pi\frac{\omega_{ce}-\omega_r}{k}\int_0^{\infty}v_\perp\mathrm{d}v_\perp f_e\quad\left(v_\perp,v_\|=V_R\right)$$

$$A^{-}\left(V_{\rm R}\right)=\left.\frac{\int_0^\infty v_\perp {\rm d}v_\perp\left(v_\|\frac{\partial f_{\rm e}}{\partial v_\perp}-v_\perp\frac{\partial f_{\rm e}}{\partial v_\|}\right)\frac{v_\perp}{v_\|}}{2\int_0^\infty v_\perp {\rm d}v_\perp f_{\rm e}}\right|_{v_\|=V_{\rm R}}=\left.\frac{\int_0^\infty v_\perp {\rm d}v_\perp \tan\alpha\frac{\partial f_{\rm e}}{\partial\alpha}}{2\int_0^\infty v_\perp {\rm d}v_\perp f_{\rm e}}\right|_{v_\|=V_{\rm R}}$$

$$\alpha=\arctan\left(-\frac{v_\perp}{v_\|}\right)$$

α 是投掷角。式中，$A^{-}(V_{\rm R})$是表征粒子投掷角分布各向异性程度的量。对于双麦克斯韦分布，有

$$A^{-}\left(T_\perp,T_\|\right)=\left(T_\perp-T_\|\right)/T_\|$$

若投掷角分布为 $f_{\rm i,e}\sim\sin^{2n}\alpha$，$n$ 为常数，有

$$A^{-}=n$$

因为η^{-}总是正的，波增长的条件 $\omega_{\rm i}>0$ 可写为

$$A^{-}>\frac{1}{(\omega_{\rm ce}/\omega)^{-1}}\equiv A_{\rm c}^{-}\tag{9.3.5}$$

利用 $A_{\rm c}^{-}$，电子共振条件(9.3.2)可以写为

$$\frac{E_{\rm R}^{-}}{E_{\rm c}}=\left[A_{\rm c}^{-}\left(1+A_{\rm c}^{-}\right)^2\right]^{-1}\tag{9.3.6}$$

对于离子回旋波，可以得到

$$\frac{c^2k^2}{\omega_{\rm r}}=\frac{\omega_{\rm pi}^2}{\omega_{\rm ci}(\omega_{\rm ci}-\omega)}\tag{9.3.7}$$

$$\omega_{\rm i}=\pi\frac{\omega_{\rm ci}}{2}\frac{\omega_{\rm ci}}{\omega}\frac{(1-\omega/\omega_{\rm ci})^2}{1-\omega/2\omega_{\rm ci}}\eta^{+}(V_{\rm R})(A^{+}-A_{\rm c}^{+})\tag{9.3.8}$$

式中

$$\eta^{+}\left(V_{\rm R}\right)=2\pi\frac{\omega_{\rm ci}-\omega}{k}\int_0^\infty v_\perp {\rm d}v_\perp f_{\rm i}\quad\left(v_\perp,v_\|=V_{\rm R}\right)$$

$$A^{+}\left(V_{\rm R}\right)=\left.\frac{\int_0^\infty v_\perp {\rm d}v_\perp\left(v_\|\frac{\partial f_{\rm i}}{\partial v_\perp}-v_\perp\frac{\partial f_{\rm i}}{\partial v_\|}\right)\frac{v_\perp}{v_\|}}{2\int_0^\infty v_\perp {\rm d}v_\perp f_{\rm i}}\right|_{v_\|=V_{\rm R}}$$

$$A_{\rm c}^{+}=\left(\frac{\omega_{\rm ci}}{\omega}-1\right)^{-1}$$

波增长的条件仍然是 $A^{+}>A_{\rm c}^{+}$。考虑到离子回旋波的色散关系，用共振离子的平行磁场方向的动能 $E_{\rm R}^{+}$ 来表示，离子共振条件

$$kV_{\rm R}=\omega-\omega_{\rm ci}\tag{9.3.9}$$

可写为

$$E_{\mathrm{R}}^{+} \equiv \frac{1}{2} m_{\mathrm{i}} V_{\mathrm{R}}^{2} = E_{\mathrm{c}} \left(\frac{\omega_{\mathrm{ci}}}{\omega} \right)^{2} \left(1 - \frac{\omega}{\omega_{\mathrm{ci}}} \right)^{3} = [A_{\mathrm{c}}^{+2}(1 + A_{\mathrm{c}}^{+})]^{-1} \tag{9.3.10}$$

下面讨论单一电子与哨声波相互作用导致的动能的变化。电子发射一个波元(波量子)，能量变化为 dE=$h\omega$，动量变化为$-hk$，平行磁场能量的变化为 d$E_{\|}$= $-hkV_{\mathrm{R}}$。粒子总能量的变化与平行磁场动能变化的比为

$$\frac{\mathrm{d}E}{\mathrm{d}E_{\|}} = \frac{\omega}{kV_{\mathrm{R}}} \tag{9.3.11}$$

将式(7.3.1)代入式(7.3.11)，得到

$$\frac{\mathrm{d}E}{\mathrm{d}E_{\|}} = -\frac{1}{\omega_{\mathrm{ce}} / \omega - 1} \tag{9.3.12}$$

或者

$$\frac{\mathrm{d}E_{\perp}}{\mathrm{d}E_{\|}} = -\frac{1}{1 - \omega / \omega_{\mathrm{ce}}} \tag{9.3.13}$$

在波增长的情况下，粒子发射波量子，因而 dE<0，由式(9.3.12)看到 d$E_{\|}$>0，粒子的投掷角减小了，就是说产生了投掷角扩散。由于在等离子体层中测量到的波动大都有 $\omega \ll \omega_{\mathrm{ce}}$，所以对于电子有 d$E_{\perp}$/d$E_{\|}$～$-1$。就是说，在投掷角扩散中总能量大致不变。图 9.3.3 为电子在速度空间中扩散的示意图。横轴和纵轴分别为 $v_{\|}/V_{\mathrm{A}}$ 和 $v_{\perp}/V_{\mathrm{A}}$。双垂直虚线是共振粒子面($v_{\|}$=V_{R})，在这个面上的粒子都与波共振。大致为半圆形的虚线是与哨声模共振的电子在速度空间扩散所沿的路径。

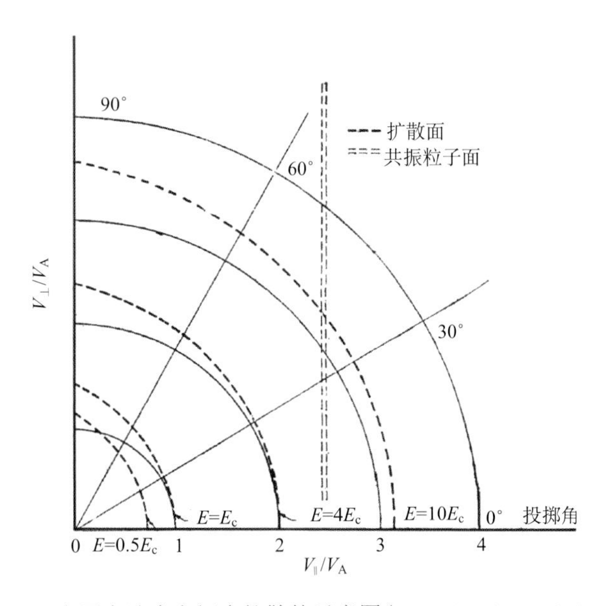

图 9.3.3　电子在速度空间中扩散的示意图(Kennel and Petschek, 1966)

利用式(9.3.6)和式(9.3.10)可以定性地说明为什么在内外辐射带之间存在着一个高能粒子的“槽”。该式表明低的共振能量($E_R^{\pm}/E_c<1$)相应于高的临界各向异性 $A_c^{\pm}$。对于一给定的观测到的各向异性 $A^{\pm}$，可以决定一个临界的平行磁场方向的动能 $E_R^{\pm}$，使得波增长的条件 $A^{\pm} \geqslant A_c^{\pm}$ 成立。对于典型的辐射带条件，$A^{\pm}$为 1 的量级，所以临界共振能量接近于特征能量 E_c 的量级，图 9.3.4 示出了磁层中临界共振能量 $E_c=B^2/(8\pi n)$ 随 L 的变化(假设等离子体层顶位于 L=4)。图中阴影区为稳定区，N 表示电子密度，单位为 cm^{-3} (Thorne, 1972)。由图看到，能量大于 100 keV 的粒子在整个辐射带都是不稳定的，它们的分布由波动的水平来决定。波粒子相互作用导致的波的增长与电离层的吸收导致的波的衰减之间的平衡决定波动的水平，而粒子的源与汇的平衡决定粒子的通量(Kennel and Petschek, 1966)。由图还看到，几十 keV 的粒子有一个稳定的带，其内边界是等离子体层(L=4)。在稳定区域中，粒子将不经历投掷角散射，粒子的损失较小，因而通量较大。在不稳定的区域中，由于投掷角散射，粒子损失较大，因而形成内外辐射带之间的槽的区域。

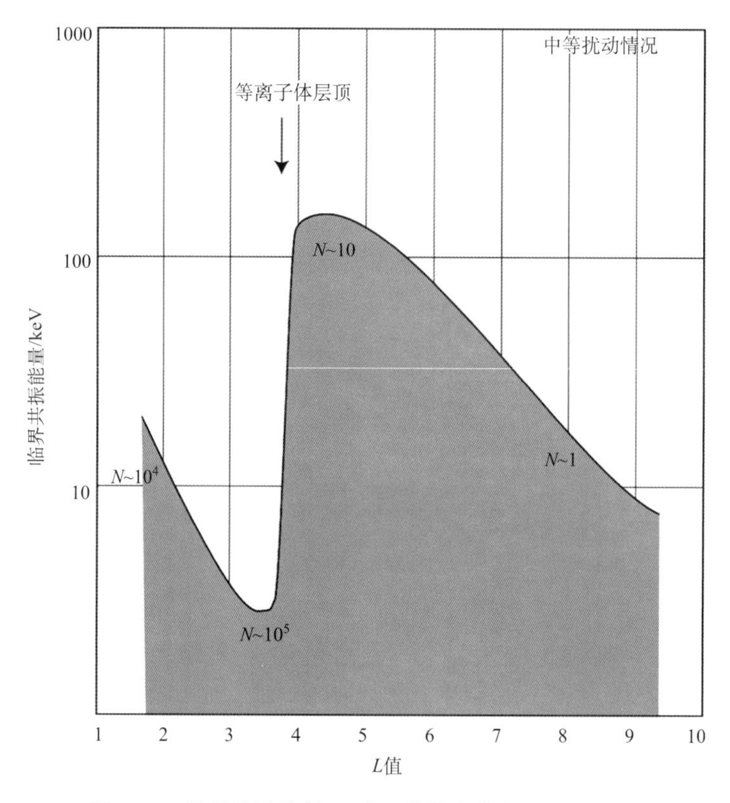

图 9.3.4　临界共振能量 E_c 随 L 值的变化(Thorne, 1972)

Kennel 和 Petschek(1966)还用这一理论估计了电子通量的上限值。一方面电子通量的数值决定了波的增长率；另一方面波在电离层的吸收决定了波的衰减。在平衡情况下，增长率与衰减率应相等，从而给出了电子通量的数值。

图 9.3.5 给出了这样估计到的在 L=5，6，8，10 电子全向通量的上限(虚线)，图中

的点给出了 Explorer-14 在两年内的观测值，λ 为地磁纬度(Kennel and Petschek, 1966)。由图看到，该理论给出的上限确实位于观测点分布的上部。

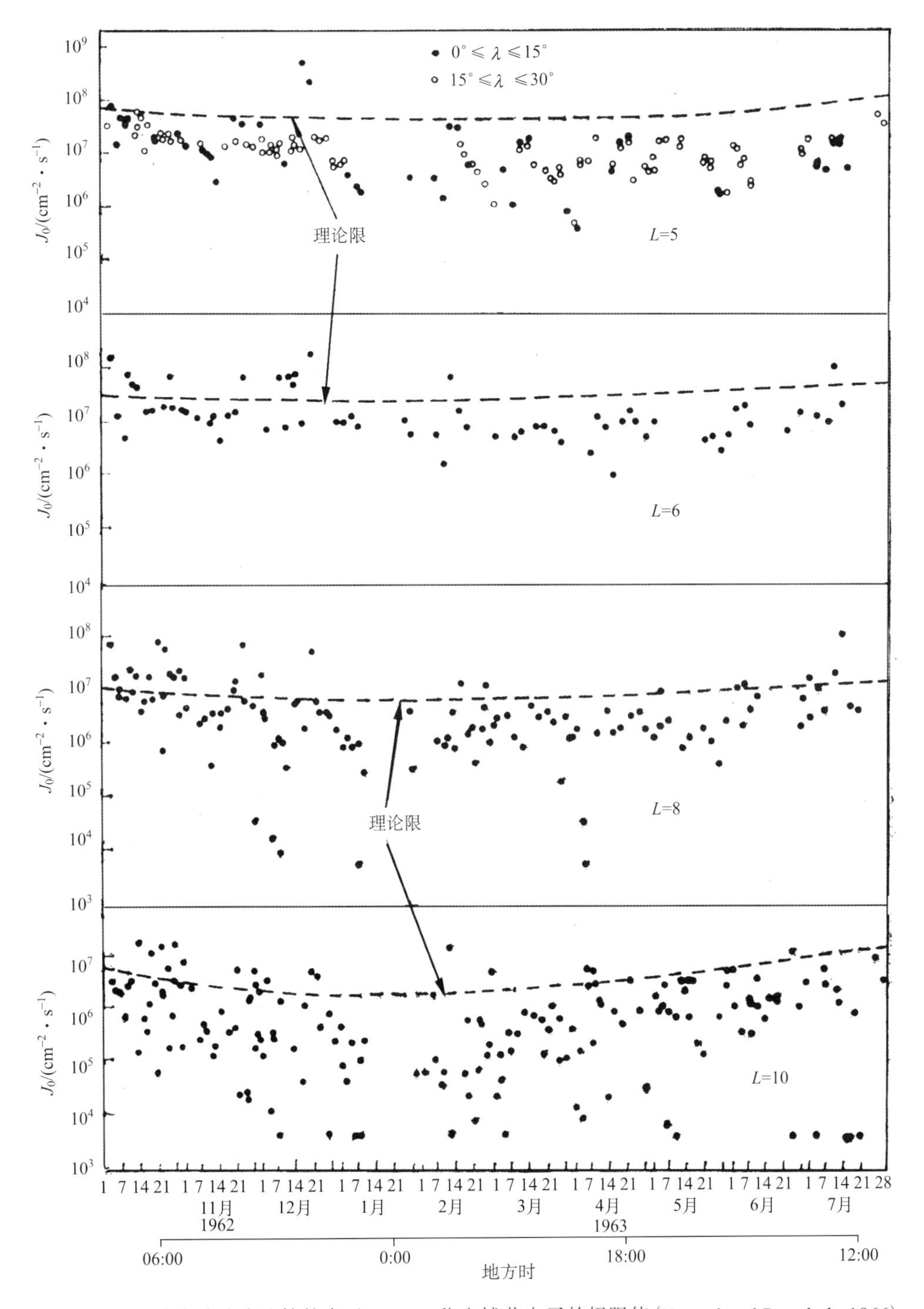

图 9.3.5　由哨声波湍流计算的大于 40 keV 稳定捕获电子的极限值(Kennel and Petschek, 1966)

2. 投掷角扩散方程及扩散系数

上面我们只讨论了回旋共振 n=1 的情况，相应于 $k /\!/ B_0$ 的情况。当波对磁场倾斜传播时，$n\neq0$ 的每一个谐波都可能与粒子发生回旋共振，n=0 的波则与粒子发生朗道共振。Lerche(1968)、Lyons 等(1971)利用准线性理论导出了由斜哨声模式驱动的电子投掷角扩散方程和扩散系数。假定在平行磁场的方向，波的相速度比粒子的速度小得多，即

$$\omega_{\mathrm{R}} \ll \left|k_{\|} v_{\|}\right| \tag{9.3.14}$$

其中，$k_{\|}$ 是在共振条件下估计的。考虑到共振条件，上式要求 $\omega_{\mathrm{R}} \ll |n| \omega_{\mathrm{ce}} / v$ ($v=\sqrt{1-\beta^2}$)。显然，n=0 时式(9.3.14)不满足，因为共振条件为 $\omega_{\mathrm{R}} \to k_{\|} v_{\|}$。假定粒子分布函数 f_0 对磁场方向是轴对称的，于是得到粒子的投掷角扩散方程为

$$\frac{\partial f_0}{\partial t}=\frac{1}{\sin \alpha} \frac{\partial}{\partial \alpha}\left(\sum_{n=-\infty}^{+\infty} D_n\right) \sin \alpha \frac{\partial f_0}{\partial \alpha} \tag{9.3.15}$$

式中，当 n=0 时，D_0=0，当 $n\neq0$ 时，有

$$D_n=\lim _{r \to \infty} \frac{\pi e^2}{V(2 \pi)^2 v m_{\mathrm{e}} p_{\|}} \int_0^{\infty} k_{\perp} \mathrm{d} k_{\perp}\left(\frac{k_{\|}}{\omega_{\mathrm{R}}}\right)^2\left|\theta_{n k}\right|^2 \Bigg|_{k_{\|}=-n \omega_{\mathrm{ce}} m_{\mathrm{e}} / p_{\|}} \tag{9.3.16}$$

方程(9.3.15)和(9.3.16)描述了弱湍动等离子体中粒子的投掷角扩散。式中，V 为波场变化的空间体积，假设在位置 x 处波包总磁场为

$$B_{\mathrm{w}}=(2 \pi)^{-3} \int B_k \cdot \exp (\mathrm{i} k \cdot x) \mathrm{d}^3 k$$

将 $B_{\mathrm{w}}B_{\mathrm{w}}$*在 V 上积分，得到

$$V\left|B_{\mathrm{w}}\right|^2=\frac{2}{(2 \pi)^2} \int_0^{\infty} \int_0^{\infty}\left|B_k\right|^2 k_{\perp} \mathrm{d} k_{\perp} \mathrm{d} k_{\|}$$

θ_{nk} 为 $\boldsymbol{k}$ 与 $\boldsymbol{B}_0$ 之间的夹角，如果共振粒子位于冷等离子体分布的高能尾，$|\theta_{nk}|^2$ 可以有一简单的形式：

$$\left|\theta_{n k}\right|^2=\frac{\left|B_k\right|^2}{8 c^2}\left(\frac{\omega_k}{k_{\|}}\right)^2\left[(1+\cos \theta) J_{n+1}+(1-\cos \theta) J_{n-1}\right]^2 \tag{9.3.17}$$

式中，J_n 为 n 阶 Bessel 函数，其幅角为 $k_{\perp}p_{\perp}/m_{\mathrm{e}}\omega_{\mathrm{ce}}$。上式成立的条件是式(9.3.14)成立。方程(9.3.16)和(9.3.17)中只有未知量 B_k 和 ω_{R}。如果已知 $|B_k|^2$，或者 $B^2(\omega)$，经过数学推导就可以求得扩散系数 D_n(Lyons et al., 1971)。

回旋共振不能引起具有高赤道投掷角粒子的共振扩散，因为电子平行动量降低到了一次谐波共振阈值以下。当投掷角接近 90°时，$v_{\|}$足够小，波与粒子将发生朗道共振($\omega_{\mathrm{R}}=k_{\|}v_{\|}$)。Lyons 等(1972)计算了相应于 n=0 的电子与哨声波的朗道共振引起的扩散。朗道共振使得在接近赤道反射的、能量在 20～2000 keV 范围内的辐射带电子由接近 90°的投掷角扩散到较小的投掷角，回旋共振又进一步使得这些粒子的投掷角向损失锥扩散。当 $\theta\to0$，$k_{\perp}\to0$ 时，有

$$\left|\theta_{-1k}\right|^2=\frac{\left|B_k\right|^2}{8c^2}\left(\frac{\omega_k}{k_{\parallel}}\right)^2\cdot 2\quad (n=-1) \tag{9.3.17a}$$

$$\left|\theta_{nk}\right|^2=0\quad (n\neq -1) \tag{9.3.17b}$$

这就是本节讨论的情况，只有 $n=-1$ 的谐波对扩散有贡献。

图 9.3.6 示出了在动量空间中各高次谐波共振相互作用能够发生的一些区域(上图)，并且对三种不同能量的电子分别示出了其投掷角扩散系数(相对值)随投掷角的变化(下图)。

在上图的$(p_{\perp}, p_{\parallel})$平面中，不同的阴影分别显示了第一阶、第二阶、第三阶回旋共振的区域。一般情况下，这些区域是相互重叠的，但为了清楚没有画出重叠的区域。

由图看到，当 $p_{\parallel}$在一个阈值以下时，没有回旋共振发生；$p_{\parallel}$增加时，较高次谐波共振逐渐发生。图中的三个圆弧表示常能量扩散面，电子沿着相应的常能量扩散面由大投掷角向小投掷角扩散，内扩散面相应于较低的电子能量，沿着内扩散面，一阶共振使得粒子扩散进入损失锥。外扩散面相应于较高的电子能量，沿着这个面高阶共振使得粒子扩散进入损失锥。

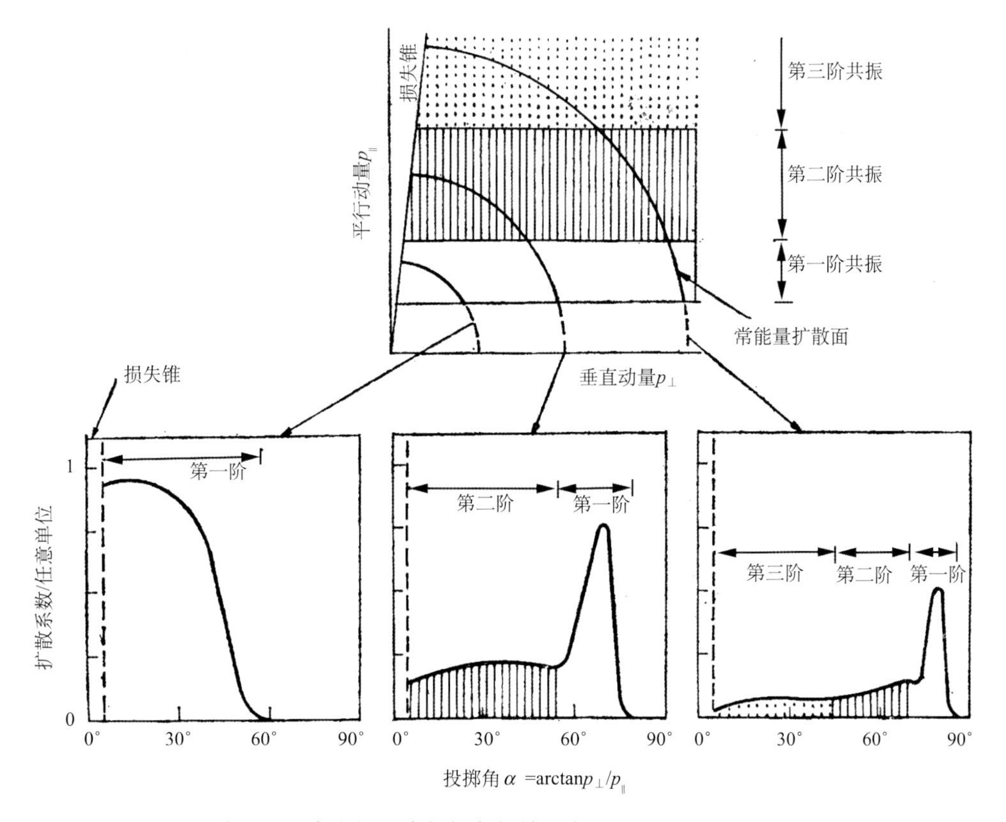

图 9.3.6　在空间一点投掷角扩散示意图(Lyons et al., 1972)

图 9.3.6 下面的三张图分别给出了相应于沿上图中三个扩散面扩散的电子的投掷角扩散系数随电子投掷角的变化，并且用不同的阴影区域分别示出了一阶、二阶、三阶共

振控制的区域。由图看到，扩散系数通常随 n 增加而减少。投掷角扩散率随着电子能量增加而减少，这是因为电子能量越高，相应共振谐波数 n 越高。

上面的分析说明，在纯投掷角扩散的极限情况下，粒子被限制在一个常能量面上。具有较高投掷角的粒子不与回旋波发生共振，低能粒子只经历 $|n|=1$ 的投掷角扩散。对于较高能量的粒子，$|n|=1$ 的扩散区域被限制在较大的投掷角范围。

由于扩散，这些粒子逐渐进入较高次谐波共振的范围，最后与被允许的最高次谐波共振并进入损失锥。因为等离子体层中波的强度随纬度的变化不是很强，地磁赤道以外的相互作用也是很重要的。由于电子由赤道向镜点运动时投掷角增加，因而所有具有低赤道投掷角的电子都要经历扩散系数较大的一次谐波共振扩散。

图 9.3.7 为等离子体层电子与哨声波相互作用的示意图，图中示出了朗道衰减及一阶、二阶、三阶共振的位置(Lyons et al., 1972)。图的左部示出了 500 Hz 哨声模的传播路径，它说明在接近等离子体层顶产生的波最后充满了等离子体层；图的右部示出了辐射带电子(主要是内外辐射带之间槽中的电子)与哨声波的回旋共振相互作用。

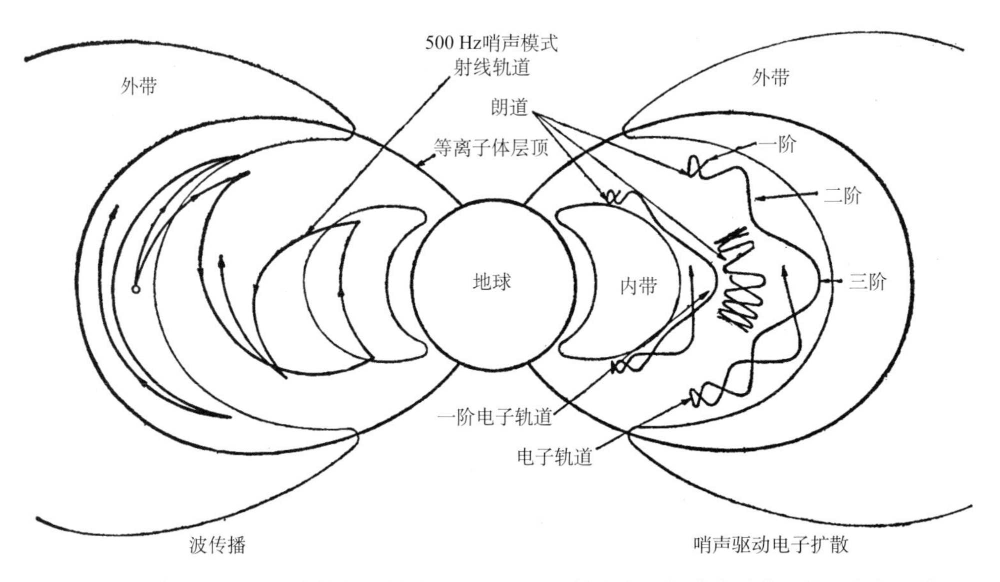

图 9.3.7 等离子体层中哨声模的传播路径(左)以及辐射带电子与哨声波的回旋共振相互作用(右)(Lyons et al., 1972)

接近槽的内边界的电子的投掷角扩散主要由在近赤道区域发生的一阶回旋共振决定的，槽的外部区域内的电子在高纬受到一阶回旋共振，在低纬受到高阶回旋共振。所有辐射带电子在镜点都受到朗道共振。对于接近赤道反射的电子，朗道共振首先使电子的赤道投掷角减小，然后一阶回旋共振才能起主要作用。电子的损失率是由沿着该电子的弹跳轨道各次谐波引起的投掷角扩散总和决定的。

3. 电子投掷角分布函数及寿命

Lyons 等(1972)首先从已知波谱出发求出扩散系数 D，进而求解扩散方程，求得分

布函数 f_0，最后求得电子寿命。将扩散方程(9.3.15)对一个完全的电子弹跳轨道平均，假定磁场为偶极子场，得到

$$\frac{\partial f_0}{\partial t}=\frac{1}{\sin 2\alpha_0 T(\alpha_0)}\frac{\partial}{\partial \alpha_0}\left[\sin 2\alpha_0 T(\alpha_0) D_\alpha(E,L,\alpha_0)\frac{\partial f_0}{\partial \alpha_0}\right]+\langle S\rangle-\langle L\rangle \tag{9.3.18}$$

式中，$f_0(E,L,\alpha_0,t)$ 为电子分布函数；α_0 为赤道投掷角，$T(\alpha_0)\sim1.30-0.5\sin\alpha_0$。描述电子弹跳周期 τ_b 随赤道投掷角 α_0 的变化，$D_\alpha(E,L,\alpha_0)$ 是总弹跳平均扩散系数：

$$D_\alpha(E，L，\alpha_0)=D_0(\alpha_0)+\sum_{n,n\neq0}D_n(\alpha_0) \tag{9.3.19}$$

$$D_n(\alpha_0)=\frac{1}{\tau_b}\int_0^{\tau_B}D_n(t)\left(\frac{\partial\alpha_0}{\partial\alpha}\right)^2\mathrm{d}t \tag{9.3.20}$$

利用式(9.1.11)得到

$$D_n(\alpha_0)=\frac{1}{T(\alpha_0)}\int_0^{\lambda_m}D_n(\alpha)\frac{\cos\alpha}{\cos^2\alpha_0}\cos^7\lambda\mathrm{d}\lambda \tag{9.3.21}$$

其中，λ_m 为镜点纬度，$\langle S\rangle$ 为粒子的弹跳平均生成率。除了很强的粒子注入事件，一般可以忽略源项($\langle S\rangle=0$)。$\langle L\rangle$ 为粒子的弹跳平均损失率，可近似写为

$$\langle L\rangle\sim f_0/\tau_L \tag{9.3.22}$$

其中，τ_L 为电子沉降寿命。假定分布函数可以写为两个分量的乘积：

$$f_0(\alpha_0\cdot t)=F(t)g(\alpha_0) \tag{9.3.23}$$

其中，$F(t)$ 描述在赤道每单位能量间隔的电子密度；$g(\alpha_0)$ 描述投掷角分布的形状，它不随时间变化，并且是归一化的：

$$\int_0^\pi g(\alpha_0)\sin\alpha_0\mathrm{d}\alpha_0=1 \tag{9.3.24}$$

还假定 $g(\alpha_0)$ 对 $\alpha_0=\dfrac{\pi}{2}$ 是对称的，以及在损失锥边界上 $g(\alpha_0)=0$。将式(9.3.23)代入式(9.3.18)解出

$$g(\alpha_0)=g'(\alpha_L)\int_{\alpha_L}^{\alpha_0}\frac{D_\alpha(\alpha_L)T(\alpha_L)\sin 2\alpha_L}{D_\alpha(\alpha)T(\alpha)\sin 2\alpha}\left[1-\frac{\int_{\alpha_L}^{\alpha}g(\alpha')T(\alpha')\sin 2\alpha'\mathrm{d}\alpha'}{\int_{\alpha_L}^{\pi/2}g(\alpha')T(\alpha')\sin 2\alpha'\mathrm{d}\alpha'}\right]\mathrm{d}\alpha \tag{9.3.25}$$

沉降寿命为

$$\tau_L=-\left(\frac{1}{F}\frac{\mathrm{d}F}{\mathrm{d}t}\right)^{-1}=\frac{\int_{\alpha_L}^{\pi/2}g(\alpha)T(\alpha)\sin 2\alpha\mathrm{d}\alpha}{D_\alpha(\alpha_L)g'(\alpha_L)T(\alpha_L)\sin 2\alpha_L} \tag{9.3.26}$$

式中，$g'(\alpha_L)$ 为 $g(\alpha)$ 的导数；$g(\alpha_0)$ 的积分方程可以作数值解，从而求出沉降寿命。

Lyons 等(1972)对一给定的甚低频扰动谱：

$$B^2(\omega)=A^2\exp\left\{-\left(\frac{\omega-\omega_m}{\delta_\omega}\right)^2\right\}$$

$$\left|B_{\omega}\right|^{2}=\int_{0}^{\infty} B^{2}(\omega) \mathrm{d} \omega$$

ω_{m}=600 Hz，δ_{ω}=300 Hz，$B_{\omega}=35\times10^{-3}\gamma$，$n$=1000 个/cm^3，计算了电子赤道投掷角分布和电子寿命。

图 9.3.8 给出了计算得到的电子赤道投掷角分布(实线)与实测结果(小圆点)的比较。测量是在电子槽区域某一次粒子注入事件后的衰减期进行的。计算曲线的形状与实测曲线很相近。

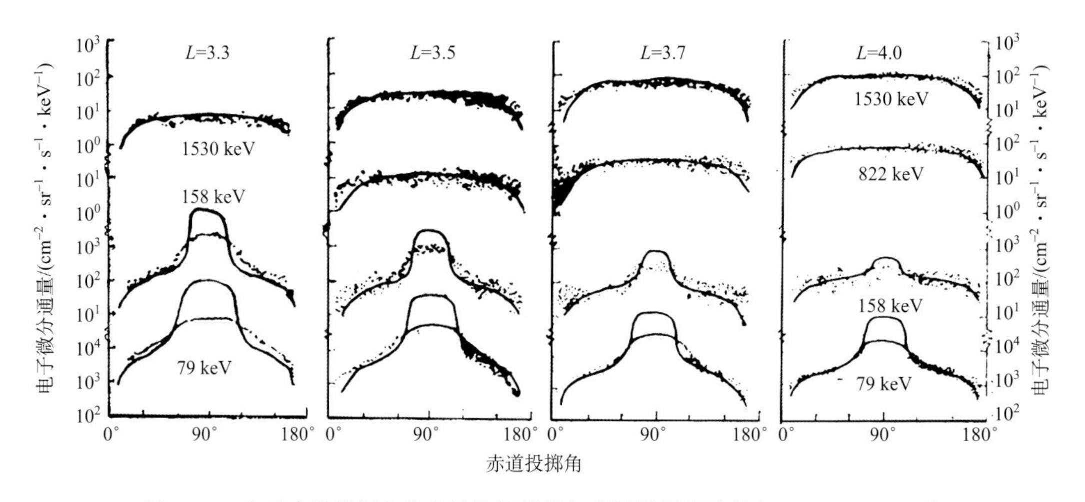

图 9.3.8　电子赤道投掷角分布的计算结果与实测结果的比较(Lyons et al., 1972)

图 9.3.9 示出了计算得到的由投掷角扩散决定的辐射带电子寿命。电子寿命很强地依赖于 L 值，中等程度地依赖于能量。对于固定能量(E～0.5 MeV)，由 L=2 到 L=4，电子寿命减少 20 倍，即由 100 天减少到 5 天。能量为 E～2 MeV 的电子，寿命较长一些，在 L=4，τ=10 天。显然，在内外辐射带之间的区域是非常强的投掷角扩散区。

9.3.3　径向扩散

由增强的太阳风突然压缩磁层顶产生的磁场急始扰动和在磁层亚暴期间发生的电场突然变化，通常有几分钟的上升时间和几小时的衰减时间。由于典型的质子方位漂移周期为半小时的量级，所以在扰动上升期间辐射带粒子第三寝渐不变量守恒受到破坏，而在扰动的恢复期间寝渐不变量是守恒的。在扰动上升期间粒子离开初始的漂移壳进入一个新的漂移壳。在扰动的恢复期间，粒子随着新的漂移壳移动。当磁场恢复到原来的状态时，粒子相对初始位置有了径向位移。电场和磁场的扰动是随机发生的，多次电场和磁场的扰动导致了粒子的径向扩散。

图 9.3.10 示出了在卫星 Explorer-14 上观测到的能量 E＞1.6 MeV 的电子通量在不同时间的径向变化，图中数目 1，4，5，6，7 分别表示 1962 年 12 月 7 日、20 日、23 日、29 日及 1963 年 1 月 8 日，显然在这期间电子由外向内扩散(Frank, 1965)。由图看到电子通量较高的区域由外向内扩展，表明电子向内扩散。由多次径向扩散事件得到平均径向扩散速度约为

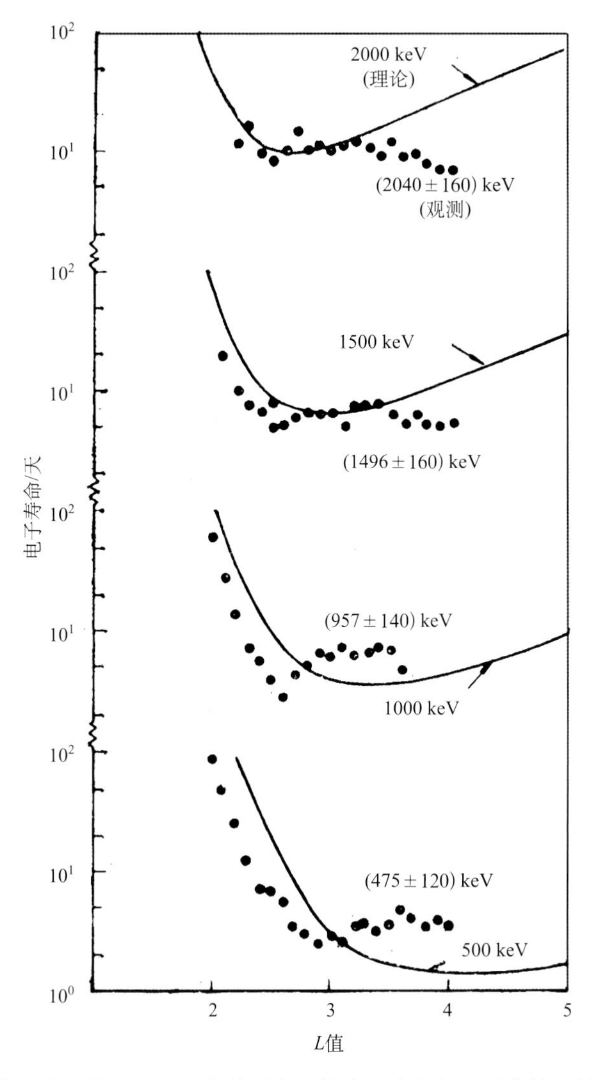

图 9.3.9　辐射带槽区域内几个大的电子注入事件后实测的电子寿命与理论值的比较(Lyons et al., 1972)

$$V_r=1.6\times10^{-8}L^8\ R_E/\text{day}=1.2\times10^{-4}L^8\ \text{m/s} \tag{9.3.27}$$

投掷角扩散通常被看成是辐射带粒子的损失机制，而径向扩散通常与辐射带粒子的源相联系。外辐射带的粒子是由外向内扩散的。

若在径向扩散中仅仅是第三寝渐不变量 Φ 遭到破坏，而 μ、J 仍然守恒，那么，在粒子由外向内扩散的过程中其能量将增加。这种 μ、J 守恒的径向扩散起着双重的作用：向辐射带内注入粒子，并使注入的粒子增加能量。

1. 径向扩散过程和漂移回声

若磁场扰动的时间尺度 τ 满足如下条件：

$$T_b<\tau<T_d$$

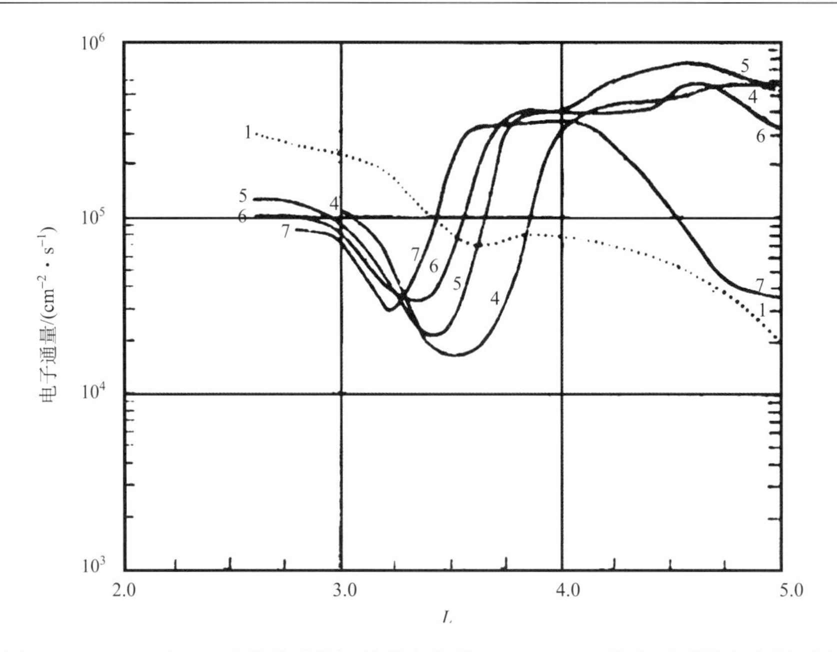

图 9.3.10　1962 年 12 月磁暴后外辐射带中能量 E＞1.6 MeV 的电子通量在赤道面内在不同时间沿径向的分布(Frank, 1965)

T_b 为弹跳周期，T_d 为经度漂移周期，那么第三寝渐不变量是不守恒的，但是第一、第二不变量仍然守恒。地磁急脉冲和急始都是这种类型的扰动。下面讨论这种磁场扰动对捕获粒子运动的影响。它的主要过程示于图 9.3.11 中。(a)给出了磁场值随时间的变化，分为上升期、稳定期和恢复期，标以Ⅰ，Ⅱ，Ⅲ。考虑积分不变量 J=0(在赤道面内反射)的粒子，假设这些粒子对 L 的分布是 δ 函数，在平静时其漂移壳为赤道面内的一个圆环(等 B 线)，在图(b)中表示为实线。

在期间Ⅰ，在比漂移周期短的时间内，磁层突然受到压缩，磁场突然增大。粒子跟着磁力线向内运动到图(b)中虚线的位置。磁层磁场受到的压缩在空间上是不对称的，在向日侧比在背日侧磁场受到更大的压缩，因而粒子在向日侧向内运动得更深一些，注意虚线不是一条等 B 线。

在期间Ⅱ，磁场稳定不变，粒子离开了这个畸变环[图(c)中实线]，不同经度上的粒子沿着具有不同 B 值的等 B 线漂移[图(c)中虚线表示]。原来在背日侧的粒子向环外漂移，而原来在向日侧的粒子向环内漂移。

当磁场在期间Ⅲ缓慢地（在比漂移周期长的时间内）恢复到原始值时，粒子漂移环寝渐地膨胀到图(d)中实线的位置，虚线环是粒子初始位置。

这一过程使得有些粒子运动到了环内，有些粒子运动到了环外，初始很窄的环变得很宽了。如果这个过程随机地重复许多次，粒子就经历了一个扩散过程。

在磁层磁场经受非对称的瞬时压缩之后，粒子开始在新的漂移壳上漂移。由于压缩是非对称的，所以漂移壳上的粒子密度是不均匀的，磁层向日侧受到的压缩较大，因而粒子密度增加更大一些，见图 9.3.12。同步卫星可直接观测到这一效应。

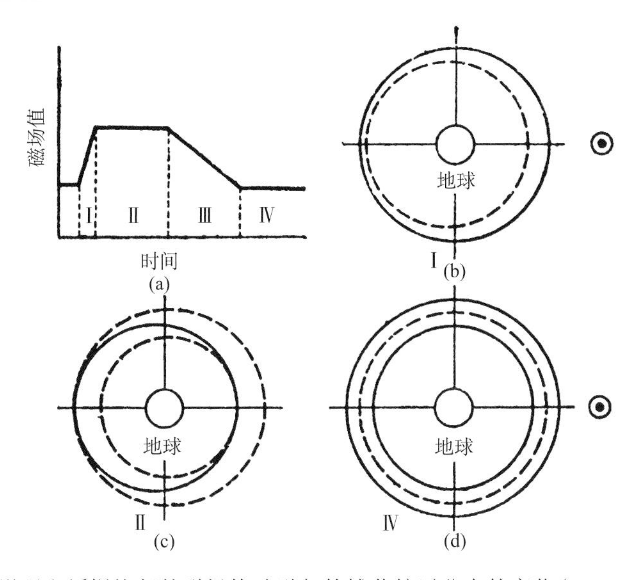

图 9.3.11　突然增强和缓慢恢复的磁场扰动引起的捕获粒子分布的变化(Nakada and Mead, 1965)

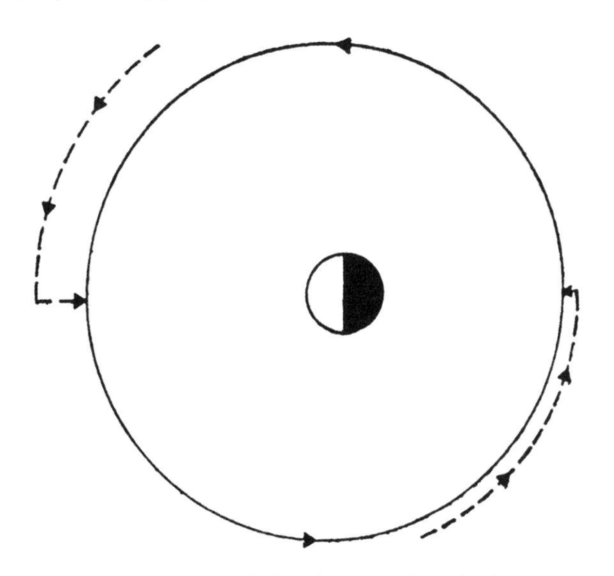

图 9.3.12　当磁层突然受到压缩时，第三寝渐不变量破坏的示意图(Schulz and Lanzerotti, 1974)

图 9.3.13 是由同步卫星 ATS-1 观测到的电子通量的漂移回声。当卫星接近中午时刻，太阳风压力的突然减小使得磁层顶向外膨胀，从而导致卫星测量到的电子通量突然减少。由于不对称性，磁层向日侧卫星附近的电子密度减少得多，而背日侧减少得少。卫星附近的电子向着背日侧漂移，而背日侧的电子向卫星处漂移。当背日侧的电子漂移到卫星位置时，测量到的电子通量就有所回升。

当原来卫星周围的那些电子漂移一周又回到卫星位置时，测量到的电子通量又显示出一极小值。电子通量变化的周期正好相应于这一能量的粒子的漂移周期，叫漂移周期回声。由于测量能挡的带宽，经过三四个周期后，同一能挡内不同能量的粒子相混合就使得观测到的电子通量的周期性不明显了。

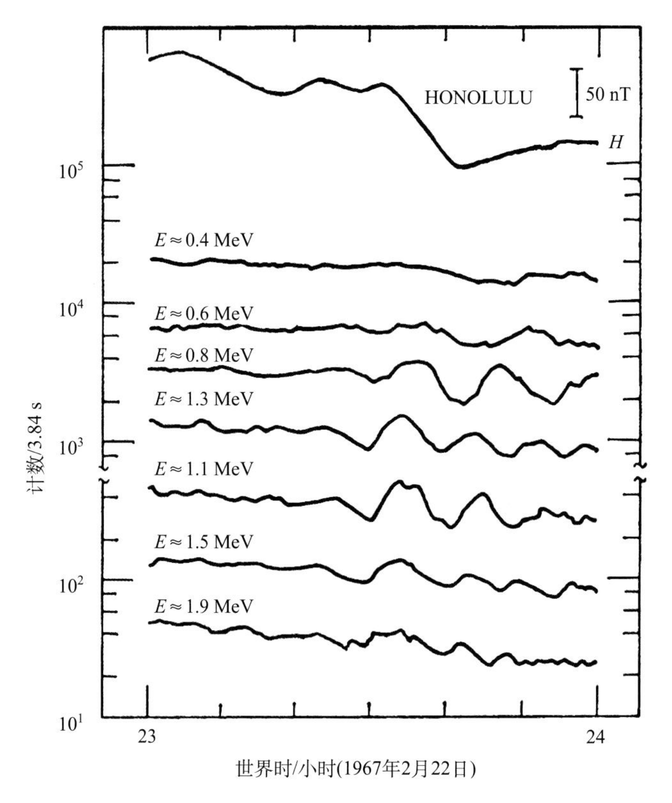

图 9.3.13　一个负磁脉冲后卫星 ATS-1 于地方时 1330 观测到的外辐射带的电子通量的漂移回声（Brewer et al., 1969）

2. 径向扩散过程中粒子的加速

如果第三寝渐不变量 Φ 受到破坏，而第一寝渐不变量 μ 和第二寝渐不变量 J 仍然保持不变，这将是一个纯径向扩散过程。一方面，在粒子向内扩散过程中磁场逐渐增强，由于 μ 守恒，垂直磁场方向的动能增加；另一方面，在粒子向内扩散的过程中，磁镜点之间的距离也逐渐减小，由于 J 守恒，因而平行磁场方向的能量也增加。所以这一扩散过程也是一个加速过程。下面计算一个粒子经过一个纯径向扩散后能量和投掷角的变化。

第一寝渐不变量可以写为

$$|\mu|=\frac{E\sin^2\alpha_0}{B_0}=\frac{EL^3\sin^2\alpha_0}{0.312} \tag{9.3.28}$$

α_0 为粒子的赤道投掷角。第二寝渐不变量写为

$$J=m\int v\cos\alpha\mathrm{d}l\equiv mvLR_{\mathrm{E}}F(\alpha_0) \tag{9.3.29}$$

考虑到 μ 和 J 是常数，$E=\dfrac{1}{2}mv^2$，由式(9.3.28)和式(9.3.29)，得到

$$L\left[\frac{\sin\alpha_0}{F(\alpha_0)}\right]^2=\text{常数} \tag{9.3.30}$$

式中，$F(\alpha_0)$ 由式(9.3.29)定义，表明对非相对论粒子，赤道投掷角 α_0 的变化与粒子能量无关。Nakada 等(1965)计算了 α_0 随 L 的变化，见图 9.3.14(a)。从图中看到，对于 $L>2.5$，α_0 随 L 的变化不大。这是因为在粒子向内扩散的过程中，粒子垂直磁场方向的速度和平行磁场方向的速度都增加了。

由式(9.3.28)可以得到

$$E\propto c/L^8 \tag{9.3.31}$$

式中，c 为常数，与投掷角有关。

图 9.3.14(b)给出了数值计算得到的在纯径向扩散过程中，具有不同起始投掷角的粒子的能量随 L 的变化。取 L=7 时，E_7=1。纵坐标值为 E_L/E_7。曲线上标明的数值为粒子在 L=7 时的投掷角(Nakada et al., 1965)。 在粒子由 L=7 向内扩散到 L=2 的过程中，其能量增加 20～50 倍。纯径向扩散的这一特性可以解释观测到的外辐射带质子能谱特征能量 E_0 随 L 减少而增加的现象。

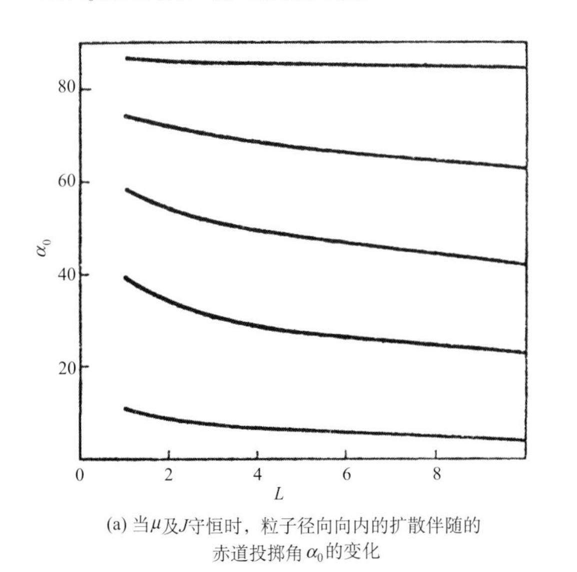

(a) 当μ及J守恒时，粒子径向向内的扩散伴随的赤道投掷角 α_0 的变化

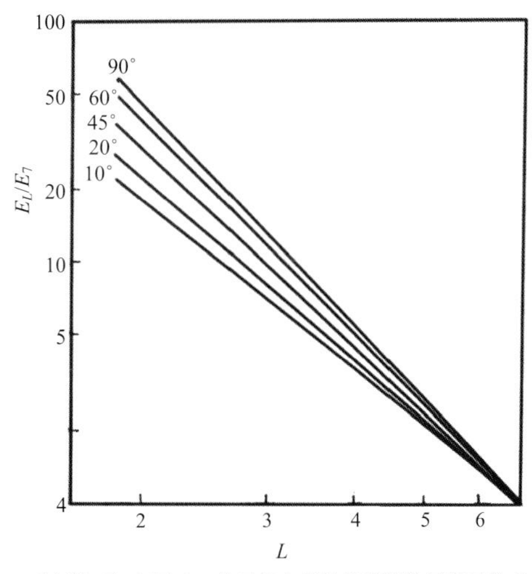

(b) 当μ及J守恒时，粒子径向扩散伴随的粒子能量的变化

图 9.3.14　当 μ 及 J 守恒时，粒子径向的扩散伴随的赤道投掷角和粒子能量的变化(Nakada et al., 1965)

如果不同能量的粒子都在同一边界入射，入射谱有指数形式 $\exp(-E/E_0)$，并且扩散系数与粒子能量无关，那么粒子在 L 空间纯径向扩散后，谱仍然有指数的形式。令在 L_1 处粒子的分布为

$$N(E)=K_1\exp(-E_1/E_0) \tag{9.3.32}$$

当粒子扩散到 L_2 时，粒子能量由 E_1 变为 E_2，变换关系可以写为

$$E_2=q(L_2,\alpha_2)\,E_1 \tag{9.3.33}$$

在 L_2 处粒子分布变为

$$N(E)=K_1\exp\left[-\frac{q(L_2,\alpha_2)E_1}{E_{0.2}}\right] \tag{9.3.34}$$

因为假设扩散系数与能量无关，将式(9.3.34)与式(9.3.32)比较，得到 L_2 处粒子正是由加速后 L_1 处的粒子组成的，式(9.3.34)应该与式(9.3.32)相等，由此得到

$$E_{02}=q(L_2,\alpha_2)\ E_{01} \tag{9.3.35}$$

由于 $q\ (L_2,\alpha_2)\sim 1/L^3$，上式说明，$L_2$ 越大，特征能量 E_{02} 越小。

图 9.3.15 给出了质子能谱特征能量 E_0 随 L 变化的实测值与由图 9.3.14 给出的计算值的比较。 图中实线为实测值，虚线为计算值。曲线上标明的数字为在 L=7 处的初始投掷角 α_0 值(Nakada et al., 1965)。由图看到，两者符合得很好。这个事实间接地说明外辐射带质子是在保持 μ 和 J 守恒条件下径向向内扩散的。下面将会看到很可能是磁场的扰动决定了外辐射带质子的扩散，而扩散系数确实与能量无关。

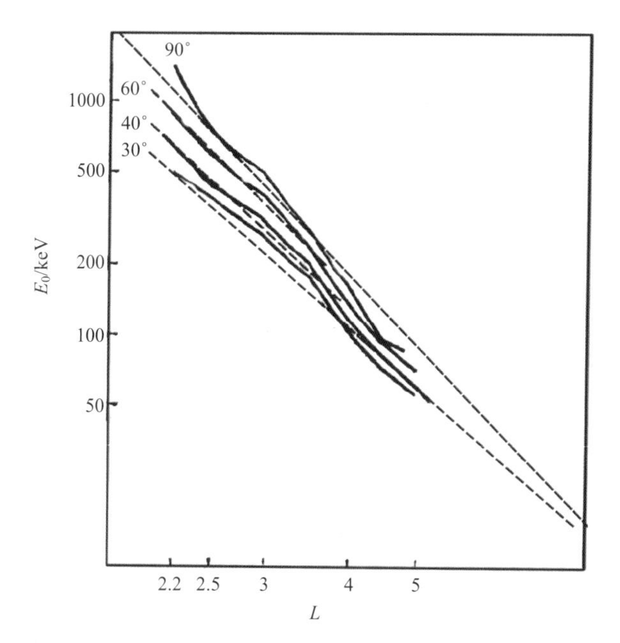

图 9.3.15　质子能谱特征能量 E_0 随 L 变化的实测值(实线)与由图 9.3.14 给出的计算值(虚线)的比较(Nakada et al., 1965)

Pizzella 等(1966) 给出了各个 L 上的电子能谱特征能量 E_0 的平均值，以及 $E_0\,L^3$ 值，见表 9.3.2。从表中看到 E_0L^3 不是常数，而是随着 L 变化的。这说明在径向扩散过程中至少 J 不保持常数。

表 9.3.2　电子能谱特征能量 E_0 及 E_0L^3

L	E_0/keV	E_0L^3/keV
2	250	20
8	150	41
4	80	51

续表

L	E_0/keV	E_0L^3/keV
5	55	69
6	40	86
7	30	103

3. 径向扩散方程和扩散系数

Schulz 和 Lanzerotti (1974)对辐射带粒子的径向扩散方程和扩散系数做了详细的讨论，这里只介绍一些主要结果。假设每一次电场和磁场的扰动引起粒子在 L 空间的位置有一小的变化。许多次随机发生的电场和磁场的扰动就导致了粒子的径向扩散。这种扩散运动服从福克-普朗克方程。在 μ 和 J 都是常数的条件下，福克-普朗克方程简化为纯径向扩散方程：

$$\frac{\partial \overline{f}}{\partial t}=L^2\frac{\partial}{\partial L}\left(\frac{1}{L^2}D_{LL}\frac{\partial \overline{f}}{\partial L}\right) \tag{9.3.36}$$

式中，$\overline{f}$ 为粒子的漂移积分分布函数，它表示在所有经度上发现的在单位不变量坐标区间内的总粒子数，写为 $\overline{f}=\overline{f}\ (\mu, J, L)$，这里假设分布是定常的，根据刘维定理有 $\overline{f}=J_\perp/p^2$；D_{LL} 是径向扩散系数，

$$D_{LL}=\frac{1}{2\tau}\langle(\Delta L)^2\rangle \tag{9.3.37}$$

其中，τ 为相互作用时间；$\langle(\Delta L)^2\rangle$ 是在相互作用时间 τ 内多次扰动引起的 ΔL 变化的平方平均值。扩散系数由扰动对粒子的影响来决定。

如果对突然上升和缓慢衰减的随机脉冲系列作频谱分析，粒子将与频率与粒子的方位漂移频率相同的谐波共振，扩散系数将由这一谐波的傅里叶分量来决定。可以证明磁脉冲引起的粒子径向扩散的系数为

$$D_{LL}^m=2\Omega_\mathrm{d}^2\left[\frac{B_Z}{(756B_1B_0)}\right]^2L^{10}\left(\frac{R_\mathrm{E}}{R_\mathrm{P}}\right)^2\left[\frac{Q(Y)}{D(Y)}\right]^2\cdot B_Z(\Omega_\mathrm{d}/2\pi) \tag{9.3.38a}$$

式中，R_E 为地球半径；R_P 为磁层顶对日点的地心距离；B_0=0.31×10^5 nT；B_1=0.25×10^5 nT；$[Q(Y)/D(Y)]^2$ 是赤道投掷角 α_0=arcsin$Y$ 的函数，示于图 9.3.16 中；Ω_d 为粒子方位漂移圆频率；$B_Z(\Omega_\mathrm{d}/2\pi)$ 是磁场扰动分量在频率 $\Omega_\mathrm{d}/2\pi$ 处的谱密度。

由式(9.3.38a)看到，径向扩散系数与表征磁层磁场不对称的因子 $R_\mathrm{E}/R_\mathrm{P}$ 是直接相关的，对于偶极子场，$R_\mathrm{P}\to\infty$，D_{LL}^m=0。对于在赤道镜反射的粒子，扩散系数可以化简为

$$D_{LL}=2\Omega_\mathrm{d}^2[5B_2/(21B_1B_0)]^2L^{10}(R_\mathrm{E}/R_\mathrm{P})^2B_Z(\Omega_\mathrm{d}/2\pi) \tag{9.3.38b}$$

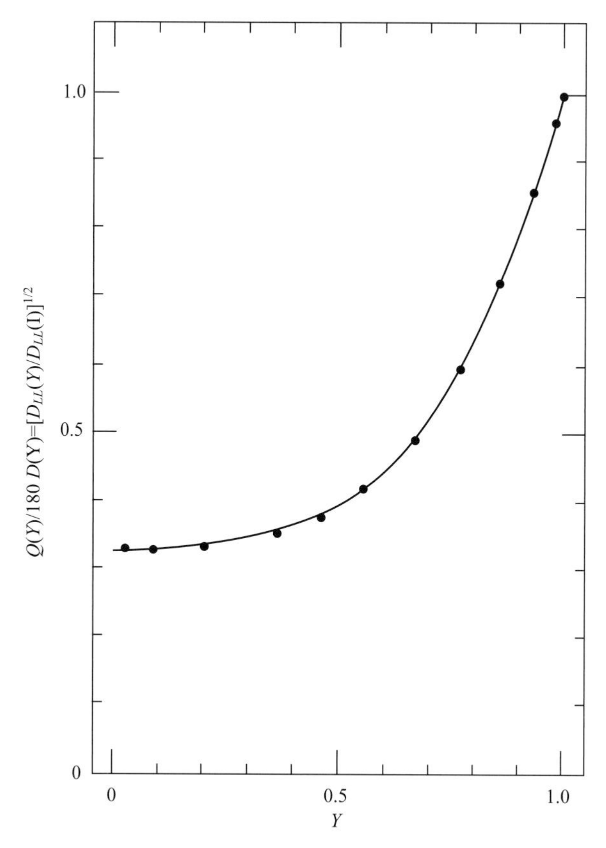

图 9.3.16　式(9.3.38a)中的系数 $Q(Y)/180D(Y)$ (Schulz and Lanzerotti, 1974)

在地球表面测量到的磁场变化与在空间测量到的磁场变化是不同的。地球是一个导体，在理想情况下，在地表面，有

$$\dot{B}_r = 0 \tag{9.3.39}$$

由式(8.1.20)～式(8.1.22)可以求得地球表面的磁场变化为

$$\dot{B} = e_\theta(\dot{R}_{\mathrm{P}} / R_{\mathrm{P}})(R_{\mathrm{E}} / R_{\mathrm{P}})^3 \times \left(\frac{9}{2} B_1\right) \sin\theta \tag{9.3.40}$$

在推导中略去了与 φ 相关的因子。于是式(9.3.38a)中磁场扰动密度 $B_Z(\omega/2\pi)$ 与在地面测量到的磁扰动谱密度关系为

$$B_\theta\,(\Omega_{\mathrm{d}}/2\pi) \sim (9/4)\ \sin^2\theta B_z\,(\omega/2\pi) \tag{9.3.41}$$

假定一系列随机发生的磁脉冲中每一个脉冲的磁场瞬时跃变为 ΔB_θ，指数衰减的特征时间为 τ_{d}，脉冲系列的持续时间(相互作用时间)为 τ，可以证明其谱密度为

$$B_\theta(\Omega_{\mathrm{d}} / 2\pi) = \frac{2(\tau_{\mathrm{d}}^2 / \tau)\sum(\Delta B_\theta)^2}{1 + \Omega_{\mathrm{d}}^2 \tau_{\mathrm{d}}^2} \tag{9.3.42}$$

其中，$\sum(\Delta B_\theta)^2$ 是所有磁场突然增加的平方和。当 $\Omega_{\mathrm{d}}^2\tau_{\mathrm{d}}^2 \gg 1$时，即粒子的漂移周期比脉冲的特征衰减时间小得多时，有

$$B_\theta\left(\Omega_{\mathrm{d}}/2\pi\right)\sim\left(\frac{2}{\Omega_{\mathrm{d}}^2\tau}\right)\sum\left(\Delta B_\theta\right)^2 \tag{9.3.43}$$

由式(9.3.43)看到，$B_\theta(\Omega_{\mathrm{d}}/2\pi)$ 与 Ω_{d}^{-2} 成正比。表 9.3.3 给出了 1958～1961 年中在地球表面赤道附近对磁脉冲幅度的观测结果。如果把表中每一行中磁脉冲发生的频次乘以相应的幅度，就得到

$$\left(\frac{1}{\tau}\right)\sum(\Delta B_\theta)^2=5.11\times10^4\gamma^2\ 年^{-1}$$

于是对于 $\Omega_{\mathrm{d}}^2\tau_{\mathrm{d}}^2\gg1$，急始和急脉冲产生的径向扩散系数为

$$D_{LL}\sim10^8(R_{\mathrm{E}}/R_{\mathrm{P}})^2L^{10}(\mathrm{d}^{-1})\sim10^{-10}L^{10}(\mathrm{d}^{-1}) \tag{9.3.44}$$

计算中假定 $R_{\mathrm{P}}=10R_{\mathrm{E}}$，$\sin\alpha_0=1\,(Y=1)$。径向扩散系数 D_{LL} 对 L 有很强的依赖关系。但是由于在粒子漂移频率 $\Omega_{\mathrm{d}}/2\pi$ 处的功率谱密度正比于 Ω_{d}^{-2}，所以扩散系数与粒子种类和能量无关。如果同时考虑地面磁场和卫星磁场测量，扩散系数为(Tverskoy, 1965)

$$D_{LL}\sim(4\sim13)\times10^{-9}L^{10}(\mathrm{d}^{-1})$$

表 9.3.3　1958～1961 年磁脉冲幅度的测量值(急始和急脉冲)

幅度 ΔB_θ/Gs	频次/(次/年)
＞100	0.5
60～99	1.8
40～60	2.3
20～40	21
5～20	61
～2	720
总　数	～800

由地磁记录图直接确定急始和急脉冲发生频次的方法有一定的主观性。为了避免这种人为的误差，可以直接将磁力仪记录进行谱分析。

图 9.3.17 给出了一个这样得到的磁场扰动功率谱的例子。在 $\Omega_{\mathrm{d}}/2\pi\leqslant40$ mHz 范围的谱为

$$B_\theta(\omega/2\pi)\sim1.0\times10^{-2}[(2\pi/\omega)/s]^2\ (\mathrm{Gs}^2/\mathrm{Hz}) \tag{9.3.45}$$

将式(9.3.45)代入式(9.3.38b)和式(9.3.41)，假定 $R_{\mathrm{P}}=10R_{\mathrm{E}}$，得到由这个谱产生的赤道粒子径向扩散系数：

$$D_{LL}\sim1.2\times10^{-8}L^{10}\ (\mathrm{d}^{-1}) \tag{9.3.46}$$

我们看到，由式(9.3.46)计算的值比由式(9.3.44)计算的值大 100 倍，所以用不同方法确定的扩散系数的离散程度很大。

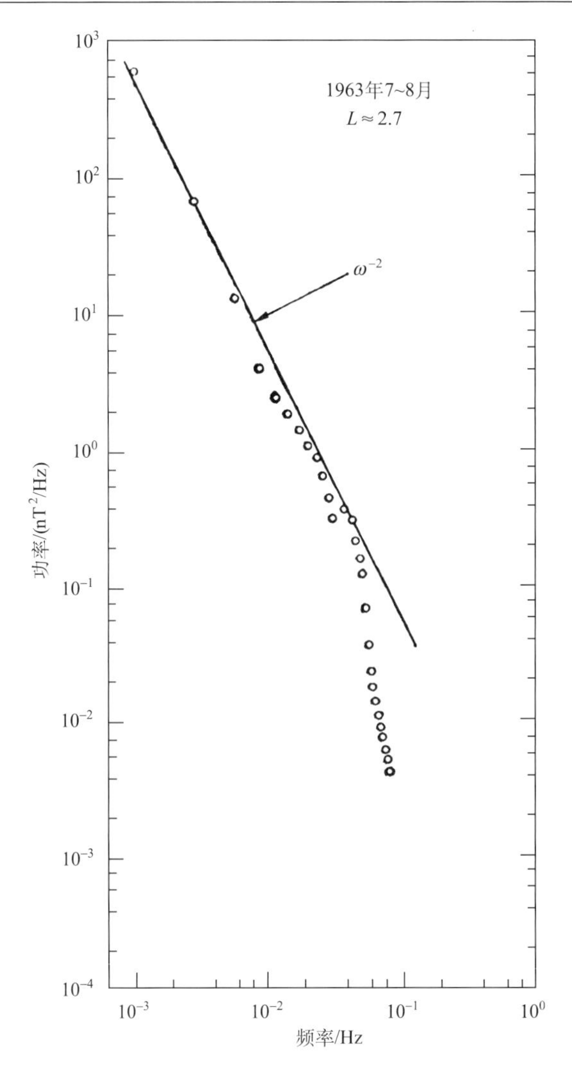

图 9.3.17　1～200 mHz 磁场扰动的功率谱(Davidson, 1964)

在磁层亚暴期间，大尺度对流电场扰动也有突然增强和缓慢恢复的特性，因而也会引起粒子的径向扩散。Cornwall (1968)认为电场的突然增强引起的粒子非对称运动与磁场扰动引起的漂移类似。当电场突然增强而后缓慢地恢复到初始值时，原来在同一个漂移壳上的粒子就分布在不同的漂移壳上面了。若在一个长时间内电场的扰动随机地重复了许多次，粒子就经历了一个径向的扩散过程。径向扩散系数 D_{LL} 由与粒子漂移频率相同的扰动频谱分量来决定，假定其相应的电场强度为 E，单一脉冲指数衰减时间尺度为 T，扩散系数可写为

$$D_{LL}=\frac{c^2E^2}{4B^2}L^6\left[\frac{T}{1+\left(\Omega_{\mathrm{d}}T/2\right)^2}\right] \tag{9.3.47}$$

当 $\Omega_{\mathrm{d}}T/2\gg 1$ 时，就是在粒子的漂移周期比电场的特征衰减时间小得多时，有

$$D_{LL}=\frac{c^2E^2}{4B^2}L^6\frac{4}{\Omega_{\mathrm{d}}^2T} \tag{9.3.48}$$

扩散系数与粒子漂移频率的平方成反比。取 E=0.28 mV/m，T=1600 s，可以得到(Tomassian et al., 1972)

$$D_{LL}=6.82\times10^{-5}L^6\left[1+\left(\frac{\pi T}{T_{\mathrm{d}}}\right)^2\right]^{-1}\ (\mathrm{d}^{-1}) \tag{9.3.49}$$

式中，$T_{\mathrm{d}}=2\pi/\Omega_{\mathrm{d}}$。静电脉冲产生的 D_{LL} 值依赖于粒子的种类和能量。由于电场扩散与磁场扩散对 L 的依赖关系不同，对于辐射带粒子，在 $L<5$ 的空间范围，可能电场扩散是主要的，对于较大的 L 值，可能磁场扩散是主要的。

9.4　辐射带平衡结构的理论计算

9.4.1　辐射带电子的平衡分布

Lyons 和 Thorne (1973) 利用电子的径向扩散和投掷角扩散计算了辐射带电子的平衡分布。假设 $L<5$ 的辐射带区域是由磁层亚暴期间等离子体层顶增长的电子通量向内扩散形成的。径向扩散系数主要由磁层亚暴期间对流电场的扰动决定。磁层亚暴使得电子连续不断地向内扩散，而投掷角散射又使电子进入损失锥，最后损失在地球大气中。

在 $L<1.25$ 的空间，经典库仑散射决定了投掷角散射过程。在较高的 L 值，低频嘘声(hiss)引起的投掷角扩散是主要的。对于辐射带电子，径向扩散提供了连续的源，而投掷角扩散提供了连续的汇。

由源和汇的平衡，也就是电子向内的扩散与沉降损失的平衡，可以得到辐射带电子的平衡结构。方程的外边界取为在平静时期等离子体层顶的平均位置 L 为 5～6，取边界处的电子谱为实际测量到的典型谱。这个边界实际上是辐射带高能粒子源的位置，若考虑径向扩散和投掷角扩散的相互影响，问题将变得很复杂。

为了简化，假定径向扩散和投掷角扩散的机制是无关的，即 $\Delta L\Delta\cos\alpha_0$ 的长时间平均为零，因而可以把径向扩散和投掷角扩散分开处理。在投掷角扩散中假设能量是不变的，在径向扩散中假设磁矩 μ 和纵向积分不变量 J 是守恒的。这样在相空间中稳定的粒子分布函数 f 满足下述方程(Walt, 1970)：

$$L^2\frac{\partial}{\partial L}\left(D_{Ll}L^{-2}\frac{\partial f}{\partial L}\right)=f/\tau \tag{9.4.1}$$

其中，τ 是沉降损失时间。假定分布函数 f 满足归一化条件：

$$\int f(x,p)\mathrm{d}^3p=N(x) \tag{9.4.2}$$

其中，$N(x)$ 是粒子的空间分布数密度。为了同观测值比较，需要利用 $J=p^2f$，$p=(2mB\mu)^{1/2}\sim L^{-3/2}$，把分布函数化为电子的微分通量。

由库仑碰撞和哨声模湍动决定的电子寿命示于图 9.4.1 中，(a)～(c) 相应电子的磁矩

μ 分别为 3 MeV/Gs、30 MeV/Gs 和 300 MeV/Gs (Lyons and Thorne, 1973)。

由图看到，在内辐射带，电子的库仑碰撞损失是主要的；在等离子体层的槽区域，哨声散射是主要的。

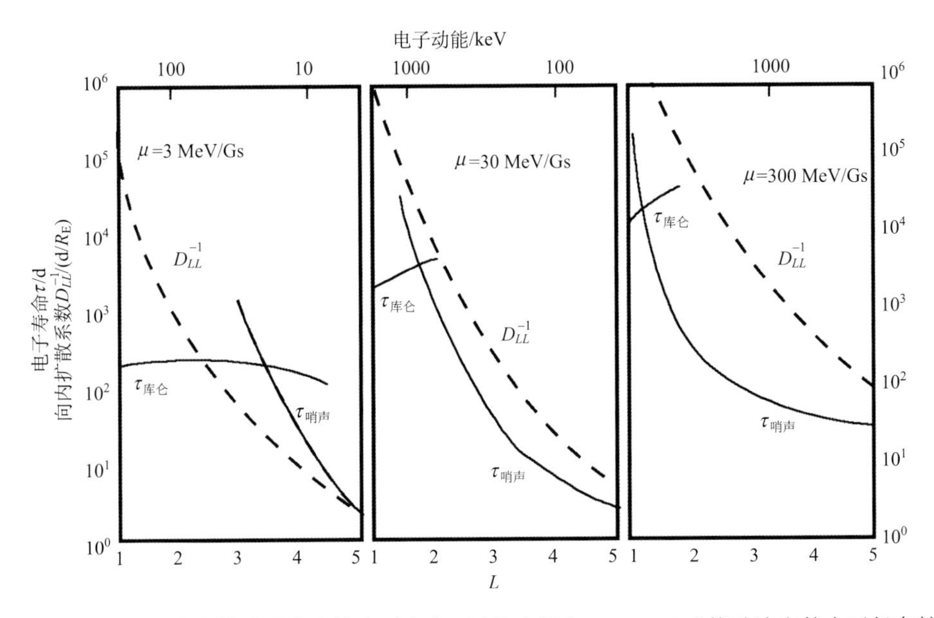

图 9.4.1 库仑散射和哨声模湍动决定的电子寿命 τ 以及电场(E=0.1 mV/m)扰动决定的电子径向扩散系数 D_{LL} 随地心距离 L 的变化(Lyons and Thorne, 1973)

由于在平静时期，电子由等离子体层顶(L 为 5～6)向内辐射带中心($L\leqslant 2$)径向输运的时间尺度是几个月或几年，所以为了得到平衡通量剖面，需要扰动电场和哨声模的长期的平均值。但是平均的电场功率谱的数据是很有限的。一些观测表明，电场幅度在 0.1～0.3 mV/m，自相关时间约为 1 h。在估计投掷角扩散和径向扩散的计算中取 $E(L)$=0.1 mV/m，T=3/4 h。等离子体层嘶声的典型观测值在 5×10^{-3}～50×10^{-3} nT，计算中取 $B_w=10\times10^{-3}$ nT。取等离子体层顶的位置为 L=5.5，该处平均源的能谱取平静时的观测值(Pfitzer and Winckler, 1968)。

辐射带电子的平衡分布的计算结果见图 9.4.2。

理论结果清楚地表明，在几百 keV 能量以上，电子通量呈现内外辐射带的结构，这与平静时的观测结果一致。这一计算说明电子的内外辐射带的结构是由径向扩散与投掷角扩散的平衡来维持的。

图 9.4.3 给出了计算得到的具有不同能量和不同磁矩的电子微分通量径向变化。高的内辐射带通量是向内扩散的具有较低磁矩($\mu\leqslant 10$ MeV/Gs)的电子产生的，这些电子在 L 较大的区域只受到较小的湍动散射损失。内外辐射带之间的槽是由 $\mu\geqslant 10$ MeV/Gs 的电子很容易与等离子体层嘶声共振以致在槽区域损失而引起的。对于较高能量的电子，外辐射带通量峰值移到了等离子体层顶以内，这是由于这些电子在外辐射带受到投掷角扩散损失较小。

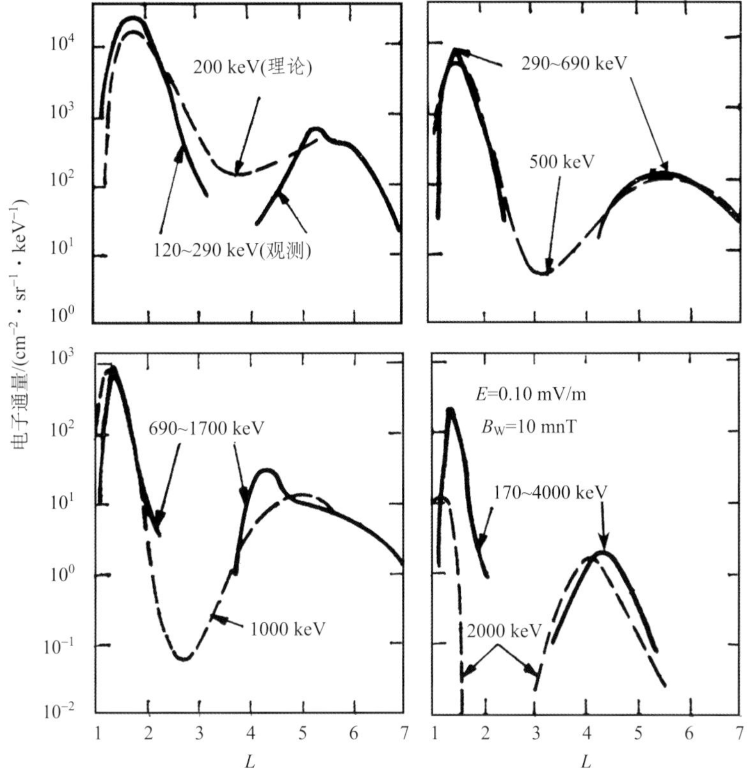

图 9.4.2　理论计算出的电子通量径向变化(虚线)与太阳黑子极小年平静时实测径向变化(实线)的比较(Lyons and Thorne, 1973)

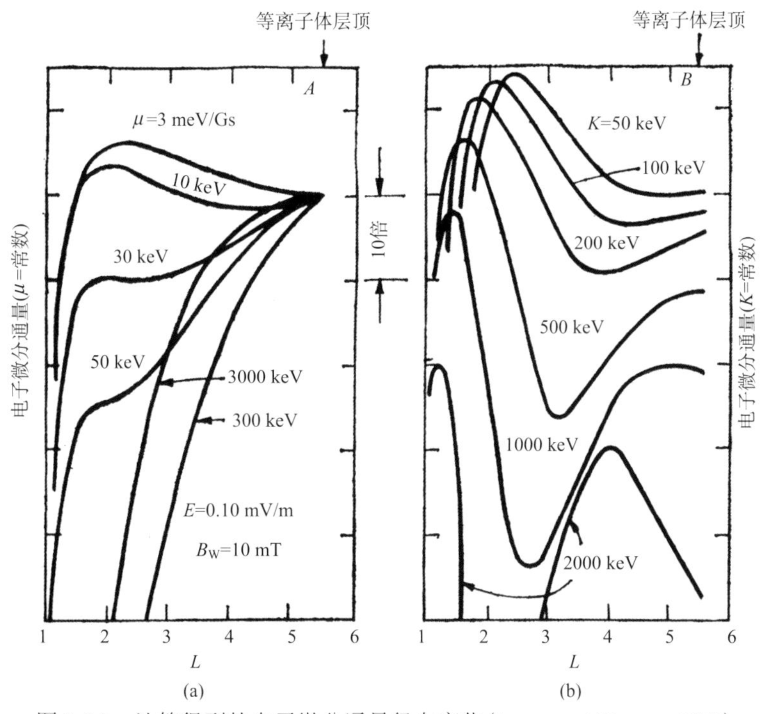

图 9.4.3　计算得到的电子微分通量径向变化(Lyons and Thorne, 1973)

9.4.2 辐射带质子的平衡分布

Nakada 和 Mead (1965) 计算了外辐射带质子的平衡分布。假设在 L=10 有高能质子源(E＞100 keV)，一方面磁场扰动驱动质子向内扩散，另一方面质子与大气粒子碰撞导致投掷角扩散，使质子损失在大气中。由向内的扩散与碰撞损失的平衡求得通量的径向分布。选用式(9.3.44)计算扩散系数。

图 9.4.4 示出了理论计算结果与实测结果的比较。曲线旁的参数 1，2，3，…，7 分别表示质子能量 E_p≥98 keV，134 keV，168 keV，268 keV，498 keV，988 keV，1690 keV。理论曲线已被调整，使得最低能挡的峰值与实测值相同(Nakada and Mead, 1965)。由图看到，计算结果与观测结果定性地一致。这说明外辐射带质子通量峰值是由径向扩散与碰撞损失平衡来决定的。实测和计算曲线的主要区别在于观测到的峰值比计算出的峰值位于较小的 L 值。Nakada 和 Mead (1965) 发现，若令扩散系数 D_{LL} 增加 8 倍，可以使观测值和计算值重合。

如果用式(9.3.46)预计的扩散系数，而且考虑较低能量的质子受到的由于投掷角扩散引起的损失，就可以更好地解释外辐射带的质子通量的峰值。

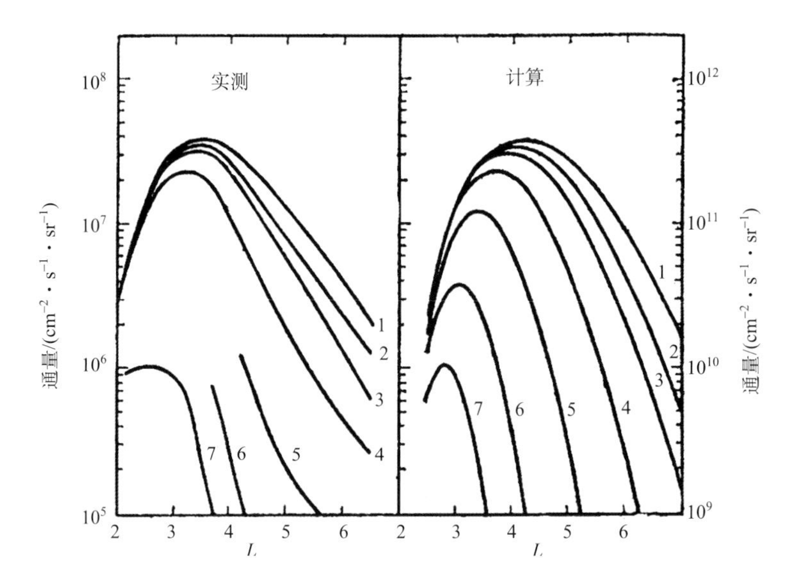

图 9.4.4 理论计算出的辐射带质子积分通量与实测值的比较(Nakada and Mead, 1965)

内辐射带的质子主要是由宇宙线反照中子衰变源提供的(Freden and White, 1960)。图 9.4.5 示出了用这一反照中子衰变源给出的内辐射带中心高能质子的能谱与实测值的比较，实线是由宇宙线反照中子衰变源理论计算的能谱，虚线为实测值(Freden and White, 1960)。

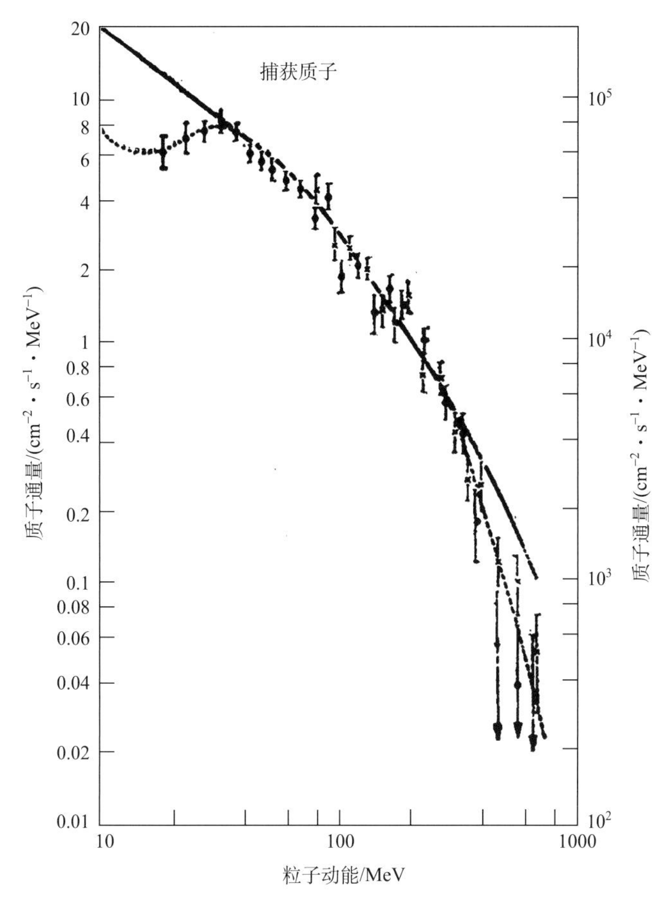

图 9.4.5　内辐射带中心高能质子能谱的计算值和实测值的比较(Freden and White, 1960)

9.5　南大西洋异常区

南大西洋异常区(South Atlantic Anomaly，SAA)，又称南大西洋辐射异常区，是位于南美洲东侧南大西洋的地磁异常区域，较相邻近区域的磁场强度弱，约是同纬度正常区磁场强度的 1/2，故属负磁异常区，覆盖范围遍及南美洲南部及南大西洋海域。它是地球上面积最大的磁异常区。若地球偶极场中心与地心重合，则磁场强度等值线是水平方向的。南大西洋异常区域涉及纬度范围 10°N～60°S、经度范围 20°E～100°W，区域中心大约在 45°W，30°S 处，因它处于巴西附近，所以又称为巴西磁异常。

如果将地磁场的势进行球谐展开后，地球磁场可以用一个偶极场来近似，但在较低高度上，高阶项起重要作用，使近地表磁场显著偏离偶极场。此外，地磁场的偶极轴相较于地球自转轴有一定的倾斜角度，并且偶极场的中心相对地心有所偏移，造成地表所在的球壳不是关于偶极场中心对称分布的。图 8.1.3 和图 9.5.1 给出了地球表面地磁场强度等值线。磁场强度的单位为 nT。可以看出，在南大西洋附近存在地球表面地磁场强度比附近都弱的区域，称为南大西洋异常区。

需要指出的是,南大西洋异常区的形状及大小随时间不断改变。自从 1958 年发现后,该区域的南方边缘位置并无太大改变,但是这一区域不断地向西北、北、东北及东扩张(图 9.5.1)。图 9.5.2 给出了依据国际地磁参考模型(IGRF)和全球球谐磁场模型(GUFM)南大西洋异常中心磁场强度的长期变化。可以看出,南大西洋异常区的磁场强度在过去 170 年期间一直处于缓慢下降的趋势。因此,辐射带粒子在南大西洋异常区的通量随磁场变化的不同而缓慢改变。

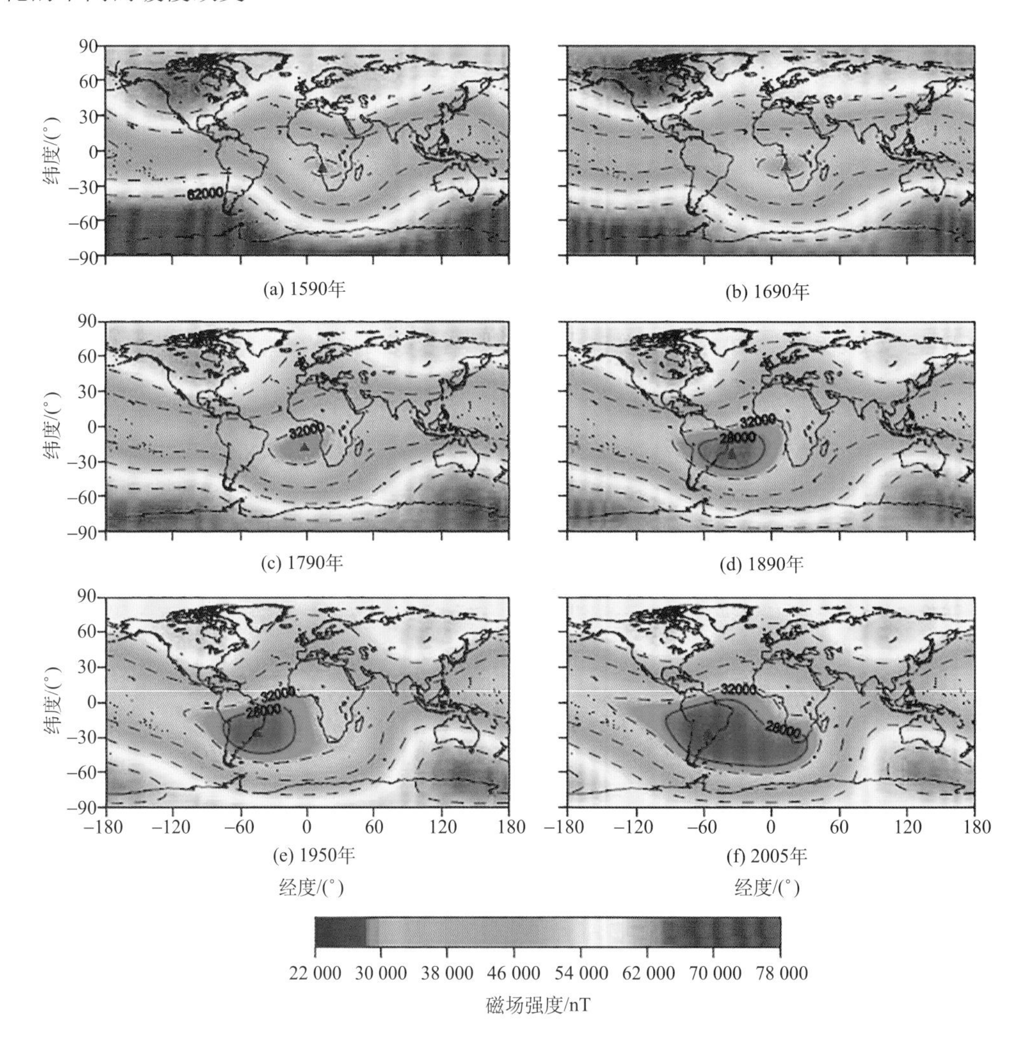

图 9.5.1　地球表面地磁场强度等值线(Hartmann and Pacca, 2009)

由于南大西洋磁异常区是负磁异常区,空间高能带电粒子环境分布改变,尤其是内辐射带在该区的高度明显降低,其最低高度可降到 200 km 左右,造成辐射带的南大西洋异常区。南大西洋异常区是地球上地磁最弱的区域,地球辐射带在该区域上空形成一凹陷部分,辐射带粒子可以到达更为接近地球表面的位置,常常导致穿越该区域上空的人造卫星受粒子影响而出现运作异常。

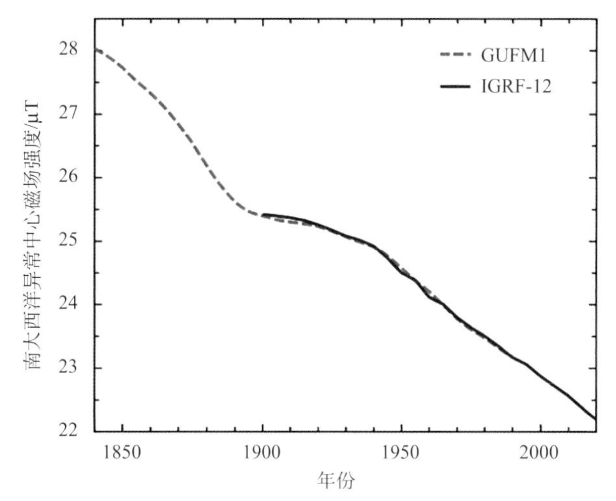

图 9.5.2　1840～2020 年间南大西洋异常中心磁场强度的变化

https://en.wikipedia.org/wiki/South_ Atlantic_Anomaly#/media/File:SAA_field_intensity.svg

南大西洋异常区中心纬度为 35°～40°，恰好是 L_{shell}=1～2 的磁力线的足点所在纬度。地球内辐射带位于 L_{shell}=1～2 的壳层中，当内辐射带的带电粒子漂移到西经 60°附近，在向南半球的磁镜点弹跳运动时，会遇到南大西洋异常区。由于粒子的动能守恒和第一绝热不变量守恒，投掷角会减小，内辐射带的高能带电粒子可以继续沿磁力线弹跳到更低的高度。

如果一个粒子的赤道投掷角 α 接近 0°或 180°(即与磁场平行)，那么它的镜点就会落在地球的表面下面(实际上，由于稠密的大气，如果粒子的镜点位于 100 km 以下即认为粒子损失)，这个粒子将在完成一个完整的弹跳运动周期之前损失掉。因此，赤道投掷角小于 α 的粒子都将以这种方式损失，形成一个损失的双端锥，从零度到赤道投掷角 α, 从 180°到 180°$-\alpha$。这个集合被称为“弹跳损耗锥”或“损耗锥”。

图 9.5.3 给出了用 IGRF 1995 模型计算得出的南大西洋异常区具体结果。磁力线上的点是不同赤道投掷角的粒子在南、北半球的磁镜点，点旁边的数字表示粒子的赤道

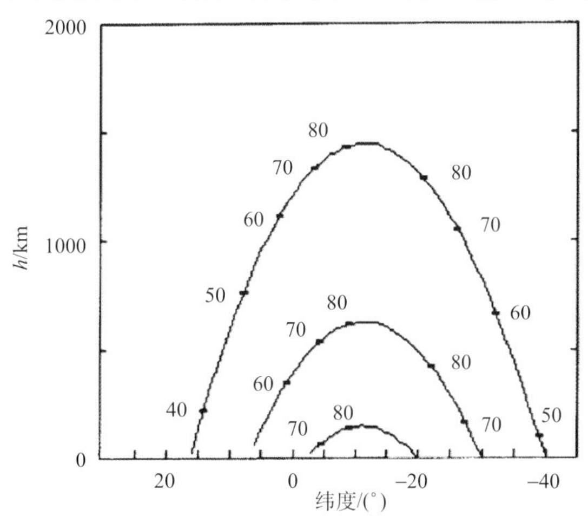

图 9.5.3　由 IGRF 1995 模型计算的西经 60°处，从南纬 20°、30°和 40°发出的磁力线位形(Heirtzler J R, 2002)

投掷角。如图 9.5.3 所示，根据 IGRF 1995 模型，对于从南纬 40°发出的磁力线，赤道投掷角为 60°的粒子在北半球的磁镜点位于 300～400 km 高度，但在南半球，这些粒子可以沿磁力线向下弹跳运动到更低高度，碰到大气层发生沉降(Heirtzler, 2002)。在从西经 60°、南纬 40°发出的磁力线上，根据对北半球磁镜点高度的计算，赤道投掷角小于 45°的带电粒子会碰到大气层，发生沉降损失；但在南半球，赤道投掷角小于 60°的粒子就沉降损失掉了。

图 9.5.4 给出了 L_{shell}=2 处，不同经度的带电粒子的赤道损失锥(弹跳损失锥，深灰色区域)与漂移损失锥。由于地球磁场的不均匀性，不同经度有不同的赤道损失锥。在南大西洋异常区附近，地球磁场较弱，赤道损失锥变大。

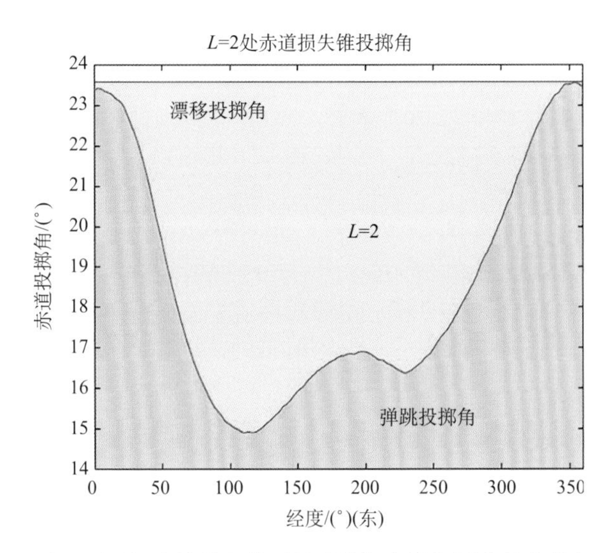

图 9.5.4 L_{shell}=2 处，不同经度的带电粒子的赤道损失锥与漂移损失锥(Bucik et al., 2005)

带电粒子通量在南大西洋异常区以外的经度，只能看到深灰色阴影区域的粒子发生沉降损失；而所有浅灰色阴影覆盖区域的粒子漂移运动到在南大西洋异常区时都会发生沉降损失，这就是漂移损失锥。

因此，在南大西洋异常区上空，会在几百千米至几千千米的较低高度上观测到带电粒子通量异常增强。根据 AE-8 和 AP-8 模型，得到在距地球表面 500 km 高度处，地球辐射带模型大于 1 MeV 电子和大于 10 MeV 质子的通量强度，如图 9.5.5 所示，可以看出，在南大西洋异常区的电子和质子通量显著增强。

南大西洋异常区上空高通量的带电粒子，会对经过这块区域的近地空间飞船造成危害，其中最频繁发生的事故是单粒子反转事件。典型示例是对 Topex/Poseidon 飞船单粒子反转事件的统计，如图 9.5.6 所示。图中黑点是 Topex/Poseidon 飞船发生单粒子反转事件的地方。实线为飞船运行高度 1340 km 处地磁场强度等值线(Heirtzler, 2002)。Topex/Poseidon 飞船的运行高度约为 1340 km，在 1992～1998 年期间，282 个单粒子反转事件发生在南大西洋异常区范围内(事件发生频率从数个每周至数个每月)；相较其他区域，事故发生更为密集。

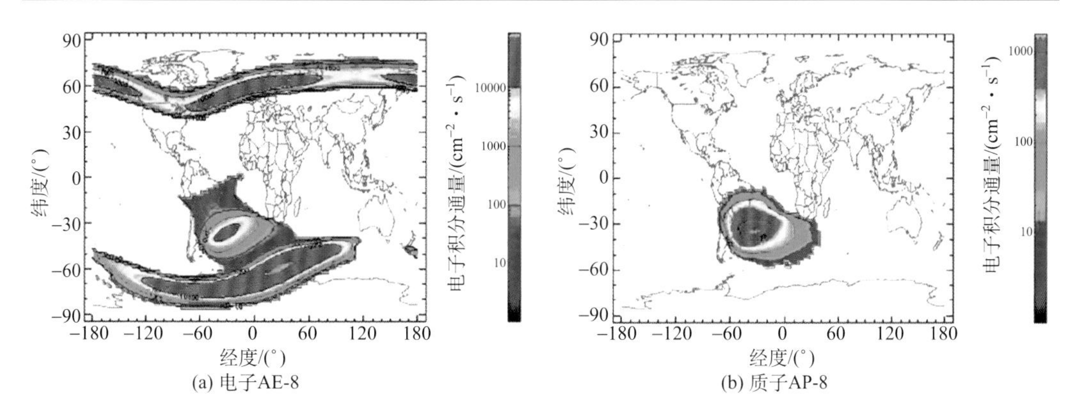

图 9.5.5　500 km 高度处，地球辐射带模型显示的大于 1 MeV 电子和大于>10 MeV 质子的通量强度

https://www.spenvis.oma.be/help/background/traprad/traprad.html

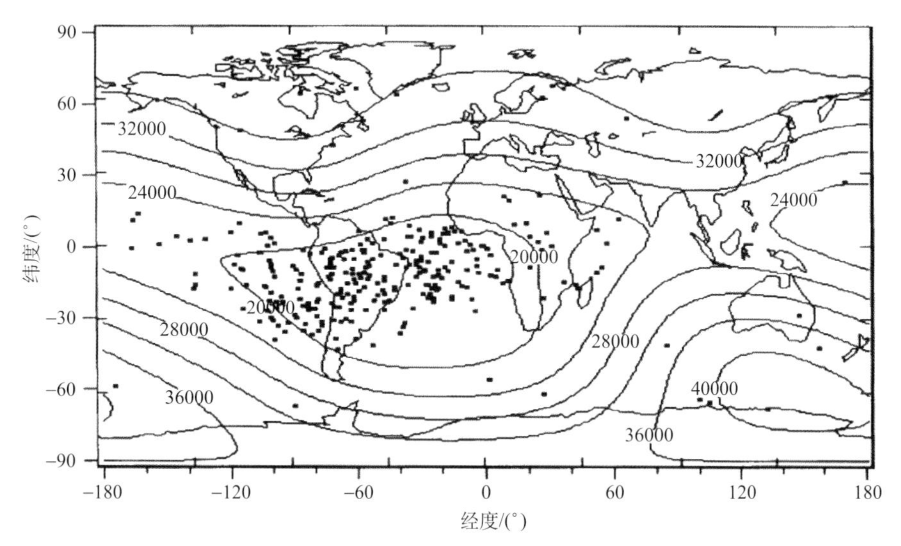

图 9.5.6　对 Topex/Poseidon 飞船单粒子反转事件的统计(Heirtzler, 2002)

9.6　辐射带的动态变化

地球辐射带是地球磁层内高强度的高能带电粒子的被捕获区域，它主要由内、外两条辐射带组成。内辐射带是一个相对稳定的带，位于距地心 $2.5R_E$ 以内的区域，中心位于 $L=1.5R_E$，主要成分为 1～100 MeV 的质子，由宇宙线反照中子衰变产生。外辐射带位于 $3\sim7R_E$ 的范围，主要由约 100 keV 到几 MeV 的电子组成，而且外辐射带非常不稳定，在强磁暴期间其内边界可以侵蚀到 $2R_E$ 的地方。外辐射带主要成分为能量 $E<10$ MeV 的电子，中心位于 $L=4\sim5R_E$。

通常内外辐射带之间存在一个粒子辐射通量很低的槽区(slot region)，平静时位于 $2.5R_E$ 附近。一般认为内、外辐射带之间的槽区是近地严重的辐射环境中的一个相对安全区域。这是由于等离子层顶产生的哨声波在槽区引起很强的粒子投掷角散射，因而粒子不容易被捕获，形成了一个低辐射通量的区域。辐射带的槽区曾被看成是非常适合航天器运行的安全区域，被称为安全岛，因此不少航天器选择辐射带的槽区或者槽区边缘作为运行轨道，其中大多数的中轨道卫星(middle earth orbit, MEO)，如大量的军事侦察卫星、商业通信卫星、GPS 卫星，都运行在此区域。

近年来一系列的卫星观测数据表明实际的辐射带环境远比静态描述的复杂得多。每一次大的磁暴过程后，辐射带的覆盖范围、中心位置以及粒子辐射通量的强度都会发生变化。地球外辐射带随着太阳风、行星际磁场条件和地磁活动而动态地变化。在剧烈太阳活动和地磁扰动期间，将出现灾害性的空间天气，如高能电子暴事件，太阳质子事件，槽区高能粒子注入和瞬时性新辐射带事件(包括相对论电子带和第二质子带)，能量电子和离子注入事件等。

图 9.6.1 显示的是北京大学空间物理与应用技术研究所研制的安装在中巴资源卫星上的探测器观测到的辐射带在 2015 年全年的动态变化过程：高能电子在内辐射带、外辐射带和辐射带槽区的时间空间演化。(a)、(b)是两类不同能量的电子辐射带的长期变化。高能电子暴事件是指外辐射带中能量约为几百 keV 到几 MeV 的相对论电子通量增强，主要发生在强磁暴期间。瞬时辐射带事件是指大磁暴期间在内外辐射带之间的槽区形成了新的辐射带，既有高能质子，也有能量高于几 MeV 的相对论电子。电子带可持续几个月左右，质子带可以持续更长的时间，为 2～3 年。

外辐射带是一个随时间和空间不断变化的动态环境。辐射带的覆盖范围、中心位置以及粒子辐射通量强度，受太阳活动和地磁扰动影响，不停地发生改变。揭示辐射带粒子加速过程和辐射带动态变化过程，建立准确的辐射带的动态演化模型是当前空间天气和空间物理领域的焦点课题之一。

太阳爆发时喷射出来的等离子体结构及大尺度南向行星际磁场与磁层相互作用，会引起地磁场较长时间的强烈扰动，产生地磁暴。大磁暴多数出现在日冕物质抛射发生频繁的太阳活动高年。在太阳活动的下降期，许多中小型磁暴有明显的 27 天重现性，这一类磁暴是与行星际共转相互作用区密切相关的。磁暴期间磁层高能粒子的动力学变化引起粒子通量突增或减小，以及它们在磁层空间分布的变化，从而使辐射带辐射通量和位置发生变化。由于太阳风/行星际驱动条件的不同，磁暴时辐射带槽区注入的表现也有明显的不同，图 9.6.2 显示两类不同的辐射带槽区注入。高能电子又称为“杀手电子”，图中显示高能电子在内辐射带、外辐射带和辐射带槽区的时间空间演化。(a)、(b)是两类不同新辐射带(槽区注入)的形成。

辐射带的动态变化伴随的空间天气具有严重的灾害性效应。航天器遭遇高能粒子，面临严重的辐射损伤的威胁。当高能粒子(电子、质子和重离子)撞击到航天器时，会在微电子器件上留下电离轨迹。这些高能粒子的撞击与电离作用可以摧毁航天器的电子部件和存储系统，同时也可能破坏卫星内部的半导体部件，因而导致卫星的太阳能电池损坏、光学追踪系统混乱、卫星逻辑控制系统出现错误。这些干扰轻则导致卫星的非正常工作，重则可能导致卫星报废。同时这样的高能质子和重离子还可能对宇航员造成严重的辐射损伤，极大地威胁着宇航员的安全。地球空间中能量很高的电子(MeV 电子，又

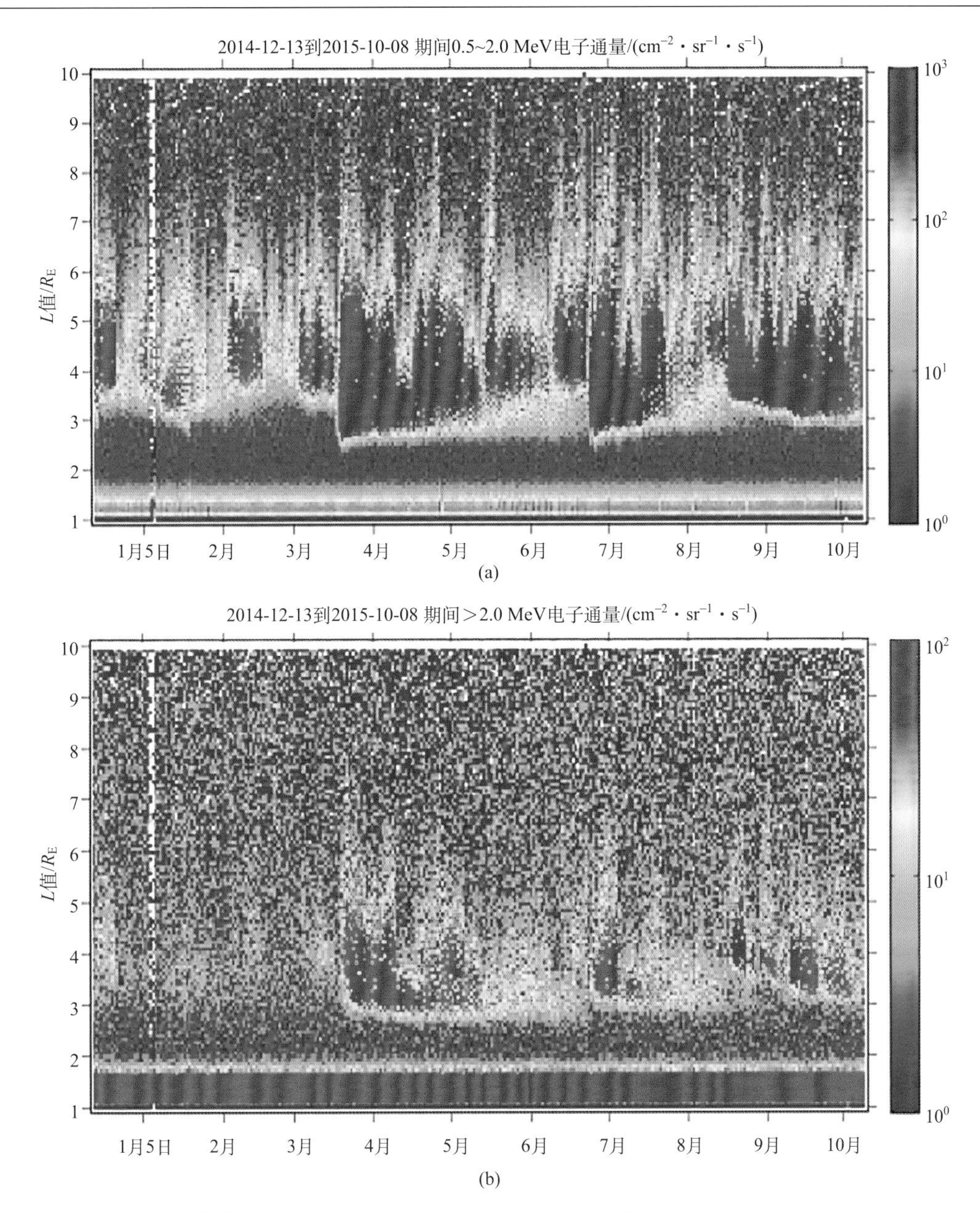

图 9.6.1　北京大学安装在中巴资源卫星上探测器观测到的辐射带在 2015 年全年的动态变化过程

称为相对论电子)经常造成航天器的严重毁坏。它们可以直接穿透航天器外部的屏蔽层，沉积在电介质内，如同轴电缆或电子线路板等器件。这些电荷产生的电场有可能超过介质的击穿阈值，产生静电放电，从而造成航天器某些部件的损毁，最终导致航天器完全失效。近年来多起航天器的永久失效大多数是高能电子在航天器内部产生的静电充电和放电所引起的，因此高能电子又被称为卫星的“杀手”电子。

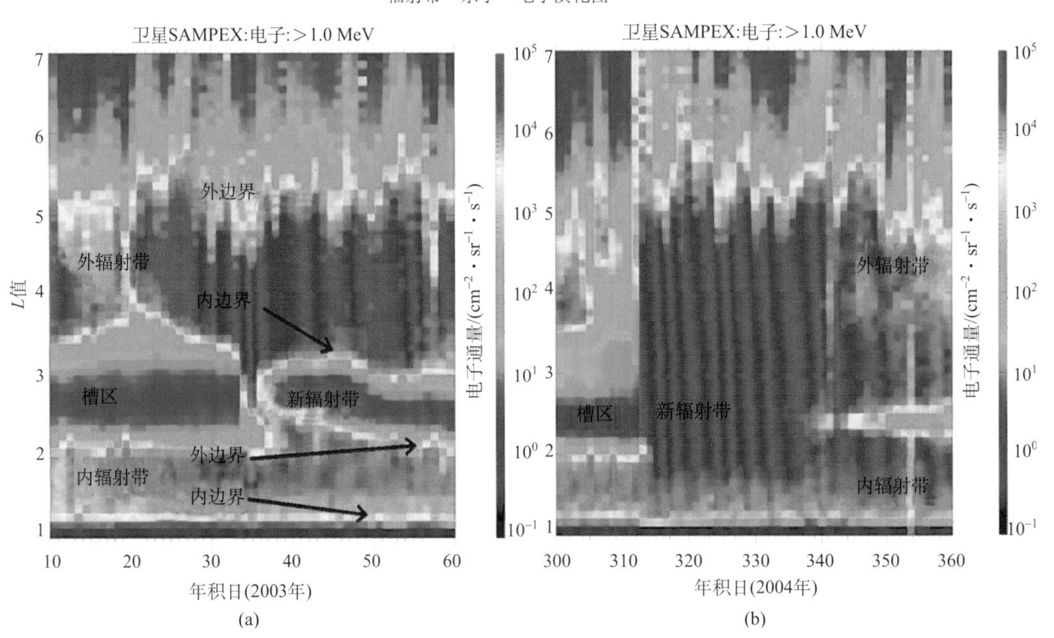

图 9.6.2　SAMPEX 卫星观测到的辐射带边界动态变化过程(Zong et al., 2013)

内磁层中的外辐射带主要包含 100 keV 到几 MeV 的电子。在地球辐射带动力学中，相对论电子(>1 MeV)有着至关重要的空间天气效应。 在绝大多数磁暴中，电子通量变化非常大。对于任意给定强度的磁暴(用 D_{st} 指数来衡量)，MeV 电子通量可以在一个非常宽的范围内变化。然而，相对论电子通量增强和可以影响通量的参数(如太阳风参数、地球活动指数)之间的关系尚未被完全理解。

对应于这种复杂性，有几种外辐射带相对论电子产生的机制，这些机制被分为两类：一类机制仅依赖于源的增长和/或径向输运(例如，在 D_{st} 效应中，通量面的径向运动会加速或减速电子)，另外一类机制与磁层内的“源”或内部加速机制(例如，由于与超低频波 ULF 或甚低频波 VLF 波相互作用而产生的径向输运)有关。从 20 世纪 60 年代起，就有研究指出径向扩散对于外辐射带动力学是一种非常重要的机制。

磁暴时辐射带内相对论电子的损失包括：绝热冷却效应(又称 D_{st} 效应)，损失到磁层顶之外或在地磁暴期间由于波粒相互作用沉降到电离层。为了进一步定量地研究外辐射带的动力学，Baker 等(2004)使用了一个名为辐射带电子总含量(RBC)指数的概念来研究地磁暴期间外辐射带相对论电子对太阳风和地磁指数的响应。RBC 指数表示外辐射带 1.5～6.0 MeV 电子的总数的变化。另外，由于磁层顶屏蔽效应引起的太阳风动压变化可以使外辐射带的相对论电子通量快速下降，因此，磁层顶应该是影响外辐射带位置的主要因素之一。

参 考 文 献

Baker D N, Kanekal S G, Blake J B. 2004. Characterizing the Earth’s outer Van Allen zone using a radiation belt content index. Space Weather, 2(2): 17-24.

Brewer H R, Schulz M and Eviatar A. 1969. Origin of drift-periodic echoes in outer-zone electron flux. Journal of Geophysical Research, 74: 159.

Brown W L. 1968. Energetic outer belt electron at synchronous altitude. In: McCormac B M (ed.) Earth's Particles and Fields. New York: Reinhold. 33.

Bucik R, Kudela K, Dmitriev A V. 2005. Review of electron fluxes within the local drift loss cone: Measurements on CORONAS-I. Advances in Space Research, 36(10): 1979-1983.

Cornwall J M. 1968. Diffusion processes influenced by conjugate-point wave phenomena. Radio Science, 3 (New Series): 740.

Davidson M J. 1964. Average diurnal characteristics of geomagnetic power spectra in the period range 4.5 to 1000 seconds. Journal of Geophysical Research, 69: 5116.

Davis L R and Williamson J M. 1963. Low-energy trapped protons. Space Research, 3: 365.

Dessler A J and O'Brien B J. 1965. The radiation particles. In: Satellite Environment Handbook. Stanford: Stanford University Press. 28.

Fairfield D H. 1968. The average magnetic field configuration of the outer magnetosphere. Journal of Geophysical Research, 73: 7329.

Fless W H. 1972. The Earth's Radiation Belt. Berlin, Heidelberg, New York: Springer-Verlag.

Frank L A. 1965. Inward radial diffusion of electrons greater than 1.6 million electron volts in the outer radiation zone. Journal of Geophysical Research, 70: 3533.

Frank L A, Van Allen J A, Hills H K. 1964. A study of charged particles in the Earth's outer radiation zone with explorer 14. Journal of Geophysical Research, 69: 2171.

Freden S D and White R S. 1960. Particle fluxed in the inner radiation belt. Journal of Geophysical Research, 65: 1377.

Hartmann G A, Pacca I G. 2009. Time evolution of the South Atlantic magnetic anomaly. Anais da Academia Brasileira de Ciências, 81 (2): 243-255.

Heirtzler J R. 2002. The future of the South Atlantic anomaly and implications for radiation damage in space. Journal of Atmospheric and Solar-Terrestrial Physics, 64(16): 1701-1708.

Hess W. 1972. Radiation Belt and the Magnetosphere. Moscow: Atomizdat.

Johnsen S. 1965. Satellite Environment Handbook (second edition) Stanford California: Stanford University Press.

Kennel C F, Petschek H F. 1966. Limit on stably trapped particle fluxes. Journal of Geophysical Research, 71: 1.

Lavine J, Vette J. 1970. Models of the Trapped Radition Environment-Volume VI: High energy Protons. Washington D.C.: NASA SP-3024.

Lerche I. 1968. Quasiliner theory of resonant diffusion in the magneto-active relativistic plsam. The Physics of Fluids, 11: 1720.

Lyons L R, Thorne R M. 1973. Equilibrium Structure of radiation belt electrons. Journal of Geophysical Research, 78: 2142.

Lyons L R, Williams D J. 1975. The quiet time structure of energetic (35～560 keV) radiation belt electrons. Journal of Geophysical Research, 80: 943.

Lyons L R, Thorne R M, Kennel C F. 1971. Electron pitch-angle diffusion driven by oblique whistler-model turbulence. Journal of Plasma Physics, 6: 589.

Lyons L R, Thorne R M, Kennel C F. 1972. Pitch-angle diffusion of radiation belt electrons within the plasmasphere. Journal of Geophysical Research, 77: 3455.

McIlwain C E. 1961. Coordinates form mapping the distribution of magnetically trapped particles. Journal of Geophysical Research, 66: 3681.

McIlwain C E. 1963. The radiation belts, natural and artificial. Science, 142(3590): 355-361.

Mihalov J D, White R S. 1966. Energetic electron spectra in the radiation belts. Journal of Geophysical Research, 71: 2217.

Nakada M P, Mead G D. 1965. Diffusion of protons in the outer radiation belt. Journal of Geophysical Research, 70: 4777.

Nakada M P, Dungey J W, Hess W N. 1965. On the origin of outer-belt protons. Journal of Geophysical Research, 70: 3529.

Paulikas G A. 1975. Precipitation of particles at low and middle latitudes. Reviews of Geophysics, 13: 709-734.

Paulikas C A, Blake J B. 1982. High energy particles in the magnetosphere. Solar System Plasmas and Fields.

Pfitzer K A, Winckler J R. 1968. Experimental observations of large addition to the electron inner radiation belt after a solar flare event. Journal of Geophysical Research, 73: 5792.

Pizzella G, Davis L R, Williamson J M. 1966. Electrons in the Van Allen zone measured with a scintillator on Explorer 14. Journal of Geophysical Research, 71: 5495.

Roederer J G. 1967. On the adiabatic motion of energetic particles in a model magnetosphere. Journal of Geophysical Research, 72: 981.

Roederer J G. 1970. Dynamics of Geomagnetically Trapped Radiation. Berlin, Heidelberg, New York: Springer-Verlag.

Rossi B B, Olbert S. 1970. Introduction to the Physics of Space. New York: Mc Graw-Hill.

Schulz M, Eviatar A. 1969. Origin of drift periodic echoes in outer-zone electron flux. Journal of Geophysical Research, 74: 159.

Schulz M, Lanzerotti L J. 1974. Particle Diffusion in the Radiation Belts. New York: Springer.

Smith P H, Hoffman R A, Bewtra N K. 1975. Ring current distribution as observed by S^3 at quiet times and during magnetic storms. Earth and Space Science News, 56: 618.

Søraas F. 1973. Particle observations in the magnetosphere. In: Cosmical Geophysics. Oslo-Bergen-Tromisö: Universtets-forlaget. 143.

Thorne R M. 1972. The importance of wave-particle interactions in the magnetosphere. Critical Problem of Magnetospheric Physics, (1972): 211.

Thorne R M. 1976. The structure and stability of radiation belt electrons as controlled by wave particle interactions. Magnetospheric Particles and Fields, 8(16): 157.

Tomassian A D, Farley T A, Vampola A L. 1972. Inner-zone energetic-electron repopulation by radial diffusion. Journal of Geophysical Research, 77: 3441.

Tverskoy B A. 1965. Transport and acceleration of charged particles in the Earth's magnetosphere. Geomagnetism and Aeronomy, 5: 517.

Van Allen J A. 1963. Dynamics, composition, and origin of geomagnetically trapped radiation. Space Science, 226.

Van Allen J A, Frank L A. 1959. Radiation around the Earth to a radial distance of 107400 kilometers. Nature (London), 183: 430.

Van Allen J A, Ludwig G H, Ray E C, et al. 1958. Observation of high intensity radiation by satellites 1958 Alpha and Gamma. Jet Propulsion, 28: 588.

Vette J I, Lucero A B, Wright J A. 1966. Inner and outer zone electrons. Nasa Sp-3024, 1: 20.

Voss H D. 1984. Lightning-induced electron precipitation. Nature, 312: 740.

Walt M. 1970. Radial diffusion of trapped particles. In: McCornac B M (ed.) Magnetospheric Particles and Field. Dordrecht: D Reidel Pub Co. 410.

Yuan C J, Zong Q G. 2013. The double-belt outer radiation belt during CME- and CIR-driven geomagnetic storms. Journal of Geophysical Research, 118: 6291-6301.

Zong Q G, Zhou X Z, Wang Y F, et al. 2009. Energetic electron response to ULF waves induced by interplanetary shocks in the outer radiation belt. Journal of Geophysical Research, 114: A10204.

Zong Q, Yuan C, Wang Y，et al. 2013. Dynamic variation and the fast acceleration of particles in Earth's radiation belt. Sci China Earth Sci, 56: 1118-1140.

第 10 章　地球磁层中的波动与波-粒相互作用

在地球弓形激波、磁鞘和磁层的各个区域中都能探测到多种电场、磁场、等离子体和磁流体波动，如图 10.0.1 所示，这些波的频率范围跨越 9 个数量级(10^{-3}～10^{6} Hz)，(Nishida, 1978; Shawhan, 1979; Lanzerotti and Southwood, 1979; Anderson, 1983; Hughes, 1983)。

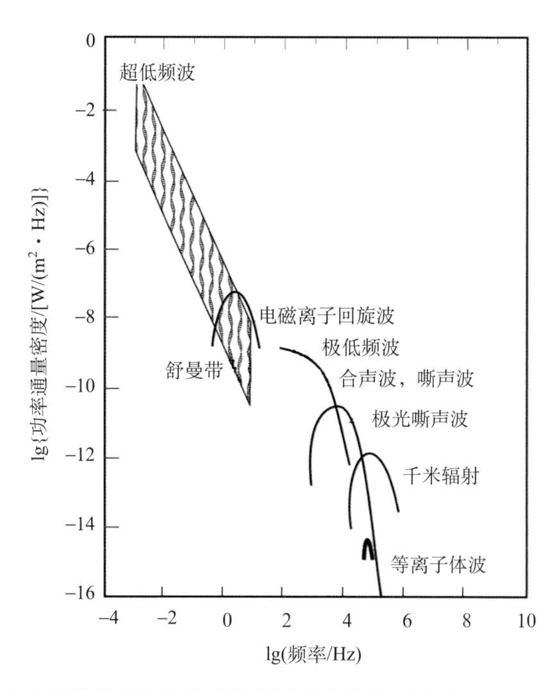

图 10.0.1　地球磁层中各种等离子体波和磁流体波的频率与功率(Lanzerotti and Southwood, 1979)

Shawhan (1979) 给出了磁层内各主要等离子体波的模式，这些波在磁层昼夜子午面内发生的区域见图 10.0.2，这些波的特性见表 10.0.1。除了这些波模之外，在磁层顶邻近还能观测到电磁离子回旋波、下混杂漂移波和由 Kelvin-Helmholtz 不稳定性所产生的表面波。

上述各种磁流体和等离子体波的能量，除了一小部分来源于低层大气和人类活动之外，大部分来自太阳风与地球磁层之间的耦合作用。太阳风与地球磁层的耦合作用使无碰撞的磁层等离子体的分布函数变为不稳定的，例如具有陡的空间梯度、双峰分布、投掷角各向异性分布等。其中任何一种不稳定分布都可为等离子体波动的增长提供所需要的自由能。然而由于观测条件的限制，要确认磁层内某一波模的具体产生机制并不是十分容易的。

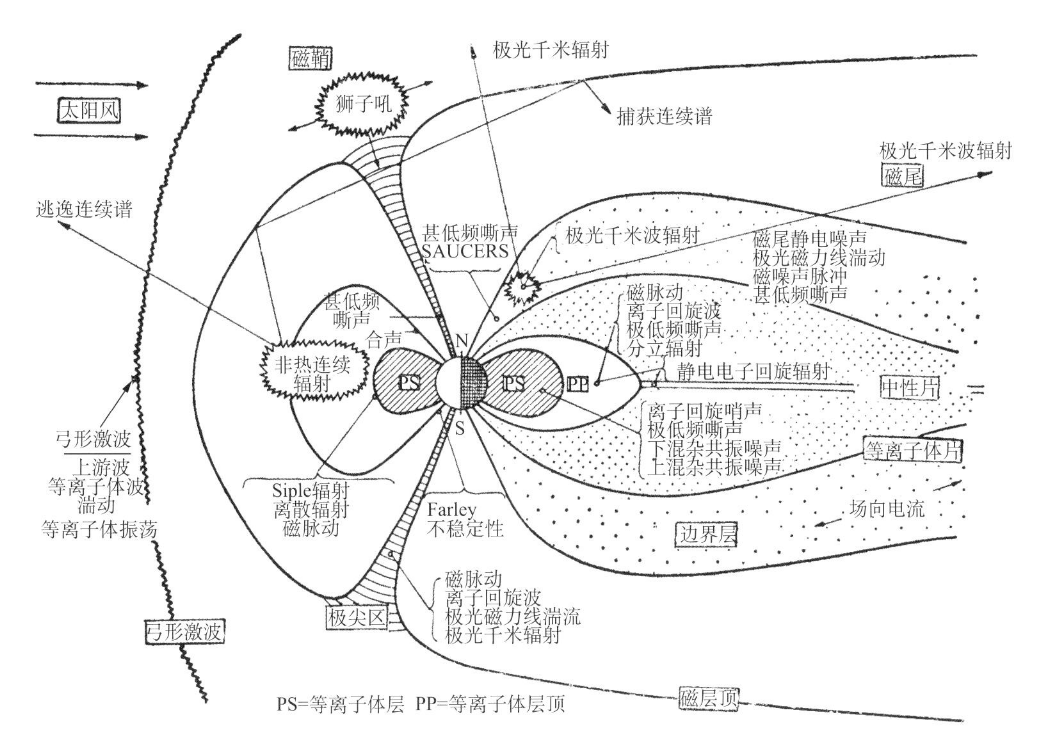

图 10.0.2　磁层中的等离子体波动(Shawhan, 1979)

表 10.0.1　磁层等离子体波的特性(Shawhan, 1979)

现象	位置	观测频率/Hz	波特性
地磁脉动和磁流体波	极尖区、等离子体层内外、向阳面磁层、夜侧磁层	0.001～10	沿着磁力线传播的 Alfvén 波，在背阳面由磁尾扰动激发，在向阳面由太阳风动压脉冲、Kelvin-Helmholtz 不稳定性等激发
离子回旋波	等离子体层顶极尖区	0.5～100	波谱频率范围在离子回旋频率之下，左旋偏振，引起质子沉降
弓形激波等离子体波	弓形激波磁鞘	20～200	包含哨声波模爆发的电磁湍动
狮子吼	磁鞘	90～600	强磁噪声暴的叠加，与磁尾静电噪声相伴随
离子回旋哨声	电离层等离子体层	10～750	左旋偏振，上升调，小于离子回旋频率
等离子体层极低频嘶声(ELFHiss)	等离子体层、等离子体层顶分离的等离子体区域	10～5000	在观测点的各个地方时出现的哨声模湍动，充满整个等离子体层，引起由外辐射带扩散进来的电子沉降
合声	等离子体层之外	10～5000	一系列上升和下降调的叠加准周期，主要出现在向阳侧赤道
极光区甚低频嘶声(VLF Hiss)	极光区上空 2000 km	10～100000	频时特性为 V 型噪声带，常常叠加，下行波，与电子静电湍动伴随
碟形波(Saucers)	极光区上空	500～30000	频时特性为 V 型噪声带，常常叠加，在大于 1000 km 处为上行波
分立辐射	等离子体层顶	1000～12000	上升，下降或混合调，离散的或准周期的，飞船不常观测到

续表

现象	位置	观测频率/Hz	波特性
下混杂共振噪声	极光带上空，等离子体层顶	4000～18 000	在下混杂共振频率之上的强噪声，接近静电模式，$\hat{k}\perp\hat{B}_0$
上游哨声模	激波上游，太阳风中	0.01～420 000～70 000	有两个频带，低于离子回旋频率和低于电子回旋频率
捕获非热连续辐射	等离子体层顶之外，磁鞘内	500～20 000	在等离子体层顶和磁鞘之间捕获的弱的宽带噪声，在地方时 04:00～14:00 激发，其频率上限为太阳风的等离子体频率(20 kHz)，不能进入太阳风中
上混杂共振噪声	等离子体层顶	100～600 000	接近上混杂共振频率的强噪声带
电子哨声	等离子体层、等离子体层顶	100～1×10^6	右旋偏振，下降调，在沿着磁力线的离化导管中传播或折射传播
磁尾宽带静电噪声	磁尾等离子体片的边界上	10～2000	由分离的 V 型结构组成的宽带发射，$\boldsymbol{k}\perp\boldsymbol{B}_0$，与同一区域中的甚低频嘶声和千米波辐射伴随
极光磁力线湍流	极光区上空，所有地方时	10～10k 峰值位于 10～50	由分离的频时特性为 V 型结构组成的宽带发射，与同一区域中的甚低频嘶声和千米波辐射伴随
Farley 不稳定性	电离层 E 区	40～10 000	在频率接近 100 Hz 的窄带发射，在高纬，小于 10 kHz 宽带甚低频发射
静电电子回旋发射	等离子体层顶之外接近等离子体片	200～50 000	接近电子回旋频率$(n+\frac{1}{2})$倍的窄带发射(n 为整数)，同时观测到几个谐波
弓形激波湍动	弓形激波过渡区磁鞘	200～30 000	宽带静电噪声
弓形激波等离子体振荡	弓形激波	8000～50 000	窄带电子等离子体振荡，与电子加热伴随
逃逸非热连续辐射	等离子体层外部磁层	20 000～100 000	弱电磁宽带噪声，在黎明和午后地方时产生，其最低频率大于太阳风的等离子体频率(20 kHz)，可以传播到太阳风中
千米波辐射	极光区上空	20 000～2×10^6	宽带噪声暴，峰值在 200 kHz，持续时间为几分钟至几个小时，源区沿极光磁力线在地心距离为 $2R_E$ 的区域发射功率为 10^9 W，与甚低频嘶声，极低频嘶声，极光湍流，以及磁尾静电噪声伴随．在磁尾在地方时 22:00 产生，在极尖区在地方时 12:00 产生，可以传出磁层，从地球外面看，地球是一个射电源
地面电力系统的谐波辐射	等离子体层边界 L～4		在 50 Hz 和 60 Hz 的谐波处的窄带辐射，在 kHz 范围减弱，影响其他频率相近的辐射，并可引起电子沉降
南极 Siple 台发射的甚低频波触发的甚低频辐射	等离子体层边界 L～8～5	20 000～16 000 (发射信号频率)	窄带辐射，上升或下降调(接收台在加拿大磁共轭点)
人工注入的电子束激励的辐射	电离层	直流～12×10^6	被火箭载的电子枪和氩枪注入的电子束激发的波，电子等离子体频率振荡，2 倍电子回旋频率的辐射和甚低频、极低频哨声模

目前已有大量的文章讨论各种波模的产生机制。长周期的磁脉动被认为起源于太阳风或者由在磁层顶产生的 Kelvin-Helmholtz 不稳定性表面波驱动，而短周期规则脉动被认为是由环电流中的质子回旋不稳定性所产生。

离子哨声和电子哨声由大气中的雷电所激发，等离子体层嘶声则是由辐射带注入等离子体层冷等离子体背景内的高能电子的回旋不稳定性产生的。静电电子回旋波的产生是由注入等离子体层之外稀薄冷等离子体内的能量为 1～100 keV 的电子的损失锥不稳定性所产生(Ashour-Abdalla et al., 1978, 1979)。

关于千米波的产生已经提出了许多种机制。目前，广泛接受的机制是由 Wu 和 Lee (1979)提出的。他们认为在磁层亚暴期间(见第 11 章)，能量为 1 keV 的电子由等离子体片注入极光区上空，其中一部分电子沉降到上层大气中，其余的则被会聚的地磁场反射。这些被反射的电子的分布函数具有一个损失锥。Wu 和 Lee(1979)发现，在背景等离子体密度十分低的情况下，通过电子相对论回旋共振（微波激射不稳定性）可以产生千米波辐射。

由于磁层中的等离子体是无碰撞的，因此对于磁层动力学过程来说，磁层波动作为集体相互作用的媒介就显得十分重要。波动可以在粒子之间传输能量，也可以使不同自由度之间的能量重新分配。通常观测到的等离子体的状态都是接近于稳定的平衡态，波动作为一个“敏感”元件可以帮助我们了解在这些稳定平衡态的背后所发生的物理过程。

本章中不可能详细介绍磁层中的所有波动，只限于讨论对磁层动力过程十分重要同时其基本特性又比较清楚的波动，它们是：离子回旋波(EMIC 波)，下混杂漂移波，Kelvin-Helmholtz 不稳定性引起的表面波，地磁脉动(ULF 波)，哨声和哨声湍流，合声和嘶声波等。此外，我们还简要介绍磁鞘内的波动及其向磁层内的传输。

10.1　磁鞘中的波动及其向磁层中的传输

10.1.1　磁鞘中的波动

在磁鞘中经常同时存在多种不同频率不同模式的波动,这使得实验研究变得很困难。到目前为止，对于磁鞘中的磁场和等离子体的时间变化还没有研究得很清楚。从统计结果来看，扰动趋于集中在小于质子回旋频率的频率范围内。平均来说，在低频段，谱密度随频率的变化约为 $1/f$ 和 $1/f^2$，但经常包含一些峰值。在质子回旋频率以上，谱密度随频率的变化近似为 $1/f^3$。

在最低频率($f \leqslant 0.002$ Hz)处倾向于横波占主导，但是在 0.01～0.1 Hz 范围内磁声模式波更重要。磁流体波的波矢方向倾向于沿着激波面或者磁层顶面(Fairfield, 1976)。在磁鞘中有一种常见的被称为“狮子吼”的极低频信号，其频率为 90～160 Hz，振幅约为 8.5×10^{-4} nT，持续时间约为 2 s，它是一种沿磁力线传播的哨声波包。

图 10.1.1 中给出了不同飞船在不同时间测量到的磁鞘中磁场扰动的功率谱(Fairfield, 1976)。图中标明日期的三条谱线是 Expiorer-34 测到的，为了便于比较，图中还给出了

斜率为 $1/f$ 和 $1/f^3$ 的虚线。最有代表性的是 1976 年 9 月 1 日和 11 月 1 日的两条曲线，它们是从向日面半球磁鞘中的众多功率谱中挑选出来的，分别代表高、低幅度的扰动。9 月 1 日的谱线在接近 0.05 Hz 处有一个谱峰值，而 11 月 1 日的谱线在 0.07 Hz 处有一个谱峰值。

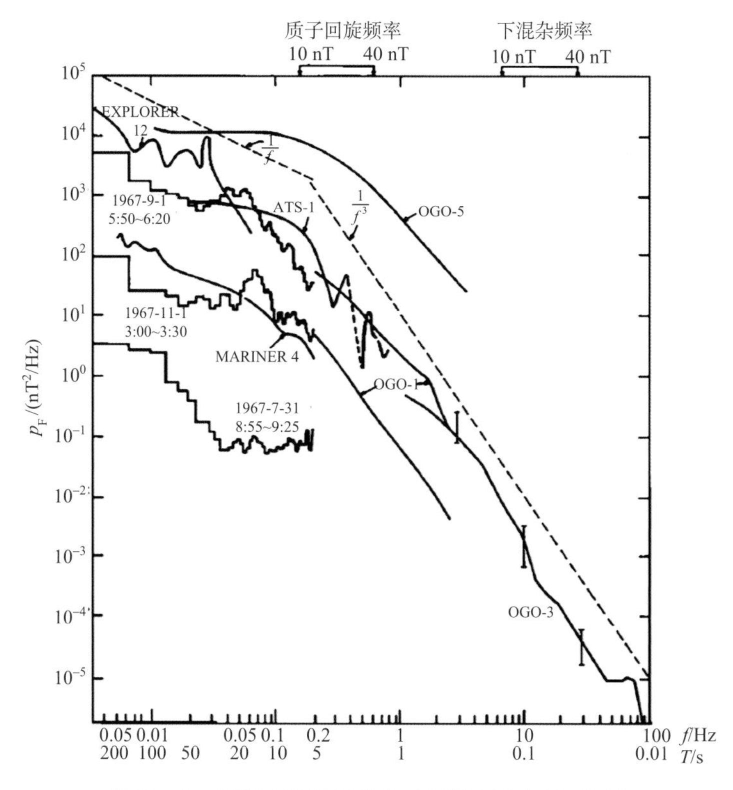

图 10.1.1 磁鞘中磁场值扰动功率谱(Fairfield, 1976)

显然，弓形激波上游太阳风中的间断面和波动是磁鞘中磁场的扰动源之一。这些间断面和波动被太阳风携带通过弓形激波并在磁鞘中引起扰动。这已被在上游和下游的同时观测所证实。

磁鞘中扰动的另一个源无疑是弓形激波。由弓形激波激发的向下游方向传播的波将增强磁鞘中的扰动。当行星际磁场磁力线与激波面接近垂直时，由激波面向上游反射的高能质子将在上游产生低频（0.01～0.05 Hz)的准周期波动。这些波动被太阳风携带通过弓形激波后成为磁鞘中的波动。磁鞘中的波动还可能是在磁鞘中局域产生的。磁层顶邻近的等离子体不稳定性是磁鞘中波动的另一个可能的源。

10.1.2 磁鞘中的波动向磁层内的传输

由磁鞘向磁层内直接传输的波动是磁层中波动的一个源。本节中我们将讨论低频磁流体波向磁层内传输的问题。下面将会看到，在某种条件下磁鞘中的波动能以足够的效率穿过磁层顶(Fejer, 1963; Wolfe and Kaufman, 1975; Nishida, 1978)。由于磁流体波的波长比磁层顶的厚度大得多，可以假设未扰动的磁层顶是一稳定的切向间断面。

把坐标原点取在这个间断面上，x 轴沿间断面的法线方向，在磁鞘区域，$x<0$；在磁层区域，$x>0$。切向间断面两侧未扰动磁场 $\boldsymbol{B}_0$ 和流速 $\boldsymbol{V}_0$ 都是平行于间断面的，即 $\boldsymbol{B}_0=\{0, \boldsymbol{B}_{0y}, \boldsymbol{B}_{0z}\}$，$\boldsymbol{V}_0=\{0, \boldsymbol{V}_{0y}, \boldsymbol{V}_{0z}\}$。

下面用脚标“1”和“2”分别表示磁鞘和磁层中的未扰动量。假设有一平面波由介质“1”(磁鞘)入射到间断面上。在介质“2”(磁层)中有一折射波，在介质“1”中有一反射波。用上角标(i)、(r)、(t)分别表示入射波、反射波和折射波。与波相联系的扰动量记为 $\delta\boldsymbol{B}^{(\mathrm{i})}$，$\delta\boldsymbol{B}^{(\mathrm{r})}$，$\delta\boldsymbol{B}^{(\mathrm{t})}$，…，假定与波动相联系的扰动量 $\delta\boldsymbol{B}$，$\delta\boldsymbol{V}$，$\delta\rho$，…都有 $\mathrm{e}^{-\mathrm{i}(\omega_i-\boldsymbol{k}\cdot\boldsymbol{r})}$ 形式的解。定义传输系数：

$$T(\delta V)\equiv\frac{\delta V_x^{(\mathrm{t})}}{\delta V_x^{(\mathrm{i})}} \tag{10.1.1}$$

$$T(\delta B)\equiv\frac{\delta B_x^{(\mathrm{t})}}{\delta B_x^{(\mathrm{i})}} \tag{10.1.2}$$

下面求传输系数。由间断面两侧磁流体介质需要满足的连续性方程、运动方程和法拉第定律，在小扰动的情况下，对每一个波可以得到扰动量需满足的方程：

$$\omega'\delta\rho=\rho_0\boldsymbol{k}\cdot\delta\boldsymbol{V} \tag{10.1.3}$$

$$-\omega'\delta\boldsymbol{V}-(a^2/\rho_0)\delta\rho\boldsymbol{R}=(V_{\mathrm{A}}^2/B_0^2)(\boldsymbol{k}\times\delta\boldsymbol{B})\times\boldsymbol{B}_0 \tag{10.1.4}$$

$$-\omega'\delta\boldsymbol{B}=\boldsymbol{k}\times(\delta\boldsymbol{V}\times\boldsymbol{B}_0) \tag{10.1.5}$$

这里，用 ω 表示在静止参考系中观测到的波动频率；用 $\omega'=\omega-\boldsymbol{k}\cdot\boldsymbol{v}$ 表示在随同流体运动的参考系中观测到的波的频率；$\boldsymbol{B}$，$\boldsymbol{V}_{\mathrm{A}}$，$a$，$\rho$ 分别为磁场矢量、Alfvén 波速、声速和密度。将 $\delta P=\delta\rho a^2$ 代入上面的公式中，得到

$$\delta P+\frac{\boldsymbol{B}_0\cdot\delta\boldsymbol{B}}{4\pi}=\delta\rho\frac{\omega'^2-(\boldsymbol{k}_{\mathrm{t}}\cdot V_{\mathrm{A}})^2}{\omega'}\frac{\delta V_x}{k_x} \tag{10.1.6}$$

其中，$k_t=\{0, k_y, k_z\}$，为波矢的切向分量。设间断面对平衡位置的扰动量为

$$\delta x=A\mathrm{e}^{-\mathrm{i}(\omega_i-\boldsymbol{k}_i\cdot\boldsymbol{r})} \tag{10.1.7}$$

其中，A 为振幅。间断面两侧流体相对间断面的速度的扰动量为零，得到

$$\delta V_x^{(\mathrm{i})}+\delta V_x^{(\mathrm{r})}-\left(\frac{\partial}{\partial t}+\boldsymbol{V}_{01}\cdot\nabla\right)\delta x=0 \tag{10.1.8}$$

$$\delta V_x^{(\mathrm{t})}-\left(\frac{\partial}{\partial t}+\boldsymbol{V}_{02}\cdot\nabla\right)\delta x=0 \tag{10.1.9}$$

在边界面上各参量必须满足切向间断面的跃变条件(见第 3 章)。由此，得到连接间断面两侧扰动量的关系式。每一个波的位相$(\omega t-\boldsymbol{k}\cdot\boldsymbol{r})$在间断面处必须相同，即

$$\omega^{(\mathrm{i})}=\omega^{(\mathrm{r})}=\omega^{(\mathrm{t})}=\omega \tag{10.1.10}$$

$$k_i^{(\mathrm{i})}=k_i^{(\mathrm{r})}=k_i^{(\mathrm{t})}=k_t \tag{10.1.11}$$

由越过间断面时扰动量总压强不变，得到

$$\delta P^{(\mathrm{i})}+\delta P^{(\mathrm{r})}+\frac{\boldsymbol{B}_{01}}{4\pi}\cdot(\delta\boldsymbol{B}^{(\mathrm{i})}+\delta B^{(\mathrm{r})})=\delta P^{(\mathrm{i})}+\frac{B_{0.2}}{4\pi}\cdot\delta\boldsymbol{B}^{(\mathrm{t})} \tag{10.1.12}$$

将式(10.1.6)代入式(10.1.12)，得到

$$\rho_{01}\frac{\omega_1'^2-(\boldsymbol{k}_i\cdot\boldsymbol{V}_{\mathrm{A}1})^2}{\omega_1'}\left[\frac{\delta V_x^{(\mathrm{i})}}{k_x^{(\mathrm{i})}}+\frac{\delta V_x^{(\mathrm{r})}}{\boldsymbol{k}_x^{(\mathrm{r})}}\right]=\rho_{0.2}\frac{\omega_2'^2-(\boldsymbol{k}_t\cdot\boldsymbol{V}_{\mathrm{A}2})^2}{\omega_2'}\frac{\delta V_x^{(\mathrm{i})}}{k_x^{(\mathrm{t})}} \tag{10.1.13}$$

又由式(10.1.8)和式(10.1.9)得到

$$\frac{\delta V_x^{(\mathrm{i})}+\delta V_x^{(\mathrm{r})}}{\omega_1'}=\frac{\delta V_x^{(\mathrm{t})}}{\omega_2'} \tag{10.1.14}$$

最后，由式(10.1.13)和式(10.1.14)得到传输系数为

$$T(\delta V)=\frac{\omega_2'}{\omega_1'}\frac{2}{1+Z} \tag{10.1.15}$$

$$T(\delta B)=\frac{kt\cdot B_{0.2}}{kt\cdot B_{0.1}}\frac{2}{1+Z} \tag{10.1.16}$$

其中

$$Z=\frac{k_x^{(\mathrm{i})}\rho_{0.2}[\omega_2'^2-(\boldsymbol{k}_t\cdot\boldsymbol{V}_{\mathrm{A}2})^2]}{k_x^{(\mathrm{i})}\rho_{0.1}[\omega_1'^2-(\boldsymbol{k}_t\cdot\boldsymbol{V}_{\mathrm{A}1})^2]} \tag{10.1.17}$$

在推导中使用了 $k_x^{(\mathrm{i})}=-kx^{(\mathrm{r})}$。

上述传输系数表达式中的 k_x 是通过磁流体波的色散方程与 $\boldsymbol{k}_t$ 和 ω'联系在一起的。假设入射波是磁声波，因为 Alfvén 波能流是沿着磁场方向的，不能穿过切向间断面(即使由于重联效应，垂直边界面的磁场分量 B_x 不是零，Alfvén 波也将只传播到极盖区)。由磁声波的色散式(其中 $V_p=\omega^2/k^2$)可求得

$$k_x^2=-k_t^2+\omega'^4\{\omega'^2(a^2+V_{\mathrm{A}}^2)-a^2(\boldsymbol{k}_t\cdot\boldsymbol{V}_{\mathrm{A}})^2\}^{-1} \tag{10.1.18}$$

越过未扰动的磁层顶，背景等离子体总压强不变的条件为

$$n_{01}\kappa T_{01}+\frac{B_{01}^2}{8\pi}=n_{02}\kappa T_{02}+\frac{B_{02}^2}{8\pi} \tag{10.1.19}$$

这可以近似地表示为

$$n_{01}(a_1^2+V_{\mathrm{A}1}^2)\simeq n_{02}(a_2^2+V_{\mathrm{A}2}^2) \tag{10.1.20}$$

因为 $n_{01}>>n_{02}$，所以在向日面磁层顶有

$$a_1^2+V_{\mathrm{A}1}^2\ll a_2^2+V_{\mathrm{A}2}^2$$

由式(10.1.17)给出的 Z 值很大，因而传输系数很小。

Wolfe 和 Kaufman (1975)对波的传输系数作了数值计算。他们指出，除非入射线近似垂直于交界面(入射角小于 10°)，否则入射波将被全反射。如果磁鞘中波动的波矢方向是各向同性分布的，只有 1%～2%的快模式波的能量能传输到磁层中，而慢模式波完全被反射。当 $k_x^{(\mathrm{i})}<0$ 时，波在间断面被全反射，在磁层一侧将出现损耗波(evanescent wave)。损耗波幅度的变化为 $\exp(-|k_x^{(\mathrm{t})}|x)$，由间断面向磁层内逐渐衰减，与表面波的

特征一样。由于损耗波的波长很长，它可以伸入到磁层内部。

如果在磁层内某处损耗波可以与磁层内的 Alfvén 波发生共振耦合，则即使在计算的全反射情况下磁鞘中的波动能量也可以传输到磁层中。图 10.1.2 给出了在磁层顶两侧观测到的周期为 0.5～2 min 的压缩波的平均功率。数据由卫星 Explorer-12 在地方时 06:00～12:00 期间 36 次穿越磁层顶探测得到。图中横轴是卫星和地心连线与太阳风方向的夹角。(a) 示出了磁层和磁鞘区域观测到的平均功率，(b) 示出了它们的比值。由图看到，在接近磁层顶日下点，观测到的比值较低，平均为百分之几，与计算结果大致相符合。但是在日心连线 30°～40°以外，观测到的比值比较大，不能用上述磁鞘中的波动向磁层内传输的机制来解释。这些波可能是在磁层顶产生的。

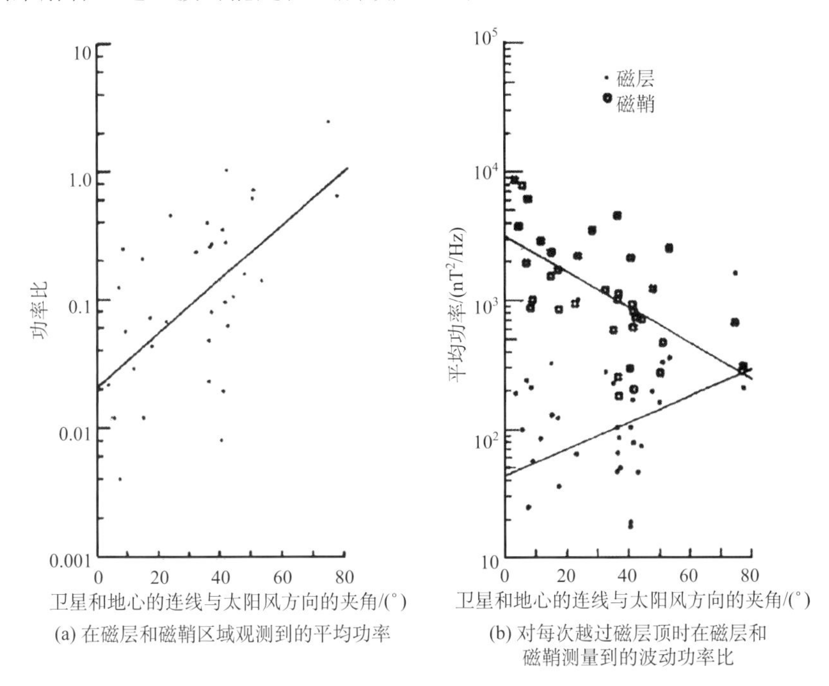

(a) 在磁层和磁鞘区域观测到的平均功率　　(b) 对每次越过磁层顶时在磁层和磁鞘测量到的波动功率比

图 10.1.2　在磁层顶两侧观测到的压缩波平均功率 (Wolfe and Kaufman, 1975)

10.2　磁层顶邻近区域的波动

10.2.1　在磁层顶的邻近区域磁场和电场起伏的观测

卫星在磁层顶的邻近区域观测到了各种频率的磁场起伏。出现在频率最低端的扰动是由于在数小时内或数分钟内卫星多次穿越磁层顶而产生的磁场大幅度变化。多次穿越是由沿着磁层顶向磁尾传播的大幅度表面波所引起的。例如，图 10.2.1 中的磁场方向和数值的大幅度变化是由于飞船 IMP-6 在轨道的远地点 ($32.4R_E$) 接近磁尾边界时，在 7.5 小时内 21 次穿越磁尾磁层顶引起的。高的磁场值表示飞船在磁尾内，竖线表示飞船穿越磁层顶的时间。这种磁层顶位置的频繁变化不可能是由于太阳风的压力或者行星际磁场方向的变化引起的。

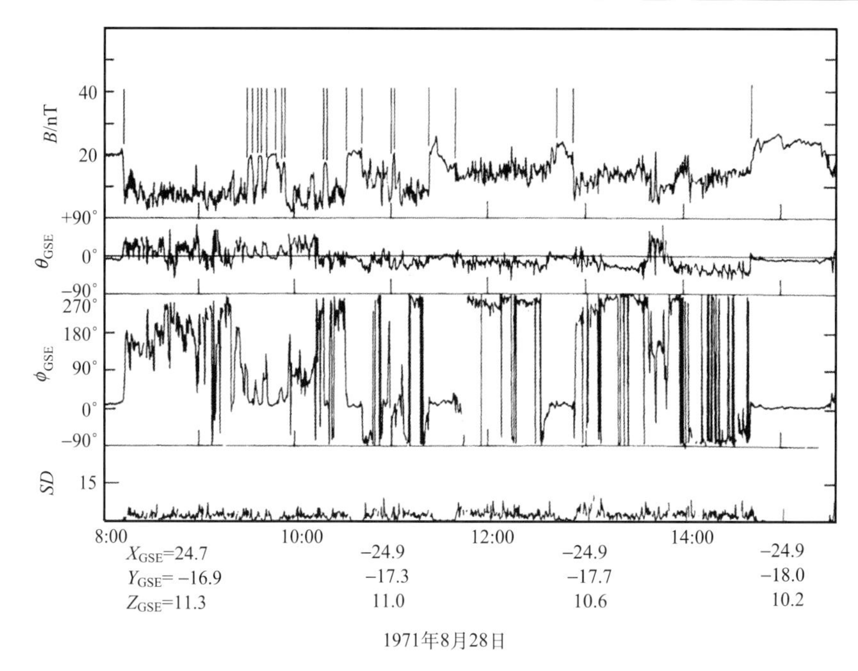

图 10.2.1 当飞船 IMP-6 接近轨道远地点时 21 次穿越磁尾磁层顶（Fairfield, 1975）

在磁层顶向阳面经常测量到这种表面波（Aubry et al., 1971）。在赤道面附近地方时 09:00 处，卫星 OGO-5 在约 2 小时内多次穿越磁层顶。由观测值估计出表面波的周期为几分钟，以与等离子体流同样的速度（V=200 km/s）向着磁尾方向传播。这种波是由太阳风掠过磁层顶诱导的 Kelvin-Helmholtz 不稳定性引起的，就像风吹过平静的湖面激起的水波一样。

磁层顶是一个有很大速度剪切的薄边界，因此也是 Kelvin-Helmholtz 不稳定性发展的理想地点。混合模拟结果表明，均匀等离子体中的 Kelvin-Helmholtz 不稳定性产生并增强了涡旋中的混合，这个混合层被视为低纬度边界层（Fujimoto and Terasawa, 1994）。

Hasegawa 等（2004）报道了磁层顶侧翼卷曲涡旋的明确证据。磁层顶侧翼的非线性 Kelvin-Helmholtz 不稳定可以在磁层顶表面产生卷曲小尺度涡旋结构，见图 10.2.2。这些涡旋可以吞没磁层顶两侧的等离子体，使太阳风等离子体可以跨越边界进行输运。

Hasegawa 等（2004）报道了 Cluster 卫星观测的 Kelvin-Helmholtz 涡旋。此外，两种不同的等离子体（冷太阳风<2 keV 和热磁层粒子>5 keV）的共同存在是等离子体输运已经发生的有力证据。

图 10.2.2 显示在磁层低纬边界的 Kelvin-Helmholtz 不稳定性的产生。(a) 显示 Cluster 卫星族观测到的 Kelvin-Helmholtz 不稳定所产生的磁场和等离子体流场特征。(b) 是磁流体三维数值模拟 Kelvin-Helmholtz 不稳定所产生的涡流结构，磁层等离子体片夹在两个磁尾瓣区结构之间。颜色编码对应于等离子密度，最小为 0 cm^{-3}，最大为 5.0 cm^{-3}，地球磁层黄昏侧磁层顶上的速度梯度随日下点的距离增大而增大。由于等离子体的能量在太阳风和磁层等离子片两个区域都占主导地位，Kelvin-Helmholtz 不稳定可以发生在太

阳风和磁层等离子片之间的界面上。而磁场张力会阻止磁尾瓣区的表面变形，使得 Kelvin-Helmholtz 不稳定不会发生在磁能量占主导地位磁尾瓣区的表面。因此，磁层顶上涡旋(vortex)只沿着低纬的空间演化。只有低纬部分的磁层和太阳风场线被带入涡旋，引起磁场和等离子体流场扰动。

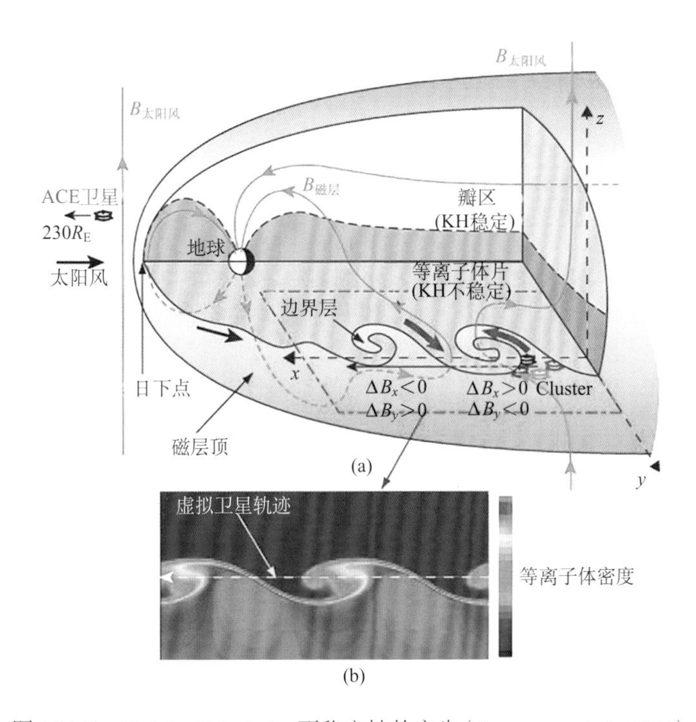

图 10.2.2　Kelvin-Helmholtz 不稳定性的产生(Hasegawa et al., 2004)

卫星观测还表明，在磁层顶附近经常出现接近离子回旋频率的波动。如果磁场值为 20 nT，质子回旋频率($\omega_{ci}/2\pi$)将是 0.3 Hz 的量级。

图 10.2.3 示出了在一磁扰日(1972 年 4 月 18 日)卫星越过磁层顶前后观测到的磁场变化。图中 Z 沿磁层顶法向方向($\boldsymbol{n}$)：另外 X、Y 轴与 Z 轴垂直，Y 轴平行于平均磁场方向。在磁场的 X、Y 分量上，我们清楚地看到周期为几秒钟的波动，而 Z 分量只有更高频率的波动。在 21:30 至 21:31，在低于质子回旋频率范围，扰动有显著的横波功率，但在质子回旋频率处横波功率突然截止。波是高度相干的左旋偏振波，传播方向非常接近于磁场方向。在接近截止频率处，波近似为左旋圆偏振，扰动矢量在平行和垂直磁层顶法向的方向上都存在。电场与质子向同一方向旋转。

但是，在较低的频率上，例如 0.4 Hz，偏振是椭圆的(短轴与长轴的比为 0.1)。这些观测特性都是离子回旋波的特征。这种类型的波动不仅在向日面磁层顶附近出现，而且也在磁尾流速与磁场近似平行的条件下出现。

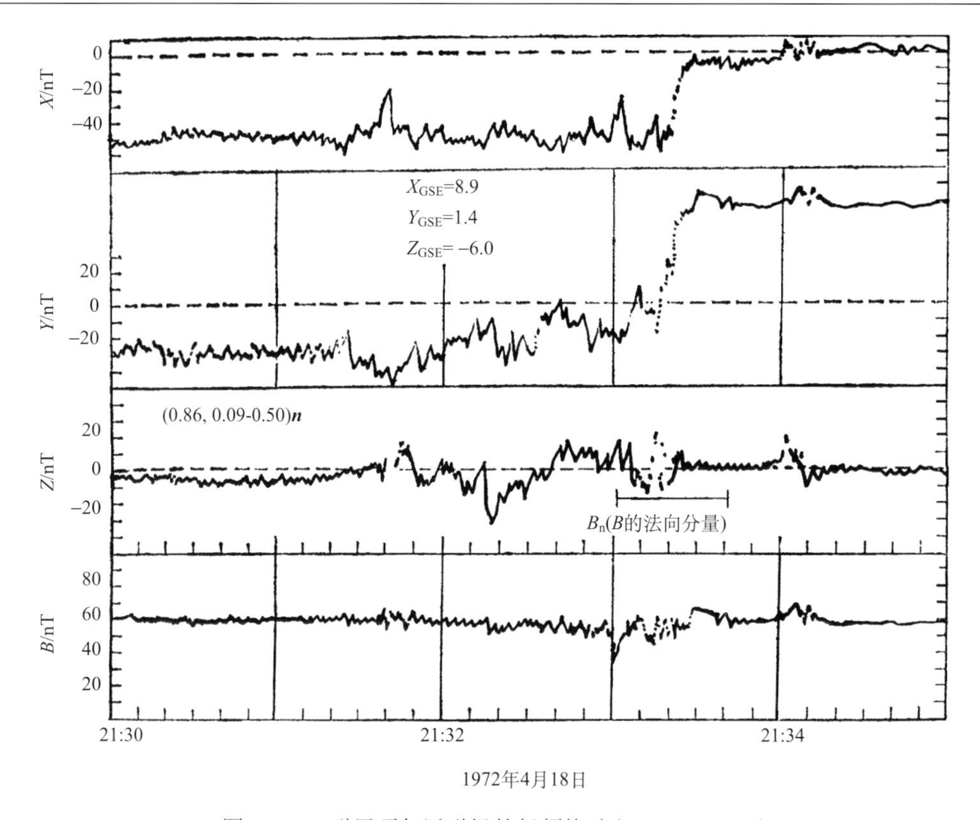

图 10.2.3 磁层顶邻近磁场的低频扰动(Fairfield, 1975)

在磁层顶邻近区域还经常观测到极低频电磁噪声。飞船 ISEE-1, 2 对磁层顶邻近区域的电场和磁场湍动做了详细测量。湍动的最大强度通常发生在磁层顶电流区和等离子体边界层内。电场湍动功率谱由几 Hz 伸展到几百 Hz 以上，而磁场扰动谱随着频率增高衰减得更快一些。谱符合幂律关系：

$$|\delta E|^2 / \Delta f \simeq f^{-2.2} \tag{10.2.1}$$

$$|\delta B|^2 / \Delta f \simeq f^{-3.3} \tag{10.2.2}$$

在所有观测频率范围上积分得到峰值场强$|\delta E| \simeq 5$ mV/m，$|\delta B| \simeq 1$ nT。在 100 Hz 左右电场涨落的偏振方向非常接近垂直于局域磁场。电场涨落波长比 215 m 还要长些。

图 10.2.4 给出了一个在磁层顶邻近区域观测到的电场和磁场湍动的例子。(a) 左边的数字是不同频率通道的中心频率，对应的横格中给出了该通道测到的湍动场振幅的变化。振幅是在对数坐标中画出的。对于电场扰动，横格的顶线表示 10 mV/m，底线表示 0.1 μV/m。(b) 示出了同时测量到的磁场数值，B_L、B_M 为磁场平行磁层顶的分量，B_N 为垂直磁层顶的分量。由图看到，在磁场梯度区域，湍动场显著增强。

图 10.2.5 给出了典型的磁层顶邻近区域的电场和磁场湍动功率谱。100 Hz 以下的电场和磁场的扰动很可能来自横越磁场的电流驱动的低混杂漂移不稳定性。

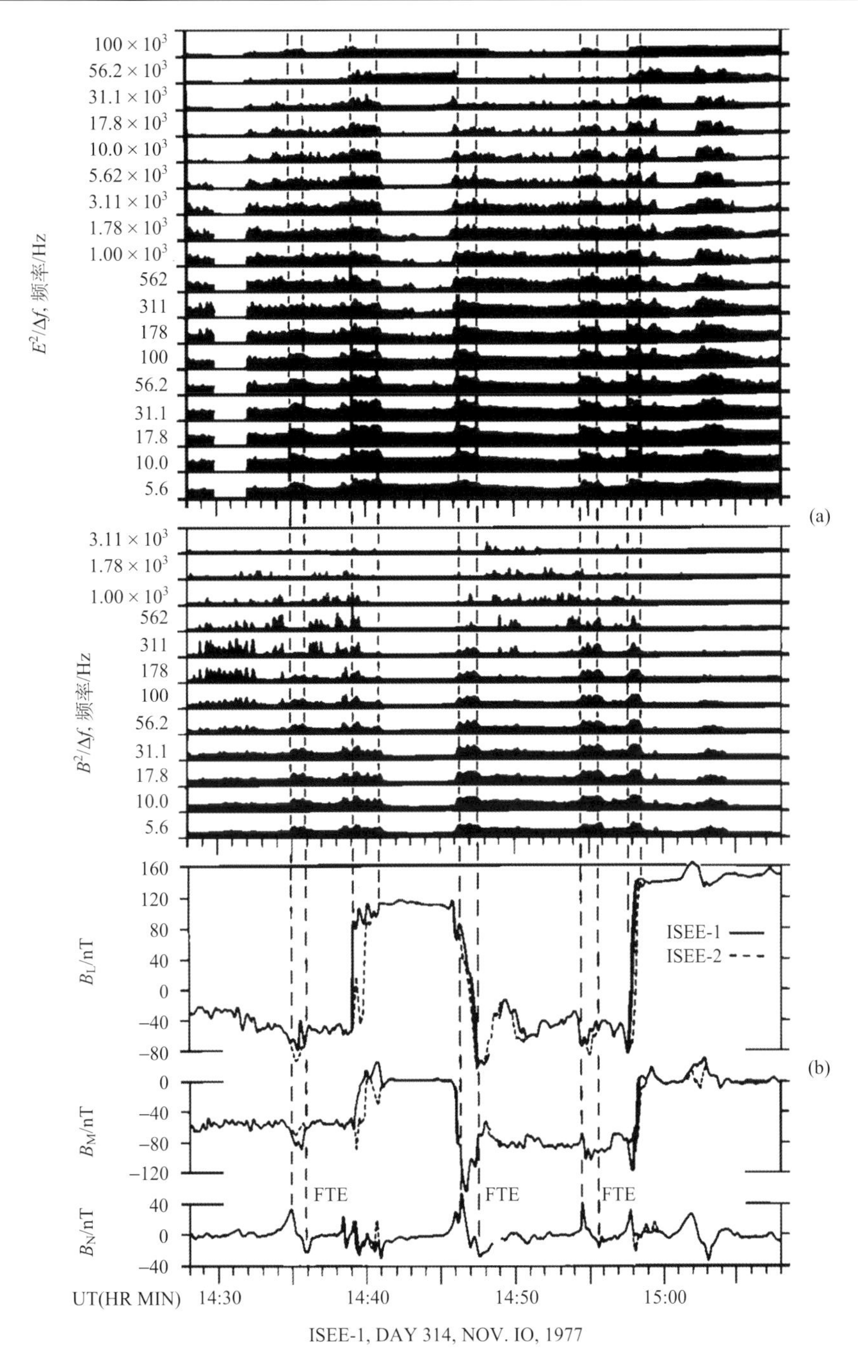

图 10.2.4　飞船 ISEE-1 在磁层顶邻近区域观测到的电场和磁场湍动（Gurnett et al., 1979）

下面，我们将分别介绍有关 Kelvin-Helmholtz 不稳定性、离子回旋不稳定性和磁层顶下混杂漂移不稳定性研究的一些理论工作。

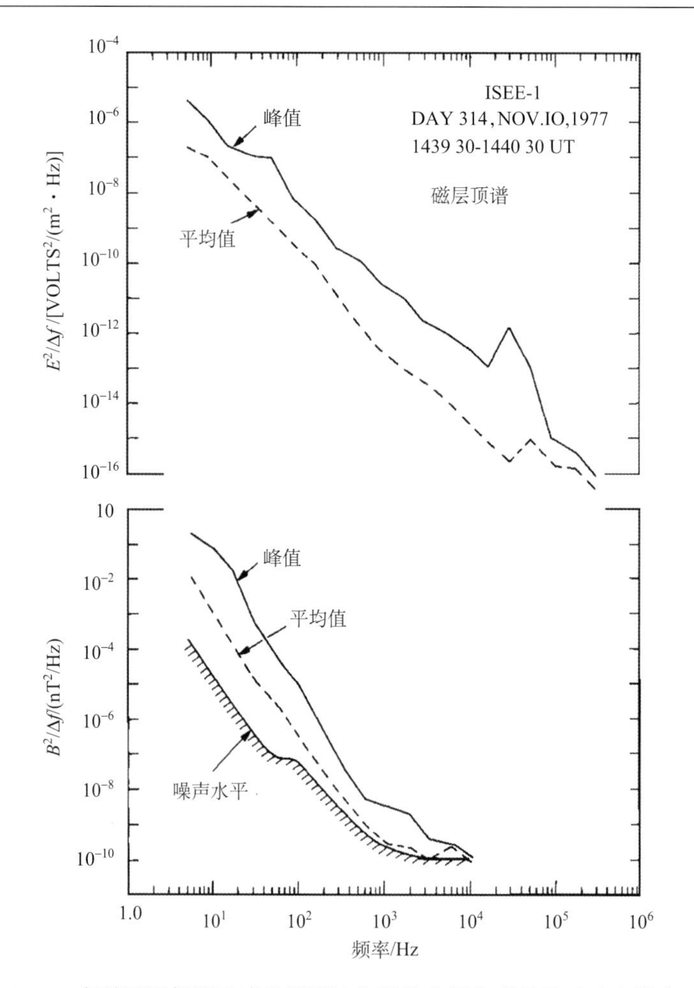

图 10.2.5 飞船 ISEE-1 在磁层顶邻近区域观测到的典型的电场和磁场湍动功率谱(Gurnett et al., 1979)

10.2.2 磁层顶的 Kelvin-Helmholtz 不稳定性

当风吹过平静的水面时，水面上便激起沿着风的方向传播的表面波，这就是经典的 Kelvin-Helmholtz 不稳定性。被一个表面分开的两种流体做相对运动时就发生这种不稳定性. 如果我们把磁层顶看成是一切向间断面，当太阳风吹过磁层顶表面时，也会在磁层顶激发起表面波。下面求这种波动的色散方程和不稳定性判据。

当入射波的扰动量为零时，10.2 节中描述的磁鞘中的波动向磁层内传输的方程可用来描述 Kelvin-Helmholtz 不稳定性(Nishida, 1978)。由描述切向间断面两侧压力扰动相等的式(10.1.13)和速度的法向分量为零的条件式(10.1.14)，在略去表示零阶量的脚标“0”后，可以得到

$$\frac{\rho_1[\omega_1'^2-(\boldsymbol{k}_i\cdot\boldsymbol{V}_{A1})^2}{k_{(r)}^x}=\rho_2\frac{[\omega_2'^2-(\boldsymbol{k}_i\cdot\boldsymbol{V}_{A2})^2]}{k_x^{(t)}} \tag{10.2.3}$$

由上式和磁声波的色散方程(10.1.18)消去 k_x 后得到以(ω'/k_i)为未知数的 10 次代数

方程。我们不讨论这一方程的数值解，而讨论在特殊情况下的简化结果。对于理想不可压缩的流体，声速 a 非常大，色散方程(10.1.18)可以近似地表示为

$$k_x^2 + k_t^2 = 0 \tag{10.2.4}$$

它描述了一个表面波。当 k_t 为实数时，k_x 为虚数，波只能沿着表面传播，在这种情况下，式(10.2.3)可以简化为

$$(\rho_1+\rho_2)\omega^2 - 2[\rho_1(\boldsymbol{k}_t\cdot\boldsymbol{V}_1)+\rho_2(\boldsymbol{k}_t\cdot\boldsymbol{V}_2)]\omega + [\rho_1(\boldsymbol{k}_i\cdot\boldsymbol{V}_1)^2+\rho_2(\boldsymbol{k}_t\cdot\boldsymbol{V}_2)^2-\rho_1(\boldsymbol{k}_i\cdot\boldsymbol{V}_{\mathrm{A1}})^2 \\ -\rho_2(\boldsymbol{k}_t\cdot\boldsymbol{V}_{\mathrm{A2}})^2] = 0 \tag{10.2.5}$$

假设磁层等离子体是静止的，$\boldsymbol{V}_2=0$，由式(10.2.5)得到

$$\omega = \frac{1}{\rho_1+\rho_2}\left\{\rho_1(\boldsymbol{k}_i\cdot\boldsymbol{V}_1) \pm \sqrt{(\rho_1+\rho_2)\left[\rho_1(\boldsymbol{k}_t\cdot\boldsymbol{V}_{\mathrm{A1}})^2+\rho_2(\boldsymbol{k}_i\cdot\boldsymbol{V}_{\mathrm{A2}})^2\right]-\rho_1\rho_2(\boldsymbol{k}_i\cdot\boldsymbol{V}_1)^2}\right\} \tag{10.2.6}$$

当

$$(\boldsymbol{k}_t\cdot\boldsymbol{V}_1)^2 > \frac{\rho_1+\rho_2}{\rho_1\rho_2}\left[\rho_1(\boldsymbol{k}_i\cdot\boldsymbol{V}_{\mathrm{A1}})^2+\rho_2(\boldsymbol{k}_i\cdot\boldsymbol{V}_{\mathrm{A2}})^2\right] \tag{10.2.7}$$

时，ω 为复数，表面波不稳定，就是 Kelvin-Helmholtz 不稳定性。由上式看到，当太阳风速度 $\boldsymbol{V}_1$ 足够高时磁层顶是不稳定的。磁场对导电流体的运动有稳定作用，磁场越强不稳定性的阈值越高。当 $\boldsymbol{k}_t$ 平行于流速 $\boldsymbol{V}_1$，以及 $\boldsymbol{k}_t$ 在磁层一侧垂直于磁场 $\boldsymbol{B}_z$ 时(这相应于太阳风速度垂直地磁轴的情况)，不稳定条件最容易得到满足。如果 $\boldsymbol{k}_t$ 满足上述最佳条件，例如在赤道面向日侧，$\boldsymbol{k}_t\cdot\boldsymbol{B}_z=0$，假设 $\rho_1>p_2$，不等式(10.2.7)可以写为

$$V_{\mathrm{c}}^2 > \boldsymbol{B}_1^2\cos^2\chi_1/(4\pi\rho_2) \tag{10.2.8}$$

其中，χ_1 是 $\boldsymbol{V}_1$ 与 $\boldsymbol{B}_1$ 的夹角；V_{c} 为速度临界值(不稳定阈值)。取 B_1=20 nT，$n_2=\rho_2/m_{\mathrm{p}}=1\ \mathrm{cm}^{-3}$，$\chi_1=0$。不稳定性需要的条件为

$$V_1 > 2\times10^2\ \mathrm{km/s}$$

这个条件在磁层顶向日面不是经常被满足的。如果 $\boldsymbol{k}_i$ 接近垂直磁鞘磁场 $\boldsymbol{B}_1$，即 $\chi_1=90°$，对于任意的太阳风速度值，不稳定条件(10.2.8)都能得到满足。

Southwood (1968)研究了可压缩的情况，在一定的条件下得到中低纬磁层顶不稳定条件为

$$V_1 > V_{\mathrm{c}} \tag{10.2.9}$$

其中，$V_{\mathrm{c}} = \left|V_{\mathrm{A1}}\sin(\chi_1-\chi_2)/\sin\chi_2\right|$，其中 χ_2 为 $\boldsymbol{V}_1$ 与 $\boldsymbol{B}_z$ 的夹角。

如果考虑 $\chi_2\to90°$，$\cos\chi_2=0$，V_{c} 与式(10.2.8)结果相同。

由式(10.2.9)可以直接得到结论：当行星际磁场矢量取南向或北向时，$\sin(\chi_1-\chi_2)=0$，整个磁层边界是不稳定的。当行星际磁场与流速平行时，磁层边界是最稳定的。一般情况下，在磁层顶日下点附近流动有一驻点，接近这一点的磁层边界对 Kelvin-Helmholtz 不稳定性是稳定的。随着太阳风向磁层两侧流动，其速度逐渐增大，最后，磁层顶成为不稳定的。Southwood (1968)还证明了，这个波的模式在垂直地磁场

的平面内是圆偏振的。

Wolfe 和 Kaufman (1975)用实测数据检验了这个不稳定性判据，并发现当不稳定性判据式(10.2.9)满足时，能更多地观测到表面波。由 12 次稳定的磁层顶的观测，得到实测的太阳风速度 V_1 与由式(10.2.9)预计的不稳定阈值 V_c 的比(V_1/V_c)的中值为 0.27。由 9 次不稳定的磁层顶(磁层中的扰动功率超过了由磁鞘中波动向磁层中传输预计的值)的观测得到 V_1/V_c 的中值为 1.88，其中有 6 次超过 1。

Pu 和 Kivelson (1983a, b)、Kivelson 和 Pu (1984)进一步研究了可压缩等离子体的情况，他们指出在可压缩等离子体情况下，磁层顶可以存在两种表面波。按相速度划分可分为两种，一种是快波，另一种是慢波。他们指出，Fejer (1963)讨论了快波，Southwood (1968)的结论只适用于慢波在波矢量切向分量与磁层内磁场夹角趋于 90°的极限情况。这一结论已被 Uberoi (1984)用解析的方法给予验证。他们还发现快波和慢波都有高低两个临界速度，为 V_e 和 V_c($V_e<V_c$)。仅当磁鞘等离子体相对磁层的运动速度 V 在 V_c 和 V_e 之间时，Kelvin-Helmholtz 不稳定性才能发生。

数值计算表明，对于快波，V_c 与不可压缩近似下的临界速度相近，虽然增长率小一些，但仍在同一量级。对于慢波，V_c 比不可压缩情况下的临界速度小很多，但增长率大大减小，并且不稳定速度区间 $V_e \sim V_c$ 也比快波小很多。用分析方法可以证明在 Southwood 所讨论的极限情况下，慢波的增长率和不稳定速度区间都趋于零。

因此，一般说来，在可压缩情况下快波模式在磁层顶是起主要作用的。他们的研究还表明，当 $V>V_e$ 时，不稳定的表面波变成了磁声波。他们还发现，在可压缩情况下，表面波携有指向磁层的能流。由这种方式由向阳面磁层顶输入磁层的能流为 $10^{10} \sim 10^{11}$ J/s。

Miura 和 Pritchett(1982)用数值模拟方法研究了参量连续分布的可压缩边界层内的 Kelvin-Helmholtz 不稳定性，发现最不稳定的频率接近于 $\Delta V/(2L)$，ΔV 为边界层两侧的速度差，L 为边界层厚度。计算出的最不稳定的频率数值与 Pc3-Pc5 型的地磁脉动的频率(见 10.3.1 节)相当。

Miura (1982, 1984)用数值模拟研究了太阳风磁层相互作用产生的 Kelvin-Helmholtz 不稳定性的非线性效应及相应的反常输运过程，认为相应的反常输运过程足以提供闭磁层模式所需要的能量。

10.2.3 磁层顶邻近的离子回旋不稳定性

在磁层顶观测到的离子回旋波可能是由磁层顶邻近的等离子体不稳性产生的。Eviater 和 Wolf (1968)提出了一个模式，假设磁层顶外侧太阳风速度平行于磁场，并且太阳风等离子体渗透到磁层顶边界层内。磁层内等离子体被认为是静止的，而且也渗透到边界层内，于是在边界层内将产生双流离子回旋不稳定性。根据准线性理论估计的扰动水平与观测结果一致。

下面首先介绍穿过等离子体的离子束激发的离子回旋波的准线性理论。

1. 基本假设

考虑沿着均匀磁场传播的回旋波。假定波动满足下述条件：

$$kv_{T\alpha}\,|\,\omega_{c\alpha}-\omega_{rk}\,|,\quad kv_{T\alpha}<\omega_{rk} \tag{10.2.10}$$

其中，α=i, e；$v_{T\alpha}$ 为粒子的热运动速度；ω_{rk} 为波动频率；k 为波矢。

等离子体的分布函数 F_α 被看成是由共振粒子的分布函数 $F_\alpha^{(\mathrm{r})}$ 和非共振粒子的分布函数 $F_\alpha^{(n)}$ 组成的。在下面讨论中，共振粒子取为离子，在把这一回旋波共振理论应用到磁层顶的情况下，假设共振离子组成以速度 V_0 通过等离子体的离子束，见式(10.2.39)。

2. 色散方程

波动的色散方程由(Krall and Trivepiece, 1973)中式(8.13.2)给出，其中，色散方程的实部是由非共振粒子的分布函数决定的。由于式(10.2.10)在积分中可以略去温度的影响，于是色散方程的实部与冷等离子体极限情况下的结果一样，色散方程可写为

$$\begin{aligned}\frac{c^2k^2}{\omega^2}=1-\frac{\omega_{\mathrm{pi}}^2}{\omega^2}\frac{\omega}{\omega\mp\omega_{\mathrm{ci}}}\frac{\omega_{\mathrm{pe}}^2}{\omega^2}\frac{\omega}{\omega\pm\omega_{\mathrm{ce}}}-\pi\sum_\alpha\frac{\omega_{\mathrm{p}\alpha}^2}{\omega}\int_0^\infty v_\perp^2\mathrm{d}v_\perp\int_{-\infty}^{+\infty}\mathrm{d}v_\|\frac{\partial F_\alpha^{(\mathrm{r})}}{\partial v_\perp}\\ -\frac{k}{\omega}\left(v_\|\frac{\partial F_\alpha^{(\mathrm{r})}}{\partial v_\perp}-v_\perp\frac{\partial F_\alpha^{(\mathrm{r})}}{\partial v_\|}\right)\frac{1}{kv_\|-\omega_\alpha\mp\omega_{\mathrm{c}\alpha}}\end{aligned} \tag{10.2.11}$$

假定 $\omega=\omega_{rk}+\mathrm{i}\omega_{\mathrm{i}}$，共振粒子是离子，令

$$D(\omega_{\mathrm{r}k},k)=\mp\frac{\mathrm{i}\pi}{2}\frac{\omega_{\mathrm{pi}}^2\omega_{\mathrm{ci}}}{n_0}\int v_\perp\mathrm{d}^3v\delta(kv_z-\omega_k\pm\omega_{\mathrm{ci}})\left(\frac{\partial F_{\mathrm{i}}^{(\mathrm{r})}}{\partial v_\perp}\pm\frac{kv_\perp}{\omega_{\mathrm{ci}}}\frac{\partial F_{\mathrm{i}}^{(\mathrm{r})}}{\partial v_z}\right) \tag{10.2.12}$$

其中

$$D(\omega_{\mathrm{r}k},k)=k^2c^2-\omega_{\mathrm{r}k}^2+\omega_{\mathrm{pi}}^2\frac{\omega_{rh}}{\omega_{\mathrm{r}k}\mp\omega_{\mathrm{ci}}}+\omega_{\mathrm{pe}}^2\frac{\omega_{\mathrm{r}k}}{\omega_{\mathrm{r}k}\pm\omega_{\mathrm{ce}}} \tag{10.2.13}$$

ω_{pi}，ω_{pc} 为由背景冷等离子体密度决定的等离子体频率。下面的推导中只限于取式(10.2.13)中下面的符号，相应于右旋偏振波。对于左旋偏振波，应取上面的符号。在增长率足够小的情况下，即 $\omega_{\mathrm{i}}/\omega_{\mathrm{r}}\ll 1$，式(10.2.11)决定的实频率 $\omega_{\mathrm{r}k}$ 可由下式确定：

$$D(\omega_{\mathrm{r}k},k)=0 \tag{10.2.14}$$

而相应的增长率 ω_{i} 为

$$\omega_{\mathrm{i}}=-\frac{\pi\omega_{\mathrm{ri}}^2}{2n_0}\frac{\omega_{\mathrm{r}k}}{\partial D/\partial\omega_{\mathrm{r}k}}\frac{1}{|k|}\int\mathrm{d}v_\perp v_\perp\left[\frac{v_\perp}{v_z}\frac{\partial F_{\mathrm{i}}^{(\mathrm{r})}}{\partial v_z}-\frac{\omega_{\mathrm{ci}}}{\omega_{\mathrm{r}k}}\left(\frac{\partial F_{\mathrm{i}}^{(\mathrm{r})}}{\partial v_\perp}-\frac{v_\perp}{v_z}\frac{\partial F_{\mathrm{i}}^{(\mathrm{r})}}{\partial v_z}\right)\right]\Bigg|_{v_z=(\omega_{\mathrm{i}k}+\omega_{\mathrm{ci}})/k} \tag{10.2.15}$$

其共振条件为

$$kv_{\mathrm{res}}=\omega_{\mathrm{r}k}+\omega_{\mathrm{ci}} \tag{10.2.16}$$

v_{res} 为沿着磁场方向的共振粒子的速度，若 $\omega_{\mathrm{r}}\ll\omega_{\mathrm{ce}}$，式(10.2.14)化简为

$$\frac{k^2c^2}{\omega_{rk}} = 1 + \frac{\omega_{pi}^2}{\omega_{ci}(\omega_{rk} + \omega_{ci})} \tag{10.2.17}$$

利用色散方程(10.2.17)和共振条件式(10.2.16)得到共振速度为

$$v_{res} = \frac{v_p C_A}{V_A^2(v_p^2 - C_A^2)} \tag{10.2.18}$$

其中，v_p 是波的相速度，$C_A^2 = C^2V_A^2/(V_A^2 + C^2)$，$V_A^2 = c^2\omega_{pi}^2/\omega_{pi}^2$。在 $v_p>0$ 的条件下，当 $v_p^2 = 8C_A^2$ 时，粒子共振速度 v_{res} 取最小值：

$$v_{min} = \sqrt{\frac{27}{4}} C_A^2 / V_A^2 \tag{10.2.19}$$

如果通过等离子体的离子束的速度 $V_0<v_{min}$，就没有粒子能达到共振速度，波动将不可能激发。

3. 粒子的准线性扩散及湍动场的准线性增长

波动的增长将引起分布函数 F_α 逐渐变化。分布函数 F_α 的慢变化由方程(11.3.181)描述。上文讨论的是静电扰动，现在讨论电磁场扰动，在书写中略去脚标“AN”，方程写为

$$\frac{\partial F_\alpha}{\partial t} = -\frac{e_\alpha}{m_\alpha}\left[\langle \delta \boldsymbol{E} \cdot \frac{\partial \delta f_\alpha}{\partial \boldsymbol{v}}\rangle + \frac{1}{c}\left\langle (\boldsymbol{v} \times \delta \boldsymbol{B}) \cdot \frac{\partial f_\alpha}{\partial \boldsymbol{v}} \right\rangle\right] \tag{10.2.20}$$

其中，符号“〈〉”表示在比波长大得多的距离上的平均；δf_α 是与快变化相联系的分布函数的扰动部分；$\delta\boldsymbol{E}$ 和 $\delta\boldsymbol{B}$ 是电场和磁场的扰动部分；δf_α，$\delta\boldsymbol{E}$，$\delta\boldsymbol{B}$ 都取平面波 $\exp[-i\,(kz-\omega t)]$ 叠加的形式。由线性理论得到 δf_α 傅里叶分量 δf_{α_k} 的表达式为

$$\delta f_{\alpha_k} = \frac{e_\alpha}{im_\alpha}\frac{E_k e^{i\theta}}{\omega_k - k_z v_z + \omega_{c\alpha}}\left[\left(1 - \frac{kv_z}{\omega_k}\right)\frac{\partial F_\alpha}{\partial v_\perp} + \frac{kv_\perp}{\omega_k}\frac{\partial f_\alpha}{\partial v_z}\right] \tag{10.2.21}$$

其中，$v_\perp$，v_z，θ 为速度空间的柱坐标。在以下推导中将所有的 v_z 改写为 $v_\parallel$。经过平均以后得到关于 F_α 的方程：

$$\begin{aligned}\frac{\partial F_\alpha}{\partial t} = \frac{e^2}{2m_\alpha^2}\Bigg\{&\frac{1}{v_\perp}\frac{\partial F_\alpha}{\partial v_\perp}\Bigg[v_\perp \sum \frac{|\delta E_k|^2}{|\omega_{rk}|^2}\frac{\omega_{ik}}{(kv_\parallel - \omega_{rk} - \omega_{ca})^2 + \omega_{ik}^2} \\ &\left(|\omega_{rk} - kv_\parallel|^2 \frac{\partial F_\alpha}{\partial v_\perp} + [\omega_{c\alpha} + 2(\omega_{rk} - kv_\parallel)]kv_\perp \frac{\partial F_\alpha}{\partial v_\parallel}\right)\Bigg] \\ &+ \frac{\partial}{\partial v_\parallel}\left[\sum \frac{|\delta E_k|^2}{|\omega_{rk}|^2}\frac{kv_\perp \omega_{ik}}{(kv_\parallel - \omega_{rk} - \omega_{ce})^2}\left(-\omega_{ce}\frac{\partial F_\alpha}{\partial v_\perp} + kv_\perp \frac{\partial F_\alpha}{\partial v_\parallel}\right)\right]\Bigg\}\end{aligned} \tag{10.2.22}$$

由于已经假设共振粒子是离子，等离子体中离子的分布函数可以写为

$$F_i = F_i^{(n)} + F_i^{(r)} \tag{10.2.23}$$

电子的分布函数为

$$F_{\mathrm{e}} = F_{\mathrm{e}}^{(n)} \tag{10.2.24}$$

利用式(10.2.10)，由式(10.2.22)得到如下描述非共振粒子的分布函数变化的方程：

$$\frac{\partial F_{\alpha}^{(n)}}{\partial t} = \frac{e^2}{2m_{\alpha}^2}\sum_k \frac{|\delta B_k|^2}{c^2k^2}\frac{\omega_{\mathrm{r}k}^2\omega_{\mathrm{i}k}}{(\omega_{\mathrm{r}k}+\omega_{\mathrm{c}\alpha})^2}\frac{1}{v_\perp}\frac{\partial}{\partial v_\perp}\left(v_\perp\frac{\partial F_{\alpha}^{(\mathrm{n})}}{\partial v_\perp}\right) \tag{10.2.25a}$$

由上式看到，湍动场导致非共振粒子在速度空间中横的扩散。对于共振粒子有 $kv_{\|}=\omega_{\mathrm{r}k}+\omega_{\mathrm{c}\alpha}$，式(10.2.22)可以大大简化，由于共振粒子为离子，描述共振粒子分布函数变化的方程可以写为

$$\frac{\partial F_i^{(\mathrm{r})}}{\partial t} = \frac{\pi e^2}{2m_{\mathrm{i}}^2}\sum_k\frac{|\delta B_k|^2}{c^2k^2}\omega_{\mathrm{ci}}^2\left(\frac{1}{v_\perp}\frac{\partial}{\partial v_\perp}-\frac{kv_\perp}{\omega_{\mathrm{ci}}}\frac{\partial}{\partial v_{\|}}\right)$$
$$\delta(kv_{\|}-\omega_{\mathrm{r}k}-\omega_{\mathrm{ci}})\left(\frac{\partial F_{\mathrm{i}}^{(\mathrm{r})}}{\partial v_\perp}-\frac{kv_\perp}{\omega_{\mathrm{ci}}}\frac{\partial F_{\mathrm{i}}^{(\mathrm{r})}}{\partial v_{\|}}\right) \tag{10.2.25b}$$

另一方面，波动的增长又与粒子的分布函数有关，由于$|\delta B_k|^2$是以 $2\omega_{\mathrm{i}k}$ 指数增长的，所以

$$\frac{\partial|\delta B_k|^2}{\partial t} = 2\omega_{\mathrm{i}k}|\delta B_k|^2 \tag{10.2.26}$$

将式(10.2.15)代入式(10.2.26)，得到

$$\frac{\partial|\delta B_k|^2}{\partial t} = \frac{\pi|\delta B_k|^2}{n_0\partial D/\partial\omega_{\mathrm{r}k}}\omega_{\mathrm{ri}}^2\omega_{\mathrm{ci}}\int v_\perp\delta(kv_{\|}-\omega_{\mathrm{r}k}-\omega_{\mathrm{ci}})\left[\frac{\partial F_{\mathrm{i}}^{(\mathrm{r})}}{\partial v_\perp}-\frac{kv_\perp}{\omega_{\mathrm{ci}}}\frac{\partial F_i^{(\mathrm{r})}}{\partial v_{\|}}\right]\mathrm{d}^3v \tag{10.2.27}$$

式(10.2.25b)和式(10.2.27)构成了回旋不稳定性准线性近似的闭合方程组。后者描述了扰动场随时间的增长，前者描述了共振粒子在速度空间中的扩散过程。共振粒子的扩散使得分布函数 $F_{\mathrm{i}}^{(\mathrm{r})}$ 缓慢地变化。

4. 准线性方程组的化简

为了便于计算，需要将上述在速度空间的二维扩散问题化简为一维的问题。令

$$\omega = v_\perp^2+v_{\|}^2-2\int_{v_{\min}}^{v_{\|}}v_{\mathrm{p}}\mathrm{d}v_{\|}' \tag{10.2.28a}$$

$$v = v_{\|} \tag{10.2.28b}$$

其中，v_{p} 由式(10.2.18)决定。将式(10.2.28a)和式(10.2.28b)代入式(10.2.25b)和式(10.2.27)，得到下面的方程组：

$$\frac{\partial F_{\mathrm{i}}^{(\mathrm{r})}}{\partial t} = \frac{c^2}{4m_{\mathrm{i}}^2c^2}\frac{\partial}{\partial v}\left[v_\perp^2(\omega,v)\frac{|\delta B_k|^2}{|v-\mathrm{d}\omega/\mathrm{d}k|}\frac{\partial F_{\mathrm{i}}^{(\mathrm{r})}}{\partial v}\right] \tag{10.2.29}$$

$$\frac{\partial|\delta B_k|^2}{\partial t} = -\frac{\pi^2}{n_0}\omega_{0\mathrm{i}}^2\frac{\delta|B_k|^2}{\partial D/\partial\omega_k}\frac{k}{|k|}\int_{w_{\min}}^{\infty}v_\perp^2(\omega,v)\times\frac{\partial F_{\mathrm{i}}^{(\mathrm{r})}}{\partial v}\mathrm{d}\omega \tag{10.2.30}$$

其中，$\omega_{\min}$ 由式(10.2.28)中 $v_\perp=0$，$v_{\|}=v$ 决定，即

$$\omega_{\min}(v) = v^2 - 2\int_{v_{\min}}^{v} v_{\mathrm{p}} \mathrm{d}v \tag{10.2.31}$$

$v_{\min}$ 是由式(10.2.19)决定的粒子共振速度的下限，$v_{\|}<v_{\min}$ 的粒子不可能发生共振。由式(10.2.29)看到，扩散只使粒子对 v 的分布发生变化，而不改变粒子对 ω 的分布。也就是说，波与共振粒子相互作用只引起共振粒子沿着速度空间中 ω=常数的线扩散。图 10.2.6 给出了速度空间中的常 ω 线。在 ω=常数的扩散线上，v 的最小值由最小共振速度 $v_{\min}$ 决定，v 的最大值 $v_{\max}(\omega)$ 由式(10.2.32) 决定。

$$\omega = v_{\max}^2 - 2\int_{v_{\min}}^{v_{\max}} v_{\mathrm{p}} \mathrm{d}v \tag{10.2.32}$$

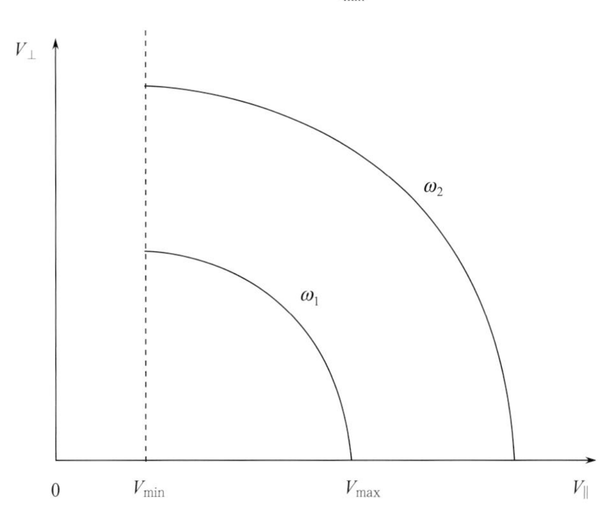

图 10.2.6　在速度空间中常 ω 线

在决定 $v_{\max}$ 的公式中，已经考虑到 v 取最大值时，$v_{\perp}=0$。将式(10.2.29)对 ω 积分，利用式(10.2.30)消去 $|\delta B_k|^2 \int v_{\perp}^2 \dfrac{\partial F_{\mathrm{i}}^{(\mathrm{r})}}{\partial v} \mathrm{d}\omega$ 项，然后再对 t 和 v 积分，得到

$$|\delta B_k|^2 = -16\pi^3 m_{\mathrm{i}} c^2 \frac{|v - \mathrm{d}\omega/\mathrm{d}k|}{\partial D/\partial \omega_k} \int_{v_{\mathrm{c}}}^{v} \mathrm{d}v' \int_{w_{\min}}^{\infty} \mathrm{d}\omega \times [F_{\mathrm{i}}^{(\mathrm{r})}(v', \omega, t) - F_{\mathrm{i}}^{(\mathrm{r})}(v', \omega, 0)] \tag{10.2.33}$$

推导中已经略去了$|\delta B_k|^2$初始值的项。v_{c}是谱的下限，其数值由下式确定：

$$\int_{w_{\min}}^{\infty} \mathrm{d}w [F_{\mathrm{i}}^{(\mathrm{r})}(v_{\mathrm{c}}, \omega, t) - F_{\mathrm{i}}^{(\mathrm{r})}(v_{\mathrm{c}}, \omega, 0)] = 0 \tag{10.2.34}$$

当 $v \leqslant v_{\mathrm{c}}$ 时，$|\delta B_k|^2=0$。

5. 准线性饱和

由式(10.2.29)～式(10.2.34)看到，当 $t\to\infty$时，由于粒子的扩散，最后导致一个稳恒态，对于 $v>v_{\mathrm{c}}(\infty)$ 有

$$\frac{\partial F_{\mathrm{i}}^{(\mathrm{r})}(v, \omega, \infty)}{\partial v} = 0 \tag{10.2.35}$$

对于 $v\leqslant v_c(\infty)$ 有

$$|\delta B_X|^2=0,\quad \frac{\partial F_i^{(r)}(v,\omega,\infty)}{\partial v}\neq 0 \tag{10.2.36}$$

此式说明对于 $v>v_c(\infty)$，分布函数对 v 是均匀分布的，就是说形成了一个平台。分布函数只与 ω 有关，而与 v 无关，可记为 $F_i^{(r)}(\omega,\infty)$。显然，式(10.2.29)和式(10.2.30)同时得到满足。式(10.2.36)也是满足式(10.2.29)和式(10.2.30)的一个稳态解。这时粒子的扩散系数和场的增长率都为零。在这个区域中激发的波能全部被吸收。$v_c(\infty)$是两个区域的分界，由式(10.2.34)来确定。

下面讨论如何确定 $F_i^{(r)}(\omega,\infty)$ 和 $|\delta B_k|^2_{i\to\infty}$。因为共振粒子只在 ω=常数线上扩散，所以 ω=常数线上的粒子数守恒。这一粒子数守恒定律把初态分布函数与终态分布函数联系起来。又因为对于 $v<v_c(\infty)$ 可以忽略共振粒子的扩散，对于 $v=v_{\max}(\omega)$，$v_\perp=0$，扩散系数变为零，见式(10.2.29)。于是沿 ω=常数线上的总粒子数为

$$F_i^{(r)}(w,\infty)[v_{\max}(\omega)-v_c(\infty)]=\int_{v_c(\infty)}^{v_{\max}(\omega)}F_i^{(r)}(v,\omega,0)\mathrm{d}v \tag{10.2.37}$$

这一公式给出了在 $t\to\infty$达到饱和时的分布函数 $F_i^{(r)}(\omega,\infty)$。由式(10.2.33)，令 $t\to\infty$得到

$$|\delta B_k|^2_{i\to\infty}=-16\pi^3 m_i c^2\frac{|v-\mathrm{d}\omega/\mathrm{d}k|}{\partial D/\partial\omega_k}\int_{v_c(\infty)}^{v}\mathrm{d}v'\int_{\omega_{\min}}^{\infty}\mathrm{d}w[F_i^{(r)}(\omega,v,\infty)-F_i^{(r)}(v,\omega,0)] \tag{10.2.38}$$

下面介绍这一离子回旋波的准线性理论在磁层顶波动问题中的应用。Eviater 和 Wolf (1968)假设在磁尾边界层中的等离子体是由磁鞘中的等离子体和磁层中的等离子体混合而成的。磁鞘中离子数密度为 n_s，热速度为 v_s，流速为 V_0，磁层中的数密度 n_m，热速度为 v_m，流速为零。于是离子分布函数可以写为

$$F_i(v_\perp,V_0)=\frac{n_s}{(2\pi)^{3/2}v_s^2}\exp\left\{-\frac{1}{2v_s^2}\left[v_\perp^2+(v_\parallel-v_0)^2\right]\right\}+\frac{n_m}{(2\pi)^{3/2}v_m^3}\exp\left(-\frac{v_\perp^2+v_\parallel^2}{2v_m^2}\right) \tag{10.2.39}$$

假设电子是麦克斯韦分布，只提供电中性的背景。这一分布函数对于双流回旋不稳定性是不稳定的，离子回旋波将会增长。利用上述回旋波的理论可得到离子回旋波的谱。又利用 $v_\parallel=\omega_{ci}/k$(相当于 $\omega\ll\omega_c$ 的情况)，对波数 k 求和，得到

$$\frac{1}{8\pi}\delta B^2=\frac{1}{8\pi}\sum_k|\delta B_k|^2=\frac{1}{8\pi}nm_iV_0^2\left(\frac{V_A}{V_0}\right) \tag{10.2.40}$$

由上式看到，饱和时，回旋波磁场扰动能量密度与太阳风动能密度的比值为(V_A/V_0)。根据观测到的太阳风参数得到

$$\sqrt{\sum_k|\delta B_k|^2}\simeq 2\gamma$$

这一结果与通常在磁层顶邻近观测到的离子回旋波的振幅是一致的。这说明双流回旋不稳定性可能是磁尾磁层顶离子回旋波的一种机制。Eviater 和 Wolf (1968)还计算了离子回旋波引起等离子体在垂直磁场方向上的扩散。

在典型情况下，B_0=10nT，$v_s^2=0.1\,v_0^2$，$v_\perp=\dfrac{3}{2}v_s=0.2V_0$=60 km/s，$n$=10 cm^{-3}，计算出边界层内等离子体黏滞系数γ_{eff}=8 ×10^{12} cm^2/s。太阳风等离子体横越磁尾向磁层内漂移的平均速度为$\langle V_D\rangle$=12 km/s。由于前述离子回旋波准线性理论是适用于均匀无限等离子体的，所以这一理论只能应用到厚磁层顶，即磁层顶厚度比回旋半径大得多的情况。

除了离子双流不稳定性外，场向电流驱动的离子回旋不稳定性也是在磁层顶观测到的离子回旋波的可能的源(Kindel and Kennel, 1971)。

10.2.4 磁层顶邻近的低混杂漂移不稳定性

空间飞船 ISEE-1，2 在磁层顶观测到电磁场湍动显著增强，其中 1～100 Hz 范围的湍动很可能是低混杂漂移不稳定性引起的。由于这种不稳定性可导致相当大的反常电阻及横越磁场的扩散系数，因而为磁层驱动模式提供了一个重要的输运机制。

下面先讨论低混杂漂移不稳定性的一般理论(Krall and Liewer, 1971; Davidson et al., 1975, 1977)，然后简要介绍徐传诒(1982)对磁层顶低混杂漂移不稳定性的描述，最后将理论结果与观测结果进行比较。

1. 基本假设

低混杂漂移不稳定性是与密度梯度和磁场梯度相联系的横越磁场的电流驱动的高频($|\omega_r+i\omega_i|\gg\omega_{ci}$)不稳定性。取直角坐标系(图 10.2.7)，假定磁场 $B_0(x)$沿 z 轴方向增加，而密度 $n(x)$在 x 轴方向减小，k_z=0 和 $k_y\gg k_x$。低混杂漂移不稳定性的特点如下：

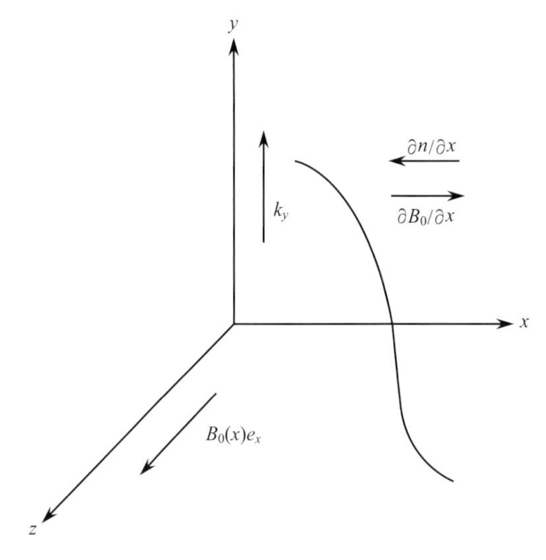

图 10.2.7 在直角坐标系中磁场、磁场梯度、密度梯度及波矢量的方向

(1)波动的频率比电子回旋频率小得多，波长大于电子回旋半径，即

$$|\omega|\ll\omega_{ce} \tag{10.2.41}$$

$$k_y\rho_{ce}\leqslant 1 \tag{10.2.42}$$

电子是强磁化的，在波长空间范围内在一个回旋周期中电子围绕磁力线转了许多圈。

(2) 波动的频率比离子的回旋频率大得多，而波长比离子回旋半径小得多，即

$$|\omega| \gg \omega_{\mathrm{ci}} \tag{10.2.43}$$

$$k_y \rho_{\mathrm{ci}} \gg 1 \tag{10.2.44}$$

离子是非磁化的，在波长空间范围内，在回旋周期中离子可以看成是直线运动。

(3) 弱不均匀近似条件成立：

$$k_y^2 \gg (\partial \ln n / \partial x)^2,\ k_y^2 \gg (\partial \ln T_{\mathrm{e}} / \partial x)^2,\ k_y^2 \gg (\partial \ln B_0 / \partial x)^2 \tag{10.2.45}$$

即不均匀尺度比波长大得多，在波长范围内等离子体基本是均匀的，因而可在边界层中某一点附近与波长相比的空间范围内局域地讨论不稳定性问题。

磁场和密度的空间变化将导致离子的梯度漂移，由梯度漂移导致的离子电流可写为

$$J_{\mathrm{i}} = neV_{d_{\mathrm{i}}} \tag{10.2.46}$$

$$V_{d_{\mathrm{i}}} = \frac{T_{\mathrm{i}}}{m_{\mathrm{i}}\omega_{\mathrm{ci}}} \frac{\partial}{\partial x} (\ln nT_{\mathrm{i}}) \tag{10.2.47}$$

$V_{d_{\mathrm{i}}}$ 是在静止坐标系中离子的整体速度(同样将 i 代换成 e，可求得 J_{e} 和 $V_{d_{\mathrm{e}}}$)。下面，将在沿着 y 方向以速度 $V_{d_{\mathrm{i}}}$ 运动的坐标系中来讨论。

2. 平衡位形

在平衡态情况下，Vlasov 方程的通解可以写为单一粒子在未扰动场中运动常数的任意函数。由于在所讨论的空间范围内离子不受磁场影响，为了简化，假设离子服从麦克斯韦分布：

$$f_{\mathrm{i}}(v_\perp^2, v_z^2) = n\left(\frac{1}{\pi v_{\mathrm{i}}^2}\right)^{3/2} \exp\left(-\frac{v_\perp^2 + v_z^2}{v_{\mathrm{i}}^2}\right) \tag{10.2.48}$$

其中，$v_\perp^2 = v_x^2 + v_y$，温度 T_{i}=常数。电子与离子不同，它是强磁化的，其分布函数可以写为

$$f_{\mathrm{e}}(v_\perp^2, v_z^2, \chi) = n(\chi)\left[\frac{1}{\pi v_{\mathrm{e}}^2(\chi)}\right]^{3/2} \exp\left[-\frac{v_\perp^2 + v_z^2}{v_{\mathrm{e}}^2(\chi)}\right] \tag{10.2.49}$$

其中，$v_\perp^2 = v_x^2 = (v_y - V_{\mathrm{E}})^2$，$V_E = -V_{d_{\mathrm{i}}}$。$v_z^2$ 和 $\chi = x - (v_y - V_{\mathrm{E}}) / \omega_{\mathrm{ce}}$ 都是运动常数。由于在 ρ_{ce} 范围内函数 f_{e} 变化不大，可以将 f_{e} 在 x=x_0 附近展开，略去二阶小量，得到

$$f_{\mathrm{e}}(v_\perp^2, v_z^2) \cong n\left(\frac{1}{nv_{\mathrm{e}}^2}\right)^{3/2} \exp\left(-\frac{v_\perp^2 + v_z^2}{v_{\mathrm{e}}^2}\right) \cdot \left\{1 - \frac{\varepsilon_n (v_y - V_{\mathrm{E}})}{\omega_{\mathrm{ce}}}\left[1 - \frac{\varepsilon_{\mathrm{T}}}{\varepsilon_n}\left(\frac{3}{2} - \frac{v_\perp^2 + v_z^2}{v_{\mathrm{e}}^2}\right)\right]\right\} \tag{10.2.50}$$

其中

$$\varepsilon_n = \frac{\partial}{\partial x}(\ln n), \quad \varepsilon_{\mathrm{T}} = \frac{\partial}{\partial x}(\ln T_{\mathrm{e}}) \tag{10.2.51}$$

式(10.2.48)和式(10.2.50)分别为离子和电子的零阶分布函数，n，v_{e}，ε_n，ε_{T} 都是局域估

计的。

未扰动的电场和磁场为

$$\boldsymbol{E}_0 = -\frac{1}{c}(\boldsymbol{V}_{\mathrm{E}} \times \boldsymbol{B}_0), \quad \boldsymbol{B}_0 = \boldsymbol{B}_0(x) \tag{10.2.52}$$

3. 推导色散方程

电场和磁场的扰动量为 $\delta\boldsymbol{E}$ 和 $\delta\boldsymbol{B}$，有

$$\boldsymbol{E} = \boldsymbol{E}_0 + \delta\boldsymbol{E} \tag{10.2.53}$$

$$\boldsymbol{B} = \boldsymbol{B}_0 + \delta\boldsymbol{B} \tag{10.2.54}$$

$\delta\boldsymbol{E}$ 和 $\delta\boldsymbol{B}$ 可写成如下形式：

$$\delta\boldsymbol{E}(x,t) = \delta E_x(x,t)\boldsymbol{e}_x + \delta E_y(x,t)\boldsymbol{e}_y$$

$$\delta\boldsymbol{B}(x,t) = \delta B_z(x,t)\boldsymbol{e}_z$$

相应分布函数的扰动为δf_α (α=i, e)，即

$$f_\alpha = f_{\alpha 0} + \delta f_\alpha \tag{10.2.55}$$

将所有扰动量写为

$$\delta A = \delta A_k(x)\exp[\mathrm{i}(k_y y - \omega t)] \tag{10.2.56}$$

的形式。

下面求扰动分布函数。把式(10.2.52)～式(10.2.55)代入 Vlasov 方程，略去非线性项后，利用特征线法，将方程沿零阶场决定的粒子在六维相空间中的运动轨道积分，得到

$$\delta f_{\alpha k}(\boldsymbol{x},\boldsymbol{v},t) = -\frac{q_\alpha}{m_\alpha}\int_\infty^0 \left[\left(\delta\boldsymbol{E}_k + \frac{1}{c}\boldsymbol{v}' \times \delta\boldsymbol{B}_k\right)\cdot \nabla\boldsymbol{v}' f_{\alpha 0}(\boldsymbol{x}',\boldsymbol{v}')\right]\Bigg|_{\substack{\boldsymbol{x}=\boldsymbol{x}'(\tau)\\ \boldsymbol{v}=\boldsymbol{v}'(\tau)}} \times \exp[\mathrm{i}(\boldsymbol{k}\cdot\boldsymbol{X} - \omega\tau)]\mathrm{d}\tau \tag{10.2.57}$$

其中，α=i, e；$\boldsymbol{X}=\boldsymbol{x}'(\tau)-\boldsymbol{x}$。$\boldsymbol{x}'(\tau)$，$\boldsymbol{v}'(\tau)$为 α 粒子的空间位置和速度，由零阶场决定的运动方程确定。离子做匀速直线运动，有

$$\begin{cases} \boldsymbol{v}'(\tau) = \boldsymbol{v} \\ \boldsymbol{x}'(\tau) = \boldsymbol{x} + \boldsymbol{v}\tau \end{cases} \tag{10.2.58}$$

对于电子，需要考虑它在磁场中的偏转，$\boldsymbol{x}'(\tau)$ 和 $\boldsymbol{v}'(\tau)$ 由方程

$$\frac{\mathrm{d}\boldsymbol{x}'(\tau)}{\mathrm{d}\tau} = \boldsymbol{v}'(\tau) \tag{10.2.59}$$

$$\frac{\mathrm{d}\boldsymbol{v}'(\tau)}{\mathrm{d}\tau} = -\frac{e}{m_{\mathrm{e}}}\left[\boldsymbol{E}_0 + \frac{\boldsymbol{v}' \times \boldsymbol{B}_0(x)}{c}\right] \tag{10.2.60}$$

决定。初始条件为

$$\boldsymbol{x}'(\tau = 0) = \boldsymbol{x}, \quad \boldsymbol{v}'(\tau = 0) = \boldsymbol{v} \tag{10.2.61}$$

假定 $B_0(x) = B_0[1 + \varepsilon_{\mathrm{B}}(x - x_0)]$，$\rho_{\mathrm{ce}}^2 \varepsilon_{\mathrm{B}}^2 \ll 1$, 于是零阶场中电子轨道方程(10.2.59)和(10.2.60)的解为

$$\begin{cases} v'_z = v_z \\ v'_x(\tau) = v_\perp \cos(\omega_{\rm ce}\tau + \phi) \\ v_y(\tau) = v_\perp \sin(\omega_{\rm ce}\tau + \phi) + V_{\rm E} - \varepsilon_{\rm B} v_\perp^2 / 2\omega_{\rm ce} \\ y'(\tau) = y + (V_{\rm E} - \varepsilon_{\rm B} v_\perp^2 / 2\omega_{\rm ce})\tau - \dfrac{v_\perp}{\omega_{\rm ce}}[\cos(\omega_{\rm ce}\tau + \phi) - \cos\phi] \end{cases} \tag{10.2.62}$$

其中

$$\varepsilon_{\rm B} = \frac{1}{B_0}\frac{\partial B_0(x)}{\partial x}\bigg|_{x=x_0}$$

上式中略去了电子轨道中的第二阶谐波$(2\omega_{ca})$项。

分别将式(10.2.58)及式(10.2.62)代入式(10.2.57)，并且注意到 k_a=0，将 $k_y y$ 与 $k_x x$ 比较，略去 $k_x x$。于是得到电子和离子的扰动分布函数 $\delta f_{\rm i}$ 和 $\delta f_{\rm e}$。

由扰动分布函数得到扰动电流和电荷：

$$\delta \boldsymbol{J}(x) = \sum_\alpha q_{\rm c} \int {\rm d}^3 v \boldsymbol{v} \delta \boldsymbol{f}_\alpha(\boldsymbol{x}, \boldsymbol{v})$$

$$\delta \rho(x) = \sum_\alpha q_{\rm c} \int {\rm d}^3 v \delta \boldsymbol{f}_\alpha(\boldsymbol{x}, \boldsymbol{v})$$

将式(10.2.53)和式(10.2.54)代入麦克斯韦方程组，略去非线性项后，得到描述场的扰动量的线性化的方程组：

$$\frac{\partial}{\partial x}\delta \boldsymbol{E}_y(x) - {\rm i}k_y \delta \boldsymbol{E}_x(x) = {\rm i}\frac{\omega}{c}\delta B_z(x)$$

$${\rm i}k_y \delta B_z(x) = \frac{4\pi}{c}\delta \boldsymbol{J}_x(x) - \frac{{\rm i}\omega}{c}\delta \boldsymbol{E}_x(x)$$

$$\frac{\partial}{\partial x}\delta \boldsymbol{E}_x + {\rm i}k_y \delta \boldsymbol{E}_y(x) = 4\pi\delta \boldsymbol{\rho}(x)$$

这里略去了描述安培定律方程的 y 分量，因为它是上述最后一个方程与扰动电荷连续性方程的逻辑结果。由于考虑了 Vlasov 方程，所以电荷连续性方程应是自动被满足的。

我们看到，场的扰动量是由电荷及电流的扰动量决定的，电荷及电流的扰动量又由分布函数决定，最后分布函数又由场的扰动量决定。假定这一扰动问题有非零解，于是得到描述这一扰动特征的色散方程。将由扰动分布函数决定的电荷及电流代入描述场的扰动量的线性化方程组，得到

$$D_{xx}\delta E_x + D_{xy}\delta E_y = 0 \tag{10.2.63}$$

$$D_{yx}\delta E_x + D_{yy}\delta E_y = 0 \tag{10.2.64}$$

色散矩阵元为

$$D_{xx} = 1 - \frac{c^2 k_y^2}{\omega^2} - \frac{2\omega_{\rm pe}^2}{\omega^2}\varPhi_1 \tag{10.2.65}$$

$$D_{xy} = -D_{yx} = 2{\rm i}\frac{\omega_{\rm pe}}{\omega}\frac{\omega_{\rm pe}}{k_y v_{\rm e}}\varPhi_2 \tag{10.2.66}$$

$$D_{yy} = 1 + \frac{2\omega_{\rm pi}^2}{k_y^2 v_{\rm i}^2}[1 + \xi_{\rm i} Z(\xi_{\rm i})] + \frac{2\omega_{\rm pe}^2}{k_y^2 v_{\rm e}^2}(1 - \varPhi_3) \tag{10.2.67}$$

色散方程为

$$D_{xx} D_{yy} - D_{xy} D_{yz} = 0 \tag{10.2.68}$$

其中

$$\varPhi_1 = \frac{2}{v_{\rm e}^4}\int_0^\infty {\rm d}v_\perp \frac{v_\perp^3 (J_0'(\mu))^2 \exp(-v_\perp^2 / v_{\rm e}^2)}{\omega - k_y V_{\rm E} - k_y V_{\rm B}} \varLambda$$

$$\varPhi_2 = \frac{2}{v_{\rm e}^3}\int_0^\infty {\rm d}v_\perp \frac{v_\perp^2 J_0'(\mu) J_0(\mu) \exp(-v_\perp^2 / v_{\rm e}^2)}{\omega - k_y V_{\rm R} - k_y V_{\rm B}} \varLambda$$

$$\varPhi_3 = \frac{2}{v_{\rm e}^2}\int_0^\infty {\rm d}v_\perp \frac{v_\perp^2 J_0^2(\mu) \exp(-v_\perp^2 / v_e^2)}{\omega - k_y V_{\rm E} - k_y V_{\rm B}} \varLambda$$

$$Z(\xi) = \frac{1}{\sqrt{\pi}}\int_{-\infty}^\infty {\rm d}x \frac{\exp(-x^2)}{x - \xi}$$

$$\xi_{\rm i} = (\omega - k_y v_{y\rm i}) / k_y v_{\rm i}$$

$$J_0'(\mu) = {\rm d}J_0(\mu) / {\rm d}\mu, \quad \mu = k_y v_\perp / \omega_{\rm ce}$$

$$\varLambda = \omega - k_y V_{\rm E} - k_y V_{\rm n} + k_y V_{\rm T}(1 - v_\perp^2 / v_{\rm e}^2)$$

$$V_n = V_{\rm E} T_{\rm e} / T_{\rm i}, \quad V_{\rm T} = -(T_{\rm e} / m_{\rm e}\omega_{\rm ce})\partial \ln T_{\rm e} / \partial x$$

其中，$V_{\rm B} = -\varepsilon_{\rm B} v_\perp^2 / 2\omega_{\rm ce}$，$v_\alpha = (2T_\alpha / m_\alpha)^{1/2}$ 是热速度。

定义 $\beta=[8\pi n(T_{\rm e}+T_{\rm i})]/B^2$，当 $\beta\to 0$ 时，有

$$\frac{D_{xy} D_{yz}}{D_{xx}} \to 0$$

由式(10.2.68)得到

$$D_{yy} = 0 \tag{10.2.69}$$

只有当 $\delta E_y \neq 0$ 时，波是在 y 方向传播的静电波。

4. 冷电子及低漂移速度极限下的近似解析解

式(10.2.68)，或者式(10.2.69)都十分复杂，一般需要求数值解。在下面特殊情况下，可以得到解析解。假设 $T_{\rm e} \ll T_{\rm i}$，$V_{\rm E} \ll v_{\rm i}$，贝塞尔函数 $J(\mu)$ 及等离子体色散函数 $Z(\xi)$ 都可以在 $\mu\to 0$，$\xi\to 0$ 条件下展开。再假设 $\omega_{\rm i} \ll \omega_{\rm r}$，于是得到

$$\omega_{\rm r} = -k_y V_{d_{\rm i}}[k_y^2 / (k_y^2 + k_{\rm M}^2)] \tag{10.2.70}$$

$$\omega_{\rm i} = \frac{\pi^{1/2}}{\left(1 + \frac{\beta_{\rm i}}{2}\right)} \frac{k_y^2 V{\rm d}i^2}{|k_y| v_{\rm i}} \left(\frac{k_{\rm M}^2}{k_y^2 + k_{\rm M}^2}\right)^3 \frac{k_y^2}{k_{\rm M}^2} \tag{10.2.71}$$

其中

$$k_{\mathrm{M}}^{2}=\frac{2(1+\beta_{\mathrm{i}}/2)}{v_{\mathrm{i}}^{2}}\Omega_{\mathrm{eh}}^{2} \tag{10.2.72}$$

$$\Omega_{\mathrm{eh}}^{2}=\frac{\omega_{\mathrm{pi}}^{2}}{1+\omega_{\mathrm{pe}}^{2}/\omega_{\mathrm{ce}}^{2}} \tag{10.2.73}$$

由于 $\omega_{\mathrm{pe}}^{2}/\omega_{\mathrm{ce}}^{2}\gg 1$，所以

$$\Omega_{\mathrm{eh}}=(\omega_{\mathrm{ce}}\omega_{\mathrm{ci}})^{1/2}=\Omega_{\mathrm{LH}} \tag{10.2.74}$$

图 10.2.8 给出了式(10.2.71)决定的 ω_{i} 随 k_y 的变化。图中 ω_{iM} 是当 $k_y=\pm k_{\mathrm{M}}$ 时增长率最大值：

$$\omega_{\mathrm{iM}}=\frac{\sqrt{2\pi}}{8}\frac{1}{(1+\beta_{\mathrm{i}}/2)^{1/2}}\left(\frac{v_{d_{\mathrm{i}}}}{v_{\mathrm{i}}}\right)^{2}\Omega_{\mathrm{eh}} \tag{10.2.75}$$

$$\omega_{\mathrm{rM}}=\mp\frac{1}{2}k_{\mathrm{M}}V_{d_{\mathrm{i}}}=\mp\frac{1}{\sqrt{2}}(1+\beta_{\mathrm{i}}/2)^{1/2}\frac{v_{d_{\mathrm{i}}}}{v_{\mathrm{i}}}\Omega_{\mathrm{eh}} \tag{10.2.76}$$

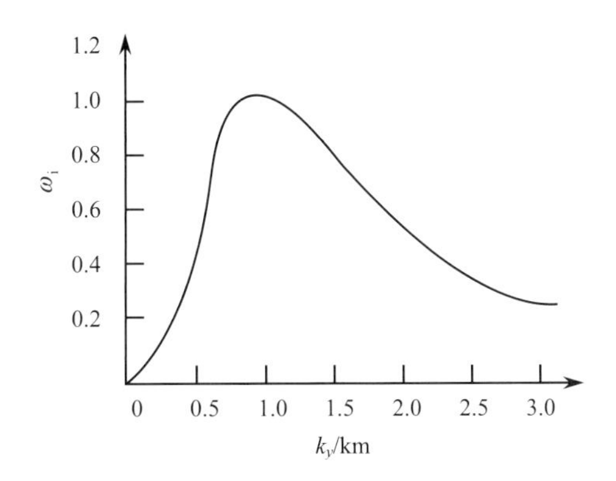

图 10.2.8　低混杂漂移不稳定性增长率 ω_{i} 随波数 k_y 的变化(Davidson et al., 1977)

对于相速度范围为 $0<\omega/k_y<V_{\mathrm{E}}$，公式取“+”号。由式(10.2.75)和式(10.2.76)看到，即使在低漂移速度情况下($V_{d_{\mathrm{i}}}\leqslant v_{\mathrm{i}}$)，增长率和振荡频率基本上是 Ω_{eh}，β_{i} 越大，最大增长率越小。

5. 饱和扰动能谱密度的估计

总扰动能量密度为

$$E_{ky}=|\delta E_y k_y|^{2}/8\pi \tag{10.2.77}$$

$$E_{\mathrm{F}}(t)=\int \mathrm{d}k E_k(t)=\left\langle|\delta \boldsymbol{E}(x,t)^{2}/8\pi\right\rangle \tag{10.2.78}$$

在以离子的流体速度运动的坐标系中看到的电子能量密度为 $\frac{1}{2}m_{\mathrm{e}}nV_{\mathrm{E}}^{2}$。不稳定性的发展将使电子最后趋于与离子有相同的速度。由自由能确定的场能密度的上限，可以写为

$$[E_F]_{\max} = \frac{1}{2} m_e n(x,t) V_E^2(x,t) \tag{10.2.79}$$

在这一过程中，单位体积内的电子所释放的能量即为$[E_F]_{\max}$。

如果不稳定性被非共振电子轨道修正饱和(Gary and Eastman, 1979)，估计最大振幅为

$$\frac{|\delta E|^2}{8\pi n T_i} \simeq 10^{-1}(T_i/T_e)^{1/4}(\varepsilon_n \rho_{ci})^2 \frac{\omega_{ci}^2}{\omega_{pi}^2} \tag{10.2.80}$$

6. *反常输运特性*

电子与离子都与低混杂波动相互作用，这将导致电子与离子之间间接的动量交换，从而导致出现电子和离子之间的反常碰撞频率和反常电阻。利用自由能确定的场能密度的上限式(10.2.79)，在冷电子及低漂移速度的假设下，可以得到$\beta \to 0$时的下混杂漂移静电波湍动决定的反常电阻的解析表达式。将式(10.2.69)与(蔡诗东，1983)中式(8.28)比较，得到

$$\chi_i(k,\omega) = \frac{2\omega_{pi}}{k_y^2 v_i}[1+\xi_i Z(\xi_i)] \tag{10.2.81}$$

其中，$\xi_i \simeq \omega/|k|_{\Omega i}$. 由(蔡诗东，1983)中式(8.44)得到反常电阻率为

$$\eta_{AN} = \frac{1}{e^2 n_e^2 V_d^2}\int dk 2E_k \boldsymbol{k}\cdot \boldsymbol{V}_d I_m \left\{\frac{2\omega_{pi}}{k_y^2 v_i^2}[\xi_i Z(\xi_i)]\right\} \tag{10.2.82}$$

定义某函数 $W(\boldsymbol{k},t)$平均为

$$\langle W(\boldsymbol{k},t)\rangle_k \equiv \frac{\int d\boldsymbol{k} W(\boldsymbol{k},t) E_k(t)}{\int d\boldsymbol{k}\varepsilon_k(t)} \tag{10.2.83}$$

其中，$E_k(t)$为电场扰动的能谱密度，利用这一定义，式(10.2.82)可改写为

$$\eta_{AN} = \frac{4\pi}{\omega^2 p_e}\left\langle I_m\left[\boldsymbol{k}\cdot V_d \frac{2\omega_{pi}^2}{k_y^2 v_i^2}\xi_i Z(\xi_i)\right]\right\rangle_k \frac{E_F}{n m_e V_d^2/2} \tag{10.2.84}$$

假定能谱密度$E_k(t)$在最大增长率的波数 k_M 有很强的峰值，于是 $\langle W(\boldsymbol{k},\ t)\rangle \simeq W(\boldsymbol{k}_{M,t})$。又假设低漂移速度$V_E \ll V_i$和低电子温度$T_e \ll T_i$，于是$Z(\xi_i) \simeq i\sqrt{\pi k_y}/|k_y|$，$V_d = V_E = -V_{d_i}$。

考虑到上述两个假定以及 $k_y \gg k_x$，k_y=0，式(10.2.84)可以写为

$$\eta_{AN} = \frac{4\pi}{\omega_{pe}^2}\left\{I_m\left[k_y V_B \frac{2\omega_{pi}^2}{k_y^2 v_i^2}\frac{w}{k_y v_i} i\sqrt{\pi}\right]\right\}_{k_y = k_{yM}} \frac{E_F}{n m_e v_E^2/2} \tag{10.2.85}$$

将式(10.2.72)、式(10.2.75)和式(10.2.76)代入式(10.2.85)，得到

$$\eta_{AN} \simeq 4\pi\sqrt{\frac{\pi}{2}}\Omega_{LH}^{-1}\frac{E_F}{nT_i} \tag{10.2.86}$$

将式(10.2.79)和式(10.2.74)代入式(10.2.86)，最后得到由下混杂漂移不稳定性决定的反常电阻率为

$$\eta_{\mathrm{AN}} \simeq 4\pi\sqrt{\frac{\pi}{2}}\left(\frac{V_{\mathrm{E}}}{v_{\mathrm{i}}}\right)^2 \frac{\Omega_{\mathrm{LH}}}{\omega_{\mathrm{ce}}^2} \tag{10.2.87}$$

电子和离子之间的反常碰撞频率 v_{AN} 由公式 $\eta_{\mathrm{AN}}=m_{\mathrm{e}}v_{\mathrm{AN}}/(ne^2)$ 给出。

不稳定性的发展将导致等离子体横越磁场的扩散以及边界层变宽(Liewer and Davidson, 1977)。等离子体的扩散方程为

$$\frac{\partial n}{\partial t} = \frac{\partial}{\partial x}\left(D_n \frac{\partial n}{\partial x}\right) \tag{10.2.88}$$

磁场的扩散方程为

$$\frac{\partial B_x}{\partial t} = \frac{\partial}{\partial x}\left(D_{\mathrm{B}} \frac{\partial B_z}{\partial x}\right) \tag{10.2.89}$$

D_n，D_{B} 分别为粒子和磁场的反常扩散系数，对于 $\beta \ll 1$，有 $D_n \simeq D_{\mathrm{B}} \simeq D_0$。这里 $\beta= 8\pi nTi / B_Z^2$，扩散系数 D_0 为

$$D_0 = \frac{\beta / 2}{1+\beta / 2}\frac{v_{\mathrm{AN}}c^2}{\omega_{\mathrm{pe}}^2} \tag{10.2.90}$$

显然，下混杂漂移不稳定性导致的反常输运是粒子由太阳风进入磁层内的重要机制。用这一反常扩散有可能解释许多磁层物理现象。但是，上述计算是由假设的电子和离子的平衡分布函数式(10.2.48)和式(10.2.49)出发的。实际上质子的漂移麦克斯韦分布不能自洽地描述磁层顶结构，特别是不能描述当磁层顶厚度接近质子回旋半径时的结构。磁层顶的微不稳定性的研究应当在能自洽地描述磁层顶结构的分布函数的基础上进行。

涂传诒(1982)以能自洽描述较薄的磁层顶结构的分布函数(6.6.1)为零阶分布函数，计算了低混杂漂移不稳定性的频率和增长率，以及波增长到非线性饱和阶段时的反常电阻率和扩散系数。由于考虑了质子的非麦克斯韦分布以及质子的自由能，所以得到的增长率和反常电阻率都提高了。计算表明，当磁层顶厚度接近两个质子回旋半径时，低混杂漂移不稳定性的增长率大约为 $0.26\omega_{\mathrm{LH}}$，反常电阻率约为 10^{-5}s。随着磁层顶厚度成倍增加，反常电阻率以指数形式下降。

Guan 等(1984)进一步讨论了描述磁层顶及等离子体幔的自洽的分布函数对于低混杂波的不稳定性以及相应的饱和机制的影响。

把上述低混杂漂移不稳定性的理论与 ISEE-1.2 观测资料比较，发现在磁层顶观测到的 100 Hz 以下的电磁场扰动很可能就是低混杂漂移不稳定性。在磁层顶一般有 $T_{\mathrm{e}} \ll T_{\mathrm{i}}$，这有利于低混杂漂移不稳定性的增长。磁层顶厚度经常为几个离子回旋半径，可以产生足够大的梯度漂移，使得低混杂漂移不稳定性在其中可以有显著的增长率。

实际观测到的电场数值为$|\delta E|$=5 mV/m，与由式(10.2.79)估算的量级相同。实际观测到 $\delta\boldsymbol{E}\perp\boldsymbol{B}$，这也与理论预计的一致。

观测到的频率范围一般为 6～600 Hz。在磁层顶典型的 ω_{ci} 值为 6 Hz，Ω_{ek} 值大约为

250 Hz。观测到的频率范围反映了由等离子体运动产生的 Doppler 频移。由理论推算，不稳定性波长范围为 1～10 km。如果磁层顶的运动速度为 100 km/s，相应的 Doppler 频移为 600 Hz(Gary and Eastman, 1979)。

10.3 磁层中的超低频波(地磁脉动)

地磁脉动是一种地磁场的扰动，扰动幅度由 10^{-1} nT 到 10^{2} nT，周期由 0.1 s 到 10 min。地磁脉动的源在地球磁层中，也被称为超低频波(ultra-low frequency，ULF)，相应的频率范围大致为 1 mHz 至 10 Hz。ULF 波在地球磁层中的质量、动量和能量输运过程中起到非常重要作用。目前尚需要进行更多的工作去理解 ULF 波的全球性质，能量是怎样从太阳风通过 ULF 波被输运至磁层、电离层及地面，以及波和粒子之间的能量交换过程。

通常在地面观测地磁脉动有如下一些方法：

(1) 用高灵敏度的磁力比较器(variometer)和快速记录器直接测量磁场值的变化；

(2) 用感应线圈测量磁场分量的时间变化率。例如，可用设在地面上的大感应线圈(半径为 500 m 左右)，或者用高导磁率铁心感应线圈记录磁通量的变化引起的感应电流；

(3) 用一对埋在地下的相距 1 km 或更长的一对电极测量与磁脉动相联系的地电流的变化。

空间与地面的联合探测表明，地面观测到的磁脉动实际上是在磁层中传播的磁流体波的反映。卫星对磁层中低频脉动的直接测量已成为研究地磁脉动的重要手段。Jacobs (1970) 和 Nishida (1978) 等都对地磁脉动做了详细的论述，而关于 ULF 与粒子的相互作用可以参看 Zong 等(2017)的综述文章。

下面我们简要介绍主要观测结果和有关理论。

10.3.1 地磁脉动的分类及主要的观测结果

1. 磁脉动的分类和成因

地磁脉动周期的上限实际是磁流体波越过磁层所需要的时间，其下限是磁层中质子的回旋周期。

根据地磁脉动的周期和扰动形式的规律性，磁脉动可以分为 9 类：Pc1-Pc6 和 Pi1-Pi3，见表 10.3.1 和图 10.3.1。

表 10.3.1 磁脉动的分类

波动形式	连续脉动						不规则脉动		
类型	Pc1	Pc2	Pc3	Pc4	Pc5	Pc6	Pi1	Pi2	Pi3
周期范围/s	0.2～5	5～10	10～45	45～150	150～600	600～	1～40	40～150	150～
平均幅度/nT	0.05～0.1	0.1～1	0.1～1	0.1～1	1～10		0.01～0.1	1～5	

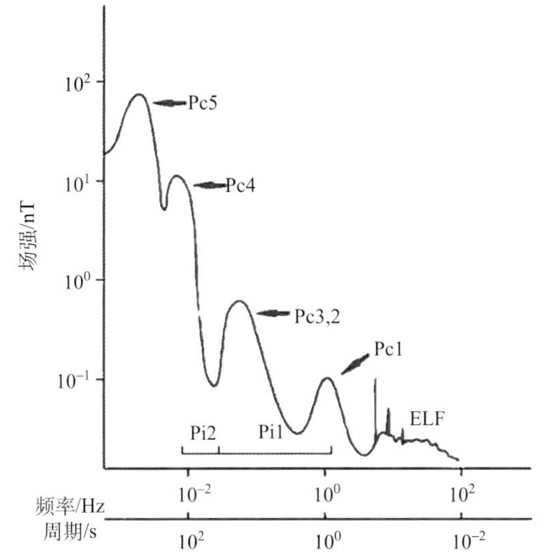

图 10.3.1　地磁脉动（ULF 波）的频率和强度示意图

http://roma2.rm.ingv.it/en/ themes/22/magnetic_pulsations

Pc 表示连续型脉动，其能谱有比较明确的峰值。又按其周期的长短分为 6 个亚类。某些连续脉动的中心频率不是固定的，而是随着时间移动的。考虑到这个特性，又可以根据运动频谱（频率随时间变化）的特性进一步分成许多亚类。Pi 表示不规则脉动，其能谱有很宽的频率范围，按其周期的长短又分为 3 个亚类。

不同频率的地磁脉动 Pc3-5（ULF 波）可能的源区和观测位置，见表 10.3.2 和图 10.3.2。

表 10.3.2　超低频波（ULF 波）之源

类别	位置	源区	备注
压缩 Pc3	日侧	弓激波上游	与前沿激波、弓激波区波粒相互作用有关
环向 Pc3 或高次谐波	日侧	弓激波上游	场线共振
极向 Pc4-5	日侧、下午侧	磁层内部产生	太阳风动压变化、环电流离子不稳定性
压缩 Pc5	夜侧、晨、昏侧	磁层内部产生	高 β 等离子体注入
环向 Pc5	晨、昏侧	太阳风剪切流	基频波场线共振
不规则扰动 Pi	夜侧、晨、昏侧	磁尾高速流	磁层亚暴活动
不规则扰动 Ps6	整个磁层	未知	与增强的地磁活动相关

不同种类的低频连续地磁脉动 Pc3-5（ULF 波），频率范围可能相同，但其他特征有所不同，例如波的极化特性、谐波结构和发生地区。事实上，它们有着不同的起源。它们可能起源于当地的波-粒子不稳定性，或者太阳风剪切流在低纬晨昏两侧磁层顶产生 Kelvin-Helmholtz 表面波，然后表面波引发磁力线场线共振。

而主要发生在磁层内日下点的波可能由空腔共振所产生。磁层顶与等离子体层顶之间可以观测到太阳风与磁层相互作用引起的空腔共振。而起源于弓激波和弓激波上游的扰动则可以经过极尖区直接进入磁层，不规则 Pi 型扰动可能由磁尾高速流所激发，见图 10.3.2。

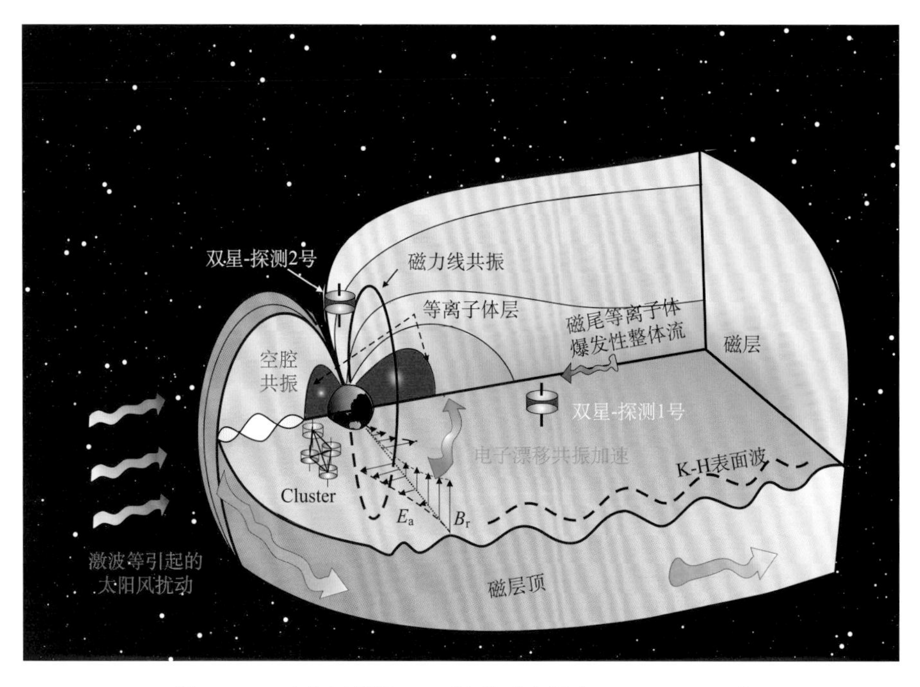

图 10.3.2　太阳风激发 ULF 波的示意图(Zong et al., 2017)

Pc1 型脉动又可分成许多亚类。图 10.3.3 给出了两种亚类的动态频谱，(a)示出了一例属于第一亚类的脉动，其出现频率随时间很陡地上升，这种频谱结构是周期性重复的；(b)示出了一例属于第二亚类的脉动，其频谱较宽，而且中心频率保持在同样的数值(大

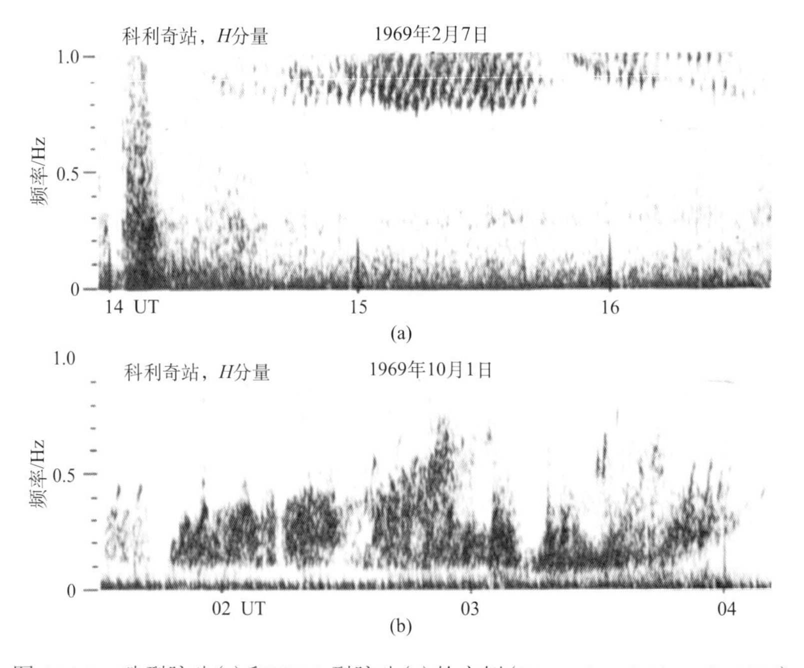

图 10.3.3　珠型脉动(a)和 IPDP 型脉动(b)的实例(Heacock and Akasofu, 1973)

约在地方时 02:30 以前)，或者逐渐升起(在 02:30 和 03:00 左右)。第一种类型的扰动通常叫作珠型脉动；第二种类型的扰动通常叫作 IPDP (interval of pulsations of diminishing periods)型脉动。

图 10.3.4 示出了在极光带台站测量到的几种短周期脉动出现的频率随地方时的变化，观测量是水平分量的变化率。图中的短周期脉动可以分成很多类，但是只有珠型脉动和 IPDP 型脉动可以用质子回旋共振理论来解释。

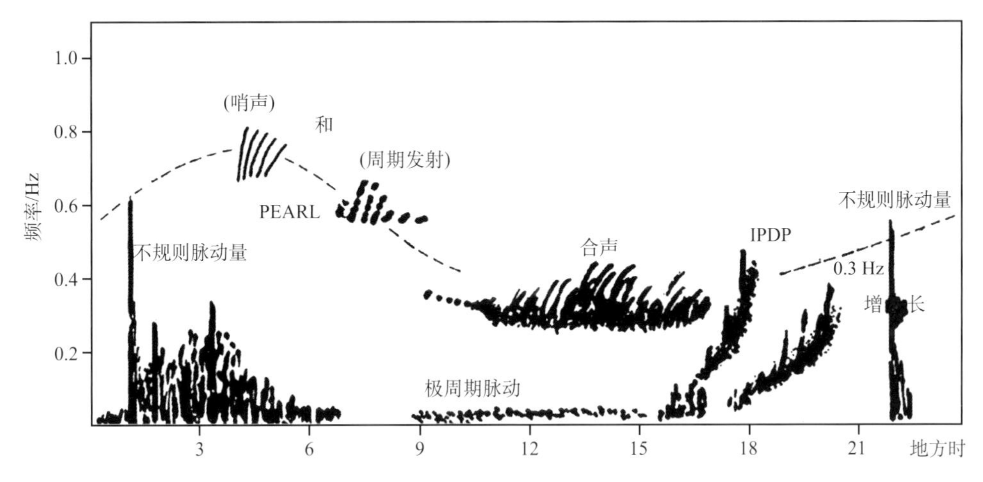

图 10.3.4　在极光带台站观测到的几种短周期脉动出现的频率随地方时的变化(Kokubun, 1970)

将脉动频率与磁层中质子回旋频率比较，可以说明质子是参与脉动过程的。表 10.3.3 给出了磁层中质子和电子的等离子体频率和回旋频率的典型值。表中 r 是以地球半径为单位的地心距离。将地磁脉动频率范围与表中的频率比较，发现地磁脉动比质子回旋频率小，因而是一种“质子波动”，就是说质子参与脉动的运动。连续脉动主要是由外磁层中传播的磁流体波产生的，而不规则脉动主要与磁暴急始和磁层亚暴相关。在本章中，我们将主要介绍连续型脉动产生的机制，而把不规则脉动留到第 11 章去讨论。

表 10.3.3　磁层中电子和质子的等离子体频率和回旋频率的典型值(Jörgensen, 1972)

r/R_E 回旋频率 等离子体频率	2	4	6	8	10
ωP_e	7.5×10^6	7.5×10^5	1.6×10^5	1.3×10^5	1.3×10^5
ωC_e	6.9×10^5	8.5×10^4	2.5×10^4	1.1×10^4	5.5×10^3
ωP_i	8.0×10^4	1.7×10^4	3.7×10^3	3.0×10^3	3.0×10^3
ωC_i	3.8×10^2	4.6×10^1	1.4×10^1	6.0×10^0	3.0×10^0

连续型脉动的明显周期特性说明在其产生的机制中包括了共振效应。沿着磁力线传播的 Alfvén 波在该磁力线与电离层的交点处被反射。在电离层共轭点之间的磁力线段上波将发生共振。奇模式驻波的基波的共振周期应等于波的相位沿磁力线往返所需的时间

(时间飞行原理)，即

$$T = 2\int \frac{\mathrm{d}s}{V_{\mathrm{A}}} \tag{10.3.1}$$

其中，V_{A}为 Alfvén 波速度，积分沿两电离层共轭点之间的磁力线段。

图 10.3.5 给出了磁纬 30°以上的 Alfvén 波传播速度随径向距离的变化。Alfvén 波速在 $4R_{\mathrm{E}}$至 $5R_{\mathrm{E}}$之间的变化是等离子体层顶内外密度变化引起的。共轭点之间的磁力线长度约为波长($\lambda=V_{\mathrm{A}}T$)的 1/2。

式(10.3.1)给出的磁力线振荡的本征周期是随着磁力线的不同位置而变化的，它不仅依赖于磁力线的长度，而且依赖于沿着磁力线分布的等离子体的密度。如果地磁场中的磁力线可以看成是相互独立的，那么每条磁力线将以自己的本征周期振荡，于是由一地到另一地观测到的脉动的主振荡周期应当连续地变化。

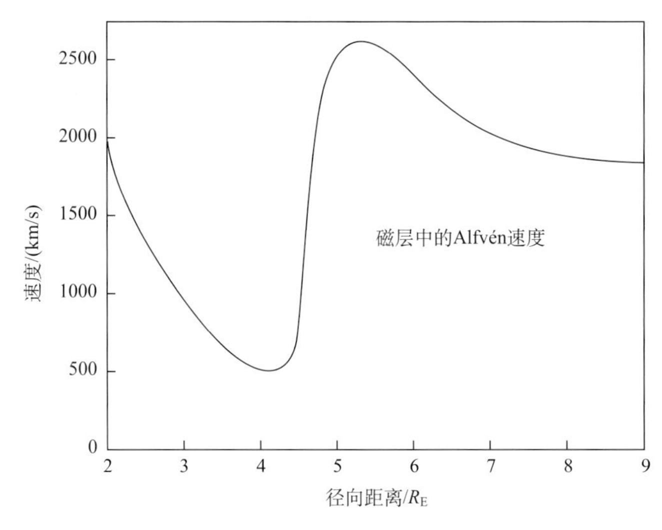

图 10.3.5　在相对平静期间向日面磁层中 Alfvén 波传播速度随径向距离的变化 (Nishida, 1978)

图 10.3.6 给出了由式(10.3.1)估计的独立磁力线扭转振荡周期随地磁纬度的变化。计算中假定地磁场为偶极子场。磁力线与地面交点的地磁纬度标在图的下方，而磁力线与赤道面交点的地心距离标在图的上方。

由图看到，如同 Obayashi 和 Jacobs(1958)指出的，磁力线振荡的本征周期覆盖了 Pc2 到 Pc5 的周期范围。这使得磁流体波共振理论成为地磁脉动理论的基础。虽然进一步的理论分析说明除了在某些特殊情况下以外，相邻磁力线的振荡不可能是完全相互独立的，但就解释地磁脉动周期的大范围的纬度分布来说，磁流体波的共振理论是十分成功的。

如上所述，磁流体波沿磁力线的共振激发可能是地磁脉动的产生机制，但需要实现共振激发还需要有共振能量的来源。

扰动源可能在磁层内，也可能在磁层外。如果扰动源在磁层外，可以研究磁层对单频谱源或者宽频的共振作用。在这种情况下，Alfvén 波在共振周期与源的周期相同的区域得到激发。波由磁鞘直接向磁层内的传输、太阳风与磁层界面的不稳定性、磁层突然被压缩和膨胀等都是可能的供给能量的机制。磁层内扰动源主要是磁层中的带电粒子导致的不稳定性。

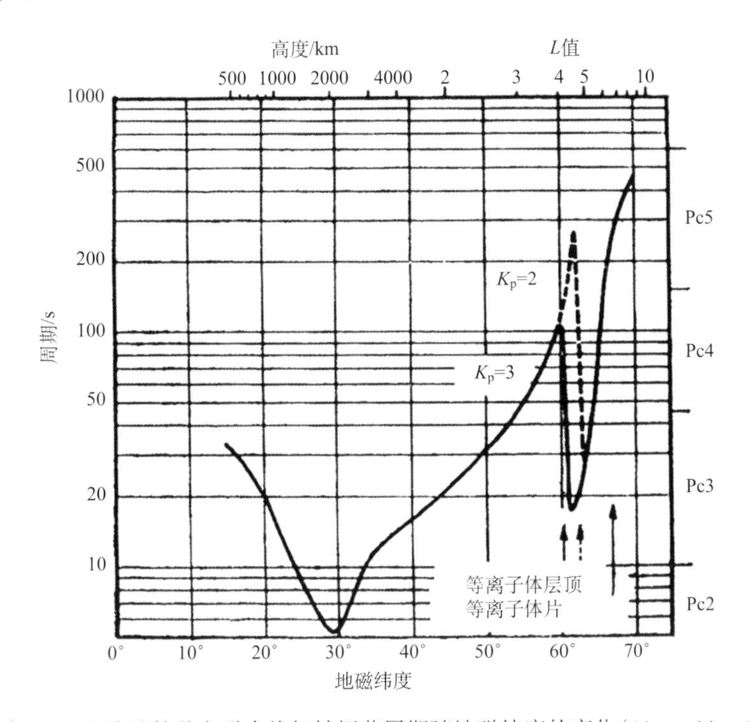

图 10.3.6　由式(10.3.1)估计的独立磁力线扭转振荡周期随地磁纬度的变化(Obayashi and Jacobs, 1958)

不稳定性的发展使得粒子的动能变为波能。Pc1～Pc2 的主要的激发机制是可能是离子与波回旋共振。共振条件为

$$\omega - \boldsymbol{k}\cdot\boldsymbol{v} = \pm\omega_{ca} \tag{10.3.2}$$

其中，$\boldsymbol{v}$ 是粒子的速度；ω_{ca} 是离子的回旋频率。当粒子速度分布的各向异性足够大时，波粒子共振将导致波动的增长。不同类型的脉动的激发源是不同的，本节中将对其分别进行讨论。

实际上，沿磁力线入射到电离层中的磁流波的能量，一部分被反射，一部分由于离子和中性粒子的碰撞被吸收，一部分转化成电磁波透射到大气中去。这些电磁波在地表面也要受到反射，并导致观测到的磁场和地电流的脉动。严格说来，由于脉动的频率很小，波长很长，为了讨论波在电离层和地面的反射，需要严格地求解描述地和电离层之间电磁场变化的波动方程。

2. Pc1 珠型地磁脉动

Pc1 珠型地磁脉动经常是分散爆发的，在表明单频振幅随时间变化的记录纸上，脉动振幅被一低频波动调制，看上去每一次爆发就像是一串珠子。图 10.3.7 示出了在阿拉斯加记录到的周期为 3 s 的 Pc1 珠型脉动的例子，一个波串的持续时间为 1～2 min。由动态频谱图可以看出，不同频率的扰动最大值出现的时间是不同的，见图 10.3.8。

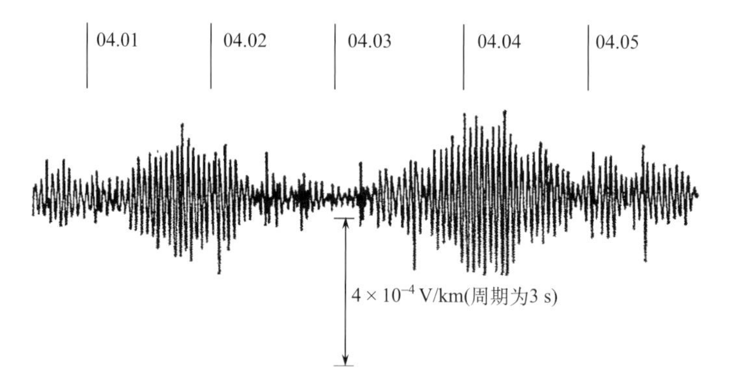

图 10.3.7　周期约为 3 s 的 Pc1 珠型脉动(Orr, 1973)

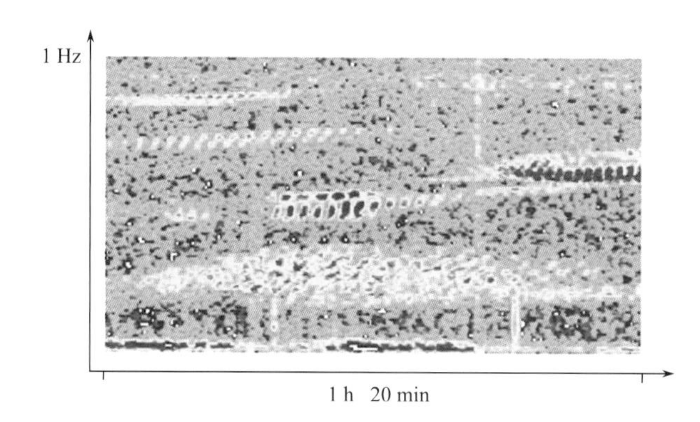

图 10.3.8　地面观测 Pc1 珠型脉动的运动频谱

http://magbase.rssi.ru/REFMAN/SPPHTEXT/pc1.html

对每一个珠型脉动波串，较低频率的信号先出现，较高频率的信号后出现，形成一个上升调。已经发现，这种上升调的频率结构(即珠型脉动的谱特征)在南北半球共轭点交替地出现，南(北)半球珠型脉动波串的出现时间正好在北(南)半球两相邻珠型脉动波串之间。

图 10.3.9 示出了由共轭台站北半球的 Great Whale River(67°)和南半球的 Byrd(–71°)记录到的交替出现的珠型脉动。(a)示出了分别在这两个台站得到的动态频谱的叠加。(b)中上下两图分别示出了在这两个台站由感应磁强计得到的磁场随时间的变化。

由图看到，上升调的频率结构在两半球交替地出现。这一观测结果说明，产生上升调频率结构的波包沿着磁力线在两半球之间来回弹跳(Tepley, 1964)。珠型脉动波包的上升调是由于色散效应，上升调频率越高，波传播的速度越小，这是离子回旋波的特征。通常随着信号反复次数的增加，频率上升率系统地减少(Obayashi, 1965; Jacobs and Watanabe, 1964)。

图 10.3.10 示出了在同步卫星 ATS-1 上观测到的 Pc1 事件，由上至下分别是扰动磁场的 X 分量、Y 分量和 Z 分量。Z 轴平行于卫星自转轴，X 轴是日地连线在卫星自旋平面上的投影，Y 轴在自旋平面中与 XZ 轴垂直。由图看到，扰动是准正弦波，其周期约为 4 s。峰到峰的最大幅度约为 5 nT。波在 Z 分量的幅度比波在 X 和 Y 分量的幅度都小。由于

背景磁场的方向与 Z 轴方向的夹角小于 11°，上述特性说明观测到的扰动是一个沿着磁场传播的横波。

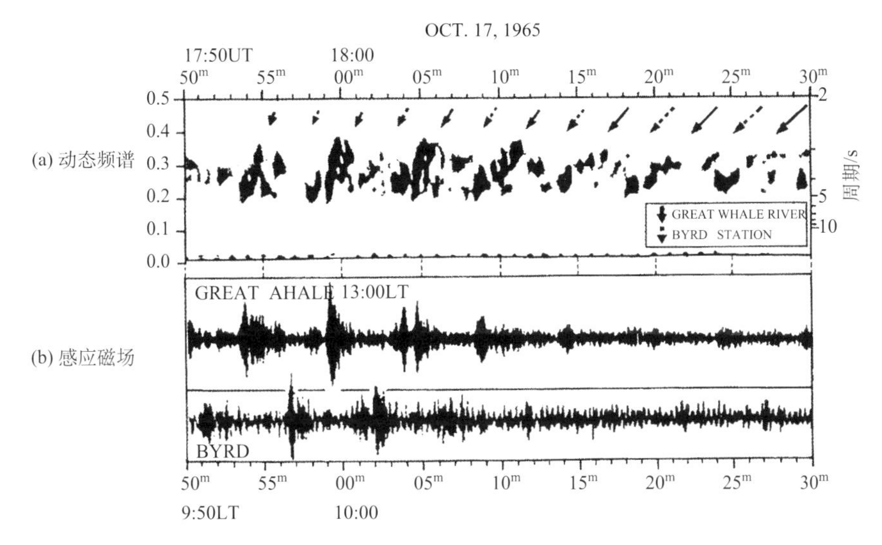

图 10.3.9　北半球的 Great Whale River 和南半球的共轭台站 Byrd 记录到的交替出现的珠型脉动（Saito, 1969）

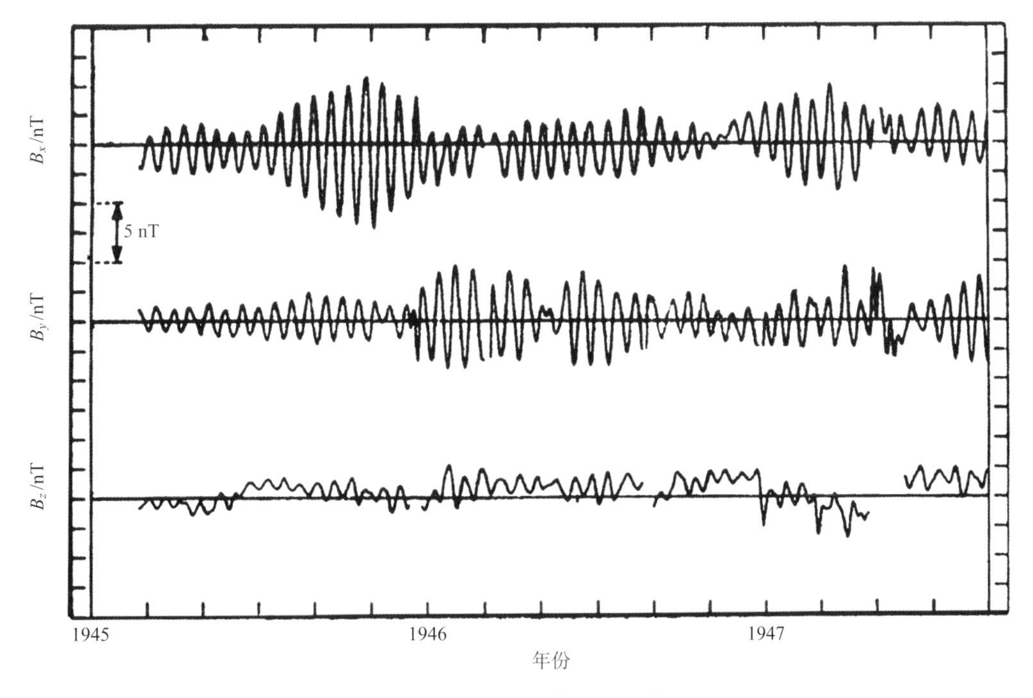

图 10.3.10　同步卫星 ATS-1 上观测到的 Pc1 事件（Bossen et al., 1976）

由 Pc1 珠型脉动的频率和偏振以及色散特性可以说明它是沿着磁场传播的小于质子回旋频率的左旋偏振的离子回旋波。这些波是在赤道 L=4～8 的区域内，由各向异性的能量较高的质子的回旋共振产生的。

Mauk 和 McPherron (1980)同时观测了热离子和左旋偏振波，观测到的频率与上述产生机制预计的频率相同。进一步的空间观测表明，重离子 He^+和 O^+对回旋频率的波的传播有重要的影响，地面观测与卫星观测的相关分析倾向于得到这样的结论，即只有频率小于赤道氦回旋频率的波才能到达地面 (Hughes, 1983)。

3. Pc2～Pc4 型地磁脉动

Pc2，Pc3，Pc4 型脉动的周期分别为 5～10 s、10～50 s、50～150 s。图 10.3.11 和图 10.3.12 分别示出了 Pc3 和 Pc4 的观测实例。这些脉动主要发生在白天，某一特定周期的脉动只在某一窄的纬度范围内出现。

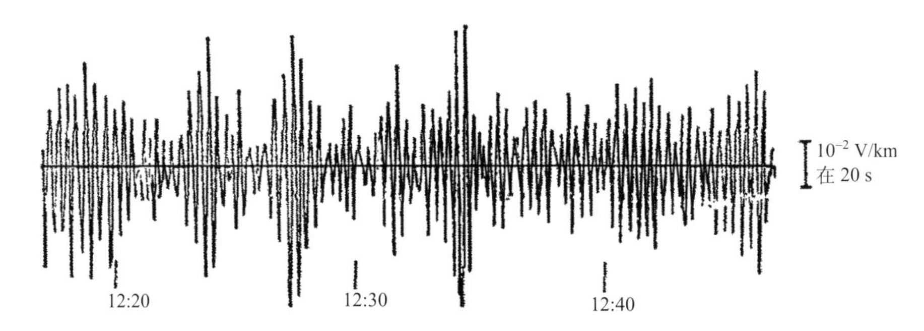

图 10.3.11　周期约为 20 s 的 Pc3 型脉动(Orr, 1973)

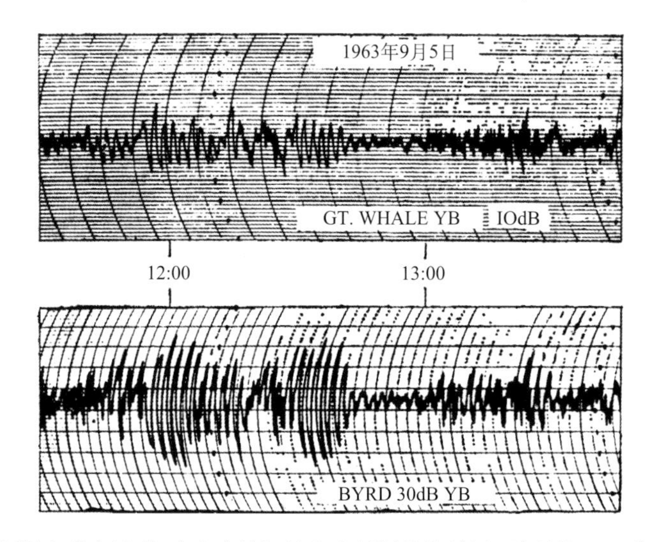

图 10.3.12　在共轭极光带台站(加拿大大鲸河站和南极洲伯德站)记录到的 Pc4 型脉动(Jacobs, 1970)

由图 10.3.13 看出，周期约为 30 s 的 Pc3 脉动倾向于在两个分开的纬度范围发生。由图 10. 3.6 我们看到，也有两个纬度范围正好相应于预计 Pc3 要发生的区域，一个在等离子体层顶高纬一侧，另一个在其低纬一侧。

由图 10.3.13 看到，周期约为 60 s 的 Pc4 脉动出现的纬度范围被夹在两个 Pc3 出现的纬度范围之间，与图 10.3.6 预计的结果一致。这说明 Pc3 和 Pc4 型脉动是在磁层中沿磁力线共振激发的。Pc3 和 Pc4 的偏振特性也说明了这一点。观测表明， Pc3 和 Pc4 脉动在南北半球共轭台站的偏振椭圆是互为镜像的，也就是说，磁力线的运动相对于赤道面是对称的。这一观测事实说明这两种类型的脉动是在磁层内沿磁力线共振激发的奇模式驻波(Cummings et al., 1978)。

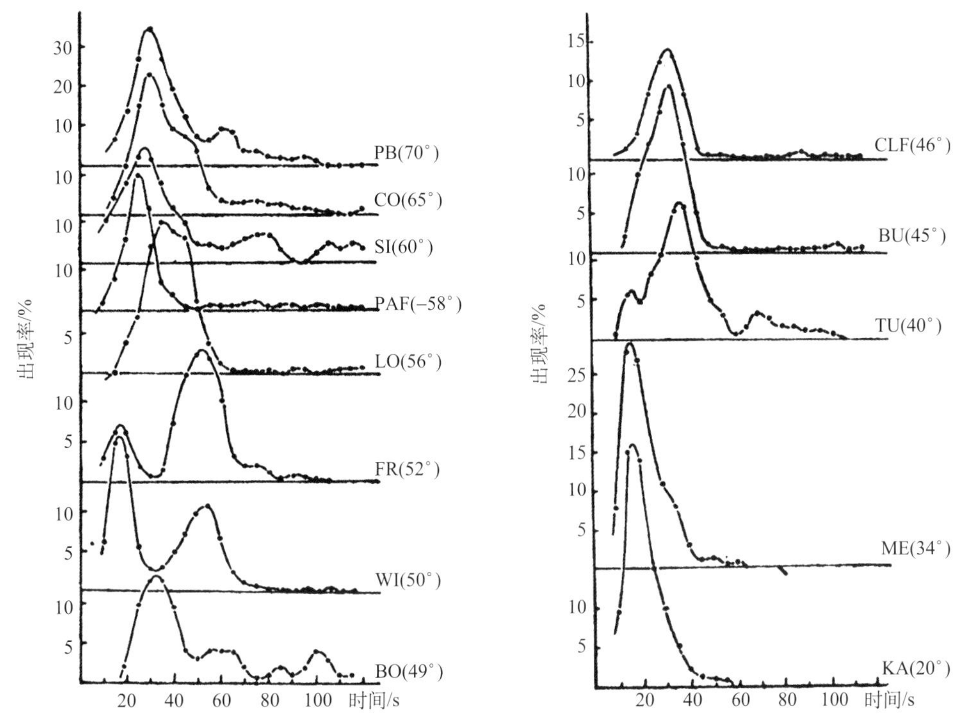

图 10.3.13　不同纬度的台站观测到的连续脉动的出现频率随脉动周期的变化(Hirasawa, 1969)

Pc2 型脉动的产生机制与 Pc1 型相同，而 Pc3 和 Pc4 型脉动的产生至少有如下三种可能的机制。

(1) 某些 Pc3 和 Pc4 脉动的源是磁层顶 Kelvin-Helmholtz 不稳定性激发的表面波。Hughes 等(1978)分析了在三颗同步卫星(ATS-6，SMS-1，SMS-2)同时得到的磁场扰动的观测结果，发现波矢的方位分量在中午改变符号，即波是由中午向磁层两侧传播的。这一事实说明 Pc3 和 Pc4 脉动可能是由磁层顶 Kelvin-Helmholtz 不稳定性激发的表面波引起的。表面波伴随的损耗波透入到磁层内，在适当的地方引起 Alfvén 波沿磁力线的共振激发就产生了 Pc3 和 Pc4 脉动。

(2) 也有些证据表明，一些 Pc3 和 Pc4 脉动可能与磁鞘中的波动向磁层内的传输有关。把 Pc3 和 Pc4 活动与太阳风参数比较，发现这些脉动是受行星际磁场方向控制的。

图 10.3.14 示出了 Pc3 和 Pc4 脉动在 Ralston (58°) 出现的频次随行星际磁场方位的变化。(a)、(c) 中横轴为行星际磁场方向在太阳黄道坐标系中的纬度 θ_{SE}，(b)、(d) 中横轴为经度 ϕ_{SE}。虚线给出 1967 年 8 月至 11 月总的分布，实线给出其中一部分时间得到的结果。由图看到，当行星际磁场方向接近日地连线的方向时，也就是 $\theta_{SE} \simeq 0°$，$\phi_{SE} \simeq 0°$或 180°时，Pc3 和 Pc4 的活动频次都增大了，Pc4 比 Pc3 更显著。这个结果可能不容易由

Kelvin-Helmholtz 不稳定性来解释。因为当行星际磁场沿径向时，$\boldsymbol{V}_1$ 和 $\boldsymbol{B}_1$ 局域平行，这意味着当 k_i 值使不等式(10.2.7)左边变大时，右边第一项也同时变大。

然而，这一观测结果可以很容易地由波的传输机制来解释。因为弓形激波结构依赖于行星际磁场与波法向之间的夹角，当这个角度很小时，激波成为一个噪声波串边界层。在行星际磁场接近径向时，在弓形激波的日下点邻近就产生大量的波动，这些波动传输到磁层中从而激发起 Pc3 和 Pc4 脉动。

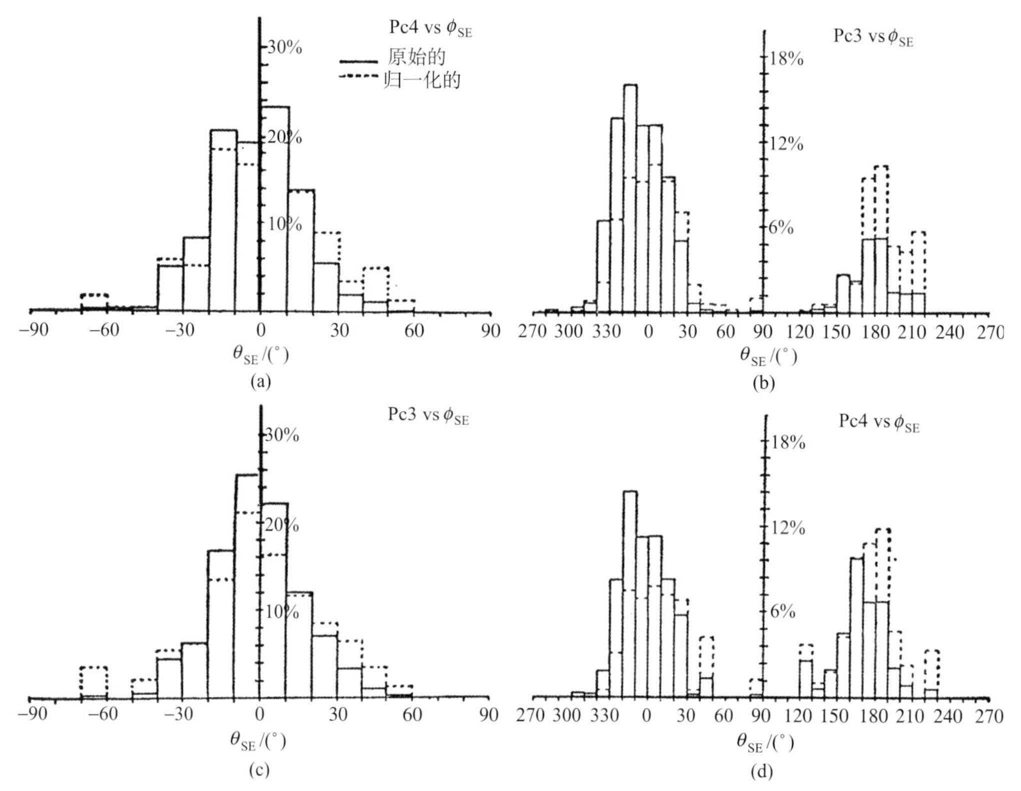

图 10.3.14　Pc3 和 Pc4 脉动在 Ralston(58°)的出现频次随行星际磁场方向的变化(Bolshakova and Troitskaya, 1968; Nourry, 1976; Nishida, 1978)

θ_{SE} 和 ϕ_{SE} 分别为行星际磁场的方向在太阳黄道坐标系中的纬度和经度

(3)观测表明，地磁暴急始之后经常有周期在 Pc2 至 Pc5 范围内的地磁脉动。这些脉动可能是由磁层大尺度的缩小或膨胀引起的。虽然磁层突然受到的压缩相应于一个具有宽频谱的扰动，但是随后在地面台站观测到的地磁脉动谱却有明确的峰值。峰值周期随纬度的变化与通常连续脉动情况是类似的，而且它们随地方时的变化也十分相似。

(4)Pc5 型地磁脉动。Pc5 型脉动是长周期(150～600 s)的地磁连续性扰动。图 10.3.15 示出了在极光带共轭台站观测到的 Pc5 脉动的实例，振荡周期约为 4 min，延续数小时。Pc5 经常发生在黎明和黄昏。脉动幅度在极光带最大，当 K_p 指数增高时，Pc5 脉动幅度最大值出现的位置倾向于向低纬移动，当振幅最大值出现的位置由地磁纬度 70°移至 60°时，主波周期由 500 s 减少到 300 s。

上述脉动周期和脉动振幅最大值出现的纬度之间的关系与图 10.3.6 预计的大体一

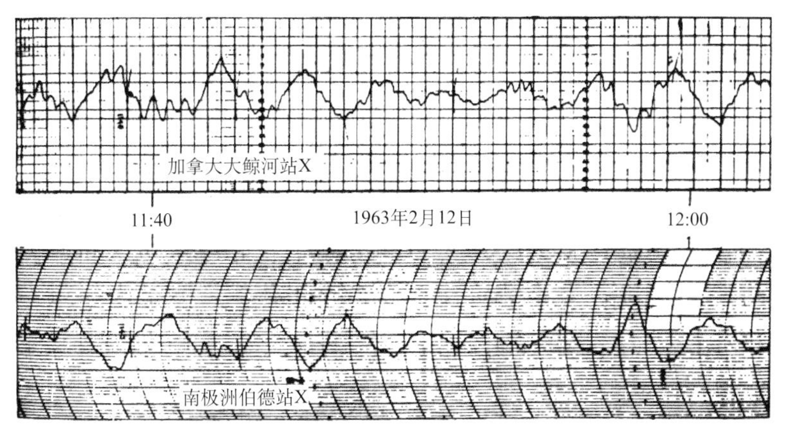

图 10.3.15　在极光带共轭台站(加拿大大鲸河站和南极洲伯德站)观测到的 Pc5 脉动的实例 (Jacobs, 1970)

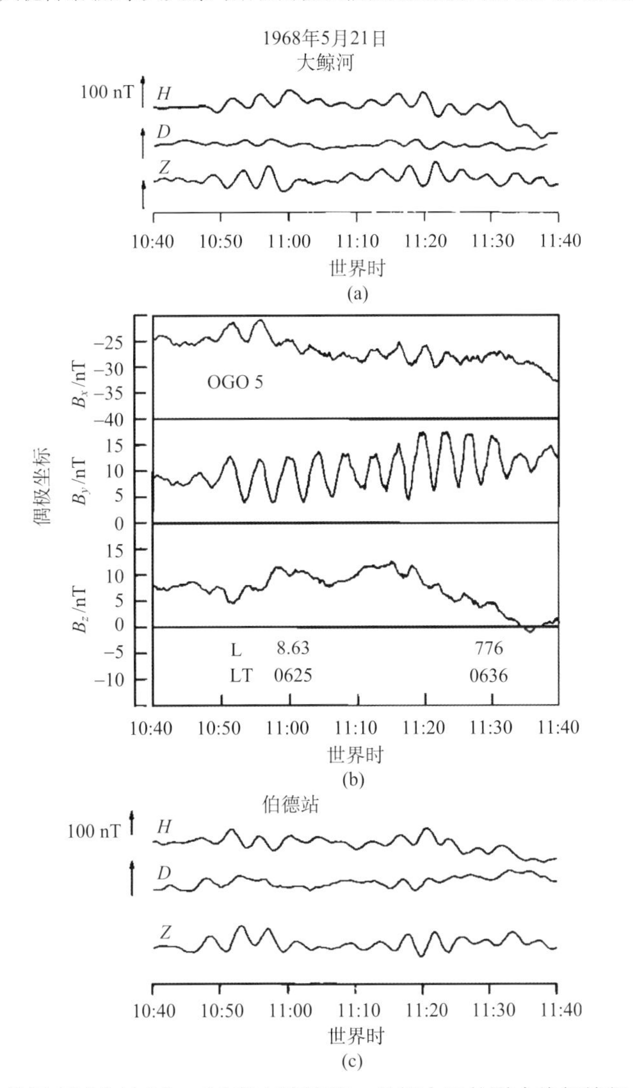

图 10.3.16　在极光带共轭高纬台站(a)、(c)和在连接这一共轭台站的磁力线低纬部分的邻近区域内的卫星 OGO-5 上(b)对 Pc5 脉动的同时观测结果 (Kokubun et al., 1976)

致。这说明 Pc5 脉动是沿磁力线共振激发的，当地磁活动增强时，Pc5 共振发生在更靠内的磁力线上。空间的直接观测进一步证实了共振激发的理论。图 10.3.16 示出了极光带共轭高纬台站和卫星 OGO-5 在连接这一共轭台站的磁力线低纬部分的邻近区域内同时对 Pc5 脉动的观测结果。H、D 和 Z 分别为地磁水平分量、磁偏角和垂直分量。观测是在地方时 06:00 前后进行的，在这段时间内卫星的地磁纬度为 9°～13°。

下面比较在地面和卫星上观测到的 Pc5 (周期为 200～300 s)的特征。

首先，在地面共轭台站观测到的地磁场的水平分量(H)的变化是同相的，但是磁偏角(D)的变化是异相的。这说明磁力线南北两端点的运动对于赤道面来说是对称的。

其次，由图看到，在地面观测到的波的振幅是在卫星上观测到的 3～6 倍。事实上，在小于磁纬 10°的赤道区域，卫星 OGO-5 没有观测到横的 Pc5 脉动。

上述空间观测与地面观测的联合分析进一步说明 Pc5 脉动是沿磁力线的奇模式驻波，赤道面是 Pc5 脉动的波节面(Kokubun et al., 1976)。

下面讨论这一奇模式驻波能量的来源。图 10.3.17 示出了 Pc5 波偏振特性对观测站的地磁纬度和世界时的依赖关系。H 和 D 为两个水平扰动分量，其方向示于图中，图中极化椭圆中心的纬度是取得数据的台站的纬度。椭圆的大小与强度无关，虚线表示幅度最大值出现的纬度。观测是由加拿大台站网做出的。台站磁地方时(LGT)可由世界时(UT)减去 8.5 小时得到。这些台站都观测到偏振每天翻转两次，翻转时间分别在磁地方时 11:30～12:30 和 18:30～19:30 两段时间中。在低于振幅最大值出现的纬度区域(由虚线表示)，在午夜至中午偏振是逆时针的(实线椭圆)，而在午后是顺时针的(点线椭圆)。

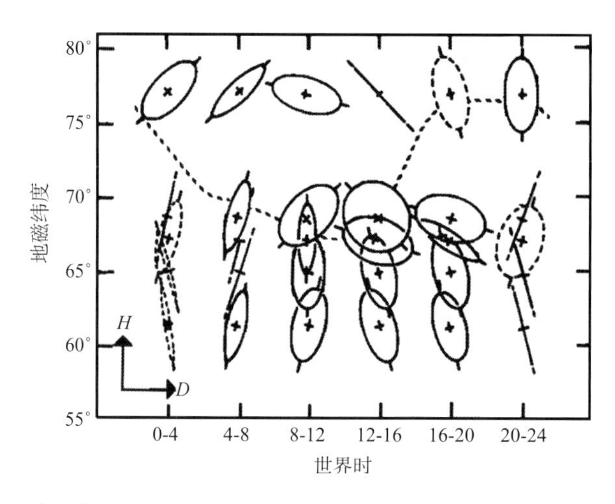

图 10.3.17 Pc5 脉动在水平面内的偏振特性随世界时和地磁纬度的变化 (Samson, 1972)

这一偏振特性说明 Pc5 脉动是由在磁层顶行进的表面波透入到磁层内的能量激发起来的。表面波由磁层向日面向磁尾传播，在黎明部分传播方向向西，在黄昏部分向东。在磁层内的等离子体将在原地做回旋运动，如同海浪下面的海水在原地做回旋运动一样，见图 10. 3.18。由于磁力线与物质是冻结在一起的，磁力线也将做回旋运动。扰动通过损耗波的形式传播到磁层内，在波的周期与磁力线的基波共振周期[式(10.3.1)]相同的地方导致波的共振激发，产生 Pc5 型脉动。

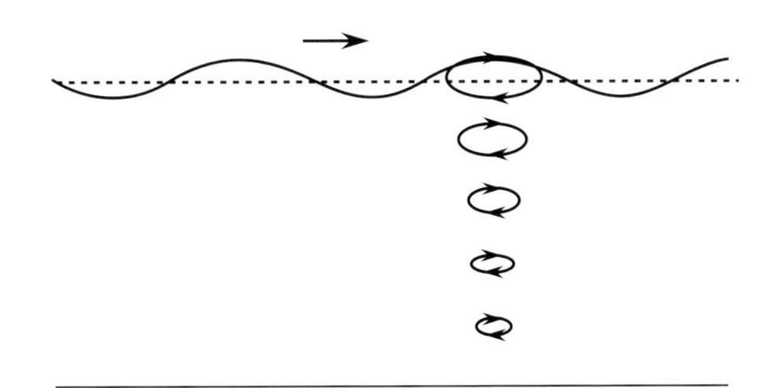

图 10.3.18　在表面波下面流体元运动示意图(Jacobs, 1970)

上述机制可以解释如下的观测事实：

(1)北半球的极光椭圆带扰动矢量在黎明侧逆时针旋转，而在黄昏侧顺时针旋转，见图 10.3.19。进一步较严格的计算表明，由于共振效应由磁层顶到磁层内波的偏振要经过两次翻转，最后在振幅最大值纬度以下 Pc5 波旋转方向与磁层顶表面波相同。

(2)偏振在磁地方时 11:00～11:30，即在中午前后换向。

(3)磁力线在南北两端点的运动对赤道面来说是对称的。

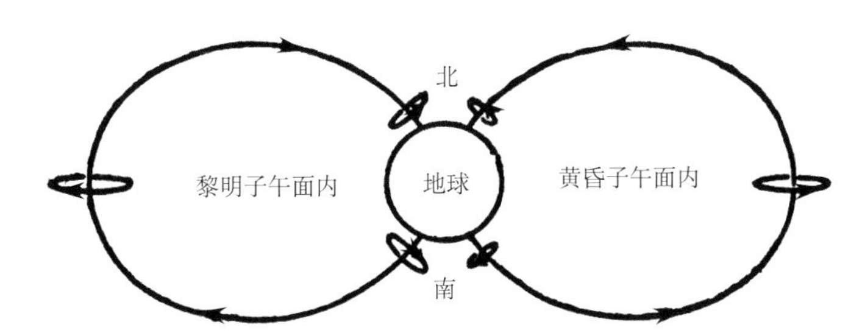

图 10.3.19　Pc5 脉动偏振方向示意图(Nagata et al., 1963)

上述理论的弱点在于它不能解释为什么脉动经常具有分离的频率。通常认为这是因为在磁层顶的源具有很窄的频率范围，但是这样的源并没有被观测到。Kivelson 和 Southwood(1985)指出，上述理论的弱点来自于只限于考虑快模式波与横波耦合很弱的情况。在两种波强耦合的情况下，控制方程将给出本征模，从而能解释具有分离频率特性的脉动。

图 10.3.20 显示了 ULF 波极向模对太阳风动压正、负脉冲在不同地方时区域的响应。极向波的磁场 B_r 与电场 E_φ 的变化是数值模拟的结果。实线和虚线分别表示被正、负脉冲激发的极向 ULF 波(Zong et al., 2017)，极向波在地方时 11:00 处的波幅大于地方时 0:00 和 6:00 处。由相同幅度正、负脉冲激发的 ULF 波幅度相近，然而有 180°的相位差。这些结果被 GOES 卫星在地球同步轨道处的磁场数据的统计分析结果进一步证实(Zhang et al., 2010)。

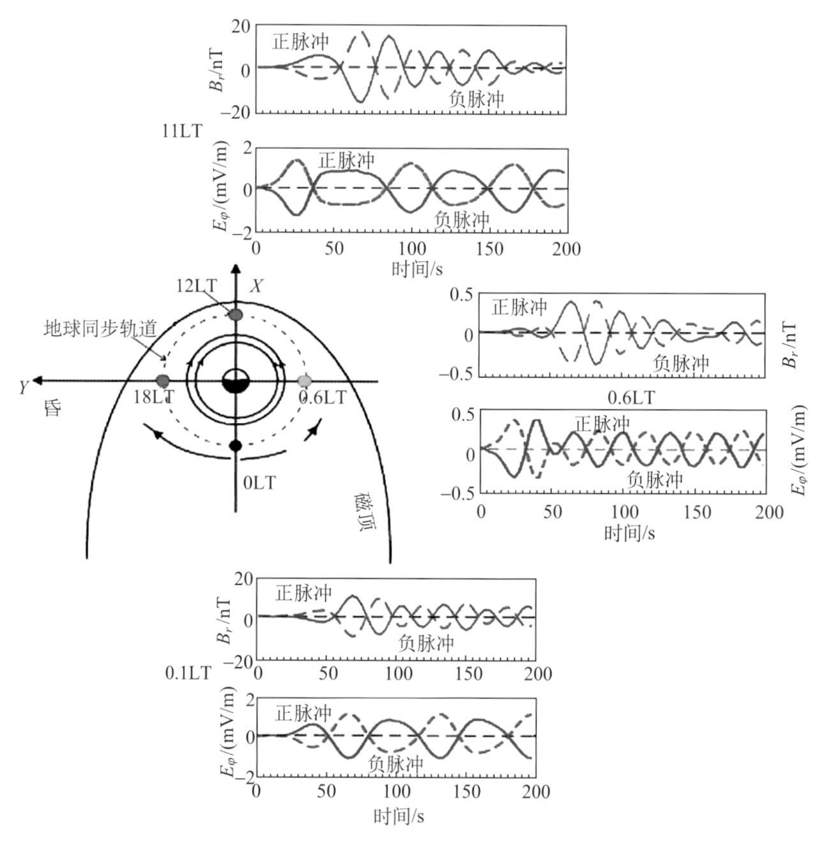

图 10.3.20　在地方时 00:00、06:00 和 11:00，地球同步轨道处太阳风正、负脉冲激发的极向模的磁场和电场变化(Zong et al., 2017)

10.3.2　在单色外源作用下磁层内 Alfvén 波的共振激发

前面的讨论说明，磁层可以近似地看成是一个共振腔，不同纬度的磁力线以自己的本征频率振荡。假如对地磁场施加一单频振动，在磁层顶由于 Kelvin-Helmholtz 不稳定性激发的行进的表面波，其本征频率正好与外加扰动的频率相同的一条磁力线激发起来。然而，这一说法并不是十分精确的，这是由于磁层中充满了等离子体，磁力线与等离子体是冻结在一起的，每一条磁力线只能与等离子体及其他磁力线参加集体振荡，不可能与其他磁力线毫无关系地单独地以自己的本征周期振荡。当我们拨动六弦琴的一根弦时，它将以自己的本征频率振动，发出一个单音调，但是，当我们“拨动”地磁场中的一条磁力线时，情况就完全不同了，所有磁层磁力线都振动起来，产生一个宽带的包括所有磁力线本征频率的“噪声”。

所以，为了描述 Alfvén 波的共振激发，要在整个磁层内求解波动方程(Nishida, 1978)。波动方程的解表明，在单频外源的作用下，虽然所有的磁力线都一起振动，但只有共振的磁力线的振动最大。

为了使问题简化，假设等离子体是冷的，所有的磁力线都是平行的，而且在未扰动状态下有同样的长度。磁场强度和密度在垂直磁场方向变化。取 z 轴沿着磁场方向，x

轴沿着磁场的负梯度方向，在实际磁层中，x 轴相当于沿着径向向外的方向，y 轴为指向东的方向。用 $\boldsymbol{B}_0$，ρ_0，$\boldsymbol{E}_0$ 表示未扰动的磁场、等离子体密度和电场，并且假设 $\boldsymbol{E}_0=0$。若在磁层顶 $x=x_1$ 有一行进的表面波，在磁层内电场和磁场的扰动表示为

$$\delta\boldsymbol{E} = \{\delta E_x(x), \delta E_y(x), 0\}\exp[\mathrm{i}(k_y y + k_z z - \omega t)] \tag{10.3.3}$$

$$\delta\boldsymbol{B} = \{\delta B_x(x), \delta B_y(x), \delta B_x(x)\}\exp[\mathrm{i}(k_y y + k_z z - \omega t)] \tag{10.3.4}$$

其中，ω 为角频率；k_y，k_z 分别为波矢沿着 y 轴和 z 轴的分量。频率 ω 和方位波数 k_y 由表面波的特性决定。沿着磁力线方向的波数 k_z 由磁力线长度 l 决定，因为波长 $2\pi/k_z$ 的整数倍必须等于 $2l$。等离子体的平均速度为零，其扰动量为 $\delta\boldsymbol{V}=\delta\boldsymbol{E}\times\boldsymbol{B}$。

下面求 δE_x，δE_y 随 x 的变化。由麦克斯韦方程组得到扰动场应满足如下的方程组：

$$\nabla\times\delta\boldsymbol{E} = -\frac{1}{c}\frac{\partial\delta\boldsymbol{B}}{\partial t} \tag{10.3.5}$$

$$\nabla\times\delta\boldsymbol{B} = \frac{4\pi}{c}\delta\boldsymbol{j} \tag{10.3.6}$$

其中，$\delta\boldsymbol{j}$ 是电流的扰动量，将式(10.3.3)和式(10.3.4)代入上式，得到

$$\frac{\omega\delta\boldsymbol{B}}{c} = \boldsymbol{k}\times\delta\boldsymbol{E} \tag{10.3.7}$$

$$\boldsymbol{k}\times\delta\boldsymbol{B} = \frac{4\pi}{c}\delta\boldsymbol{j} \tag{10.3.8}$$

垂直磁场方向的扰动电流 $\delta\boldsymbol{j}_\perp$ 可以由等离子体的动量方程

$$\rho\frac{\mathrm{D}\boldsymbol{V}}{\mathrm{D}t} = -\nabla(2n\kappa T) + \rho\boldsymbol{g} + \frac{1}{c}\boldsymbol{j}\times\boldsymbol{B}$$

求得。假设压强是各向同性的，略去重力项，有

$$\delta\boldsymbol{j}_\perp = \frac{c}{B^2}\boldsymbol{B}\times\left(\rho\frac{\mathrm{D}\delta\boldsymbol{V}}{\mathrm{D}t} + \nabla\delta P\right)$$

其中第一项可写为

$$\frac{c}{B^2}\boldsymbol{B}\times\left(\rho\frac{\mathrm{D}\delta\boldsymbol{V}}{\mathrm{D}t}\right) = \frac{c}{B^2}\left[\mathbf{B}\times\frac{\mathrm{D}}{\mathrm{D}t}\frac{c(\delta\boldsymbol{E}\times\boldsymbol{B})}{B^2}\right]$$

推导中略去了 $\delta\boldsymbol{E}_\perp$ 的非线性项，于是得到

$$\delta\boldsymbol{j}_\perp = \frac{c}{B^2}[\boldsymbol{B}_0\times\nabla\Delta P] + \frac{c^2\rho}{B_0^2}\frac{\partial\delta\boldsymbol{E}_\perp}{\partial t} \tag{10.3.9}$$

由于做了冷等离子体的假设，在电子和离子的运动方程中可以略去压力梯度力，因而式(10.3.9)右端第一项可以略去，于是 $\delta\boldsymbol{j}_\perp$ 可以写为

$$\delta\boldsymbol{j}_\perp = -\{\delta E_x(x), \delta E_y(x)\}\frac{\mathrm{i}wc^2\rho}{B^2}\exp[\mathrm{i}(k_y y + k_z z - \omega t)] \tag{10.3.10}$$

将式(10.3.3)、式(10.3.4)、式(10.3.10)代入式(10.3.5)和式(10.3.6)，消去 δB_x 和 δB_y 后得到 δE_x 和 δE_y 满足的方程：

$$\left(\frac{4\pi\rho}{B^2}\omega^2 - k_z^2\right)\delta E_x = \mathrm{i}k_y\left(\frac{\mathrm{d}\delta E_y}{\mathrm{d}x} - \mathrm{i}k_y\delta E_x\right) \tag{10.3.11}$$

$$\left(\frac{4\pi\rho}{B^2}\omega^2 - k_z\right)\delta E_y = -\frac{\mathrm{d}}{\mathrm{d}x}\left(\frac{\mathrm{d}\delta E_y}{\mathrm{d}x} - \mathrm{i}k_y\delta E_x\right) \tag{10.3.12}$$

由式(10.3.11)和式(10.3.12)消去 δE_x 后得到 δE_y 满足的方程：

$$\frac{\mathrm{d}}{\mathrm{d}x}\left(\frac{K^2 - k_z}{K^2 - k_y^2 - k_z^2}\frac{\mathrm{d}E_y}{\mathrm{d}x}\right) + (K^2 - k_z^2)\delta E_y = 0 \tag{10.3.13}$$

其中，$K^2 = (4\pi\rho / B^2)\omega^2 = \omega^2 / V_{\mathrm{A}}^2$。由图 10.3.3 看到，在外磁层，地心距离越大 Alfvén 波速度越小，也就是 x 越大 K 值越大。式(10.3.13)也可以写成如下的形式：

$$\frac{\mathrm{d}^2\delta E_y}{\mathrm{d}x^2} - k_y^2\frac{\mathrm{d}K^2}{\mathrm{d}x}\frac{1}{(K^2 - k_z^2)(K^2 - k_y^2 - k_z^2)}\frac{\mathrm{d}\delta E_y}{\mathrm{d}x} + (K^2 - k_y^2 - k_z^2)\delta E_y = 0 \tag{10.3.14}$$

在均匀介质情况下，$\mathrm{d}K^2/\mathrm{d}x=0$，或者如果波矢限制在 xz 平面，因而 $k_y=0$，式(10.3.14)就退化为快模式磁流波的色散方程。

下面讨论介质不均匀情况，$k_y\neq0$。当 $K^2 - k_z^2 = 0$ 时，公式中第二项有奇点，相应周期 $2\pi/(k_zV_{\mathrm{A}})$ 与源的周期 $2\pi/\omega$ 相等，如果 $2\pi/k_z=2l$，得到 $T=2l/V_{\mathrm{A}}$。这与式(10.3.1)在均匀场的情况得到的结果相同。在这一点，必须有 $\mathrm{d}(\delta E_y)/\mathrm{d}x=0$，也就是说 δE_y 的振幅有极大值，这反映了在频率 ω 的损耗波的作用下，Alfvén 波在共振磁力线上的激发。

图 10.3.21 示出了由方程(10.3.14)得到的 δE_y 的数值解，x_0 表示共振点。在接近磁层顶($x=x_1$)，波的振幅是随着地心距离 x 的减小而呈指数衰减的，这正是通常表面波的特性。但在 $x=x_0$，波的振幅 δE_y 趋于极大值。波的能量来自于磁层外频率为 ω 的源。

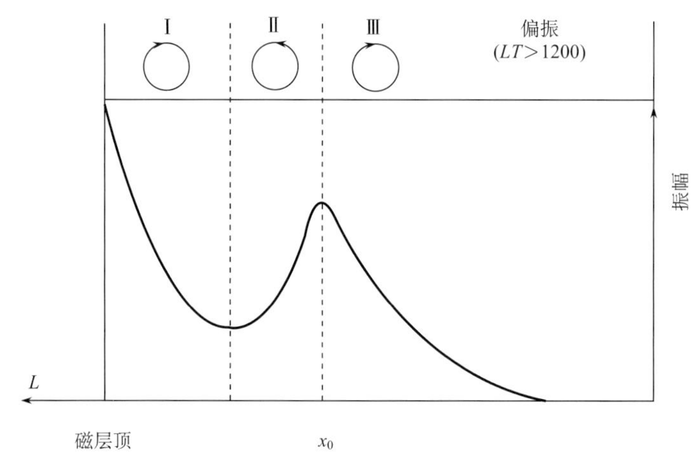

图 10.3.21　计算得到的由磁层顶单色表面波在磁层内激发的磁流波振幅和极化的分布(Southwood, 1974)

外部源的能量以损耗波的形式传到磁层内，在共振条件满足的区域产生 Alfvén 波的驻波。这一计算结果表明，虽然在单频外源的作用下，磁层中所有的磁力线都振动起来，但是，其振幅在共振磁力线上最大。前述地磁脉动的共振激发理论能够近似地描述实际情况。

波的偏振关系为

$$\frac{\delta B_y}{\delta B_x}=-\frac{\delta E_x}{\delta E_y}=-\frac{\mathrm{i}k_y}{(K-k_y^2-k_z^2)\delta E_y}\frac{\mathrm{d}\delta E_y}{\mathrm{d}x} \tag{10.3.15}$$

因为时间因子为 $\exp(\mathrm{i}\omega t)$，当 $\delta B_y/\delta B_x$ 的虚部是正(或负)时，扰动矢量旋转的方向相对于 z 轴是右旋的(或左旋的)。由于扰动源是在磁层顶行进的表面波，所以在磁层内有

$$K^2-k_y^2-k_z^2<0$$

于是，若 $(\mathrm{d}\delta E_y/\mathrm{d}x)(k_y/\delta E_y)$ 是正(或负)，沿着磁力线来看，扰动矢量的旋转方向就是顺时针的(或逆时针的)。由于 $(\mathrm{d}\delta E_y/\mathrm{d}x)(1/\delta E_y)$ 在共振点改变符号，偏振也在共振点改变方向。

图 10.3.21 上部示出了这一模式预计的东向传播的波($k_y>0$)在北半球的偏振特性。在磁层顶邻近的区域 I，表面波的幅度随 x 增加而下降，$(\mathrm{d}\delta E_y/\mathrm{d}x)(1/\delta E_y)>0$，偏振是顺时针的；当在区域 II 中接近 Alfvén 波共振点时，$(\mathrm{d}\delta E_y/\mathrm{d}x)<0$，偏振为逆时针的。在共振点，$\mathrm{d}\delta E_y/\mathrm{d}x=0$，扰动成为线偏振的。在共振点的地球一侧，在区域III，$(\mathrm{d}\delta E_y/\mathrm{d}x)>0$，偏振又变成顺时针的了。对于西向传播的表面波，$k_y<0$，估计的偏振应与图 10.3.21 示出的相反。

这一理论结果可以自然地解释图 10.3.17 给出的 Pc5 波的偏振特性。图中虚线以下的纬度区域相应于图 10.3.21 的区域III。由于在磁层顶激发的表面波在午夜至中午是向西传播的，$k_y<0$，因而观测到的偏振是逆时针的；而在午后表面波向东传播，$k_y>0$，因而观测到偏振是顺时针的。

10.3.3　在宽频带外源作用下在等离子体层顶激发的表面波

前面已经说明，当磁层受到一宽频带外源扰动时，例如受到增强的太阳风的突然压缩，在地面将会观测到 Pc3 和 Pc4 型脉动。这是由于在 Alfvén 波速的间断面上(如在等离子体层顶)激发的表面波有自己的本征周期。只要外源扰动谱覆盖了这个本征周期，表面波就会被激发，在地面相应的纬度就会观测到这一周期的地磁脉动(Hasegawa and Chen, 1974; Nishida, 1978)。

下面首先估计在等离子体层顶激发的表面波的本征周期。

假定等离子体是冷的，并且所有的磁力线都是平行的，在未扰动状态下有相同的长度，坐标的选取也与 10.3.2 节相同，假定未扰动量 ρ 和 $\boldsymbol{B}$ 在 $x=x'$面有间断，并假定这一间断面是切向间断面，等离子体在该间断面两侧都是均匀的，其密度和磁场分别记为 ρ_1 和 $\boldsymbol{B}_1$，以及 ρ_2 和 $\boldsymbol{B}_2$，两侧的扰动量分别记为 δB_{1z}，δE_{1y} 和 δB_{2z}，δE_{2y}。在间断面两侧有 $\mathrm{d}K^2/\mathrm{d}x=0$，$\delta E_y$ 的式(10.3.14)没有第二项。又假定扰动量随 x 的变化为 $\exp[-\mu_i(x-x')]$，其中 $\mu_i>0$。间断面两侧的波动有如下的色散方程：

$$\mu_i^2+K_i^2-k_{iy}^2-k_{iy}^2=0 \tag{10.3.16}$$

其中，i=1, 2 分别表示间断面两侧的量。下面求表面波的色散方程。

间断面两侧的扰动量在间断面应满足连接条件，这要求：

(1) 两侧的波动有相同的 k_y 和 k_z 值；

(2)两侧的等离子体垂直于切向间断面的扰动速度 $V_x=\delta E_y c/B$ 应该是相同的(等于间断面的运动速度)，即

$$\frac{\delta E_{1y}}{B_1}=\frac{\delta E_{2y}}{B_2} \tag{10.3.17}$$

(3)越过切向间断面压强应是连续的，即

$$B_1\delta B_{1z}=B_2\delta B_{2z} \tag{10.3.18}$$

间断面两侧的扰动量各自要满足一定的偏振关系，利用式(10.3.5)，式(10.3.7)和式(10.3.10)得到联系 δB_z 和 δE_y 的关系式：

$$\delta B_z=\mp\frac{\mathrm{i}\omega}{\mathrm{c}\mu_i}\left(\frac{1}{V_{\mathrm{A}}^2}-\frac{k_z^2}{\omega^2}\right)\delta E_y \tag{10.3.19}$$

这里的“–”和“+”分别相应于 $x>x'$ 和 $x<x'$。

将式(10.3.17)、式(10.3.18)与式(10.3.19)联立，消去扰动量，得到

$$\frac{B_1^2}{\mu_1}\left(\frac{1}{V_{\mathrm{A1}}^2}-\frac{k_z^2}{\omega^2}\right)=-\frac{B_2^2}{\mu_2}\left(\frac{1}{V_{\mathrm{A2}}^2}-\frac{k_z^2}{\omega^2}\right) \tag{10.3.20}$$

由式(10.3.16)和式(10.3.20)消去 μ_1 和 μ_2，得到联系 ω，k_y 和 k_x 的表面波的色散方程。如果 k_y 足够大，以致 $k_y^2\gg K_i^2=\omega^2/V_{\mathrm{A}}^2$，式(10.3.16)可以近似写为

$$\mu_1=\mu_2=|k_y| \tag{10.3.21}$$

将式(10.3.21)代入式(10.3.20)，得到

$$\omega=\left[\frac{B_1^2+B_2^2}{4\pi(\rho_1+\rho_2)}\right]^{1/2}k_z \tag{10.3.22}$$

因为假设扰动是沿磁力线的驻波，k_z 值是由磁力线长度 l 确定的。对于基波，$k_z=\pi/l$，其本征频率由式(10.3.22)给出。对于等离子体层顶，通过间断面，磁场的变化不大，而密度变化较大。在这种情况下，表面波的本征周期近似为

$$T_{\mathrm{s}}=\frac{2l}{\sqrt{2}V_{\mathrm{A}2}} \tag{10.3.23}$$

这里“2”表示间断面高密度一侧的值。

进一步的理论分析表明，如果 V_{A} 的跃变是在有限的厚度层内发生的，可以得到 ω 的虚部：

$$\frac{\omega_{\mathrm{i}}}{\omega_{\mathrm{r}}}=-\frac{\pi}{2}(2ak_y)\frac{4\pi\rho_1\rho_2(V_{\mathrm{A1}}^2-V_{\mathrm{A2}}^2)}{(\rho_1+\rho_2)(B_1^2+B_2^2)} \tag{10.3.24}$$

其中

$$2a=\frac{1}{\mathrm{d}(\ln\rho)/\mathrm{d}x\,|_{x=x'}} \tag{10.3.25}$$

它描述间断面的特征厚度。由式(10.3.24)看到，间断面的厚度和密度跃变越小，波的衰减越慢。这种表面波倾向于发生在任何密度有很剧烈的变化但变化值不是很大的间断面

上。在等离子体层顶，ρ_2，ρ_1，$B_1^2 = B_2^2$。由式(10.3.24)得到

$$\frac{\omega_i}{\omega_r} \simeq -\frac{\pi}{4}|2ak_y| \tag{10.3.26}$$

当沿 y 方向的波长与间断面厚度同量级时，波的衰减是明显的。对于较长的波长激发的波可以持续较长的时间。

因为式(10.3.23)给出的周期和 10.3.2 节得到的周期 T_S 没有很大的差别，所以仅仅由周期不能确定观测到的 Pc 波是单色外源共振激发的波动，还是宽带外源在等离子体层顶激发的表面波。为了区别这两种可能性，必须精确地决定脉动强度最大值的位置和偏振方向反转的位置。对于在密度间断面上激发的表面波，其偏振方向在间断面两侧是相反的，因而在地面测量到的相应的脉动偏振方向反转的位置应正好在当时等离子体层顶所在的纬度。

当行星际激波、太阳风动压脉冲、高速太阳风作用在磁层顶时，激发的 ULF 波在太阳风-磁层-电离层能量传输过程中起着很重要的作用。强的 ULF 波磁力线共振，能够在电离层中耗散掉(4～6)×10^{11} J 的能量，相当于一次弱的亚暴。卫星的实地观测最好的情形是多点的联合观测，但这依然是局部的观测。因此，为了研究 ULF 波的不同波模在地球磁层中的能量分布及其在电离层中的耗散，数值模拟结合卫星观测是比较好的途径。

图 10.3.22 是我们利用三维的数值模型模拟得到的 ULF 波环向模相应的方位角方向磁场的功率谱密度随 L 值和波频率的变化，由图中可以得到磁力线共振在不同 L 值位置上的强度及频率等性质。图 1 中白线是通过飞行时间方法近似计算得到阿尔芬驻波振荡本征频率曲线，自下向上依次对应 1，3，5，7 等奇数次谐波。

另外，从图 10.3.22 中在频率为 45 mHz、50 mHz 和 75 mHz 也可以明显看出从 4.5 到 8.5 跨越 L 壳的空腔模的 ULF 波。这些空腔模波在不同的 L 壳具有相同频率，不随 L 变化而变化。这说明在空腔模，振荡在一定的区域可以和磁力线共振耦合在一起。

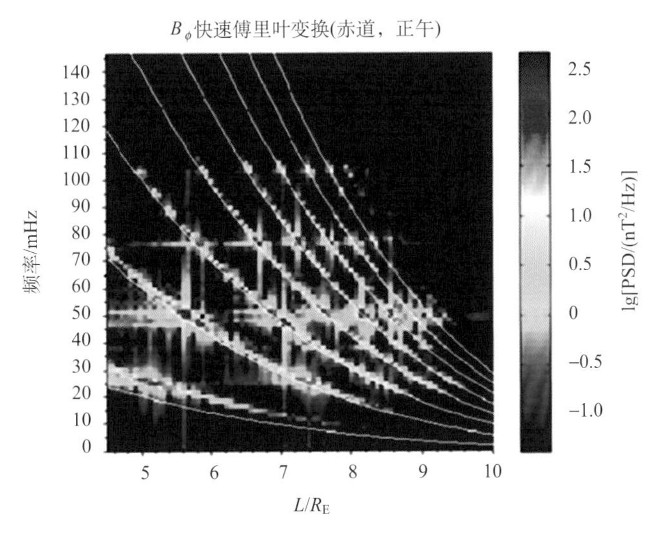

图 10.3.22　数值模拟得到的环向模相应的方位角方向磁场的功率谱密度随 L 值和波频率的变化(Zong et al., 2008)

10.3.4 离子回旋不稳定性激发的波动（EMIC 波）

一部分通过向日面磁层顶磁重联过程或者通过其他机制进入磁层的能量最后会表现为磁层内高能粒子的动能。这些粒子发出的辐射是磁层中波动的主要来源之一。高能质子的回旋运动将产生磁脉动范围内的波动，例如，Pc1 珠型脉动，这种具有离子回旋波的特征的波动可能是在等离子体层顶附近由高能质子回旋不稳定性所产生。下面我们介绍利用离子回旋不稳定性来解释 Pc1 珠型脉动的理论(Gendrin et al., 1971；Nishida, 1978)。我们先讨论离子回旋波的增长率，然后讨论其沿磁力线传播的频时特性曲线。

考虑一冷等离子体，其中叠加了密度很小的热离子。在等离子体中存在着沿磁场方向传播的回旋波，回旋波频率的实部 ω_r 由冷等离子体的色散关系式(10.2.11)决定，当 $\omega_r < \omega_{ci}$ 时，左旋偏振模式的色散关系为

$$\frac{c^2k^2}{\omega_r^2} = n^2 = L \simeq \frac{\omega_{pi}^{(0)}}{\omega_{ci}(\omega_{ci} - \omega_r)} \tag{10.3.27}$$

其中，$\omega_{pi}^{(0)}$ 为由离子密度为 $n_i^{(0)}$ 的背景冷等离子体所决定的等离子体频率。波与热离子回旋共振条件为

$$kV_R = \omega_r \pm \omega_{ci} \tag{10.3.28}$$

由式(10.3.27)，共振条件式(10.3.28)可写为

$$E_R = \frac{1}{2}m_iV_R^2 = E_c\left(\frac{\omega_{ci}}{\omega}\right)^2\left(1 \pm \frac{\omega_r}{\omega_{ci}}\right)^3 \tag{10.3.29}$$

其中，E_R 为共振粒子平行于磁场的动能；$E_c = B^2/(8\pi n_i^{(c)})$。假定 $\omega_r > 0$，当式(10.3.28)取正号时，共振条件要求 $V_R > (\omega_r / k)$，也就是波与比其相速度更快的离子共振；当式(10.3.28)取负号时，因为 $\omega_r < \omega_{ci}$，共振条件要求 $kV_R < 0$，即波与共振离子的运动方向相反。在与共振离子一同运动的参考系中来看，在两种情况下波的电场都以离子的回旋频率在离子的回旋方向上旋转，旋转方向相对于磁场 $\boldsymbol{B}$ 是右旋的。

波与粒子的共振产生了能量的交换，波是增长还是衰减由与波共振的热离子的分布函数决定。假定热离子的分布函数 $F_i^{(w)}$ 是双麦克斯韦分布

$$F_i^{(w)} = n_i^{(w)}\left(\frac{m_i}{2\pi\kappa T_{\parallel}}\right)^{1/2}\exp\left[-\frac{m_i v_{\perp}^2}{2\kappa T_{\perp}} - \frac{m_i v_{\parallel}^2}{2\kappa T_{\parallel}}\right] \tag{10.3.30}$$

其中，$n_i^{(w)}$ 为高能离子数密度。波的增长率为

$$\omega = \sqrt{\pi}\frac{n_i^{(w)}}{n_i^{(c)}}\frac{(\pm\omega_{ci})(\omega_r \pm \omega_{ci})}{k\left(\dfrac{2\kappa T_{\parallel}}{m_i}\right)^{1/2}(\omega_r \pm 2\omega_{ci})\omega_r}[\pm\omega_{ci} - (A+1)(\omega_r \pm \omega_{ci})]\exp\left[-\frac{m_i}{2\kappa T_{\parallel}}\frac{(\omega_r \pm \omega_{ci})^2}{k^2}\right] \tag{10.3.31}$$

其中，A 为各向异性比：

$$A \equiv \frac{T_{\perp}}{T_{\parallel}} - 1 \tag{10.3.32}$$

对于式(10.3.31)取正号的情况，当

$$-A > \frac{1}{\omega_{ci} / \omega_r + 1} \tag{10.3.33}$$

时，共振将使波增长，即 $\omega_i > 0$，这要求 $T_{\parallel} > T_{\perp}$。对于式(10.3.31)取负号的情况，当

$$A > \frac{1}{\omega_{ci} / \omega_r - 1} \tag{10.3.34}$$

时，共振将使波增长，这要求 $T_{\perp} > T_{\parallel}$。因为在磁层中，一般有 $T_{\perp} > T_{\parallel}$，下面主要讨论这种情况。不等式(10.3.34)等价于

$$\omega_r < \frac{A}{A+1}\omega_c \tag{10.3.35}$$

上式说明可能激发的波的频率有一个上限。图 10.3.23(a)对于不同的 A 值分别示出了离子回旋不稳定性增长率随着实频率的变化，图 10.3.23(b)对于不同的平行于磁场方向的热速度($v_{\parallel} = (2k_B T_{\parallel} / m_p)^{1/2}$)与 Alfvén 波速度的比值分别示出了增长率随着实频率的变化。

显然，当温度各向异性增加时，以及当热离子平行温度增高时，波增长得更快些。由图看到，在 $A=0.5$ 的情况下，在归一化频率 $X = \omega / \omega_{ci} \leqslant 0.2$ 左右，增长率最大，这正是经常观测到的情况。同步卫星 ATS -1 在赤道面附近对 Pc1 型脉动的频率和背景磁场的观测结果表明，出现频次最大的脉动频率为 0.2 Hz，背景磁场值为 90 nT，相应的离子回旋频率约为 1.5 Hz，X=0.13。

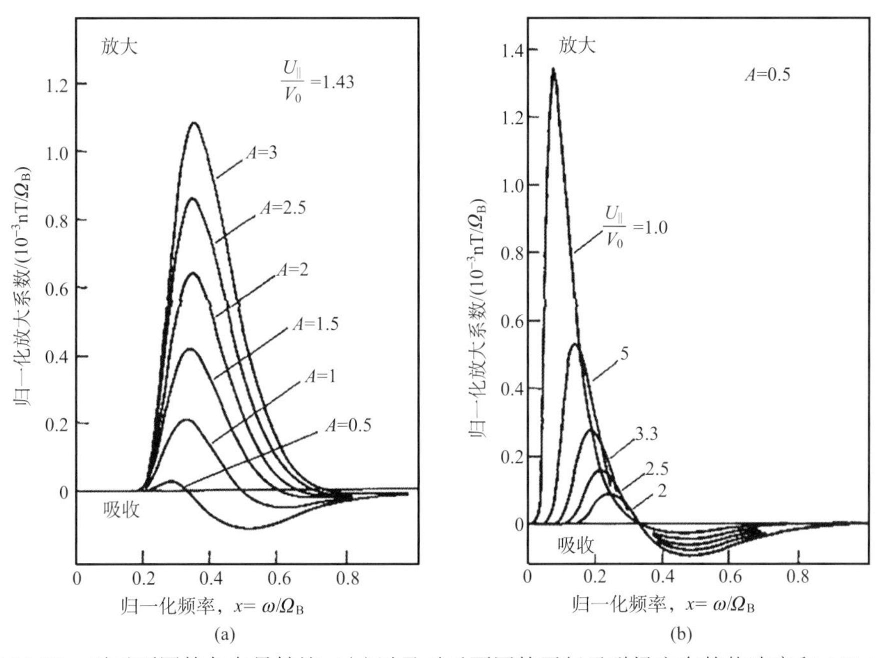

图 10.3.23　对于不同的各向异性比 A(a)以及对于不同的平行于磁场方向的热速度和 Alfvén 波速度比(b)，离子回旋不稳定性增长率随实频率的变化(Gendrin et al., 1971)

Bossen 等(1976)在观测到的频率就是计算得到的离子回旋不稳定性增长率最大处的频率的假定下，由 ATS 的观测数据得到如下结论：Pc1 型脉动的发射源在等离子体层顶，热离子的能量约为 30 keV，而背景冷等离子体的数密度大约为 30 cm^{-3}。

利用离子回旋波可以自然地解释 Pc1 型脉动的上升调。由离子回旋波的色散方程(10.3.27)得到波包的群速度

$$V_g = V_A(1-X)^{3/2}(1-X/2)^{-1} \tag{10.3.36}$$

这里，$X=\omega/\omega_{ci}$。由于频率越高群速度越低，所以在波包传播一段时间后就会形成上升调。Obayashi (1965)计算了磁流体波沿着偶极子磁力线弹跳的传播时间：

$$\tau = \int \frac{ds}{V_g} \tag{10.3.37}$$

假定等离子体数密度的分布为

$$n = n_0\left(\frac{R_E}{r}\right)^3 \tag{10.3.38}$$

利用式(10.3.36)，最后得到

$$\tau = \frac{4R_E L^{5/2}}{B_0/(4\pi n_0 m_i)^{1/2}}\int_0^{A_0}\cos^4\lambda\left\{\left[1-\frac{\omega}{2\omega_c}\frac{\cos^5\lambda}{(1+\sin^2\lambda)^{1/2}}\right]\Big/\left[1-\frac{\omega}{\omega_c}\frac{\cos^6\lambda}{(1+3\sin^2\lambda)^{1/2}}\right]^{3/2}\right\}d\lambda \tag{10. 3.39}$$

其中，ω_c 为磁力线最远点的离子回旋频率；λ_0 为磁流体波反射点的偶极纬度。由这一公式可以计算沿着磁力线在反射点之间来回传播的磁流体波波包的频时曲线，其结果示于图 10.3.24 中。它解释了珠型脉动的上升调和频率上升率随信号反复弹跳次数的增加而系统地减小的现象。

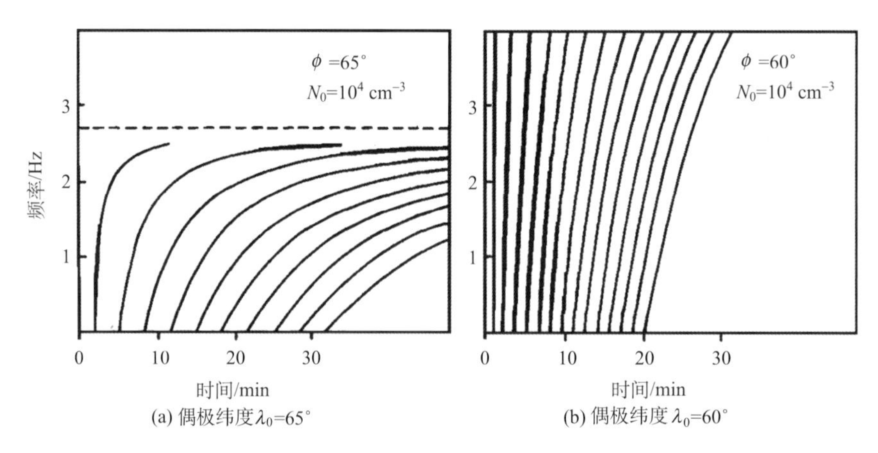

图 10.3.24　由离子回旋波的群速度计算得到的 Pc1 珠型脉动的频时曲线(Obayashi, 1965)

10.4　磁层中的哨声和甚低频激发与传播

10.4.1　哨声和甚低频发射的观测

哨声波是一种声频范围内的电磁信号，其频率随时间延续而连续地下降，而且下降的速率也逐渐地降低。一般情况下，一个哨声信号的频率从几 kHz 开始，在大约 1 s 时间内下降到 1 kHz 左右。如果把信号直接放大后接到扬声器上，人们就会听到像吹口哨一样的声音。用录音机将信号记录下来通过音频分析器就可以得到运动频谱。

早在 1886 年，在澳大利亚就已经发现通过长途电话线路可直接听到哨声波。第一次世界大战期间，窃听军用电话的连队经常听到像吹口哨那样的干扰信号。由于 Barhhausen 和后来 Echersley 的研究，在 1931 年提出这种像口哨一样的信号可能是发生在远处的雷电放电所引起的低频电磁波。1953 年，Storey 提出这种电磁波的传播路径是沿着磁力线的，从而预示哨声的研究对探测电离层以外的空间有重要意义，这导致了系统性的大规模观测。在国际地球物理年（1957～1958 年），国际性的观测网已经被建立起来（Helliwell, 1965）。

图 10.4.1 示出了经常见到的两种类型的哨声波的频时曲线。在图(a)中，对应零时的信号叫作吱声，A_1 为短哨，A_3 为回声。图(b)中零时的信号覆盖了很宽的频率范围，听起来为一“咔嚓”声，隔了 2s 后，出现一延续时间较长的信号，叫作长哨。图 10.4.2 示出了典型情况下的哨声波的波形和频时曲线：(a) 哨声波形；(b) 哨声的频时曲线；(c) $1/\sqrt{f}$ 随时间变化曲线。由图看到，在一次哨声信号中，哨声频率 f 和时间 t（假定咔嚓声的时刻记为 $t=0$）大约服从如下关系：

$$tf^{1/2} = D_s = 常数 \tag{10.4.1}$$

其中，D_s 为色散常数。由图 10.4.1 看到，回声频率的下降速率随着回声次数的增长而减慢，所以，色散常数 D_s 随着回声次数的增长而增大。

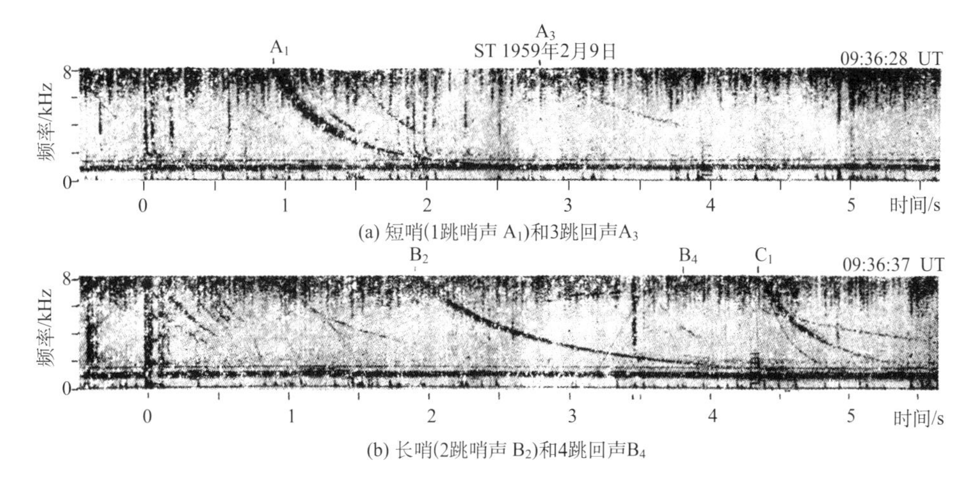

(a) 短哨(1跳哨声 A_1)和3跳回声A_3

(b) 长哨(2跳哨声 B_2)和4跳回声B_4

图 10.4.1　典型的哨声波的频时曲线实例（Helliwell, 1965）

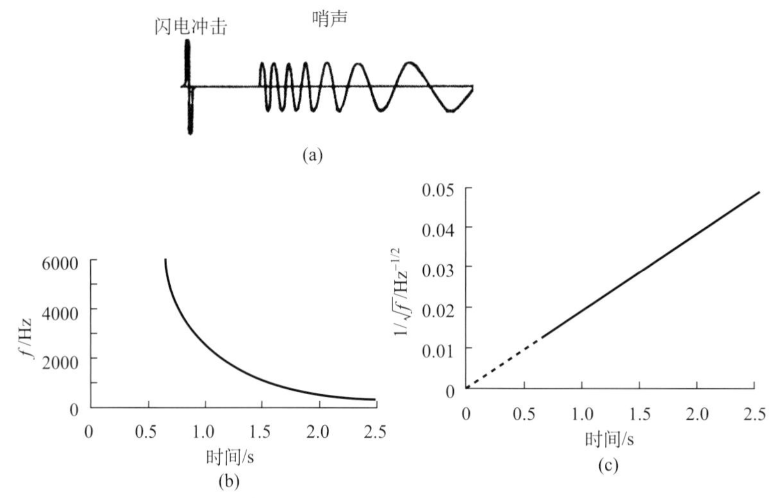

图 10.4.2　理想的哨声波形和频时曲线(Helliwell, 1965)

利用同时测量到的长哨和闪电记录可以证明，哨声波的能量来自闪电(Helliwell et al., 1958; Norinder and Knudsen, 1959)。何友文(1981) 认为能引起哨声波的闪电仅仅是云地闪电中的一部分。闪电激发的电磁波的能量主要分布在 500～10^4 Hz 的频带中，其中在地球电离层波导中传播的长波分量衰减较慢，传到对面半球形成吱声；另一部分能量进入电离层和磁层，主要以右旋电磁波的形式沿着磁力线传播到对面半球形成单跳哨声。当电磁波在磁化等离子体中传播时，它们不断发生色散，就是不同频率的波以不同的速度传播。由于右旋波的高频分量比低频分量传播得更快，因此闪电激发的信号中较高频率的分量较先到达磁力线的另一端，在那里形成了下降调。

图 10.4.3 示出了短哨、长哨的频时曲线及相应传播路径的示意图。假定接收台站在 A 点，当对面半球的 B 点的闪电激发的电磁波沿着地面与电离层的波导传播到 A 点时，

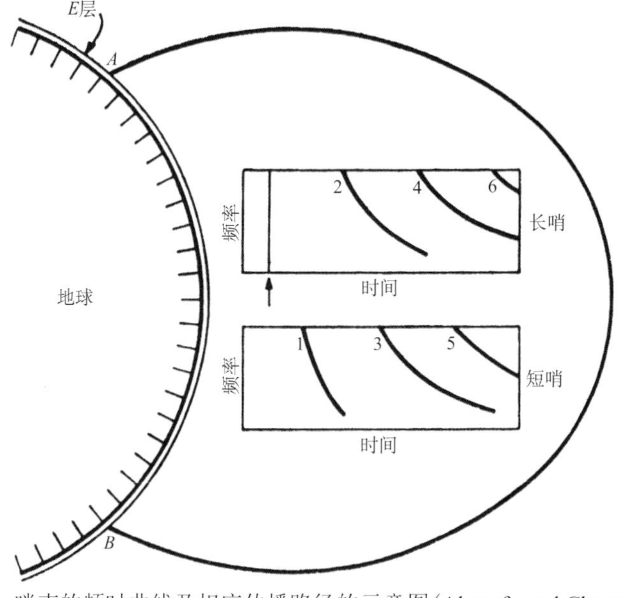

图 10.4.3　哨声的频时曲线及相应传播路径的示意图(Akasofu and Chapman, 1972)

接收机就收到吱声。当电磁波进入电离层沿着磁力线到达 A 点时，接收机就接收到短哨，见图中曲线 1。

北半球冬季所观测到的哨声大多数是短哨，因为这时南半球正好是雷雨较多的夏季。如果哨声能量比较强，一部分能量在 A 点从电离层与地球的中性大气的交界面（由于哨声的波长很长，可以假设电离层的下边界是一折射指数的间断面）或者从地面被反射后沿原路径又回到 B 点，其中一部分能量经反射后再到达 A 点形成 3 跳回波，见图中曲线 3。如果波的能量仍然足够强，还会形成 5 跳，7 跳回波，形成短哨的回波系列。

图 10.4.3 给出了在 A 点发生的闪电以及同时在 A 点接收到的频时曲线。在闪电的同时接收到“咔嚓”声，闪电的低频波包沿磁力线传到另一半球的 B 点，一部分能量从 B 点反射，沿原路径再返回到 A 点，在 A 点听到第一次回声，叫长哨，见图中曲线 2。如果第一次回声足够强，又有一部分能量在 A 点反射后又沿原路径传播，如此进行下去就有第二次、第三次、…回声，形成长哨回波系列，而且色散常数也加倍地增大。

除了短哨和长哨外，哨声还有许多其他类型。Helliwell (1965) 对其做了详细的分类，见表 10.4.1。其中①～⑧类都是电子哨声，它们都是以右旋极化方式传播的。在卫星和火箭探测中发现了离子哨声⑨、⑩类。曲线回升部分是以左旋极化方式传播的。由于两种以上离子（如 O^+，He^+，H^+）的作用，电子哨声在传播过程中可激发离子哨声（Russell et al., 1972）。

表 10.4.1　哨声的分类（Helliwell, 1965; Russell et al., 1972）

类型和特征	频谱形状
①短哨（1 跳） 一次通过赤道到达另一半球接收机	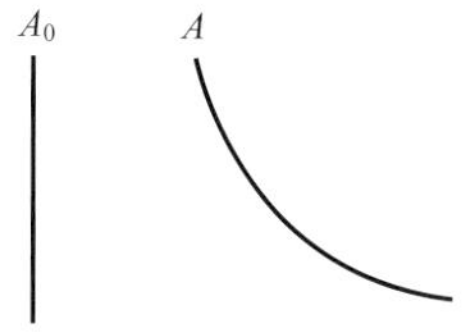 A_0　A
②长哨（2 跳） 两次通过赤道回到与闪电同一半球的接收机	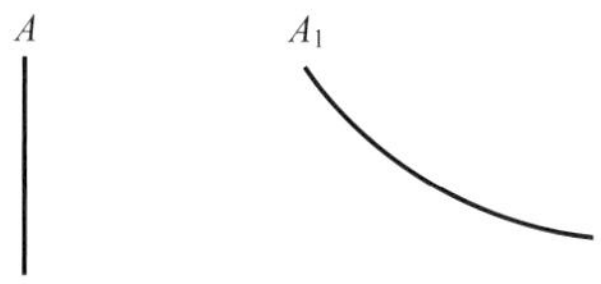 A　A_1
③混合型 同一个源引起了 1 跳和 2 跳哨声	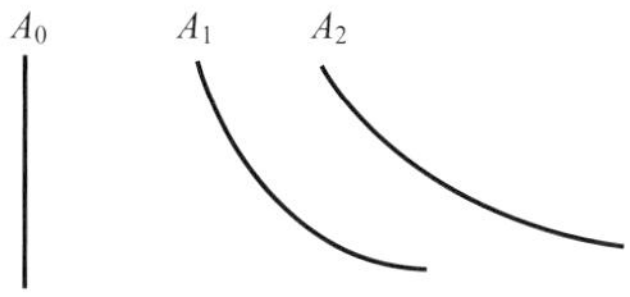 A_0　A_1　A_2

续表

类型和特征	频谱形状
④回波列 A.偶序列(长哨回波列) 延迟时间比为2∶4∶6∶8 B.奇序列(短哨回波列) 延迟时间比为1∶3∶5∶7	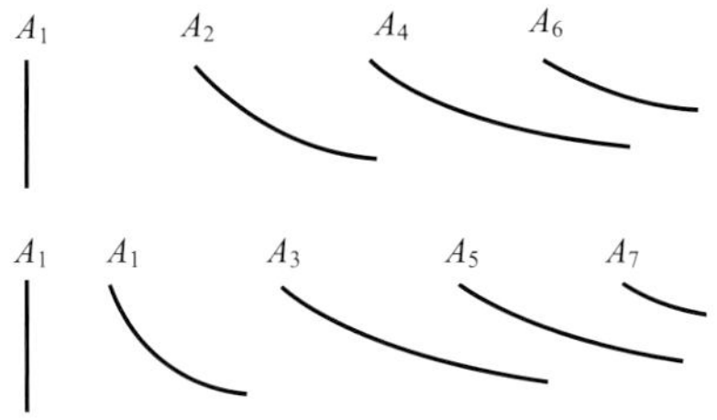 A_1 A_2 A_4 A_6 A_1 A_1 A_3 A_5 A_7
⑤重哨 A.多重路径 同一闪电引起的通过不同的磁层路径传播的哨声 B.混合路径 与一跳路径相结合的多重路径	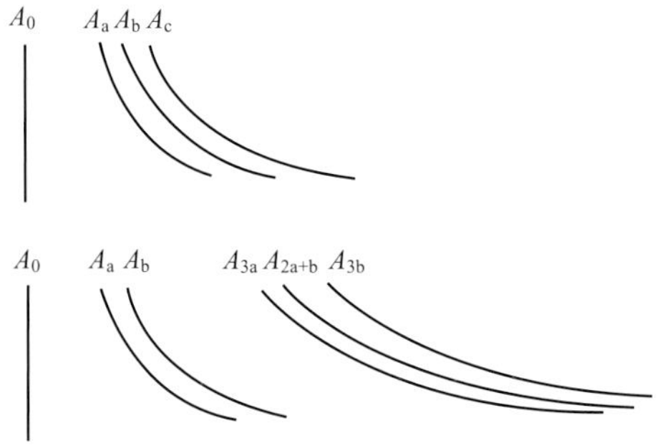 A_0 A_a A_b A_c A_0 A_a A_b A_{3a} A_{2a+b} A_{3b}
⑥多重源哨声 不同闪电源引起的相距很近的两个或更多的哨声	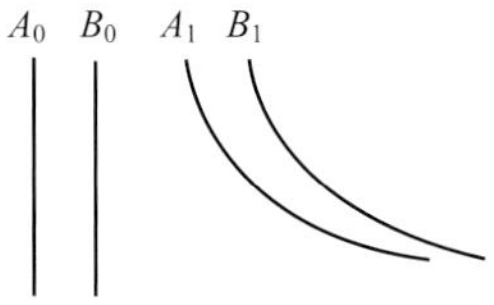 A_0 B_0 A_1 B_1
⑦鼻哨 哨声的频时曲线呈现为上升和下降两支，在鼻频处群时延具有最小值 f_{11}	
⑧不完全哨声 通常在卫星与火箭上观测到的哨声。从闪电源传到卫星或火箭所在的位置时，由于传播路径较短，相应色散值较小	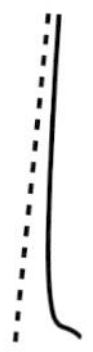
⑨离子哨声 频时曲线上观测到不完全哨声之后，频率突然迅速上升并趋于卫星附近的离子回旋频率	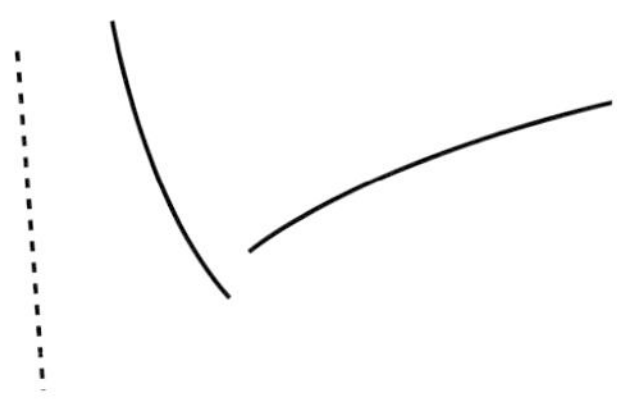

续表

类型和特征	频谱形状
⑩离子截止哨声 频时曲线在低于 1 kHz 处出现回升	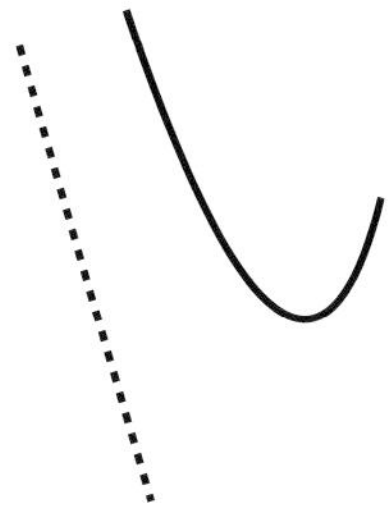

用观测哨声的接收机可以观测到另一类在声频范围内的电磁信号。它的频率范围在几百 Hz 到几千 Hz，与哨声频率范围是接近的，但是它的频时曲线与哨声不同，这些信号通常叫作甚低频或极低频发射。常见的甚低频发射类型见表 10.4.2。

表 10.4.2　甚低频发射的分类(Helliwell, 1965)

类型	频谱形状
①嘶声	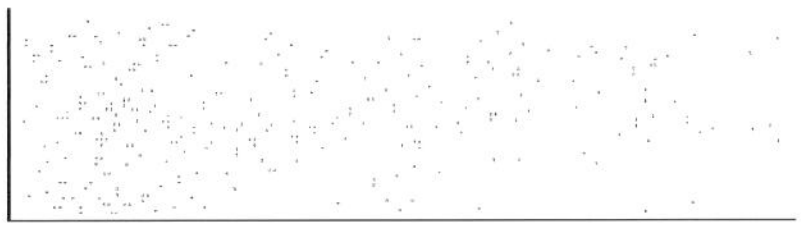
②分立发射	
A. 上升调	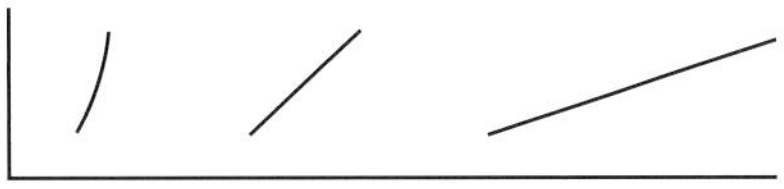
B. 下降调	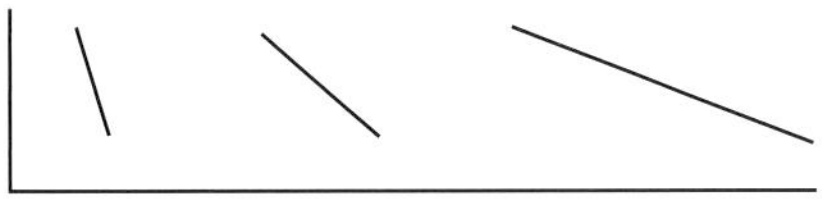
C. 镰刀型	
D. 复合型	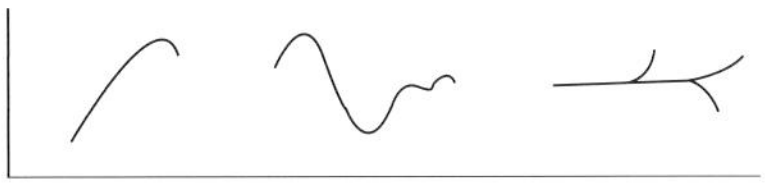
③周期发射	
A. 色散型	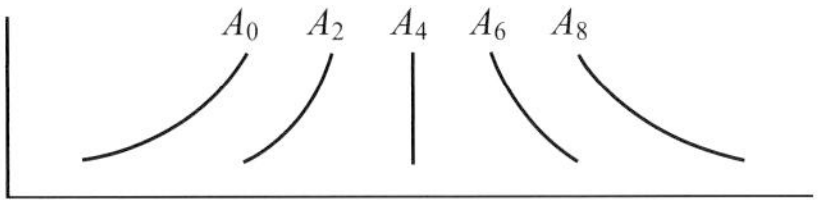 A_0　A_2　A_4　A_6　A_8

续表

类型	频谱形状
B. 非色散型	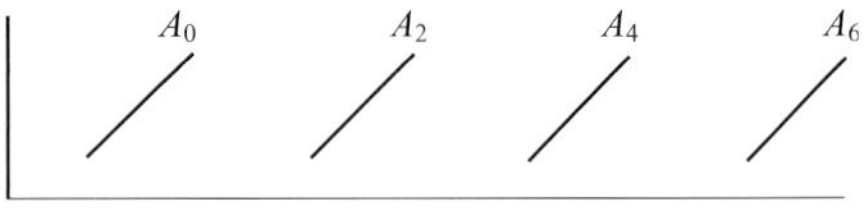 A_0 A_2 A_4 A_6
C. 多相型	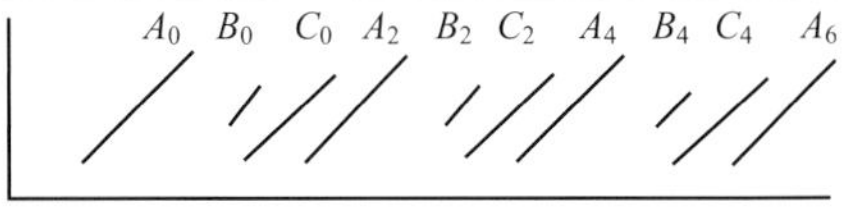 A_0 B_0 C_0 A_2 B_2 C_2 A_4 B_4 C_4 A_6
D. 漂移	 A_0 A_2 A_4 A_6 A_8
④合声	
⑤准周期发射	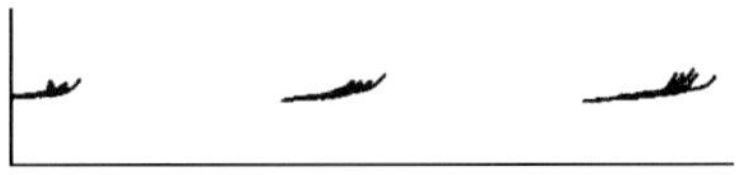
⑥触发发射	

10.4.2 合声波与嘶声波

在甚低频发射中，合声(chorus)是较常见的类型，它由很多相近的上升调组成，频率范围比较宽，从几百 Hz 到大约 10 kHz。哨声模合声波是地球外层磁层中最常见和最强烈的自然等离子体波之一（Helliwell, 1969）。它多在黎明时出现，又称为黎明合声。这一在声波范围内的电磁信号可以直接转化成声波，它的声音就像是在清晨的百鸟啼叫。合声主要出现在等离子体层顶之外的外磁层。合声可能是由在外磁层赤道附近能量为 5.150 keV 的电子的回旋共振产生的(Burton and Holzer, 1974)。间断爆发的合声是在外磁层传播的哨声模式的主要形式。

合声波通常包含上升和下降调两种，偶尔也有短的脉冲式的爆发（Lauben et al., 2002)。合声波通常出现在两个不同频段，带频率为 $0.1f_{ce-eq} \leqslant f < 0.5f_{ce-eq}$ 的较低频段和带频率为 $0.5f_{ce-eq} \leqslant f < 0.65f_{ce-eq}$ 的上频带，这里 f_{ce-eq} 表示赤道处电子的回旋频率。

在这两个波段之间通常有一个位于 $0.5f_{ce-eq}$ 处的空隙区，在这个空隙内合声波功率是最低的，可能是哨声模合声波沿各向异性的磁场传播的非线性衰减所造成的(Omura et al., 2009)。如图 10.4.4 所示，位于 1.1 kHz 附近是上带合声波，而位于 500～800 Hz 为是低频带合声波，两者之间为空隙区。

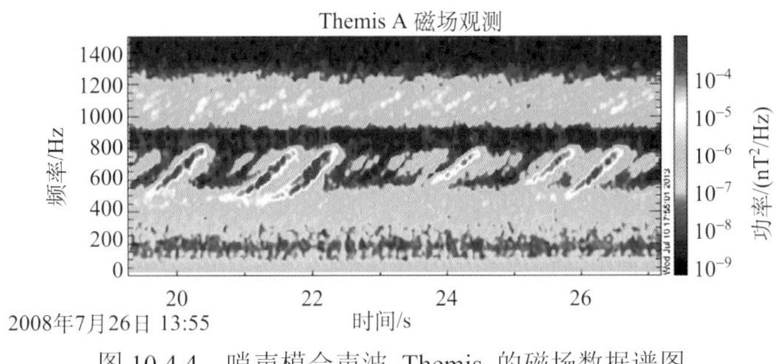

图 10.4.4　哨声模合声波 Themis 的磁场数据谱图

https://www.ucalgary.ca/above/science/chorus

合声波在等离子体层顶至磁层之间所有地方时和 L 值处都曾观测到，不过主要还是出现在午夜至 1600LT 侧。如图 10.4.5 所示，黑线为 Mead 和 Fairfield (1975) 磁场模型中正午-子夜经度圈上的磁场。合声波产生的区域以点标记。靠近子夜处，合声波在赤道附近由亚暴从等离子体片注入的电子产生。随着电子从晨侧向正午侧漂移，合声波持续在赤道附近生成。日侧高 L 值区域，合声波还有可能在更大的纬度范围内产生。在磁层顶内 1～$2R_E$ 处，合声波可能在局地磁场最小处产生。这是太阳风对日侧磁层压缩产生的结果。合声波主要出现在两个纬度区域：一是赤道处，称为赤道合声波；二是 15°以上的区域，称为高纬度合声波。图中点的密度代表合声波出现的可能性。赤道合声波主要出现在亚暴期间，而高纬度合声一般出现在平静期。赤道合声波的许多观测特性都可以用哨声波模和亚暴注入的能量电子(10～100 keV)间的回旋共振解释。

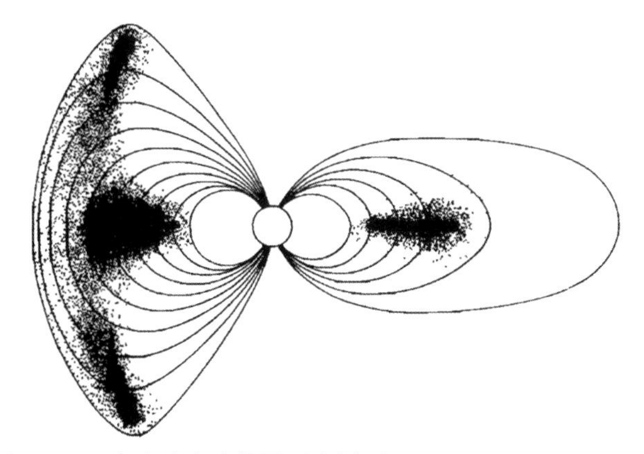

图 10.4.5　合声波产生位置示意图 (Tsurutani and Smith, 1977)

当能量电子在亚暴电场的作用下向地球运动时，磁场梯度和曲率同时使电子向晨侧漂移，使得能量电子的通量增加和沉降主要发生在后午夜侧。由于日侧磁层的压缩，漂移电子的 L 值最后会增大，这就是所谓的漂移壳分裂效应(Roederer, 1970)。这可以解释午夜附近合声波的不对称性及 L 随地方时的分布。

合声波活动在晨侧和早晨到正午之间处有所增强。该处等离子体密度增加，导致共振能量降低，因而波粒相互作用增强。尽管能量电子在从午夜向晨侧漂移过程中不断沉降，晨侧至正午间较强的太阳辐射导致的电离层加热效应还是使得该处有较强的合声波活动和电子沉降。

对于高纬合声波，人们还没有找到一个统一的机制。一些事件表明合声波是由局地损失锥不稳定性所产生的，主要发生在日侧磁层被压缩后在磁纬度 20°～50°之间所形成的磁场极小区域(Roederer, 1970；Tsurutani and Smith, 1977)。而其他的高纬合声波事件似乎是赤道合声波向高纬度传播形成的。

卫星观测表明，甚低频发射的另一个重要类型是“嘶声”(Hiss)，它在接收机中的声音是“嘶嘶声”，在运动频谱上表现为有限带宽的噪声。有一类嘶声沿着通过极光带的磁力线传播，叫作极光嘶声。这类嘶声与电子沉降高度相关，可能是由极光电子束激发的。另一类嘶声在地磁活动期间连续地出现在等离子体层所有的经度和纬度，与辐射带电子沉降高度相关。等离子体层嘶声是自然界中等离子体湍动的一个实例。

下面介绍等离子体层嘶声的一些观测结果。

在 OGO-5 上安装的三轴磁强计差不多在每次通过等离子体层的飞行中(除了向日面高纬的一个宽的区域)都测量到了相对稳定的甚低频嘶声带(Thorne et al., 1973)。其典型功率谱示于图 10.4.6 中，峰值谱密度是 $6\times10^{-6}\,\mathrm{nT^2/Hz}$，峰值频率是 350 Hz。虚线为在等离子体层外测量到的典型谱。

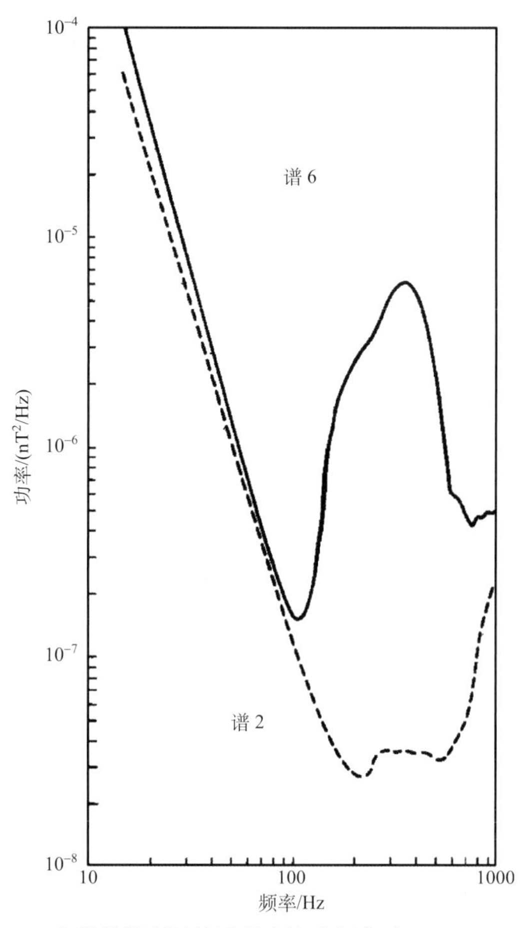

图 10.4.6 典型的等离子体层嘶声波功率谱 (Thorne et al., 1973)

等离子体层内嘶声谱显示了单独频带结构，峰值频率和功率是相对稳定的。根据OGO-5第一年观测资料分析，等离子体层的嘶声峰值功率范围为10^{-7}～10^{-4} nT^2/Hz。峰值频率范围为100～350 Hz，波的能量分布在几百Hz的带宽上。观测到的信号表现为多种频率从各个方向同时到达的许多湍动分量的叠加，几乎没有确定的偏振方向，但在某些条件下可以分析出波相对磁场是右旋偏振的。

合声和嘶声之间的联系是非常有趣的研究课题。近年的研究(Bortnik et al., 2008)提出，等离子体层内观测到的嘶声波的也许是起源于等离子体层外的合声波。这些嘶声波的强度具有日夜不对称性，与太阳活动及空间分布有关。

Bortnik 等(2008)使用射线跟踪模拟显示出等离子体层外的有结构的合声波传播到等离子体层以内会变成无结构的嘶声波，见图10.4.7。图中灰色区域表示稠密等离子体层的位置(Bortnik et al., 2008)。(a)一组频率为f= 0.1 fce (704 Hz)，法向角范围为

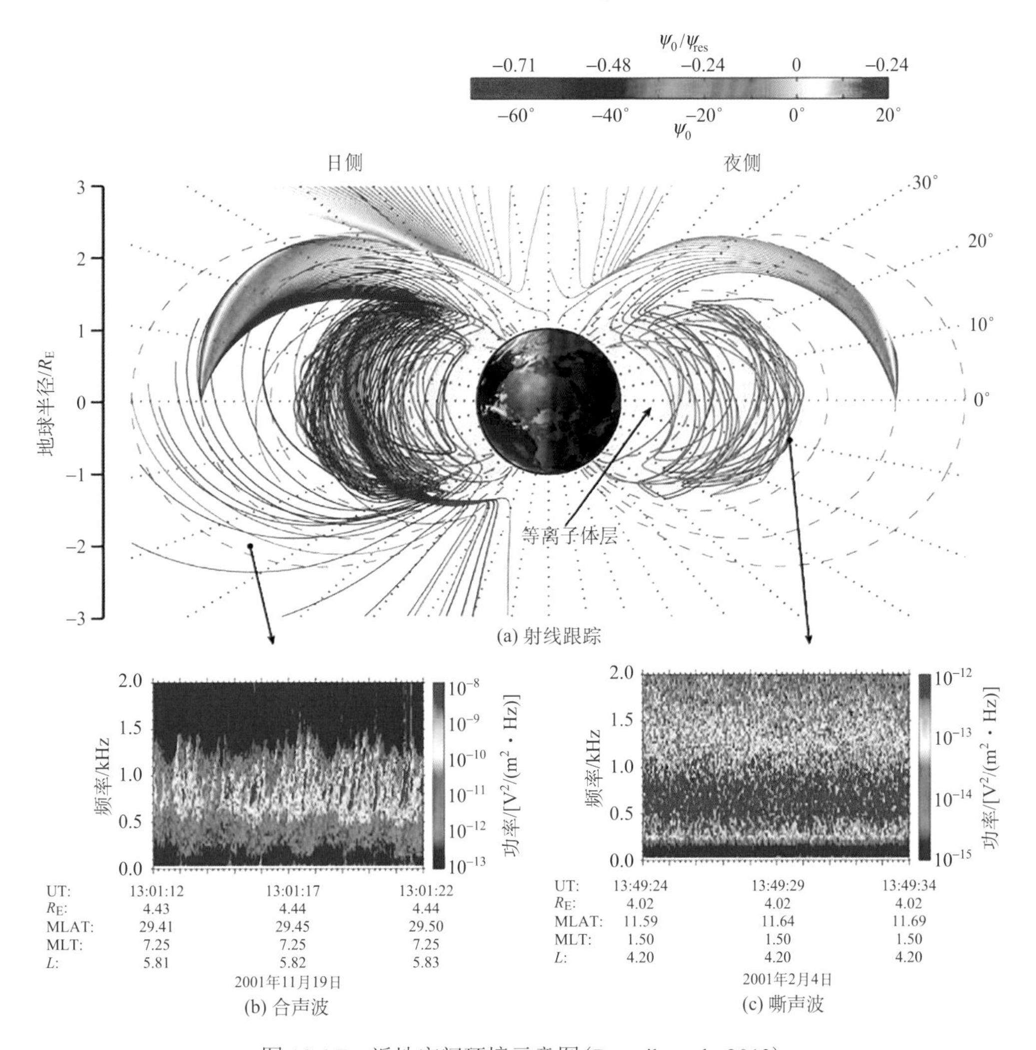

图10.4.7 近地空间环境示意图(Bortnik et al., 2013)

–70°到+ 20°，在每 1°一条的 91 条射线从 $L = 5$ 的地磁赤道发射(即 $\lambda = 0°$)。跟踪每一条射线的踪迹，直到它的能量下降到其初始值的 1%为止。这些有不同的频率和起始位置的合声波有类似的射线路径；(b)时长为 10 s 的频谱图显示了 Cluster 卫星在等离子体层外观测到典型的随频率和时间变化并具有上升调的合声波的强度；(c)类似的时长为 10 s 的频谱图显示夜间等离子体层内等离子体层嘶声强度。这些嘶声在频谱上没有明显的结构，在低频端约 200 Hz 有个明显的截止，而在高频端频率渐进地截止在 1 kHz 左右。横坐标中 UT 代表世界时，MLT 代表世界磁当地时间，MLAT 代表世界磁性纬度。他们模拟跟踪从 $L = 5$ 的磁赤道发射频率相同而法向角不同的 91 条射线，直到它们的能量下降到其初始值的 1%为止。Bortnik 等(2008)发现这些规则的合声射线从等离子体层外传播到等离子体层内变成了与不规则嘶声相类似的射线。

由图 10.4.8 可以清楚地看到合声波和嘶声波功率谱的空间分布与变化。图中示出了 CRRES 卫星从近地点到远地点再到近地点不同卫星位置测量到的波场的功率谱。图中标出了频率、功率密度和 L 参数。

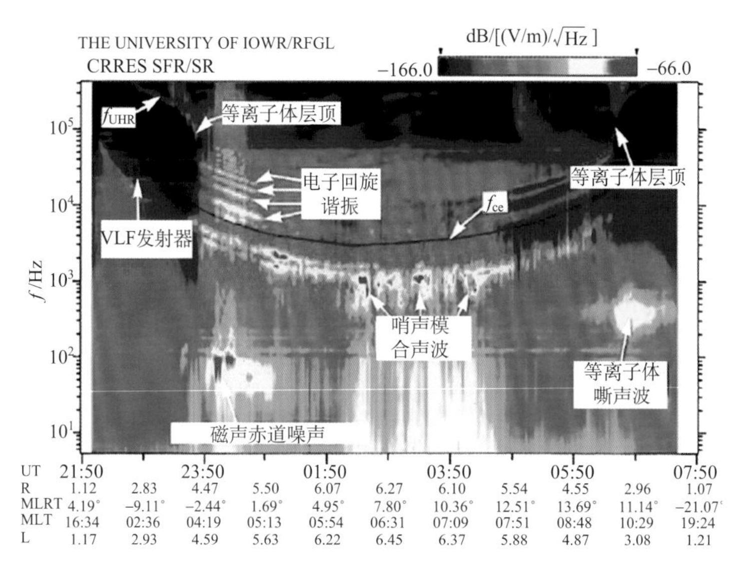

图 10.4.8　CRRES 卫星的一个完整轨道观测到的不同种类的电磁波频谱，包括等离子体层合声波和嘶声波功率谱的空间分布与变化(Kletzing et al., 2013)

由图看到，嘶声波存在于等离子体层内，而合声波存在于等离子体层之外靠近早晨侧的区域。除了合声波和嘶声波外，内磁层还存在其他类型的波，如电子回旋波，磁声波(magnetosonic equatorial noise)，传播到空间的地面人工制造的甚低频发射信号。

通常认为合声波可以加速辐射带电子，而嘶声波的回旋共振使得电子经历投掷角散射，最后损失在大气中，在内外辐射带之间形成了一个通量较低的区域。

10.4.3　哨声在等离子体层中的传播

1. 哨声的色散传播

由表 10.3.3 看到，哨声波和甚低频发射的频率比离子的回旋频率大得多，但又小于电子的回旋频率。在哨声和甚低频波的传播过程中可以略去离子的作用。假设

$$\omega_{ce} \geqslant \omega \geqslant \omega_{ci} \tag{10.4.2}$$

$$\omega^2{}_{ce} \ll \omega^2{}_{pe} \tag{10.4.3}$$

哨声的色散方程可以写成如下形式：

$$n^2 = \frac{\omega_{pe}^2}{\omega(\omega_{ce}\cos\theta - \omega)} \tag{10.4.4}$$

由式(10.4.4)得到波的群速度：

$$V_g = \frac{d\omega}{dk} = \frac{2c}{\omega_{ce}\omega_{pe}\cos\theta}[\omega(\omega_{ce}\cos\theta - \omega)^3]^{1/2} \tag{10.4.5}$$

假设波矢 $\boldsymbol{k}$ 的方向与磁场方向平行，以及 $\omega \ll \omega_{ce}$（相当于低纬度哨声的情况），式(10.4.5)可以写为

$$V_g \simeq \frac{2c}{\omega_{pe}}(\omega\omega_{ce})^{1/2} \tag{10.4.6}$$

由式(10.4.6)看到，对于较低频率的哨声，频率越高，群速度越大。哨声在磁共轭点之间运行所需要的时间为

$$t = \int \frac{dl}{V_g} \tag{10.4.7}$$

积分是沿着共轭点之间的磁力线段进行的，利用式(10.4.6)得到

$$t = D_s f^{-1/2} \tag{10.4.8}$$

其中

$$D_s = \frac{1}{2c}\int f_{pe} f_{ce}^{-\frac{1}{2}} dl \tag{10.4.9}$$

其中，$f = \omega / 2\pi$，$f_{pe} = \omega_{pe} / 2\pi$，$f_{ce} = \omega_{ce} / 2\pi$。由式(10.4.8)计算得到的哨声频时曲线与前述观测结果是一致的。

由式(10.4.5)看到，对于 $\theta = 0$ 的情况，当 $\omega = \omega_{ce}$ 时，有

$$V_g = 0 \tag{10.4.10}$$

另一方面，当 $\omega \ll \omega_{ce}$ 时，$V_g \to 0$。由于在 $\omega \ll \omega_{ce}$ 和 $\omega \simeq \omega_{ce}$ 两种情况下，V_g 都接近于零，所以在 ω_{ce} 和零之间必然有一个哨声频率 ω_N，当 $\omega = \omega_N$ 时，哨声群速度 V_g 最大。由 $dV_g / d\omega = 0$，得到

$$\omega_N = \frac{1}{4}\omega_{ce} \tag{10.4.11}$$

这相当于在高纬出现的鼻哨中的鼻频。鼻哨的频时曲线示于图 10.4.9，(a)为 EFW 频谱图，(b)为 EMSIFIS 频谱图，(c)为卫星足点附近的全球闪电定位网(World Wide Lighthing Location Network，WWLLN)雷击时间。 垂直虚线也表示 WWLLN 闪电时间。我们看到，频时曲线的横坐标有一最小值，对应着最早到达时间。相应频率 f_n 称为鼻频。由于在实际地磁场中介质是非均匀的，鼻频实际反映了哨声所沿的磁力线在赤道附近的磁场强度，它与磁力线顶点的电子回旋频率(ω_{ce}*)的关系为：ω_n=0.4ω_{ce}*。

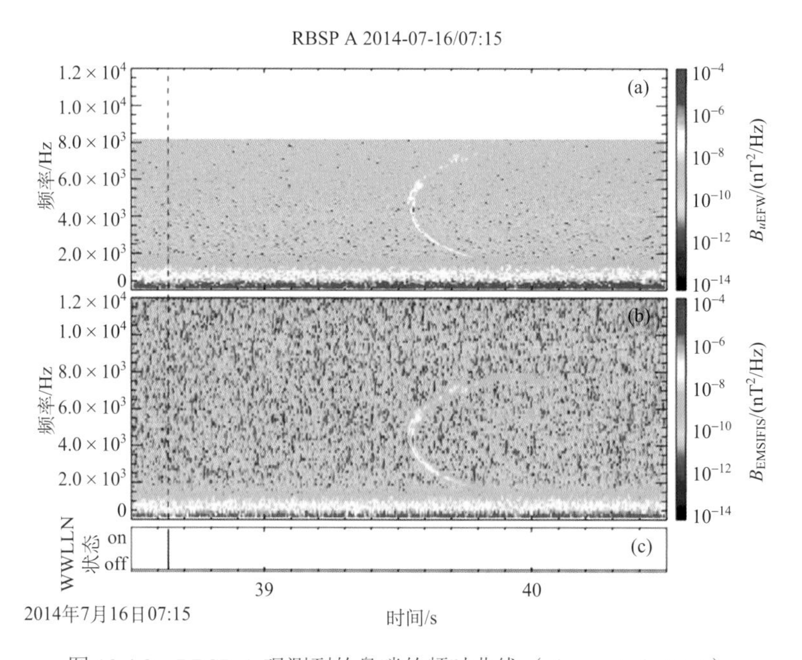

图 10.4.9 RBSP-A 观测到的鼻哨的频时曲线 (Zheng et al., 2016)

2. 哨声的传播路径

下面讨论哨声群速度的方向。假定在某一时刻，同一个频率的波中两个方向近似相同的波前(在其上扰动取最大值相位)记为 AA 和 BB，见图 10.4.10。单位时间以后两个波前分别以相速度 c/n 和 $c/(n+\mathrm{d}n)$ 运动到 $A'A'$和 $B'B'$。AA 的法线与磁场 $\boldsymbol{B}_0$ 交角为θ，BB 法线与 AA 法线的交角为$\mathrm{d}\theta$。开始时，两个波叠加后的最大值在 O 点，单位时间以后，最大值移动到 P 点。这个最大值的轨迹是峰值能量传播的路径，也叫射线路径，方向为 OP，与波前法线的交角为α。由图可以看出：

$$\tan\alpha = \frac{1}{n}\frac{\mathrm{d}n}{\mathrm{d}\theta} \tag{10.4.12}$$

将式(10.4.4)代入式(10.4.12)，得到

$$\tan\alpha = \frac{\omega_{ce}}{2(\omega_{ce}\cos\theta - \omega)} \tag{10.4.13}$$

当 $\omega \ll \omega_{ce}$ 时得到

$$\tan\alpha \simeq \frac{1}{2}\tan\theta \tag{10.4.14}$$

式(10.4.14)也可以写为

$$\tan(\theta-\alpha)=\frac{\frac{1}{2}\tan\theta}{1+\frac{1}{2}\tan^2\theta} \tag{10.4.15}$$

当 θ=54° 44′时，$\theta-\alpha$ 有最大值，即

$$(\theta-a)_{\max}=19°29' \tag{10.4.16}$$

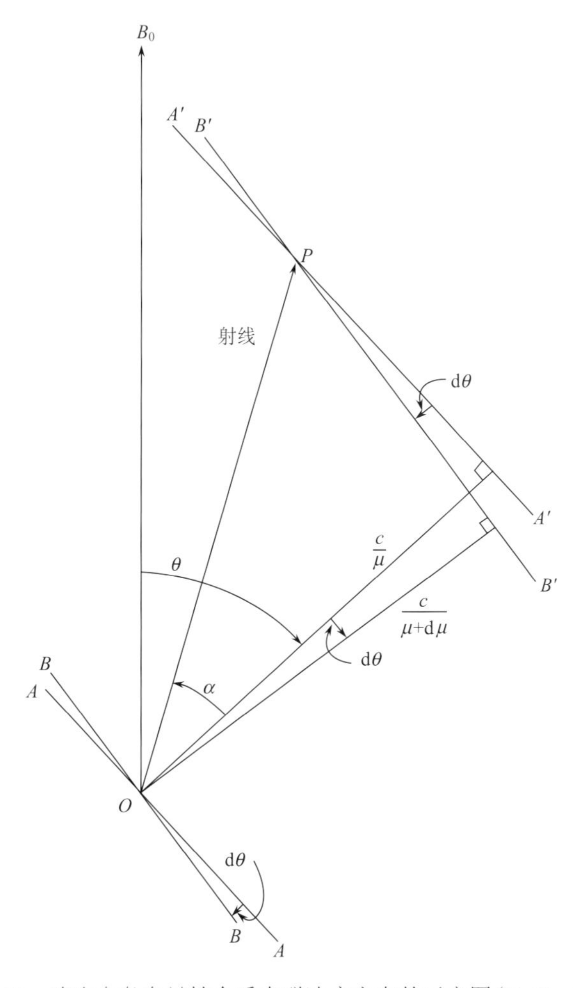

图 10.4.10　确定在各向异性介质中群速度方向的示意图(Helliwell, 1965)

这说明在磁层中甚低频波包基本上沿着磁力线传播，与磁力线所成的夹角不超过19°29′。这一结果还可以更直观地得到。在球坐标中，$\boldsymbol{n}=\boldsymbol{k}c/\omega$ 的矢端组成的面称为折射指数曲面。可以证明折射指数曲面的法线方向就是群速度的方向。因为 $\boldsymbol{n}$ 对于磁场是轴对称的，所以只要在极坐标中(坐标轴为磁场方向)画出 $n(\theta)$ 曲线，将曲线围绕坐标轴旋

转一周就得到三维的折射指数曲面。利用式(10.4.5)，假定$\omega \ll \omega_{ce}$，得到折射指数曲线示意图 10.4.11。图中箭头为群速度方向。

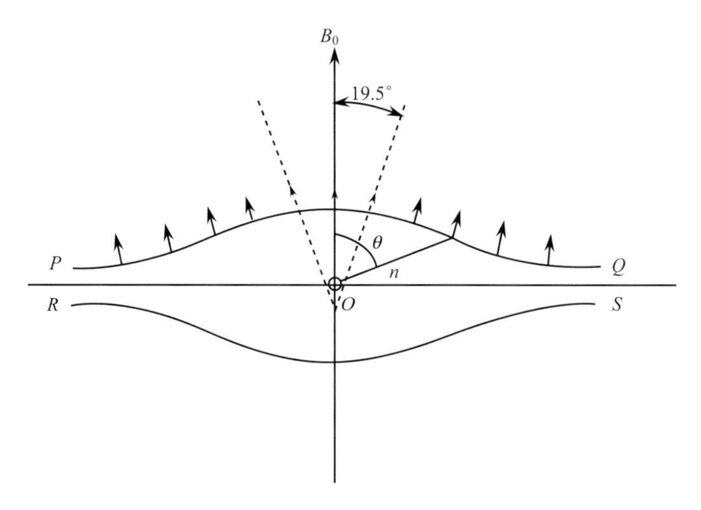

图 10.4.11　当$\omega \ll \omega_{ce}$时哨声折射指数曲线和群速度(Budden, 1961)

前述结果是在$\omega \ll \omega_{ce}$的条件下得到的，随着频率增高，最大射线角增大，图 10.4.12 示出了最大射线角随频率的变化。由图看到，当$\omega \to \omega_{ce}$时，最大射线角达到 90°，这时磁力线没有任何的引导作用。虽然对于低频分量，在一定程度上可以说能量被磁力线引导，但是在较高的频率，哨声波偏离磁力线一个相当大的角度，以至它在到达电离层底部以前就被反射了，因而不能在地面上观测到。

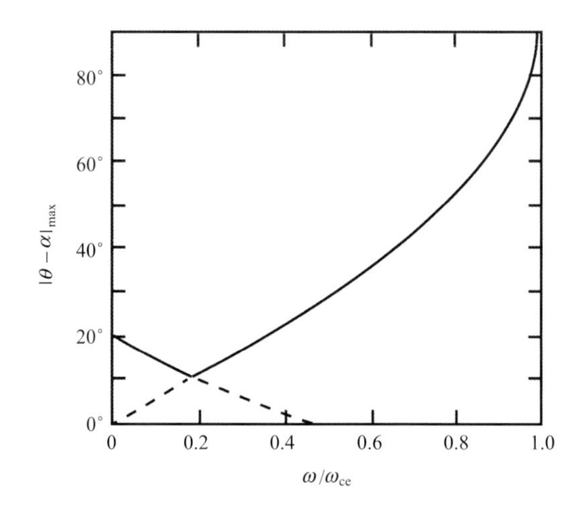

图 10.4.12　最大射线角随频率的变化(Helliwell, 1965)

在地面观测到的哨声及在近电离层观测到的哨声主要是导管哨声。哨声导管是由沿着磁力线分布的等离子体不均匀结构组成的。因为在等离子体中，沿着磁力线的方向扩散系数大于垂直磁力线方向的扩散系数，等离子体的不均匀性可沿磁力线扩散到整个等离子体层中，形成等离子体密度与周围不同的导管。这种按磁力线排列的等离子体密度不均匀结构能引导哨声沿磁力线传播。对于 $\omega \ll \omega_{ce}$，由式(10.4.4)看到，电子密度越大，折射指数也越大，在一个等离子体密度增加的磁力线导管中折射指数比导管外面大。波矢与磁力线夹角不太大的哨声能够被捕获在导管中沿着导管传播。当 ω 比 ω_{ce} 不是很小时，传播角 θ 对折射指数影响很大，一个等离子体密度减小的导管也能引导哨声传播(Helliwell, 1965)。观测到的哨声导管主要分布在等离子体层以内(Russell et al., 1972)和等离子体层顶以外几个地球半径的范围(Carpenter, 1981)。

王水和王敬芳(1982)认为导管哨声的低纬临界截止纬度应当位于比磁纬 7.04°N 更低的地区。徐继生等(1984，1985)进行了哨声模三维射线跟踪计算，讨论了低纬哨声的非导管传播特性，发现射线终止纬度截止在磁倾角纬度 10.7°。他们认为，在低纬地区，甚低频波通过电离层和磁层传播的问题比较复杂，根据已有观测证据尚难确定其属于导管传播还是属于非导管传播。

3. 利用哨声探测等离子体层

利用哨声波观测可以求得等离子体层中电子密度的分布(Helliwell, 1965)。式(10.4.9)可以写成下面的形式：

$$D_s = \left(\frac{e}{2c^2}\right)^{1/2} \int \left(\frac{n_e}{B}\right)^{1/2} \mathrm{d}l \tag{10.4.17}$$

其中，n_e 为磁层等离子体中的电子数密度，积分路径沿着通过观测台站及其共轭点的磁力线。这一公式可以用来确定电子密度的垂直分布。先假定 n_e 的分布模式，代入式(10.4.17)积分，由实测的 D_s 来确定模式中的待定常数。如果有鼻频资料，还可以推算出在磁赤道路径顶部的磁旋频率值，由此来确定传播路径。这样得到的结果会更精确一些。常用的电子密度 n_e 的分布有以下两种。

(1) Dungey 模式。假定粒子不受磁场影响，处于热平衡分布状态。如果电子和离子的平衡温度为 1500 K，电子密度为

$$n_e = n_0 \mathrm{e}^{2.5/R} \tag{10.4.18}$$

其中，R 是地心距离与地球半径 R_E 之比；n_0 是在无穷远处的电子数密度。

(2) 回旋频率模式。假定电子数密度正比于磁场强度，沿着磁力线的电子数密度为

$$n_e = n_0 g f_{ce} \tag{10.4.19}$$

其中，$g = (1+3\sin^2\phi_0)^{-1/2}$，$\phi_0$ 为沿着磁力线与地面交点的纬度；f_{ce} 为电子的回旋频率。

利用哨声的观测还可以决定等离子体层顶的位置。高纬区域的单一闪电有时同时激起在等离子体层内传播的和等离子体层外传播的几个管道哨声，见图 10.4.13 (a)。图中管道 1，2，3 位于等离子体层内，而管道 4，5，6 位于等离子体层外。由于在等离子体层内电子数密度大，哨声群速度小，因而在等离子体层内传播的哨声都要比在层外传播的哨声后到达。但是分别在这两个区域中，管道越长，最小时延越大。由于鼻频只由赤道磁场强度决定，所以通过越远的管道的哨声鼻频越小。图 10.4.13(b)中给出了在接收

点 B 收到的分别通过 6 个管道的哨声，并用数字标明。其中 3，4 是通过最接近等离子体层顶的传播路径，通过相应的鼻频可以确定其空间位置，从而可以确定等离子体层顶的位置。

利用哨声管道的漂移速度可以推算等离子体层内电场的东-西分量,所得结果与其他方法得到的结果一致(Gonzales et al., 1980)。

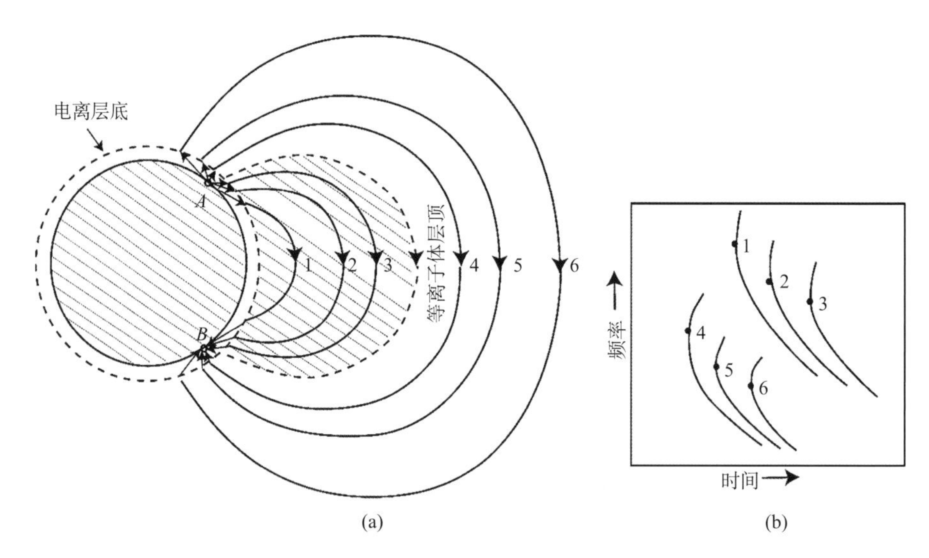

图 10.4.13　同时在等离子体层内以及在等离子体层外传播的哨声路径(a)和相应哨声频时曲线(b)(Ratcliffe, 1972)

10.4.4　等离子体层嘶声的准线性理论

等离子体层内的嘶声和高能电子沉降相关的观测事实说明这两个现象很可能都是由电子回旋不稳定性产生的。直接的观测表明，捕获粒子的分布总是显示了有利于回旋不稳定性的各向异性分布。Etcheto 等(1973)提出了一个等离子体层极低频嘶声的自洽理论，认为嘶声是几十 keV 电子与哨声模式之间回旋相互作用的结果。由于高能电子的分布函数是各向异性的(在速度空间的损失锥中密度为零)，电子将与回旋波共振。波粒子的相互作用使波的能量增加，而电子的能量减少，投掷角也减小，电子在速度空间中向损失锥扩散，最后损失在大气中。

另一方面，通过径向扩散等一些慢的输运过程，新的电子又不断地由外辐射带注入相互作用区，补偿了由于投掷角扩散引起的电子的损失，平衡时的捕获电子的分布函数将不随时间变化。由平衡时的各向异性的分布函数产生的波动沿着磁力线由相互作用区向外传播，只有一部分能在电离层底部被反射回来，而另一部分能量被吸收。波在相互作用区的增长补偿了波在反射时的损失，最后在一定空间范围形成这样一种平衡态，即粒子的注入和沉降及波动的产生和损失的平衡。在这种平衡态下，电磁场的谱不随时间变化。建立这种平衡态所需的时间是粒子寿命的量级(100 s)。只要波在电离层的反射系数和由于电子向内扩散产生的粒子源在一个更长的时间尺度上(例如，大于 1 h)变化，就存在着这种平衡态。

为了求解这个问题，需要作如下的简化假设：波动频率大于质子回旋频率，并小于电子回旋频率；波严格地沿着磁力线传播，并且只与电子发生回旋共振；相互作用发生在有限的长度内，而且在这个长度内介质是均匀的；损失锥角 $\alpha_0 \ll 1$。假定在冷等离子体的背景上叠加了一密度小得多的热等离子体，其分布函数为

$$f(\alpha, v, z) = n_0\left[\frac{1}{2\pi v^2}\delta(v) + f_0(\alpha, v) + f_1(\alpha, v, z)\right] \tag{10.4.20}$$

其中，α 为粒子的投掷角；v 为粒子速度；z 为沿磁力线的长度。等式右端第一项描述冷等离子体；第二项描述空间均匀分布的热等离子体；第三项是空间非均匀分布的热粒子分布函数，用来模拟在实际情况中热粒子分布函数沿磁力线的变化。假定 $f_1 \ll f_0$，粒子与波的回旋相互作用将导致粒子在速度空间的扩散。由准线性理论，扩散方程可写为

$$\frac{\partial f}{\partial t} + v_{\parallel}\frac{\partial f_1}{\partial z} = \frac{\pi e^2}{m^2c^2\sin\alpha}\frac{\partial}{\partial \alpha}\left[\sin\alpha\frac{B_k^2(z)}{|v_{\parallel} - V_{\mathrm{g}}|}\frac{\partial f_0}{\partial \alpha}\right] + S(\alpha, v, z) - P(\alpha, v, z) \tag{10.4.21}$$

其中，$v_{\parallel}$ 为沿磁力线的粒子速度分量；V_{g} 为群速度；$B_k{}^2(z)$ 为磁场的波数谱；$S(\alpha, v, z)$，$P(\alpha, v, z)$ 分别为粒子局域源项和损失项。

在平衡态下，有 $\partial f / \partial t = 0$，将式(10.4.21)对 z 轴平均可以消去热粒子沿磁力线的非均匀分布 f_1，得到

$$\frac{\pi e^2}{m^2c^2\sin\alpha}\frac{\partial}{\partial \alpha}\left[\frac{\sin\alpha\langle B_k^2\rangle}{|v_{\parallel} - V_{\mathrm{g}}|}\frac{\partial f_0}{\partial \alpha}\right] + S(\alpha, v) + P(\alpha, v) = 0 \tag{10.4.22}$$

其中，$S(\alpha, v)$ 和 $P(\alpha, v)$ 分别为源项和损失项沿着磁力线的积分；$\langle B_k{}^2\rangle$ 的定义为

$$\langle B_k^2\rangle \equiv \frac{1}{\xi}\int_{-L/2}^{+L/2} B_k^2(z)\mathrm{d}z \tag{10.4.23}$$

其中，ξ 为相互作用区的长度。在稳定状态下，$B_k^2/t = 0$，相互作用区内的能量守恒方程可以写为

$$V_{\mathrm{g}}\frac{\partial B_k^2}{\partial z} = 2\omega_i B_k^2(z) \tag{10.4.24}$$

其中，ω_i 为由电子分布函数 f 确定的哨声模式的增长率，可以写为如下的形式：

$$\omega_i = \pi^2\omega_{\mathrm{ce}}(1-X)^2\left[1 - \frac{X}{A(1-X)}\right]|V_{\mathrm{R}}|^3\int_0^{\pi/2}\frac{\sin^2\alpha}{\cos^4\alpha}\frac{\partial f_0}{\partial \alpha}\mathrm{d}\alpha \tag{10.4.25}$$

其中，$X = \omega / \omega_{\mathrm{ce}}$；$V_{\mathrm{g}} = (\omega - \omega_{\mathrm{ce}}) / k$ 为共振速度；A 为捕获粒子分布函数的各向异性系数：

$$A = \int_0^{\pi/2}\frac{\tan^2\alpha}{\cos^2\alpha}\frac{\partial f_0}{\partial \alpha}\mathrm{d}\alpha\left(2\int_0^{\pi/2}\frac{\tan\alpha}{\cos^2\alpha}f_0\mathrm{d}\alpha\right)^{-1} \tag{10.4.26}$$

所有积分都在 $v_{\parallel} = V_{\mathrm{R}}$ 条件下进行。

式(10.4.22)和式(10.4.24)组成了用以求解 f_0 及 B_k^2 的准线性方程组。f_0 的各向异性使

$\omega_i>0$，因而波在传播过程中不断增长。另外，由于波的增长，f_0更快地向各向同性弛豫。最后波在电离层反射时的损耗与波在磁层中的增长相平衡，湍动达到饱和，即

$$R\exp(2\omega_i\xi / V_{\mathrm{g}}) = 1 \tag{10.4.27}$$

其中，R 为波在电离层的功率反射系数。如果波的增长率 $\omega_i = 0$，为了保持平衡，要求 R=1。分布函数的平衡是由损失项和源项来维持的。假定在损失锥内（$\alpha<\alpha_0$），损失项 P=常数，源项为

$$S(\alpha,v) = \frac{K_p}{\pi^{3/2}v_{T0}^3}\frac{1}{n_0}\frac{\mathrm{d}n_2}{\mathrm{d}t}\sin^p\alpha\exp\left(-\frac{v^2}{v_{T0}}\right) \tag{10.4.28}$$

其中，K_p为归一化因子，是常数 P 的函数；$\sin^p\alpha$ 表示波的投掷角分布，计算表明 P 的数值对波谱影响不大；$\mathrm{d}n_2/\mathrm{d}t$ 表示源的强度；v_{T0}为源粒子的平均热速度。

利用式(10.4.22)和式(10.4.24)消去f_0就可以求得$\langle B_k^2\rangle$。又假定 $B_f^2 = 2\pi B_k^2 / V_{\mathrm{g}}$，于是可以求得$\langle B_f^2\rangle$。假设 $\xi \approx LR_{\mathrm{E}}$，相当于相互作用区为沿磁力线由赤道向南北两侧伸展到纬度 30°。计算中取 L=3.5，电离层反射系数 $R\simeq 0.1$，径向向内扩散的电子能谱分布特征能量 $E_0 \simeq 5\times10^3L^{-3}\,\mathrm{keV}$。

数值计算结果见图 10.4.14，横轴坐标为 $X=\omega/\omega_{\mathrm{ee}}$，称为归一化频率。(a)虚线表示考虑到式(10.4.25)中 A 与分布函数有关，将式(10.4.22)～式(10.4.26)联立，用迭代法求解得到的结果。图中实线表示假设 A 与分布函数无关，计算中没有对各向异性因子 A 迭代而直接得到的结果。

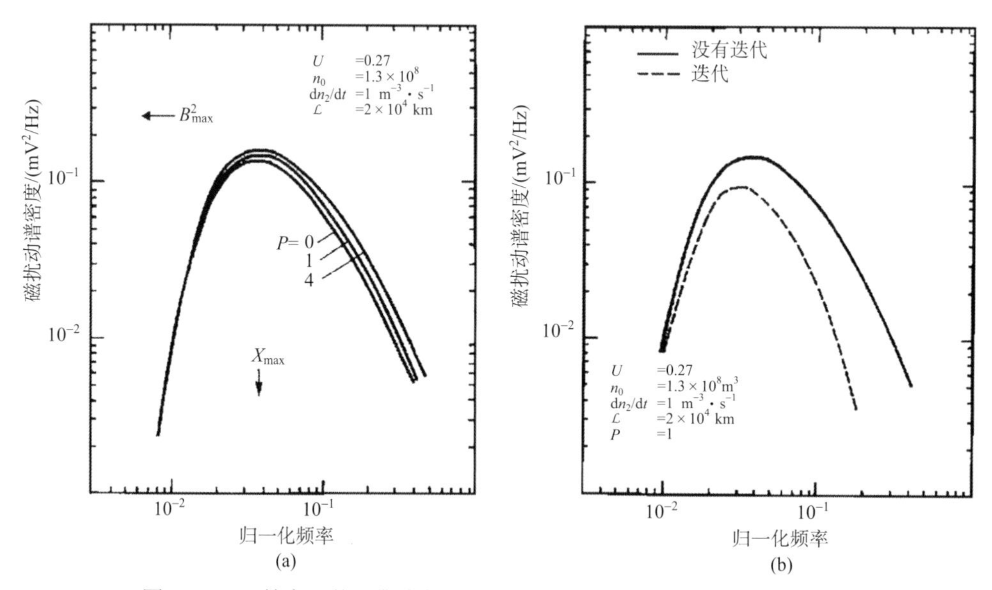

图 10.4.14 等离子体层嘶声的频谱的数值计算结果(Etcheto et al., 1973)

如果选等离子体层顶的电子回旋频率为 8.5×10^4 Hz，我们看到计算的等离子体层极低频嘶声的谱与 OGO-5 实测的谱是一致的，而且峰值谱密度也在测量得到的峰值谱密度范围之内。

10.5　地球磁层超低频波与能量粒子的相互作用

超低频(ULF)波是磁层中的等离子体波，频率范围为 1 mHz 至 1 Hz，也称为地磁脉动。ULF 波在磁层中的质量、动量和能量输运过程中起到重要作用。目前尚需要进行更多的工作去理解 ULF 波的全球性质以及能量是怎样从太阳风通过 ULF 波被输运至磁层、电离层及地面的。

ULF 波可以显著地影响内磁层中的能量粒子。地球磁场随时间变化的尺度为若干分之一秒至数十年。磁力线的振荡可以被维持在磁层等离子体中。较低频的波携带更多的能量，并且波的功率随着波的频率的增加而减小(Zong et al., 2017)。图 10.5.1 给出了各种波和能量电子之间的关系，叠加区域为波粒共振可能发生的区域。

图中显示了内磁层中各种波的频率范围的功率通量密度(对应左侧纵轴)和内磁层不同 L 值壳层的不同能量的能量电子的回旋、弹跳和漂移频率(对应右侧纵轴)。ULF 波频率范围与能量电子的弹跳和漂移频率有重合，从而可以产生 ULF 波与能量电子之间的弹跳和漂移共振。

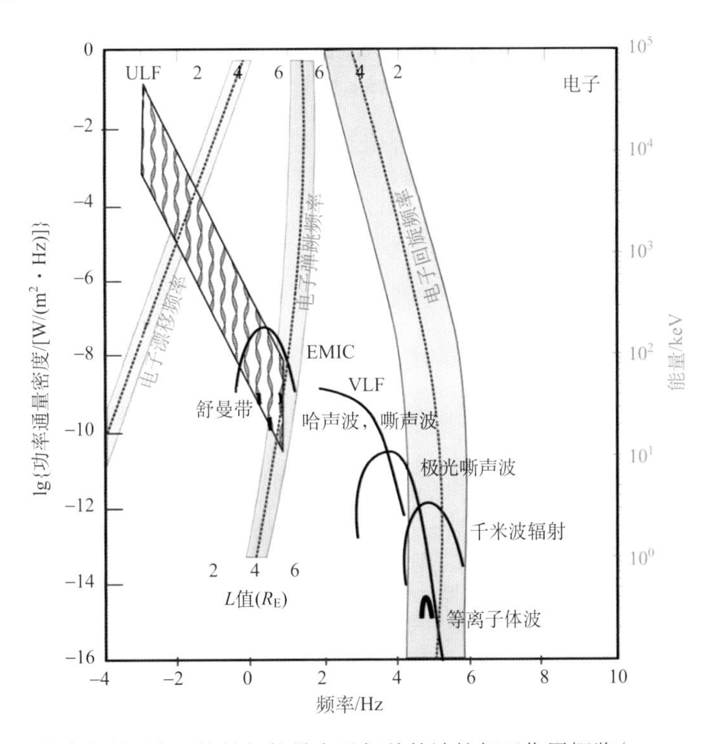

图 10.5.1　地球内磁层中可能的与能量电子相关的波粒相互作用概览(Zong et al., 2008)

图 10.5.1 仅仅是示意图，要了解内磁层波粒相互作用的细节，还必须考虑波的频率、波矢、粒子投掷角分布、共振谐波次数和位置等信息。表 10.5.1 显示了 ULF 驻波的环向模和极向模的不同特征。这些不同点会影响能量粒子和不同的 ULF 波模之间的相互作用，在以下部分将会介绍到。

表 10.5.1 ULF 驻波的环向模和极向模的不同特征

ULF 波模	磁场扰动	电场扰动	波数
环向模驻波	方位角方向	径向	小波数 m
极向模驻波	径向	方位角方向	大波数 m

10.5.1 超低频波极与粒子共振理论

1. 关于超低频波极向模的漂移共振理论

长期以来，人们将观测到的粒子通量的超低频振荡解释为由超低频波和带电粒子之间的漂移和/或漂移-弹跳共振所导致(Southwood and Kivelson, 1981, 1982)。正如其名称所示，这些重要的共振过程与带电粒子在内磁层中的漂移和弹跳运动有关，因为高能粒子以漂移和弹跳运动而通过波场所需的时间通常可以和超低频波的周期相比较。首先，让我们考虑在赤道面内弹跳的粒子在横向超低频波场中的行为。在这种情况下，粒子动能的任何改变都必定来自于粒子在漂移时所受到的与波相关的电场对其的加速或减速。由于内磁层中的高能粒子的漂移运动主要发生在方位角方向上，所以这些粒子的能量可以显著地被极向模超低频波——电场振荡在方位角方向上的波——调制。漂移共振发生在特定的能量处，即共振能量。在方位角方向上，具有共振能量的粒子的漂移速度等于波速。因此，这些共振粒子将受到一个近乎不变的电场的作用，从而导致它们的能量发生净的偏移。在下文中，我们将简单回顾由 Southwood 和 Kivelson (1981)所发展的用以解释漂移共振的数学框架。

对于一个电荷量为 q 的粒子，当它以漂移运动通过超低频波时，它的动能 W 将根据下式而改变

$$\frac{\mathrm{d}W_{\mathrm{A}}}{\mathrm{d}t}=q\boldsymbol{E}\cdot\boldsymbol{v}_{\mathrm{d}} \tag{10.5.1}$$

其中，下标 A 代表在多个回旋周期内进行平均；$\boldsymbol{E}$ 为和波相关的电场；$\boldsymbol{v}_{\mathrm{d}}$ 为磁场梯度-曲率漂移速度(Northrop, 1963)。在地球偶极子磁场中，一个在赤道平面内弹跳的粒子(曲率漂移消失)的漂移速度 $\boldsymbol{v}_{\mathrm{d}}$ 在非相对论极限下可以近似地写为

$$\boldsymbol{v}_{\mathrm{d}}=-\frac{3L^2W}{qB_{\mathrm{E}}R_{\mathrm{E}}}\boldsymbol{e}_{\phi} \tag{10.5.2}$$

其中，$\boldsymbol{e}_{\phi}$ 被定义为向东；R_{E} 为地球半径；L 是漂移壳参数(磁力线与赤道平面的交点与地心的距离，以 R_{E} 为单位)；B_{E} 是地球表面赤道处的磁感应强度。在(Southwood and Kivelson, 1981)中，超低频波在方位角方向上传播，其电场可以写为

$$\boldsymbol{E}=E_{\phi}\exp\left[\mathrm{i}\left(m\phi-\omega t\right)\right]\boldsymbol{e}_{\phi} \tag{10.5.3}$$

其中，ϕ 为磁经度(向东增加)；m 是方位角波数；ω 是波角频率。综合式(10.5.1)～式(10.5.3)，粒子能量的平均变化率可以写为

$$\frac{\mathrm{d}W_\mathrm{A}}{\mathrm{d}t}=-\frac{3L^2W}{B_\mathrm{E}R_\mathrm{E}}\cdot E_\phi\exp\left[\mathrm{i}\left(m\phi-\omega t\right)\right] \tag{10.5.4}$$

为了得到粒子从波中获得的能量δW_A，应将上式沿粒子漂移轨道积分至$t=-\infty$。此处，粒子的漂移轨道被假设为未扰轨道(尽管由于波的作用，粒子的能量发生了变化)，漂移角速度ω_d为

$$\omega_\mathrm{d}=\frac{\mathrm{d}\phi}{\mathrm{d}t}=-\frac{3LW}{qB_\mathrm{E}R_\mathrm{E}^2} \tag{10.5.5}$$

假设此正弦波的振幅保持恒定，则沿粒子漂移轨道对式(10.5.4)进行积分所得到的结果将和初始条件有关。为了避免这个问题，Southwood 和 Kivelson (1981)假设波的角频率ω是一个具有小的正虚部$\mathrm{Im}(\omega)$的复数，即波在逐渐地增长。这一假设使得粒子能在有限的相互作用时间内经历一个正弦波。采用此假设并对式(10.5.4)进行积分，得到粒子获得的平均能量为

$$\delta W_\mathrm{A}=-\mathrm{i}\frac{3L^2W}{B_\mathrm{E}R_\mathrm{E}}\frac{E_\phi\exp\left[\mathrm{i}\left(m\phi-\omega t\right)\right]}{\omega-m\omega_\mathrm{d}} \tag{10.5.6}$$

正如在(Southwood and Kivelson, 1981)中所定义的那样，漂移共振发生在当粒子在方位角方向上的漂移速度等于波的相速度时，这意味着$m\omega_\mathrm{d}$等于$Re(\omega)$，从而式(10.5.6)的分母变为$\mathrm{Im}(\omega)\times\mathrm{i}$。这一小的虚数项意味着对于共振粒子，$\delta W_\mathrm{A}$会发生大幅度的振荡，并且振荡的相位和波电场的相位相反。而对于能量更低或更高(更小或更大的ω_d)的粒子，分母的实部占主导，从而对应的δW_A将以更小的幅度振荡并且和波的电场具有$\pm90°$的相位差。换句话说，当从低能到高能跨越共振能量时，δW_A将发生$180°$的相移。

一个真实的粒子探测器不能直接测量到δW_A，因此 Southwood 和 Kivelson (1981)讨论了与此相关的粒子通量的变化和相空间密度(PSD)的变化。有关它们的理论预测可以直接和实际观测相比较。假设粒子在方位角方向上的相空间密度梯度可以忽略，则波产生的粒子相空间密度的变化δf_A可以写为

$$\delta f_\mathrm{A}=\delta W_\mathrm{A}\left[\frac{L}{3W}\frac{\partial f\left(W,L\right)}{\partial L}-\frac{\partial f\left(W,L\right)}{\partial W}\right] \tag{10.5.7}$$

上式表明，假设预先存在着相空间密度在能量和/或空间上的梯度，则δf_A正比于δW_A。此式强调了空间梯度在产生相空间密度振荡中的重要性，这是由粒子以往复对流的方式响应波电场而产生的。相空间密度的变化也可以写为

$$\delta f_\mathrm{A}=-\delta W_\mathrm{A}\frac{\partial f\left(W,\mu\right)}{\partial W}=\delta W_\mathrm{A}\frac{L}{3W}\frac{\partial f\left(L,\mu\right)}{\partial L} \tag{10.5.8}$$

其中，μ为粒子的磁矩，是一个不变量。如果假设粒子和超低频波之间的作用是绝热的，δf_A线性依赖于δW_A的特点表明，在跨越共振能量时，粒子相空间密度的相移也应该为$180°$。这种相移因此被当成超低频波-粒子漂移共振的特征信号(Claudepierre et al., 2013;

Dai et al., 2013; Mann et al., 2013)。

2. 关于超低频波环向模的漂移共振理论

由 Southwood 和 Kivelson (1981)所发展的漂移共振理论仅关注于粒子与极向模超低频波之间的相互作用，因为在偶极磁场中，在一个完整的粒子漂移轨道上，环向模波不会导致净的径向位移。但是，因为太阳风动压能够显著地压缩向阳面磁层，所以对于一个在赤道平面内弹跳的并且沿着等磁感应强度线漂移的粒子而言，它在沿着漂移轨道运动时会经历一个变化的漂移速度，从而环向模波的径向电场可以对该粒子产生净的加速或减速(Elkington et al., 1999, 2003)。Elkington 等(1999)提出这种漂移共振是可能的，并导出了相应的数学理论(Elkington et al., 2003)。这种理论十分类似于(Southwood and Kivelson, 1981)中的理论。在(Elkington et al., 1999)中，赤道面磁感应强度被假设为

$$B(L,\phi)=\frac{B_0}{L^3}+b_1(1+b_2cos\phi) \tag{10.5.9}$$

其中，常量 b_1 和 b_2 是由测量决定的参数，而上式右边的第二项代表了由太阳风压缩而产生的依赖于 ϕ 的磁场。对于一个在赤道面内弹跳的粒子，由于太阳风对偶极磁场的扰动，它的漂移速度的径向分量不再是 0，而变为

$$v_{\mathrm{r}}=\frac{b_1b_2W\sin\phi}{qB^2LR_{\mathrm{E}}} \tag{10.5.10}$$

对于环向模波-粒子相互作用，粒子的平均能量变化率由一个包含电场的径向分量在内的方程给出

$$\frac{\mathrm{d}W_{\mathrm{A}}}{\mathrm{d}t}=\frac{b_1b_2W\sin\phi}{B^2LR_{\mathrm{E}}}E_{\mathrm{r}}\exp\left[\mathrm{i}(m\phi-\omega t)\right] \tag{10.5.11}$$

此式代表了由环向模超低频波所导致的粒子能量的平均变化率。

可以采用类似于在(Southwood and Kivelson，1981)中使用过的方法来计算粒子从波中获得的能量，以及环向模波粒相互作用的漂移共振条件：

$$\mathrm{Re}(\omega)=(m\pm1)\omega_{\mathrm{d}} \tag{10.5.12}$$

这一条件不同于极向模波-粒子漂移共振条件[$\mathrm{Re}(\omega)=m\omega_{\mathrm{d}}$]，其多了一项$\pm\omega_{\mathrm{d}}$。这一项起源于式(10.5.10)中的$\sin\phi$，或者换句话说，起源于赤道面内磁感应强度的昼夜不对称性。因此，对于环向模超低频波粒相互作用而言，存在两个共振能量。由于环向模波的方位角波数 m 通常小于极向模波的方位角波数，所以环向模波对应的共振能量更大。根据(Zong et al., 2009)，环向模和极向模波粒相互作用中不同的漂移共振条件扩展了内磁层中粒子加速的能量范围，因此在辐射带的形成中具有重要的地位。

3. 关于具有有限增长和衰减时间的超低频波的广义漂移共振理论

在推导(Southwood and Kivelson, 1981)中的理论时有一个隐含的假设：超低频波的频率的实部和虚部必须保持不变。但在实际中，当波的振幅开始衰减时，波在增长阶段所具有的大的虚频率最终应该减小为负值。因此，为了考虑超低频波的增长与衰减，通

过引入一个依赖于时间的波角频率虚部来修改现有的理论框架是十分重要的。在(Zhou et al., 2016)中，这个虚频率被假设为随着时间线性地减小：

$$\mathrm{Im}(\omega) = -t / \tau^2 \tag{10.5.13}$$

其中，$\tau > 0$ 代表波增长和衰减的时间尺度。在这种情况下，波的电场，即式(10.5.3)，应重写为

$$\boldsymbol{E} = E_\phi \exp\left(-t^2 / \tau^2\right)\exp\left[\mathrm{i}\left(m\phi - \omega_{\mathrm{r}} t\right)\right]\boldsymbol{e}_\phi \tag{10.5.14}$$

其中，ω_{r} 是波角频率的实部，即 $\mathrm{Re}(\omega)$。该方程描述了电场振荡的幅度按照高斯形式来变化；波的幅度一直增长到 $t=0$ 的时刻，接着开始衰减；然后，使用与(Southwood and Kivelson, 1981)中相同的方法来推导粒子从波中获得的平均能量，即沿着粒子的漂移轨道逆着时间积分来得到粒子的能量变化

$$\delta W_{\mathrm{A}} = -\frac{\sqrt{\pi}}{2}\frac{3L^2 W}{B_{\mathrm{E}} R_{\mathrm{E}}} E_\phi k(\tau) g(t,\tau)\exp\left[\mathrm{i}\left(m\phi - m\omega_{\mathrm{d}} t\right)\right] \tag{10.5.15}$$

其中，$k(\tau)$ 的定义是

$$k(\tau) = \tau \exp\left[-\frac{\left(m\omega_{\mathrm{d}} - \omega_{\mathrm{r}}\right)^2 \tau^2}{4}\right] \tag{10.5.16}$$

以及 $g(t,\tau)$ 的定义是

$$g(t,\tau) = \mathrm{erf}\left(\frac{t}{\tau} - \mathrm{i}\frac{m\omega_{\mathrm{d}}\tau - \omega_{\mathrm{r}}\tau}{2}\right) + 1 \tag{10.5.17}$$

这一用来描述所获得的能量的方程远复杂于式(10.5.6)；但是，漂移共振依然发生在 $m\omega_{\mathrm{d}} = \omega_{\mathrm{r}}$ 处。在共振能量处，$k(\tau)$ 取最大值 τ，并且复函数 $g(t,\tau)$ 也变为一个实函数，$\mathrm{erf}\left(\frac{t}{\tau}\right)+1$。因此，和(Southwood and Kivelson, 1981)中的预测一样，在共振能量附近 δW_{A} 的振荡取得最大幅度，并且与电场反相。

在漂移共振理论中包含波的增长与衰减也导致了不同于(Southwood and Kivelson, 1981)的预测。图 10.5.2 展示了一个在波的增长和衰减阶段，高能粒子和超低频波相互作用的例子。在给定位置 ϕ 处的波的电场式(10.5.14)展示于图 10.5.2 (a)中，并且对应在同一地点的 δW_{A} 值，作为时间和电子能量的函数，展示于图 10.5.2 (b)中。根据式(10.5.15)计算了 δW_{A} 振荡在一个具有有限能量和时间分辨率的粒子探测器中的表现，即电子相空间密度振荡 δf_{A}，并展示在图 10.5.2 (c)中。在这个事件中，共振能量为 250 keV，并且在图 10.5.2 (b)和(c)中表示为虚线。

图 10.5.2 为预测的和观测到的电子对于处于增长和衰减阶段的超低频波的响应，其中：(a)为方位角方向的电场；(b)为预测的电子获得的能量，作为时间和能量的函数，虚线代表共振能量～250 keV；(c)为预测的电子相空间密度去趋势值的谱图，在绘制此谱图时，假设其是由一个类似于 MagEIS 的具有有限时间和能量分辨率的粒子探测器所获得；(d)为 Van Allen Probes B 在 2014 年 4 月 11 日的观测；(e)为观测到的电子相空间

密度调制的去趋势值。在波的增长阶段，δW_A 和 δf_A 的振荡幅度会逐渐地增大，并且跨越共振能量的相位差也会逐渐地从较小的值增大到当波停止增长时的180°。在这之后，尽管波的幅度在减小，但 δW_A 的振幅和总的相移依然继续增大。电子相空间密度的振幅也在增大，直到相位混合效应(由于粒子探测器的有限的能量分辨率)减弱相空间密度振荡(Degeling et al., 2008)。图 10.5.2 中预测的特征信号，即在电子能谱中存在着越来越倾斜的条纹，和 Van Allen Probes B 的观测相一致[图 10.5.2 (d)和(e)]。理论和观测的一致性证实了这一关于超低频波-粒子共振相互作用的广义理论，并为我们理解整个超低频波寿命期间的粒子动力学提供了新的见解(Zhou et al., 2016)。

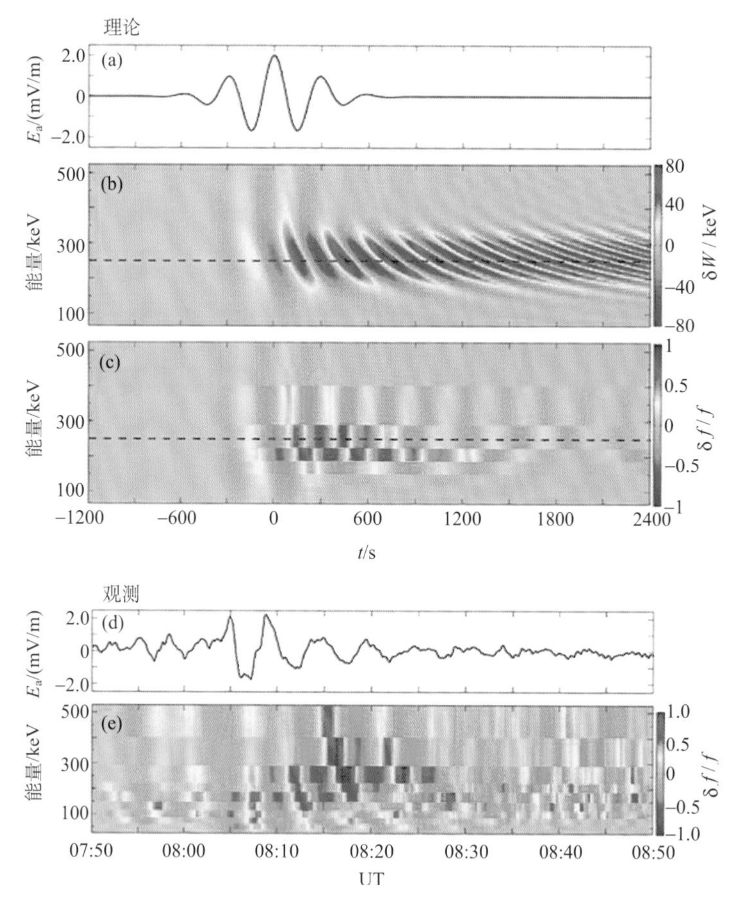

图 10.5.2 预测的和观测到的电子对于处于增长和衰减阶段的超低频波的响应(Zhou et al., 2016)

4. 在空间中为局地的超低频波的漂移共振

通过引入超低频波的空间局地化特性，可以进一步推广波粒漂移共振理论。在式(10.5.4)和式(10.5.6)中，波的电场的幅度都被假设为不依赖于位置，然而在内磁层中这并不是典型的情况，因为通常超低频波都被限制在一个有限的经度范围内。通过在理论框架中假设波的振幅按 von Mises 形式(Li et al., 2017b)分布，可以将超低频波的这一局地化特征纳入考虑之中。在这种情况下，波的电场(10.5.15)被下式替代：

$$\boldsymbol{E}(t,\phi)=\frac{E_{\phi 0}\exp\left(-\frac{t^2}{\tau^2}\right)}{2\pi I_0(\xi)}\exp\left[\xi\cos(\phi-\phi_0)\right]\cdot\exp\left[\mathrm{i}(m\phi-\omega t)\right]\boldsymbol{e}_\phi \tag{10.5.18}$$

其中，ϕ_0 是超低频波振幅最大处的磁经度；ξ 是表示 von Mises 函数的特征角宽度的参数，而 $I_0(\xi)$ 是由第一类零阶修正贝塞尔函数所定义的归一化系数。在这种情况下，粒子从波中获得的能量也可以通过沿粒子的漂移轨道积分而得到，由于引入了 von Mises 函数，此时这个积分只能数值地完成。

这种类型的电子信号在最近由 BD-IGSO 航天器所获得的能量粒子数据中被观测到(Li et al., 2017a)。图 10.5.3 (a)展示了由 BD-IGSO 所观测到的不同能道处的电子通量，其对应的能谱图在图 10.5.3 (b)中给出。在图 10.5.3 (b)中可以清楚地看到存在着越来越倾斜的条纹，并且即使在电子通量调制的非常早期的阶段，在跨越能量时也存在着显著的相移(大于180°)。这些特征被归因于超低频波的局地性质，使得 Li 等(2017b)能够通过一个最佳拟合方法从粒子数据中得到波的性质。通过最佳拟合得到的能谱展示在

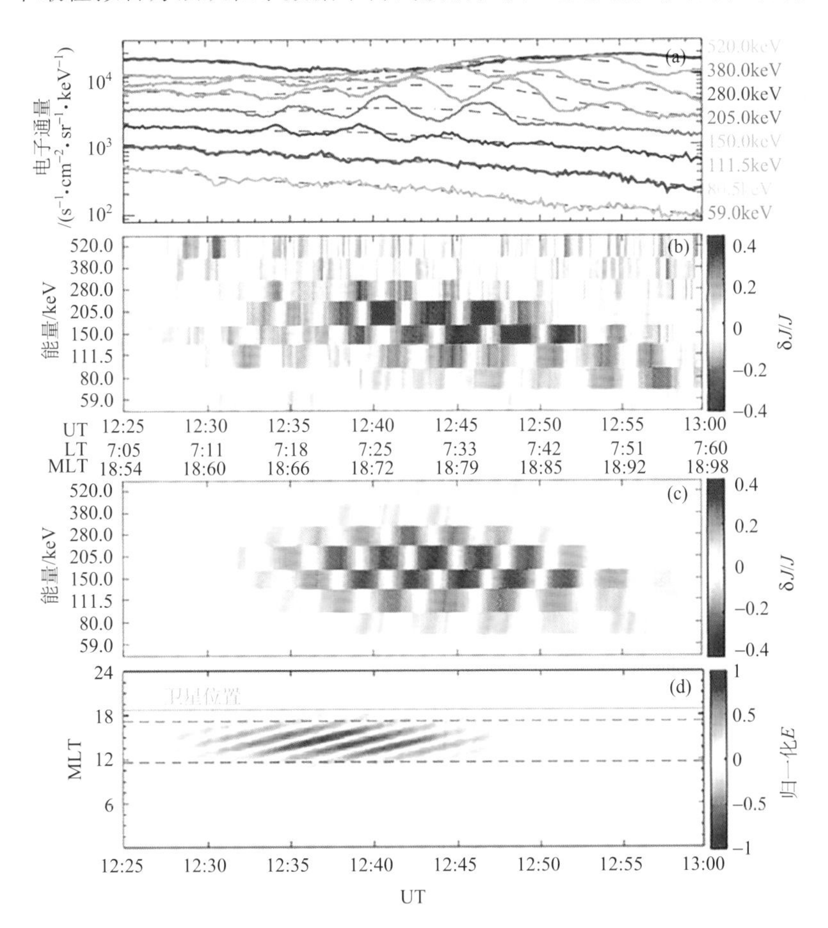

图 10.5.3　BD-IGSO 观测到的电子通量调制(Li et al., 2017a)

图 10.5.3 (c)中,可以看到,其非常好地吻合了于图 10.5.3 (b)中展示的观测。图 10.5.3 (d)给出了通过最佳拟合得到的波的电场,作为时间和磁地方时的函数。在图中,BD-IGSO航天器的位置用位于波源区东向边界附近的绿线示出。在这种方案中,的确是航天器相对于波源区的空间距离使得电子的依赖于能量的漂移运动能够扭曲传统的图像,使得在超低频波演化的早期阶段就能观测到很大的相移。在这个特殊事件中,超低频波的局地性质也被由一系列地面台站所观测到的磁场数据所证实(见 Li et al., 2017b)。这支持了上面所讨论的方案,并强调了局地超低频波-粒子相互作用在内磁层粒子动力学中的重要性。

10.5.2 磁层中超低频波与能量粒子的相互作用

1. 漂移-弹跳共振条件

Southwood 和 Kivelson (1981, 1982)提出了一个广为接受的能量粒子受超低频横波调制的理论。根据这个理论,粒子在漂移弹跳运动中感受到波携带的电场,其能量因此发生改变。能量粒子的漂移-弹跳共振条件如下(Southwood, 1968):

$$\Omega - m\omega_{\rm d} = N\omega_{\rm b} \tag{10.5.19}$$

其中,N 是整数,(一般为±1,±2 或 0);m 代表超低频波方位角波数;而 Ω,$\omega_{\rm d}$ 和 $\omega_{\rm b}$ 分别是波的频率、粒子漂移和弹跳频率。能量对 $\omega_{\rm d}$ 和 $\omega_{\rm b}$ 的依赖是已知的。如果波的参数(频率和方位角波数)也知道,就可以计算出共振能量来。

图 10.5.4(a)给出不同 N 下,与极向模超低频波发生漂移弹跳共振的电子能量随方位角波数的变化,其中(a)为 e^-,(b)为 H^+,(c)为 O^+。实线(虚线)对应正(负)N。

波的频率 $f = \dfrac{\Omega}{2\pi} = 10.0\ \text{mHz}$,$L$=5,赤道投掷角 30°。(b)、(c)分别是 H^+、O^+在不同赤道投掷角下共振能量的变化。取东向传播超低频波的 m 为正,西向为负,弹跳频率为正。在超低频波与周围等离子体环境相互作用的研究中,方位角波数 m 至关重要。基于地表磁强计数据和局地观测,有三种判定 m 值的常用方法。

1)多点观测判定方位角波数

多点观测可以用来判断绕着地球角向传播的超低频波波数。这个方法使用两个信号间的相位差来计算 m。按照定义,m 是方位角方向上绕着地球一圈的波的周期数目:$m = \Delta\varphi / \Delta\lambda$。其中,$\Delta\varphi$ 是两个同纬度观测点之间的相位差,$\Delta\lambda$ 是这两点间角向或经度差。因此,东向(西向)传播的波,相位差及其波数为正(负)。

2)共振粒子估算方位角波数(单卫星)

共振能量可以用来估算方位角波数。根据共振条件,$m = \Omega / \omega_{\rm d}$。

3)有限拉莫半径效应估算方位角波数(单卫星)

利用单颗卫星观测到的能量粒子有限拉莫半径效应,也可以计算压缩波的横向波矢(Su et al., 1977; Kivelson and Southwood, 1985; Lin et al., 1988)。一自旋的粒子探测器,自旋轴平行于磁场。它能够探测到的粒子,其引导中心应当位于以卫星为中心、半径为 $R_{\rm L}$(粒

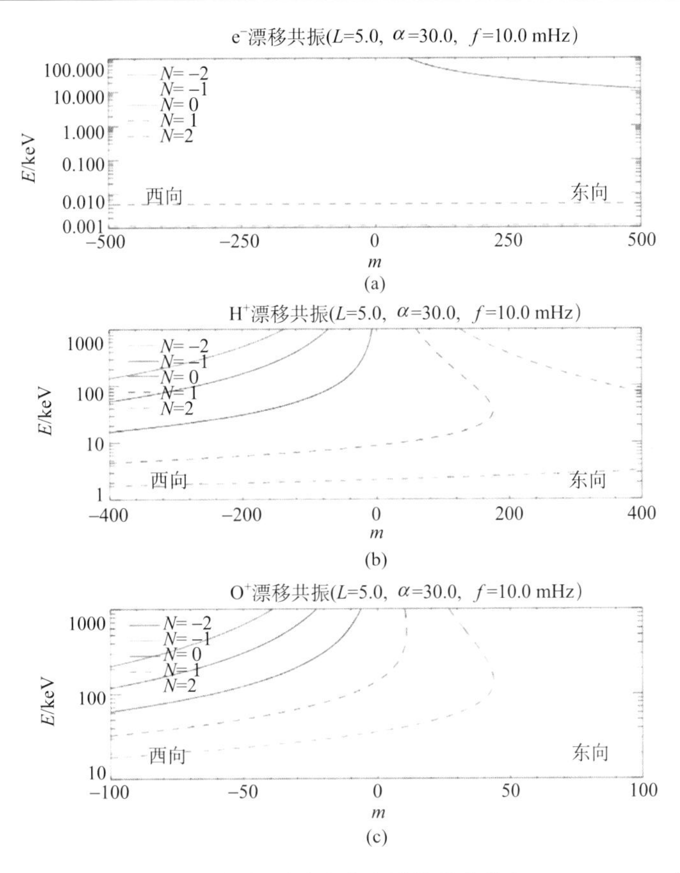

图 10.5.4　漂移弹跳共振能量随方位角波数的变化(Zong et al., 2011)

子拉莫半径)的圆以内。因此，当 R_L 与波长可比时，测得的粒子分布可能依赖于卫星自旋相位(Kivelson and Southwood, 1985)。假设粒子回旋速度远大于漂移速度，则自旋对通量 j 的调制应该是(Su et al., 1977; Lin et al., 1988)

$$j \sim \exp\left(\mathrm{i}\mathrm{k} \cdot R_{\mathrm{L}} - \mathrm{i}\omega t\right) \tag{10.5.20}$$

在两个相反朝向观测到的通量调制，其相位差 $\Delta\phi$ 与垂直于观测方向相距 $2R_L$ 的两点处(A、B)波的相位差相同。至于 $2n\pi$ 模糊度，则可以通过寻找不同能挡的一致解来消除(Lin et al., 1988)。两个正交方向的速度分量都已知后，波的横传播就可以完全确定了。因此，这一方向上波的相速度写成

$$V_{\mathrm{p}} = 2\pi R_{\mathrm{L}}\left[\left(2N\pi + \Delta\phi\right)T\right] \tag{10.5.21}$$

其中，T 是波的周期，波长为 $\lambda = V_{\mathrm{p}}T$。只要波长已知，波数 m 就毫无疑问地确定了。

2. 带电粒子和东向传播的超低频波(m>0)之间的相互作用

对于内磁层中能量约几 eV 的等离子体层电子来说，图 10.5.4 说明了漂移弹跳共振的可能性。由于电子的漂移频率远小于弹跳频率，即 $\omega_d \ll \omega_b$，且 ω_b 与超低频波频率 Ω 可比，共振条件退化为弹跳共振：

$$\Omega = N\omega_b \tag{10.5.22}$$

注意，弹跳共振与方位角波数无关，说明等离子体层电子与环向模、极向模超低频波都能共振。

对于内磁层能量为几百 keV 的电子，电子的漂移方向(东向)与波的传播方向相同，可以满足漂移共振条件。此时电子漂移频率仍远小于弹跳频率，即 $\omega_d \ll \omega_b$，但 ω_b 与超低频波频率 Ω 可比，只有 N=0 的漂移共振可以实现：

$$\Omega = m\omega_d \tag{10.5.23}$$

能量离子(～100 keV)的漂移共振条件则无法满足，因为离子的漂移方向与波的传播方向相反。

至于能量范围在几 eV 到几十 keV 之间的电子，无论是漂移共振、弹跳共振还是漂移弹跳共振都无法满足。因为电子漂移频率远小于波频 $\omega_d \ll \Omega$，而波频远远小于弹跳频率 $\Omega \ll \omega_b$。

图 10.5.4(b)和(c)分别给出 H^+和 O^+的共振能量随方位角波数和 N 的变化。对于能量范围在几 keV 到几十 keV 之间的离子，N=+1，+2，+3 等的漂移弹跳共振是可能的。注意，当超低频波波数有限时，对于热离子来说，O^+的漂移共振条件比 H^+更容易满足。表 10.5.2 给出了电子、离子和超低频波的共振相互作用的总结。

表 10.5.2　粒子与 ULF 波相互作用

ULF 模		东向传播 ULF 波(m>0)		西向传播 ULF 波(m<0)	
		漂移弹跳	漂移	漂移弹跳	漂移
电子	等离子体层(～10 eV)	√	×	√	×
	等离子体(～1 keV)	×	×	×	×
	能量粒子(～100 keV)	×	√	×	×
离子	等离子体层(～10 eV)	√	×	√	×
	等离子体(～1 keV)	√	×	√	×
	能量粒子(～100 keV)	×	×	×	√

3. 带电粒子和西向传播的超低频波(m<0)之间的相互作用

当超低频波西向传播的时候，波与粒子之间的相互作用有所不同。类似于东向传播情形，能量约几 eV 的等离子体层电子可满足漂移弹跳共振条件，而且，漂移弹跳共振条件退化成弹跳共振(10.5.22)，与方位角波数无关。

从图 10.5.4 (a)可以看出，对于西向传播的超低频波，能量电子漂移向东，与波相反，漂移共振无法满足。而能量离子(～100 keV)的漂移共振是有可能的。对于几 keV 到几十 keV 的离子，漂移弹跳共振和弹跳共振是有可能的。正如图 10.5.4 所示，不管 N 是正是负，H^+、O^+的漂移弹跳共振条件可以得到满足。对于波数有限的向西传播的超低频波，处于热能量的 O^+比 H^+更容易满足漂移共振条件。

4. 共振离子和超低频波之间的相位关系

图 10.5.5 展示了同能量、不同赤道投掷角的漂移弹跳共振离子，红蓝粒子能量相同，但投掷角不同。α_{eq1} 和 α_{s1} 表示赤道投掷角和卫星探测到的局地投掷角。φ_m 代表镜点纬度。不同纬度处的投掷角分布定性地给出。从赤道沿着磁力线向极纬运动的过程中发展出的速度色散，固定能量离子的相位关系取决于卫星观测的位置。如果是南半球，则会观测到投掷角色散的负斜率，如图 10.5.5 所示。

图 10.5.5 中，能量相同的粒子，红色粒子赤道投掷角为 α_{eq1}，蓝色粒子投掷角为 α_{eq2}，且 $90° < \alpha_{eq2} < \alpha_{eq1} < 180°$，同时从赤道向南沿着磁力线运动。由于速度色散，红色的粒子将先于蓝色粒子到达卫星，红色粒子的局地投掷角 α_{s1} 将大于蓝色粒子 α_{s2}，而局地投掷角 90°的粒子将在卫星位置处达到镜点。半个波周期后红蓝共振粒子将在各自的镜点反弹，并以 $180° - \alpha_{s1}$（红色）和 $180° - \alpha_{s2}$（蓝色）局地投掷角再次到达卫星。这说明共振粒子投掷角分布相位关系及其弹跳运动可以帮助进一步诊断超低频波模的空间分布。

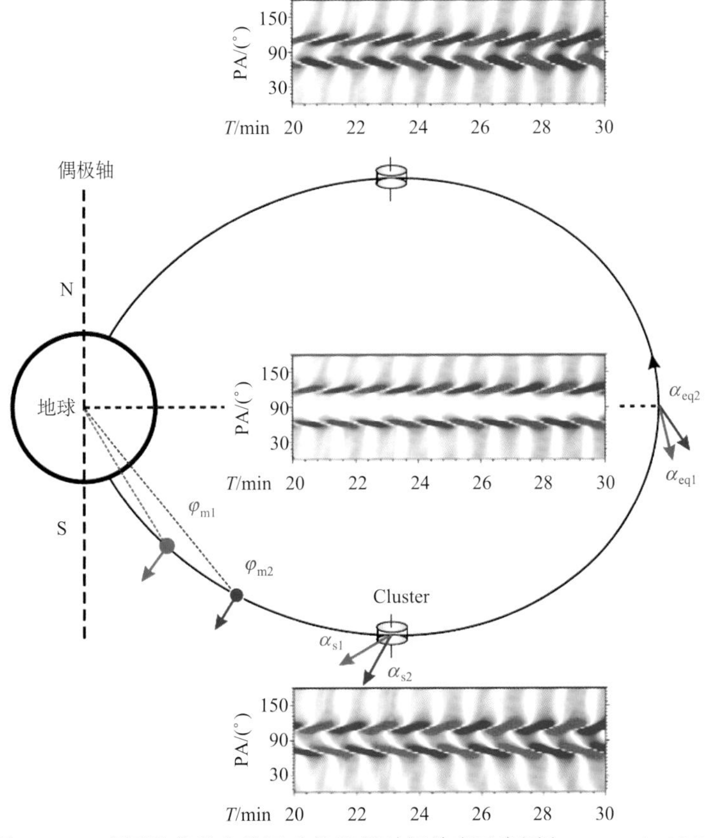

图 10.5.5　离子沿着磁力线运动的飞行时间效应示意图(Zong et al., 2017)

10.5.3　ULF 波对带电粒子的快速加速

Elkington 等(2004)的理论表明，当波频率满足 $\omega = (m \pm 1)\omega_d$ 时，在非对称压缩偶极

场中漂移的粒子可以与低 m 的全球环形模共振。图 10.5.6 给出 $m = 2$ 的环形波模与粒子发生漂移共振相互作用的过程。从图中可以看出，最初在昏侧并沿径向向内移动的电子，会由于径向向外的电场而获得能量，如果电子在一个周期后到达晨侧，此时波的电场径向向内(参见第 10.5.2 节)。由 Elkington 等(2004)推导出的共振条件，仅对特定的磁场模型是有效的，但通常情况下该理论表明电子可以在正午–午夜不对称性的地球磁场中从环形模的 ULF 波中获得能量。

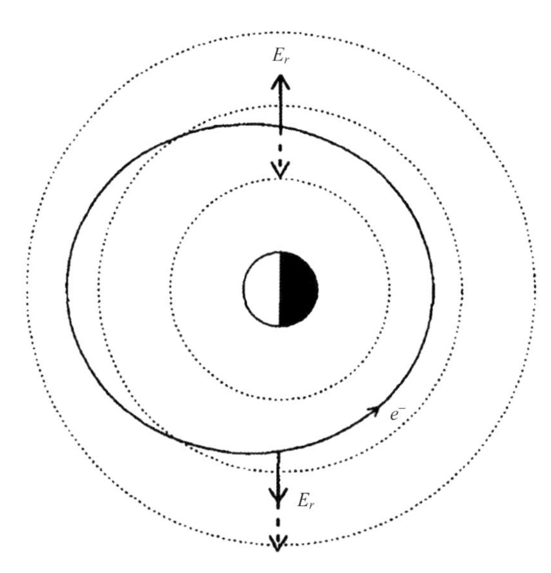

图 10.5.6　相对论电子在压缩偶极场中与环形模相互作用的漂移路径(Elkington et al., 2004)
在 $t = 0$ 时电子从昏侧开始运动，$m = 2$ 的环形模电场由实箭头表示，虚线箭头表示电子在到达晨侧后的一个波周期内的电场方向

Elkington 等(2004)的理论表明，环形模的 ULF 波可以在强太阳风压下加速辐射带区域中的高能粒子。然而在内部磁层的低 L 区域，正午–午夜不对称性不再显著。因此，通过环形模的 ULF 波加速高能电子仅限于外磁层，而在内磁层中，极向模更可能是起主要作用。唯一的例外是日侧的外磁层，在那里快速模式波的极向电场可以加速高能电子，这是 Degeling 等(2010, 2014)基于计算机建模和数据–模型比较得出的结果。

电子回旋共振容易在 VLF 频段发生，然而，由于 VLF 波幅度(pT 量级)相对较小，VLF 波粒相互作用加速电子至相对论能量所需的时间为数天(Summers et al., 2007)，这明显长于通常观测到的较短的加速时间尺度。然而，由太阳风动压变化在磁层中激发的极向 ULF 波可以有更大的波幅(可达数十 nT)。因此，相较于 VLF 波，极向 ULF 波可能更加快速而有效地加速内磁层中的能量粒子。因为能量粒子漂移运动与 ULF 波周期相当，极向 ULF 波与粒子的漂移–弹跳共振相互作用(Zong et al., 2009, 2012, 2017)可以被触发，从而磁层中能量粒子得到快速加速，并且可以显著增强径向扩散系数。

图 10.5.7 是在波的参考系中，共振电子和离子在场线拓扑结构中与极向模式驻波的不同谐波相互作用的示意图。(a)东向传播的基频驻波中的发生 $N = 0$ 漂移共振的共振电子行为；(b)西向传播的二次谐波驻波中发生 $N = 1$ 漂移–弹跳共振的共振电子行为。西向

电场和东向电场由正号(+)和负号(–)表示，符号的密度反映磁场的大小。蓝色和红色的虚线分别显示在基波和二次谐波中共振粒子引导中心的轨道。

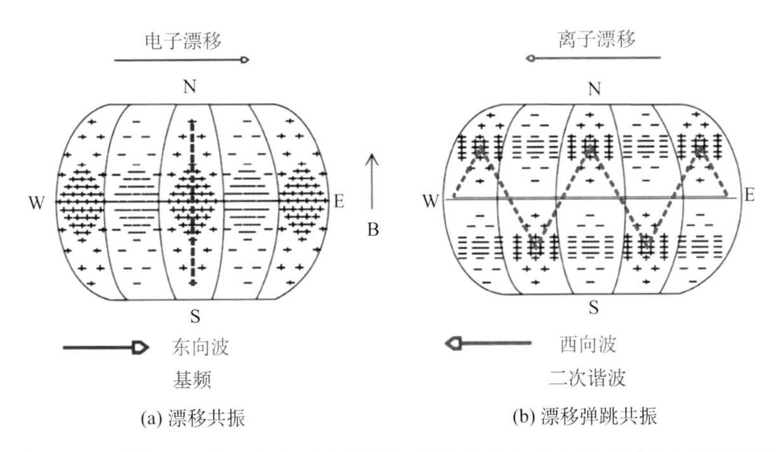

图 10.5.7　在波的参考系中共振电子和离子在场线拓扑结构中与极向模式驻波的不同谐波相互作用的示意图(Zong et al., 2017)

第 10.5.2 节中给出的共振条件可以用来判断极向模加速电子、离子的最佳方式。如图 10.5.7 (a)所示，在 $N=0$ 的漂移共振中，电子会与东向传播的基频驻波相互作用，由于电子的梯度漂移运动与波的传播速度和方向同步，电子将经历连续加速。图 10.5.7 (b)说明，在 $N=1$ 漂移-弹跳共振中的离子会被西向传播的二次谐波驻波连续加速(见第 10.5.2 节)。

1. 通过极向超低频波快速加速地球辐射带中的“杀手”电子

当极向模式 ULF 波在电子漂移运动方向上具有足够强电场时，可以有效地加速高能电子。高能电子的弹跳频率通常要高于它的漂移频率和 ULF 波的频率，因此只有满足 $N=0$ 的共振条件时，在波的参考系中，电子才不会在方位角方向上移动。图 10.5.7(b)所示的引导中心轨迹表明，在二次谐波模式下，电子的加速和减速效应在弹跳周期内相互抵消。因此，只有基波和奇次谐波能够在几个漂移周期后实现对电子的加速。正如前文所述，$N=0$ 的漂移共振条件$\left(\Omega=m\omega_{\mathrm{d}}\right)$与弹跳运动没有明确的关系。

图 10.5.7 (a)说明，电子能否获得净加速度取决于波频率、波矢量、m 值、电子投掷角分布和在磁层中的位置等。为了对内磁层中波粒相互作用的细节进行定量解释，必须要考虑到所有这些因素。而作用在地球磁层的行星际激波，也会造成高能粒子的加速和 ULF 波的产生，使得情况变得更加复杂。激波首先会压缩地球磁层，如果激波以 Alfvén 的速度传播，激波会在 1 min 内穿过磁层。因此，可以假设第一个绝热不变量在这一过程中是守恒的(Wilken et al., 1986)。

如图 10.5.8 所示，在事件发生过程中，有大振幅的 ULF 波产生，并伴随着快速的电子加速度。在 2004 年 11 月 7 日的事件中，由 Cluster C2, C3, C4 卫星测量的高能电子投掷角分布$\left(68\sim94\ \mathrm{keV}\right)$，平均场向坐标系(MFA)中方位角方向电场 E_{φ}(黑线)和四颗卫

星分别测得的磁场 B_z 分量。E_φ 为正表示电场方向是向东的。图中底部的数据给出了每个卫星的赤道径向距离，即 L 值。虚线的垂直线表示由激波引起的场扰动到达的时间。观测到的激波引起的 ULF 波可分为电场沿径向方向且随时间变化，磁场沿方位角方向的环形模，以及电场沿方位角方向和磁场沿径向方向的极向模。由激波直接激发的大尺度压缩波也可能在一定程度上对观测到的方位方向的电场扰动有所贡献。极向模和环形模的电场分量与被调制的电子通量之间的小波相关性。这两种波模具有相似的功率，但在激波到达后周期约 110 s 的极向模下，相关性才达到最高值 0.9，这进一步证实了极向模的电场 E_φ 与高能电子通量之间的强相关性。

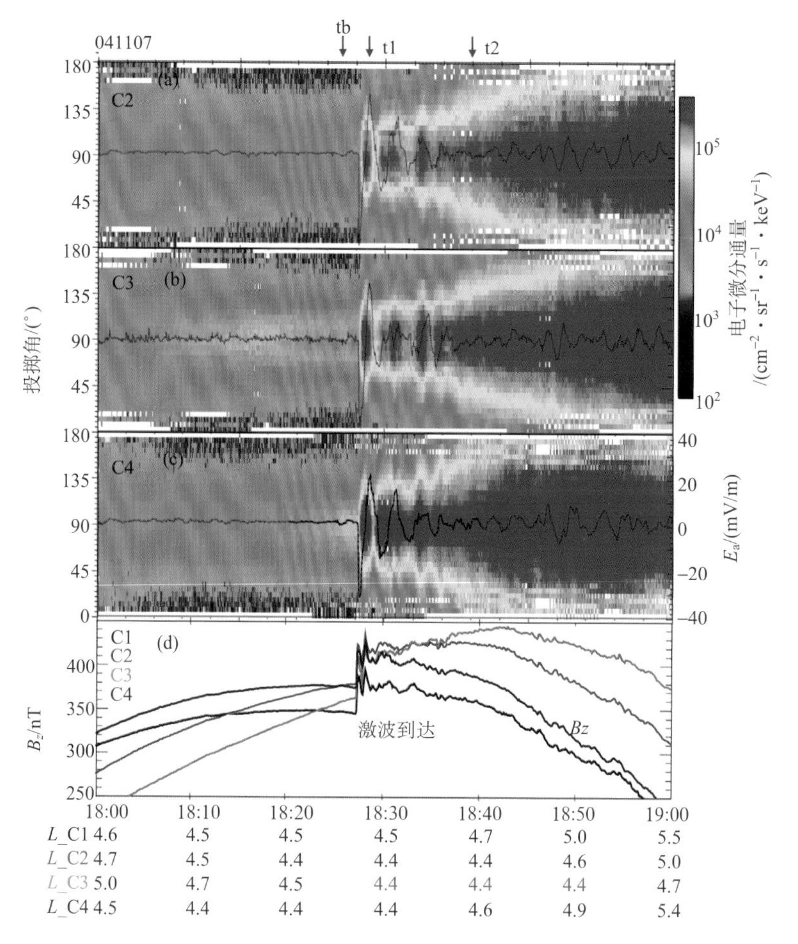

图 10.5.8 激波引起大振幅的 ULF 波产生并伴随着快速的电子加速度（Zong et al., 2009）

2. 极向 ULF 波快速加速环电流离子

基态电场中满足 $N=2$ 的漂移弹跳共振条件的离子，在每次弹跳过程中经历了等量反向的电场，因此没有净加速度。相反，如图 10.5.7 (b) 中所示，在 ULF 波的二次谐波中，离子沿着轨迹运动，每次弹跳过程中都经历向西的电场。因此，$N=1$ 漂移弹跳共振条件与向西传播的二次谐波的连续加速度有关。与 ULF 波的基波和高次谐波相比，二次谐波极向驻波的 $N=1$ 漂移弹跳共振效率更高。

从图 10.5.4 可以看出，对于方位角波数 $|m|<100$ 的情况，氧离子的漂移弹跳共振条件比氢离子更容易满足，因为前者的弹跳速度由于质量依赖性更接近梯度漂移速度。在环电流离子的能量范围内，氧离子可以满足 $N=\pm1,\pm2$ 的共振条件，这意味着漂移弹跳共振对环电流中氧离子的加速具有潜在的重要作用。

为建立 ULF 波与 H^+ 和 O^+ 加速之间的联系，计算了极向模和环形模的电场与氢、氧积分通量之间的相干性(图 10.5.7)。在图 10.5.9 中，(a)显示了方位角电场(极向模)的连续小波功率谱；(b)和(c)显示了方位角电场与氢、氧离子积分通量之间的平方小波相关性；(d)是径向电场(环形模)的小波功率谱；(e)和(f)显示了径向电场与共振的氢$(0.2\sim20\ \mathrm{keV})$和氧$(2.12\sim18.65\ \mathrm{keV})$离子通量之间的平方小波相干性。

虽然极向模[图 10.5.9(a)]和环形模[图 10.5.9(d)]具有相似的能量密度，但 ULF 波与氧、氢离子通量的相干性不同。氢、氧离子通量与极向模之间存在高的相干性(> 0.9)，

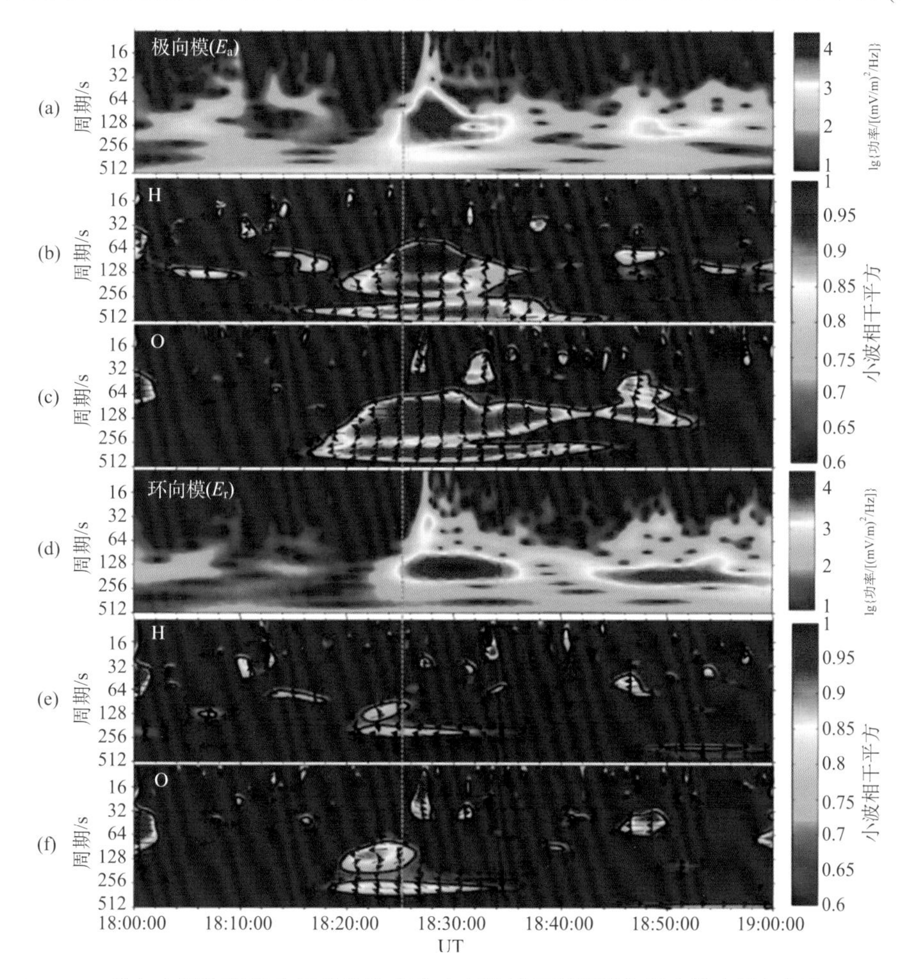

图 10.5.9　ULF 极向电场和环形电场的连续小波功率谱以及环形模和极向模电场与氢(0.2～20 keV)和氧(2.12～18.65 keV)离子通量的平方小波相干性（Zong et al., 2017, 2012)

而非环形模。氧离子的高相干性持续时间也比氢长。极向模电场和共振的氢、氧离子通量的相位差接近180°，说明具有反相关关系。这些结果表明，极向模携带的电场 E_ϕ 与共振的氢、氧离子的通量之间的相干性最强。环形模 ULF 波对氢、氧离子积分通量的影响较小。波状 E_ϕ 振荡与氧离子积分通量的密切相干性和高相干性持续时间表明，激波引发的 ULF 波对氧有着明显的调制/加速作用。

由于受影响的离子在环电流能量范围内，因此通过具有极向模 ULF 波的漂移弹跳共振对高能氧离子的快速加速有助于磁暴环电流的形成。图 10.5.10 所示的能谱来自于搭载在 C3 和 C4 航天器上的 CIS(31 个能量通道)和 RAPID(5 个能量通道)仪器，能量范围为 10 eV ~ 1000 keV 。在氢离子和氧离子的能谱中都有明显的双峰结构，一个峰位于几千伏，另一个峰位于约 80 keV 。如图 10.5.10 所示，与行星际激波引发的 ULF 波相互作用后，氧离子的能谱发生了显著变化(Zong et al., 2012, 2017)。

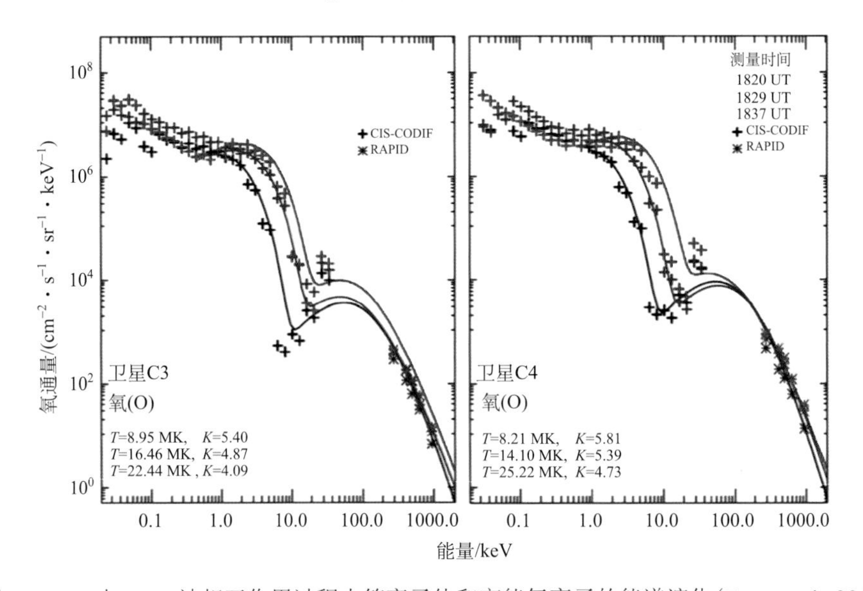

图 10.5.10　与 ULF 波相互作用过程中等离子体和高能氧离子的能谱演化(Zong et al., 2012)

地磁暴环电流的形成是空间物理中最基本的问题之一。极向模 ULF 波在环流区域对能量离子 (H^+ 和 O^+) 从 10 keV 到 100 keV 的加速过程，对于理解磁暴的起源和内部磁层的其他动力学过程具有重要作用。

10.6　磁层中的甚低频波与粒子相互作用

在地球内磁层中，与粒子相互作用的起显著作用的甚低频波(VLF 波)通常有离子回旋波、合声波、嘶声波和磁声波。

图 10.6.1 给出了离子回旋波、合声波和嘶声波的空间分布。由图看到，嘶声波存在于等离子体层内，离子回旋波通常出现在紧邻等离子体层外的黄昏侧，而合声波存在于等离子体层之外靠近早晨侧。 通常认为合声波可以加速辐射带电子，而嘶声波的回旋共

振使得电子经历投掷角散射，最后损失在大气中，在内外辐射带之间形成了一个通量较低的区域。除了合声波和嘶声波外，内磁层还存在其他类型的波，例如存在磁层日侧的磁声波。

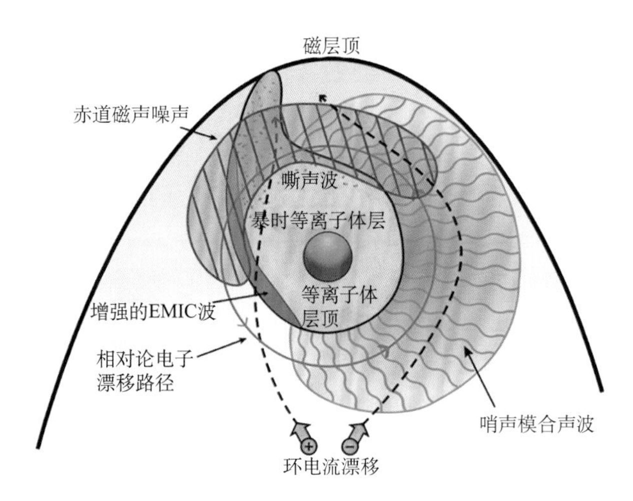

图 10.6.1　内磁层中 VLF 波的空间分布(Thorne, 2010)

带电粒子既沿着磁场做回旋运动，也做垂直磁场的平移。如果粒子感受到的电磁波，经过多普勒频移后恰好等于回旋频率或其谐波，那么粒子将会与波发生极强的共振相互作用。波与粒子间这种回旋共振条件可以写成

$$\omega - \boldsymbol{k} \cdot \boldsymbol{V} = n\Omega \tag{10.6.1}$$

其中，ω 和 $\boldsymbol{k}$ 分别是波的频率和波数；n 是整数，可以是 0，±1，±2，…，其中 n=0 的情况对应朗道共振，n=1 为基频共振。当上式满足时，波与粒子保持同相位，使得能量和动量可以在波与粒子之间发生交换。

上述公式可以理解为当带电粒子感觉到去掉多普勒效应的电磁波的频率(或它的谐波)恰好等于粒子的回旋频率时，粒子可能与这种波强烈的共振相互作用。

1. 朗道共振

首先我们介绍朗道共振。当上述公式中的 n=0 时，共振条件变成

$$V_{\mathrm{r}} = \omega / k \tag{10.6.2}$$

即粒子与等离子体波发生共振相互作用，这时粒子的运动速度几乎等于等离子体波的相速度。

由于合声波波包的群速度大于相速度，新粒子不断地被磁层对流带到这个合声波波包的前沿，在那里它们有效地“看见”增强的波包所携带的平行电场，因此，其中一些粒子被捕获了。这一过程如图 10.6.2 所示。这个合声波波包赶上以波的相速度运动的粒子，并在 A 点上捕获这个粒子。

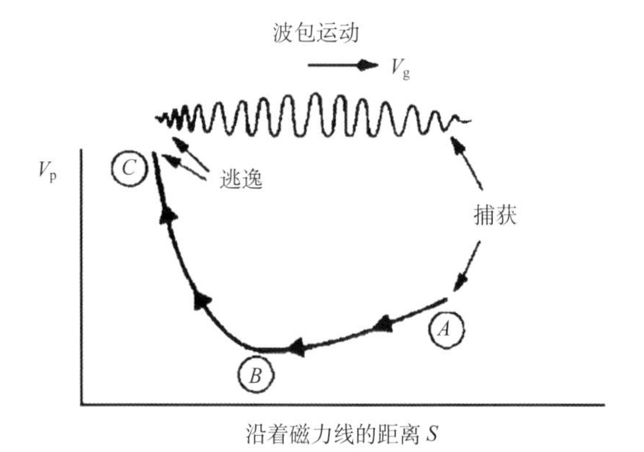

图 10.6.2 当被捕获的粒子通过合声波包从 A 到 C 移动时，看见波的相位速度的变化 (Gurnett and Reinleitner, 1983)

这个被捕获的粒子通过波包，在 A 到 B 段将做减速运动，因为这里 $\partial\omega/\partial t$ 是负的；然后从 B 加速到 C 段，因为这里 $\partial\omega/\partial t$ 是正的；最后在 C 点逃逸。如果合声波相速度在 C 点大于 A 点，这是大多数钩形合声波的情形(见表 10.4.2 中镰刀型波)，这个过程的净效应是合声波将被捕获的粒子加速到更高的能量。

2. n=1 的基频共振情形

接下来我们讨论 n=1 的基频情形。假设电磁波平行或反平行于磁场传播，即 $\boldsymbol{k}=k_{\|}\boldsymbol{b}$，则式(10.6.1)简化为

$$\omega-k_{\|}V_{\|}=\Omega \tag{10.6.3}$$

如果波的频率和带电粒子回旋频率已知，那么粒子共振能量就可以计算出来。从式(10.6.3)中可知平行共振速度为

$$V_{\|\mathrm{R}}=\frac{\omega-\Omega}{k_{\|}} \tag{10.6.4}$$

则共振粒子平行动能可以写成

$$E_{\|\mathrm{R}}=\frac{1}{2}mV_{\|\mathrm{R}}{}^{2}=\frac{1}{2}m\left(\frac{\omega-\Omega}{k_{\|}}\right)^{2}=\frac{1}{2}mV_{\mathrm{ph}}{}^{2}\left(1-\Omega/\omega\right)^{2} \tag{10.6.5}$$

其中，$V_{\mathrm{ph}}=\omega/k_{\|}$ 是波的平行相速度。当共振波频率远小于离子回旋频率时，波的相速度可以用局地 Alfvén 速度近似。Alfvén 速度为 $V_{\mathrm{A}}=(B^{2}/4\pi\rho)^{1/2}$，其中 ρ 是周围等离子体质量密度，采用 cm-g-s 单位制。

图 10.6.3 给出了扰动波场磁场矢量的空间变化。这里画出的是平行传播的圆极化电磁波，共有两种基本的极化类型——左旋极化和右旋极化。椭圆极化或线性极化是这两个基本极化类型的混合。

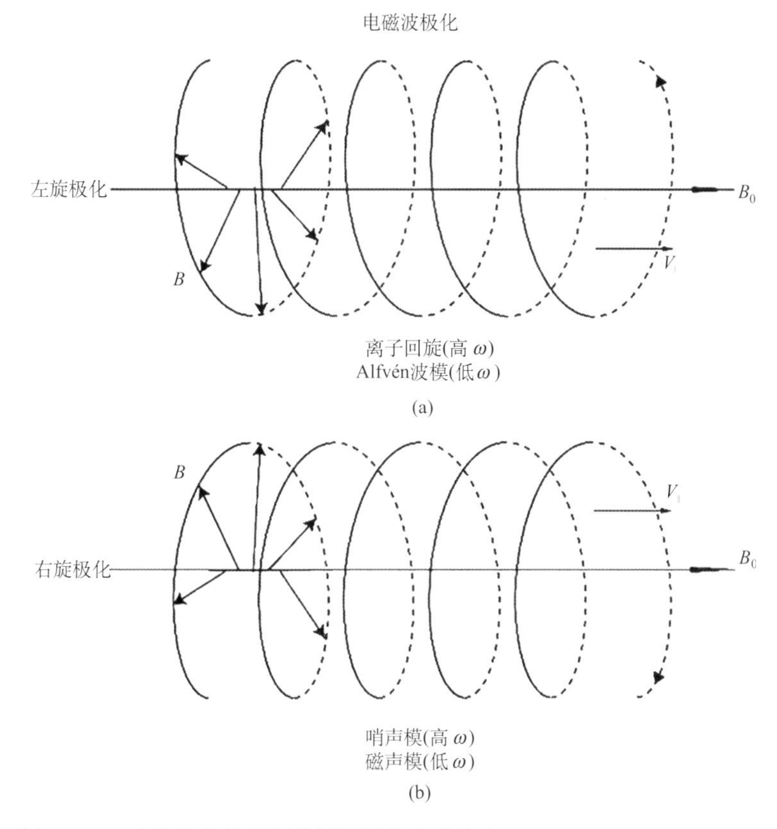

图 10.6.3　左旋和右旋平行传播圆极化电磁波（Tsurutani and Lakhina, 1997）

波的极化是由某一固定位置处看到的波场随时间的旋转方向决定的。这个方向是相对于背景磁场方向而言的，与波的传播方向无关。

磁化等离子体中，如果 $\Omega_{pe} > \Omega^-$，那么左旋极化波的频率上限可以达到离子回旋频率，在高频尾处的波模被称为离子回旋波。而低频段这种波模映射为 Alfvén 波模分支。右旋极化波的频率上限可以达到电子回旋频率，这些波是有色散的（当 ω 远远小于 Ω^- 时，频率越高的波相速度越大；而当 ω 接近 Ω^- 时，相速度随着频率增加而降低，不过，这种波有着很大的回旋阻尼，因此不会稳定存在）。

当这些右旋极化波传播一定距离以后，高频成分会先到达。闪电激发出的电磁噪声在等离子体管内穿过磁层，从一个半球传到另一个半球时，就会有哨声，因而被命名为"哨声模"。哨声就是开始时高频先到，后逐渐降低到低频。在低频或磁流体频率，这种波是磁声波模。

3. 正常回旋共振

图 10.6.4 画出了圆极化电磁波与带电粒子之间的正常一级回旋共振。在这种共振中，波与粒子相对运动。左旋的正离子与左旋波相互作用，而右旋的电子与右旋波相互作用。由于波与粒子相互靠近，$\boldsymbol{k}\cdot\boldsymbol{V}$ 为负值，因此式（10.6.1）中多普勒频移项（$-\boldsymbol{k}\cdot\boldsymbol{V}$）为正，使得波频 ω 移至较高的粒子回旋频率 Ω。

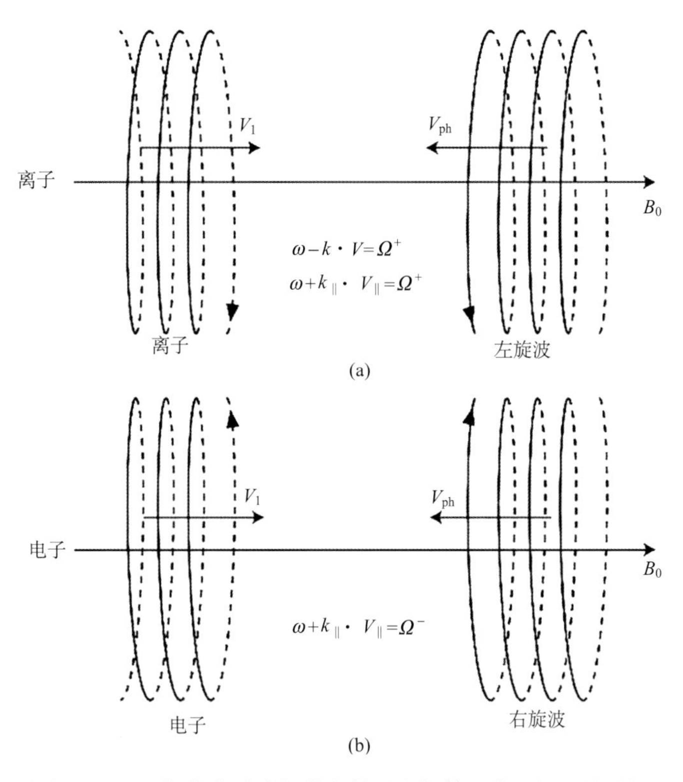

图 10.6.4　圆极化电磁波与带电粒子之间的正常一级回旋共振

行星磁层中能够产生这类波的其中一种等离子体不稳定性是“损失锥不稳定性”，这类不稳定性产生于 $\frac{T_\perp}{T_\parallel}>1$ 时 (Kennel and Petschek, 1966)。$T_\parallel(T_\perp)$ 是双麦氏分布假设下离子或电子平行(垂直)于磁场方向的温度。电子损失锥激发的哨声模被称为极光区“合声”(Tsurutani and Smith, 1977)和“等离子体层嘶声”(Kurth and Gurnett, 1991)，因为这些波用放大器播放时便会有相应的声音。而外磁层的波不会像闪电激发的哨声波一样弹跳多次，其频率-时间结构多是内禀激发机制导致的。

极低频(ELF)合声波是一种在地球磁层中常常观测到的剧烈电磁辐射(Alford et al., 1996)。合声波的频时特性可能是带状或是没有结构的，降调或是“上升的钩子”形状。

合声波在等离子体层顶至磁层之间所有地方时和 L 值处都曾观测到，不过主要出现在午夜至 1600LT 侧。赤道合声波主要出现在亚暴期间，而高纬度合声一般出现在平静期。赤道合声波的许多观测特性都可以用哨声波模和亚暴注入的能量电子(10～100 keV)间的回旋共振(10.6.1)解释。正如式(10.6.2)和式(10.6.3)所示，对于某一特定频率的波，最低速度(共振能量)的电子将在赤道处发生回旋共振，因为该处回旋频率最小。而磁层中典型的电子谱分布是在低能处粒子更多，因此赤道的波粒相互作用最强。当能量电子有损失锥分布时，将导致波的快速增长(Kennel and Petschek, 1966; Tsurutani and Smith, 1977)。

合声波活动在晨侧和早晨到正午之间处有所增强。该处等离子体密度增加，导致共振能量降低，因而波粒相互作用增强。尽管能量电子在从午夜向晨侧漂移过程中不断沉降，但晨侧至正午间较强的太阳辐射导致的电离层加热效应还是使得该处有较强的合声波活动和电子沉降。

4. 反常回旋共振

另一种共振如图 10.6.5 所示，被称为反常回旋共振。正离子能与右旋波相互作用，离子速度比波速快，追上了波，因此感受到的其实是左旋波。由于左旋的离子与右旋的波相互作用了，所以称其为“反常”。

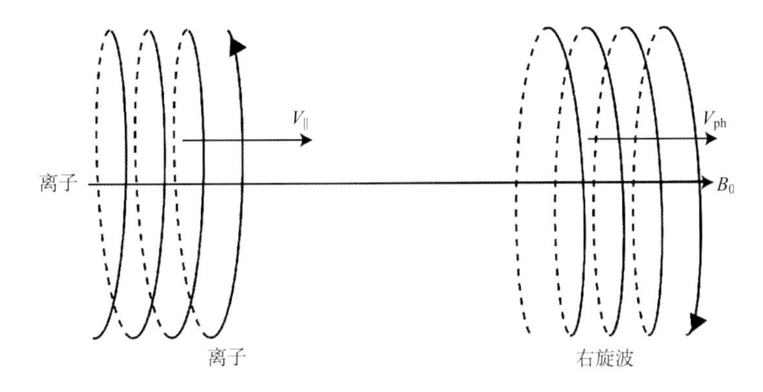

图 10.6.5　圆极化电磁波和正电粒子之间反常回旋共振示意图

从共振条件的表达式中知道，多普勒频移将波的频率降低到了回旋频率。能够产生此类波的不稳定性包括行星前哨激波(foreshock)中的离子束不稳定性(Hoppe et al., 1981; Gary, 1991; Lakhina and Verheest, 1995)和彗星附近离子捕获 (Tsurutani and Smith, 1986; Neubauer et al., 1993; Glassmeier et al., 1993)等。离子束会产生右旋的磁声波。在前哨激波中，离子源可能是激波反射的太阳风粒子(1～5 keV)或源自磁鞘的离子流，能量可高达 40 keV。而在彗星的情形中，当彗星靠近太阳时中性分子/原子从彗核蒸发，形成半径达 10^6 km 的中性云。水族中性成分团组(H_2O, OH, O)发生光电离和电荷交换，在太阳风坐标系下就形成了“彗尾”。形成不稳定性的离子相对太阳风等离子体的典型动能为 30～60 keV。

同样的，反常回旋共振还可以发生在电子和左旋波之间。然而，由于左旋波的频率一般低于离子回旋频率，远低于电子回旋频率，必须是相对论电子($E_{\parallel} > 0.511$ MeV)才有可能发生这种共振。人们推测这种不稳定性可能发生在木星磁层上游，是木星辐射带电子泄漏的结果(Smith et al., 1976; Goldstein et al., 1985)。

电磁波可以导致投掷角散射，其根本物理机制是洛伦兹力。图 10.6.6 中给出了电磁波与正离子共振相互作用时的投掷角散射。在回旋共振中，粒子感受到的磁场与其同相位回旋。为便于观察，我们将粒子 $V_{\parallel}$ 和 $\boldsymbol{V}_{\perp}$ 分开，任何投掷角的粒子所受的相互作用将由这两部分组成。图 10.6.6 中，我们画出了由 $\boldsymbol{V}_{\perp}$ 产生的相互作用。由于恒常磁场 $\boldsymbol{B}_{\mathrm{w}}$ 作用在粒子上，洛伦兹力就在 $\boldsymbol{B}_0$ 方向上。如果粒子向右侧传播，则其投掷角将会减小；如果粒子向左传播，则其投掷角将会增大。

然而，此处我们随机地将 $\boldsymbol{B}_\omega$ 设定为向上。如果波和粒子的相对相位平移了 180°，那么上述所有结论都应取反。

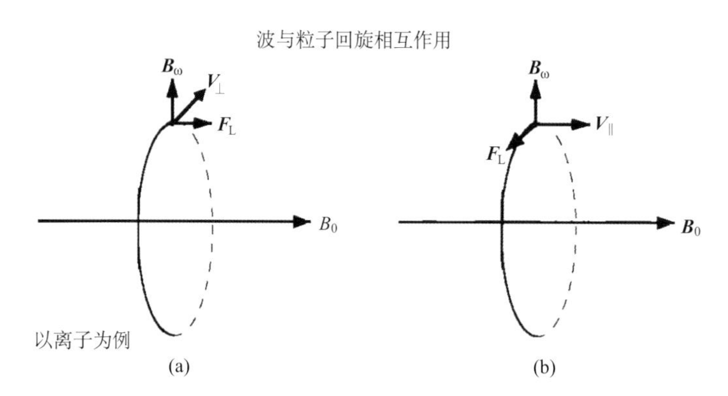

图 10.6.6　共振波对(a) $V_\parallel$ 和(b) $\boldsymbol{V}_\perp$ 分量的投掷角散射

图 10.6.6 (b)给出了速度平行分量带来的相互作用。此处洛伦兹力与回旋运动方向相反，因此将会减小 $\boldsymbol{V}_\perp$（$\boldsymbol{E}_\perp$）进而减小投掷角。同样的，如果波的相位移动 180°，使得此处 $\boldsymbol{B}_\omega$ 向下，那么 $\boldsymbol{F}_L$ 将会在垂直能量上加速粒子，投掷角将会增大。

波粒相互作用的共振时间尺度小于回旋周期，因此第一绝热不变量 μ 不再守恒。在惯性参考系下，粒子的能量不再守恒。然而，在波的静止参考系中，粒子总能量还是守恒的。假设波粒相互作用期间粒子获得能量 ΔE，那么 $\Delta E = h\omega / 2\pi$，其中 ω 是波的频率，h 是普朗克常量。粒子平行动量增量为

$$m\Delta V_\parallel = \frac{hk_\parallel}{2\pi} = \frac{k_\parallel}{\omega}\Delta E \tag{10.6.6}$$

如果能量增量相比粒子总能量较小，那么

$$\Delta E = m\left(V_\parallel \Delta V_\parallel + V_\perp \Delta V_\perp\right) = \frac{m\omega}{k_\parallel}\Delta V_\parallel = mV_{\text{ph}}\Delta V_\parallel \tag{10.6.7}$$

将式(10.6.7)积分，得到

$$\frac{1}{2}mV_\perp{}^2 + \frac{1}{2}m\left(V_\parallel - V_{\text{ph}}\right)^2 = \text{const} \tag{10.6.8}$$

说明在波静止参考系中粒子能量守恒。

式(10.6.7)说明，对于给定相速度(取 $V_{\text{ph}} > 0$)粒子能量的变化取决于 $\Delta V_\parallel$ 的正负。波粒相互作用中 $V_\parallel$ 变大的粒子获得能量，而 $V_\parallel$ 减小的粒子向波提供能量。热的背景等离子体则不与波共振，不会发生能量变化。总的来说，如果有高度各向异性的投掷角分布(比如 $T_\perp \gg T_\parallel$)，那么损失锥不稳定性将会激发波的增长，波反过来又会散射粒子填充损失锥，进一步减小各向异性投掷角分布中的自由能，直到形成稳定捕获极限（Kennel and Petschek, 1966）。

5. 投掷角散射

Kennel 和 Petschek（1966）定义了电磁波或静电波造成的总体投掷角散射率，卫星观测已经证明这种电子散射效应在外磁层依然有效。这里我们从简单的物理量出发推导类似的投掷角散射率。已知 $\tan\alpha = V_\perp / V_\parallel$，对于大投掷角 $V_\perp \cong V$，则有

$$\Delta\alpha = -\frac{\Delta V_\parallel}{V_\perp} \tag{10.6.9}$$

带电粒子与电磁波相互作用过程中能获得的最大平行速度改变量为 $\Delta V_\parallel = \frac{qV_\perp B}{m}\Delta t$，则式(10.6.9)可以写成

$$\Delta\alpha = \frac{eV_\perp}{mc}B\Delta t\frac{1}{V_\perp} = \frac{B}{B_0}\Omega\Delta t \tag{10.6.10}$$

因此投掷角扩散率可以写成

$$D \approx \frac{(\Delta\alpha)^2}{2\Delta t} \cong \frac{\Omega^2}{2}\left(\frac{B}{B_0}\right)^2\Delta t \tag{10.6.11}$$

Δt 是一个共振外 $\Delta k/2$ 处的粒子相位改变 1 rad 所需的时间，即 $\Delta t \cong 2/\Delta k V_\parallel$。那么现在有

$$D \approx \Omega\frac{B^2/\Delta k}{B_0^2}\frac{\Omega}{V\cos\alpha} = \Omega\frac{B^2/\Delta k}{B_0^2}\frac{k}{\cos\alpha} \tag{10.6.12}$$

同样的，做大投掷角假设，那么

$$D = \Omega\left(\frac{B}{B_0}\right)^2\eta \tag{10.6.13}$$

其中，$\eta = \Omega/\Delta k V_\parallel$ 是粒子与波共振的时间。

如果带电粒子在垂直磁场方向的迁移率，即所谓彼德森迁移率已知，那么粒子横越磁场的输运就可以计算出来。彼德森迁移率 $\mu_\perp$ 可写成(Schultz and Lanzerotti, 1974)

$$\mu_\perp = \frac{\frac{c}{B_0}\Omega\tau_{\text{eff}}}{\left[1+(\Omega\tau_{\text{eff}})^2\right]} \tag{10.6.14}$$

其中，τ_{eff} 是波与粒子“碰撞”的等效时间。

跨越电场扩散的最大值发生在散射率等于回旋频率的时候，即 $\tau_{\text{eff}}{}^{-1} \approx eB_0/mc$（玻姆扩散）。Rose 和 Clark (1961) 计算出的空间扩散系数是

$$D_\perp = \frac{\langle\Delta x_\perp\rangle^2}{2\Delta\tau} = \left(\frac{mV_\perp^2}{2e}\right)\mu_\perp \tag{10.6.15}$$

对于玻姆扩散

$$D_\perp = \frac{E_\perp c}{2eB_0} = D_{\max} \tag{10.6.16}$$

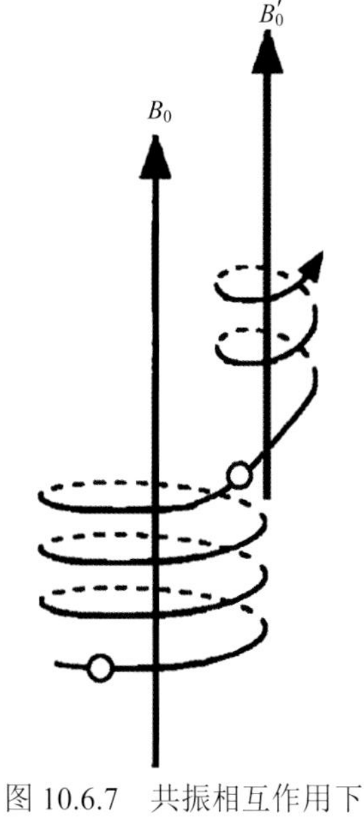

图 10.6.7　共振相互作用下粒子跨越磁场扩散

在 $\Omega\tau_{\text{eff}} \gg 1$ 且 $\tau_{\text{eff}} \approx 1/D$ 的条件下，Tsurutani 和 Thorne (1982) 使用式(10.6.12)和式(10.6.15)算出了电磁波中磁场分量造成的横越磁场扩散率：

$$D_{\perp,B} = \frac{E_\perp}{e}\frac{c}{B}\frac{1}{\Omega\tau_{\text{eff}}} = 2\eta\left(\frac{B}{B_0}\right)^2 \tag{10.6.17}$$

类似的，对于静电波，有

$$D_{\perp,E} = 2\eta\left(\frac{E}{B_0}\right)^2\left(\frac{c}{v}\right)^2 D_{\max} \tag{10.6.18}$$

图 10.6.7 给出了由于波粒相互作用形成跨越磁场扩散的过程。B_0 是原始导心所在磁力线，投掷角散射后，导心位于 B_0' 磁力线上。粒子发生了跨越磁力线的扩散。

由 ISEE 1 和 2 卫星在磁层顶处波振幅的观测值，Thorne 和 Tsurutani (1990) 利用式(10.6.17)和式 (10.6.18)表明，在玻姆扩散极限下磁鞘等离子体可以有 1/10 发生扩散。这一扩散率足以解释磁层顶边界层的形成和维持。

参 考 文 献

蔡诗东. 1983. 等离子体内的反常电阻. 见：胡文瑞等. 太阳耀斑. 北京：科学出版社.

管靖, 应润杰, 赵凯华, 等. 1984. 磁层顶的简化模型和低杂漂移不稳定性. 空间科学学报, 4: 1.

何友文. 1981. 哨声“源”的分析. 空间科学学报, 1(2): 143-152.

涂传诒. 1982. 磁层顶中低混杂漂移不稳定性. 物理学报, 31: 1.

王水, 王敬芳. 1982. 地球磁层中哨声导管的物理结构. 地球物理学报, 25: 99.

王水, 李文秀, 顾顺勇. 1979a. 北京地区哨声和甚低频发射的观测和研究. 中国科学, 11: 1129.

徐继生, 保宗悌, 梁百先. 1984. 赤道异常区内非导管哨声的射线跟踪. 地球物理学报, 27: 407.

徐继生, 保宗悌, 梁百先. 1985. 哨声模波通过低纬电离层传播的某些特征. 空间科学学报, 5: 271.

Akasofu S I, Chapman S. 1972. Solar-terrestrial Physics. Oxford: Oxford University Press.

Alford J, Engebretson M, Arnoldy R, et al. 1996. Frequency variations of quasi-periodic ELF-VLF emissions: A possible new ground-based diagnostic of the outer high-latitude magnetosphere. Journal of Geophysical Research: Space Physics, 101(A1): 83-97.

Anderson R R. 1983. Plasma waves in planetary magnetospheres. Rev Geophys Space Phys, 21(2): 474-494.

Ashour-Abdalla M, Kennel C F. 1978. Multilarmonic electron cyclotron instabilities. Geophys Res Lett, 5(8): 711-714.

Ashour-Abdalla M, Kennel C F, Livesey W. 1979. A parametric study of electron multi-harmonic instabilities in the magnetosphere. J Geophys Res, 84(A11): 6540-6546.

Aubry M P, Kivelaon M G, Russell C T. 1971. Motion and structure of the magnetopause. J Geophys Res, 76(7): 1673-1696.

Bao Z, Wang T, Xu J, Chen S, et al. 1983. Characteristics of low-latitude whistlers and their relation with f_0F_2 and magnetic activity. Adv Space Res, 2(10): 223-226.

Bolshakova O V, Troitskaya V A. 1968. Relationship between the direction of the interplanetary magnetic field and steady oscillation conditions. Dokl Akad Nauk SSSR, 180(2): 343-346.

Bortnik J, Thorne R M, Meredith N P. 2008. The unexpected origin of plasmaspheric hiss from discrete chorus emissions. Nature, 452(7183): 62.

Bossen M, McPherron R L, Russell C T. 1976. A statistical study of Pc1 magnetic pulsations at Synchronous orbit. J Geophys Res, 81(34): 6083-6091.

Budden K G. 1961. Radio Waves in the Ionosphere. Cambridge: Cambridge University Press.

Burton R K, Holzer R E. 1974. The origin and propagation of chorus in the outher magnetosphere. J Geophys Res., 79(7): 1014-1023.

Carpenter D L. 1981. A study of the outer limits of ducted whistler propagation in the magnetosphere. J Geophys Res, 86(A2): 839-845.

Carpenter D L, Anderson R R, Bell T F, et al. 1981. A comparison of equatorial electron densities measured by whistlers and by a satellite radio technique. Geophys Res Lett, 8(10): 1107-1110.

Claudepierre S G, Mann I R, Takahashi K, et al. 2013. Van Allen Probes observation of localized drift resonance between poloidal mode ultra-low frequency waves and 60 keV electrons. Geophysical Research Letters, 40(17): 4491-4497.

Cummings W D, Deforest S E, McPhrron R L. 1978. Measurement of the poynting vector of standing hydromagnetic waves at geosynchronous orbit. J Geophys Res, 83(A2): 697-706.

Dai L, Takahashi K, Wygant J R, et al. 2013. Excitation of poloidal standing Alfvén waves through drift resonance wave-particle interaction. Geophysical Research Letters, 40(16): 4127-4132.

Davidson R C, Gladd N T. 1975. Anomalous transport properties associated with the lower-hybrid-drift instability. Phys. Fluids, 18(10): 1327.

Davidson R C, Gladd N T, Wu C W, et al. 1977. Effects of finite plasma beta on the lower-hybrid-drift instability. Phys, Fluids, 20: 301.

Degeling A W, Ozeke L G, Rankin R, et al. 2008. Drift resonant generation of peaked relativistic electron distributions by Pc5 ULF waves. Journal of Geophysical Research: Space Physics, 113(A2): 208-218.

Degeling A W, Rankin R, Kabin K, et al. 2010. Modeling ULF waves in a compressed dipole magnetic field. Journal of Geophysical Research: Space Physics, 115(A10): 212-225.

Degeling A W, Rankin R, Zong Q G. 2014. Modeling radiation belt electron acceleration by ULF fast mode waves, launched by solar wind dynamic pressure fluctuations. Journal of Geophysical Research: Space Physics, 119(11): 8916-8928.

Elkington S R, Hudson M K, Chan A A. 1999. Acceleration of relativistic electrons via drift - resonant interaction with toroidal-mode Pc-5 ULF oscillations. Geophysical Research Letters, 26(21): 3273-3276.

Elkington S R, Hudson M K, Chan A A. 2003. Resonant acceleration and diffusion of outer zone electrons in an asymmetric geomagnetic field. Journal of Geophysical Research: Space Physics, 108(A3): 1116-1131.

Elkington S R, Wiltberger M, Chan A A, et al. 2004. Physical models of the geospace radiation environment. Journal of atmospheric and solar-terrestrial physics, 66(15-16): 1371-1387.

Etcheto J, Gendrin R, Solomon J, et al. 1973. A self-consistent theory of magneto-spheric ELF Hiss. J Geophys Res, 78(34): 8150-8166.

Eviater A, Wolf R A. 1968. Transfer process in the magnetopause. J Geophys Res, 73(17): 5561-5576.

Fairfield D H. 1975. Waves in the vicinity of the magnetopause. In: McCormac B M (ed). Magnetospheric Particles and Fields. Dordrecht: D Reidel Pub Co.

Fairfield D H. 1976. Magnetic field of the magnetoshcath. Rev Geophys Space Phys, 14(1): 117.

Fejer J A. 1963. Hydromagnetic reflection and refraction at a fluid velocity discontinuity. Phys Fluids, 6: 508.

Frandsen A M A, Holzer R E, Smith E J. 1969. OGO search coil magnetometer experiment. IEEE Trans. Geo

Sci Electron, GE-7: 61-74.

Fujimoto M, Terasawa T. 1994. Anomalous ion mixing within an MHD scale Kelvin - Helmholtz vortex. Journal of Geophysical Research: Space Physics, 99(A5): 8601-8613.

Gary S P. 1991. Electromagnetic ion/ion instabilities and their consequences in space plasmas: A review. Space Science Reviews, 56(3-4): 373-415.

Gary S P, Eastman T E. 1979. The low hybrid drift instability at the magnetopause. J Geophys Res, 84(A12): 7378-7381.

Gendrin R, Lacourly S, Roux A, et al. 1971. Wave packet propagation in an amplifying medium and its application to the dispersion characteristics and to the generation mechanisms of Pcl events. Planet Space Sci, 19(2): 165-194.

Glassmeier K H, Neubauer F M. 1993. Low-frequency electromagnetic plasma waves at comet P/Grigg-Skjellerup: Overview and spectral characteristics. Journal of Geophysical Research: Space Physics, 98(A12): 20921-20935.

Goldstein M L, Wong H K, Viñas A F, et al. 1985. Large-amplitude MHD waves upstream of the Jovian bow shock: Reinterpretation. Journal of Geophysical Research: Space Physics, 90(A1): 302-310.

Gonzales C A, Kelley M C, Carpenter D L, et al. 1980. Simultaneous measurements of ionospheric and magnetospheric electric fields in the outer plasmasphere. Geophys Res Lett, 7(7): 517-520.

Gurnett D A, Andersen R R, Tsurutani B T, et al. 1979. Plasma wave turbulence at the magnetopause observation from ISEE 1 and 2. J Geophys Res, 84(A12): 7043-7058.

Gurnett D A, Reinleitner L A. 1983. Electron acceleration by Landau resonance with whistler mode wave packets. Geophys Res Lett, 10(8): 603-606.

Hasegawa A, Chen L. 1974. Theory of magnetic pulsations. Space Sci Rev, 16(3): 347-359.

Hasegawa H, Sonnerup B U Ö, Dunlop M W, et al. 2004. Reconstruction of two-dimensional magnetopause structures from Cluster observations: Verification of method. Ann Geophys, 22(4): 1251-1266.

Heacock R R, Akasofu S I. 1973. Periodically structured Pc 1 micropulsations during the recovery phase of intense magnetic storms. J Geophys Res, 78(25): 5524-5536.

Helliwell R A. 1965. Whistlers and Related Ionospheric Phenomena. Stanford: Stanford University Press.

Helliwell R A. 1969. Low-frequency waves in the magnetosphere. Rev Geophys, 71 (1, 2): 281-303.

Helliwell R A, Jean A G, Taylor W L. 1958. Some properties of lightning impulses which produce whistlers. Proc IRE, 46: 1760.

Hirasawa T. 1969. Worldwide characteristics of geomagnetic PC-pulsations with the period from 10 to 150 seconds during active-sun years. Rep Ionos Space Res Jap, 23: 281.

Hones E W Jr, Birn J, Bame S J, et al. 1981. Further determination of the characteristics of magnetospheric plasma vortices with ISEE 1 and 2. J Geophys Res, 86(A2): 814-820.

Hoppe M M, Russell C T, Frank L A, et al. 1981. Upstream hydromagnetic waves and their association with backstreaming ion populations: ISEE 1 and 2 observations. Journal of Geophysical Research: Space Physics, 86(A6): 4471-4492.

Hughes W J. 1983. Hydromagnetic waves in the magnetosphere. Rev Geophys Space Phys, 21(2): 508-520.

Hughes W J, McPherron R L, Barfield J N. 1978. Geomagnetic pulsations observed simultaneously on three geostationary satellites. J Geophys Res, 83(A3): 1109-1116.

Jacobs J A. 1970. Geomagnetic Micropulsations. New York: Springer-Verlag.

Jacobs J A, Watanabe T. 1964. Micropulsation whistlers. J Atmos Terr Phys, 26: 825.

Jörgensen T S. 1972. Micropulsations, whistlers, and VLF emissions. In: Cosmical Geophysics. Norway: Universitets for Laget Oslo, 301.

Kennel C F, Petschek H E. 1966. Limit on stably trapped particle fluxes. J Geophys Res, 71: 1-28.
Kenney J F, Knaflick H B. 1967. A systematic study of structured micropulsations. J Geophys Res, 72(11): 2857-2869.
Kenney J F, Knaflich H B, Liemohn H B. 1968. Magnetospheric parameters determined from structured micropulsations. J Geophys Res, 73(21): 6737-6749.
Kindel J M, Kennel C F. 1971. Topside current instabilities. J Geophys Res, 76: 3055.
Kivelson M G, Pu Z Y. 1984. The Kelvin-Helmholtz instability on the magnetopause. Planet Space Sci, 32: 1335.
Kivelson M G, Southwood D J. 1985. Resonant ULF waves: A new interpretation. Geophys Res Let, 12: 49.
Kletzing C A, Kurth W S, Acuna M, et al. 2013.The electric and magnetic field instrument suite and integrated science (EMFISIS) on RBSP. Space Science Reviews,179(1-4): 127-181.
Kokubun S. 1970. Fine structure of ULF emission in the frequency. Rep Ionos Space Res Jap, 24: 24.
Kokubun S, McPherron R L, Russell C T. 1976. OgO-5 observations of Pc 5 waves: Ground-magnetosphere correlation. J Geophys Res, 81(28): 5141-5149.
Krall N A, Liewer P C. 1971. Low frequency instabilities in magnetic pulses. Phys Rev, 4: 2094.
Krall N A, Trivelpiece A W. 1973. Principles of plasma physics. American Journal of Physics, 41(12): 1380-1381.
Kurth W S, Gurnett D A. 1991. Plasma waves in planetary magnetospheres. Journal of Geophysical Research: Space Physics, 96(S01): 18977-18991.
Lakhina G S, Verheest F. 1995. Pickup proton cyclotron turbulence at comet P/Halley. Journal of Geophysical Research: Space Physics, 100(A3): 3449-3454.
Lanzerotti L J, Fukunish H. 1975. Relationships of the characteristics of magneto hydrodynamic waves to plasma density gradients in the vicinity of the plasmapause. J Geophys Res, 80: 4627.
Lanzerotti L J, Southwood D J. 1979. Hydromagnetic waves. Solar System Plasma Physics: 109-135.
Lauben, D S, Inan U S, Bell T F, et al. 2002. Source characteristics of ELF/VLF chorus. J Geophys Res, 107(A12): 1429.
Li L, Zhou X Z, Zong Q G, et al. 2017a. Ultralow frequency wave characteristics extracted from particle data: Application of IGSO observations. Science China Technological Sciences, 60(3): 419-424.
Li L, Zhou X Z, Zong Q G, et al. 2017b. Charged particle behavior in localized ultralow frequency waves: Theory and observations. Geophysical Research Letters, 44(12): 5900-5908.
Liewer P C, Davidson R C. 1977. Sheath broadening by the lower-hybrid-drift instability in post-implosion theta pinches. Nuclear Fusion (Anstria), 17: 85.
Lin N, McPherron R L, Kivelson M G, et al. 1988. An unambiguous determination of the propagation of a compressional Pc 5 wave. Journal of Geophysical Research: Space Physics, 93(A6): 5601-5612.
Mann I R, Lee E A, Claudepierre S G, et al. 2013. Discovery of the action of a geophysical synchrotron in the Earth's Van Allen radiation belts. Nature communications, 4: 2795.
Mauk B H, McPherron R L. 1980. An experimental test of the electromagnetic ion cyclotron instability within the Earth's magnetosphere. Phys Fluids, 23: 2111.
Mead G D, Fairfield D H. 1975. A quantitative magnetospheric model derived from spacecraft magnetometer data. Journal of Geophysical Research, 80(4): 523-534.
Miura A. 1982. Nonliner evolution of the magneto hydrodynamic Kelvin-Helmholtz instability. Phys Rev Lett, 49: 779.
Miura A. 1984. Anomalous transport by magneto hydrodynamic Kelvin-Helmholtz instabilities in the solar wind-magnetosphere interaction. J Geophys Res, 89: 801.

Miura A, Pritchett P L. 1982. Nonlocal stability analysis of the MHD Kelvin-Helmholtz instability in a compressible plasma. J Geophys Res, 87(A9): 7431-7444.

Nagata T, Kokubun S, Injima T. 1963. Geomagnetically conjugate relationships of giant pulsations at Syowa Base, Antarctica and Rejkjavik, Iceland. J Geophys Res, 68(15): 4621-4625.

Neubauer F M, Glassmeier K H, Coates A J, et al. 1993. Low - frequency electromagnetic plasma waves at comet P/Grigg - Skjellerup: Analysis and interpretation. Journal of Geophysical Research: Space Physics, 98(A12): 20937-20953.

Nishida A. 1978. Geomagnetic Diagnosis of the Magnetosphere. NewYork: Springer-Verlag.

Norinder H, Knudsen E. 1959. The relation between lightning discharges and whistlers. Planet Space Sci, 1(3): 173-183.

Northrop T G. 1963. The Adabatic Motion of Charged Particles. Interscience Publishers.

Nourry G R. 1976. Interplanetary magnetic field, solar wind and geomagnetic micropulsation. Doctoral dissertation, University of British Columbia.

Obayashi T. 1965. Hydromagnetic whistlers. J Geophys Res, 70(5): 1069-1078.

Obayashi T, Jacobs J A. 1958. Geomagnetic pulsations and the Earth's outer atmosphere. Geophys J, 1: 53.

Omura Y, Hikishima M, Katoh Y, et al. 2009. Nonlinear mechanisms of lower band and upper band 2 VLF chorus emissions in the magnetosphere. Journal of Geophysical Research: Space Physics, 114(A7): 232-247.

Orr D. 1973. Magnetic pulsations within the magnetosphere: A review. J Atmos Terres Phys, 35(1): 1-2.

Park C G, Carpenter D L, Wiggin D B. 1978. Electron density in the plasmasphere: whistler data on solar cycle, annual, and diurnal variations. J Geophys Res, 83 (A7): 3137-3144.

Pu Z, Kivelson M G. 1983a. Kelvin-Helmholtz instability at the magnetopause: Solution for compressible plasmas. J Geophys Res, 88(A2): 841-852.

Pu Z, Kivelson M G. 1983b. Kelvin-Helmholtz instability at the magnetopause: energy flux into the magnetosphere. J Geophys Res, 88: 853.

Ratcliffe J A. 1972. An Introduction to the Ionosphere and Magnetosphere. Cambridge at the University Press. (电离层与磁层引论. 吴雷, 宋笑亭译. 北京: 科学出版社, 1980.)

Roederer J G. 1970. Dynamics of Geomagnetically Trapped Radiation. Berlin: Springer-Verlag.

Rose D J, Clark M Jr. 1961. Plasma and Controlled Fusion. Massachusetts: The MIT Press.

Roux A, Solomon J. 1971. Self-consistent solution of the quasi-linear theory application to the spectralshape and intensity of VLF waves in the magnetosphere. J Atmos Terr Phys, 33: 1457.

Russell C T, Elphic R C. 1979. Initial ISEE magnetometer results: Magnetopause observation. Space Sci Rev, 22: 681.

Russell C T, McPherron R L, Coleman P J Jr. 1972. Fluctuation magnetic field in the magnetosphere. Space Sci. Rev, 12: 810.

Saito T. 1969. Geomagnetic pulsations. Space Sci Rev, 10: 319.

Saito T, Matsushita S. 1967. Geomagnetic pulsations associated with sudden commencements and sudden impulses. Planet. Space Sci, 15: 573.

Samson J C. 1972. Three-dimensional polarization characteristics of high-latitude Pc5 geomagnetic micropulsations. J Geophs Res, 77: 6145.

Schulz M, Lanzerotti L J. 1974. Particle Diffusion in the Radiation Belts. Berlin: Springer.

Shawhan S D. 1979. Magnetospheric plasma wave research, 1975-1978. Rev Geophys Space Phys, 17: 705.

Smith E J, Tsurutani B T, Chenette D L, et al. 1976. Jovian electron bursts: Correlation with the interplanetary field direction and hydromagnetic waves. Journal of Geophysical Research, 81(1): 65-72.

Southwood D J. 1968. The hydromagnetic stability of the magnetospheric boundary. Planet Space Sci, 16: 587.

Southwood D J. 1974. Some features of field line resonances in the magnetosphere. Plane Space Sci, 22: 483.

Southwood D J, Kivelson M G. 1981. Charged particle behavior in low-frequency geomagnetic pulsations 1. Transverse waves. Journal of Geophysical Research: Space Physics, 86(A7): 5643-5655.

Southwood D J, Kivelson M G. 1982. Charged particle behavior in low-requency geomagnetic pulsations, 2. Graphical approach. Journal of Geophysical Research: Space Physics, 87(A3): 1707-1710.

Su S Y, Konradi A, Fritz T A. 1977. On propagation direction of ring current proton ULF waves observed by ATS 6 at 6.6 R_E. Journal of Geophysical Research, 82(13): 1859-1868.

Summers D, Ni B, Meredith N P. 2007. Timescales for radiation belt electron acceleration and loss due to resonant wave-particle interactions: 2. Evaluation for VLF chorus, ELF hiss, and electromagnetic ion cyclotron waves. Journal of Geophysical Research: Space Physics, 112(A4): 207-228.

Tepley L. 1964. Low-latitude observations of fine-structured hydromagnetic emissions. J Geophys Res, 69: 2273.

Thorne R M. 2010. Radiation belt dynamics: The importance of wave - particle interactions. Geophysical Research Letters, 37(22): 107-114 .

Thorne R M, Tsurutani B T. 1990. Wave-particle interactions in the magnetopause boundary layer. Physics of Space Plasmas, 10: 119.

Thorne R M, Smith E J, Burton R K, et al. 1973. Plasmaspheric hiss. J Geophys Res, 78(10): 1581-1596.

Tsurutani B T, Lakhina G S. 1997. Some basic concepts of wave-particle interactions in collisionless plasmas. Rev Geophys, 35(4): 491- 501.

Tsurutani B T, Smith E J. 1977. Two types of magnetospheric ELF chorus and their substorm dependences. Journal of Geophysical Research, 82(32): 5112-5128.

Tsurutani B T, Smith E J. 1986. Hydromagnetic waves and instabilities associated with cometary ion pickup: ICE observations. Geophysical Research Letters, 13(3): 263-266.

Tsurutani B T, Thorne R M. 1982. Diffusion processes in the magnetopause boundary layer. Geophysical Research Letters, 9(11): 1247-1250.

Uberoi C. 1984. A note on southwood's instability criterion. J Geophys Res, 89: 5652.

Wang Y D. 1982. Enforced gyroresonance of electrons in large-amplitude whistler waves. Phys Fluids, 25: 1562.

Wilken B, Baker D N, Higbie P R, et al. 1986. Magnetospheric configuration and energetic particle effects associated with a SSC: A case study of the CDAW 6 event on March 22, 1979. Journal of Geophysical Research: Space Physics, 91(A2): 1459-1473.

Wolfe A, Kaufman R L. 1975. MHD wave transmission and production near the magnetopause. J Geophys Res, 80: 1764.

Wu C S. 1986. Kelvin-Helmholtz instability at the magnetopause boundary. J Geophys Res, 91: 3042.

Wu C S, Lee L C. 1979. A theory of the terrestrial kilometric radiation. Astrophys J, 230: 621.

Zhang X Y, Zong Q G, Wang Y F, et al. 2010. ULF waves excited by negative/positive solar wind dynamic pressure impulses at geosynchronous orbit. Journal of Geophysical Research: Space Physics, 115 (A10): 636-650.

Zheng H, Holzworth R H, Brundell J B, et al. 2016. A statistical study of whistler waves observed by Van Allen Probes (RBSP) and lightning detected by WWLLN. J Geophys Res Space Physics, 121: 2067-2079.

Zhou X Z, Wang Z H, Zong Q G, et al. 2016. Charged particle behavior in the growth and damping stages of ultralow frequency waves: Theory and Van Allen Probes observations. Journal of Geophysical Research: Space Physics, 121(4): 3254-3263.

Zong Q, Wang Y, Yang B，et al. 2008. Recent progress on ULF wave and its interactions with energetic particles in the inner magnetosphere. Sci China Ser E-Technol Sci, 51: 1620-1625.

Zong Q G, Zhou X Z, Wang Y F. et al. 2009. Energetic electrons response to ulf waves induced by interplanetary shocks in the outer radiation belt. Journal of Geophysical Research（Space Physics）, 114(A10): 204.

Zong Q, Wang Y, Yuan C, et al. 2011. Fast acceleration of “killer” electrons and energetic ions by interplanetary shock stimulated ULF waves in the inner magnetosphere. Chin Sci Bull, 56: 1188.

Zong Q G, Wang Y F, Zhang H, et al. 2012. Fast acceleration of inner magnetospheric hydrogen and oxygen ions by shock induced ULF waves. Journal of Geophysical Research: Space Physics, 117(A11): 206-223.

Zong Q G, Rankin R, Zhou X. 2017. The interaction of ultra-low-frequency pc3-5 waves with charged particles in Earth’s magnetosphere. Reviews of Modern Plasma Physics, 1（1）: 10.

第 11 章　地磁亚暴与磁暴

由于太阳风与地球磁层的相互作用，太阳风的能量不断地向磁层内输运。在磁层中逐渐累积的能量经常以激烈的方式耗散掉，从而导致整个磁层和电离层系统中的一系列活动。对于在地球表面的观测者而言，这些活动主要体现为地磁场的剧烈扰动和极光的增强与演化。早在 1741 年，瑞典科学家 Olof Hiorter 就已发现了地磁扰动和极光之间的相关性。1859 年，在 Richard Carrington 观测到太阳上一个巨大的耀斑后，人们发现地磁场也随即发生了极为剧烈的扰动，伴随发生的极光甚至在热带地区的波多黎各岛上都能被观测到。这是有记载以来最强的一次磁暴事件(后被命名为 Carrington 事件)。由此，人们也明确了太阳活动、地磁扰动与极光事件三者之间的相互关联性，并开始将这些不同观测现象作为一个整体进行研究。

根据时间与空间尺度的不同，可以将发生在地球磁层和电离层系统中的剧烈扰动分为两种：地磁亚暴与磁暴。在地球表面，地磁亚暴的影响范围往往局限于高纬地区，其持续时间通常为 2～3 个小时，而连续两次亚暴的时间间隔一般也为数个小时；磁暴则可影响赤道地区的地磁扰动，其持续时间长达数天，而连续两次磁暴的间隔时间则可能长达几十天或几百天。

人们曾经一度认为磁暴是由多次连续的亚暴叠加所形成的。直到 20 世纪后期，这一观念才得以转变。根据目前的主流观点，尽管地磁亚暴与磁暴间存在着一定的联系，二者在很大程度上却是互相独立的。需要指出的是，地磁亚暴和磁暴都是全球尺度的复杂过程，其表现形式极为丰富多样。在拥有多种探测手段(包括全球地磁台站、极光观测台站、雷达网络、探空火箭和科学卫星等)的今天，与地磁亚暴或磁暴相关的新观测现象仍然层出不穷。这些复杂的现象在帮助理解其背后物理过程的同时，也在不断地向人们提出新的问题和挑战。事实上，如何将这些复杂的观测现象纳入一个统一的框架，甚至仅仅为地磁亚暴或磁暴提供一个精准的定义都已成为一个极为困难且充满争议的工作。在本章中，我们将分别介绍这两种重要的观测现象及其背后的物理过程。

11.1　地 磁 亚 暴

在地磁亚暴的研究中，关于其触发机制和各组成部分因果关系的激烈争论已持续数十年，期间提出的亚暴模型数不胜数，时至今日仍在不停地更新和激辩之中。受篇幅所限，我们仅对其中最为重要的模型进行简要讨论。在此之前，我们首先介绍亚暴期间的观测现象。

11.1.1　亚暴期间的极光观测

在亚暴进行的过程中，最为显著的现象是极光活动的增强，因此这一过程也被称为极光亚暴。在子夜时分附近，原本平静的极光弧会在极光椭圆带赤道侧边缘突然增亮，这一时刻通常被称为亚暴的急始。随后，极光活动区迅速扩大，并在空间中形成一个明显的隆起(即极光隆起区，auroral bulge)。在极光隆起区中，大部分极光弧呈现出明显的幕状褶皱，并在快速运动中逐渐破碎、消亡。与此同时，新的极光弧持续涌现，从而造成隆起区的不断扩张。极光活动西向和极向扩张尤为显著。其中，西向的运动速度可达每秒 1 km，行进数千千米，形成壮观的极光西行浪涌(westward traveling surge)。极光活动区快速扩张的过程可持续 30～50 min，这一时段被称为亚暴的膨胀相。

图 11.1.1 展示了亚暴膨胀相期间的极光照片，分别摄于地面和国际空间站。两张照片均显示了多条分立的极光弧，它们都呈现明显的幕状结构和强烈褶皱。从图 11.1.1(a)中还可以看到极光隆起区的前沿。此时，极光隆起区的前沿由一条明亮的极光弧组成，尽管随后它可能会被新形成的极光弧替代。

(a)　　(b)

图 11.1.1　亚暴膨胀相期间的极光照片，分别摄于地面与国际空间站

当极光隆起区达到最大范围并停止扩展时，亚暴膨胀相结束，随即进入恢复相。此时，极光西行浪涌通常已行进至极光椭圆带的傍晚部分，并在这一区域逐渐退化为不规则的结构。东向漂移的极光则往往呈现出脉动的特征，并在持续一段时间后逐渐消亡。极光亚暴的恢复相通常可持续 1～2 h。

上述极光亚暴的演化图像最早由日本科学家赤祖父俊一(Syun-Ichi Akasofu)通过大量的观测总结得出。在其经典论著(Akasofu, 1964)中，作者使用了一张示意图来描述全球极光亚暴的演化模式，如图 11.1.2 所示。在这张示意图中，正下方代表地方时子夜时分，左右分别代表昏侧与晨侧；A 时刻代表亚暴急始，B、C 和 D 三个时段代表亚暴膨胀相，E 和 F 时段代表亚暴恢复相。需要说明的是，即使在亚暴恢复相期间，仍可能在特定区域(尤其是极光隆起的极侧)出现极光增强，甚至可能触发一轮或多轮新的亚暴过程(即从 E 时段回到 C 时段并继续演化)。

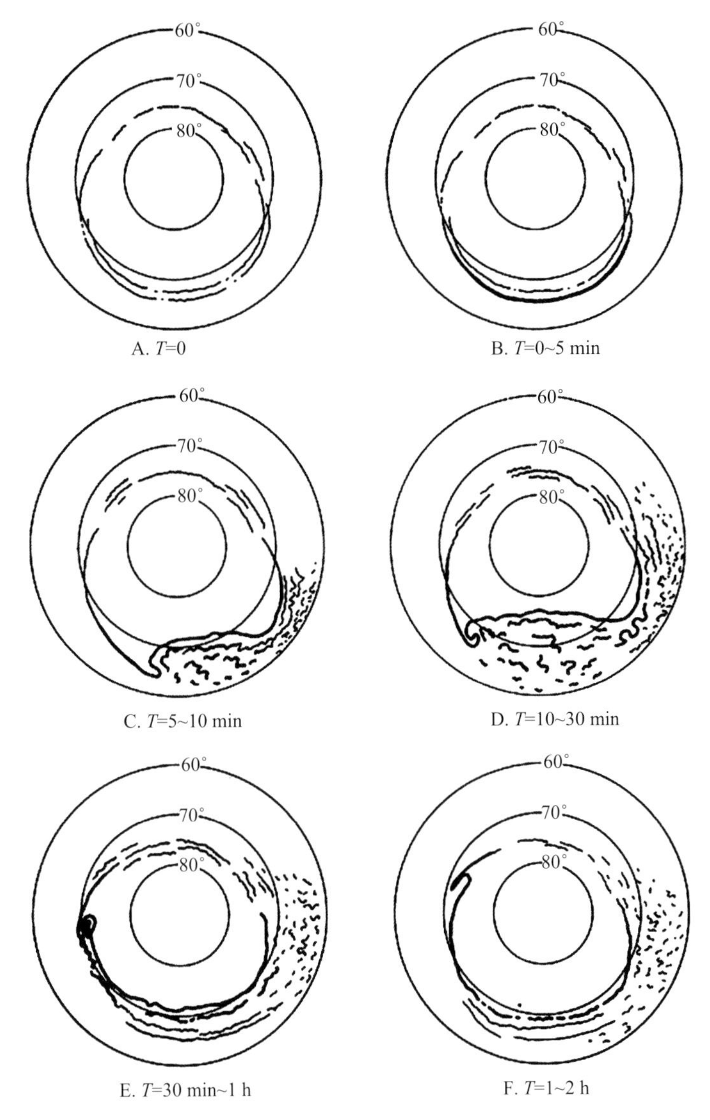

图 11.1.2　极光亚暴的演化示意图(Akasofu, 1964)

这种极光亚暴演化模式很快被卫星观测所证实。图 11.1.3 显示了 Dynamic Explorer 卫星在亚暴期间连续拍摄的全球极光演化图像(Frank et al., 1982)。图中明亮的半球代表向阳侧，而各张图片反映了亚暴的不同阶段。按时间顺序，我们可以看到较为暗淡的极光椭圆带(第一行)、椭圆带赤道侧的增亮(第二行左侧两图)、极光隆起区的出现(第二行最右图)、极光隆起区的快速膨胀(第三行左侧三图)以及极光强度的减弱(第三行最右图)，与示意图 11.1.2 的描述一致。有趣的是，在第一行左侧第二张图片中，极光强度较此前有明显上升，但这一上升并没有直接导致极光隆起，在其后极光强度甚至出现了短暂的下降。这种未能导致亚暴膨胀相的极光增亮事件被称为伪暴(pseudo-breakup)，它的出现也进一步说明了极光亚暴演化的复杂性。

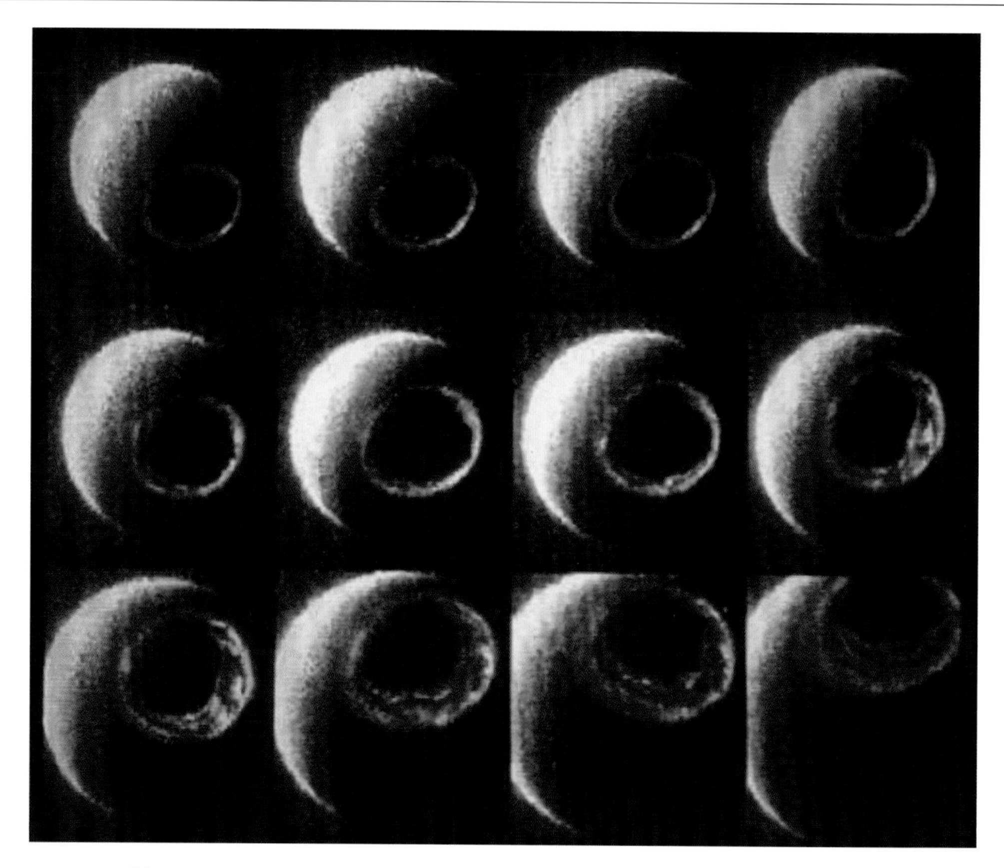

图 11.1.3 Dynamic Explorer 卫星对极光亚暴的连续观测(Frank et al., 1982)

11.1.2 亚暴期间的地磁扰动

在极光活动期间，地球极区表面磁场的扰动也非常显著。早在 100 多年前，挪威科学家 Kristian Birkeland 曾多次组织前往高纬度地区进行科学考察，并利用多个地磁台站的观测数据分析了极光活动期间剧烈的磁场扰动(Birkeland, 1908)。这种磁场扰动主要体现在地磁场的北向分量(通常被记为 H 分量)上。在亚暴期间，极光椭圆带子夜附近的台站往往可以观测到磁场 H 分量明显下降。这种磁场的下降和随后的恢复过程在时间序列图上显示为类似海湾的形状，因此被形象地称为负湾扰(Negative Bay)。

图 11.1.4 展示了在一次亚暴期间北半球高纬多个地磁台站测得的磁场 H 分量从世界时 16 时至 22 时的变化(Akasofu et al., 1965)。图中正上方表示地方时为正午时刻。可以看出，位于子夜时刻的台站(如 Tixie Bay 和 Dixon 等)观测到了显著的磁场 H 分量负湾扰，而位于黎明时刻的台站(如 Cape Wellen 和 Barrow 等)观测到的负湾扰幅度则相对较小。值得注意的是，处于黄昏时刻的台站(如 Reykjavik 等)观测到了磁场 H 分量较小幅度的上升(称为正湾扰)。如果假定这些地磁扰动源自于极光椭圆带上空电离层高度的电流，运用右手定则即可估算出这一电流分布，即较强的西向电流(位于子夜和黎明侧)和较弱的东向电流(位于黄昏侧)。二者的交界处位于子夜前，被称为 Harang 间断。

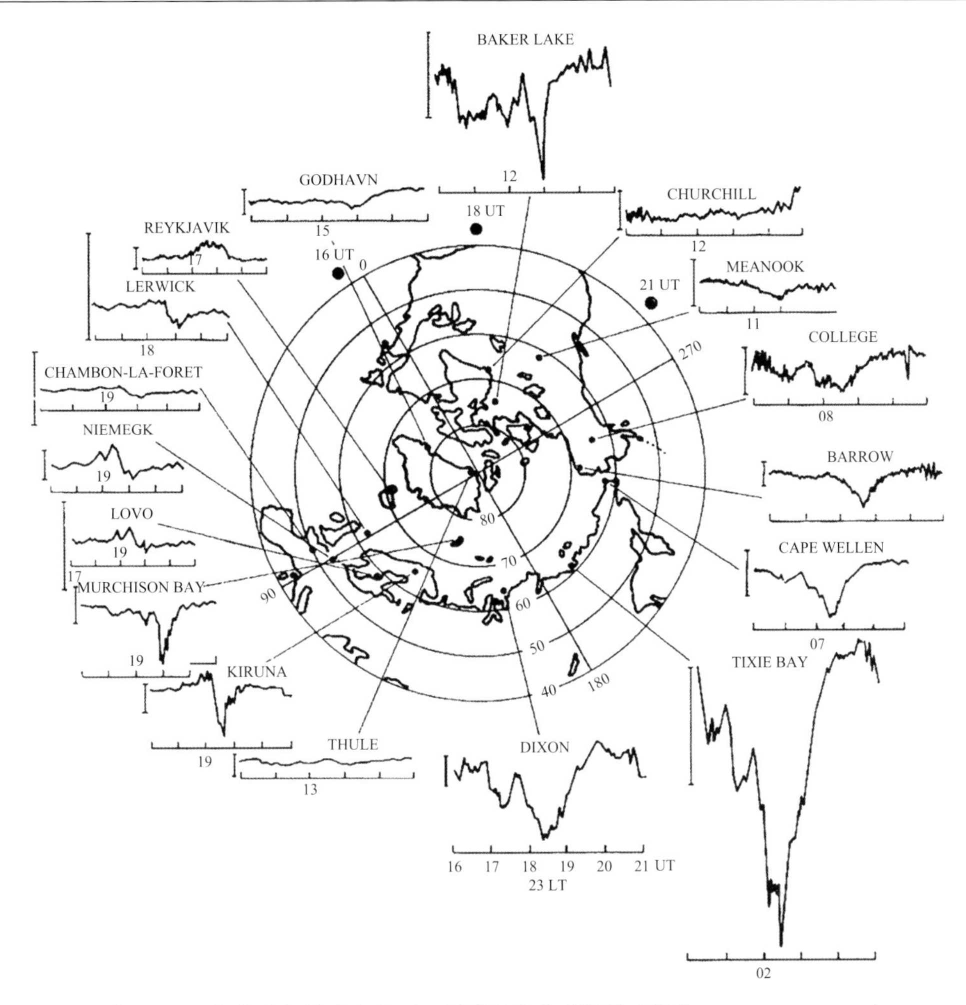

图 11.1.4　北半球各地磁台站对亚暴期间北向磁场的观测(Akasofu et al., 1965)

为了表征西向与东向电流的强度及其演化趋势，人们往往需要利用极光带上众多地磁台站的观测数据，并逐一分析当地磁场随时间的变化。为了简化这项工作，这些观测数据也被凝练为地磁指数的形式（Davis and Sugiura, 1966; Kamide and Rostoker, 2004），由特定机构例行生成并发布。图 11.1.5 显示了目前较为常用的地磁 *AE*、*AU* 和 *AL* 指数的生成流程。首先，人们选取了极光带上随经度均匀分布的一系列地磁台站，将其观测得到的磁场 *H* 分量进行归一化处理(扣除各自的平静时期观测值)，随后画在同一张图上。鉴于电离层高度的东向电流和西向电流分别可以造成其下方地磁场 *H* 分量的增强和减弱，这一系列曲线簇的上下包络线反映了东向电流和西向电流各自的最大强度。通常，人们将上包络线(图 11.1.5 中红线)称为 *AU* 指数，下包络线(图中蓝线)称为 *AL* 指数，其单位均为 nT。*AU* 与 *AL* 指数之差(即上下包络线之间的距离)即为 *AE* 指数，或称极光电急流指数，用于表征亚暴期间电离层电流对地磁场的扰动总强度。目前，这些地磁指数由日本京都大学实时发布，其数据中心网址为：http://wdc.kugi.kyoto-u.ac.jp/aedir/。

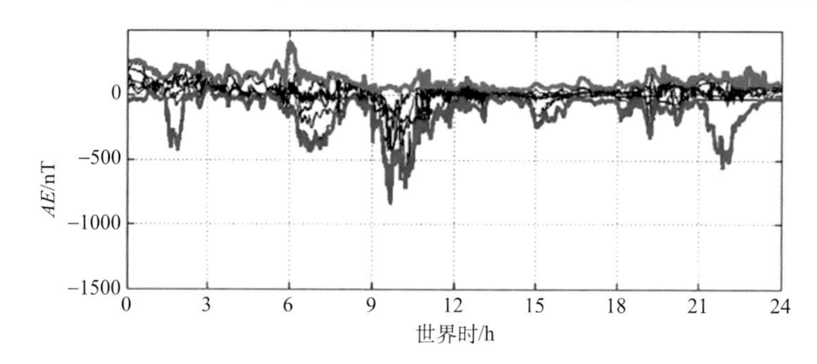

图 11.1.5　从地磁台站观测数据生成极光电射流 *AE*、*AU*、*AL* 指数的流程

从图 11.1.5 中可以看出，*AE* 指数通常可以达到几百 nT。在很强的亚暴事件中，*AE* 指数甚至可达数千 nT，从而造成极区磁场(背景强度约 60000 nT)明显的扰动。图中还显示了在磁场扰动期间 *AL* 指数通常远大于 *AU* 指数，这也说明了磁扰期间西向电流的强度大于东向电流。

需要强调的是，地磁扰动的增强(通常表现为 *AE* 指数的上升和 *AL* 指数的下降)与极光活动密切相关。当极光亚暴膨胀相开始时，人们几乎总能看到 *AE* 指数的迅速增大和 *AL* 指数的迅速下降。事实上，在亚暴膨胀相期间，*AE* 指数可能会出现数次快速上升(对应于 *AL* 指数的快速下降)。在亚暴恢复相开始后，随着极光活动的减弱，*AE* 和 *AL* 指数也将逐渐恢复平静。由于极光观测常常受气象条件等因素限制而无法获得连续的数据，因此人们也常常使用 *AE* 或 *AL* 指数来确定亚暴的膨胀相与恢复相开始时刻。以图 11.1.5 为例，我们可以清晰地看出 *AL* 指数在世界时 9 时处快速下降，因此，这一时刻可被认定为亚暴膨胀相的开始(即亚暴急始)。随后 *AL* 指数经历了另一次迅速下降，并在约半小时后达到其极小值。这一时刻标志着亚暴膨胀相的结束和恢复相(长约 2.5 h)的开始。

值得注意的是，在图 11.1.5 中，*AL* 指数在亚暴膨胀相开始(世界时 9 时)之前就已进入了缓慢下降阶段。这说明在亚暴急始之前，电离层中的电流已开始缓慢增强。这个 *AL* 指数逐渐下降的初始阶段被称为亚暴的增长相 (McPherron, 1970)。在增长相期间，极光现象除了偶发的短暂增亮(即 11.1.1 节中提到的伪暴)以外，通常并不明显，因此在 Akasofu (1964)的经典论著中并没有涉及这一阶段。尽管如此，亚暴增长相仍被视为地磁亚暴发展的一个重要阶段。图 11.1.6 显示了一个独立的亚暴事件的演化过程(由 *AU* 和 *AL* 指数描述)，图中下方标注了增长相、膨胀相与恢复相的时间范围。

随着高纬度地区地磁台站的逐渐增多，人们开始利用这些磁场数据对电离层高度的电流分布进行反演。在反演过程中，人们通常假设所有导致地磁场扰动的电流均局限于电离层高度。这一假设在今天看来显然存在问题，即使在当时也没能获得完全的认同：Birkeland 本人的观点就与之截然相反。然而，在缺乏卫星观测的年代，人们仅凭借地磁台站的观测确实难以判断电流是否应该在电离层中闭合，还是可以与更高高度(即磁层，但当时这一概念尚未建立)相连接。因此，这种通过地磁数据反演所得到的局限于电离层中的电流被称为“等效电流”。

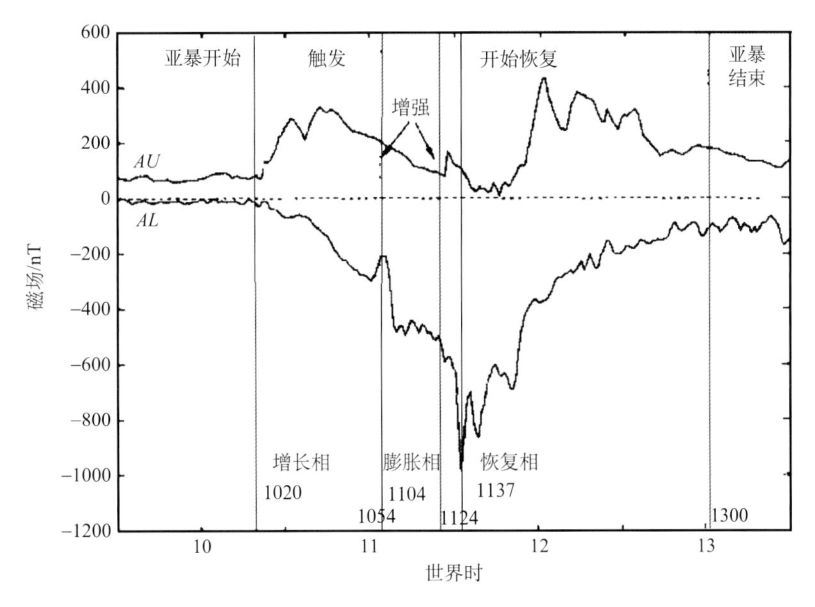

图 11.1.6　一个独立亚暴事件的 AU 和 AL 指数演化过程

图 11.1.7 展示了亚暴增长相(a)与膨胀相(b)期间的电离层等效电流分布，其中各等值线代表等效电流的流线，而流线的疏密程度则反映了电流的强弱。可以看出，在亚暴增长相，等效电流分布存在着明显的双单元体系：电流从子夜前(地方时约 22 点)越过极区，在抵达向阳面后分成向东和向西的两支电流，并各自沿极光椭圆带回到夜侧。这一电流体系被称为极区 II 型扰动(或称 DP-2 电流体系)。这种双单元体系与第 6 章中介绍的等离子体在极区的对流体系颇为相似(虽然电流方向与等离子体对流方向相反)，因此也暗示了 DP-2 电流体系与地球磁层对流之间的联系。我们将在 11.1.4 节中对这一联系进行解释和说明。在亚暴膨胀相期间，除了原有的 DP-2 电流体系外，在子夜极光增亮区还出现了强烈的西向电流。正是这一西向电流的出现造成了子夜区域地磁 H 分量的显著减弱和 AL 指数的快速下降。随着极光活动区极向和西向的膨胀，这一强电流区域

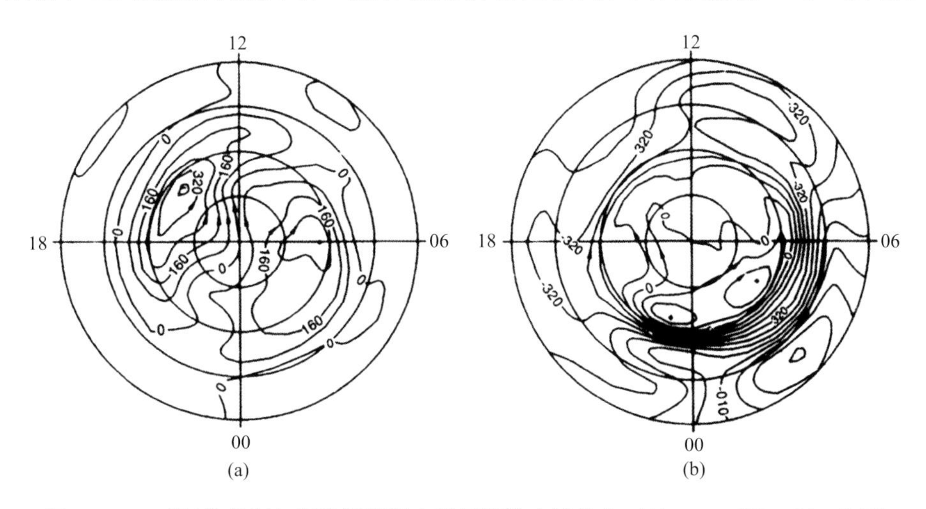

图 11.1.7　亚暴增长相与膨胀相期间电离层等效电流分布（Clauer and Kamide, 1985）

也随之扩展。当西向强电流抵达黄昏区域，并与原有 DP-2 体系中的东向电流相交时，该区域的地磁场 H 分量可能会由正转负(见图 11.1.4 中 Niemegk 和 Lovo 台站的观测结果)。这种在亚暴膨胀相开始出现并在恢复相逐渐减弱的等效电流体系被称为极区 I 型扰动(或称 DP-1 电流体系)。电离层等效电流体系从现象学上很好地解释了亚暴期间的强烈地磁扰动，从而一度被广为接受。然而，随着大量卫星磁场观测数据的出现，人们意识到真实的亚暴电流体系可以延伸至远超电离层的高度。这种三维电流体系后被称为亚暴电流楔 (McPherron et al., 1973; Pytte et al., 1976)。

11.1.3 场向电流与亚暴电流楔

电离层电流体系自身并不闭合，可延展至更高区域的想法最初源自 Birkeland。在(Birkeland, 1913)中，作者提出了亚暴地磁扰动源自两种电流的叠加，即垂直磁场的西向电流和更高高度上平行于磁力线的场向电流。然而，这种观点在很长的时间内都没能被广泛接受。因为在当时，人们认为更高的高度处于真空状态，因此不可能有电流存在(Chapman, 1935)。

随着太空时代的到来，人们很快建立起地球磁层的概念 (Gold, 1959)，并意识到这一区域中存在着大量的带电粒子，因此可携带电流。当人们分析地球同步卫星上的磁场观测数据时，发现磁场北向分量(H 分量)在亚暴期间出现了明显的上升。McPherron (1972)进一步发现，这种同步轨道上的磁场 H 分量上升与地球中纬地区远离极光带的 Honolulu 台站所观测到的 H 分量上升呈现出很强的相关性。这一现象说明，这种磁场扰动所对应的电流应该出现在比同步轨道更加远离地球的磁力线上。为此，McPherron 等(1973)提出在亚暴期间空间中应存在着一个三维电流体系，即著名的亚暴电流楔，如图 11.1.8 所示，其中(c)显示了呈现楔形结构的二维投影。在这一楔形电流体系中，极光带电离层中的西向电流通过一对沿着磁力线的场向电流与地球磁尾相连。这对场向电流在极光活动的东侧边界从磁层中流入电离层，在西侧边界流出。为了形成电流的闭环，亚暴电流楔在磁尾部分的电流呈东向，这一指向与磁尾电流片中的越尾电流方向相反，因此常常被描述为越尾电流的减弱或中断。

图 11.1.8(b)展示了这一电流体系对中纬度地磁场的影响。在电流楔的内部及其边缘地带，磁场北向 H 分量扰动为正，且关于亚暴电流楔中心对称(如图中虚线所示，又被称为中纬正湾扰)。中纬度地区的地磁场东向分量(D 分量)扰动呈现反对称的形态(见图中实线)：在北半球，地磁场 D 分量在子夜前的扰动为正，在子夜后为负；在南半球，D 分量的扰动和北半球相反。这一推断与中纬地磁台站的观测十分接近，也与同步卫星观测一致，因此亚暴电流楔的概念提出后很快就被广为接受。

需要指出的是，这种简单的亚暴电流楔模型仍只是空间真实电流分布的近似描述。进一步的观测表明，从电离层上行的场向电流通常分布于子夜前的一个较小区域，而下行场向电流在子夜后则分布更加广泛 (Baumjohann, 1982)。更加复杂的模型表明，在纬度较低的区域还存在着一个较弱的电流楔，其场向电流方向与传统的亚暴电流楔相反，即在子夜前的区域流入电离层，在子夜后的区域流出 (Birn et al., 1999; Sergeev et al., 2014)。事实上，如何利用地磁及卫星数据对亚暴电流楔进行建模与重构至今仍是亚暴研

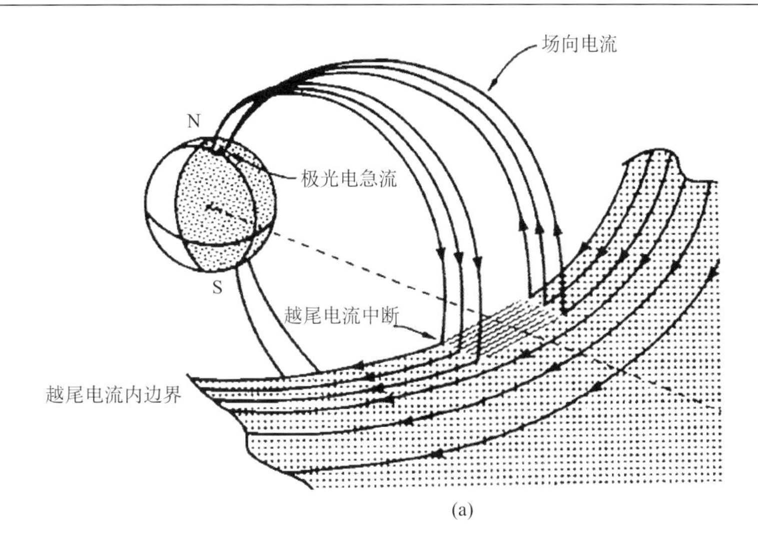

(a)

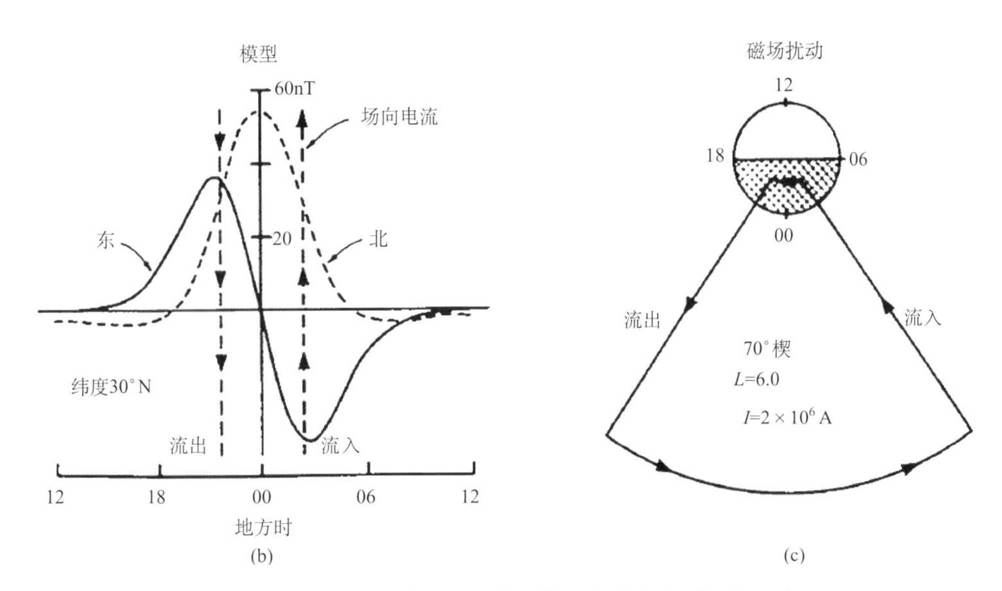

(b)　(c)

图 11.1.8　亚暴电流楔的形态及其对中纬度地磁场的影响

究的重要内容之一(Sergeev et al., 2011b; Chu et al., 2014)。

场向电流这一概念的提出大大改变了人们对电离层与磁层耦合过程的认识。在此前的等效电流模型中，电流必须在电离层内部闭合，从而对许多问题的理解造成了不必要的障碍。场向电流的引入去除了这一障碍，同时也在电离层与磁层之间搭建了物质与能量交换的通道，从而使得人们可以更好地审视亚暴过程中极光与空间电流系统之间的物理联系。

11.1.4　亚暴过程中的电离层-磁层耦合过程

本节我们首先讨论亚暴增长相期间的空间电流系统(在等效电流理论框架下，这一系统对应于电离层 DP-2 电流体系)。观测显示，亚暴增长相通常发生在行星际磁场南向期间，此时太阳风主要通过磁重联过程驱动地球磁层的对流(详见第 6 章)。在磁层中，这一对流过程可被视为磁力线的运动，因此也会对磁力线根部的高纬电离层产生影响。图 11.1.9(a)展示了电离层的二元对流体系：在极盖区(图中白色区域)，磁力线受向阳面磁重联驱动从日侧向夜侧移动，其对应的对流电场为晨昏方向；在极光椭圆带(图中阴影区域)，磁力线则环绕地球向日侧运动，对应于昏晨方向的对流电场(在黄昏侧指向极区，在黎明侧指向赤道)。由于电离层电导率的存在，这一电场可在电离层中驱动电流，其方向与强度在很大程度上也取决于电导率的性质。

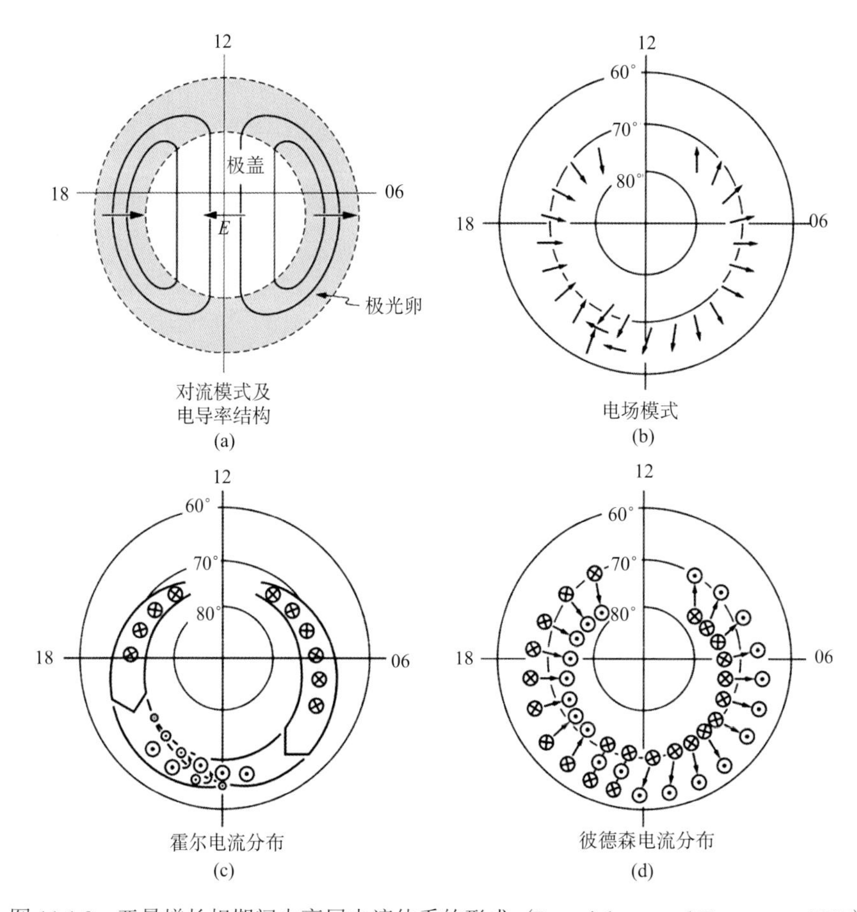

图 11.1.9　亚暴增长相期间电离层电流体系的形成 (Baumjohann and Treumann, 1997)

在高纬电离层中，电导率最重要的两个性质如下：①由于大量带电粒子的沉降，极光椭圆带中的电导率显著高于极盖区电导率，因此，高纬电离层中的电流也主要集中于这一区域；②由于带电粒子与中性成分的碰撞，在电离层中同时存在着霍尔电导率与彼德森电导率。这是因为在电离层 E 区，电子与中性成分的碰撞频率小于电子回旋频率，因此电子主要沿 $\boldsymbol{E}\times\boldsymbol{B}$ 漂移方向运动，其携带的电流(即霍尔电流)方向与对流方向相反。对正离子而言，由于其碰撞频率高于回旋频率，它们无法完成回旋运动，因此不存在 $\boldsymbol{E}\times\boldsymbol{B}$ 漂移(所以也不会抵消电子漂移所产生的电流)。相反，这些离子在连续两次碰撞之间的运动主要受电场控制，因此它们可携带平行于电场方向的彼德森电流。一般而言，电离层中霍尔电导率的数值大于彼德森电导率。

鉴于极盖区中的电导率极小，在分析高纬电离层中的电流分布时，人们无须考虑极盖区电场的作用。因此，我们在图 11.1.9(b) 中略去极盖区电场，仅展示极光椭圆带中的电场分布。需要注意的是，这一电场分布与图 11.1.9(a) 中的对流电场分布并非完全一致，其偏差在夜侧较为明显。这一偏差源自极化电场的影响，其对应的物理过程详见图 11.1.10。在子夜区域，西向的对流电场(图中被标注为 E_{py})可以产生较弱的西向彼德森电流($\Sigma_{\mathrm{P}}E_{py}$)和较强的极向霍尔电流($\Sigma_{\mathrm{H}}E_{py}$)。当霍尔电流抵达极光带边缘时，电导率的迅速下降使其无法继续在电离层中流动。这些电流中的大部分可被转化为场向电流，剩余部分则造成了电荷在极光带边缘的累积。由于正电荷和负电荷分别在极光带的极区侧和赤道侧边缘累积，这一过程可产生一个方向指向赤道的极化电场(E_{sx})。这种极化电场可削弱极向电流，从而阻止电荷的持续累积。在亚暴增长相期间，由于磁层对流与电离层电导率分布随时间变化较为缓慢，这一物理过程可被视为准平衡态过程。此时极光带边缘的电荷密度趋于稳定，其对应的极化电场使原有的电场旋转一定的角度。同时，由于新的电荷累积趋于停止，电流在空间上仍需保持连续(即电离层内的垂直电流散度由场向电流提供)。

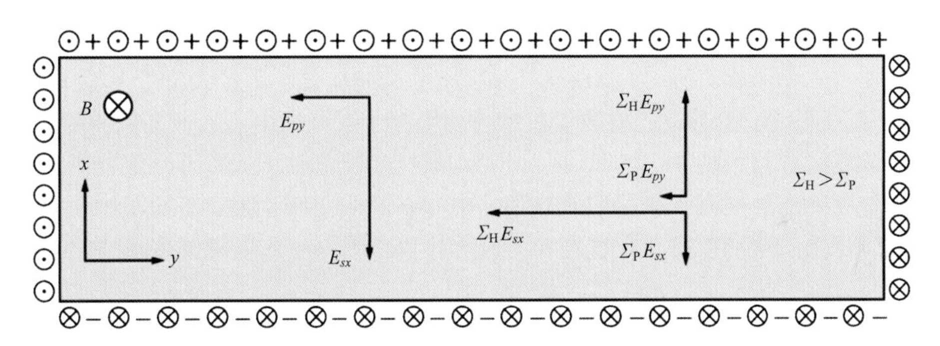

图 11.1.10　极光椭圆带中，西向对流电场引发的垂直电流、电荷累积、极化电场和场向电流示意图 (Baumjohann and Treumann, 1997)

以上发生于子夜区域的物理过程在极光椭圆带的其他区域也会发生。由于对流方向的不同，这一过程所产生的极化电场跟子夜区域会有所区别。将极化电场与对流电场叠加后，总电场在极光椭圆带中的分布可参见图 11.1.9(b)，其对应的霍尔电流则如图 11.1.9(c) 中的箭头所示。由于霍尔电流主要来自电子的 $\boldsymbol{E}\times\boldsymbol{B}$ 漂移运动，在黎明侧和子夜区域其指向均沿极光带向西，在黄昏侧则沿极光带向东。这两股电流在子夜前的区域交汇，形成 Harang 间断并转化为场向电流流出电离层。在霍尔电流沿电流方向逐渐增强区域(主要在向阳侧和黎明侧)，则存在着流入电离层的场向电流。图 11.1.9(d) 展示了平行于电场方向的彼德森电流分布。在黎明侧和子夜区域，彼德森电流指向赤道，在黄昏侧则指向极区。显然，彼德森电流无法在电离层内闭合：在极光带边缘区域，强烈的电导率梯度使其无法在电离层中继续流动，因而只能转化为场向电流。在极光椭圆带的极向边界的场向电流通常被称为一区场向电流，其方向总体上从黎明侧进入电离层，从黄昏侧流出。极光带赤道侧边界的场向电流方向与之相反，被称为二区场向电流。

值得一提的是，由于霍尔电导率通常大于彼德森电导率，电离层中的电流一般以霍尔电流为主。因此在亚暴增长相期间，电离层中的电流系统(被称为对流电急流)常常被简化为图 11.1.11(a)[与图 11.1.9(c)一致]。随着磁重联的持续发生，磁层对流逐渐增强，位于黄昏侧的东向电流和位于黎明侧及子夜区域的西向电流均随之逐渐增强，这也解释了亚暴增长相期间 *AU* 指数的缓慢上升和 *AL* 指数的缓慢下降。

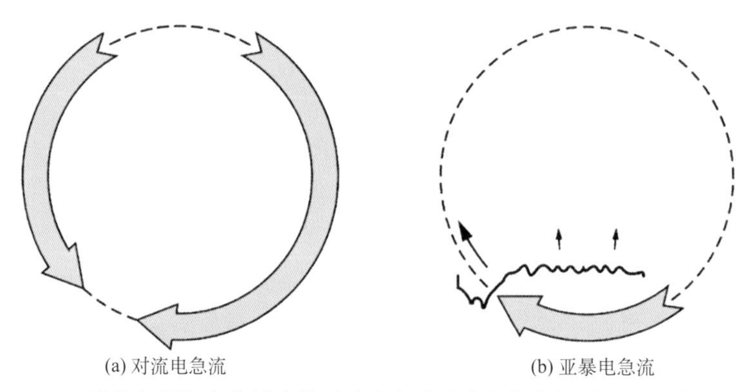

(a) 对流电急流　　(b) 亚暴电急流

图 11.1.11　增长相期间电离层中的对流电急流和膨胀相期间的亚暴电急流的对比 (Baumjohann and Treumann, 1997)

当亚暴进入膨胀相阶段时，极光在子夜区域的迅速增亮意味着大量带电粒子(以电子为主)从磁层沉降至电离层。此处我们仅探讨带电粒子沉降在电离层中产生的影响，其对应的磁层物理过程将留待 11.1.5 节进行讨论。显然，带电粒子沉降可导致电离层中性粒子的电离，从而迅速提高子夜区域的电离层电导率。即使不考虑亚暴膨胀相期间对流电场的增强，电离层电导率在子夜区域的上升已足以使其对应的电流强度迅速增强。这一剧烈变化也足以打破此前的准平衡态图像。

在准平衡态图像中，垂直电流与场向电流的连续性条件近似满足，因此极光带边缘的电荷密度较为稳定。然而，随着亚暴膨胀相期间垂直电流强度的急剧上升，在极光带边缘的场向电流却无法维持同等比例的增强。这是因为在电离层中，只有少数速度足够快的带电粒子可以携带电流进入磁层。载流子数量的限制使得场向电流的强度很快达到饱和，从而导致电荷在极光增量区的极侧和赤道侧边界的快速累积，指向赤道方向的极化电场(在图 11.1.10 中被标注为 E_{sx})也随之迅速增强。由于电导率和极化电场的快速增强，其对应的西向的霍尔电流($\Sigma_{\mathrm{H}} E_{sx}$)上升幅度则更为显著。通过计算可知，西向霍尔电流强度在膨胀相期间往往可以高于西向对流电场所导致的彼德森电流($\Sigma_{\mathrm{P}} E_{py}$)一个量级。

这一西向电流系统常被称为亚暴电急流或极光电急流[图 11.1.11(b)]，其空间区域与极光活动区近似重合。当极光活动区在亚暴期间逐渐膨胀时，这一高电导率区域的扩张意味着亚暴电急流也将随之膨胀。因此，这一机制可被视为对 DP-1 等效电流图像。它很好地反映了极光活动与地磁活动之间的紧密相关性(见 11.1.2 节)。亚暴电急流也可被视为三维亚暴电流楔(见 11.1.3 节)在电离层中的组成部分。

从图 11.1.11(b)可以看出，亚暴电急流在其东侧和西侧边界同样存在着电流在电离层中的不连续性问题。然而，这两个区域与亚暴电急流的南北侧边界情况有所不同：此处的场向电流作为亚暴电流楔的另一个主要组成部分，强度与亚暴电急流相当，不会导致电荷的累积。这是因为在亚暴电急流的东侧边界，下行场向电流的空间分布较为广泛(Baumjohann, 1982，也可参见 11.1.3 节)，携带场向电流所需的载流子密度也相对较低。在其西侧边界，从电离层上行的场向电流主要由从磁层下行的极光沉降电子携带，因此其载流子数量受电离层条件的限制较小。一般认为，电子在下行过程中可被平行电场所加速，这一加速过程既造成了分立极光弧的形成，也很大程度上影响了场向电流的强度。在 11.1.5 节中，我们将对极光区域中的平行电场进行简要介绍。

11.1.5　平行电场与场向电流

在空间等离子体中，人们往往很难想象存在着平行于磁力线的稳定电场。这是因为平行电场可造成电子和正离子之间的电荷分离，随即造成电场方向的反转，从而造成静电振荡(即等离子体振荡，见 11.1 节)。因此，即使当著名的空间物理学家、诺贝尔物理学奖获得者 Hannes Alfvén 等(Alfvén, 1958; Alfvén et al., 1964)提出这一平行电场的存在，并将其用于解释分立极光区域的沉降电子能谱时仍然引发了大量争论。

图 11.1.12 展示了日本 Reimei 卫星在 630 km 高度对 557.7 nm 分立极光强度(a)、下行电子通量能谱(b)、下行离子通量能谱(c)及磁场扰动(d)的观测(Fukuda et al., 2014)。

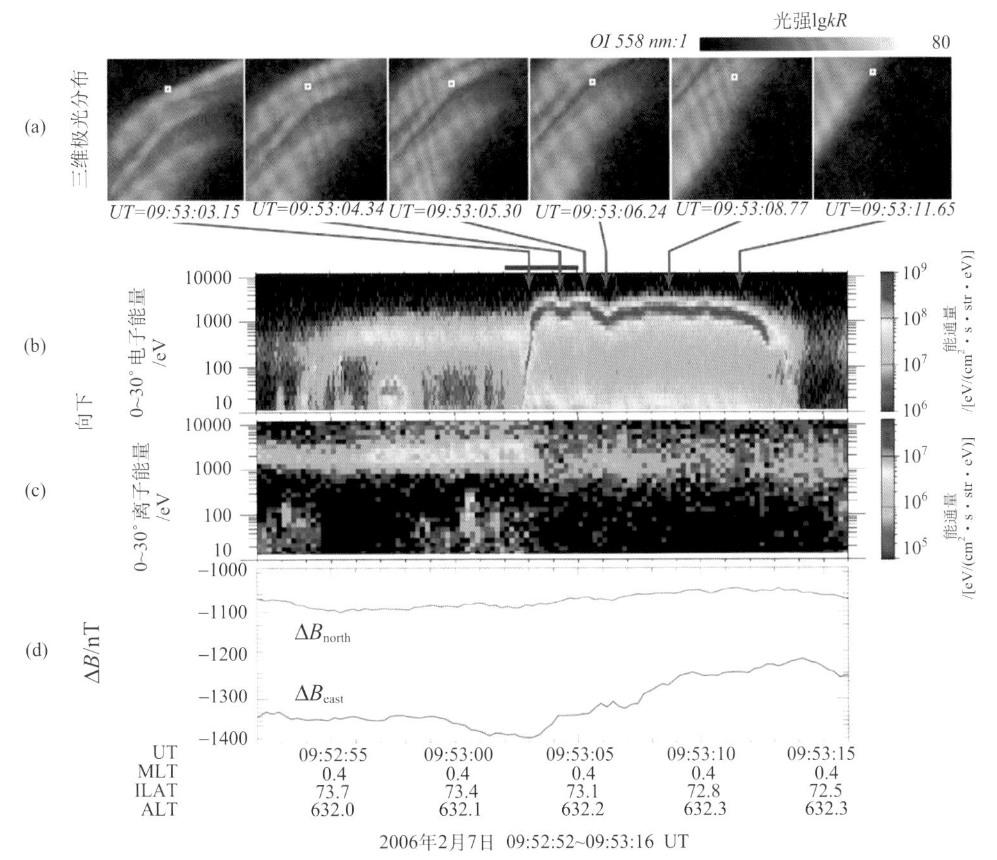

图 11.1.12　Reimei 卫星穿越分立极光弧时，对 557.7 nm 分立极光强度、下行电子通量能谱、下行离子通量能谱和磁场扰动的观测(Fukuda et al., 2014)

Reimei 卫星于世界时 09:53:03 至 09:53:14 观测到分立极光。这段时间的能谱数据显示，下行电子通量集中在 1～2 keV 附近很狭窄的能量范围内，且通量峰值的能量在分立极光边缘处显著下降。这种能谱结构被称为下行电子的倒 V 型结构，用以表征卫星穿越分立极光时电子能量随时间的上升与下降。此处狭窄的能谱说明，电子从磁层向电离层运动的过程中经历了一个加速过程。人们猜测，这种局地的加速机制源于平行于磁力线的电场。

图 11.1.13 展示了极光区上方平行电场的二维静态模型示意图。图中虚线代表磁力线，呈 U 形的实线代表电位等值线。在远离地球的区域(即磁层，其主要等离子体参数如图中所示)，电位等值线与磁力线近似平行，即平行磁场的电场分量为零。在较低(数千至万余千米)高度处，电位等值线的弯曲表示磁力线不再是等位线，即在 U 形区域中出现了平行电场(在 U 形区域外，等电位线与磁力线仍保持平行，平行电场仍不存在)。在卫星沿水平方向进入 U 形区域的过程中，卫星与其上方磁层的电位差从零开始逐渐增

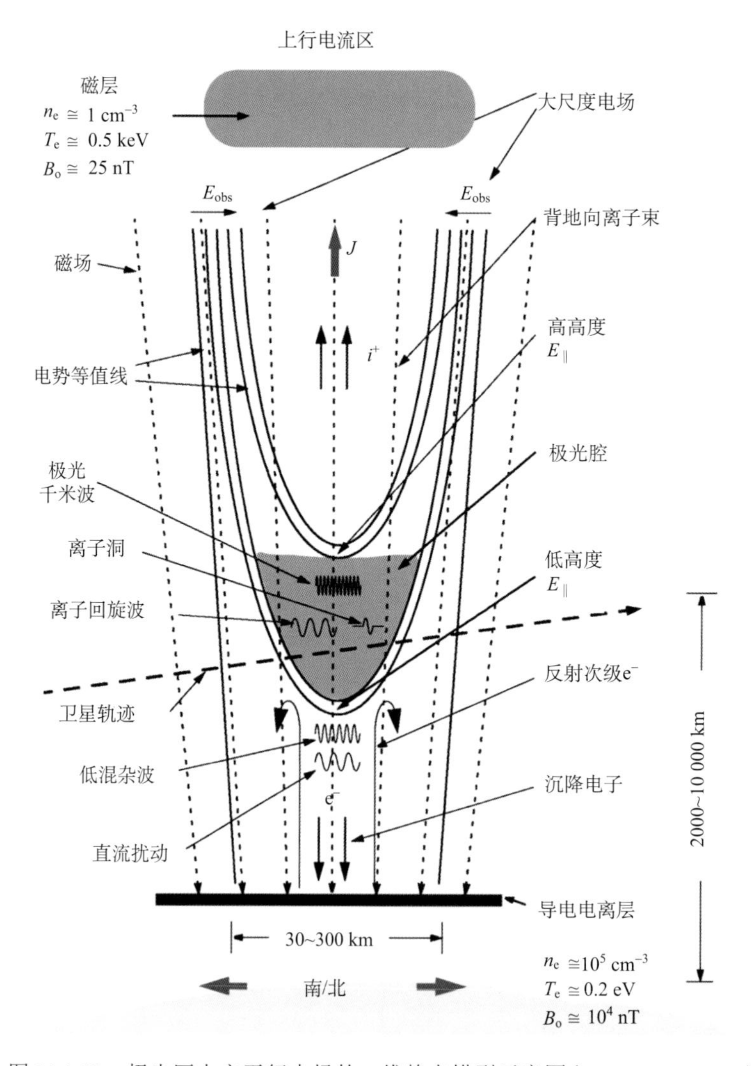

图 11.1.13　极光区上方平行电场的二维静态模型示意图(Ergun et al., 2002)

大，这也意味着磁层电子在沉降过程中经历着逐渐增强的加速过程[图 11.1.12(b) 中沉降电子能量在进入分立极光区时逐渐上升]。当卫星离开这一区域时，这一电位差又逐渐降低至零[对应于图 11.1.12(b) 中沉降电子峰值能量的逐渐降低]。

平行电场不仅可以加速下行电子，还可以减速下行正离子。从图 11.1.12(c) 中可以看出，磁层下行离子的通量在卫星进入分立极光区域之后显著降低。更有趣的是，卫星在穿越这一区域时还观测到了东向磁场的上升[图 11.1.12(d)]。考虑 Reimei 卫星的南向运动，这一磁场扰动意味着在该区域中存在着沿磁力线上行的电流(示意图可参见图 11.1.13)。可以想象，由于电子的质量远低于离子，这一上行场向电流主要由被加速的下行电子所携带。在下行场向电流区，人们也建立了类似的模型，即指向电离层的平行电场促进了电离层电子的上行 (Marklund et al., 2001)。

Knight (1973) 首次试图从理论上计算场向电流强度与平行电场大小之间的函数关系。在这个工作中，作者假设磁力线两端(分别对应于电离层与磁层)的等离子体存在着巨大的温度差和密度差，但均符合麦克斯韦分布。若给定磁层与电离层之间的电位差及磁场强度比值，人们则可利用能量与磁矩守恒(参见第 13 章)来描述任一粒子的运动轨道，并判断其能否从磁力线的一端运动到另一端。根据刘维尔定理，人们还可以得出带电粒子在任一空间位置的分布函数。将这些粒子的分布函数乘上其平行速度并做积分即可获得场向电流的大小。总体而言，场向电流与平行电场之间的函数关系相当复杂，但在恰当的参数范围(与地球空间参数类似)内，二者近似呈现出线性关系。

尽管 Knight 的工作成功地描绘了亚暴电流楔与分立极光弧之间的关系，但对其进行检验并非易事。因为在空间等离子体中，卫星对平行电场的测量往往存在着很大的误差(可参见双球型电场仪的说明文档，如(Ergun et al., 2001)。因此，尽管目前已有对极区上空平行电场的直接观测 (Ergun et al., 2002)，但人们仍未完全确信平行电场的稳定存在。另外，人们对平行电场的理论解释同样存在着诸多争议。一般认为，平行电场源自场向电流在电离层闭合过程中产生的电荷分离 (Chiu et al., 1981)。但近年来，有较多的证据表明，这一平行电场可能与阿尔芬波(或动力学阿尔芬波)沿磁场传播时携带的感应电场有关(Goertz and Boswell, 1979; Chaston, 2015)。

11.1.6　亚暴急始的其他观测特征

在以上章节中，我们描绘了亚暴电流楔在亚暴膨胀相触发(即亚暴急始)过程中所起的关键作用。因此，亚暴电流楔所造成的 *AE* 指数急剧上升(及 *AL* 指数急剧下降)也被视为除极光增亮(及其随后的极光活动区极向膨胀)外的另一个亚暴急始的典型特征。随着观测资料的逐渐丰富，尤其是卫星观测数据的出现，人们发现亚暴膨胀相的触发还伴随着更多的观测现象。

正如 11.1.3 节中所描述的，亚暴电流楔在磁尾部分的东向电流与磁尾中的越尾电流方向相反，因而可被描述为越尾电流的减弱或中断。换言之，亚暴电流楔的出现可显著改变磁尾的磁场形态，将此前被拉伸的磁力线变为类似于偶极磁场的结构。这一过程被称为磁尾磁场的偶极化。图 11.1.14 显示了 CCE 卫星对 1986 年 8 月 28 日一次典型磁场偶极化事件的观测结果。图中使用了 *VDH* 坐标系，其中 *V* 方向平行于赤道平面并沿着背离地球的方向，H 沿着地磁轴指向北方，D 为东向。图中(a)～(e)分别代表磁场 V 分量、D 分量、H 分量、总磁场和磁场倾角。可以看出，在磁尾偶极化开始之前，卫星观测到的总磁场强度约为 8 nT。作为对比，地球偶极磁场在这一位置(磁赤道附近，距地心约 8 个地球半径)的磁场强度约为 60 nT。这也说明了此时西向越尾电流很强，从而造成磁尾等离子体片中的磁力线被严重拉伸。从世界时 11:52:40 开始，磁场三分量均出现了极为剧烈的扰动，直至世界时 11:56:10 恢复平稳。此时，磁场强度约为 50 nT，且北向分量占主导(磁场倾角接近 90°)。这个观测说明此处磁场形态已十分接近偶极磁场，而此前一度很强的越尾电流几乎消失。这一观测现象被 Lui (1996)解释为磁尾电流的中断过程。Lui(1996)进一步指出，磁层中电流的连续性要求在这一电流中断区域的边界上应产生场向电流，因此亚暴电流楔应在此时产生并触发亚暴膨胀相。

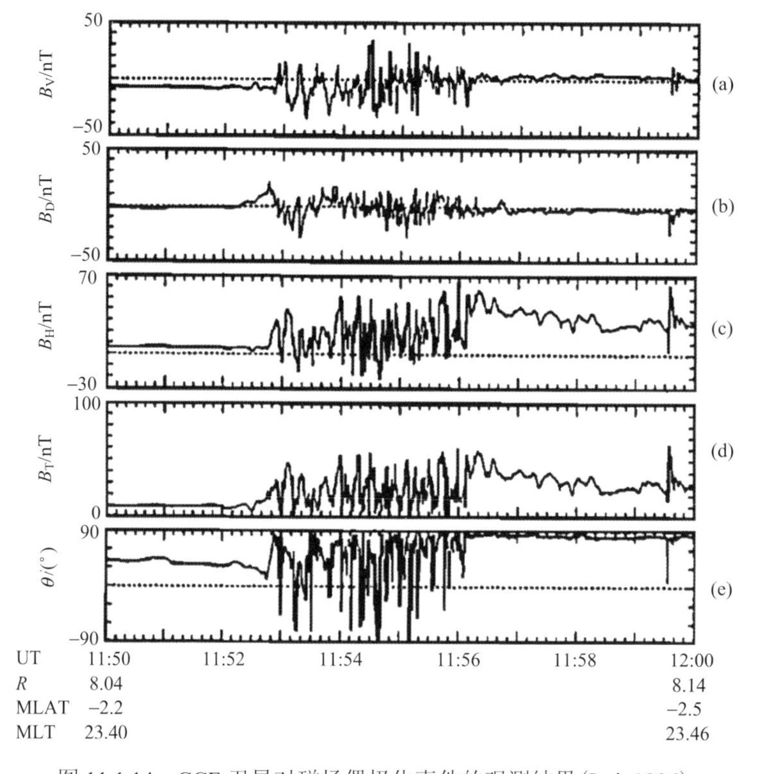

图 11.1.14　CCE 卫星对磁场偶极化事件的观测结果(Lui, 1996)

Lui 等(1991)还从理论上分析了造成这种电流中断的物理机制：当磁尾中离子的漂移速度接近于其热速度时，对动力学理论方程求解可获得两个模式的不稳定性，即离子 Weibel 不稳定性和修正的双流不稳定性，而这两种不稳定性的共同作用可降低电子与正离子之间的相对漂移速度，从而有效减弱越尾电流。这种机制被命名为越场电流不稳定性 (cross-field current instability)。以上观测和理论共同构建了近地电流中断(near-earth current disruption，NECD)模型。这一模型及与之对立的近地中性线 (near-earth neutral line, NENL)模型均在一定程度上能够解释亚暴膨胀相的触发，并与其中相当部分的观测一致。两种模型之间的争论也成为了多年来亚暴研究的焦点问题。我们将在 11.1.8 节中对这两个模型进行进一步介绍。在本节中，我们仍继续描述亚暴膨胀相触发过程中的其他观测现象。

亚暴膨胀相触发的另一个重要特征是能量粒子(包括正离子和电子，其能量通常在 10 keV 至 MeV 数量级)通量的突然增强，这一观测现象通常被称为粒子注入事件。几乎所有的亚暴事件中均可观测到粒子注入事件。过去，由于观测条件的限制，粒子注入常常专指内磁层(尤其是地球同步轨道处)粒子通量的上升。但随着卫星资料的逐渐丰富，粒子注入事件的空间范围已被大大拓展：Gabrielse 等(2014) 利用 THEMIS 卫星数据发现粒子通量的突然上升最远可发生在远离地球 30 个地球半径的磁尾区域，Turner 等(2015) 则利用 Van Allen Probes 卫星数据观测到了距地球仅 3.5 个地球半径处的粒子注入。

图 11.1.15 展示了 CRRES 卫星在内磁层中观测到的四次典型的能量电子注入事件，其中不同颜色的曲线代表了不同能量(21～285 keV)的电子通量。图中展示的注入事件可以分为两类。在(a)～(c)中，不同能量的电子通量几乎在同一时刻(见图中的竖线)获得了至少一个数量级的迅速上升，这类事件称为“无色散”粒子注入事件。在(d)中，不同能量电子的通量显著上升出现在不同的时间：对于能量较高的电子而言，其通量出现上

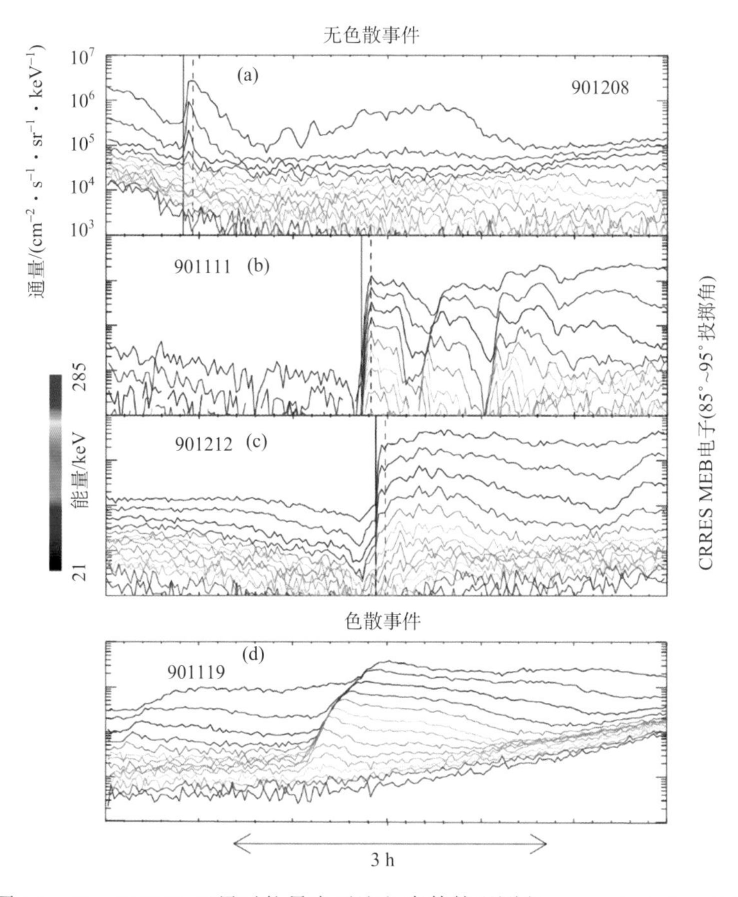

图 11.1.15　CRRES 卫星对能量电子注入事件的观测(Spanswick et al., 2007)

升的时间早于能量较低的电子。一般认为，卫星观测到“无色散”粒子注入事件的位置对应于粒子加速的源区。另外，由于较高能量粒子的磁场梯度和曲率漂移速度均大于较低能量的粒子，粒子能量色散越明显的地方距离粒子加速源区越远。事实上，人们可以根据粒子漂移速度(在内磁层中,能量粒子一般可被认为沿方位角方向环绕地球做漂移运动)与粒子能量之间的正比关系以及不同能挡观测到的粒子注入时间差,来反演粒子加速源区的位置(Reeves et al., 1991)。

Birn 等(1997) 利用同步轨道卫星对 “无色散” 粒子注入事件进行了统计研究。他们发现，粒子加速源区在经度方向上具有一定的宽度(往往在子夜附近，横跨多个地方时)，且电子注入区相比离子注入区要更加偏东一些(1～2 个地方时)。另外，人们发现粒子加速源区可沿着径向传播。Reeves 等(1996)利用“无色散”粒子注入信号对一系列事件进行了统计分析，并推断这种粒子加速区总体是从磁尾向地球方向传播的。Spanswick 等(2010)发现在一部分事件中，粒子加速区可朝着远离地球的方向往磁尾传播。Liu 等(2018)则利用了两颗卫星(Van Allen Probes 和 BD-IEs)在不同径向位置的联合观测发现，粒子加速源区向内传播的事件与向外传播的事件数量大致相当。

在观测中，人们还常常发现“无色散”粒子注入事件通常伴随着磁场 B_z 分量的上升和局地电场强度的增强 (Mauk and Meng, 1987; Gabrielse et al., 2016)。这种局地电场的增强可被理解为磁场在亚暴电流楔形成过程中随时间迅速变化所导致的感应电场。在亚暴近地电流中断模型中，越场电流不稳定性或气球模不稳定性造成的磁场扰动被认为是感应电场的来源，而带电粒子的加速也来自这一感应电场 (Lopez et al., 1990)。Li 等(1998)则提出了另一种可能的电子加速机制：从磁尾往地球方向传播的电磁脉冲可携带北向磁场和西向电场，从而加速磁尾电子，并将其携带至近地区域。如果这一机制成立，人们应该可以在“无色散”注入事件中观测到地向对流运动的等离子体。Gabrielse 等(2014) 利用 THEMIS 卫星数据对这一预测进行了检验(其时序叠加统计结果如图 11.1.16 所示)。图中左栏与右栏分别对应于电子和正离子的“无色散”注入事件。可以看出，这些事件通常伴随着北向磁场 B_z 的上升，且在粒子注入的时刻(图中虚线)，等离子体地向速度 V_x 较大，西向电场 E_y 较强。这一结果与 Li 等(1998) 的模型大致吻合。Gabrielse 等(2014) 进一步认为，能量粒子注入事件源自磁尾中的爆发性地向等离子体流(见 11.1.7 节)。

在亚暴膨胀相触发时，人们还时常可以观测到周期在 40～150 s 范围内的地磁场不规则波动，其振幅通常可达 1～100 nT。这种超低频波动被称为 Pi2 地磁脉动(超低频波的分类与命名规则见(Jacobs et al., 1964)，或参见第 8 章)。在高纬和中纬地磁台站的观测中，Pi2 地磁脉动的北向分量(H 分量)可分别叠加在负湾扰和正湾扰上，并与脉动东向分量(D 分量)一同构成特定的极化结构。在图 11.1.17 中，(b)展示了两个中纬地磁台站在一个亚暴事件中的观测实例。在这个事件中，Ukiah 台站位于亚暴电流楔中心位置，并观测到地磁 H 分量的正湾扰。位于电流楔东侧的 Shawano 台站观测到的 H 分量正湾扰则较弱，而 D 分量因受下行场向电流影响有显著降低。从图中可以清晰地看出，Pi2 地磁脉动在世界时 09:50 左右开始出现，这一时刻对应于亚暴膨胀相的触发。在亚暴进行过程中，中纬地磁脉动还陆续出现了数次短暂的增强。图 11.1.17(a)展示了中纬地磁脉动的椭圆极化特征，可以看出，椭圆倾角与亚暴电流楔的相对位置直接相关(参见 Lester et al., 1983, 1984)。尽管这一示意图并不完全准确(例如，椭圆倾角在观测中并不严格中心对称，见 Gelpi et al., 1987)，且高纬地磁脉动的极化特性比中纬度地区更为复杂，但这些观测依然能够证明亚暴电流楔与 Pi2 脉动之间存在着密切联系。

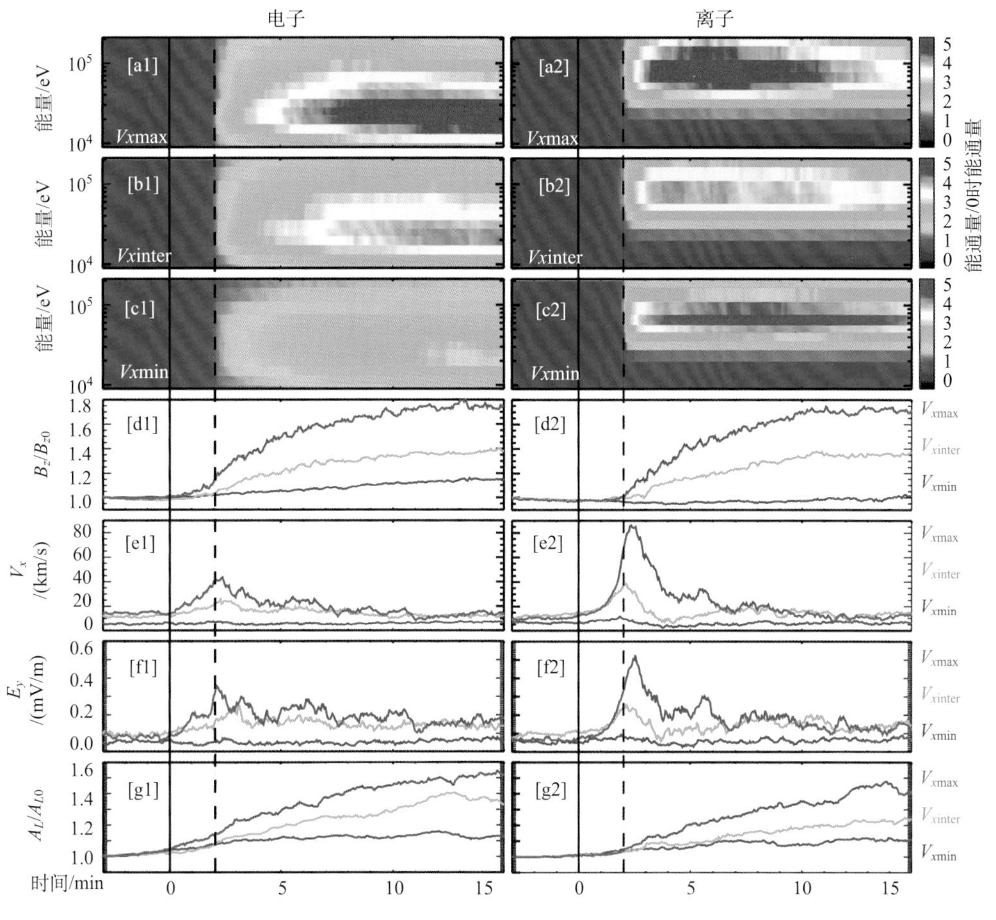

图 11.1.16　THEMIS 卫星对粒子注入事件的时序叠加分析 (Gabrielse et al., 2014)

人们认为，Pi2 地磁脉动与电离层和磁层之间的耦合过程紧密相关。当亚暴电流楔产生时，阿尔芬波可在磁层中被激发，并携带着电流向电离层传播。根据电离层中电导率的大小，阿尔芬波可被部分吸收，其能量通过焦耳加热在电离层中被耗散。另一部分阿尔芬波则可被电离层反射，甚至在磁力线两端来回反射并最终形成一个准稳态的场向电流结构。这一物理过程很大程度上决定了地磁脉动的振幅、周期和演化过程(详见 Baumjohann and Glassmeier, 1984)。例如，Pi2 脉动的周期通常被认为由阿尔芬波在磁力线两端之间的传播时间(即该磁力线的本征周期)决定。另外，亚暴电流楔所导致的磁场扰动还可激发垂直于磁力线传播的快磁声波。快磁声波与阿尔芬波之间的耦合也解释了 Pi2 脉动出现的空间范围大于亚暴电流楔空间范围的原因。

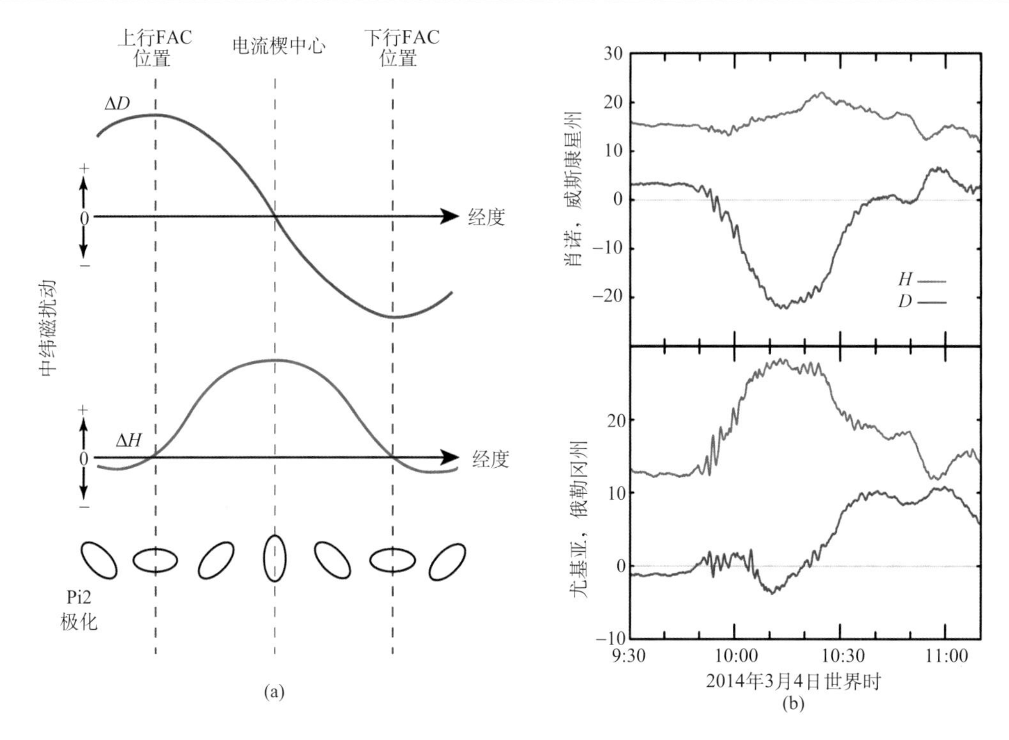

图 11.1.17　中纬地区地磁 Pi2 脉动特征及观测实例（Kepko et al., 2015）

需要注意的是，Pi2 地磁脉动也可能由其他机制产生。当磁尾中的等离子体流（详见 11.1.7 节）在近地区域减速时，其驱动的宽频压缩可与等离子体层空腔模发生耦合，从而在等离子体层的本征频率上激发 Pi2 脉动（Lee and Lysak, 1989）。Kepko 和 Kivelson（1999）进一步发现，当准周期性的磁尾等离子体流出现时，地面低纬 Pi2 脉动的频率被等离子体流频率直接控制，而与共振腔本征频率无关。除此之外，Keiling 和 TakahaShi（2011）还总结出更多产生 Pi2 脉动的机制，其中一部分机制与亚暴并无直接联系。因此，虽然 Pi2 脉动仍被视为亚暴的一个重要观测特征，在使用 Pi2 脉动发生的时间来表征亚暴膨胀相的触发时，需要格外谨慎。

综上所述，亚暴膨胀相的触发是一系列彼此相关的观测现象集合。这些现象包括极光的增强、极光活动区域的膨胀、亚暴电流楔的出现、高纬地磁 H 分量的负湾扰、中纬地磁 H 分量的正湾扰、地磁 AE 和 AL 指数的急剧上升与下降、近地磁尾磁场的偶极化、带电粒子通量的显著上升和 Pi2 地磁脉动的出现。然而，仅仅通过这些现象本身，人们仍很难确定亚暴膨胀相的触发机制。为了理解并甄别潜在的亚暴触发机制，人们还需确定地球磁层-电离层系统在亚暴膨胀相触发前（即亚暴增长相）的状态。这些观测现象将在 11.1.7 节中进行介绍。

11.1.7　亚暴增长相的观测特征

在亚暴增长相期间，地球磁层中最为明显的观测现象是越尾电流的增强与电流片的逐渐变薄（Kokubun and McPherron, 1981; Sergeev et al., 1990）。图 11.1.18 展示了

THEMIS 三颗卫星(P2、P4 和 P5)在 2009 年 3 月 29 日亚暴事件期间对磁尾磁场的同步观测，(a)～(c)分别代表 THEMIS 卫星观测到的磁场 B_x 分量、B_z 分量和此次事件对应的极光电急流 AE 指数。可以看出，AE 指数在世界时 5:18 左右出现了快速的上升，这也意味着亚暴增长相的结束和膨胀相的开始。在这一时刻，此前一直维持在 2 nT 以下并逐渐减小的磁场 B_z 分量出现剧烈的扰动，并在十余分钟后上升至 10 nT 左右。这一观测现象也与图 11.1.14 所示的磁场偶极化一致。

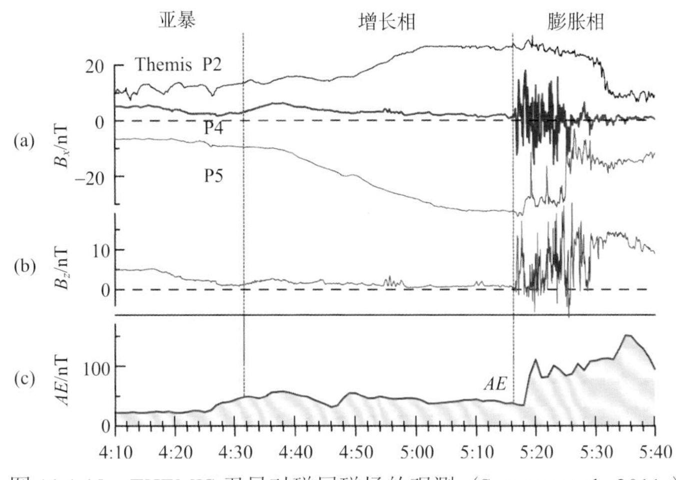

图 11.1.18　THEMIS 卫星对磁尾磁场的观测（Sergeev et al., 2011a）

由图 11.1.18 中可以看出，P4 卫星观测到的地向磁场分量 B_x 接近于 0，说明在此事件中 P4 卫星始终位于电流片中心(即磁尾中性片)附近。P2 和 P5 卫星分别观测到地向和尾向磁场，说明两颗卫星分别位于磁尾电流片的北侧与南侧。在亚暴增长相期间，P2 与 P5 卫星观测到的地向与尾向磁场均有明显的缓慢增强。鉴于在这段时间内，两颗卫星之间的距离几乎维持不变，地向/尾向磁场的缓慢增强说明了越尾电流强度的缓慢上升和电流片厚度的逐渐下降。与此同时，位于磁尾中性片附近的 P4 卫星观测到的磁场 B_z 分量呈下降趋势[见图 11.1.14(b)]，这也意味着磁力线在亚暴增长相期间逐渐向磁尾拉伸。在这个事件中，P4 卫星还观测到了等离子体压强的逐渐上升(图 11.1.14 中未显示，可参见 Sergeev et al., 2011a)。鉴于 P4 卫星位于中性片附近(等离子体压强远大于磁压)，等离子体压强的上升意味着总压强的上升。根据总压强在南北方向上的平衡可知，尾瓣区磁场强度在亚暴增长相期间逐渐上升。这也与越尾电流的逐渐增强一致。

利用多颗卫星的磁场观测结果，人们可以重构磁尾磁场形态在亚暴增长相期间的演化过程（Pulkkinen et al., 1991; Pulkkinen et al., 1994; Kubyshkina et al., 2011）。这种方法最初由 Pulkkinen 等(1991)提出：作者在传统的 T89 磁场模型（Tsyganenko, 1989）基础上，利用真实卫星观测对模型参数进行调节和拟合，从而获得磁场形态随时间的演化特征(图 11.1.19)。在该图中，(a)、(b)为越尾电流及环电流的总强度，(c)、(d)则给出了对应的磁力线拓扑结构。(a)、(c)和(b)、(d)分别对应于不同的时刻，即亚暴发生前和亚暴增长相末期。由图可以直观地看出亚暴增长相期间越尾电流的增强与磁尾电流片的变薄过程。

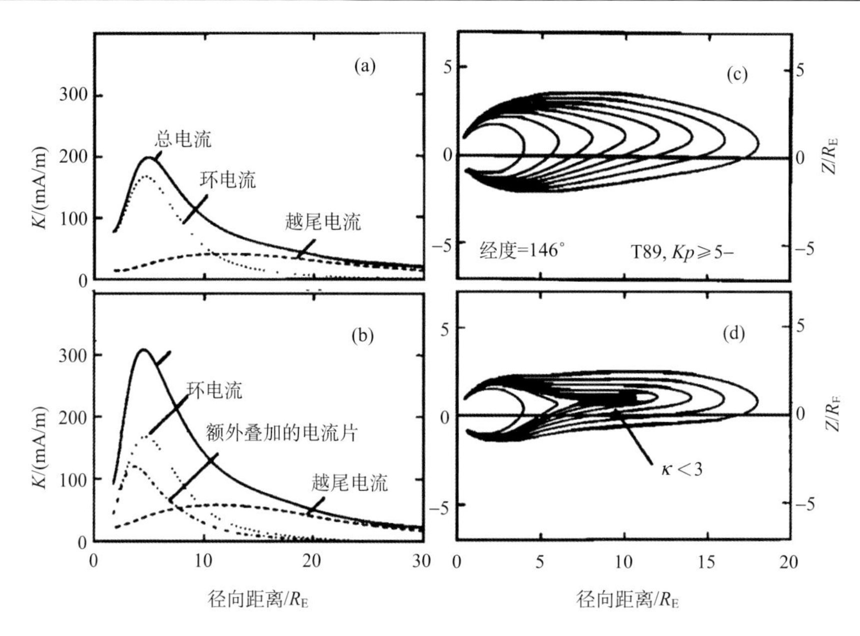

图 11.1.19　亚暴前与增长相期间磁尾电流分布及对应的磁场形态（Pulkkinen et al., 1991）

一般认为，亚暴增长相期间越尾电流的增强与南向行星际磁场期间磁层的对流过程有直接的联系。当行星际磁场为南向时，行星际磁场与地球磁层闭合磁力线可在向阳面磁层顶处发生磁重联，从而消耗磁层向阳面的闭合磁力线。随后，在太阳风的作用下，重联所形成的开放磁力线可经过极尖区被传输至地球磁尾。在 Dungey（1961）的开磁层模型中，地球远磁尾(一般认为距地球超过 100 个地球半径)还存在着另一个重联区域，即远地重联点。在这个区域，磁重联可使开放磁力线重新闭合，并驱动闭合磁力线从磁尾对流回到向阳面。值得注意的是，尽管 Dungey（1961）模型描述了一个稳态的磁层对流过程，在真实的磁层中，向阳面磁重联消耗闭合磁力线的速度与闭合磁力线从磁尾对流至向阳面的速度一般并不相同。在亚暴增长相期间，向阳面闭合磁力线消耗得更快，从而造成向阳面磁层的侵蚀和磁尾尾瓣区磁力线的堆积（Aubry et al., 1970; Coroniti and Kennel, 1972）。也就是说，尾瓣区磁通量在亚暴增长相过程中会逐渐增加，即尾瓣区截面积和磁场强度增加。尾瓣区磁压上升的过程也可导致磁尾等离子体片的压缩，从而造成电流片的变薄和越尾电流强度的增强。由于磁尾尾瓣区所处的磁力线足点为极光活动极弱的地球极盖区，在亚暴增长相期间，尾瓣区的膨胀也对应于极盖区的扩张和极光带向赤道方向的移动（Baker et al., 1994）。这一过程也时常被描述为太阳风能量进入磁层，并被存储于磁层尾瓣区。

在以上描述中，亚暴增长相期间的磁层对流很大程度上被视为一个在全球尺度上渐进演化的过程。然而，卫星观测显示，在亚暴增长相期间总体较为平静的磁尾电流片中，仍会不时出现一系列爆发性的高速等离子体流（bursty bulk flows, BBFs）。这些等离子体流的速度通常可达数百 km/s，每次持续时间约 1 min，且在 10 min 的时间尺度内可能会间歇性地出现多次（Baumjohann et al., 1990; Angelopoulos et al., 1992; Angelopoulos et al., 1994)。一般认为，这些高速流起源于地球近磁尾(距地球 20～30 个地球半径)的瞬态磁重联过程 (Nagai et al., 1998; Angelopoulos et al., 2008)。因为这一重联区域距离地球较近(超过 100 个地球半径)，这种瞬态重联也被称为近地重联。地向运动的高速等离子体流在晨昏方向的空间尺度为 1～3 个地球半径 (Nakamura et al., 2004)。在这一高速流通道内，对流电场显著强于周围背景环境中的电场，因此可在极区电离层中产生一个西向电场较强的区域，从而驱动电离层电流并造成 *AE* 指数的上升(如图 11.1.6 所示，亚暴增长相期间 *AE* 指数已开始逐渐上升)。

需要指出的是，磁尾中的高速等离子体流远非亚暴增长相期间独有的现象。事实上，磁尾高速流的出现频率与 *AE* 指数之间存在着一定的正相关性 (Angelopoulos et al., 1994; MiyaShita et al., 2009)。换言之，尽管磁尾高速流在亚暴各阶段(甚至地磁平静期)均可出现，其在亚暴膨胀相期间的出现频率更高。另外，磁尾高速流也常常被视为亚暴膨胀相触发的一个重要诱因(尤其在近地中性线模型中)，但二者之间并无严格的一一对应关系：在亚暴增长相期间，磁尾高速流更可能对应于伪暴的发生。

磁尾高速流通常还伴随着强烈的磁场扰动信号。Ohtani 等 (2004) 利用 Geotail 卫星数据找到了 818 个地向高速流事件，并利用时序叠加分析法统计了高速流前后磁场及等离子体密度随时间的变化(图 11.1.20)。从图中可以看出，高速流中普遍存在着一个磁场 B_z 分量急剧上升而等离子体密度迅速下降的间断面。由于这一间断面后端的磁场方向更接近南北方向，其磁力线形态更接近偶极磁场，该间断面也因此被称为偶极化锋面 (Nakamura

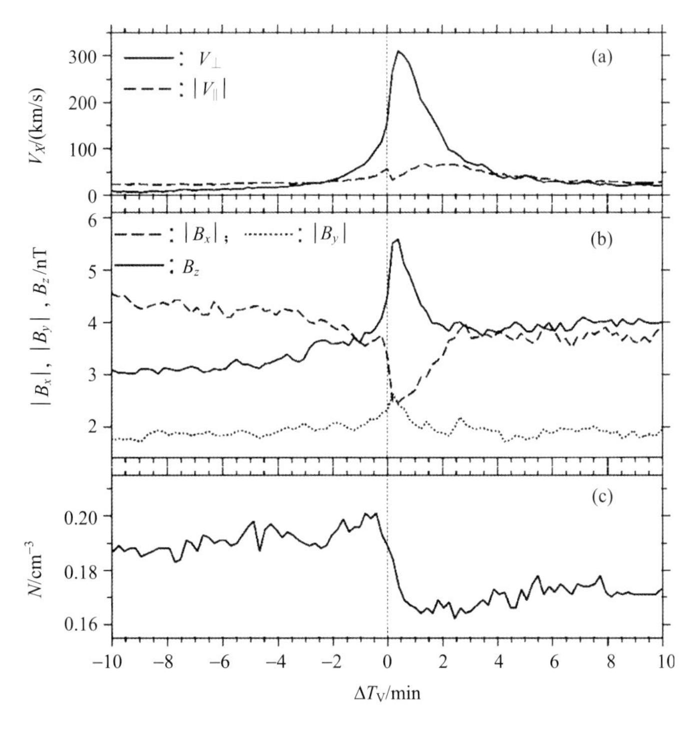

图 11.1.20　磁尾地向高速流事件的时序叠加统计分析 (Ohtani et al., 2004)

et al., 2002; Runov et al., 2009, 2011; Fu et al., 2012)。由于偶极化锋面上存在着极强的磁场梯度，这一结构可被视为一个地向运动的薄电流片，将锋面两侧不同性质的等离子体分隔开来。值得注意的是，偶极化锋面后方的强磁场区域仅能维持 1～2 min。随着等离子体运动逐渐趋于平静，磁场 B_z 分量也逐渐下降至略高于锋面前方的水平。这一特点与亚暴膨胀相触发时的磁场偶极化事件(图 11.1.14)有明显的不同。

从图 11.1.20 中还可以发现，磁场 B_y 分量的大小在偶极化锋面附近有一个较小的抬升。Liu 等(2013a) 利用 THEMIS 卫星数据对这一特性进行了详细的分析，并指出 B_y 磁场在偶极化锋面附近存在着明显的四极分布：在赤道北侧的观测中，B_y 磁场在锋面晨昏两侧分别指向黄昏侧和黎明侧，而在赤道南侧，B_y 磁场方向则与之相反。这一磁场四极分布特性被 Liu 等(2013a)解释为场向电流作用的结果。也就是说，偶极化锋面可携带一对场向电流随磁尾高速流一同向地球方向传播。这对场向电流在锋面晨侧流出磁尾等离子体片，在锋面昏侧流入，其电流方向与一区场向电流一致。类似的分析表明，在偶极化锋面的前方还存在着另一对稍弱的场向电流，其方向与二区场向电流一致。需要指出的是，由磁尾高速流携带的场向电流与亚暴电流楔的场向电流相比，其电流强度要小约一个数量级。此外，偶极化锋面的空间尺度(1～3 个地球半径)也比亚暴电流楔的空间尺度(2～6 个地方时，4～12 个地球半径)小得多。因此，Liu 等(2013a)将磁尾高速流携带的场向电流称为“电流小楔”或“电流楔单元”。

为了理解“电流楔单元”(即磁尾高速流携带的场向电流)的形成，Birn 等(2011)利用磁流体力学模拟的方法计算了磁尾赤道面内的场向电流散度。根据磁流体力学理论(详见(Vasyliunas, 1970))，场向电流的散度可以表达为两项的叠加，这两项分别正比于等离子体压强梯度和等离子体流的加速度。Birn 等(2011) 的模拟结果如图 11.1.21 所示，其中箭头代表等离子体速度，实线代表磁场 B_z 分量的等值线。在图 11.1.21 的(c)、(d)中，颜色分别对应于压强梯度和等离子体流加速度所对应的场向电流散度，其中红色区域代表散度为正，即场向电流由磁层向电离层方向流动，而蓝紫色区域则相反。以上两项之和为总场向电流的散度，由(a)显示。显然，在这一模拟结果中，场向电流的方向与相对大小均与 Liu 等(2013a) 中的观测一致。

通过比较图 11.1.21(c)、(d)，我们发现压强梯度所对应的场向电流通常大于等离子体流减速所造成的场向电流。为了解释这一压强梯度的存在，图 11.1.21(a)显示了模拟结果中等离子体压强的空间分布。可以看出，在等离子体流速较高的区域(偶极化锋面后方)压强相对较弱，这与该区域等离子体密度较低有关[可参考图 11.1.20(c)中的观测结果]。在偶极化锋面正前方，由于锋面对背景等离子体的压缩效应 (Xing et al., 2012; Liu et al., 2013b; Zhou et al., 2014)，等离子体压强则出现了明显的极大值。因此，偶极化锋面上出现了很强的压强梯度，其对应的场向电流方向与一区电流一致(Liu et al., 2013b)。在锋面前方(压缩区的地球侧边界)，压强梯度相对较小且与锋面上压强梯度方向相反，这也解释了此处较弱的二区性质的场向电流。

可以想象，当场向电流到达极区电离层时，可能会出现有别于亚暴膨胀相的极光活动现象。在偶极化锋面的黄昏侧，流入磁层的场向电流[图 11.1.21(a)中的蓝紫色区域]对应于电子从磁层沉降进入电离层中，且这些电子可能会被平行电场加速并形成分立极光(见 11.1.5 节中的讨论)。因此，随着磁尾高速流的地向运动，在其磁力线足点的西侧区域可出现从高纬地区往赤道方向传播的局地极光结构 (Nakamura et al., 2001; Nishimura et al., 2010; Xing et al., 2010)。这种由磁尾高速流携带着的极光活动现象被称为极光条带(auroral streamer)或南北向极光弧 (N-S auroral arc)，其示意图可参见图 11.1.22(a)。图 11.1.22(b)展示了 Polar 卫星紫外成像仪观测到的一个典型极光条带事件。正如示意图中显示的那样，极光条带最初在高纬区域出现，随即向赤道方向逐渐移动。值得一提的是，极光条带的运动还存在着显著的东向分量，其起源很可能是电离层中对流电场的偏转[见 11.1.4 节，或参见图 11.1.9(b)的电场分布]及 Harang 间断的出现[见图 11.1.9(c)，注意 Harang 间断的方向与图 11.1.22 中极光条带的方向一致]有关 (Nishimura et al., 2010)。

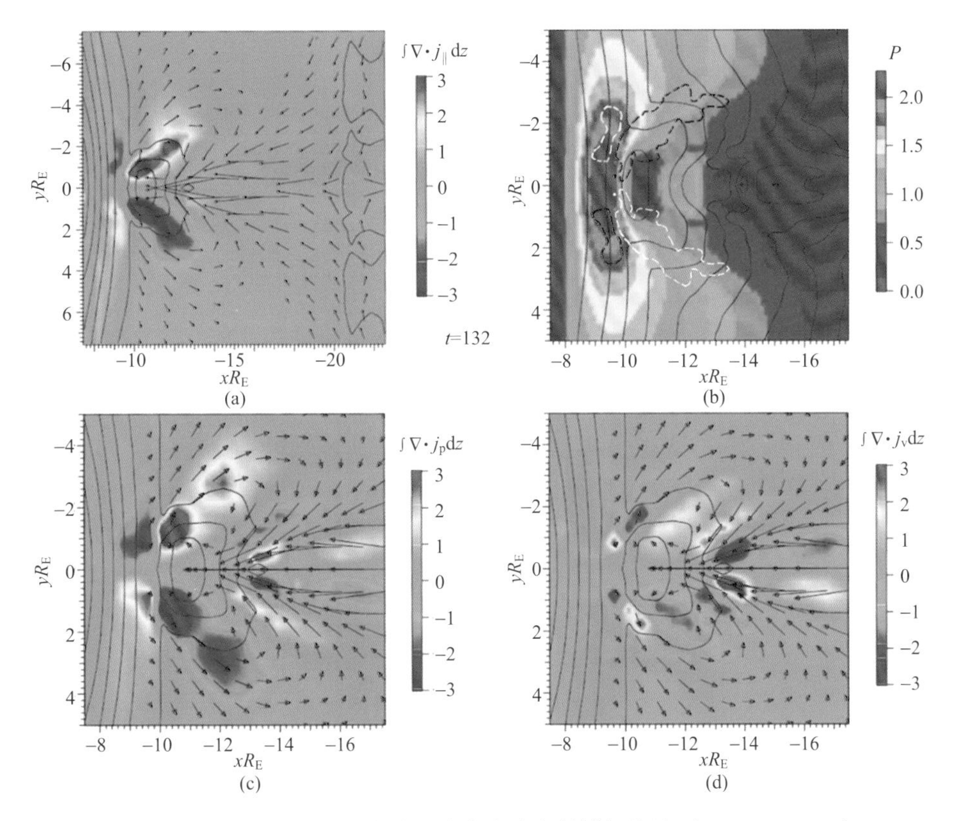

图 11.1.21 关于磁尾高速流中场向电流分布的模拟结果 (Birn et al., 2011)

需要指出的是，作为极区电离层对磁尾高速流的响应，这种极光条带现象并不仅仅发生在亚暴增长相期间(与磁尾高速流一致)，同样可以发生在亚暴膨胀相和恢复相期间。因此，在亚暴增长相期间最典型的特征仍是越尾电流的增强、磁尾电流片的变薄以及极盖区的扩张。可以想象，当电流片厚度降低到一定程度时，极强的磁场梯度和电流强度将诱发不稳定性的产生，并最终造成亚暴膨胀相的触发。

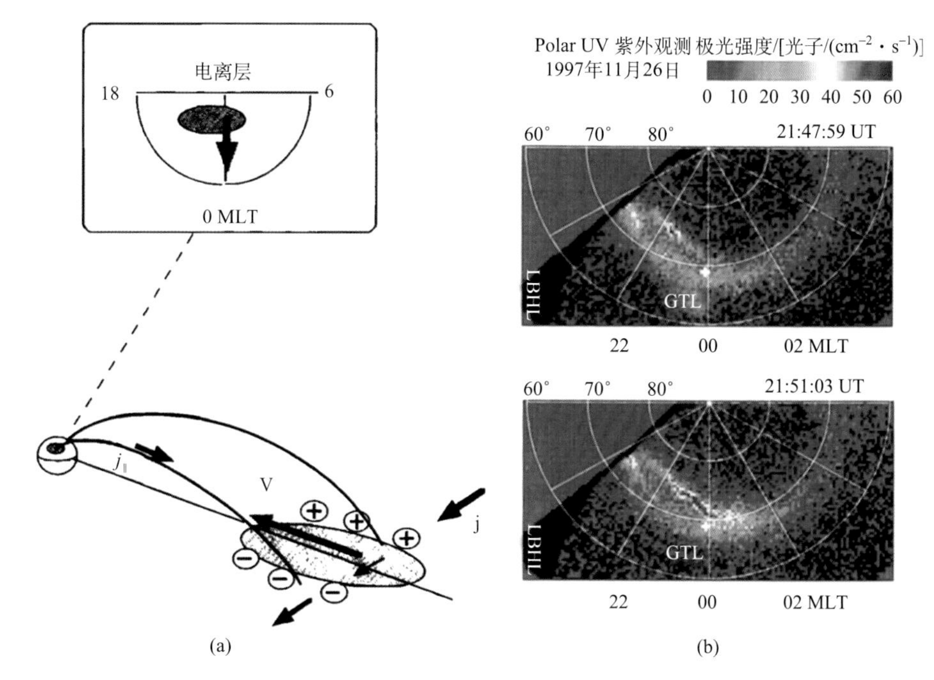

图 11.1.22　极光条带的观测及其与磁尾高速流之间的关系（Nakamura et al., 2001）

11.1.8　亚暴模型与争论

通过以上各小节,我们展示了亚暴过程中一系列极为复杂而又相互关联的观测现象。即使在亚暴膨胀相触发前后数分钟的短暂时间内，人们依然可以在不同位置上观测到多种多样的现象。这些丰富的观测现象促进了人们对亚暴物理过程的理解，但与此同时，归纳出这些现象所适用的物理模型也变得非常困难。由于这些现象发生的时间间隔很短，且观测手段(尤其是卫星观测)无法完全覆盖整个磁层-电离层系统，因此，人们很难判断这些观测现象发生的先后顺序，而要厘清彼此的因果关系更是难上加难。例如，一个看似简单却至今仍未能完全解决的问题是：亚暴膨胀相究竟是在什么位置被最先触发的？与之相关的问题还包括：这一系列观测现象之间的因果关系是怎样的？究竟是什么物理机制造成了亚暴膨胀相的触发？

为了回答这些问题，人们总结出了亚暴发展过程中最为重要的三个现象：① 极光增亮及极光区域的迅速膨胀；② 越尾电流的中断(发生在近磁尾，距地心 6～10 个地球半径)；③ 磁尾近地磁重联(通常发生在距地心 20～30 个地球半径处)及其造成的磁尾高速流。此前介绍的其他相关现象(包括地磁场 H 分量的湾扰、Pi2 地磁脉动、能量粒子的注入等)大多都可被视为这三个核心现象的后果。因此，任何一个亚暴模型均需包含这三个核心现象，并解释三者之间的因果关系。

在近地电流中断模型中，亚暴膨胀相的触发是由越尾电流的中断直接造成的。支持这一模型最重要的观测证据是：①若将极光点亮区域沿磁力线映射至赤道，其足点位于近磁尾，与地心距离一般小于 10 个地球半径（Lui and Burrows, 1978; Samson et al., 1992;

Frank and Sigwarth, 2000; Donovan et al., 2008)；②在亚暴膨胀相触发前，越尾电流密度在距地心 8～10 个地球半径的近磁尾区域达到极值，其大小可达数十安(Kaufmann, 1987)。这一极强的越尾电流提供了大量的自由能，从而为越场电流不稳定性的激发创造了合适的条件(见 11.1.6 节)。在这个区域中，另一种可能触发亚暴膨胀相的不稳定性是所谓的气球模不稳定性（Roux et al., 1991)。在这些不稳定性发生后，越尾电流中的一部分将沿着磁力线进入极光电离层，并直接导致极光的点亮。为了解释极光活动区域的极向扩张，Lui 等(1988) 还利用 CCE 卫星数据检验了电流中断区域的粒子观测信号。他们发现，回旋中心靠近地球方向的粒子在电流中断过程中最先获得加速，这也说明了电流中断区域朝磁尾方向的扩展。将这一区域沿磁力线映射进入极区电离层，即对应于极光区域的极向扩展。

为了解释发生在距地心 20～30 个地球半径处的磁重联现象，Lui 等(1991) 进一步提出近地电流中断可向磁尾方向发射稀疏波，其传播速度可达数百 km/s(即磁声波速度)。在近地电流中断模型中，尾向传播的稀疏波可造成磁尾等离子体片的变薄和磁场 B_z 分量的下降，并可在磁尾产生瞬态的对流，从而激发撕裂模不稳定性并最终导致重联的发生。尽管目前人们仍未能在磁尾直接探测到稀疏波(一个可能的原因是等离子体片中背景扰动相对较强)，这一模型仍可解释大量的观测现象，因此被视为两个主流亚暴模型之一。

另一个被很多研究人员接受的亚暴模型是近地中性线模型（Baker et al., 1996; Kepko et al., 2015)。在这一模型中，亚暴膨胀相的触发源于近地重联所产生的磁尾高速流。这些高速流在地向运动过程中造成的压缩及减速可产生场向电流(图 11.1.21)，从而在近地区域造成电流中断并最终形成亚暴电流楔。然而，正如 11.1.7 节中所指出的，单个高速流的空间尺度远小于亚暴电流楔，其携带的场向电流也远小于亚暴电流楔电流。因此，人们倾向于认为单个(或少数几个)高速流仅能导致伪暴或小亚暴的发生(Shiokawa et al., 1997)，只有当磁尾重联活动异常剧烈时，超过十个高速流的叠加才可能组成亚暴电流楔并触发亚暴膨胀相(Liu et al., 2015)。在膨胀相期间，由于亚暴电流楔位置处的磁场已接近偶极磁场，磁尾重联所持续产生的地向高速流将会在较远的区域被减速，从而可能导致亚暴电流楔的后撤和极光活动区的极向扩展。

根据这一模型，亚暴电流楔不应被视为一个整体的大尺度结构，而是由多个电流楔单元叠加而成。Liu 等(2015) 试图模拟地磁 H 和 D 分量对一系列小尺度电流楔单元叠加的响应，发现其结果与观测结果[图 11.1.8(b)]极为接近，从而支持了这一理论。Forsyth 等(2014) 利用 Cluster 卫星及多个地面台站的观测数据对这一模型进行了检验。他们在亚暴电流楔区域中发现了十余组场向电流对，从而证实了亚暴电流楔中存在复杂的结构。

尽管以上观测特征符合近地中性线模型，人们仍对该模型存在着诸多疑问。一个常见的疑问：鉴于磁尾高速流在亚暴各发展阶段均能出现(见 11.1.7 节)，是什么原因造成了磁尾高速流在膨胀相触发前的增多与增强？一种可能的解释与近地重联发生的位置有关（Russell, 2000; Pu et al., 2010)。在亚暴增长相早期，磁重联仅发生在闭合磁力线区域内(即等离子体片内)，其对应的阿尔芬速度较低，因此限制了等离子体流的强度。随着磁尾电流片的变薄，当磁重联发展至开放磁力线区域(即尾瓣区)时，重联率的迅速提升可导致磁尾高速流爆发性增强，从而最终触发亚暴膨胀相。这一模型同时还解释了尾向运动的等离子体团(Plasmoid，通常位于距离地心超过 30 个地球半径的中磁尾区域)与亚暴触发之间的相关性（Nagai et al., 1994)，这是因为远离地球方向运动的等离子体团通常被认为源自近地磁尾处的尾瓣重联（Richardson et al., 1987)。

图 11.1.23 总结了亚暴过程近地电流中断模型与近地中性线模型的主要观点和区别。在近地电流中断模型中，亚暴的触发由电流中断区域的等离子体不稳定性造成，而极光的增亮与磁尾的近地磁重联分别发生在此后的 30 s 和 60 s 前后，见图 11.1.23(a)。在近地中性线模型中，亚暴触发开始于近地磁重联，而近地越尾电流的衰减和极光的增亮分别出现在 90 s 和 120 s 后，图 11.1.23(b)。基于这一认识，美国航空航天局的 THEMIS 项目（Angelopoulos, 2008）将五颗卫星及一系列地面台站放置于不同的空间位置，从而试图判断以上三种核心现象发生的先后顺序，并由此还原亚暴的真实过程。利用这些数据，Angelopoulos 等(2008）研究了一个典型亚暴过程中各观测现象(包括磁重联、极光增强、Pi2 波动出现、极光活动区膨胀、等离子体地向流、近地偶极化等)的发生时间顺序，并由此认定近地中性线模型更能真实地反映亚暴过程。需要指出的是，由于磁场重联的空间尺度很小，在这一事件中并无卫星位于磁场重联区域，人们只能依赖粒子分布等间接证据对磁重联发生的时间进行估算（Zhou et al., 2009)。因此，即使针对这次亚暴事件，关于其触发机制和适用模型仍存在着激烈争论（Lui, 2009; Angelopoulos et al., 2009; Pu et al., 2010)。

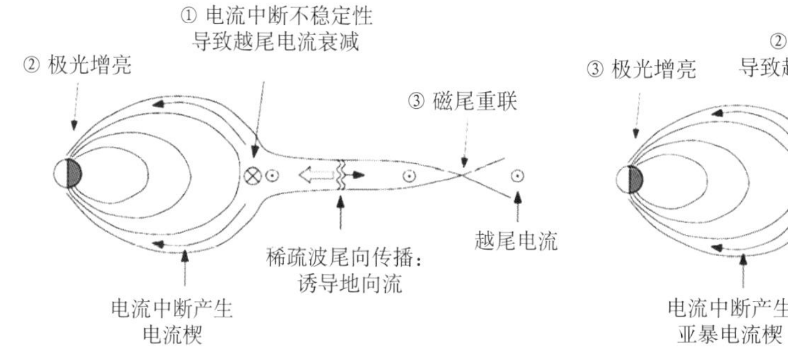

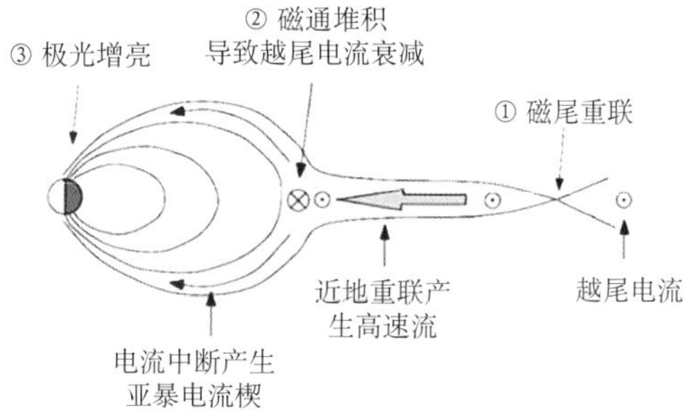

Order	时间/s	事件
1	t=0	电流中断
2	t=30	极光增亮
3	t=60	重联

(a) 近地电流中断模型

Order	时间/s	事件
1	t=0	重联
2	t=90	电流中断
3	t=120	极光增亮

(b) 近地中性线模型

图 11.1.23　亚暴过程中主要现象(电流中断、重联、极光增亮)之间的时序关系(Angelopoulos, 2008)

需要指出的是，尽管近地电流中断模型和近地中性线模型受到了最为广泛的关注，人们提出的亚暴模型并不限于此。例如，Rostoker 和 Friedrich（2005）认为，亚暴电流楔本身并非一个真实的空间电流体系。在这一模型中，亚暴的触发源自上行场向电流位置的突然变动。Gjerloev 和 Hoffman（2014）则提出，触发亚暴的电流体系应是一种大尺度的双楔结构。除此之外，还有一些研究者试图将近地电流中断模型与近地中性线模型融合在一个统一的框架内。例如，Zhang 等(2007) 利用 TC-1 卫星数据，提出近地重联所产生的地向高速流可压缩内磁层，从而在近地区域激发等离子体不稳定性(如气球模不稳定性)并造成越尾电流的中断。Nishimura 等(2010) 与 Lyons 等(2010)也分别利用极光数据和非相干散射雷达数据描绘了类似的物理图像。

综上所述，亚暴可被视为地球磁层与电离层耦合系统中的一种宏观不稳定性。这种不稳定性经历了一系列阶段，包括能量存储阶段(即亚暴增长相)、能量的快速释放(亚暴急始和膨胀相)以及最终逐渐消散(亚暴恢复相)的过程。在这种宏观不稳定性发展的历程中，各种不同尺度的物理过程均发挥了显著的作用，从而在地球空间中展现出各种异彩纷呈的观测现象。对于亚暴的研究者而言，如何将这些错综复杂的现象纳入一个完整的理论框架仍是一个巨大的挑战。

11.2　磁　暴

19 世纪 30 年代德国科学家高斯和韦伯建立地磁台站之初，就发现了地磁场经常有微小的起伏变化。1859 年 9 月 1 日，英国人卡林顿在观察太阳时，发现了太阳巨大的黑子群。第二天，地磁台记录到高达 700 nT 的强磁暴。这个偶然的发现使人们认识到地球磁暴与太阳活动有关。20 世纪初，挪威科学家伯克兰在第一次国际极区年(1882～1883年)发现磁暴时极光十分活跃，并提出引起极光带磁场扰动是由于存在地球上空的场向电流。为了解释场向电流的起源，以及它和极光、太阳活动的关系，伯克兰和史笃默相继提出了太阳微粒流假说。20 世纪 30 年代，查普曼-费拉罗提出了地磁场被太阳粒子流压缩的假说。

19 世纪 50 年代之后，实地空间探测相继发现了地球磁层和太阳风，并且发现磁层内存在环电流粒子，进而把地球磁暴概念扩展成了磁层暴。地球磁暴和磁层暴是同一现象的不同名称，尽管引起磁暴的是磁层的环电流，但通常按传统概念对磁暴形态与过程的描述仍以地面地磁场的变化为主。

地球磁暴是全球性地磁剧烈扰动现象。以低纬地区磁场水平分量在 1 个小时到十几个小时内急剧下降而在随后的几天内恢复为主要特征，如图 11.2.1 所示。一般用 D_{st} 指数作为磁暴强度的度量，其扰动幅度通常在几十 nT 与数百 nT 之间。

磁暴发展过程以地磁水平分量的变化为代表。典型的磁暴开始时，在全球大多数台站的地磁水平分量呈现出一个陡然上升。在中低纬度台站，其上升幅度为 10～20 nT。这称为磁暴急始，记为 SSC (sudden storm commencement) 或 SC。有急始的磁暴称为急始型磁暴，这个信号被认为是行星际激波的到达。图 11.2.1 给出的是一次典型的磁暴发展过程，从 D_{st} 指数的变化来看可以分为三个发展阶段：初相，主相和恢复相。急始后磁场水平分量大致在 1 小时至几小时内保持其增加后的数值，然后下降，水平分量由急始到下降之间的这段时间叫作初相 (initial phase)。磁暴期间地球磁场通常在数小时时间内水平分量下降到数十 nT 到数百 nT。磁场水平分量从开始下降到最小值的期间叫作磁暴的主相 (main phase)。D_{st} 下降到最小值之后，水平分量缓慢地恢复到暴前的状态，一般需要 1～3 天，这段时间叫作恢复相(recover phase)。但并不是所有的磁暴都有这一完整过程。有的磁暴没有急始，称为缓始型磁暴。这类磁暴主要靠 D_{st} 指数的起伏和主相下降来判别。

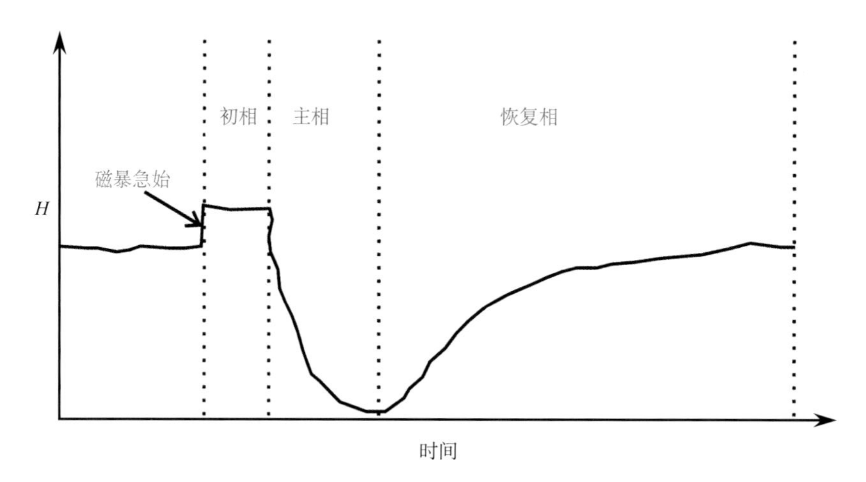

图 11.2.1 地球磁暴通常包括初相、主相和恢复相

11.2.1 磁暴时太阳风能量注入与 Burton 公式

磁暴时太阳风的能量注入，可由 Burton 公式来表示（Burton et al., 1975）：

$$\frac{\mathrm{d}D_{\mathrm{st}}^*}{\mathrm{d}t} = Q(VB_{\mathrm{s}}) - \frac{D_{\mathrm{st}}^*}{\tau} \tag{11.2.1}$$

$$D_{\mathrm{st}}{}^* = D_{\mathrm{st}} - b\sqrt{P} + c \tag{11.2.2}$$

其中，环电流注入函数 Q 被认为是行星际电场 VB_{s} 的函数；D_{st}^* 是太阳风动压修正的 D_{st} 指数；τ 是环电流的耗散时间；P 是太阳风动压；系数 b 和 c 是常数。O'Brien 和 McPherron（2000）由此得到了

$$Q = -4.4\left(VB_{\mathrm{s}} - E_{\mathrm{c}}\right), \qquad VB_{\mathrm{s}} > E_{\mathrm{c}} = 0.49 \ \mathrm{mV/m} \tag{11.2.3}$$

$$Q = 0, \qquad VB_{\mathrm{s}} < E_{\mathrm{c}} \tag{11.2.4}$$

几乎所有对于磁暴期间太阳风能量注入地球磁层环电流的研究，均基于行星际磁场(interplanetary magnetic field, IMF)在 GSM 坐标系下具有南向分量时该能量注入才会发生的假设；与此同时，在北向 IMF 条件下，环电流能量注入和衰减尚没有被很深入地研究和理解。Shi 等(2012）利用从 1964 年到 2010 年记录的地磁数据研究了磁暴期间北向 IMF 对于环电流的影响，并与南向 IMF B_z 的条件得到的结果进行比较。研究表明，磁暴期间北向 IMF B_z 条件下，环电流区域的能量注入最大量 Q 只有南向 IMF 条件的 6%，南向 IMF 条件下能量衰减时间与行星际电场（VB_z）具有很好的线性关系，但是在北向 IMF 条件下并没有同样好的结论，见表 11.2.1。

图 11.2.2 给出了一个典型磁暴期间行星际太阳风参数与磁暴 D_{st} 指数的关系。这些太阳风参数是在地球与太阳的第一拉格朗日点(距地表约为 233 个地球半径)附近由卫星测量得到的，包括：太阳风动压强 P_{d}，GSM 坐标中行星际磁场的南北分量，行星际

电场（VB_s）。可以看出磁暴的主相发展与行星际磁场的南向分量和正值行星际电场（VB_s）密切相关。

表 11.2.1　南向与北向 IMF B_z 条件下环电流能量注入 Q、衰减时间 τ 和修正 D_{st} 指数的公式

IMF B_z	Q/(nT/h)	τ/h		修正 D_{st}^*
		VB_z	Q	
北向	$Q=0.08-0.08VB_z$	$\tau=8.1-0.7VB_z$	$\tau=e^{2.6+0.039-Q}$	$D_{st}^*=D_{st}-10.4\sqrt{P}+15.2$
南向	$Q=0.7-4.7VB_z$	$\tau=11.8-1.1VB_z$		$D_{st}^*=D_{st}-6.9\sqrt{P}+10.0$

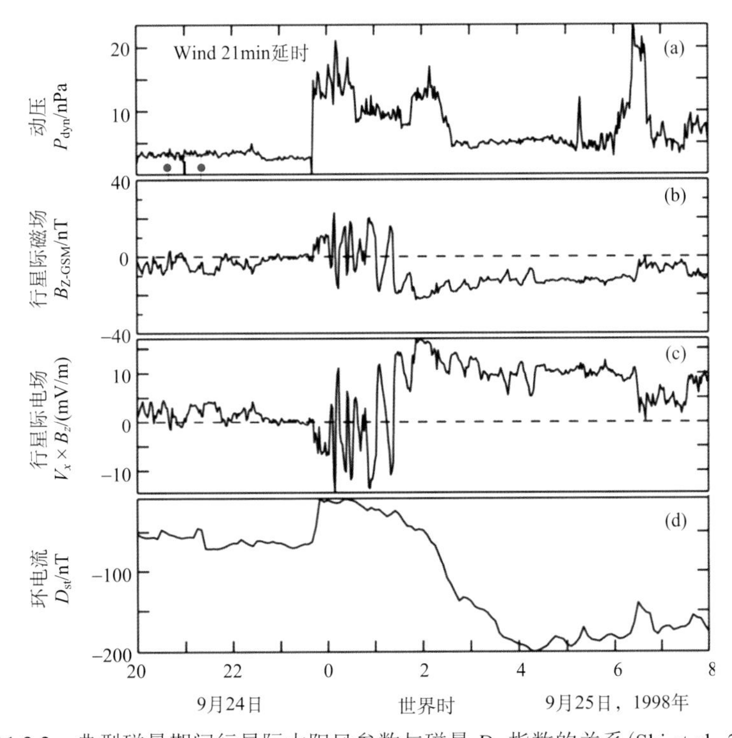

图 11.2.2　典型磁暴期间行星际太阳风参数与磁暴 D_{st} 指数的关系(Shi et al., 2012)

(a)太阳风动压强(时间移到磁层顶到达时间)；(b)行星际磁场的南北分量(GSM 坐标)；(c)行星际电场(VB_s)；(d)D_{st} 指数

11.2.2　磁暴总能量与 Dessler-Parker-Sckopke 关系

Dessler-Parker-Sckopke 关系定量揭示了环电流粒子总能量与环电流对地磁场造成的扰动之间的关系。下面介绍 Dessler-Parker-Sckopke 关系的简单推导，详细的推导参阅(Sckopke, 1966)。粒子在地磁场中的基本运动中，除了弹跳运动外，回旋、梯度漂移和曲率漂移都产生净电荷的输运，从而共同贡献了环电流。

已知粒子漂移速度为

$$v_d=-\frac{mv_\perp{}^2}{2q}\frac{\nabla B}{B^2} \tag{11.2.5}$$

为计算 ∇B，需假设地球磁场为偶极子场，则其在赤道面上的磁场强度可以表示为

$$B_0 = \frac{\mu_0}{4\pi}\frac{M_E}{R_E{}^3} \tag{11.2.6}$$

则由于粒子漂移运动形成的磁场扰动为

$$\nabla B_{\text{drift}} = -\frac{3\mu_0}{4\pi}\frac{W_\perp}{B_0 R_E{}^3} \tag{11.2.7}$$

另外，离子的回旋运动也将产生一个回旋电流，这种电流将产生一个北向的附加磁场，由粒子回旋运动形成的磁场扰动可以表示为

$$\nabla B_{\text{gyro}} = \frac{\mu_0}{4\pi}\frac{W_\perp}{B_0 R_E{}^3} \tag{11.2.8}$$

则由回旋运动加上漂移运动也就是环电流形成的总磁场变化量，为

$$\delta B_{\text{rc}} = -\frac{\mu_0 W_{\text{rc}}}{2\pi B_0 R_E{}^3} \tag{11.2.9}$$

其中，B_0 表示平均赤道地表磁场；W_{rc} 表示环电流粒子的总能量；W_B 表示地球外部偶极场的总能量。

地球偶极子磁场的总能量为

$$W_B = \int_0^{2\pi} d\varphi \int_0^{\pi} d\theta \int_{R_E}^{\infty} \frac{\mu_0{}^2}{16\pi^2}\frac{M_E{}^2(3\cos^2\theta+1)}{r^6} r^2 \sin\theta dr = \frac{1}{3}M_E B_0 \tag{11.2.10}$$

则总磁场变化率为

$$\frac{\delta B_{\text{rc}}}{B_0} = -\frac{2W_{\text{rc}}}{3W_B} \tag{11.2.11}$$

其中，δB_{rc} 表示由环电流引起的地球中心磁感应强度的减少量，也就是环电流 D_{st} 指数；B_0 是赤道附近表面的磁感应强度的平均值；W_{rc} 是环电流粒子的总能量；W_B 是地球外部偶极场的总能量。从中可以看出，D_{st} 指数的值与环电流携带粒子的总能量近似呈线性。因此，在行星际磁场极性为正时，D_{st} 指数的极大值要高于极性为负时的情况，这说明当行星际磁场呈背日向时，有可能会增强向日面重联的效率，使得更多的能量从太阳风输入到磁层中。

11.2.3 磁暴环电流

环电流是地球磁层中的主要电流系统之一。由于地球磁场存在梯度和曲率，这些粒子在地球磁场中发生漂移运动形成电流。因为带正电的粒子向西漂移，带负电的电子向东漂移，因此环电流绕地球顺时针循环(从地磁北极上方向下看)，强度约为 10^6A，参见图 11.2.3。由于环电流的存在，会产生一个与地球磁场相反的磁场，因此地球表面的观察者常常会观察到磁场减少。环电流增强与减少引起的地磁的变化由 D_{st} 指数来表示，该地磁指数用作环电流活动的标准量。

早在空间探测飞行器上天之前，空间物理研究的先驱们就已经提出磁暴发生的原因是近地空间环绕地球运动的带电粒子形成的电流对地磁场造成了扰动，见图 11.2.3。图 11.2.3 是基于地面磁场的观测推测地球磁层空间存在环电流示意图。地球磁暴时，如果地球磁层空间存在一个如图 11.2.3 所示的西向电流，则可以解释地面上地磁台站观察到

的地磁扰动现象。这一观点被卫星实地观测所证实。

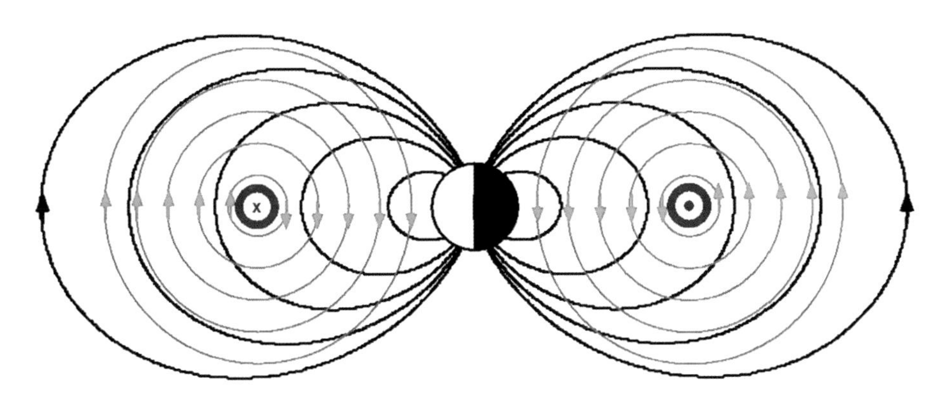

图 11.2.3　基于地面磁场的观测推测地球磁层空间存在环电流示意图

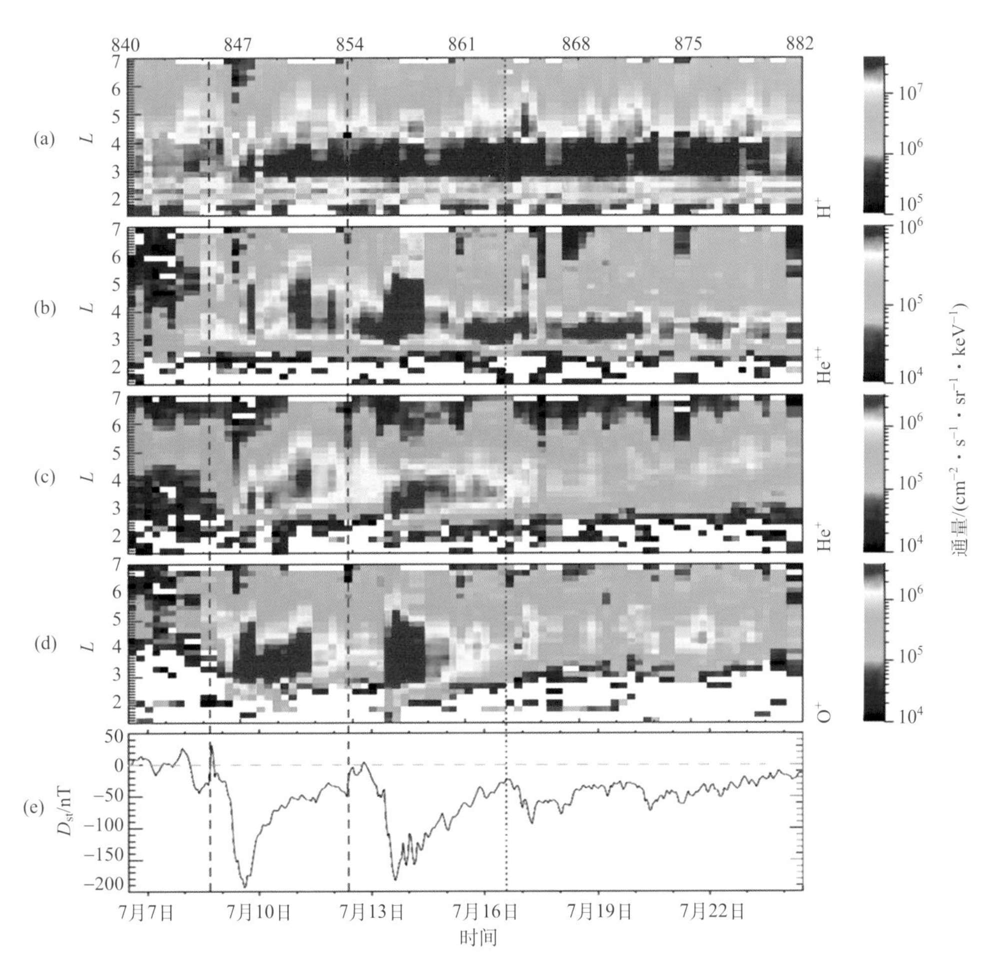

图 11.2.4　(a)～(d)示地球磁暴期间环电流中不同成分离子——H^+, He^{++}, He^+和 O^+能量范围为 50～426 keV 的径向分布，(e)示 D_{st} 指数(Fu et al., 2001)

磁层环电流在磁层平静时也是存在的。在地球磁暴期间，环电流粒子通量增加，电流增强。增长时间一般持续 3～12 h，并构成磁暴的主相。在此主要阶段之后，环电流开始衰减，在 2～3 天内恢复到扰动前的状态。

实际上，环电流远比图 11.2.3 所示的线圈环电流复杂，其最大强度在磁赤道面 4 个地球半径左右的区域，分布在距离地心为 3～8 个地球半径的环内，分布有能量为几十至几十万电子伏的粒子，称为环电流粒子，见图 11.2.4。环电流主要由离子(10～200 keV)携带，其中大部分是质子和来自太阳风的 α 粒子，在地球磁层活动期间，也发现存在大量地球电离层起源的 O^+氧(Fu et al., 2001)。这些一价氧离子被认为是来自地球电离层起源的示踪成分，而 α 粒子(二价的氦离子)则是来自太阳风的示踪成分。

环电流增强的经典图像是离子从磁尾等离子体片注入。当磁层对流增强，等离子体阿尔芬层和磁尾等离子体片内边界会向内移动，使来自太阳风的离子注入内磁层的午夜侧附近，然后这些注入的离子会开始进行漂移运动。如果磁层强对流过程持续时间长，注入离子会被捕获在闭合漂移轨道内，从而形成环电流增强。

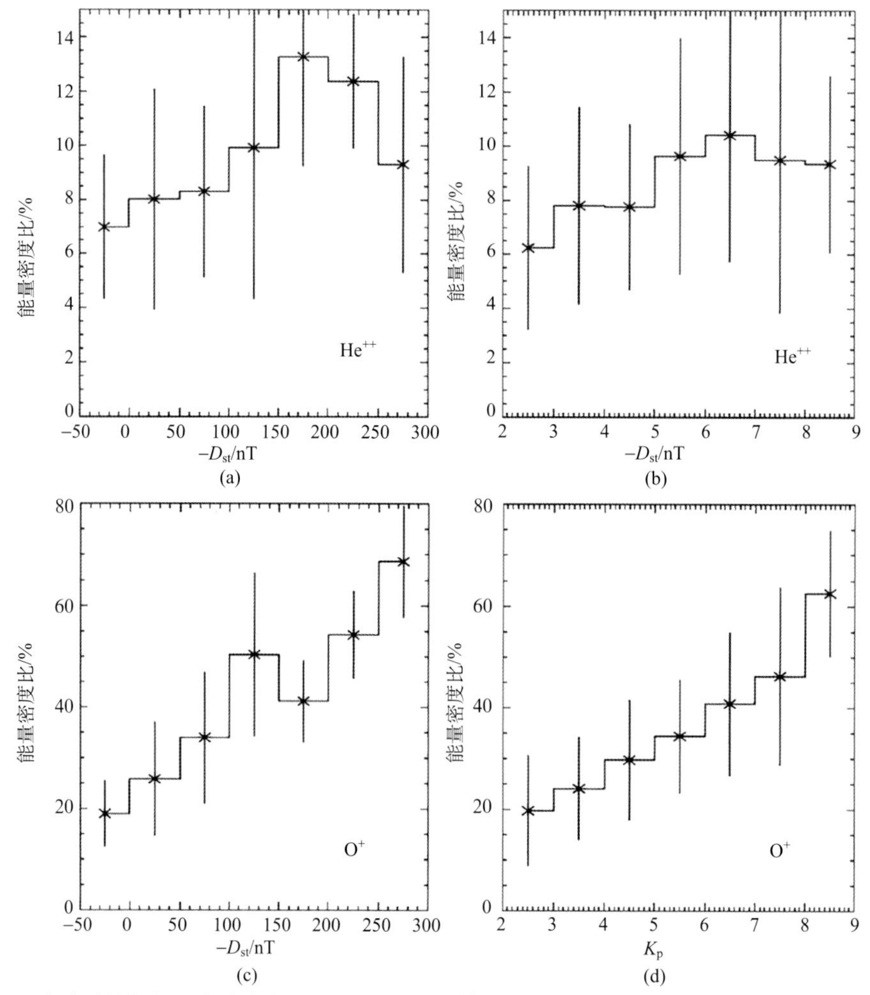

图 11.2.5　地球磁暴期间环电流中起源于太阳风的 He^{++}和地球电离层 O^+在不同的 D_{st} 和 K_p 指数时所占总能量密度的比(Fu et al., 2001)

环电流增强的另一个来源是电离层离子的上行。Fu 等(2001)根据 CRRES 卫星的观测指出，磁暴期间来自电离层的 O^+离子显著增强，如图 11.2.5 所示。对于电离层起源的 O^+，其对环电流的贡献随着磁暴强度(D_{st}或者 K_p指数)增大而增大；对于中等强度的磁暴，太阳风起源的 He^{++}对环电流的贡献随着磁暴强度增大而增大，然而对于强磁暴(D_{st}< –120 nT)，这种变化关系则显著减弱。

在地磁暴期间，环电流粒子通量显著增加，在特别剧烈的磁暴过程中，O^+对环电流能量密度的贡献甚至可能超过 H^+的贡献，成为环电流的最主要的贡献者。

具有大投掷角的磁层能量粒子的漂移路径将与黄昏的磁层顶相交。在磁暴期间可能发生突然的磁层压缩，磁层顶向内移动，并且通常被捕获的磁层离子漂移路径暂时向磁层顶开放。由于离子向西漂移但电子向东漂移，大部分离子可能会从黄昏的磁层中泄漏出来，特别是具有大回旋半径的氧离子。Zong 等(2001) 研究发现，氧离子从磁层顶逃逸到磁鞘的氧离子大约为磁暴环电流的总氧离子输入率的 33%。这种环电流氧离子的逃逸损失可以形成暴时环电流强不对称，图 11.2.6 给出了非对称磁暴环电流的示意图。

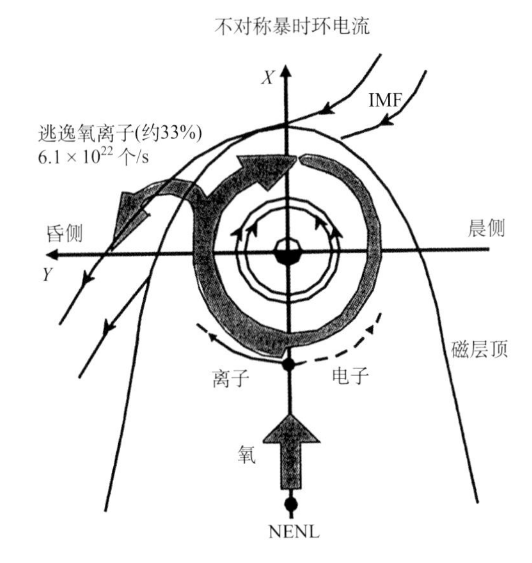

图 11.2.6　地球磁暴期间环电流中地球电离层起源的 O^+在赤道平面的漂移运动路径(Zong et al., 2001)

11.2.4　磁暴的驱动

磁暴的行星际驱动源主要是日冕物质抛射(CME)、共转相互作用区 (CIR) 和行星际激波等等，见图 11.2.7。磁暴是由太阳风能量与物质输入磁层所导致的， 多数发生在太阳活动增强期间。图 11.2.7 描述了 CME 与 CIR 在 IMF 结构和太阳风主要物理参量的不同 (Kataoka and Miyoshi, 2006)，其中(b)显示的是二者的 IMF 南向分量。

CME(通常前端伴随有行星际激波)中的大尺度行星际磁场 (IMF) 南向分量与地磁场发生磁重联，使太阳风注入，并使磁层对流增强，来自太阳风的离子从磁尾向内磁层对流注入环电流，从而引发磁暴。CME 结构对应的扰动时间尺度约为数天，而 IMF 南向分量强度大且具有明显的激波压缩和双极结构特征，由此造成的磁暴时期 D_{st} 指数变化特征是较强的主相与持续时间较短的恢复相。CIR 携带的阿尔芬扰动持续时间可以达到 1 周左右，而 IMF 南向分量呈现强度小且时断时续的特征，由此造成的磁暴 D_{st} 指数变化特征是较弱的主相与持续时间较长的恢复相。

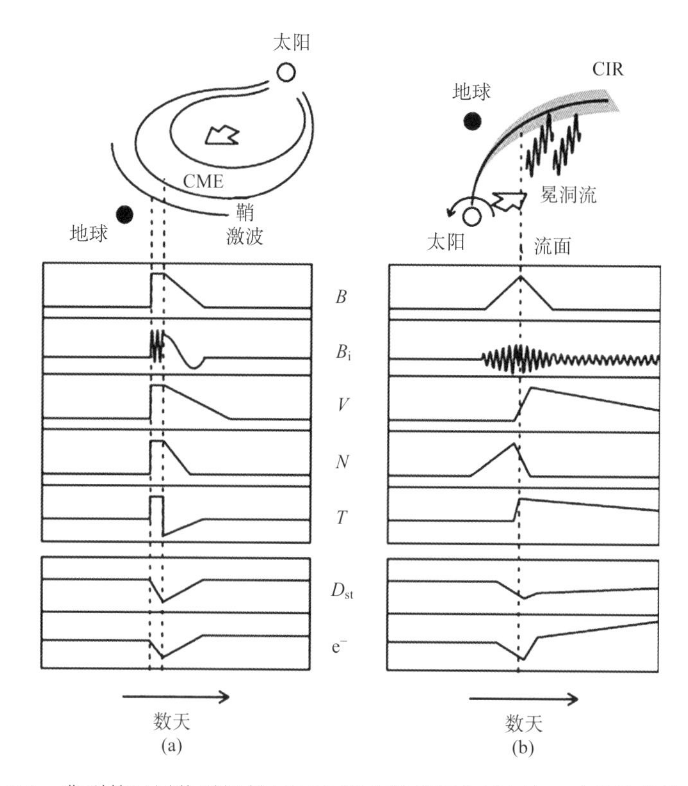

图 11.2.7　典型的日冕物质抛射（CME）和共转相互作用区（CIR）的结构的示意图
（Kataoka and Miyoshi, 2006）

自上向下：行星际磁场（强度 B 和南向分量 B_i 分量），太阳风参数（太阳风速度 V，密度 N，温度 T），D_{st} 指数和电子通量 e^-（>2.0 MeV）

太阳日冕抛射物常在其前缘形成激波，以 1000 km/s 的速度，约经一天，传到地球。太阳风高速流也在其前缘形成激波，激波中太阳风压力骤增，见图 11.2.7(a)。当激波扫过地球时，磁层就被突然压缩，造成磁层顶地球一侧的磁场增强。这种变化通过磁流体波传到地面，表现为地面磁场增强，就是磁暴急始。

急始之后，磁层被压缩，与此同时磁层内的对流电场增强，等离子体层收缩，收缩剧烈时，等离子体层顶可以近至距地面 2～3 个地球半径。

如果激波之后的太阳风参数比较均匀，则急始之后的磁层保持一段相对稳定的被压缩状态，这对应磁暴初相。磁暴期间，磁层中最具特征的现象是磁层环电流粒子增多。磁暴主相时，环电流区粒子通量增加，增强了的环电流造成地面磁场 H 分量的下降。磁暴主相的幅度与环电流粒子的总能量成正比。磁暴幅度为 100 nT 时，环电流粒子能量可

达 4×10^{15} J。这大约就是一次典型的磁暴中磁层从太阳风所获得并耗散的总能量。由于磁层波动对粒子的散射作用，以及粒子的电荷交换反应，环电流粒子会不断消失，环电流强度开始减弱，磁暴进入恢复相。

CIR 驱动磁暴的基本原理相同，但关键因素 IMF 南向分量主要由自冕洞发出的高速太阳风中的阿尔芬扰动提供，见图 11.2.7(b)。CIR 驱动的磁暴主要发生太阳活动峰年的下降期，当太阳活动增强时，可能一个月发生数次；有时一次磁暴发生 27 天(一个太阳自转周期)后，又有磁暴发生。这类磁暴称为重现性磁暴。重现次数一般为一、二次。Gonzalez 等(1994) 指出，不同强度的磁暴所要求的 IMF 南向分量的强度和持续时间有所不同。强磁暴 (D_{st}<–100 nT) 需要 IMF 南向分量绝对值大于 10 nT，且持续时间超过 3 h。这个阈值通常只有 CME 及其前端伴随的行星际激波才能达到，因此通常大的磁暴 ($|D_{st}|$> 150 nT) 都有 CME 所驱动，而 CIR 驱动的磁暴通常较小，且有重现性，见图 11.2.8。

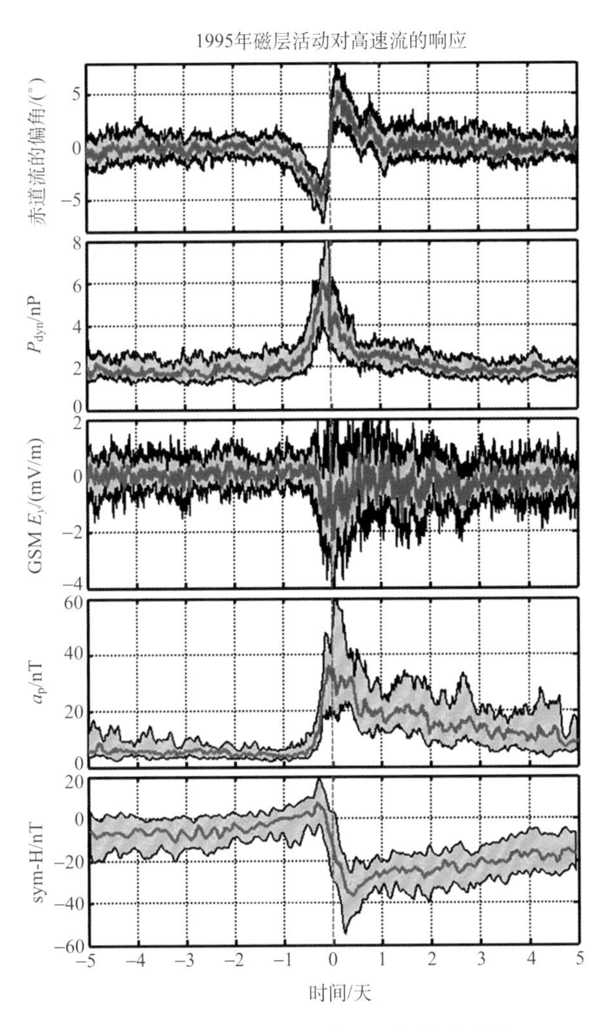

图 11.2.8　CIR 期间太阳风参数与磁层不同变量之间的关系(McPherron et al., 2005)

太阳风高速流前缘的界面作为时间序列分析的时间原点。图中重红线为中值线，而黑色线为上、下分位数，太阳风高速流通常驱动较弱的地球磁暴(Sym-H)

11.2.5 磁暴的恢复

磁暴的恢复实际上是环电流的减小，主要是相应的环电流区域带电粒子的减少，这个粒子的损失过程主要被认为是带电粒子与地冕中性原子进行电荷交换。此外，还有库仑碰撞以及由波粒相互作用导致环电流粒子沉淀到大气中的过程。环电流衰减的主要机制是环电流离子与地冕大气的电荷交换。地冕是指来自逃逸层的相对冷(约 1000K)的中性原子，这些中性原子也会共振散射太阳 Lyman α辐射 (Chamberlain, 1963)。由于氧原子至少要有高于 10 eV 的能量才能克服地球引力，而其他较轻的原子和分子则不需要具有那么高的能量就可以逃脱，地冕主要由氢原子构成。由于地冕密度在径向距离上快速下降，在大于 10 个地球半径的高度上，地冕氢原子与离子的碰撞非常稀少。但在环电流的高度上，这样的碰撞是足够频繁的，会造成环电流离子的显著损失。

磁层能量离子通过电荷交换损失的重要性在 60 多年以前就已经被注意到了。Dessler 和 Parker(1959)提出能量离子与逃逸层中性氢原子之间的电荷交换是环电流衰减的有效途径。

在电荷交换过程中，与逃逸层中性气体碰撞的能量离子会从冷的中性原子那里获得一个电子从而中性化。对于能量 H^+来说，电荷交换会产生能量中性氢原子。这个能量中性氢原子会摆脱磁场的束缚，以与入射 H^+相同的能量和运动方向沿着弹道轨道运动。

环电流离子的电荷交换损失主要是由于其与冷的逃逸层氢原子的相互作用：

$$\begin{cases} H^+ + H = H + H^+ \\ O^+ + H = O + H^+ \\ He^{++} + H = He^+ + H^+ \\ He^+ + H = He + H^+ \end{cases} \tag{11.2.12}$$

由于地冕主要是冷的氢气，上述过程引起环电流离子的显著损失。有较小赤道投掷角的离子可以弹跳运动至更低高度，因此可以与上层大气的中性氧原子进行电荷交换：

$$\begin{cases} H^+ + O = H + O^+ \\ O^+ + O = O + O^+ \\ He^{++} + O = He^+ + O^+ \\ He^+ + O = He + O^+ \end{cases} \tag{11.2.13}$$

电荷交换损失的一般表达式：

$$Y^{p+} + X \longrightarrow Y^{q+} + X^{s+} \tag{11.2.14}$$

其中，X 表示逃逸层中性原子；Y 表示能量离子，其核电荷数为 M，带 p 价正电荷，$p = q + s$，$0 \leqslant q < p \leqslant M$。

计算能量离子的电荷交换存活时间的主要参数有中性氢或氧原子的密度、离子的电荷交换截面以及离子的赤道投掷角分布。Chamberlain(1963)发展出了一套行星逃逸层的综合理论，在这套理论中碰撞非常稀少，主要的控制因素是引力和热能。在 Chamberlain 模型中，理论上氢密度随高度的分布是温度的函数。

由于电荷交换截面与粒子能量和种类(质量)相关，不同环电流离子的电荷交换截面相差很大，因此环电流组成成分的变化会显著影响由电荷交换引起的环电流衰减。电荷交换存活时间也与位置非常相关，因为中性氢密度随高度下降非常快。因此，环电流最内侧的部分衰减最快。

在地球赤道平面附近运动的能量离子与地冕中性氢电荷交换的平均存活时间为

$$\tau_e = 1/\left[n(r_0)\sigma v\right] \tag{11.2.15}$$

其中，$n(r_0)$是赤道面处的中性氢密度(与距地球的距离相关)；σ是离子的电荷交换截面(与能量和质量相关)；v是离子速度。磁镜点纬度为λ_m的离开赤道面弹跳运动的能量离子的存活时间τ_m则可以写为

$$\tau_m = \tau_e \cos^\gamma \lambda_m \tag{11.2.16}$$

Cowley (1977) 通过数值计算发现在典型的环电流高度上，γ为3～4。

磁暴的恢复相对应于环电流的减弱，即环电流中的离子通过与中性大气电荷交换或与等离子体层的冷等离子体库仑碰撞等机制而损失掉。Mitchell 等(2001) 通过 IMAGE 卫星对能量中性原子 (energetic neutral atoms, ENAs) 的成像，显示了 2000 年 7 月 15 至 16 日的一次磁暴期间环电流的变化。从 ENA 成像可以清晰地看出，来自环电流的 50～60 keV 中性氢原子通量在磁暴主相期间显著增强，随后在恢复相期间逐步减弱，见图 11.2.9。

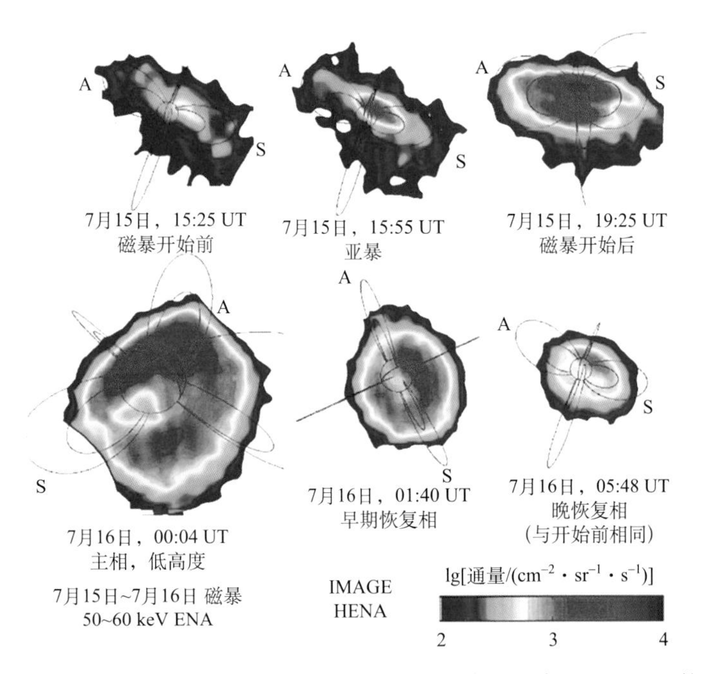

图 11.2.9　2000 年 7 月 15 至 16 日磁暴开始前后，主相和恢复相中环电流 50～60 keV 的中性原子(ENA)的图像(Mitchell et al., 2001)

11.2.6 磁暴的半年变化与 Russell-McPherron 效应

地磁活动的半年变化的相关研究已有很长的一段历史（Broun, 1848; Sabine, 1852; Cortie, 1912）。

早在 1912 年，Cortie 就已观测到超强磁暴和强磁暴的发生率存在着明显的半年变化：在春秋分其发生率达到极大，在冬夏至达到极小（Cortie, 1912）。随后，半年变化广泛地在地球高层大气、电离层、磁层和其他有磁场行星(如木星、土星)中被观测到（King-Hele, 1966; Forbes et al., 2000; Li et al., 2001; Starodubtseva, 2009; Orton et al., 2008）。地磁活动的半年变化被认为与地球轨道在日球层中的相对位置以及地球磁极的位置有关。自地磁活动存在于春秋分附近极大、冬夏至附近极小的显著的半年变化被发现以来，对于导致该变化的原因的争论持续了近一个世纪，至今尚无明确定论。

自地磁活动的半年变化被发现至今一个多世纪以来，主要的三种假说被提出以解释这种现象。三种假说以两种不同的方式产生作用：轴假说和 R-M（Russell-McPherron）效应试图通过太阳风特性以及能量输入的变化来解释地磁活动的半年变化，而赤道假说则通过磁层对太阳风的耦合效率的变化来解释半年变化。

1. 轴假说（Cortie, 1912）

Cortie 在 1912 年提出，认为地磁活动的半年变化可以归因于地球在一年当中日面纬度的变化。太阳的自转轴与地球绕太阳运动的黄道面的法线方向的夹角约为 $7^{\circ}15'$，因此地球经过太阳的赤道面的时间约为 6 月初和 12 月初，这时地球的日面纬度最低，正好对应于地磁活动的极小值，而在 2 月末和 8 月末，地球的日面纬度最大，此时对应于地磁活动的极大值。Cortie 认为，这种对应关系是由于多数太阳黑子出现在日面纬度约$\pm 10^{\circ}$处而非赤道处，这使得在春秋分附近时，地球的日面纬度刚好处于这一区域，因此地磁活动达到极大，而在冬夏至附近时，地球处于太阳赤道面，距太阳黑子区域较远，因此地磁活动达到极小。而更为现代的观点则认为，这是由太阳中纬冕洞的存在而导致的(Bohlin, 1977)。

2. 赤道假说（Bartels, 1932; McIntosh, 1959; Svalgaard, 1977）

该假说认为地磁活动的半年变化是由地球磁轴与日地连线的夹角的变化引起的，这个夹角一般用 4 表示，它的变化使得在冬夏至点附近磁层的耦合效率降低，从而产生了半年变化。Crooker 和 Siscoe (1986) 认为，当地球偶极子轴与日地连线的夹角变化时，磁层顶的形状以及 Chapman-Ferraro 电流系附近的磁场构型会发生改变，从而阻碍了由太阳风到地球磁层的能量传输。图 11.2.10 显示了地球磁轴与日地连线夹角的季节变化与日变化。

3. R-M 效应（Russell and McPherron, 1973）

R-M 效应自从 1973 年被提出以来，已成为目前解释地磁活动的半年变化的最普遍的假说。R-M 效应认为地磁活动的半年变化是行星际磁场南向分量的变化引起的，这种

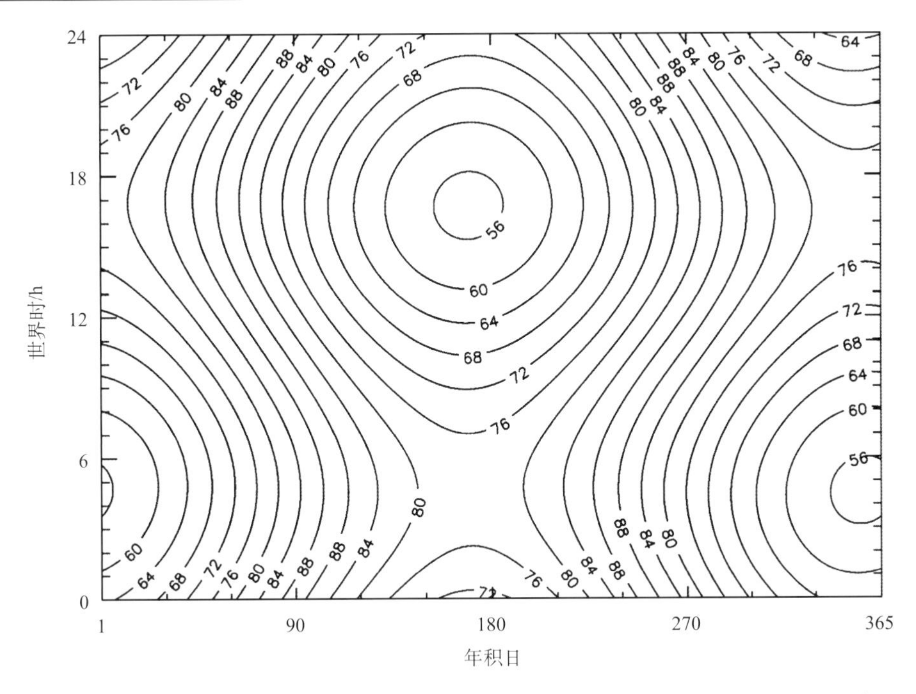

图 11.2.10　地球磁轴与日地连线夹角的季节变化与日变化（Zhao and Zong, 2012）

变化可以归结于 GSM 坐标系中的 Z 轴与地心太阳赤道坐标系（Geocentric Solar Equatorial, GSEQ）坐标系的 Y 轴之间的夹角的变化。Russell 和 McPherron（1973）认为，行星际磁场南向时，向日面的重联效率更高，从而太阳风中的更多能量可以传输到地球磁层中，因此使得地磁活动更为强烈。为简化模型，他们做出三个假设：

（1）行星际磁场总是在太阳赤道面上呈螺旋线并且强度不变；

（2）行星际磁场呈向日和背日方向的概率均等；

（3）行星际磁场北向时与磁层没有相互作用，而其与地球磁层的相互作用的强度与其南向分量呈线性相关。

由以上三个假设，他们得出了行星际磁场南向分量的半年变化及日变化，即显示出春秋分极大、冬夏至极小的特点。与轴假说不同的是，其极大值约出现在 4 月初和 10 月初，并且春分附近和秋分附近的日变化有明显区别。图 11.2.11 画出 GSM 坐标系 Z 轴与 GSEQ 坐标系 Y 轴之间的夹角的半年变化与日变化，即 Russell- McPherron 效应。

由于地球的自转轴相对于 GSE 坐标系中的 Z 轴倾斜了约 23.5°，而且这一角度在地球绕太阳公转时可认为是不变的，因此这一角度使得一年当中行星际磁场在地球 GSM 坐标系的 Z 轴方向的投影发生周期性的改变，从而导致了地磁活动的季节变化；而地球的偶极子轴相对于地球的自转轴倾斜约 11.5°，这使得一天当中行星际磁场在 GSM 坐标系的 Z 轴方向的投影的大小发生一定程度的改变，从而导致了地磁活动的日变化。在这样的理论下，不同极性的行星际磁场将会对地磁活动产生不同的效果，因此我们根据行星际磁场的极性，即背日或向日，定义了相应的正/负 R-M 效应。正 R-M 效应，即行星际磁场沿背日向时在 GSM 坐标系 Z 轴上的南向投影的半年变化与日变化，此时行星际磁场极性为正，GSE 坐标系中 B_y 分量大于 0；负 R-M 效应，即行星际磁场呈向日方向时在 GSM 坐标系 Z 轴上的南向投影的半年变化与日变化，此时行星际磁场极性为负，GSE 坐标系中 B_y 分量小于 0。图 11.2.12 为正/负 R-M 效应及其原理示意图。在春分点附近，地球自转轴相对于 GSE 坐标系中的 Z 轴向 Y 轴正向倾斜约 23.5°，因此向日方向的行星际磁场在 GSM 坐标系的 Z 轴上投影为负，即行星际磁场为南向，此时向日面重联效率增加，地磁活动因而加强，而背日方向的行星际磁场在 Z 轴上的投影为正，即行星际磁场为北向，与磁层几乎无相互作用，地磁活动较弱。在秋分点附近，地球自转轴到 GSE 坐标系中 Y 轴正向的角度约为 113.5°，因此背日方向的行星际磁场在 GSM 坐标系的 Z 轴的投影为负，地磁活动增强，而向日方向的行星际磁场在 Z 轴投影为正，地磁活动较弱。综上所述，正 R-M 效应预测在行星际磁场极性为正时，地磁活动的强度在秋分点附近达到极大值；而负 R-M 效应预测在行星际磁场极性为负时，地磁活动的强度在春分点附近达到极大值。

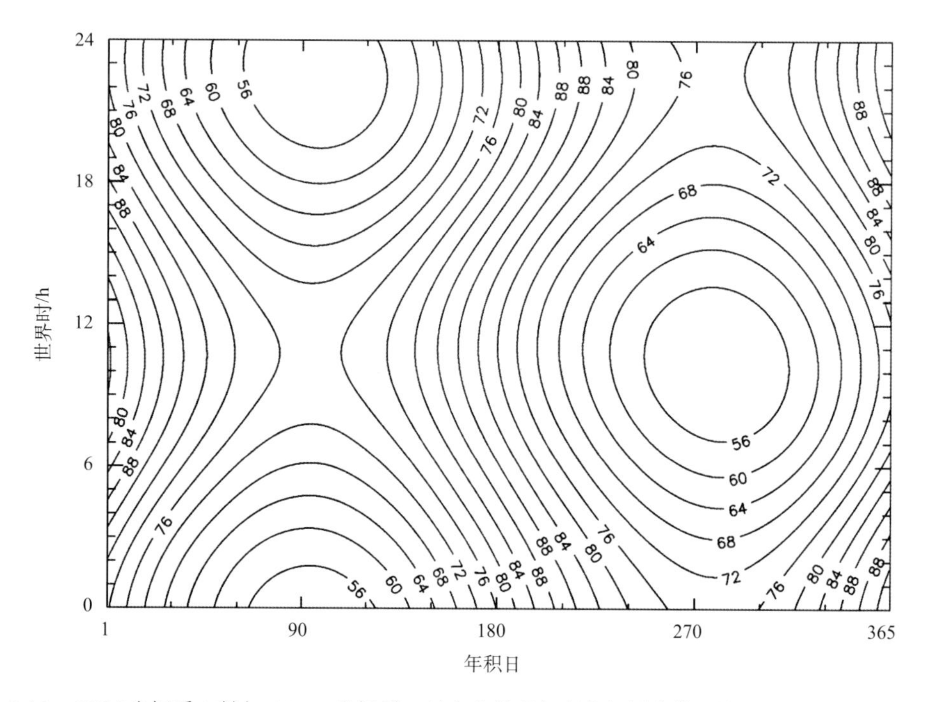

图 11.2.11　GSM 坐标系 Z 轴与 GSEQ 坐标系 Y 轴夹角的半年变化与日变化，即 Russell-McPherron 效应。角越小，行星际磁场投影在 GSM 坐标系中的 Z 轴的分量越大，因而地磁活动越强烈（Zhao and Zong, 2012）

为了验证正/负 R-M 效应确实存在从而进一步证实 R-M 效应的存在，我们利用 OMNI 数据库从 1968 年到 2010 年共 40 余年的 1 小时时间精度的太阳风参数、磁场及地磁指数数据，分别研究了 VB_s、环电流注入函数 Q、地磁指数 D_{st} 及 AE 在不同行星际磁场方向下的半年变化及日变化。

首先，为验证正/负 R-M 效应预测行星际磁场南向分量的有效性，我们作 VB_s 在不同行星际磁场方向下的年变化与日变化，并将其与正/负 R-M 效应相比较。VB_s 被定义为太阳风流速乘以行星际磁场的南向分量，即在 GSM 坐标系中：

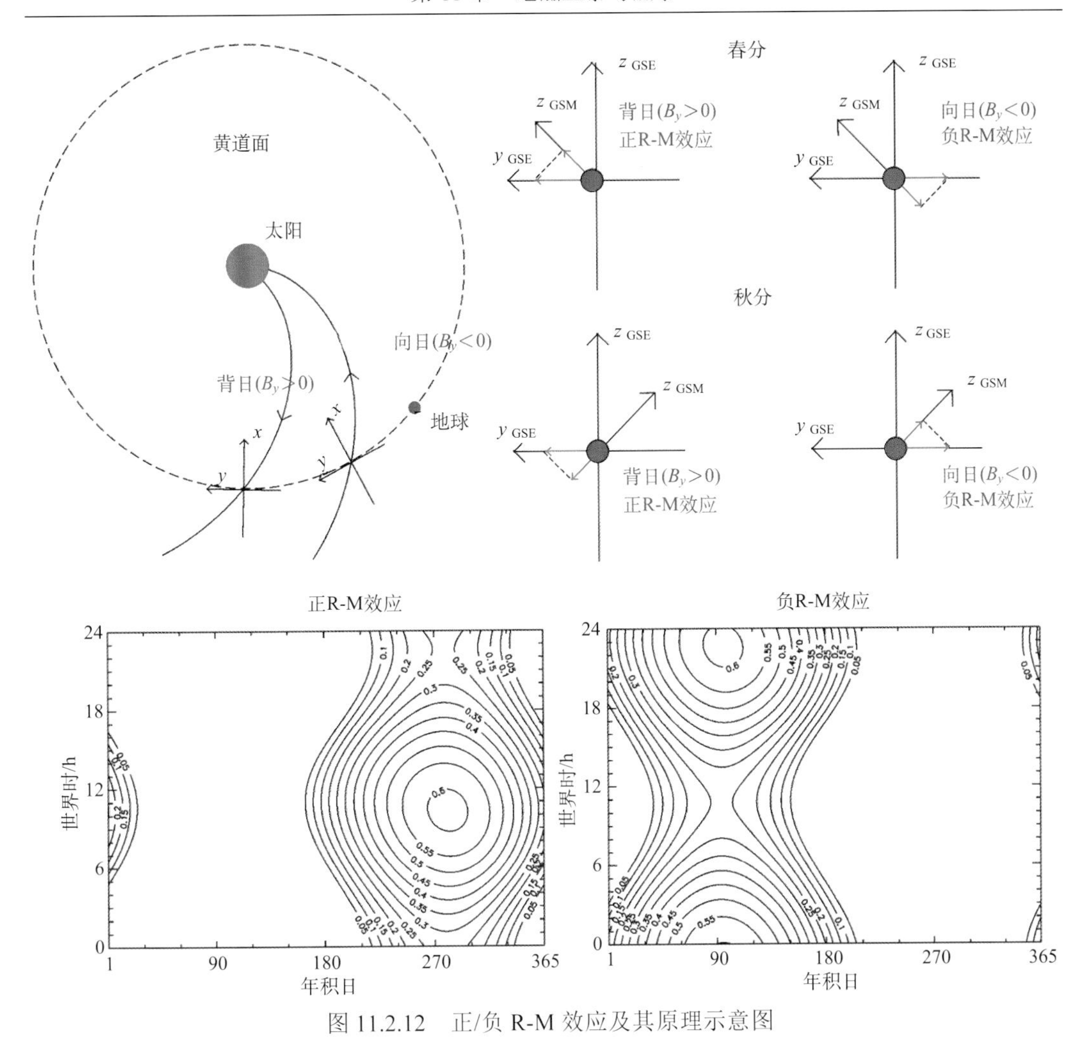

图 11.2.12 正/负 R-M 效应及其原理示意图

在春分点附近，向日方向的行星际磁场在 GSM 坐标系的 Z 轴的投影为负，即行星际磁场为南向，此时向日面磁重联效率增强，太阳风中更多能量传输到地球磁层中，使得地磁活动增强；在秋分点附近，背日方向的行星际磁场投影到 GSM 坐标系 Z 轴上为负，使得地磁活动增强。正/负 R-M 效应图作出了在不同行星际磁场极性下，行星际磁场在 GSM 坐标系中的 B_z 南向分量的季节变化与日变化，假设 GSEQ 坐标系中行星际磁场 B_y 分量为 1 nT（Zhao and Zong, 2012）

$$\text{当 } B_z < 0 \text{ 时，} VB_s = |VB_z| \tag{11.2.17}$$

$$\text{当 } B_z \geqslant 0 \text{ 时，} VB_s = 0 \tag{11.2.18}$$

我们将年与日分别分为 24 个区间，即将整张图分为 24 个网格，在每一个小网格中计算不同行星际磁场方向下 VB_s>1 mV/m 的概率。图 11.2.13 显示了在行星际磁场南向的条件下，行星际磁场极性分别为正和负时 VB_s >1 mV/m 的概率的季节变化和日变化。图 11.2.13 所示的 VB_s 的半年变化与日变化与相应的正/负 R-M 效应十分一致，表现为当行星际磁场极性为负时春分点附近世界时约 23:00 时 VB_s >1 mV/m 的概率出现极大值，而当行星际磁场极性为正时秋分点附近世界时约 10:00 时 VB_s >1 mV/m 的概率出现极大值。在不同行星际磁场极性下，VB_s>1 mV/m 的概率的半年变化与日变化与相应的 R-M 效应的相关系数分别为 0.91（正 R-M 效应）和 0.90（负 R-M 效应），证明正/负 R-M

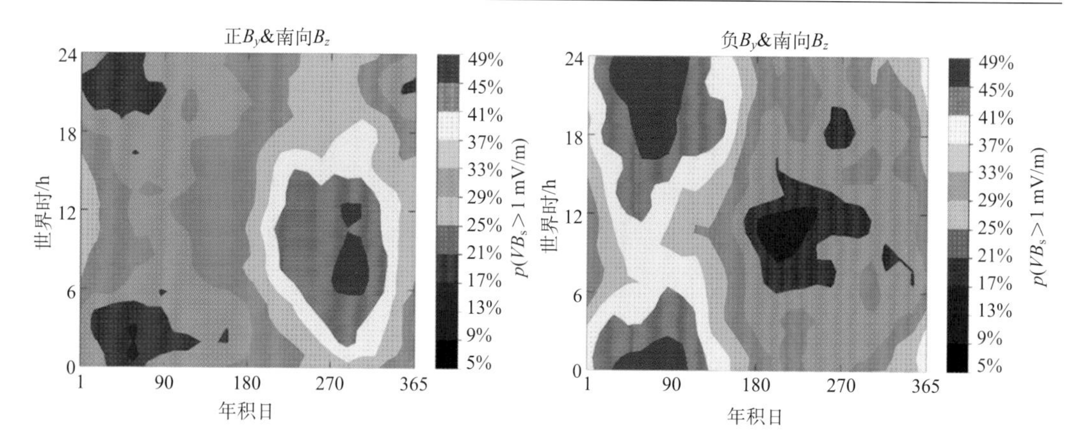

图 11.2.13 在行星际磁场为南向的条件下，行星际磁场极性为正(行星际磁场呈背日向，GSE 坐标系中 B_y>0)和为负(行星际磁场呈向日向，GSE 坐标系中 B_y<0)时 VB_s>1 mV/m 概率的半年变化与日变化(Zhao and Zong, 2012)

效应确实是存在的，并且其预测行星际磁场南向分量的变化相当精确。

11.2.7 超强磁暴

Dst 指数给出的是低纬地磁的平均变化情况，而磁暴的非对称地方时变化则通常用非对称环电流指数（ASym-H）描述。如果把低纬均匀分布在不同经度上的五个台站的 H 分量的变化画在一起，上下包络之间的距离就给出了不对称指数，即为非对称环电流指数。D_{st} 指数和非对称环电流指数的单位都是 nT。

D_{st}=0 nT 表示静日，–50 nT < D_{st} <–30 nT 为弱暴，–100 nT < D_{st} <–50 nT 表示中等暴，D_{st} < –100 nT 表示大磁暴。我们通常将 D_{st} 小于–200 nT 的磁暴称为超强磁暴事件。

图 11.2.12 中对 D_{st} 小于–200 nT 的磁暴进行了以一年为周期的统计分析。从图中我们可以看出，较强烈的磁暴事件基本集中于春分和秋分附近，即图中凸起的两部分，分别是 3～4 月和 9～11 月。统计结果观察到的这种现象主要来源于行星际磁场和地球磁场相对位置的半年变化，这也进一步说明了南向磁场在磁暴驱动中所起的作用是至关重要的。

值得注意的是，强磁暴基本发生在一年中的春分或秋分附近，如图 11.2.14 所示。这种磁暴强度的季节效应被称为 Russell-McPherron 效应。Russell-McPherron 效应的基本机制是：IMF 在 GSM 坐标中 Z 方向的分量，即上文提到的 IMF 南向分量，是引发地磁活动的主要因素；由于地球偶极轴与黄道面有一定的倾角，IMF 投影到 GSM 坐标系 Z 方向的分量强度随季节变化；当地球公转到春、秋分点附近时，IMF 的 GSM 坐标系下 Z 分量最强，而在夏、冬至点附近，IMF 的 GSM 坐标中 Z 分量最弱 (Zhao and Zong, 2012)。

如同地面上突然扬起的“超级龙卷风”一样，地球超强磁暴通常是由太阳风暴引起的在近地空间产生的极端恶劣的电磁环境。超强磁暴的一个最典型的例子是发生在 1859 年 9 月 2 日的事件。1859 年磁暴的 D_{st} 指数绝对值估算为 1769 nT，这是到目前为止人类所观测到的最强的地球磁暴。通常极光只能在地球高纬区域观测到，而强磁暴和超强磁暴期间，极光发生的范围可以延伸到中低纬度。1859 年磁暴期间，极光从地球的极区扩展到了纬度 20° 以内的区域。1859 年 9 月的事件可以说是所有日地扰动事件中影响最剧烈的事件。

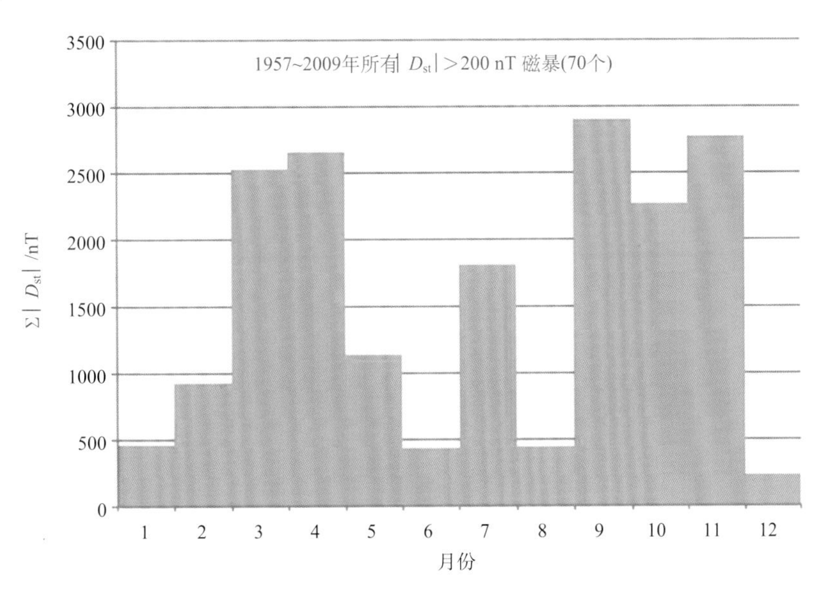

图 11.2.14　1957～2009 年 D_{st} 指数小于–200 nT 的磁暴事件的月分布统计图

虽然引起磁暴的太阳风/行星际源有很多种可能的形态，但通常都有一个共同的参量急剧增大，即行星际磁场的南向分量。由上述日地空间的磁场一般模型不难看出，强烈的行星际南向磁场会与地球磁层发生明显的磁重联，进而增强太阳风能量注入，磁层对流以及环电流的注入。如果行星际磁场呈北向分布，那么通常只能产生区域性重联，结果触发的地球磁层的扰动往往不如南向磁场分布那么广泛且剧烈。

由 1964 年 1 月 1 日到 2002 年 12 月 31 日的地磁台站的 D_{st} 指数以及太阳风 1AU(1 个日地距离)处的磁场南北向分量，对其进行了时间序列分析。如图 11.2.15 所示，南向行星际磁场比北向时能够产生更小的 D_{st}，即可以引起更加剧烈的磁暴。而且，在磁场南向时，磁暴强度(用 D_{st} 指数数值表示)与南向分量的数值呈良好的正相关性。也可以看出，在北向行星际磁场的条件下，几乎没有明显的磁暴迹象。这个统计结果也从卫星观测数据上验证了磁暴的行星际驱动源中磁场南向分量以及磁暴触发模型中的磁重联过程的重要性。

超强磁暴虽然发生频率较低，但是却能对整个地球及人类的生产、研究活动产生极其重大的影响。地球磁层是指受到地球磁场控制空间的等离子体和电磁场空间，绝大多数人造卫星都处于这一区域内。在地球磁暴期间，地球磁层的结构会剧烈变形，地球磁层的电磁场环境受到强烈的干扰，所有运行在磁层空间的卫星将受到强烈甚至致命的影响。磁暴是最为重要的空间天气现象之一，例如，磁暴期间地球辐射带会产生扰动，影响航天器的安全；磁暴期间会出现电离层暴，可能干扰短波无线电通信；磁暴期间引起的地面感应电流可能会影响输油输电线路的安全等。

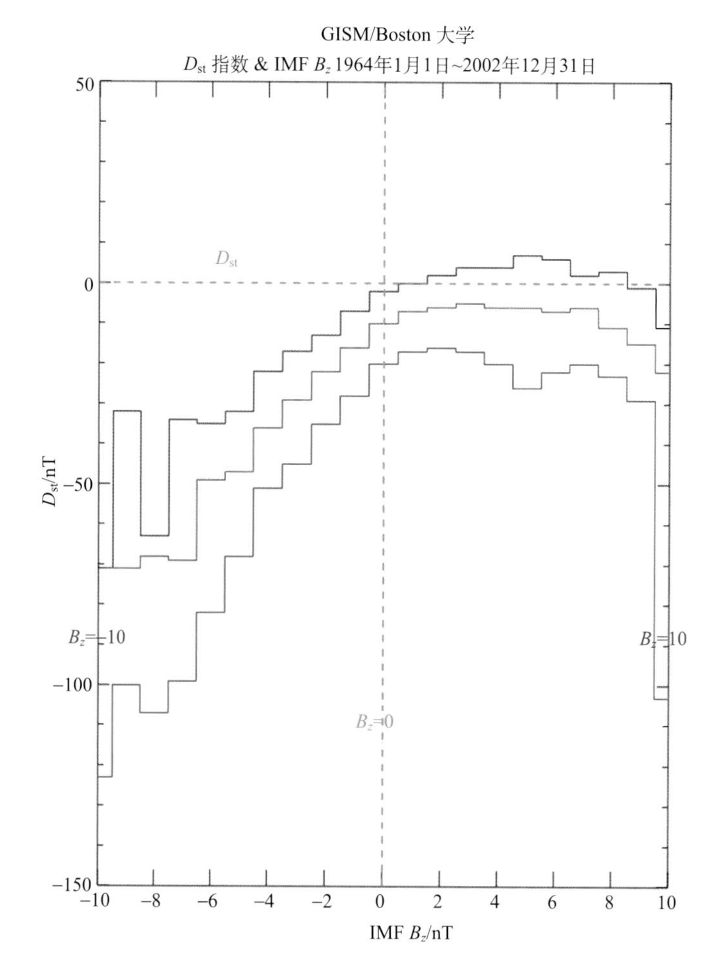

图 11.2.15 D_{st} 指数和太阳风 1AU 处的磁场南北向分量的时间序列分析图(1964 年 1 月 1 日～2002 年 12 月 31 日)(Shi et al., 2012)

其中黑色、红色和紫色折线分别表示 D_{st} 指数从高到低 25%、50%和 75%的事件集合

因此，地球磁暴对地球空间结构和人类活动产生的影响一直以来都是空间科学界的研究重点之一。磁暴和其他空间现象的关系，特别是磁暴与太阳风状态的关系，磁暴与磁层亚暴的关系，以及磁暴的诱发条件，供应磁暴的能量如何从太阳风进入磁层等问题，至今仍是磁层物理最活跃的课题。

11.2.8 磁暴与亚暴的区别

地球磁暴和亚暴的形成和发展过程十分相似，因此两者的关系也一直是空间物理学家们讨论的热门话题。虽然至今根据大量的卫星历史统计资料来看，两种现象各有特点，二者之间并没有必然的联系，但是磁暴是否由连续的亚暴触发产生仍未得以定论。

在磁暴主相期间，经常能够观测到强的亚暴。许多研究者认为磁暴发展是频繁发生亚暴的结果。Chapman 在 1962 年提到：“极区亚暴由分立的、间歇的极区扰动组成，寿命通常为 1 小时或几小时。虽然极区亚暴常常发生在磁暴期间，但它们也出现在没有明显的磁暴暴时。”但也有一些理由使人相信，磁暴是由强的亚暴组成的。在亚暴活动期间，能量可以存储在内磁层，导致部分环电流形成。如果强的亚暴接连发生，前一个亚暴的部分环电流效应仍然保持，并从发生的地方时扩展、变大，演变成暴时的对称环电流。

在目前的观测和理论模型基础上，对于磁暴和亚暴主要从以下几个方面加以区别。

(1) 亚暴较磁暴持续的时间短，通常只有 1～2 h，磁暴则可持续若干天；

(2) 磁暴往往有明显的驱动源，如日冕物质抛射、共转作用区和行星际激波等；

(3) 磁暴是全球性的磁层扰动，而亚暴的扰动只是区域性的，且主要发生在高纬的极光椭圆区；

(4) 磁暴通常伴随有磁暴急始，也就是磁层顶电流的增强。

参 考 文 献

Akasofu S I. 1964. The development of the auroral substorm. Planet Space Sci, 12: 273.

Akasofu S I, Chapman S , Meng C I. 1965. The polar electrojet. J Atmos Terr Phys, 27: 1275.

Alfvén H. 1958. On the theory of magnetic storms and aurorae. Tellus, 10: 104.

Alfvén H, Danielsson L, Falthammer C G, et al. 1964. On the penetration of interplanetary plasma into the magnetosphere. In: Natural Electromagnetic Phenomena Below 30 kc/s. New York: Plenum.

Angelopoulos V. 2008. The THEMIS mission. Space Sci Rev, 141: 5-34.

Angelopoulos V, Baumjohann W, Kennel C F, et al. 1992. Bursty bulk flows in the inner central plasma sheet. J Geophys Res, 97: 4027.

Angelopoulos V, Kennel C F, Coroniti F V, et al. 1994. Statistical characteristics of bursty bulk flow events. J Geophys Res, 99: 21257.

Angelopoulos V, McFadden J P, Larson D, et al. 2008. Tail reconnection triggering substorm onset. Science, 321: 931.

Angelopoulos V, McFadden J P, Larson D, et al. 2009. Response to comment on tail reconnection triggering substorm onset. Science, 324: 1391.

Aubry M P, Russell C T , Kivelson M G. 1970. On inward motion of the magnetopause before a substorm. J Geophys Res, 75: 7018.

Baker D N, Pulkkinen T I, Hones Jr E W, et al. 1994. Signatures of the substorm recovery phase at high-altitude spacecraft. J Geophys Res, 99: 10967.

Baker D N, Pulkkinen T I, Angelopoulos V, et al. 1996. Neutral line model of substorms: past results and present view. J Geophys Res, 101: 12975.

Bartels J. 1932. Terrestrial-magnetic activity and its relation to solar phenomena. Terr Magn Atmos Electr, 37: 1.

Baumjohann W. 1982. Ionospheric and field-aligned current systems in the auroral zone-A concise review. Adv Space Res, 2: 55-62.

Baumjohann W Glassmeier K H. 1984. The transient response mechanism and Pi2 pulsations at substorm onset - review and outlook. Int Assoc Geomagn Aeron, 32: 1361-1370.

Baumjohann W, Treumann R A. 1997. Basic Space Plasma Physics. London: Imperial College Press.

Baumjohann W, Paschmann G , Luhr H. 1990. Characteristics of high-speed ion flows in the plasma sheet. J Geophys Res, 95: 3801.

Birkeland K. 1908. The Norwegian Aurora Polaris Expedition, 1902–1903. Sect. 1. Christiania: Aschehoug.

Birkeland K. 1913. The Norwegian Aurora Polaris Expedition, 1902–1903. Sect. 2. Christiania: Aschehoug.

Birn J, Thomsen F, Borovsky J E, et al. 1997. Characteristic plasma properties during dispersionless substorm injections at geosynchronous orbit. J Geophys Res, 102: 2309-2324.

Birn J, Hesse M, Haerende G, et al. 1999. Flow braking and the substorm current wedge. J Geophys Res, 104: 19895.

Birn J, Nakamura R, Panov E, et al. 2011. Bursty bulk flows and dipolarization in MHD simulations of magnetotail reconnection. J Geophys Res, 116: 01210.

Bohlin J D. 1977. Extreme-ultraviolet observations of coronal holes: I. Locations, sizes and evolution of coronal holes, June 1973- January 1974. Solar Phys, 51: 377-398.

Broun J A. 1848. Observations in Magnetism and Meteorology. Makerstoun: Neill.

Burton R K, McPherron R L, Russell C T. 1975. An empirical relationship between interplanetary conditions and Dst. Journal of Geophysical Research, 80(31): 4204-4214.

Chamberlain J W. 1963. Planetary coronae and atmospheric evaporation. Planet Space Sci, 11: 901-960.

Chapman S. 1935. The electric current-systems of magnetic storms. Terr Magn Atmos Electr, 40: 349.

Chaston C C. 2015. Inverted-V auroral arcs and Alfvén waves. In: Zhang Y, Paxton L J. Auroral Dynamics and Space Weather. doi:10.1002/9781118978719.ch3.

Chiu Y T, Newman A L , Cornwall J M. 1981. On the structures and mapping of auroral electrostatic potentials. J Geophys Res, 86: 10029.

Chu X, Hsu T S, McPherron R L, et al. 2014. Development and validation of inversion technique for substorm current wedge using ground magnetic field data. J Geophys Res Space Physics, 119: 1909-1924.

Clauer C R, Kamide Y. 1985. DP 1 and DP 2 current systems for the March 22, 1979 substorms. Journal of Geophysical Research: Space Physics, 90(A2): 1343-1354.

Coroniti F V , Kennel C F. 1972. Changes in magnetospheric configuration during substorm growth phase. J Geophys Res, 77: 3361.

Cortie A L. 1912. Sunspots and terrestrial magnetic phenomena, 1898–1911. Mon Not R Astron Soc, 73: 52-60.

Cowley S W H. 1977. Pitch angle dependence of the charge exchange lifetime of ring current ions. Planet Space Sci, 25: 385-393.

Crooker N U, Siscoe G L. 1986. On the limit of energy transfer through dayside merging. J Geophys Res, 91: 13393-13397.

Davis T N, Sugiura M. 1966. Auroral electrojet activity index *AE* and its universal time variations. J Geophys Res, 71(3): 785-801.

Dessler A J , Parker E N. 1959. Hydromagnetic theory of magnetic storms. J Geophys Res, 64: 2239-2259.

Donovan E, Liu W, Liang J, et al. 2008. Simultaneous THEMIS in situ and auroral observations of a small substorm. Geophys Res Lett, 35: L17S18.

Dungey J W. 1961. Interplanetary magnetic field and the auroral zones. Phys Rev Lett, 6: 47.

Ergun R E, Carlson C W, Mozer F S, et al. 2001. The FAST satellite fields instrument. Space Sci Rev, 98: 67.

Ergun R E, Andersson L, Main D S, et al. 2002. Parallel electric fields in the upward current region of the aurora: Indirect and direct observations. Phys Plasma, 9: 3685.

Forbes J M, Palo S E, Zhang X. 2000. Variability of the ionosphere. Journal of Atmospheric and Solar-Terrestrial Physics, 62(8): 685-693.

Forsyth C, Fazakerley A N, Rae I J, et al. 2014. In situ spatiotemporal measurements of the detailed azimuthal substructure of the substorm current wedge. J Geophys Res Space Physics, 119: 927-946.

Frank L A, Sigwarth J B. 2000. Findings concerning the positions of substorm onsets with auroral images from the Polar spacecraft. J Geophys Res, 105: 12747.

Frank L A, Craven J D, Burch J L, et al. 1982. Polar views of the Earth's aurora with dynamics explorer. Geophys Res Lett, 9: 1001.

Fu H S, Khotyaintsev Y V, Vaivads A, et al. 2012. Electric structure of dipolarization front at sub-proton scale. Geophys Res Lett, 39: L06105.

Fu S Y, Wilken B, Zong Q G, et al. 2001. Ion composition variations in the inner magnetosphere: Individual and collective storm effects in 1991. J Geophys Res, 106(A12): 29683-29704.

Fukuda Y, Hirahara M, Asamura K, et al. 2014. Electron properties in inverted-V structures and their vicinities based on Reimei observations. J Geophys Res Space Physics, 119: 3650.

Gabrielse C, Angelopoulos V, Runov A, et al. 2014. Statistical characteristics of particle injections throughout the equatorial magnetotail. J Geophys Res Space Physics, 119: 2512-2535.

Gabrielse C, Harris C, Angelopoulos V, et al. 2016. The role of localized inductive electric fields in electron injections around depolarizing flux bundles. J Geophys Res Space Physics, 121: 9560-9585.

Gelpi C, Singer H J, Hughes W J. 1987. A comparison of magnetic signatures and DMSP auroral images at substorm onset: Three case studies. J Geophys Res, 92: 2447-2460.

Gjerloev J W, Hoffman R A. 2014. The large-scale current system during auroral substorms. J. Geophys. Res. Space Physics. 119, 4591-4606.

Goertz C K, Boswell R W. 1979. Magnetosphere-ionosphere coupling. J Geophys Res, 84(A12): 7239.

Gold T. 1959. Motions in the magnetosphere of the Earth. J Geophys Res, 64: 1219-1224.

Gonzalez W D, Joselyn J A, Kamide Y, et al. 1994. What is a geomagnetic storm? J Geophys Res, 99(A4): 5771-5792.

Jacobs J A, Kato Y, Matsushita S, et al. 1964. Classification of geomagnetic micropulsations. J Geophys Res, 69: 180.

Kamide Y, Rostoker G. 2004. What is the physical meaning of the *AE* index? Eos Trans AGU, 85(19): 188-192.

Kataoka R, Miyoshi Y. 2006. Flux enhancement of radiation belt electrons during geomagnetic storms driven by coronal mass ejections and corotating interaction regions. Space Weather, 4(9): SO 9004.

Kaufmann R L. 1987. Substorm currents: Growth phase and onset. J Geophys Res, 92: 7471.

Keiling A, Takahashi K. 2011. Review of Pi2 models. Space Sci Rev, 161: 63-148.

Kepko L, Kivelson M. 1999. Generation of Pi2 pulsations by bursty bulk flows. J Geophys Res, 104: 25021-25034.

Kepko L, McPherron R L, Amm O, et al. 2015. Substorm current wedge revisited. Space Sci Rev, 190: 1-46.

King-Hele D G. 1966. Semi-annual variation in upper atmosphere density. Nature, 210: 1032.

Knight S. 1973. Parallel electric fields. Planet Space Sci, 21: 741.

Kokubun S, McPherron R L. 1981. Substorm signatures at synchronous altitude. J Geophys Res, 86: 11265-11277.

Kubyshkina M, Sergeev V, Tsyganenko N, et al. 2011. Time-dependent magnetospheric configuration and breakup mapping during a substorm. J Geophys Res, 116: A5.

Lee D H, Lysak R L. 1989. Magnetospheric ULF wave coupling in the dipole model—The impulsive excitation. J Geophys Res, 94: 17097-17103.

Lester M, Hughes W J, Singer H J. 1983. Polarization patterns of Pi2 magnetic pulsations and the substorm current wedge. J Geophys Res, 88: 7958-7966.

Lester M, Hughes W J, Singer H J. 1984. Longitudinal structure in Pi2 pulsations and the substorm current wedge. J Geophys Res, 89: 5489-5494 .

Li X L, Baker D N, Temerin M, et al. 1998. Simulation of dispersionless injections and drift echoes of energetic electron associated with substorms. Geophys Res Lett, 25: 3763.

Li X, Baker D N, Kanekal S G, et al. 2001. Long term measurements of radiation belts by SAMPEX and their variations. Geophys Res Lett, 28: 3827-3830.

Liu J, Angelopoulos V, Runov A, et al. 2013a. On the current sheets surrounding dipolarizing flux bundles in the magnetotail: The case for wedgelets. J Geophys Res Space Physics, 118: 5.

Liu J, Angelopoulos V, Zhou X Z, et al. 2013b. On the role of pressure and flow perturbations around dipolarizing flux bundles. J Geophys Res Space Physics, 118: 18(11): 7104-7118.

Liu J, Angelopoulos V, Chu X, et al. 2015. Substorm current wedge composition by wedgelets. Geophys Res Lett, 42: 1669-1676.

Liu Z Y, Zong Q G, Hao Y X, et al. 2018. The radial propagation characteristics of the injection front: A statistical study based on BD-IES and Van Allen Probes observations. J Geophys Res Space Physics, 123: 1927.

Lopez R E, Sibeck D G, McEntire R W, et al. 1990. The energetic ion substorm injection boundary. J Geophys Res, 95: 109-117.

Lui A T Y. 1996. Current disruption in the Earth’s magnetosphere: Observations and models. J Geophys Res, 101: 13067.

Lui A T Y. 2009. Comment on Tail reconnection triggering substorm onset. Science, 324: 1391.

Lui A T Y, Burrows J R. 1978. On the location of auroral arcs near substorm onsets. J Geophys Res, 83: 3342.

Lui A T Y, Lopez R E, Krimigis S M, et al. 1988. A case study of magnetotail current sheet disruption and diversion. Geophys Res Lett, 7: 721.

Lui A T Y, Mankofsky A, Chang C L, et al. 1991. A cross-field current instability for substorm expansions. J Geophys Res, 96: 11389.

Lyons L R, Nishimura Y, Shi Y, et al. 2010. Substorm triggering by new plasma intrusion: Incoherent-scatter radar observations. J Geophy. Res, 115: A7.

Marklund G T, Ivchenko N, Karlsson T, et al. 2001. Temporal evolution of the electric field accelerating electrons away from the auroral ionosphere. Nature, 414: 724.

Mauk B, Meng C I. 1987. Plasma injection during substorms. Phys Scr, T18: 128-139.

McIntosh D H. 1959. On the annual variation of magnetic disturbance. Philos Trans R Soc London A, 251: 525-552.

McPherron R L. 1970. Growth phase of magnetospheric substorms. J Geophys Res, 75: 5592-5599.

McPherron R L. 1972. Substorm related changes in the geomagnetic tail: the growth phase. Planet Space Sci, 20: 1521.

McPherron R L, Russell C T, Aubry M P. 1973. Satellite studies of magnetos pheric substorms on August 16, 1968: 9. phcnomenological model for substorms. J Geophys Res, 78: 3131.

McPherron R, Siscoe G, Crooker N U. 2005. Probabilistic Forecasting of the D_{st} Index. Geophysical Monograph Series, 155: 203-210.

Mitchell D G, Hsieh K C, Curtis C C, et al. 2001. Imaging Two Geomagnetic Storms in Energetic Neutral Atoms. Geophys Res Lett, 28: 0094-8276.

Miyashita Y, Machida S, Kamide Y, et al. 2009. A state-of-the-art picture of substorm-associated evolution of the near-Earth magnetotail obtained from superposed epoch analysis. J Geophys Res, 114(A1): 233-321.

Nagai T, Takahashi K, Kawano H, et al. 1994. Initial GEOTAIL survey of magnetic substorm signatures in the magnetotail. Geophys Res Lett, 21: 2991-2994.

Nagai T, Fujimoto M, Saito Y, et al. 1998. Structure and dynamics of magnetic reconnection for substorm onsets with Geotail observations. J Geophys Res, 103(A3): 4419-4440.

Nakamura R, Baumjohann W, Schodel R, et al. 2001. Earthward flow bursts, auroral streamers, and small expansions. J Geophys Res, 106(A6): 10791-10802.

Nakamura R, Baumjohann W, Klecker B, et al. 2002. Motion of the dipolarization front during a flow burst event observed by Cluster. Geophys Res Lett, 29 (20): 1942.

Nakamura R, Baumjohann W, Mouikis C, et al. 2004. Spatial scale of high-speed flows in the plasma sheet observed by Cluster. Geophys Res Lett, 31: L09804.

Nishimura Y, Lyons L, Zou S, et al. 2010. Substorm triggering by new plasma intrusion: THEMIS all - sky imager observations. J Geophys Res, 115: A07222.

O'Brien T P, McPherron R L. 2000. An empirical phase space analysis of ring current dynamics: Solar wind control of injection and decay. J Geophys Res, 105(A4): 7707-7719.

Ohtani S, Shay M A, Mukai T. 2004. Temporal structure of the fast convective flow in the plasma sheet: Comparison between observations and two-fluid simulations. J Geophys Res, 109: A03210.

Orton G S, Yanamandra-Fisher P A, Fisher B M, et al. 2008. Semi-annual oscillations in Saturn's low-latitude stratospheric temperatures. Nature, 453: 196-199.

Pu Z Y, Chu X N, Cao X, et al. 2010. THEMIS observations of substorms on 26 February 2008 initiated by magnetotail reconnection. J Geophys Res, 115: A02212.

Pulkkinen T I, Baker D N, Fairfield D H, et al. 1991. Modeling of the growth phase of a substorm using the Tsyagenko model and multi-spacecraft observations: CDAW-9. Geophys Rev Lett, 18: 1963.

Pulkkinen T I, Baker D N, Mitchell D G, et al. 1994. Thin current sheets in the magnetotail during substorms: CDAW 6 revisited. J Geophys Res, 99(A4): 5793.

Pytte T, McPherron R L, Kokubun S. 1976. The ground signatures of the expansion phase during multiple onset substorms. Planet Space Sci, 24: 1115.

Reeves G D, Belian R D, Fritz T. 1991. Numerical tracing of energetic particle drifts. J Geophys Res, 96: 13997-14008.

Reeves G D, Henderson M G, Mclachlan P S, et al. 1996. Radial propagation of substorm injections. In: Proceeding of the third Conferenc on Substorms. ESA Publications: 579-584.

Richardson I G, Cowley S W H, Hones E W Jr, et al. 1987. Plasmoid-associated energetic ion bursts in the deep geomagnetic tail - Properties of plasmoids and the postplasmoid plasma sheet. J Geophys Res, 92: 9997.

Rostoker G, Friedrich E. 2005. Creation of the substorm current wedge through the perturbation of the directly driven current system: A new model for substorm expansion. Ann Geophys, 23: 2171.

Roux A, Perraut S, Robert P, et al. 1991. Plasma sheet instability related to the westward traveling surge. J Geophys Res, 96: 17697.

Runov A, Angelopoulos V, Sitnov M I, et al. 2009. THEMIS observations of an earthward-propagating dipolarization front. Geophys Res Lett, 36: L14106.

Runov A, Angelopoulos V, Zhou X Z, et al. 2011. A THEMIS multicase study of dipolarization fronts in the magnetotail plasma sheet. J Geophys Res, 116: A05216.

Russell C T. 2000. How northward turning of the IMF can lead to substorm expansion onsets. Geophys Res Lett, 27: 3257-3259.

Russell C T, McPherron R L. 1973. Semiannual variation of geomagnetic activity. J Geophys Res, 78(1): 92-108.

Sabine E. 1852. On periodical laws discoverable in the mean effects of the larger magnetic disturbance.—No.

II. Philosophical Transactions of the Royal Society of London, 1852 (142): 103-124.

Samson J C, Lyons L R, Newell P T, et al. 1992. Proton aurora and substorm intensifications. Geophys Res Lett, 19: 2167-2170.

Sckopke N. 1966. A general relation between the energy of trapped particles and the disturbance field near the Earth. J Geophys Res, 71(13): 3125-3130.

Sergeev V A, Tanskanen P, Mursula K, et al. 1990. Current sheet thickness in the near-Earth plasma sheet during substorm growth phase. J Geophys Res, 95: 3819.

Sergeev V, Angelopoulos V, Kubyshkina M, et al. 2011a. Substorm growth and expansion onset as observed with ideal ground-spacecraft THEMIS coverage. J Geophys Res,116: A00I26.

Sergeev V A, Tsyganenko N A, Smirnov M V, et al. 2011b. Magnetic effects of the substorm current wedge in a spread-out wire model and their comparison with ground, geosynchronous, tail lobe data. J Geophys Res, 116(A7): 07218.

Sergeev V A, Nikolaev A V, Tsyganenko N A, et al. 2014. Testing a two-loop pattern of the substorm current wedge (SCW2L). J Geophys Res, 119(2): 947-963.

Shi X F, Zong Q G, Wang Y F. 2012. Comparison between the ring current energy injection and decay under southward and northward IMF Bz conditions during geomagnetic storms. Science China Technological Sciences, 55(10): 2769-2777.

Shiokawa K, Baumjohann W, Haerendel G. 1997. Braking of high-speed flows in the near-earth tail. Geophys Res Lett, 24: 1179-1997.

Spanswick E, Donovan E, Friedel R, et al. 2007. Ground based identification of dispersionless electron injections. Geophys Res Lett, 34: L03101.

Spanswick E, Reeves G D, Donovan E, et al. 2010. Injection region propagation outside of geosynchronous orbit. J Geophy Res, 115: A11214.

Starodubtseva O M. 2009. Polarization of Jupiter: Semiannual variations in the North-South asymmetry Solar. Syst Res, 43 (2009): 277-284.

Svalgaard L. 1977. Geomagnetic activity: Dependence on solar wind parameters. In: Zirker J B. Coronal Holes and High Speed Wind Streams. Colo: Colo Assoc Univ Press: 371.

Tsyganenko N A. 1989. A magnetospheric magnetic field model with a warped tail current sheet. Planet Space Sci, 37(1): 5-20.

Turner D, Claudepierre S G, Fennell J F, et al. 2015. Energetic electron injections deep into the inner magnetosphere associated with substorm activity. Geophy Res Lett, 42: 2079-2087.

Vasyliunas V M. 1970. Mathematical models of magnetospheric convection and its coupling to the ionosphere. In: McCormac B M. Particles and Fields in the Magnetosphere. pp. 60-71. Dordrecht: D Reidel Pub Co. doi:10.1007/978-94-010-3284-1_6.

Xing X, Lyons L, Nishimura Y, et al. 2010. Substorm onset by new plasma intrusion: THEMIS spacecraft observations. J Geophys Res, 115: A10246.

Xing X, Lyons L R, Zhou X Z, et al. 2012. On the formation of pre-onset azimuthal pressure gradient in the near-Earth plasma sheet. J Geophys Res, 117: A08224.

Zhang H, Pu Z Y, Cao X, et al. 2007. TC-1 observations of flux pileup and dipolarization-associated expansion in the near-Earth magnetotail during substorms. Geophys Res Lett, 34: 300-315.

Zhao H, Zong Q G. 2012. Seasonal and diurnal variation of geomagnetic activity: Russell-McPherron effect during different IMF polarity and/or extreme solar wind conditions. Journal of Geophysical Research (Space Physics), 117(A11): 11222.

Zhou X Z, Angelopoulos V, Runov A, et al. 2009. Ion distributions near the reconnection sites: Comparison between simulations and THEMIS observations. J Geophys Res, 114(A12): 211.

Zhou X Z, Angelopoulos V, Liu J, et al. 2014. On the origin of pressure and magnetic perturbations ahead of dipolarization fronts. J Geophys Res Space Physics, 119: 211-220.

Zong Q G, Wilken B, Fu S Y, et al. 2001. Ring current oxygen ions escaping into the magnetosheath. J Geophys Res, 106(A11): 25541-25556.

第 12 章　日地联系现象

太阳发出的日冕物质抛射(CME)、电磁辐射(EUV、X 射线，伽马射线)、高能粒子流和等离子体流(太阳风)的变化使得日球层、地球磁层、电离层以及中性大气的状态发生不同程度的变化，从而对人类的生存环境产生重要的影响。这种影响可分为三个主要方面，与太阳偶发性爆发日冕物质抛射和太阳耀斑爆发相关的事件，与太阳自转和行星际共转结构相关的事件和与太阳长期变化相关的事件。下面对其分别进行介绍。

12.1　与太阳偶发性爆发相关的地球物理现象

12.1.1　概述

太阳爆发期间，由太阳发出的增强的电磁辐射、高能粒子流和日冕物质抛射等偶发性事件会引起广泛的地球物理效应。图 12.1.1 和图 12.1.2 列出了其中一些与太阳爆发相联系的主要的现象。

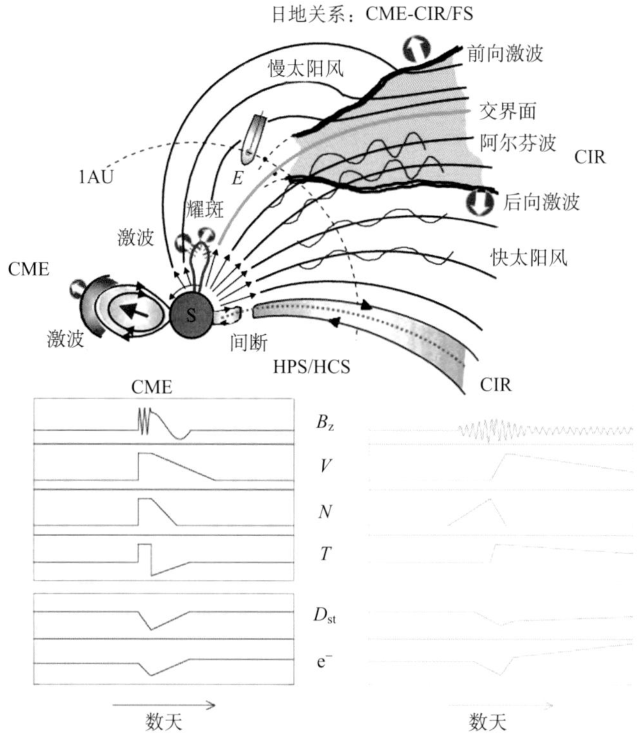

图 12.1.1　太阳爆发事件发生时，太阳风参数、行星际磁场和地磁扰动指数的变化(Yuan and Zong, 2013; Kataoka and Miyoshi, 2006)

CME：日冕物质抛射；CIR：共转相互作用区；FS：高速流；HPS：日球层等离子体片；HCS：日球层电流片

由太阳发出的增强的 X 射线和紫外线以光速传到地球(时延约 8.3 min)，被地球上层大气吸收，使得电离层受到突然扰动，其中主要现象是低电离层电子密度增加，从而吸收增加，并导致地球向阳面短波通信中断数小时。这种与太阳耀斑爆发相伴随的电离层扰动现象叫作突然电离层骚扰。电离层中电导率的增加也将使得 Sq 电流系增强，从而使地面磁场突然受到扰动，其中水平分量扰动幅度约为 20 nT，这种现象也称为磁钩扰。

太阳爆发产生的高能质子在行星际空间中传播数十小时后到达地球，其中，能量约为 1 MeV 的粒子通量可超过银河宇宙线几个数量级。在近地空间测量到的通量较大的太阳宇宙线事件，称为质子事件。能量为 5～20 MeV 的质子沿着磁力线沉降到极盖区的上层大气中，使得极盖区低电离层电离和吸收增加，从而通过极盖区的短波通信中断，长波通信系统受到扰动，这种现象叫作极盖吸收(PCA)事件。

与太阳活动极大期相反，在太阳活动的下降期，从冕洞发出的高速太阳风伴随大尺度的阿尔芬波会主导对地球磁层的作用，引发中小型重现性磁暴。在行星际空间中，高速太阳风会追赶上低速太阳风，形成共转相互作用区(CIR)。多数 CIRs 不携带大尺度的南向行星际磁场 B_z 分量，在 1 个平均日地距离(AU)附近，CIRs 的结构并没有发展完全。然而，高速太阳风中携带着阿尔芬波(图 12.1.1)，会引起行星际磁场 B_z 分量的不规则变化。这个不规则变化可以引起断断续续的磁重联和从太阳风向磁层的物质和能量输运，引起有着长时间恢复相的 CIR 磁暴。

太阳日冕物质抛射在行星际空间传播的速度可达 1000 km/s，甚至更高，它能够压缩前方的太阳风等离子体形成激波。日冕物质抛射事件经过约 1.5 天到达地球轨道，与地球磁层作用引起磁暴。日冕物质抛射所伴随的行星际激波和之后的高速太阳风压缩地球磁层，会形成磁暴的急始(SSC)和初相。由于行星际激波后的强磁场区域阻止了银河宇宙线粒子向地球空间内的扩散，所以伴随磁暴急始的银河宇宙线通量强度也相应减少(这一过程也被称为 “Forbush 下降”)。

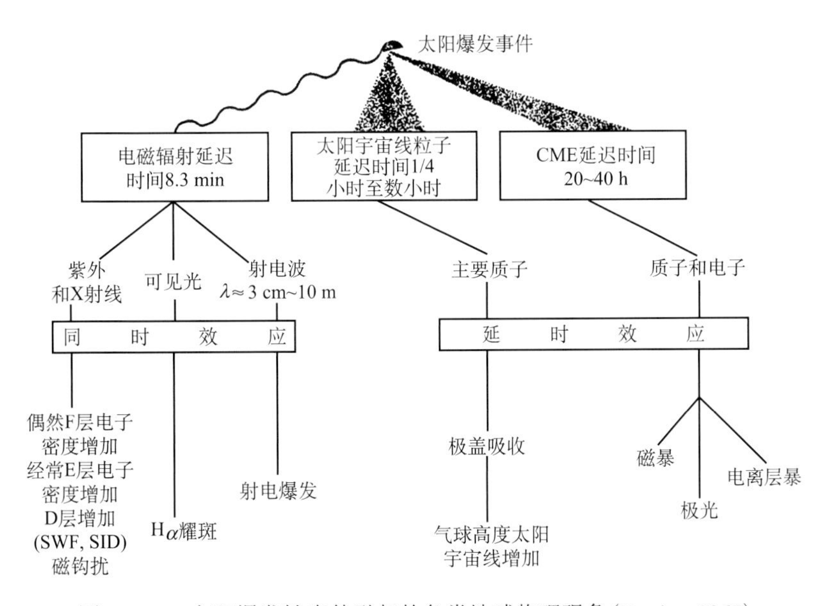

图 12.1.2　太阳爆发性事件引起的各类地球物理现象(Davies, 1965)

日冕物质抛射和与之伴随的行星际激波通常可以触发地球磁暴和磁层亚暴，从而产生一系列与磁暴和亚暴相关的现象：极光带极光活动增强，中纬极光红弧(6300 Å)辐射增强，地磁脉动与甚低频噪声吸收活动增加。强烈的地磁活动会导致一系列的地球大气效应。在磁暴期间，电离层也受到强烈的扰动，这一现象称为电离层暴。这时极光带的电波吸收增加(极光带吸收，AZA)，同时 Es 层出现的频次也增加(称 Es 暴)。在中低纬度区域，全球范围 F_2 层均有显著的变化。在中纬度，F_2 层临界频率先增高，几小时以后降低到正常值以下，并持续 1～2 天时间。在赤道附近，F_2 层电子密度增加，这种现象被认为是磁暴诱导的中性风和热层中性成分的变化引起的。在磁暴期间，中纬电离层 D 层也受到长时间的扰动。中纬 D 层暴效应主要表现在该区反射的低频无线电波位相的异常变化，其持续时间可以长达 10 天。统计研究还表明，在磁暴期间，高纬大气低压槽的面积增大而且变深。

图 12.1.3 给出了太阳爆发事件(太阳耀斑和日冕物质抛射)传播到达地球的时间。例如电离层突然骚扰(SID)时所发生的现象，突然宇宙噪声吸收(SCNA)、突然相位异常(SPA)、噪声突然增强(SEA)、太阳耀斑效应/磁钩扰(SFE)、短波衰减(SWF)和突然短波频移(SFD)等几乎都与太阳耀斑增亮同时发生(只有约 8 分钟延迟)。这是因为这些效应是由太阳爆发区域发出的增强的电磁辐射(X 射线，γ 射线)产生的。太阳爆发事件所伴随的高能质子与日冕物质抛射引起的地球物理现象有相对较长的延迟时间，分别由太阳质子(约 10 个小时)与等离子体云(约数天)在行星际空间中的传播时间来决定。

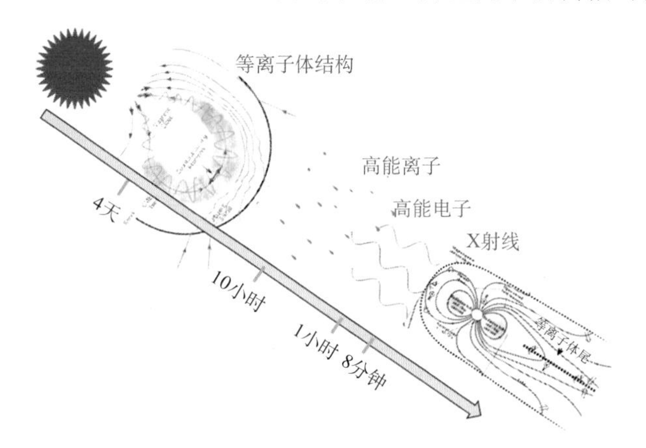

图 12.1.3　太阳耀斑与主要相关地球物理事件的时间关系示意图

图 12.1.4 说明了太阳质子事件和日冕物质抛射事件在行星际空间中的传播特性。图中四个方框对应于四个不同经度的观测点，每个点的观测给出不同能量相对论性质子的通量变化，其能量为 5 kMeV、15 kMeV 和 30 kMeV。图中虚线为观测点所在的经度位置。由于在第 3 章和第 4 章已详细地讨论了这一问题，下面做一些综合性描述，用以说明图 12.1.4 中不同太阳质子事件之间的关系。

如图 12.1.4 所示，太阳爆发发生后，由于飞行时间效应，首先看见的是高能的相对论性质子，后面是能量较低的非相对论性质子。由于质子倾向于沿着行星际磁力线运动，在不同观测点的位置(经度)可以看见不同相对论质子通量变化轮廓。

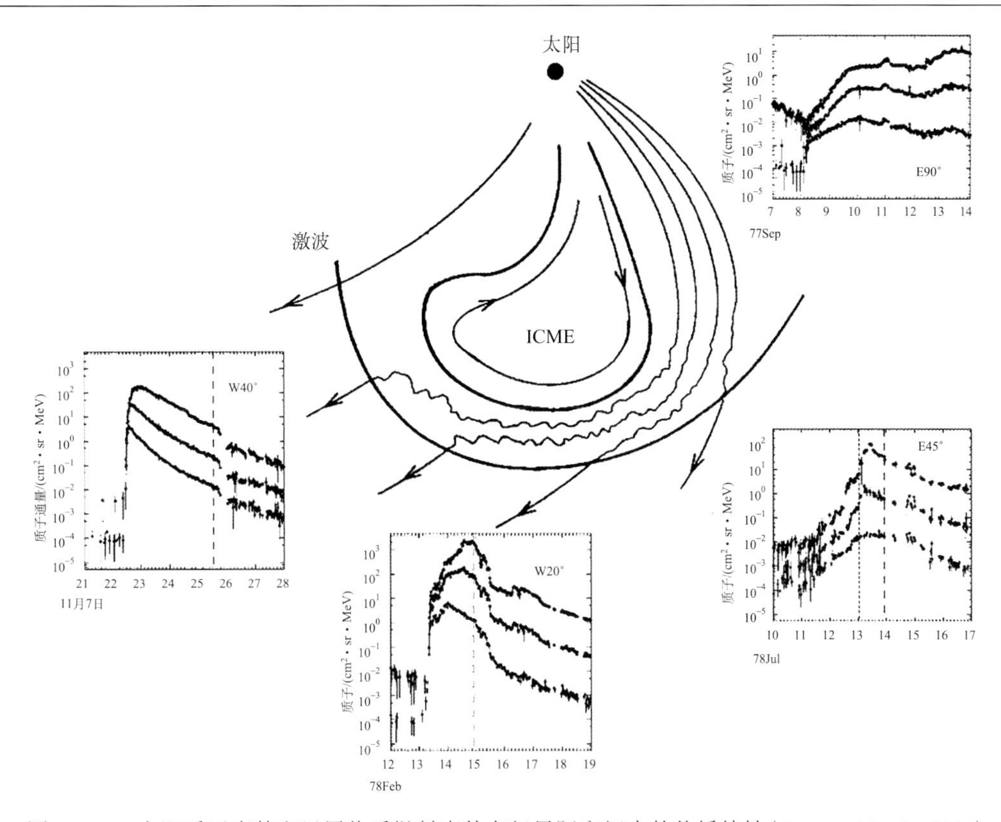

图 12.1.4　太阳质子事件和日冕物质抛射事件在行星际空间中的传播特性(Cane and Lario, 2006)

在太阳爆发之后 10 小时左右，日冕物质抛射及其前方的激波已经到达日地距离二分之一的位置。这时太阳相对论性质子已经飞至外层行星际空间中去，而非相对论性质子以各向异性扩散的方式传播到地球轨道形成太阳宇宙线事件和极盖吸收事件(其发生时间见图 12.1.3)。更低能量的太阳质子倾向于被激波面扫在一起，堆积在激波面前后(其中一些可能是激波加速形成的)。

在太阳爆发后 40～50 小时后，激波和日冕物质抛射主体到达地球轨道附近。在激波面扫过地球后，磁层就浸在日冕物质抛射中，其中太阳风的速度、密度和温度都增加了。太阳风速度可增加到 1000 km/s，方向可偏离径向±15°；离子密度可达到 80 个质子/cm^3，氦核可增加到占总数的 15%，太阳风离子通量可达到 10^{10} 个离子/(cm^2·s)；电子温度和质子温度趋于相等，达到 $9×10^5$ K；行星际磁场强度可增加到 40 nT。在这个阶段，激波后的强磁场捕获了由太阳发出的低能质子，同时阻止了银河宇宙线的高能粒子向内扩散，所以，当激波到达地球轨道时，在近地空间就观测到较低能量的太阳风质子突然增加，以及银河宇宙线强度突然减小。由于激波后太阳风压力突然增加，磁层被突然压缩，地面上的磁力仪记录到水平分量磁场突然增强(磁暴急始)。这时，在地球极盖区也可以记录到低能太阳质子的增强。

下面讨论太阳爆发事件及相关地球物理事件的能量。一个强的太阳爆发向外辐射的能量估计如下(Akasofu and Chapman, 1972)：总电磁辐射 10^{25} J，行星际日冕物质抛射 $2×10^{25}$ J，快电子 $5×10^{24}$ J，太阳宇宙线 $3×10^{24}$ J，太阳亚宇宙线 $2×10^{24}$ J，其他粒子

10^{23} J；总能量 4×10^{25} J。

太阳每秒钟辐射到地球上的电磁能量为 $W_R=S_0A_E=1.8\times10^{17}$ J/s。这里 S_0 是太阳常数[$S_0=1.4\times10^{-1}$ J/(cm^2·s^1)]，A_E 是地球的截面。在太阳耀斑事件期间，S_0 的变化不会超过 50 ppm[①](Kretzschmar et al., 2010)。但是在频谱的某个区域(如 X 射线)，辐射强度在太阳爆发时可增加几个数量级。表 12.1.1 中给出了太阳电磁辐射各分量的变化范围。

表 12.1.1　太阳电磁辐射各分量的变化范围(Domingo, 1976)

辐射分量	对总辐射能量的贡献	变化
X 射线与极紫外线(2～1400 Å)	0.001	>100 %
远紫外线(1400～2100 Å)	0.14	～20 %
近紫外线(2100～3300 Å)	2.44	≤1 %
可见光(3300～10000 Å)	66.8	0.1 %
红外线(10000 Å～1 mm)	30.6	0.1 %
射电波(1 mm～10 cm)	$<10^{-5}$	非常大

注：辐射变化的源包括太阳活动区、谱斑、太阳黑子、耀斑和日冕物质抛射爆发等。变化周期有 27 天周期和 11 年周期。

太阳爆发时辐射出的能量主要是由高能粒子和日冕物质抛射的等离子体云携带的，而且以等离子体云为主。在平静日地球轨道附近太阳风的能流为

$$F_s = nV\left(\frac{1}{2}m_pV^2\right) \simeq 0.2\times10^{-7}\ \text{J/(cm}^2\cdot\text{s)} \tag{12.1.1}$$

其中，n 为粒子数密度；V 为太阳风速度；m_p 为质子质量。计算中取数密度 n=5 cm^{-3}，太阳风的速度 V=350～400 km/s。若磁层截面的半径为 20～25R_E，相应每秒钟入射到地球磁层的能量 $W_s\simeq1.5\times10^{13}$ J/s。

在太阳爆发后 W_s 可以增加 1～2 个数量级。例如，对于中等日冕物质抛射，V=750 km/s，n=25 cm^{-3}，$F_s=8\times10^{-7}$ J/(cm^2·s^1)，$W_s=6\times10^{14}$ J/s。由于日冕物质抛射典型的持续时间约为 10^4 s，入射到磁层顶上粒子流的总能量 $E_s=6\times10^{18}$ J。与亚暴期间在磁层中耗散的能量比较发现，太阳爆发时，入射到磁层上的总能量只有 0.1%传输到磁层内，引起相应的地球物理现象。

12.1.2　电离层突然骚扰

通常，宁静太阳不辐射 10 Å 以下的 X 射线，电离层 D 层的主要电离源是太阳辐射的 Lyman-α 线(1216 Å)和宇宙线。然而，当太阳爆发时，太阳辐射的 1～8 Å 的 X 射线强度可以增加到宁静日的 10^3 倍。它们在地球上空 60～90 km 的大气中被吸收，使得地球向阳面电离层 D 层的电离密度大大增加。典型情况下，在 80 km 高度处，电子密度由 10^3 cm^{-3} 增加到 10^4 cm^{-3}。图 12.1.5 显示出了用交叉调制方法测量得到的耀斑期间 D 层电子密度的变化，图中曲线旁的数字表示世界时。耀斑发生在 16:14 UT，它是一个较小

① ppm，百万分之一。

的耀斑。图中显示了耀斑发生前(16:00 UT)测到的电子密度变化。由图看到，D 层的电子密度在耀斑期间增加了，而且 D 层下边界的高度下降。由于吸收系数正比于电子密度，所以 D 层的吸收大大增加。

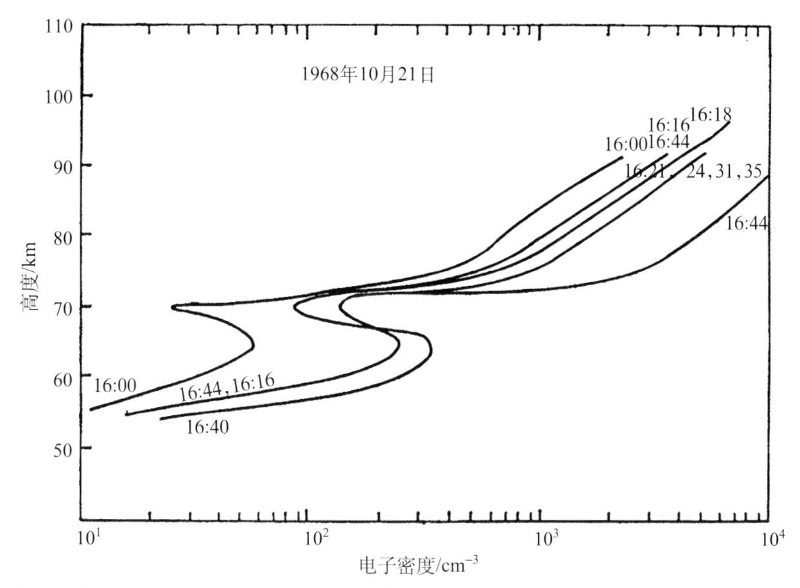

图 12.1.5　在 1968 年 10 月 21 日 16:14 UT 耀斑事件期间测量到的 D 层电子密度的变化(Rowe et al., 1970)

太阳耀斑爆发后，在地球向日面，E 层和 F 层反射的无线电波在通过 D 层时受到很大的吸收，甚至引起通信中断，这种现象叫作短波衰减(SWF，见图 12.1.6 和图 12.1.7)。在一般情况下，吸收增强是突然开始的，持续到 10 分钟左右，然后跟随着一个相对缓慢的恢复相，见图 12.1.7。

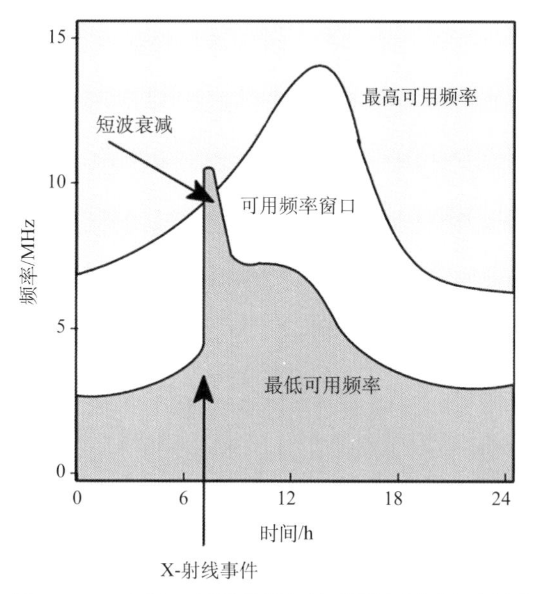

图 12.1.6　太阳 X 射线暴引起地球短波中断的示意图

http://www.mssl.ucl.ac.uk/~rdb/portal/soars_more.php

短波衰减常常伴随着地球向日面的磁场扰动，见图 12.1.7(b)中的曲线。这种扰动叫作太阳耀斑效应/磁钩扰。这是由于 E 层和 D 层电子密度增加，电导率增加，因而在其中流过的 *Sq* 电流系增强引起的。

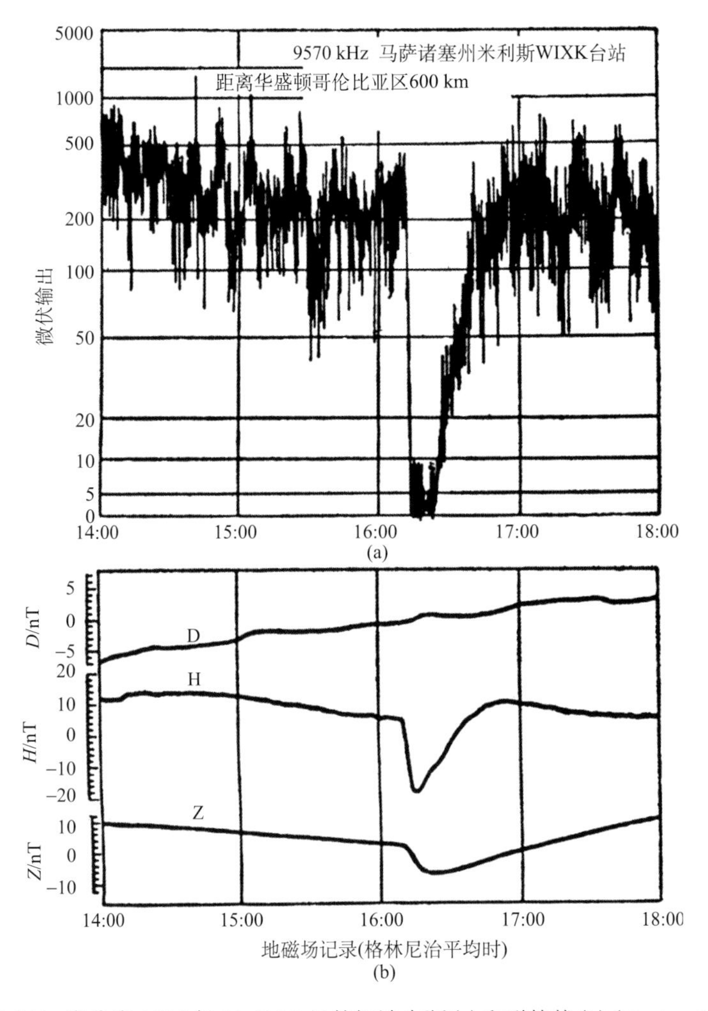

图 12.1.7　发生在 1936 年 11 月 26 日的短波中断(a)和磁钩扰(b)(Davies, 1965)

由于 D 层电子密度增加，长波在 D 层的反射高度下降(可下降 0.9～15 km)，这使得接收到的突然相位异常，接收到的天电(由闪电激发的低频信号，例如 27 kHz 的信号)噪声突然增强。

E 层和 F_1 层电子密度突然增加使得通过 E 层和 F_1 层反射的短波信号的路径突然变化，从而引起接收到的短波信号的频率发生几赫兹的突然变化(突然短波频移，SFD)。图 12.1.8 显示了太阳耀斑期间 WWV 站 10 MHz 标准时信号的频率变化。由图看到，接收频率突然增加到峰值后迅速下降到负峰值，然后缓慢恢复。

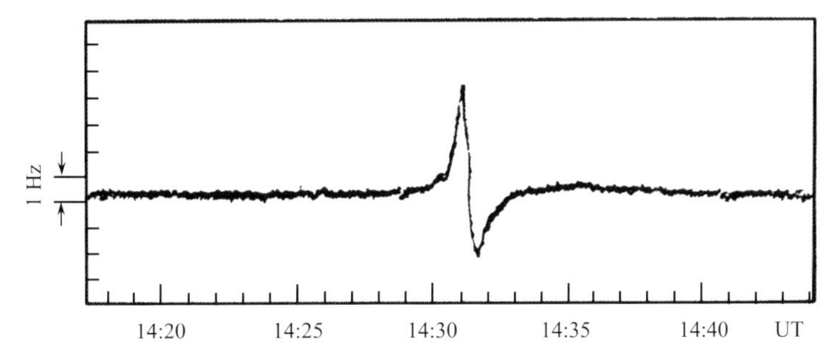

图 12.1.8 太阳耀斑期间 WWV 站 10 MHz 标准时信号的频率变化(Davies, 1965)

12.1.3 极盖吸收事件

在太阳爆发事件期间，由太阳发射的能量在 5～20 MeV 范围的质子沿着地磁场磁力线沉降到地球极盖区上层大气中，使得地面上 50～90 km 高度范围的电子密度增加，通过极盖区的短波信号吸收增加。吸收的程度可由接收到的宇宙噪声信号的强度的变化来表示，单位为分贝。极盖吸收事件差不多总是跟随在一个主要的太阳爆发事件之后。太阳爆发伴随的 X 射线出现时刻和极盖吸收事件的开始时刻之间的时差通常为 1 小时至几小时，见图 12.1.3。吸收增强的持续时间通常为 3 天左右，最短为 1 天，最长可持续 10 天(Davies, 1965)，且持续时间随纬度的增加而增加。

图 12.1.9 同时显示了地球大气/电离层响应太阳耀斑事件和极盖吸收事件，其中色标表示电离层 1dB 吸收影响的最高电波频率。从图中可以看出，极盖吸收事件集中在极盖区而不是极光椭圆带，并且极盖吸收事件远比太阳耀斑事件强烈。在极盖吸收事件期间，通常没有强烈的地磁活动和极光活动发生，但在吸收事件的后期往往有地磁暴发生。

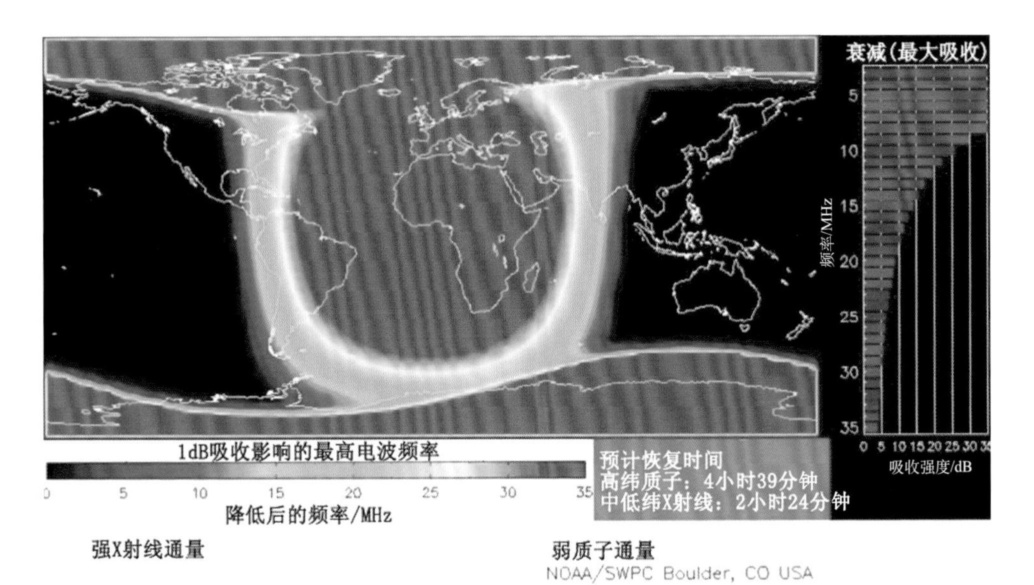

图 12.1.9 2000 年 6 月 21 日 00:00UT 发生的地球大气/电离层响应太阳耀斑事件和极盖吸收事件(由 Michael P. Husler, NOAA SEC 提供)

吸收强度的时间变化可分为暴时(以耀斑爆发时刻为零时)变化和地方时变化。在太阳耀斑爆发后几小时内，在高于磁纬 40°左右的极区发生强烈的吸收。在几个小时之内吸收达到极大值，然后开始衰减，在衰减期间无线电波吸收表现出明显的周日变化，白天的吸收值(单位为分贝)通常是夜间值的 5 倍。

图 12.1.10 显示了由数值计算得到的在不同地方时入射到不同不变量纬度的质子的截止动能，图中 λ 表示地理经度，Λ 表示不变量纬度。从图中可以看出，质子的截止动能有明显的地方时变化，最大值接近中午，而最小值接近午夜。在中午入射到给定观测站上空的太阳质子比在午夜入射得多，所以中午吸收大。这一计算结果解释了观测到的极盖吸收事件的地方时变化。

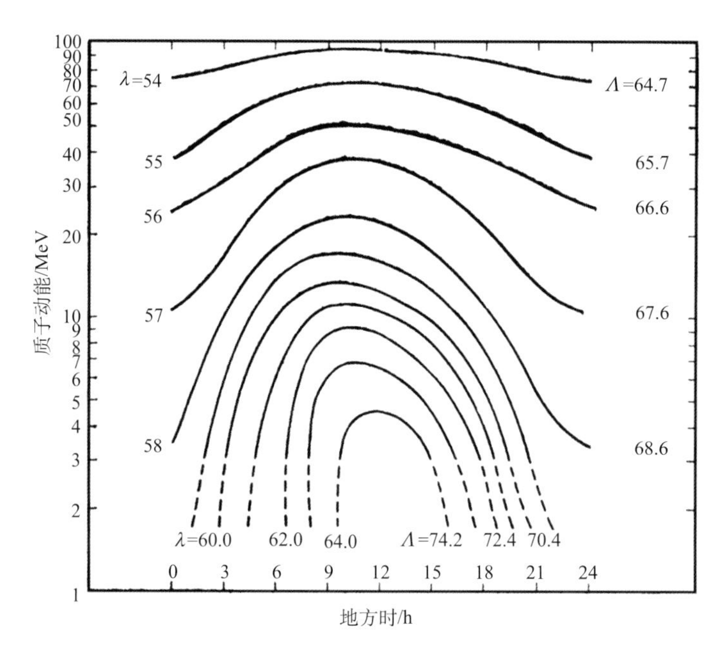

图 12.1.10　入射到东经 260°不同不变量纬度质子截止动能的变化(Smart et al., 1969)

极盖吸收事件与太阳耀斑爆发不是一一对应的。2 级以下耀斑很少伴随有极盖吸收事件发生。在 2_+、3 和 3_+级的耀斑中也只有 20%左右对应有可测量的极盖吸收事件。由于太阳宇宙线是沿着行星际螺旋形磁力线向外传播的，所以在太阳西半球的耀斑容易在地球上产生较强的极盖吸收事件。在太阳活动峰年，每个月约有一次极盖吸收事件；在太阳活动低年，每年有 1～2 次极盖吸收事件。

12.1.4　热层的磁暴效应

磁暴期间，地球热层特性受到一系列的扰动。下面我们先简单介绍在磁层平静时期的热层特性，然后讨论热层的磁暴效应，最后做一些理论解释。

热层是中性大气最上面的部分，也是中性大气温度最高的区域。在热层的下边界——中间层顶(80～90 km)以上，温度随高度陡峭地上升；在 200 km 高度附近，温度达到 1000 K；在 200 km 高度以上，温度随高度变化不大，这一区域可以近似看成是等温区。通常，人们认为热层上边界与逃逸层底相连接(400～500 km)，在这个高度以上，粒子运动是无碰撞的。热层中主要的能量是由太阳发出的远紫外辐射提供的。单位截面柱体中接收到的远紫外辐射的能流约为3×10^{-7} J/(cm^2·s)，这些能量主要在100 km以上的高度被吸收并转化为热能。由于远紫外辐射有明显的27天周期变化和太阳周年变化(在一个太阳活动周期可以变化2倍)，因而热层大气的温度、密度和成分也有27天的变化和太阳周年变化。与被较低层大气(平流层、对流层和中间层)吸收的太阳能谱中的可见光与紫外光分量的能量相比，被热层吸收的远紫外辐射的能量是非常小的，但由于热层中的气体十分稀薄，因而远紫外源足以控制热层的温度。

图12.1.11显示了全球的热层中平均温度和密度随高度的变化。一方面，由于吸收了远紫外辐射，热层的温度逐渐增高；另一方面，向下层大气的热传导又使热层损失热量，热层的温度降低。最后，吸收和损失的热量达到平衡，这时热层的温度显示出图中给出的剖面。由于远紫外辐射主要在100 km以上被吸收，所以温度也从100 km处开始上升。在100～200 km高度范围，温度上升的梯度较大，这是为了保证能够及时向下传导上层气体吸收的能量。因为单位时间吸收的能量随气体密度向上减少而减小，而导热率保持常数，故所需的温度梯度在较大的高度上就迅速变小，出现了近似等温的热层。

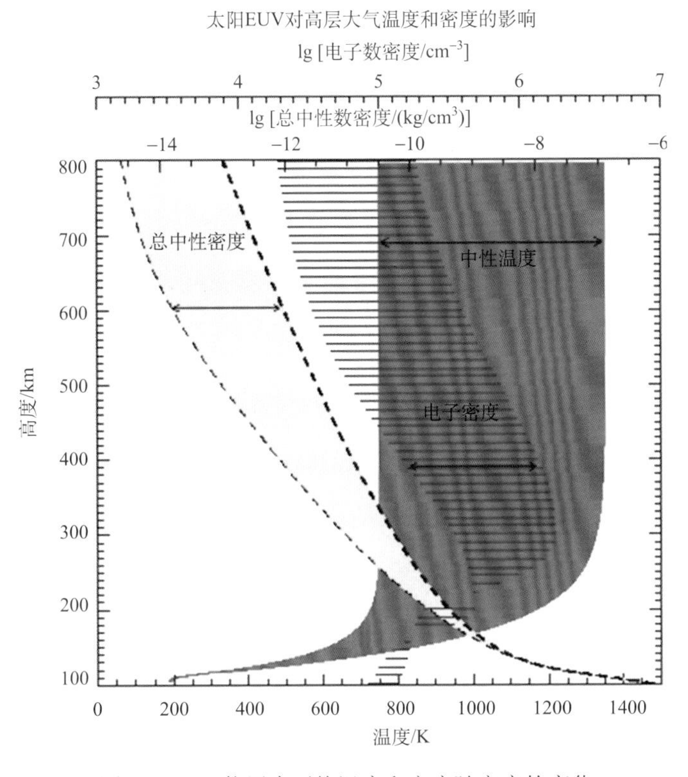

图12.1.11　热层中平均温度和密度随高度的变化

https://present5.com/topics-in-space-weather-lecture- 11-the-upper/

在稳定平衡情况下，热层气体处于扩散平衡状态。某一成分的密度随高度减小的快慢同其质量有关，质量大的成分随高度下降得更快一些。所以，在热层的下部主要成分

是 N_2 分子，而在热层的上部主要成分是 O 原子。 这一扩散平衡态的热层模式描述了热层的长期平均状态。

图 12.1.12 显示热层和电离层很大一部分的热量输入来自于吸收太阳极紫外(EUV)辐射。由图可以看出，向日侧温度和密度增加，而在背日侧温度和密度减少。这是由于向日侧热层吸收了太阳远紫外辐射被加热，而在背日侧热层没有热源。向日侧热层的压力和内能相对背日侧的增高造成了由向日侧越过极区以及沿着等纬度线吹向背日侧的大尺度的风——热层中性风。热层中性风把向日侧热层的质量和能量输运到背日侧，使得热层昼夜的温差减小了，并且 O 和 He 原子密度在向日侧减小在背日侧增加。

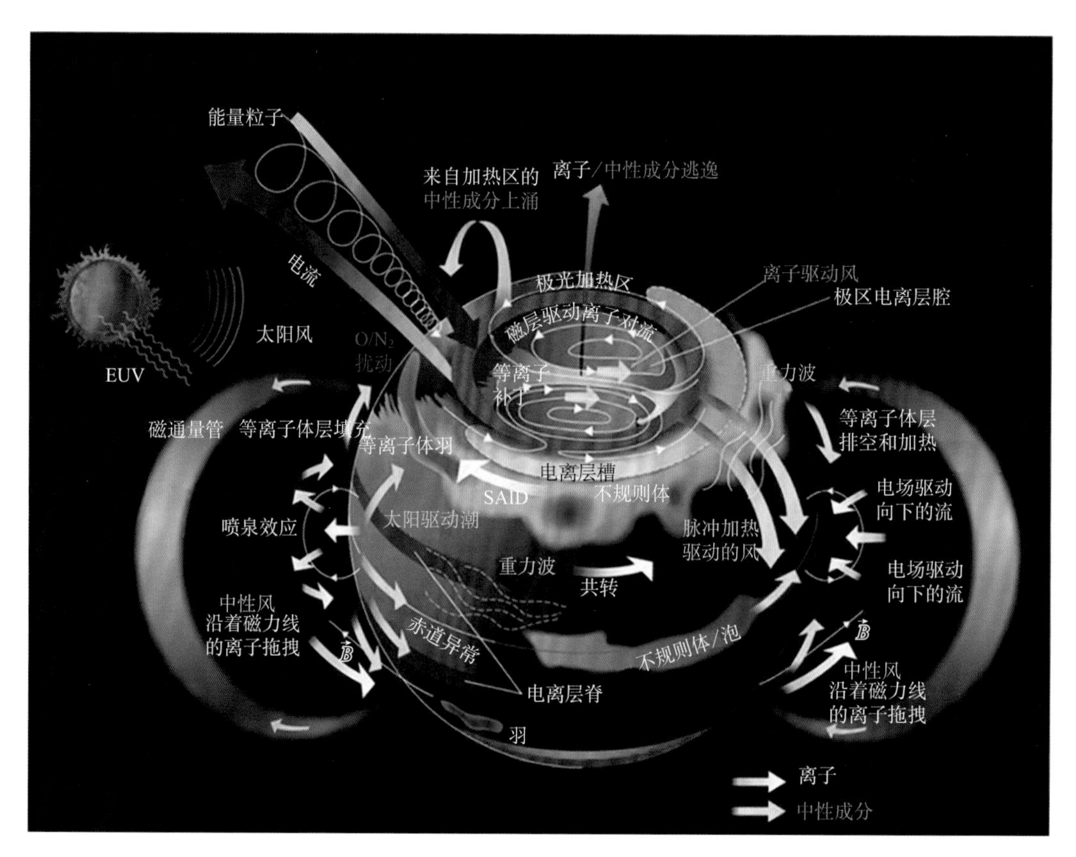

图 12.1.12　地球电离层-热层-中间层耦合物理过程示意图(Grebowsky，美国航空航天局戈达德太空飞行中心)

而来自磁层的高能粒子的附加电离可以增强地球高纬度地区的电离层电导率，改变电离层与磁层之间的电流分布。磁层中的对流电场驱动了电离层底部的电流，并使电离层等离子体向更高的高度运动，部分粒子逃逸到地球磁层空间，甚至更远的地方。这些能量的注入过程驱动了全球热层循环，将使加热区域的热量和分子种类重新分布，同时，能量重新分配过程也会激发在本地和全球范围内的一系列波动。

行星波、潮汐和重力波从低层大气层向上传播，将动量/能量存入大气环流，并通过电离层底部的电离层发电机产生电场。这些中性风和产生的电场在局部区域和全球范围内重新分配等离子体，有时会为系统中等离子体不稳定性的发生和小尺度结构的产生创造条件。

中性大气密度的预测对卫星轨道的确定和避免卫星相互碰撞至关重要。磁暴期间，热层的密度、温度、成分和风场都受到明显的扰动。在磁暴期间，热层的密度差不多在全球尺度上均匀地增加，但在极区处增加较少。

图 12.1.13 显示的是 1976 年的第 85 天到 91 天地球磁暴期间，在不变量纬度北纬 65°，海拔 305 km 处(F10.7 为 72s.f.u.)由卫星观测到的大气成分 N_2 密度的变化，以及磁指数 A_p 的变化和每日 A_p 指数之和的变化。对磁暴期间热层大气扰动更加系统的分析是利用 CHAMP 卫星得到的中性成分密度和 SABER 卫星得到的 NO 能量通量的变化获得的，具体可见图 12.1.14。

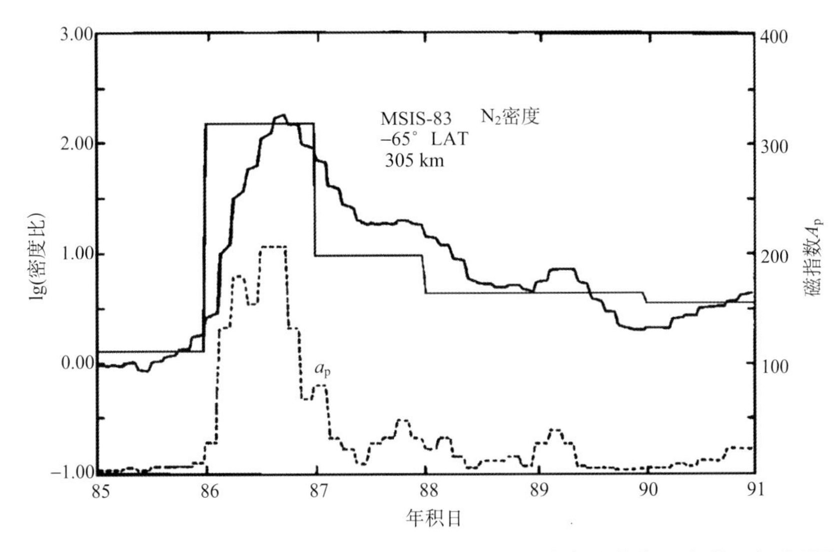

图 12.1.13　1976 年第 85 天至第 91 天地球磁暴期间白天 N_2 密度变化曲线及地磁 3 小时磁指数 A_p 与每日 A_p 之和曲线(重线)

图 12.1.14 显示的是对 11 个“问题”磁暴(蓝色，磁暴期间卫星轨道明显偏离预报的预期值，这类磁暴被称为“问题”磁暴)和 11 个“可控”磁暴(红色，磁暴期间卫星轨道位于预报的范围内，这些磁暴被称为“可控”磁暴)的时间序列叠加统计分析。时间的零纪元对应于 D_{st} =–75 nT 处。图中黑色虚线为每 6 个小时的时间间隔，实曲线为中值，虚线曲线是上四分位值，虚点线曲线是下四分位值。(a)为 D_{st} 指数，(b)为 CHAMP 卫星获得的中性成分密度，(c)为 A_p 指数，(d)为 SABER 卫星获得的 NO 能量通量，所有数据为 2 h 平均值。

时间序列叠加分析表明，“问题”磁暴有一个大而强的正 D_{st} 初始阶段[图 12.1.14(a)]，然后是急剧下降，D_{st} 的中位数下降到–102 nT。相比之下，“可控”磁暴事件显示一个缓慢而单调的 D_{st}(中位数)减少到–81 nT。“可控”磁暴的中性成分密度响应[图 12.1.14(b)]是缓慢上升的，长时间 (–9～+11 UT) 抬升到 +120%，而中性成分密度在“问题”磁暴期间在 6 小时内(–4～+2 UT)快速地上升到 +83%。尽管“问题”

磁暴有较大的 D_{st} 指数，然而中性成分密度变化却低于“可控”磁暴。因此，中性成分密度响应的大小与“问题”磁暴的大小不相称。“问题”磁暴升高的 A_p 指数[图 12.1.14(c)]也未能预测中性成分密度下的反应。预测差异的根源是在“问题”磁暴期间发生了 NO 红外(IR)发射[图 12.1.14(d)]。

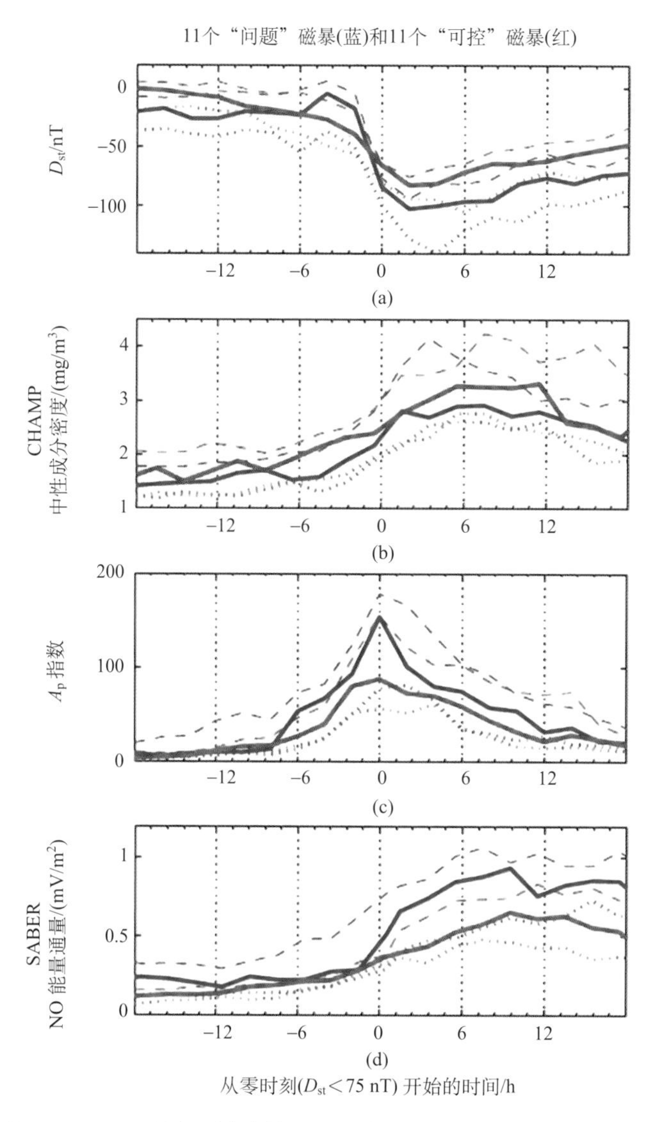

图 12.1.14　磁暴期间 CHAMP 卫星得到的中性成分密度和 SABER 卫星得到的 NO 能量通量的变化及 D_{st} 指数的变化(Knipp et al., 2013)

磁暴期间，热层受到扰动的主要原因是极光椭圆带的热层中有相当大的能量耗散。在极光椭圆带耗散的能量通量可达到 10^{-5} J/(cm²·s)，这一数值比太阳辐射输入的能量通量 1～3×10^{-7} J/(cm²·s)大得多。就全球热层总输入能量来说，在极光带输入的能量是很小的。但是，在极光椭圆带局部地区，输入的热量却对局域高层大气的运动起控制作用，而且对全球热层的温度、成分和潮汐风场都有一定的影响。热量的局域注入还激发起大尺度的重力波。虽然焦耳热和粒子沉降能量差不多，但是焦耳热在较高的高度上产生，所以对于上层大气的动力过程来说更为重要。

在磁暴期间，在极光椭圆带上层大气中沉降的热量在热层中激发起向赤道传播的重力波。重力波使电离层 F_2 层中电子密度受到周期性的扰动，因而使得通过 F_2 层反射的短波(5～10 MHz)的相路径发生变化，简单地说，使得电波的反射高度发生变化。如果发射机的频率十分稳定，接收机接收到的信号频率将发生 1 Hz 左右的扰动。图 12.1.15 显示了在磁扰日测量到的高频电离层多普勒效应。发射机频率为 5.054 MHz，接收机与发射机相距很近，电波基本上垂直传播。在夜间，由于工作频率高于 F_2 层临界频率，因而只能接收到地波。通常频率起伏的方均根值约为 0.1 Hz，相应周期为 10～15 min。但是伴随磁暴经常出现大幅度长周期的扰动。由图 12.1.15 看到，与磁暴急始相伴随，突然出现频率偏移，峰值约为 2.5 Hz，持续时间约为半分钟。在磁暴主相期间，频率起伏变化较大，方均根值约为 0.9 Hz。在 02:40 UT 以后，图中线状谱变成了扩散状，这说明电离层受到了更加强烈的扰动，但是仍然可以看到周期约为 2 h 的长周期的波动。日落后接收到的频率十分稳定，因为接收到的信号是地波，这说明发射机和参考频率是十分稳定的。

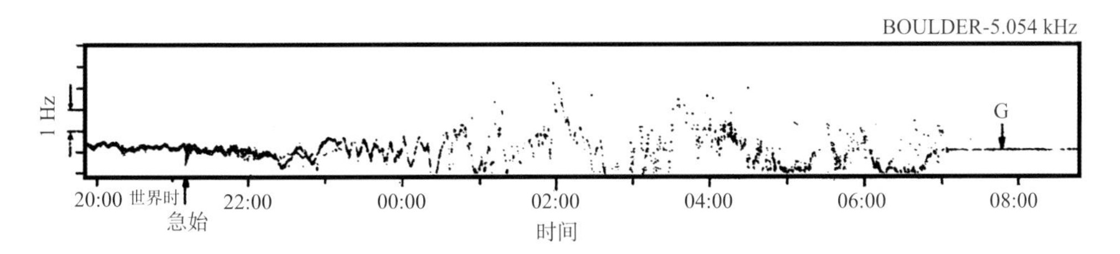

图 12.1.15　磁扰日测量到的高频电离层多普勒效应(Davies and Baker, 1966)

在磁暴期间，磁层等离子体使得对流运动增强。由于磁层与电离层的耦合，电离层中的等离子体也受到这一对流运动的影响。通过离子与中性成分的碰撞，磁层对流运动的动量传输给电离层高度的中性成分，使中性成分受到一个附加的力，被称为离子拖曳力。离子拖曳力实际上把传输到磁层内的太阳风的动量传输给热层的中性成分。这也是热层受到扰动的一个重要原因。

下面我们进一步分析磁暴期间高纬的能量耗散是怎样引起赤道方向的热层风以及热层成分和温度分布变化的。假定磁暴期间加热发生在相当窄的极光带区域，加热区的气体将受热上升。同时，由于温度升高，压力也随着升高，因而驱动气体向赤道方向运动。

图 12.1.16 示意说明磁暴期间热层成分变化的过程。为了简化，略去了任何温度上升引起的膨胀效应。设 N_2 为较重的成分，He 为较轻的成分。图的左边给出了这两种成分在稳定条件下随高度的分布。在磁暴期间，注入极光椭圆带的热量使得大尺度风发展起来。N_2 气体在极光椭圆带内上升，被暴时热层风携带到低纬，最后在赤道区下沉。为了满足流的连续性和质量守恒条件，上层向着赤道的水平风的速度要比下层向着极区的回流风的速度大得多，这样才能补偿 N_2 密度随高度减少引起的物质水平通量的变化。

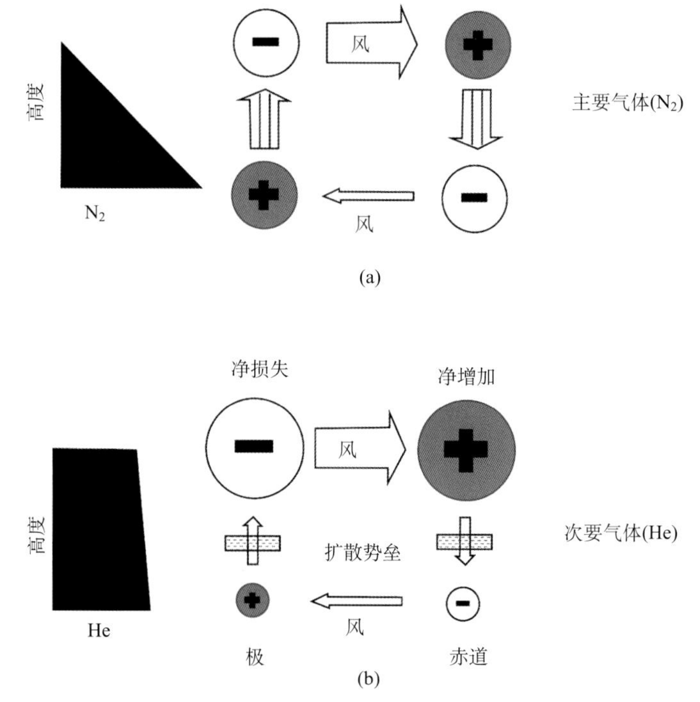

图 12.1.16　磁暴期间热层成分变化过程(Mayr et al., 1978)

上面的水平粗箭头与下面的水平细箭头分别表示上层向着赤道的风和下层的回流。环绕正号的圆圈与环绕负号的圆圈分别表示气体流入和流出，圆圈大小表示体积。较轻的成分 He 可以看成是浸在主要气体 N_2 中，它将随着主要气体一同运动。因为 He 的密度随着高度增加而减小得慢，在高纬上空由环流的上部被输运走的 He 的总量比环流的下部供给的少得多，所以在高纬 He 的密度减小了。在赤道区由环流上部供给的 He 总量比由环流下部输运走的 He 总量多得多，因而 He 的密度增加了。由于在高纬区气体上升的面积比近赤道区域气体下沉的面积小很多，所以 He 在高纬度的密度减小比在低纬度的密度增加更为明显。O 原子也有同样的特性。

如上所述，磁暴期间在高纬区的加热使气体上升，并且向赤道方向运动。这些运动把在高纬区增加的热量有效地分布到全球各处。虽然在向上膨胀过程中气体经历了一定程度的绝热冷却，但是当这些气体运动到中低纬区域时，它仍然比正常气体热。这些气体在中低纬区域下降的过程中又经历了一定程度的绝热压缩，从而受到进一步的加热。这一过程使得全球的温度都增高了，但高纬区增加得最多。

磁暴期间，热层风、热层成分分布和温度分布的变化过程示于图 12.1.17 中。图中点线表示热层中各物理量的全球平均值的基线，虚线描述不考虑水平运动时温度和密度的变化。由于热量的沉降，高纬区的温度和密度应升高。图中实线描述考虑水平运动后的温度以及 O、He 原子密度的分布。水平运动使低纬区温度升高，O、He 的密度升高，同时使高纬区 O、He 的密度降低。图 12.1.18 给出了磁层亚暴引起大气传输扰动、短期正电离层暴和低纬密度扰动的示意图。

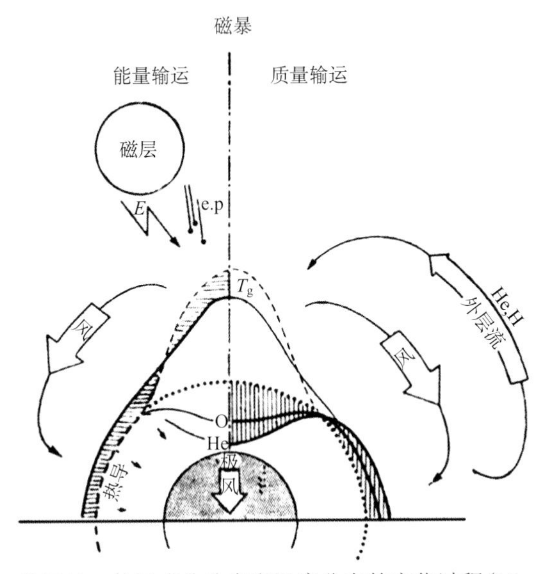

图 12.1.17　热层风、热层成分分布和温度分布的变化过程(Mayr et al., 1978)

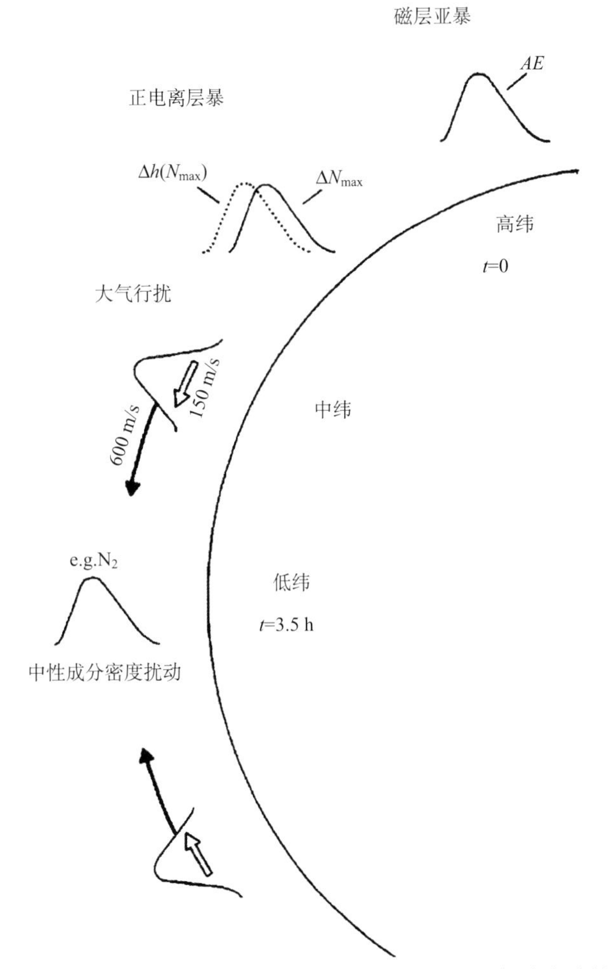

图 12.1.18　磁层亚暴引起大气传输扰动、短期正电离层暴和低纬密度扰动的示意图

此外， 亚暴在极光椭圆带对气体的局部加热不仅可以驱动子午面内的热层风，而且可以激发重力波。在稳定情况下，由于重力的作用，大气密度随高度是逐渐减小的。当气团偏离平衡位置后，将在重力和浮力作用下自由振动。自由振动频率叫作浮力频率。当扰动频率大于浮力频率时，扰动就以普通声波的方式传播；当扰动频率小于浮力频率时，气团将显著受到重力和浮力的作用，这时传播扰动的波叫作重力波。热层大气受到几十分钟的局部加热，就会激发起重力波。

上述磁层、热层和平流层大气之间的相互作用过程可用示意图进一步说明。图 12.1.19 显示了由太阳影响驱动的磁层、电离层、热层区域与平流层和对流层耦合的示意图。该图说明，热层主要的热源有磁层环电流离子沉降、磁尾等离子体片、太阳能量质子和地球辐射带的沉降粒子，其中地球辐射带粒子和太阳能量粒子甚至可以沉降到中间层和平流层。热层从磁层的沉降粒子和电场接收到的能量与它吸收的太阳远紫外辐射能量大致相当。

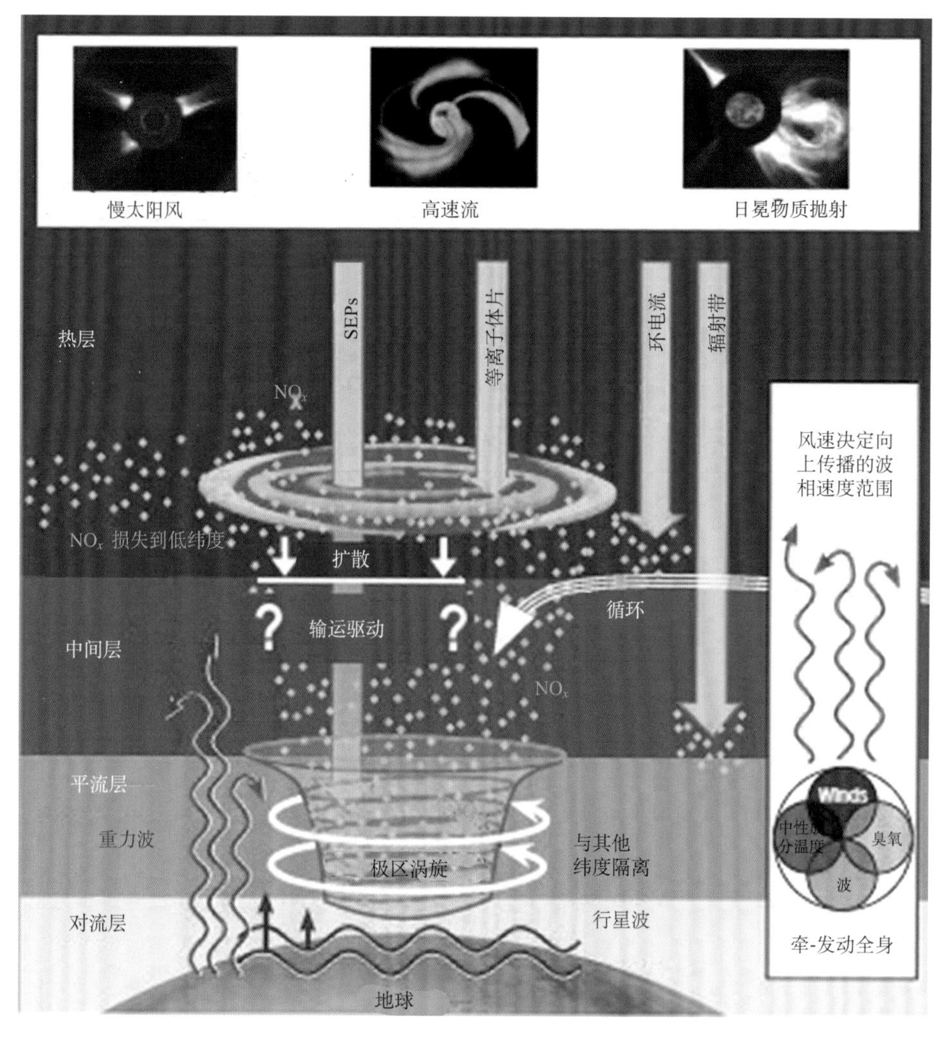

图 12.1.19　空间天气中地球磁层、电离层、热层区域与中性大气各区域(平流层和对流层)耦合示意图

https://www.nap.edu/read/13060/chapter/12#161

因此，磁层亚暴倾向于控制地球高纬热层，并产生大气重力波。热层中的中性成分通过热层中性风和电离影响离子成分，而在磁层电场作用下做漂移运动的离子通过与中性成分之间的碰撞(在 100～200 km 的范围)又把动量传输给中性成分(离子拖曳)。热层的下边界与中间层相连接。与热层能量相比，中间层可看成是一个大的能量库，由它向上传播的波动和传输的涡流可以明显地影响热层中的温度、成分和电场。热层与磁层和低层大气的耦合不是局域的，任何一个时刻的热层状态都受到全球大气-磁层-电离层整个系统过去和当时的状态的影响。

地球全球系统正在发生变化，任何与太阳活动变化有关的气候变化都涉及中高层大气之间的耦合和能量传输过程。此外，地球大气层的长期演化变化可能会影响短期变化的变异性或多尺度时间响应。太阳活动和磁层的变化如何以及在多大程度上影响到对中高层大气和气候变化仍然是空间天气学的一个重要研究课题。例如，臭氧层的破坏也许与磁层极光亚暴期间产生的大量 NO 有关；冬季的极地漩涡可以向下移动到平流层，其内空气环流通常被限制在高纬夜侧部分，到了平流层的极地漩涡一旦破碎，就会影响温度和大气循环，如图 12.1.19 所示。

12.1.5　电离层暴

与地磁暴相伴随、在全球范围电离层各层都显示出系统的变化的过程，可统称为电离层暴。主要特征如下。

(1) F_2 层虚高增加，常常达到 600 km。但是实际高度变化不大，大约为±20 km。F_2 层虚高增加是电波群时延增加引起的。

(2) 电离层暴期间 F_2 层临界频率 (f_0F_2) 的变化 (Δf_0F_2) 较大，可达到±50%以上。同磁场变化一样，在静日电离层也有日变化。在研究电离层暴时需要把平静日日变化去掉。由于电离层静日与静日之间 f_0F_2 的变化可达到 20%，所以用什么来做静日日变化的标准还没有统一的看法。可以用电离层暴前一天的 f_0F_2 日变化曲线，也可以用前 5 日按地方时平均的 f_0F_2 变化曲线，也可以用月中值，滑动月均值或 28 日(扰日前 14 个静日，扰日后 14 个静日)的平均值。将 f_0F_2 的扰日值减去静日值记为 Δf_0F_2。

在伴随地磁暴的 F_2 层扰动期间，在中低纬的冬季通常有 $\Delta f_0F_2 > 0$，称为正相扰动；在高纬或中纬的夏季通常有 $\Delta f_0F_2 < 0$，称为负相扰动；在中纬的春秋季通常在正相扰动之后出现负相扰动，称为双相扰动。在中国海南地区，大的扰动以正相为主，而在满洲里地区，负相暴多一些(索玉成，1981)。f_0F_2 的下降使得短波通信最高可用频率降低，主要通过 F_2 层反射的远距离电波传播受到严重影响。

(3) 电离层暴期间电子含量(单位面积柱体内总电子数)变化很大。在负相电离层暴期间电子含量 N_T 减少，但是 F_2 层最大电子密度减少更多，这说明电离层变厚了。因为 $N_T=\tau N_M$，N_M 为最大电子密度，τ 为电离层的平板厚度，由于 N_T 减少，N_M 也减少，所以不能把电离层暴简单地解释为电子密度的再分布。

图 12.1.20 显示了 2015 年 3 月 15 日至 21 日地球磁暴期间总电子含量的变化。

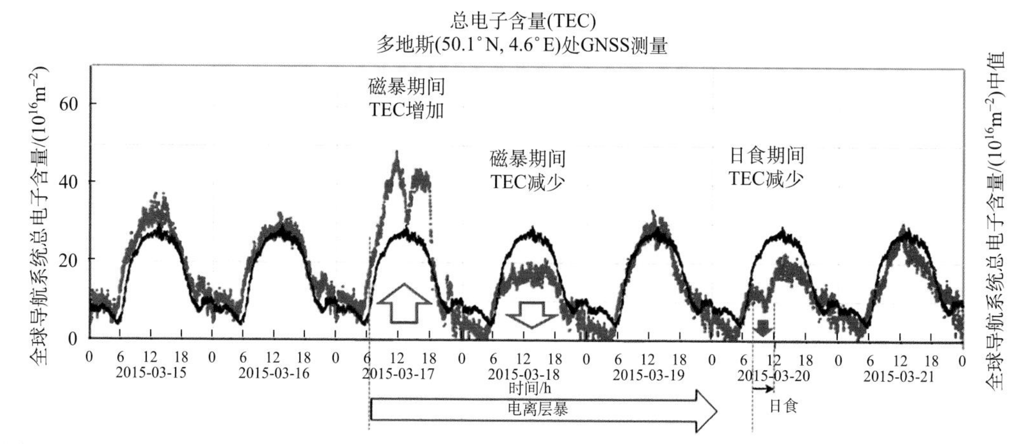

图 12.1.20　2015 年 3 月 15 日至 21 日地球磁暴期间在多地斯(北纬 50.1°，东经 4.6°)观测到的总电子含量的变化

http://ionosphere.meteo.be/ionosphere/

电离层暴时，F_1 层临界频率(f_0F_1)受影响不大，变化约为 0.3 MHz，相当于 F_1 层最大电子密度变化的 10%。在太阳活动低年的冬季，F 层不常出现。但在电离层暴时，由于 f_0F_2 下降，常常可以看到 F_1 层。F_1 层的出现可减小由于 f_0F_2 下降对通信产生的影响。图 12.1.21 示出了在电离层暴期间 F_1 层出现时的电子密度剖面图。F_1 层的出现可能是电子的损失数系增加而引起的。

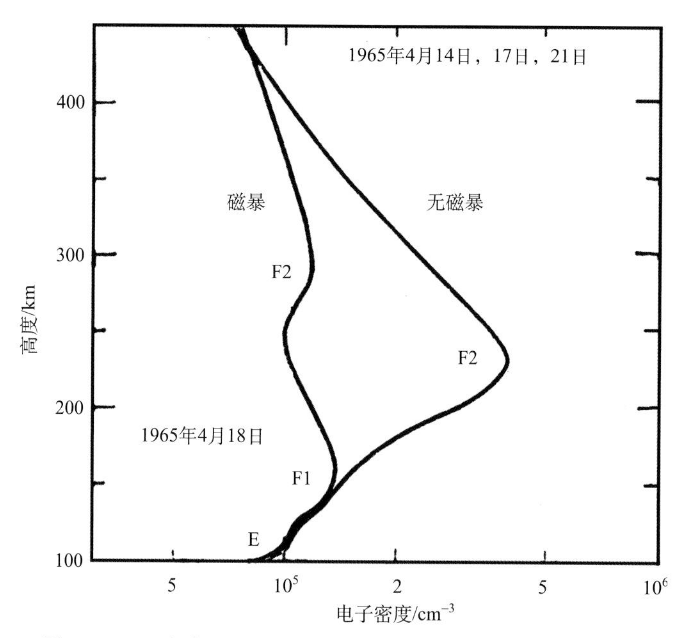

图 12.1.21　电离层暴期间电子密度的剖面图(Matuura, 1972)

(4) 磁暴期间在高纬极光区域经常出现偶发 E 层(Es 层)，它主要发生在夜间。由于 Es 层的临界频率很高，Es 层的出现可以弥补 f_0F_2 下降对通信的影响。

(5) 磁暴期间常有 D 层吸收增加，在极光区域特别显著，这使得短波通信最低可用频率升高。在中纬 D 层也有显著的磁暴效应。D 层的变化将引起低频波段(30～300 kHz)的振幅的变化，引起甚低频波段(10～30 kHz)的相位和振幅的变化。在磁暴开始时低频波段振幅很快衰减，甚低频波相位突然移动，这叫作初始效应。1～2 天以后初始效应就消失了，接着是滞后效应。滞后效应在磁暴发生 2 天以后开始，延续 10 天或更长时间。滞后效应引起低频波严重的吸收，以及甚低频波相位的异常周日变化。

下面主要讨论 F_2 层暴的变化规律及理论解释。

中纬强电离层暴(专指 F_2 层暴，狭义的电离层暴)一般持续 2～3 天或更长一些。它有三个发展阶段：

(1) 开始阶段，相关的磁暴发生后 f_0F_2 有所增加(正相)。

(2) 负相阶段，f_0F_2 减小到正常值以下。f_0F_2 在午夜前后减少到最小值，午后有增加的趋势。通常，负相扰动由高纬区域开始逐渐向低纬扩展，对于强电离层暴，几个小时后负相扰动就扩展到全球。

(3) 恢复阶段，日变化减弱，扰动与局域地方时相联系。例如，同一纬度而经度只相差 2 个小时的台站扰动结束时间可以相差一天。

中纬 f_0 F_2 的变化正负相特征主要依赖于磁暴急始(或主相)发生的地方时。若磁暴主相起始发生在夜间，磁暴很强，通常电离层暴负相同时发生；若磁暴主相起始在白天，通常在午后将有 f_0F_2 正相，接着是负相扰动。对于强烈磁暴，在主相开始时，在向日半球，在大范围内，f_0F_2 突然减少 2～3 h，随即恢复正常，同时在背日半球持续的负相电离层暴发展起来(Thomas and Venables, 1966; Mendillo and Klobuchar, 1973)。

图 12.1.22 给出了在地理纬度大致相同而经度不同的三个台站负相电离层暴开始时间随相应磁暴主相开始时间的变化。图中所用数据取自于 1969 年至 1973 年期间发生的

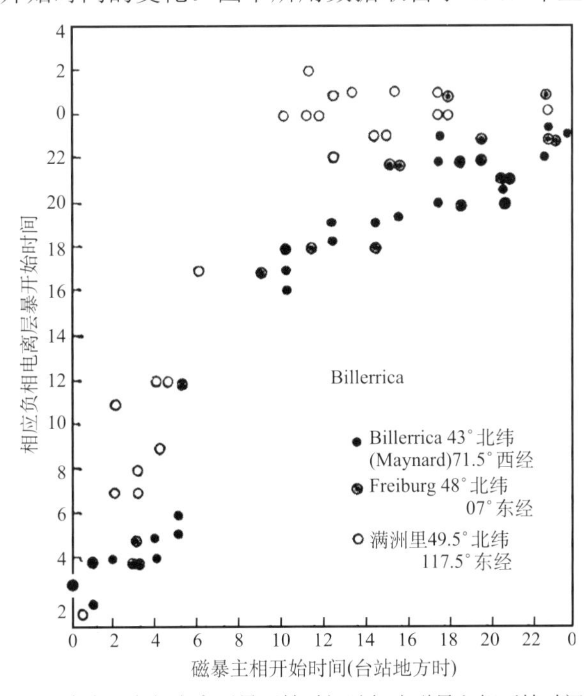

图 12.1.22　经度不同的三个台站负相电离层暴开始时间随相应磁暴主相开始时间的变化(涂传诒, 1983)

主要的负相电离层暴。由图看到，若磁暴主相在地方时 1～7 时开始，相应电离层暴大都在清晨和上午开始；若磁暴主相发生在 18 点至午夜，相应电离层暴也发生在 18 点至午夜。但是，若磁暴发生在中午和午后，相应电离层暴在 Billerica 和 Freiburg 发生在午后，而在满洲里集中发生在午夜。

电离层暴的形态还与季节和纬度有关。在中纬度，夏季负相扰动是主要的，冬季正相扰动是主要的；在高纬度，负相扰动是主要的；在低纬度，通常在四季正相扰动都是主要的，与急始地方时无关。

图 12.1.23 示出了在春秋季、夏季和冬季磁暴主相期间不同纬度和高度白天电子密度的变化。数据来源于 53 个测高仪台站(1957～1990)。图中曲线是通过(Field and Rishbeth, 1997) 图 4 中的数据点绘制的平均值。图中长虚线代表北半球夏至(5～8 月)；实线代表春分和秋分(3 月，4 月，9 月，10 月)；短虚线代表南半球夏至(11 月至次年 2 月)。数据点的平均偏差约为±0.1(Rishbeth, 1998)。

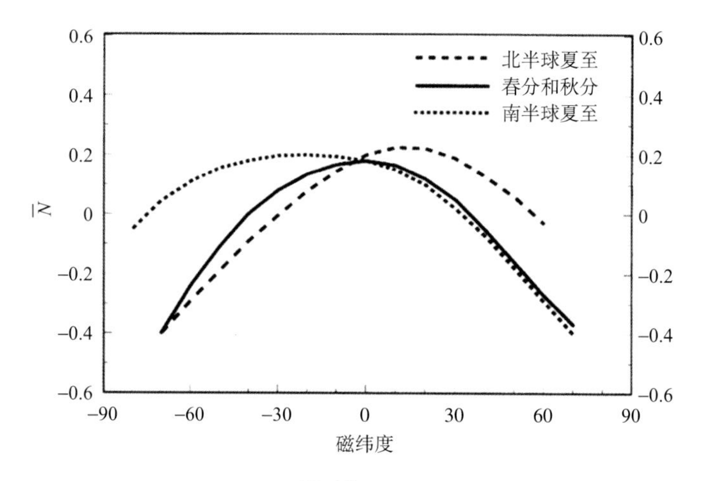

图 12.1.23　局地平均的 $\bar{N}$ ($=\dfrac{NmF_2^s}{NmF_2^q}$)随磁纬度变化图(Rishbeth, 1998)

$\bar{N}$，F_2层最大密度；q，静日；s，扰动

图 12.1.24 是在磁暴期间发现的电离层电子总含量(TEC)扰动类型。通过对极光椭圆区到中低纬度(西经 70°)长期大量磁暴 TEC 的地方时(LT)相关特征进行时间序列叠加分析，获得了大体一致的电离层电子总含量变化特征。从图 12.1.24 中可以看出，电子总含量的磁暴效应有以下几个重要特征。

(1)磁层对流驱动的“黄昏效应”在正相电离层暴(图中 1 型)。

(2)风驱动的正相电离层暴，电子总含量明显增强。该效应广泛存在于白天正相电离层暴中 (图中 2 型)，中性风引起电离层从高纬度扩展到中低纬度。

(3)极光沉降粒子诱导的极区壁增强。

(4)负相电离层暴后的日出对流效应与较长寿命的成分粒子的诱导，造成电子总含量消失。

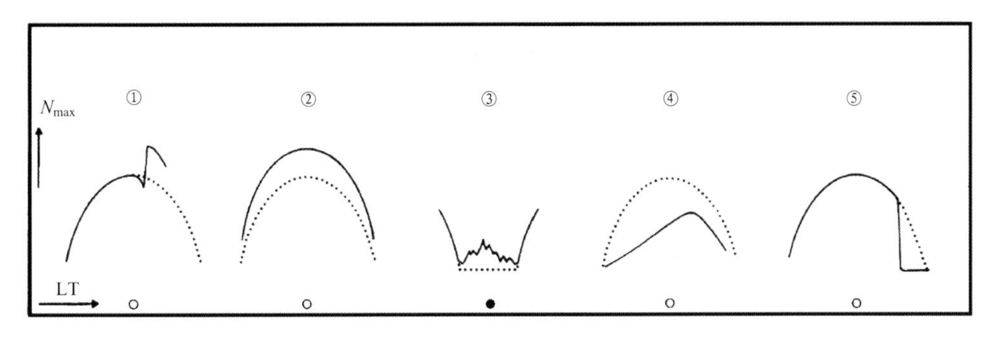

图 12.1.24　在磁暴期间发现的电离层电子总含量扰动类型(Prölss et al., 1991)

(5)对流诱导槽导致了黄昏效应的终止。这种平流和隆升效应可以导致亚极光带纬度"黄昏效应"的突然终止,而且槽区/等离子体层顶边界突然出现在中纬度（类型 1 和 5)。

涂传诒和贾志华(1977) 用时间序列叠加分析对 1969 年至 1973 年满洲里站 22 个显著的负相电离层暴进行了分析，得到了满洲里站(北纬 49.5°，东经 117.5°) 电离层暴时 F_2 层临界频率平均偏离日变化曲线(图 12.1.25)。与这 22 个负相暴相应的磁暴主相开始时间(即赤道 D_{st} 指数开始下降时刻)分布在不同的地方时。对每一个暴分别计算磁暴前一天、磁暴当天、磁暴后一天的 F_2 层临界频率 f 对月中值 $\overline{f}$ 的百分比偏离：

$$\Delta f_i(LT,N)=\frac{f_i(LT,N)-\overline{f_i}(LT)}{\overline{f_i}(LT)} \tag{12.1.2}$$

其中，i 表示第 i 个负相电离层暴；N=1, 2, 3 分别表示磁暴前一天、磁暴当天、磁暴后一天；LT 为满洲里站的地方时；$\overline{f_i}$ (LT)为第 i 个暴所在月的 LT 时刻的月中值。将每个暴的百分比偏离对 22 个暴求平均：

$$\Delta f(LT,N)=\frac{1}{m}\sum_{i=1}^{m}\Delta f_i(LT,N) \tag{12.1.3}$$

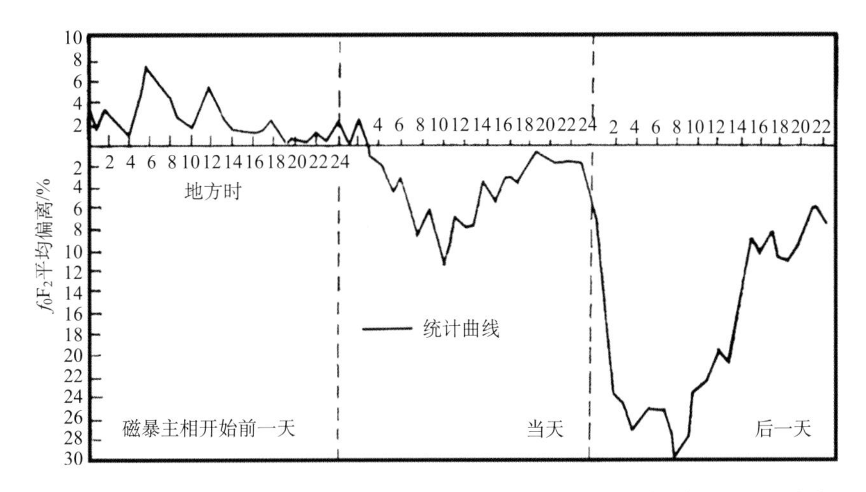

图 12.1.25　满洲里站电离层暴时 F_2 层临界频率平均偏离日变化曲线(涂传诒和贾志华, 1977)

式中，m 为 22 个电离层暴中 LT 时刻有 F_2 层临界频率实测数据的个数。由图看到，磁暴前一天曲线是正的，小于 7%，说明 f_0F_2 没有受到扰动；磁暴当天曲线是负的，达到–12%，这是午前开始的负相暴引起的；磁暴后一天，在地方时 0 点曲线很快下降，直到地方时 6 点，Δf 下降到–29%，这是由于不论磁暴主相在何时开始，满洲里站 f_0F_2 在午夜前后都有一明显的负相。在地方时 6 点以后 Δf 逐渐上升，到地方时 17 点曲线上升到–8%。

单独的磁层亚暴也能引起 f_0F_2 的正相和负相的变化。这些变化可以伸展到很宽的纬度范围，但是被限制在一个较窄的经度范围内。

上面分析了电离层暴的一些统计规律，对于某个特定的电离层暴，它可能与这些一般规律有较明显的不同。实际上，不是每一个磁暴都有电离层暴相伴随，只有较强的磁暴和电离层暴之间才有比较好的对应关系。 根据对 1969～1973 年的太阳地球物理资料的分析(涂传诒, 1983)，可以看到，在这五年期间，A_p＞75 的 9 次急始型大的地磁暴全部都有中型以上的电离层暴相伴随。

11 次大型的电离层暴全部有北京地磁台记录到的急始型地磁暴相伴随，主相的负偏离最大为–115 nT。这说明大地磁暴与大电离层暴的对应关系是相当好的，但不是所有的电离层暴与地磁暴都是一一对应的。

例如，在这五年中 A_p 在 75～35 之间的中型急始型地磁暴共 21 个，其中 5%有大型电离层暴相伴随，28%有中型电离层暴相伴随，10%有小型电离层暴相伴随，57%没有明显的电离层扰动相伴随。这里大、中、小三种类型电离层暴是根据 f_0F_2 负偏离的程度和影响范围的大小来区分的。

F_2 层电离层暴是一个很复杂的物理现象。目前对这一现象的观测主要是在地面台站进行的，对于物理机制的理解更是初步的。Davies (1974b), Rishbeth (1975)，涂传诒和贾志华(1977, 1982)及 Mayr 等(1978) 都对这个问题进行过讨论。

磁暴期间赤道方向的水平风可能引起 F_2 层暴的正相变化，磁层电场引起的等离子体对流的增强也起着重要作用。电离层暴的可能的形成机制示于图 12.1.26 中。极光粒子沉降和极光电急流在电离层中产生的焦耳热使极光椭圆带的热层大气被加热，从而驱动了由极区向赤道方向的中性风(约每秒钟数十米)。电离层中等离子体被中性风携带沿着磁力线漂移。由于北半球磁力线是向北下倾的，南向的中性风将引起电离层等离子体向上漂移，使得 F_2 层峰值升高，见图中相Ⅰ。

白天 F_2 层最大电子密度 N_m 近似为 q_m/β_m，q_m 和 β_m 分别为峰值处的电子生成率和电子损失系数。随着峰值高度的升高，损失系数 β_m 比 q_m 减小得更快，因而电子密度 N_m 增加，形成正相扰动。

下面讨论电离层暴负相扰动的形成机制。

由于极光椭圆区大气受到加热，下层气体受热上升，计算出的上升速度大约为每秒几米至每秒几十米。受热上升的气体带有较多的 N_2 分子的成分，在磁暴后 1 h 内，高纬热层的 N_2 分子密度可以增加 5～10 倍。这些含有较多分子 N_2 的气体不断向外膨胀和扩散，同时，被向赤道方向吹的中性风携带到中纬。由于 F_2 层电子损失系数 β 正比于分子成分的密度，因此在高纬和中纬产生负相电离层暴，见图 12.1.26 相Ⅱ。

同时，风诱导的扩散又使得 O 原子在高纬区域减少，而在低纬区域增加。在低纬区域

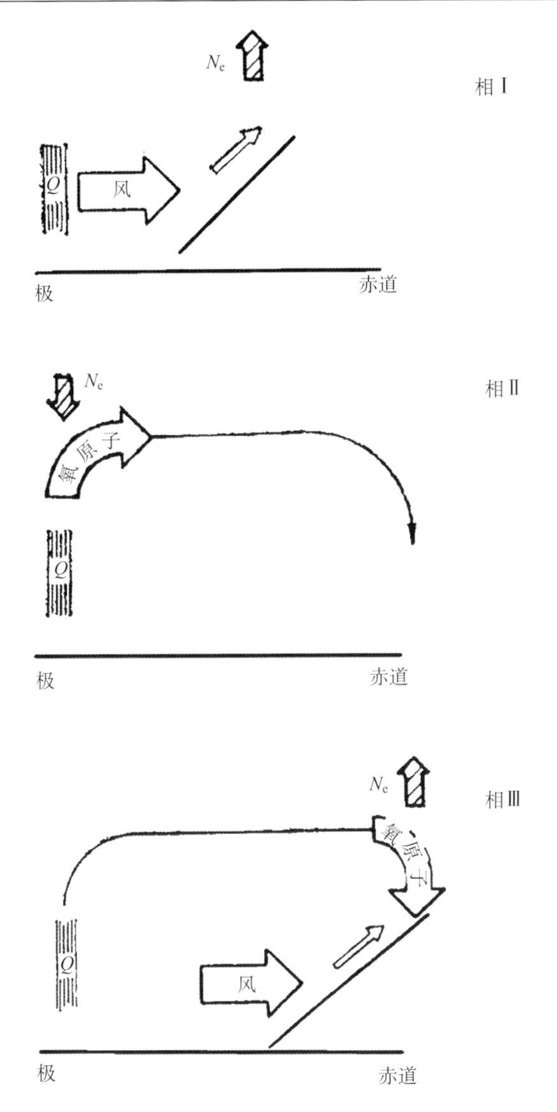

图 12.1.26　电离层暴可能的形成机制(Mayr et al., 1978)

O 原子的增加和风的效应的综合作用使得低纬电离层电子密度增加，见图 12.1.26 中相III。

由卫星的直接探测证实 O 原子成分与 N_2 分子成分之比与电离层电子密度的变化是相关的。图 12.1.27 示出了在 200 km 高度 O/N_2 和同时测量的电子密度和 O^+ 密度的变化。由图看到它们的变化几乎是同步的。

Davies (1974a, b) 提出了一个关于负相电离层暴的计算模式。假设在极光椭圆中午区域沉降的热量在热层中性气体中产生向外传播的扰动，由于地球的自转，不同时刻发出的扰动在传播过程中将产生聚焦。假定 F_2 层电子损失系数正比于聚焦因子和源强度，从而计算出 F_2 层临界频率的变化，这是通过模式计算来解释负相电离层暴特征的首次尝试，但是该模式只能解释某些发生在午后的持续时间较短的负相扰动，而不能解释负相电离层暴的主要特征。

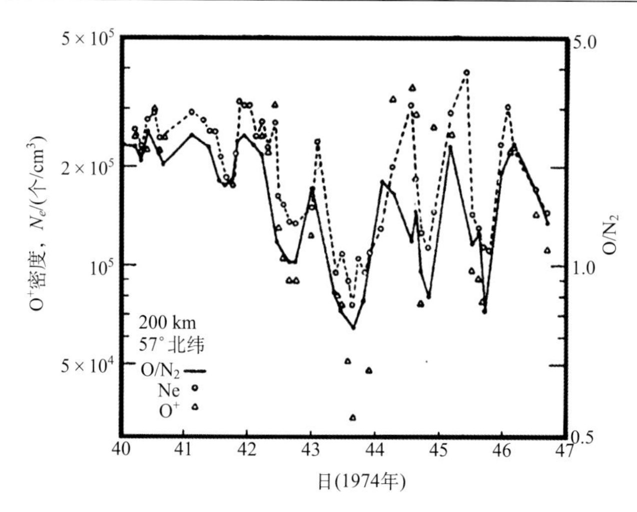

图 12.1.27　在 200 km 高度 O/N_2、O^+密度和电子密度 N_e 的变化(Hedin et al., 1977a)

为了解释负相电离层暴的主要特征，涂传诒和贾志华(1977)及涂传诒(1983)提出了一个理论模式。其主要想法是：在磁暴期间，由于极光椭圆带上空气体受热上升，因而在 F_2 层中出现含有较多分子成分的气体(其中分子成分的密度与原子成分的密度之比较正常值大)，这些富含分子成分的气体被热层风携带到中纬，同时向外膨胀和扩散，好像从烟筒冒出的烟被风吹走一样。当这些富含分子的气体到达某电离层台站上空时，就使得那里 F_2 层电子损失系数增加，电子密度下降。这时在该台站负相电离层暴就开始了。

为了简化计算，该模式不具体考虑气体的上升过程，假设在磁暴主相开始时，在向日侧和背日侧极光椭圆带上空热层中都出现了富含分子成分的气体源，假定由这些源发出的富含分子成分的气体是沿着风场的轨迹线被携带到中纬的。

根据 Blum 和 Harris(1975)模式预计的热层风场(图 12.1.17)，计算这些气团中心运动的轨迹。为了简化处理气体在被热层中性风携带及其同时向外膨胀和扩散的过程，该模式分别在气体只向外膨胀和只向外扩散的两种假设下处理了这一问题。

在前一种假设下，气体向外膨胀的速度 U_0 是常数，与观测到的负相开始时间比较，取 U_0 为 3°/h(这里 3°表示地球大圆 3°弧长)。

图 12.1.28 示出了在这一假设下，该模式预计的负相电离层暴在 Freiburg 站的开始时间。由图看到，理论值与实测值符合得很好。

在第二种假设下，富含分子成分的气团在被中性风携带的同时还不断地向外扩散，扩散系数由 N_2 分子向 O 原子的扩散过程决定。在这一假设下，计算了 Freiburg、Billerica 和满洲里站暴时 f_0F_2 对正常值偏离的日变化，计算结果与实测结果是相符合的。图 12.1.29 示出了在满洲里站计算的结果，以及与实测值的对比。

如果把图 12.1.29 的理论曲线与图 12.1.25 中磁暴后一天的统计结果比较，我们看到，这一模式解释了负相电离层暴的主要特性。然而这一模式仅仅是对负相电离层暴的初步研究，模式中的一些参数(如扩散系数)的取值尚需进一步讨论，富含分子成分的气体的膨胀和扩散需要同时考虑，而且需要考虑磁层电场对 F_2 层电子密度的影响。

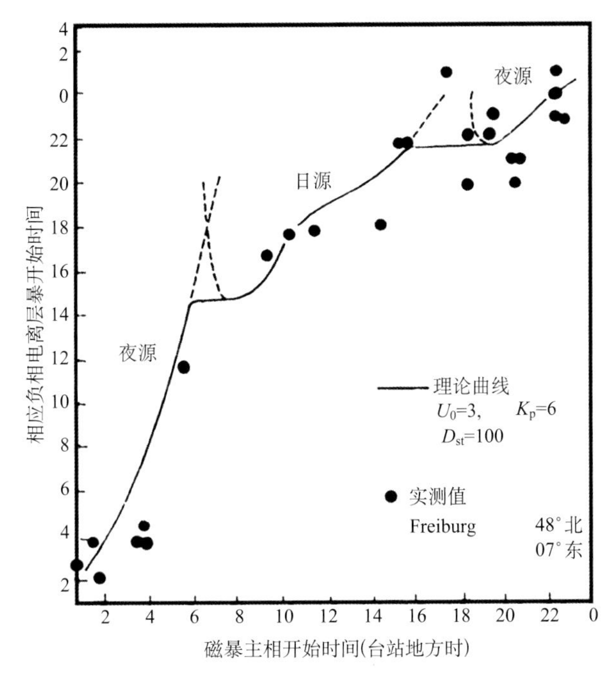

图 12.1.28　Freiburg 站负相电离层暴开始时间模式理论值与实测值的比较（涂传诒, 1983）

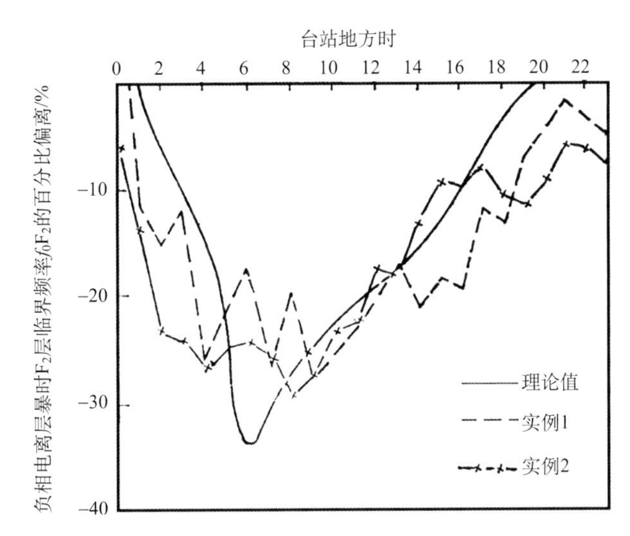

图 12.1.29　1972 年 8 月 10 日负相电离层暴期间满洲里站 f_0F_2 变化的理论值与实测值的比较（涂传诒和贾志华, 1982）

虽然涂传诒等提出的模式与 Davies 提出的模式都考虑了磁暴期间高纬上空大气被加热的效应，而且都认为 F_2 层电子损失系数的增加是中纬负相暴的主要原因，但是两者的原则是不同的，主要在于物理过程的差异。前者处理的是波动的传播和聚焦过程，而后者处理的是物质的对流扩散过程。

在 Davies 的模式中，向外传播的扰动像是一个膨胀的环，不同时刻发出的环就像水流过障碍物一样产生尾迹，而扰动的聚焦与电离层中传播的无线电波的聚焦类似，显然这种“扰动”是一种波动。而在涂传诒等提出的模式中，富含分子成分的气体向外的对流扩散过程就像由烟筒中冒出的烟在风场中形成的长长的烟柱一样，不同时刻发出的烟扩散至同一位置时，将发生混合而不会产生 Davies 模式中所说的聚焦现象。由两个模式得到的计算结果是不同的。Davies 模式预计的负相暴只持续几个小时，由傍晚开始，在午夜前结束，与典型的负相暴形态不同，而涂传诒等提出的模式能够解释磁纬中纬负相电离层暴的主要统计特性和平均形态。

由于电离层 F_2 层与等离子体层是耦合在一起的，磁层电场的变化引起的等离子体层的变化也会引起 F_2 层的变化。第 6 章已经说明，在相对太阳静止的参考系中磁层等离子体受到两个电场的作用，一个是使等离子体层中等离子体与地球一同旋转的电场 E_R，另一个是由黎明指向黄昏的引起磁层等离子体对流的电场 E_C。磁暴期间 E_C 增加数倍，使得等离子体层顶收缩到 L=3.6 的位置。等离子体层顶是通过磁力线与高纬电离层的槽相联系的。在磁暴期间，等离子体层顶移向 L 较小的位置时，电离层的槽也向低纬移动。在电离层槽越过的纬度上，F_2 层电子密度将明显下降，特别是在夜间，这是在较高纬度上负相电离层暴产生的一个主要机制。再有，增强的对流电场使得外等离子体层的等离子体围绕地球旋转的速度在黄昏部分最缓慢，从而使得等离子体堆积起来，F_2 层电子密度在黄昏时增加。

图 12.1.30 为磁暴时电离层-等离子体层“去皮”效应示意图。磁暴时中低纬和亚极光带纬度电离层-等离子体层同时受磁层对流过程的影响，使得在地方时 15～18 时的赤道平面上，等离子体层发生“去皮”效应，在同一地方时内，其电离层特征为极向运动。

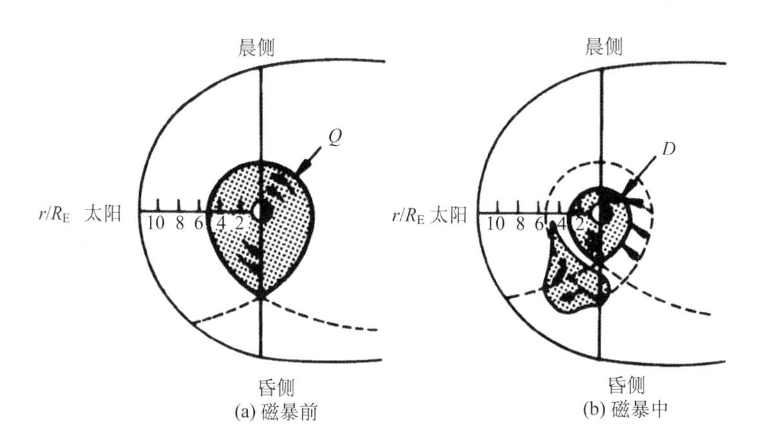

图 12.1.30　磁暴时电离层–等离子体层“去皮”效应示意图(Mendillo, 2006)

12.1.6　与太阳爆发事件和地球磁暴相关的低层大气现象

源自太阳或地球磁层的能量粒子会沿着磁力线进入极区大气层。这些带电能量粒子进入大气层后会引起电离，这也是造成中间层和平流层上层大气成分电离的主要原因。能量粒子沉降(EPP)中质子的典型能量范围是 1 MeV 到几百 MeV，电子的典型能量范围是几十 keV 到几 MeV，超过上述能量的部分通常被认为属于宇宙射线的范围。

在大气层中，能量粒子沉降引起的电离作用会产生活性气体 HO_x 和 NO_x，这些活性气体在中层大气层的臭氧平衡中发挥着重要作用，从而会对区域气候的动态变化产生影响。关于这部分的讨论可参考最近发表的综述文章(Rozanov et al., 2012)。以往关于太阳质子事件的研究，特别是太阳质子事件和伴随着平流层瞬态增温事件发生的极端事件的相关性研究为现在探索能量粒子沉降对大气层化学过程的影响提供了大量的信息。研究发现，尽管太阳质子事件对平流层臭氧的影响持续时间长且效果显著(长达 5 个月的时间里超过平流层臭氧的 10%)，但是这种效应对极区臭氧的年均总量和年均温度的影响却并不显著。

现在人们认为太阳质子事件是一种极端的事件，而磁层能量电子沉降则是普遍存在的。磁层电子沉降直接影响中间层和平流层上层的现象，但是有个关键问题是如何估计有多少能量在 100 keV 到几 MeV 范围内的电子进入大气层。对于太阳质子事件而言，可以利用 NOAA 的同步轨道卫星 GOES 来监测。但是与太阳质子事件不同的是，电子沉降在极盖区是不均匀的，是地球磁层中波粒相互作用过程导致的，因此它的空间分布跟极光卵的磁纬度和辐射带是有关的(Rodger et al., 2010)。

磁层能量粒子沉降间接效应可以将极地涡旋范围内热层的底层至中间层区域产生的大量的 NO_x 输运至平流层，最低可到 22～25 km 高度处(Rozanov et al., 2012)。在北半球，大量的 NO_x 下降事件跟伴随着平流层瞬态增温事件发生的平流层顶事件增加联系在一起。在增温事件后平流层顶会逐渐恢复到比往常更高的高度处，大概为 80 km。

关于能量粒子沉降对臭氧的影响，早期的模型模拟中认为化学过程-动力学过程耦合可以间接地导致由能量粒子沉降驱动的区域性信号，甚至会发生在极区表面(Rozanov et al., 2005)。可能的机制仍需进一步研究，但是有的研究发现，模型模拟揭示了气象形态再分析数据及从能量粒子沉降到动态变化的耦合过程中相似的响应。Seppälä 等(2009)分析了气象形态再分析数据，并通过统计分析发现表层气体温度有显著的响应，这跟早期的模拟结果是一致的 (Rozanov et al., 2005)。基于模型模拟和再分析数据的大量研究表明，通过大气层波动传播的调制作用会影响冬季的平流层极地涡旋的强度并建立起南北半球环流模式的联系，如图 12.1.31 所示。能量粒子沉降主要集中在极区，导致 NO_x 和 HO_x 的产生。图中灰色点线代表输运过程，灰色虚线代表耦合机制，黑色箭头代表直接化学影响。与所有的研究一样，对低层大气层的主要作用发生在冬季，并且表层响应是局地的而不是全球的。

强的太阳爆发事件(如日冕物质抛射)可引起中高纬度大气环流的变化。太阳爆发事件的早期效应是在太阳爆发事件后不到 12h 开始的，延续时间接近一天。早期效应表现为在 45°～65°的纬度范围，等压面高度有增加的趋势，在 70°以上的纬度范围，等压面的高度有减小的趋势，300 mbar 等压面的效应最大。冬季效应最强，在某些地理位置最显著(Schuurmans, 1979)。太阳爆发事件的延时效应可能在太阳爆发 2～4 天后达到最大值。

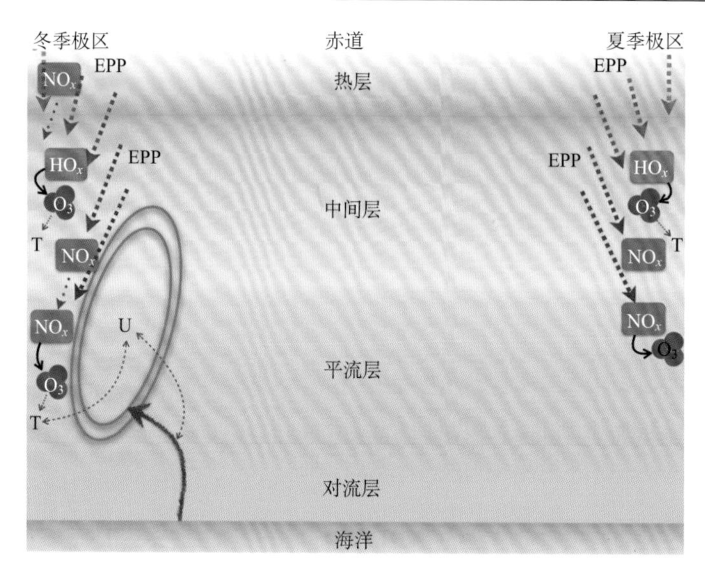

图 12.1.31　能量粒子沉降(包括能量电子沉降和太阳质子事件)对中性大气的影响(Tsuda et al., 2015)

Roberts 和 Olson（1973a, b）发现在磁暴期间高纬区 300 mbar 上的低压槽有显著增加的趋势。他们研究了由 1964～1965 年冬季（10 月至次年 3 月）到 1970～1971 年冬季，在 Alaska 海湾（北纬 40°以北，西经 120°～180°之间）内低压槽的变化。将低压槽移入目标区域（Alaska 海湾）或者在目标区域形成的那天定为零日。

实际上，零日是这个低压槽首次在这个区域识别出来的日期。从零日开始每天给这个低压槽一个指数——涡度面积指数，直到该低压槽消失(即不能识别出来）或者运动到目标区域之外为止，槽的涡度面积指数定义为其绝对涡度大于 $20\times10^{-5}\,s^{-1}$ 的槽的面积与其涡度≥$24\times10^{-5}\,s^{-1}$ 的槽的面积之和，以 km^2 为单位。磁暴后第二天至第四天移入目标区域或在其中形成的槽称为关键槽。

将 94 个关键槽由零日开始每日的涡度面积指数相加求平均得到磁暴后平均的涡度面积指数的变化示于图 12.1.32 中(虚线)。图中实线则是由 134 个平静日的槽得到的平均涡度面积指数的变化。由图看到，在关键槽寿命的前三天，槽的涡度面积指数比平静日涡度面积指数显著增大，这说明在磁暴期间低层大气也有显著的暴效应，但是目前还不清楚其物理过程。

图 12.1.33 是日冕物质抛射引起地磁诱导电流因果链示意图,其中地球磁纬度是地磁诱导电流(GIC)重要的参数之一。在大多数情况下，纬度更高的北方地区将有更大的地磁诱导电流风险。然而，如图 12.1.33 所示，大地电导率对地磁诱导电流的危害有很大的影响。一般来说，由于地电场的局部增强，地质构造较为复杂的区域具有更大的危险性。这包括沿海地区，因为海水和陆地之间的电导率相差很大。另外，感应电场的大小也取决于固体地球对地球磁暴波动频率的响应，一些区域可能对具有高频（快速）磁场波动的反应敏感，而对低频（慢)波动变化不敏感。在其他一些地区，固体地球的响应可能恰恰相反。

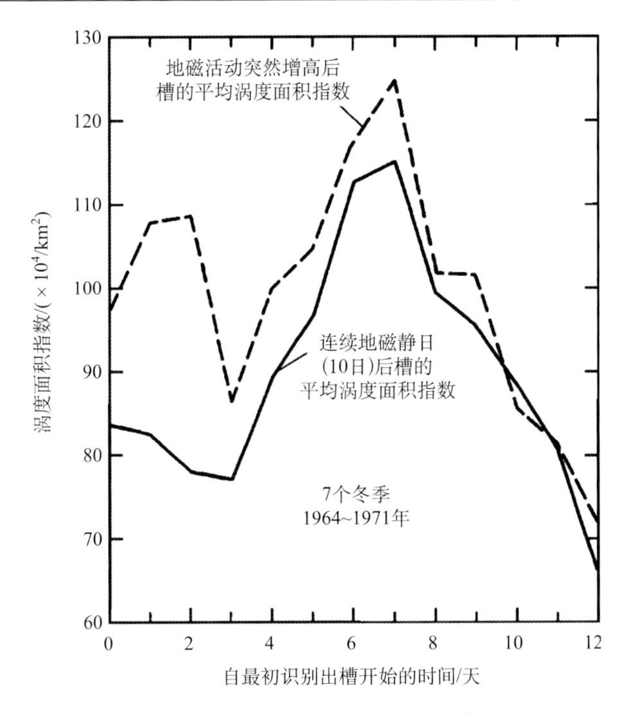

图 12.1.32　不同地磁活动下低压槽的平均涡度面积的变化(Roberts and Olson, 1973b)

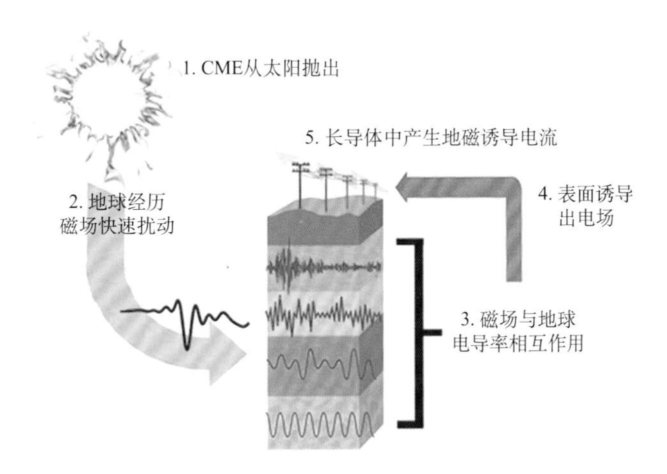

图 12.1.33　太阳爆发事件——日冕物质抛射引起地磁诱导电流因果链示意图

https://electricenergyonline. com/energy/magazine/966/article/Geomagnetic-Storms-and-Geomagnetically-Induced-Currents.html

由于地球表面垂直和水平电导率不同，不同地区地电场变化的危险不一致，这既取决于所处的地理位置，也依赖于特定地球磁暴的频谱特征。同时，地球上电网的传输线的长度和方向也在很大程度上决定了地磁诱导电流的大小。与地电场方向平行的较长的电网线路将有较大的地磁诱导电流。

在特大磁暴中，由于磁暴效应而引起的地球磁场波动的方向可能会发生剧烈的变化，这些波动并没有方向性偏好，这就意味着在地球磁暴不同时间段内，所有方向的电网线都有较大的潜在风险。

12.2 与太阳自转和行星际共转结构相关的地球物理现象

12.2.1 与行星际共转结构相关的地磁活动

在第二章中我们看到，太阳光球磁场大尺度结构被太阳风携带到行星际空间，形成一个沿赤道面上下摆动的电流片。这个电流片结构与太阳共转，相对地球，27 天旋转一周。通常，在数个自转周内，电流片的结构是十分稳定的。图 12.2.1 示出了太阳活动下降年太阳风高速流扫过地球的 A_p、K_p 和 D_{st} 指数，横轴表示时间。

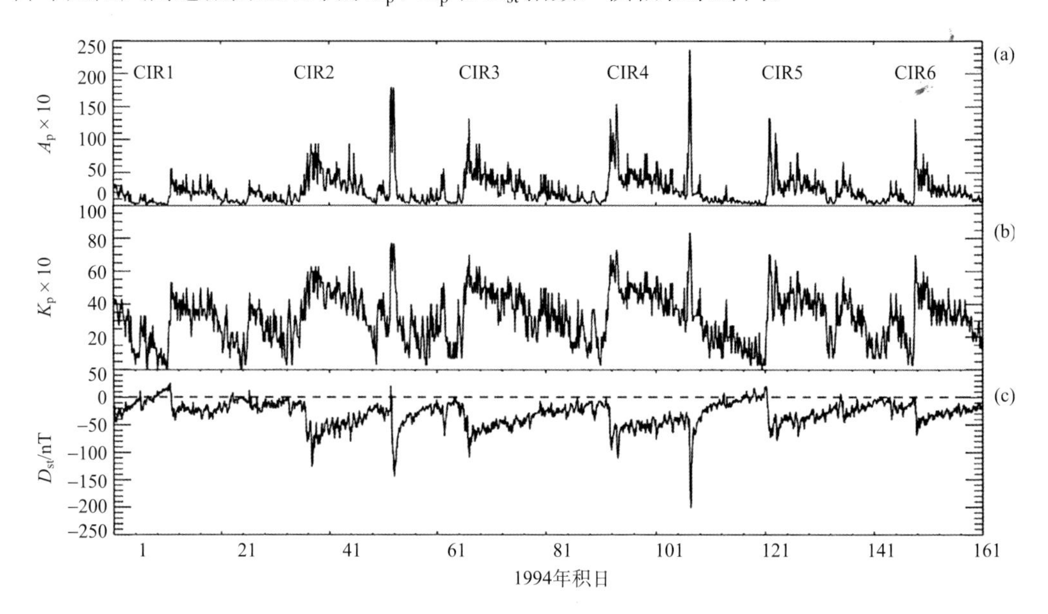

图 12.2.1　太阳活动下降年太阳风高速流扫过地球的 A_p、K_p 和 D_{st} 指数(Zong, 1999)

从图中可见，太阳风高速流扫过地球之后，地磁指数 K_p 很快地上升，2 天后达到峰值，然后缓慢下降。除了第 43 天和 102 天由偶发性日冕物质抛射引发的地磁扰动之外，地磁指数 K_p、A_p 和 D_{st} 呈现以 27 天为周期的非常规则的变化。这种规则性扰动延续大约 6 个太阳自转周，标识为 CIR1～CIR6，一直持续到 1995 年底。

在图 12.2.2 中，用时间序列叠加分析比较了太阳风速度、太阳风密度与极光电极流指数的变化。对于太阳风高速流驱动的 CIR 磁暴，研究将 1976～1992 年中采集的 62 个磁暴事件与 1993～2005 年期间的 70 个“现代”磁暴事件进行了比较。(a)绘制了太阳风速 V_{sw} 的叠加平均值，(b)是太阳风数密度的叠加平均值，(c)是 AE 指数的叠加平均值，(d)是 K_p 指数的叠加平均值。垂直虚线为每组磁暴的开始时间(太阳风高速/低速流的界面)，水平虚线为 K_p 的平均值，即 2.3。

值得注意的是，在磁暴开始之前，K_p 指数通常低于平均值。这是因为大多数太阳风高速流驱动磁暴之前都有“暴风雨前的平静”(Borovsky and Denton, 2013)，其中地磁活动通常异常低。我们还注意到，两组磁暴的 AE 指数叠加平均的时间分布与 K_p 的时间分布类似。(a)和(b)的太阳风速度和密度也非常类似。

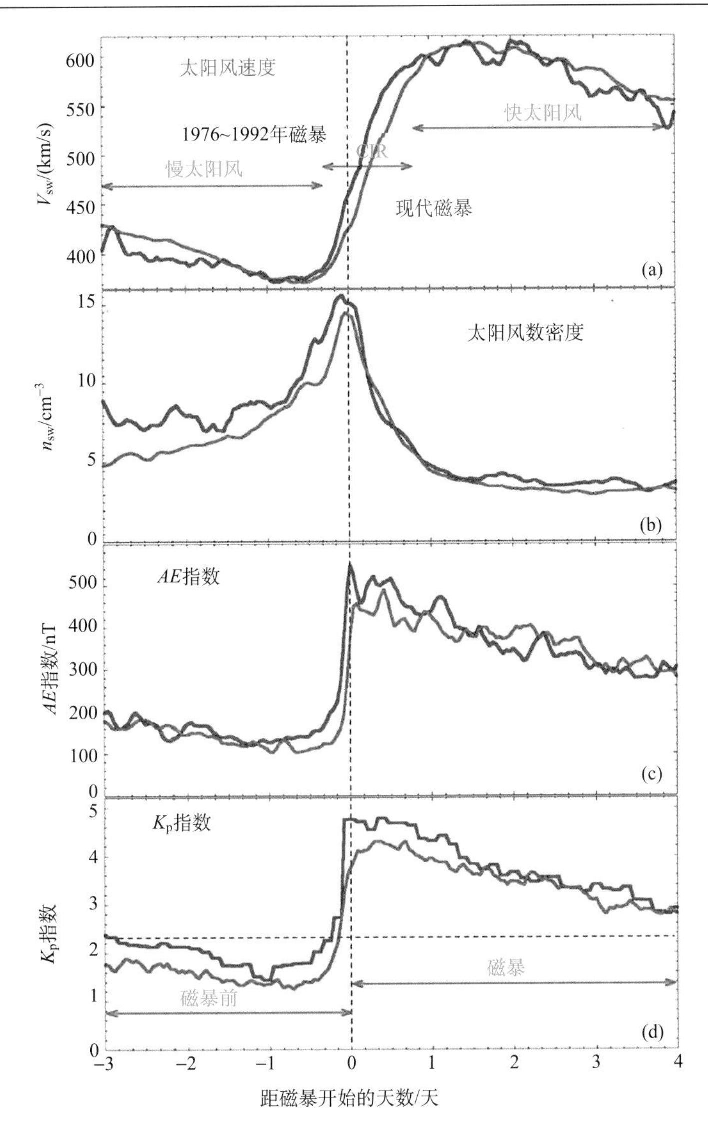

图 12.2.2　利用时间序列叠加分析得到的 1976～1992 年期间磁暴与 1993～2005 年“现代”磁暴的对比（Borovsky et al., 2016）

Sheeley 等（1976）指出，太阳冕洞的观测发现 27 天重现性的地磁活动与太阳低纬冕洞和高速流有很高的相关性。1973～1976 年期间冕洞的分布形成了几个大尺度的重现性结构，而且磁场的极性也是相同的。重现性地磁扰动被认为是由太阳低纬冕洞发出的太阳风高速流诱导产生的。一个可能的解释如下：低纬冕洞发出高速太阳风，高速太阳风流压缩前面低速太阳风流产生相互作用区，在相互作用区内磁场强度大大增加。

另外，近赤道的高速流使得电流片南北摆动，这样可能使得行星际磁场的南北分量大大增加。相互作用区内等离子体湍动的增强也使得磁场南北分量起伏增加。当磁场指向南时，太阳风-磁层发电机的输出功率 ε 就大大增加，当 $\varepsilon > 10^3$ J/s 时，磁暴就发生了。低纬高速流是把太阳活动与地磁活动联系起来的纽带。由于在 1AU 与高速流相联系的共转激波还未形成，所以与高速流相关的地磁活动通常表现为缓始型的地磁暴。由于高速流与电流片都是与太阳共转的，所以地磁活动与电流片扫过地球的时间是相关的。由于地磁暴有 27 天重现性，因此与地磁暴相关的电离层暴也有 27 天的重现性。这说明 27 天重现的地磁活动与低纬冕洞和高速流有十分高的相关性。

12.2.2 与行星际共转结构相关的低层大气现象

在几天的时间尺度内，低层大气的某些特性与行星际共转结构有显著的相关性(Wilcox, 1979)。这种相关性表现为低层大气的某些特性相对于电流片扫过地球的时间(零时)有系统的变化。电流片本身不一定引起显著的地球物理效应，然而与电流片的位置相关的其他行星际空间中的物理量可能影响某些大气物理过程。

Wilcox 等(1974, 1976) 讨论了北半球涡度面积指数与电流片扫过地球日的相关性。图 12.2.3 和图 12.2.4 示出了分析结果。图中横坐标为时间，纵坐标为涡度面积指数。与图 12.1.7 相同，涡度面积指数的定义为其绝对涡度大于 $20\times10^{-5}\ s^{-1}$ 的面积与其涡度≥$24\times10^{-5}\ s^{-1}$ 的面积之和，单位为 km^2。

如图 12.2.3 所示，(a)示出了对 50 次电流片扫过地球事件的统计结果，(b)是对另外的 81 次事件得到的统计结果。两次统计结果说明北半球冬季低压槽面积在电流片扫过地球后大约 1 天达到极小值。Wilcox (1975) 的研究表明，涡度效应仅出现在冬季。Hines 和 Halevy (1975, 1977) 从数据的各方面 (如长期变化，规则性等) 研究了许多可能的由数据本身的问题导致上述结果的方式，最后确认涡度面积指数与电流片扫过地球日的相关是确实的。

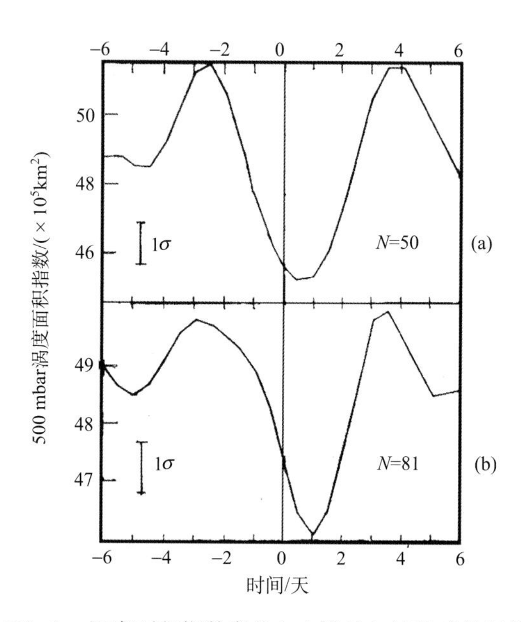

图 12.2.3　北半球 500mbar 涡度面积指数变化与电流片扫过地球的相关性 (Wilcox, 1979)

在某些电流片扫过地球后，在地球附近观测到能量为数兆电子伏的质子流，它可以持续几天时间。Švestka 等(1976) 指出，这种能量为数兆电子伏的质子流伴随的电流片对北半球涡度面积指数的影响更为显著。图 12.2.4 中，实线表示对 18 次有能量为数兆电子伏的质子流伴随的电流片扫过地球前后平均北半球涡度指数的变化统计，虚线表示在同一期间的冬季(1963～1969 年) 另外 62 次没有能量为数兆电子伏质子伴随的电流片扫过地球事件 (62 次) 的统计的结果。由图看到，在有能量为数兆电子伏质子流的情况下，最小涡度面积指数的深度大约是其他情况的 2 倍。但不能由此断定正是由能量为数兆电子伏质子本身引起了涡度指数的响应，因为包含能量为数兆电子伏质子流的扇形瓣在差不多所有方面都是十分活跃的，例如它伴随着行星际磁场强度的显著增加。

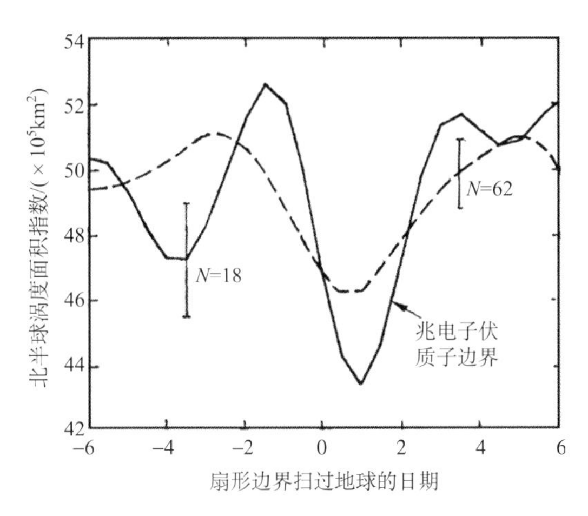

图 12.2.4　北半球 500 mbar 涡度面积指数的变化与电流片 (扇形边界) 扫过地球日的相关性 (Wilcox, 1979)

12.3　与太阳长期变化相关的地球物理现象

12.3.1　太阳爆发事件引起的地球物理事件发生频次的太阳周年变化

太阳爆发事件(日冕物质抛射、太阳耀斑)引起的一系列地球物理事件，如电离层突然骚扰、太阳宇宙线事件、极盖吸收事件和地球磁暴事件，由于太阳爆发事件同太阳黑子活动密切相关，所以太阳爆发事件引起的地球物理效应事件出现的频次也有显著的 11 年周期的太阳周年变化。

关于银河宇宙线通量变化随太阳活动周的变化，图 12.3.1 示出了每年的宇宙线通量变化在连续四个太阳活动周的变化。

图 12.3.2 示出了过去的 10 个太阳周年平均地磁活动指数 aa 的年平均值和年太阳黑子数 R 的太阳周年变化。我们看到，在一个太阳周年内，地磁活动指数通常也有两个峰值，最大的峰值出现在太阳活动峰年前后，它反映了太阳耀斑爆发引起的强烈的地磁活动，一般为急始型磁暴。第二个峰出现在下降相，这时地磁活动的 27 天的自相关系数最大。地磁活动指数的第二个峰反映了与行星际共转结构相关的地磁活动，通常为缓始型磁暴。

上述年平均地磁活动指数的双峰特性可作如下解释。太阳上发生的两种现象，即太阳耀斑和低纬冕洞都与在地面观测到的地磁活动相关。冕洞与太阳活动是负相关的，在太阳活动峰年冕洞面积缩小，而在太阳活动低年冕洞面积最大，并伸展到低纬区域。冕洞与太阳活动的发展是通过磁场联系起来的。太阳活动通常的表现是耀斑和活动区等。耀斑主要发生在磁场强而复杂的区域，在耀斑期间磁场发展很快.耀斑发生频次的极大值出现在太阳黑子极大值前后。冕洞发生在磁场弱而简单的区域。

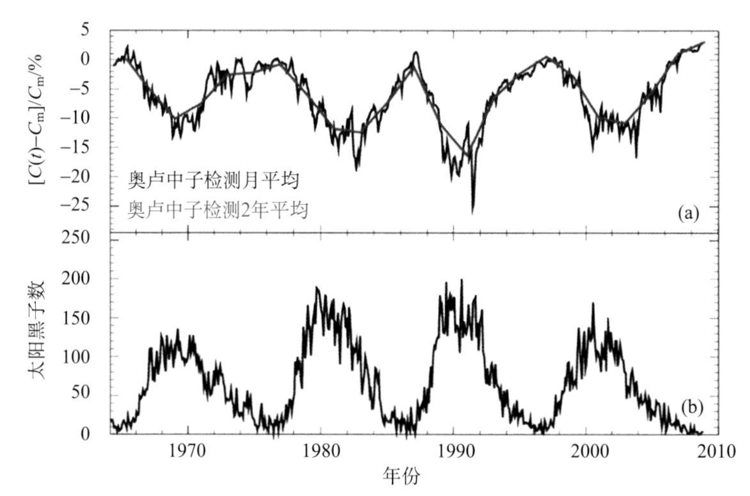

图 12.3.1　年平均的太阳黑子数 R 和银河宇宙线通量年变化(Herbst et al., 2010)

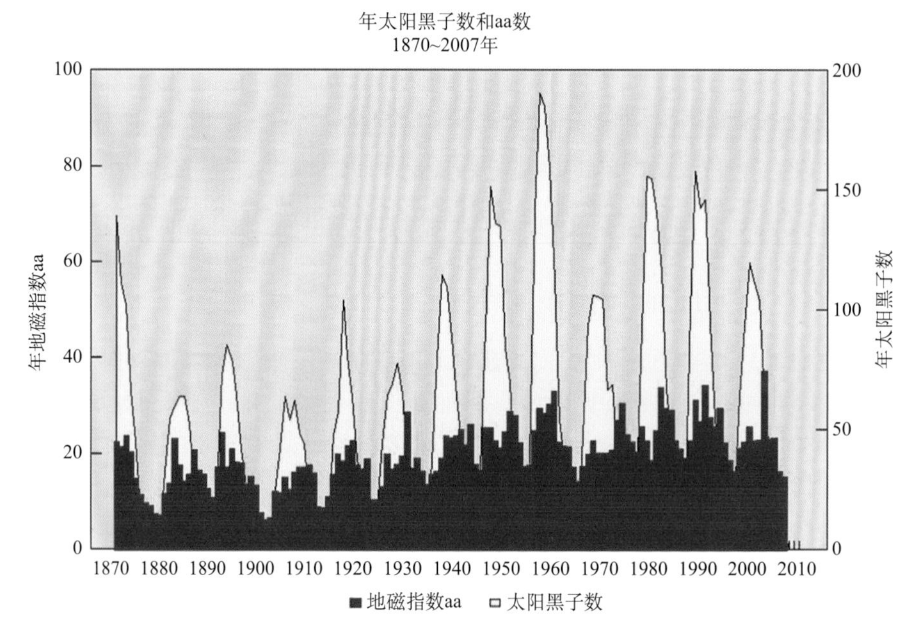

图 12.3.2　过去 10 个太阳周年平均地磁指数 aa 的年平均值和年太阳黑子数 R 的太阳周年变化

https://wattsupwiththat.wordpress.com/2018/05/03/climate-change-due-to-solar-variability-or-greenhouse-gases-part-b/

在冕洞发展期间磁场发展很慢。冕洞面积的极大值出现在太阳黑子极大值之后的下降相。这两种本质上截然不同的太阳现象都引起地磁活动，因而在一个太阳活动周内产生了两个地磁活动峰值。

由图 12.3.2 看到，最高的地磁活动水平发生在太阳活动周的下降年，是与冕洞和长寿命高速流相关的，而不是与太阳活动峰年爆发相关的。

12.3.2　电离层及上层大气特性的太阳周年变化

太阳电磁辐射谱中 X 射线、远紫外和紫外部分都随着太阳周年活动有较大的变化，因而由其直接决定的上层大气特性也有显著的太阳周年变化。已经发现在 100～2000 km 高度范围内，大气温度、大气成分和密度，以及电离层的电子密度都有显著的 11 年的周年变化。

热层中性粒子密度和温度与太阳 10.7 cm 通量相关性很好。Jacchia (1976) 得到了一个相关公式：

$$T_{1/2}=5.79F^{0.8}+94.7F^{0.4} \tag{12.3.1}$$

这里，$T_{1/2}$ 是热层白天温度极大和夜间极小之间的算术平均；F 是 10.7 cm 太阳通量在 6 个太阳自转周期间的平均。由于 10.7 cm 通量有太阳周年变化，见图 12.3.3，因而热层温度也有太阳周年变化。

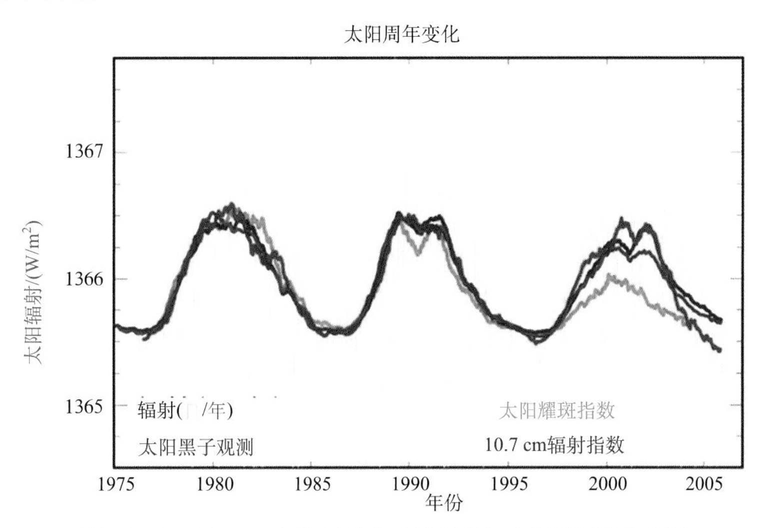

图 12.3.3　10.7 cm 太阳辐射功率谱密度与太阳黑子数的变化

https://commons.wikimedia.org/wiki/File: Solar-cycle-data.png

电离层变化特性都有太阳周年变化。例如，各层的临界频率是随着太阳黑子数变化的。由图 12.3.4 看到，电离层临界频率有显著的季节变化，但是其最大值又有太阳周年变化，F_2 层的太阳周年变化最显著，有 27 天周期性。Slough 于 1935～2010 年观测到的在 4 MHz 的吸收有明显的 11 年太阳周年变化，吸收 L 值与太阳黑子数有大致线性的依赖关系，黑子数极大年 L 值约为极小年 L 值的 2 倍。

12.3.3　太阳活动与气象的相关

统计工作表明，不仅在几天的时间尺度内某些气象指数和太阳事件之间有一定的相关性，与电流片(扇形磁场边界)通过日有较高的相关性，而且气象现象与太阳黑子周年之间也存在着一定的相关性(Pittock, 1978, 1983)。

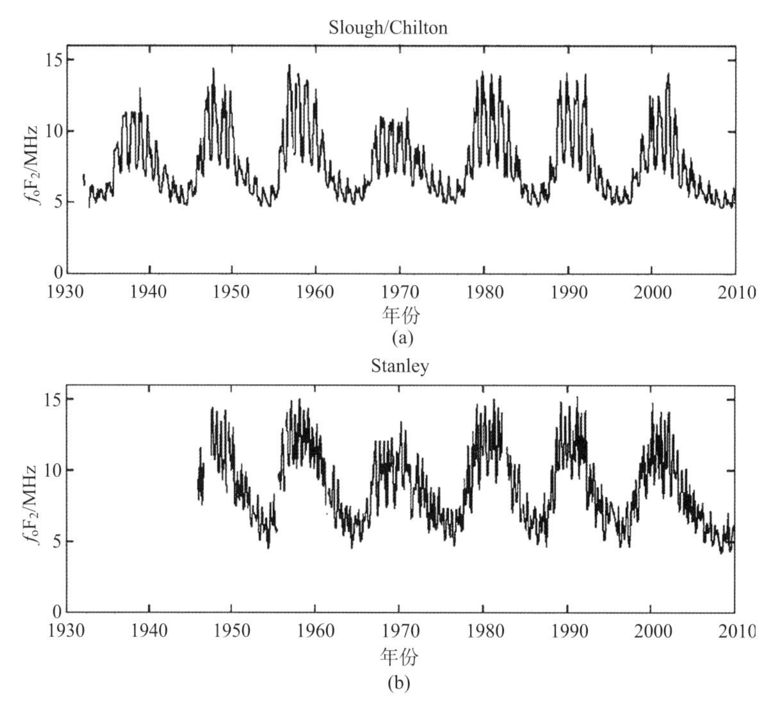

图 12.3.4　在英国 Slough 站(a)和 Stanley 站(b)于 1932～2010 年观测到的电离层 f_oF_2 中午的长期变化(Scott et al., 2014)

Mitchell 等(1979)关于美国西部干旱面积的研究取得了令人信服的结果，显示在图 12.3.5 中。他们的研究表明，1700～1962 年期间美国西部干旱面积的变化有明显的近 2 年的周期。他们分析了美国密西西比河西部 40 和 60 个树的年轮，重建了 1700～1962 年间的干旱面积指数(DAI)，分别讨论了严重干旱[PDSI<–3，图 12.3.5(a)]、中等干旱[PDSI<–2，图 12.3.5(b)]和轻微干旱[PDSI<–1，图 12.3.5(c)]三种情况。另外，图中 1962 年以后的数据由直接测量得到(1700～1962 年则由树轮推算)。他们发现，干旱面积指数的变化谱在 22 年周期有一显著的峰值；干旱面积指数 22 年周期变化的包络与太阳黑子 11 年周期变化的包络是密切相关的。

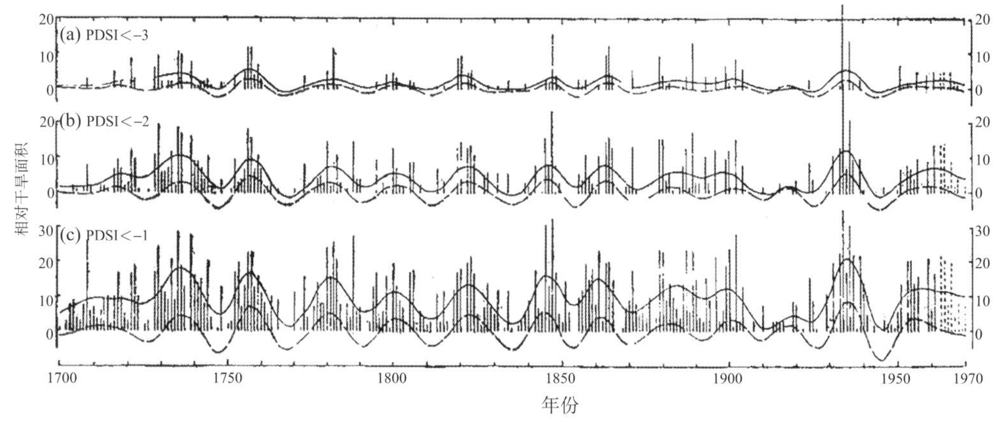

图 12.3.5　相对干旱面积的长期变化与太阳黑子 11 年周期变化的相关性示意图(Mitchell et al., 1979)

两包络线变化的时间尺度都约为90年，见图12.3.6。图中1600～1700年之间的太阳黑子数是由Eddy推算的。这一结果说明，干旱面积的22年周期变化直接或间接地受与太阳磁场22年周期变化有关的太阳长期变化的控制。

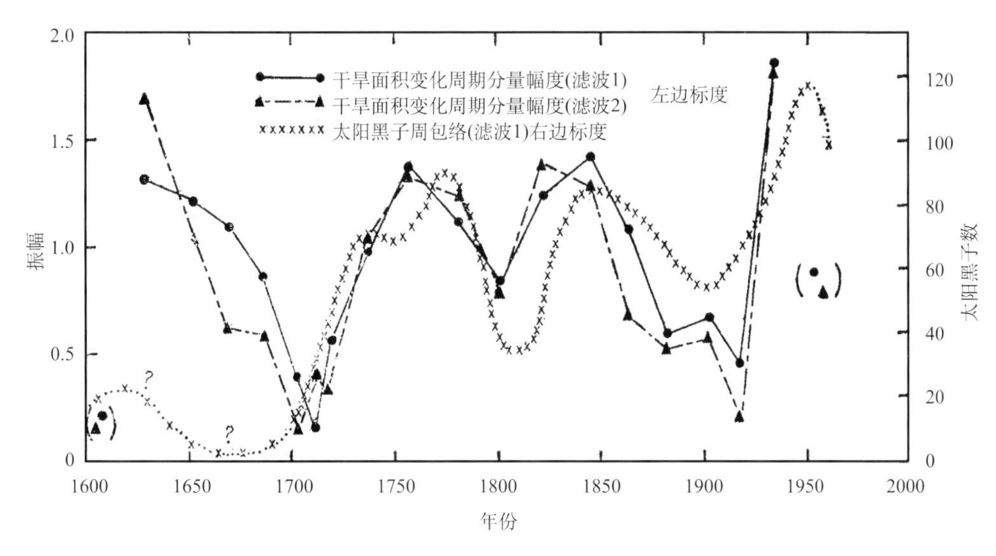

图12.3.6 1600～1962年干旱面积22年周期分量振幅与太阳黑子周包络的相关性（Mitchell et al., 1979）

目前还不清楚是什么机制产生这种太阳活动22年干旱面积的调制作用。通常认为在一个太阳黑子周年期间，太阳常数的变化小于1%。由人造卫星对太阳常数精确的直接测量表明，变化的上限取为0.3%可能更实际一些(Pittock, 1979; Smith et al., 1983)。

太阳常数的变化不可能引起显著的气候变化。然而，大气微量成分的变化在这一过程中很可能起重要作用。受太阳活动调制的银河宇宙线也是影响气候变化的一个可能的因素。银河宇宙线和它们在低层大气中的核反应产生的次级粒子决定了直到5 km高的大气的离化率。在更接近地表面的区域，天然的放射性是主要的电离因素。

但是，在上对流层，相对低的电离密度和电导率是由银河宇宙线通量决定的。银河宇宙线强度影响气候的一个可能的机制是：大气电离状态的变化改变上对流层的大气电场，电场的变化又影响云的形成和闪电的频次，最后影响气象现象，云覆盖面积的变化又改变地球的反照率，因而改变气候，见图12.3.7。

庄洪春和Roble(1983)通过模式计算发现，由于宇宙线强度变化而产生的太阳活动对地球大气电离率和电导率的调制作用在高纬区是十分明显的，相对调制量可达50%左右。

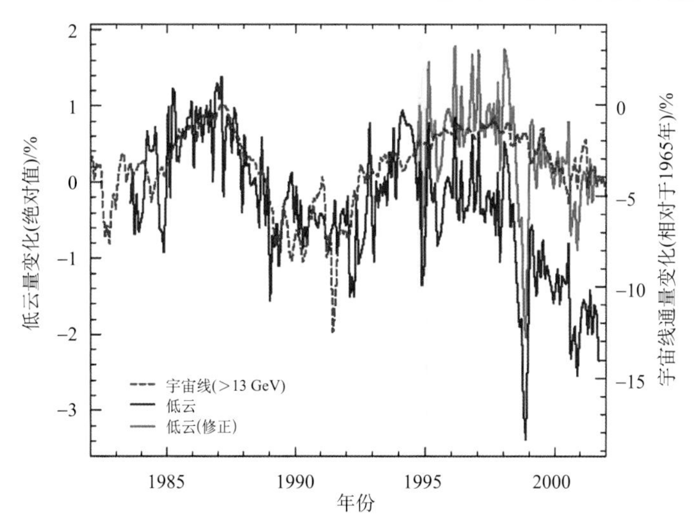

图 12.3.7　在 1984～2002 年大气低层的云量与宇宙线通量变化之间的关系（Marsh and Svensmark, 2003）

12.3.4　太阳活动与气候变迁的相关

Eddy（1976, 1978）利用在树轮中 ^{14}C 与 ^{12}C 之比考察了太阳活动水平的长期变化，并与气候的变迁进行了比较。放射性碳 ^{14}C 是高能银河宇宙线与地球上层大气中的粒子碰撞产生的。入射到上层大气的银河宇宙线受到太阳活动的调制，这已在第 4 章详细讨论过了。能量在 10～10000 MeV 之间的银河宇宙线强度随着太阳活动增高而减小，能量越低，影响越大。

在太阳活动峰年，银河宇宙线强度减小，因而上层大气中放射性碳的产生率降低。当太阳活动减弱时，入射到地球上层大气的银河宇宙线增加，因而放射性碳的产生率增高。如果能够得到大气中放射性碳是如何变化的记录，就可以推测太阳活动的变化。自然界的老树把这一记录保存了下来。大气中的放射性碳以二氧化碳的形式在植物光合作用下进入树叶，并保存在树的新长出的木质中，只要识别了树轮的年代就可以推测当时空气中的 ^{14}C 的含量。图 12.3.8 是由树轮样品得到的欧特、沃夫、史波勒和蒙德极小期，中古和现代极大期。值得注意的是，我们现在正处于极大值的前部，也许太阳至少要在几百年内保持现在的活动水平。

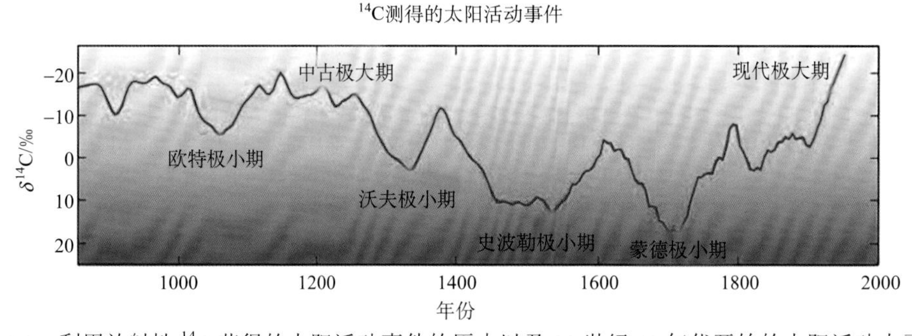

图 12.3.8　利用放射性 ^{14}C 获得的太阳活动事件的历史以及 20 世纪 40 年代开始的太阳活动水平异常

https://commons.wikimedia.org/wiki/File:Carbon14_with_activity_labels.svg

树轮中 $^{14}C/^{12}C$ 的平均值对这一长期平均值的偏离被看成是主要由太阳活动产生的，可以用来表示太阳活动程度。但是 ^{14}C 是在地球上层大气中产生的，而树是在地面生长的，^{14}C 需要由大约 20 km 高的上层大气扩散到地面。这一过程的作用像是一个低通滤波器，它冲淡了 ^{14}C 产生率中小于 20 年的短期变化，这使得树轮中的 ^{14}C 含量没有显著的 11 年太阳周期变化，只有更长期的变化。这一扩散效应还使树轮中 ^{14}C 的变化比 ^{14}C 产生率的变化(也就是太阳活动)晚 40 年。这都是需要在统计中修正的。在统计中实际用比值 $^{14}C/^{12}C$ 作为统计量，是因为这样可以消除大气背景变化的影响。

Eddy（1976）利用 ^{14}C 推测出由现在直到公元前 7500 年的太阳活动水平。图 12.3.9 显示了这种变化，其中图的上部是放射性碳相对含量（$^{14}C/^{12}C$）对其平均值的负偏移曲线，曲线向下偏移表示 ^{14}C 含量增加，即表示太阳活动减小；图的下部是推测得到的可能的太阳黑子周年变化的包络线。可见，太阳活动与气候的长期相关是显著的。在过去 1000 年内，太阳活动出现了两次极小值，都对应着地面温度的极小值。对长期变化来说，当太阳活动偏离平均值下降时，温带冰河期就进展，当太阳活动上升到高水平时，温带冰河期就恢复。值得注意的是，欧洲“小冰河期”与太阳活动最小值(蒙德最小值)是重合的。

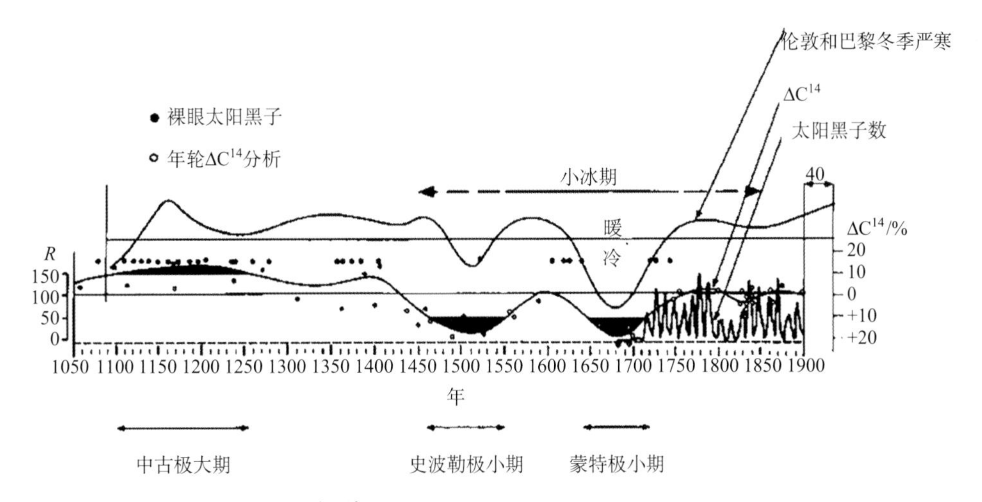

图 12.3.9　放射性碳相对含量($^{14}C/^{12}C$)对其平均值的负偏移曲线及推测得到的太阳黑子周年变化的包络线（Eddy, 1976）

Eddy 提出，太阳活动与气候长期变化的相关可能是由于太阳常数有与太阳活动平均水平同相的量级约为 1%的长期变化。

另外的解释是气候的变化是由于太阳紫外辐射的变化，或者宇宙线强度的变化调制了在平流层的化学过程中起重要作用的微量成分的密度(Chamberlain, 1977)。

总之，目前还不清楚太阳变化与气候变迁相关的物理机制，甚至还没有得到太阳变化与气候变迁是否相关的最后结论。因此，进一步的研究是十分必要的(Scherrer, 1979)。

参 考 文 献

涂传诒. 1983. 中纬电离层暴负相的开始时间与磁暴主相开始时间的对应关系及其理论模式. 空间科学学报, 3: 36.

涂传诒, 贾志华. 1977 中纬负相电离层暴计算模式. 北京大学学报 (自然科学版), (2): 1.

涂传诒, 贾志华. 1982. 中纬电离层暴 F_2 层临界频率(f_0F_2)变化的模式. 中国科学(A 辑), 1147: 1982.

魏奉思. 1984. 关于利用行星际闪烁(IPS)观测进行地球磁暴急始预报的初步探讨. 地球物理学报, 27: 417.

肖佐, 张树礼, 邹积清, 等. 1984. 中纬电离层吸收的冬夏不对称性及吸收与低层大气耦合的可能性. 地球物理学报, 27: 1.

叶宗海, 陆晨, 章公亮. 1984. 太阳耀斑对大气气旋的扰动. 空间科学学报, 4: 198.

章公亮, 陆晨. 1983. 太阳耀斑和地磁扰动的统计分析(1966—1978). 空间科学学报, 3: 58.

朱岗昆. 1962. 关于太阳质子爆发的地球物理效应. 地球物理学报, 11(2): 183.

庄洪春. 1983. 低热层和中、低层大气导电率及其受太阳活动的影响. 中国科学 A 辑, (10): 7.

庄洪春, Roble R G. 1983. 宇宙线对地球大气的电离及其受太阳活动的调制. 中国科学 (A 辑 数学 物理学 天文学 技术科学), (7): 8.

Agy V. 1954. Geographic and temporal distribution of polar blackouts. J Geophys Res, 15: 499.

Akasofu S I, Chapman S. 1972. Solar-Terrestrial Physics. Oxford: Clarendon Press.

Bates H F. 1974. Atmospheric expansion from Joule heating. Planet Space Sci, 22: 925.

Bell B. 1963. Type IV solar radio bursts, geomagnetic storms and polar cap obsorption (PCA) events. Astrophys J, 8: 119.

Berthelier A. 1976. Influence of the polarity of the interplanetary magnetic field on the annual and the diurnal variations of magnetic activity. J Geophys Res, 81: 4546.

Blum P W, Harris I. 1975. Fuil non-linear treatment of the global thermospheric wind system-II: Results and comparison with observations. J Atmos Terr Phys, 37: 213.

Borovsky J E, Cayton T E, Denton M H, et al. 2016. The proton and electron radiation belts at geosynchronous orbit: Statistics and behavior during high-speed stream - driven storms. Journal of Geophysical Research: Space Physics, 121(6): 5449-5488.

Borovsky J E, Denton M H. 2013. The differences between storms driven by helmet streamer CIRs and storms driven by pseudostreamer CIRs. Journal of Geophysical Research: Space Physics, 118(9): 5506-5521.

Burke W J, Lin C S, Hagan M P, et al. 2009. Storm time global thermosphere: A driven-dissipative thermodynamic system. Journal of Geophysical Research: Space Physics, 114(A6): 306-318.

Cane H V, Lario D. 2006. An introduction to CMEs and energetic particles. Space Science Reviews, 123(1-3): 45-56.

Castelli J, Basu S, Aarons J. 1965. Solar radio emission. In: Valley S L. Handbook of Geophysics and Space Environments. New York: McGraw-Hill Book Co.

Chamberlain J W. 1977. A mechanism for inducing climatic variations through the stratosphere: Screening of cosmic rays by solar and terrestrial magnetic fields. J Atmos Sci, 34: 737.

Chao J K, Lepping R P. 1974. A correlative study of SSC's interplanetary shocks and solar activity. J Geophys Res, 79: 1799.

Chimonas G. 1970. The equatorial electrojet as a source of long period travelling ionospheric disturbances. Planet Space Sci, 18: 583.

Collin C, Jelly D H, Matthews A G. 1961. High frequency: radio-wave blackouts at medium and high latitudes during a solar cycle. Can J Phys, 39: 35.

Cook F E. 1975. Solar-terrestrial relations and shot-time ionospheric forecasting. The Radio and Electronic Engineer, 45 : 1.

Davies K. 1965. Ionospheric Radio Propagation. Washington D C: National Bureau of Atandards Monograph : 80.

Davies K. 1974a. Studies of ionospheric storms using a simple model. J Geophys Res, 79: 605.

Davies K. 1974b. A model of ionospheric F_2-region storms in middle latitudes. Planet Space Sci, 22: 237.

Davies K, Baker D M. 1966. On frequency variation of ionospherically propagated HF radio signals. Radio Sci, 1: 545.

Davis M J. 1971. On polar substorms as the source of large-scale travelling ionospheric disturbances. J Geophys Res, 76: 4525.

Domingo V. 1976. Solar radiation variation and climate. In: Burger J J, Pedersen A, Battrick B D. Atmospheric Physics From Spacelab, 21. Dordrecht: Reidel Publishing Company.

Eddy J A. 1976. The Maunder minimum. Science, 192: 1189.

Eddy J A. 1978. Historical and arboreal evidence for a changing sun. In: Eddy J A. The New Solar Physics. Washington D C: Westview Press Boulder.

Field P R, Rishbeth H. 1997. The response of the ionospheric F2-layer to geomagnetic activity: an analysis of worldwide data. Journal of Atmospheric and Solar-Terrestrial Physics, 59(2): 163-180.

Garriott O K, Rosa D A, Davis A V, et al. 1967. Solar flare effects in the ionosphere. I Geophys Res, 72: 6099.

Gendrin R, Domingo V. 1981. Consequences of solar-related magnetospheric process on Earth's environment and man's devices. In: Lemaire J, Ryeroft M J. Solar System Plasmas and Fields. Cambridge: Cambridge University Press.

Gosling J T, Asbridge J R, Bame S J. 1975. An unusual aspect of solar wind disturbance. Sol Phys, 40: 439.

Gosling J T, Asbridge J R, Bame S J. 1977. An unusual aspect of solar wind speed variation during sola cycle 20. J Geophys Res, 82: 3311.

Hakura Y. 1974. Solar cycle variations in energetic particle emissivity of the sun. Sol Phys, 39: 493.

Hakura Y. 1975. Interdisciplinary summary of solar/interplanetary events during August 1972. Space Sci Rev, 19: 411.

Heaps M G, Megill L R. 1975. Circulation in the high-latitude thermosphere due to electric field and Joule heating. J Geophys Res, 80: 1829.

Hedin A E. 1979. Neutral thermospheric composition and thermal structure. Rev Geophys Space Phys, 17: 477.

Hedin A E, Bauer P, Mayr H G, et al. 1977a. Observations of neutral composition and relation ionospheric variations during a magnetic storm in February 1974. J Geophys Res, 82: 3183.

Hedin A E, Salah J E, Evans J V, et al. 1977b. A global thermospheric model based on mass spectrometer and incoherent scatter data MSIS 1: N2 density and temperature. J Geophys Res, 82: 2139.

Herbst K, Kopp A, Heber B, et al. 2010. On the importance of the local interstellar spectrum for the solar modulation parameter. Journal of Geophysical Research: Atmospheres, 115(D1): 120-129.

Hernadez G, Roble R G. 1976. Direct measurements of nightime thermospheric wind and temperature. 2: Geomagnetic storm. J Geophys Res, 81: 2065.

Hines C O, Halevy I. 1975. Reality and nature of a sun-weather correlation. Nature, 258: 313.

Hines C O, Halevy I. 1977. On the reality and nature of a certain sun-weather correlation. J Atmos Sci, 34: 382.

Hudhausen A J. 1979. Solar activity and the solar wind. Rev Geophys Space Phys, 17: 2034.

Hung R J, Smith R E. 1979. The role of gravity waves in solar-terrestrial atmosphere coupling and severe storm detection. In: McCormac B M, Seliga T A. Solar-Terrestrial Influence on Weather and Climate. Dordrecht: D Reidel Pub Co. 283.

Jacchia L G, Slowey J W, Von Zahn U. 1976. Latitudinal changes of composition in the disturbed thermosphere from Esro 4 measurements. Journal of Geophysical Research, 81 (1) : 36-42.

Kataoka R, Miyoshi Y. 2006.Flux enhancement of radiation belt electrons during geomagnetic storms driven by coronal mass ejections and corotating interaction regions. Space Weather. 4(9): 1-11.

Knipp D, Kilcommons L, Hunt L, et al. 2013. Thermospheric damping response to sheath enhanced geospace storms. Geophys Res Lett, 40: 1263-1267.

Kretzschmar M, De Wit T D, Schmutz W, et al. 2010. The effect of flares on total solar irradiance. Nature Physics, 6 (9) : 690.

Marsh N, Svensmark H. 2003. Galactic cosmic ray and El Niño-Southern Oscillation trends in International Satellite Cloud Climatology Project D2 low-cloud properties. Journal of Geophysical Research: Atmospheres, 108 (D6) : 4195.

Matsushita S. 1959. A Study of the morphology of ionosphere storm. J Geophys Res, 64: 305.

Matuura N. 1972. Theoretical models of ionospheric storms. Space Sci Rev, 13: 124.

Mayr H G, Harris I, Spencer N W. 1978. Some properties of upper atmosphere dynamics. Rev Geophys Space Phys, 16: 539.

Mendillo M. 2006. Storms in the ionosphere: Patterns and processes for total electron content. Reviews of Geophysics, 44(4):1.

Mendillo M, Klobuchar J A. 1973. Ionospheric and geomagnetic behavior at mid-latitudes during the solar events of August 1972. World Data Center A for Solar-Terrestrial Physics Report. UAG-28. Part 1-2.

Mitchell J M Jr, Slockton C W, Meko D M. 1979. Evidence of a 22-year rhythm of drought in the western United States related to the whole solar cycle since the 17th century. In: McCormac B M, Seliga T A. Solar-Terrestrial Influence on Weather and Climate. Dordrecht: D Reidel Pub Co. 125.

Murayama T. 1974. Origin of the semiannual variation of geomagnetic Kp indices. J Geophys Res, 79: 297.

Obayashi T, Matuura N. 1971. Theoretical model of F region storms. In: Dyer E R. Solar-Terrestrial Physics. Dordrecht: D Reidel. 199.

Paetzold H K, Piscalar F, Schorner H Z. 1972. Secular variations of the stratospheric ozone layer over middle Europe during the solar cycle from 1951 to 1972. Nature, 240: 106.

Park C G, Meng C I. 1976. After effects of isolated magnetospheric substorm activity on the mid-latitude ionosphere: Localized depressions in F layer electron densities. J Geophys Res, 81: 4571.

Pittock A B. 1978. A critical look at long-term sun-weather relationships. Rev Geophys Space Phys, 16: 400.

Pittock A B. 1979. Solar cycle and the weather: Successful experiments in autosuggestion? In: Mc Cormac B M, Seliga T A. Solar-Terrestrial Influences on Weather and Climate. Dordrecht: Springer.

Pittock A B. 1983. Solar variability, weather and climate. An update, Quart J R Met Soc, 109: 23.

Prölss G W, Brace L H, Mayr H G, et al. 1991. Ionospheric storm effects at subauroral latitudes: A case study. Journal of Geophysical Research: Space Physics, 96 (A2) : 1275-1288.

Rao U R. 1976. High energy cosmic ray observations during August 1972. Space Sci Rev, 19: 533.

Ratcliffe J A. 1972. An Introduction to the Ionosphere and Magnetosphere. Cambridge: Cambridge at the University Press. (电离层与磁层引论. 吴雷和宋笑亭译. 北京: 科学出版社, 1980.)

Rechmond A D, Matsushita S. 1975. Thermospheric response to a magnetic substorm. J Geophys Res, 80: 2839.

Reiter R. 1979. Influences of solar activity on the electric potential between the ionosphere and the Earth. In:

McCormac B M, Seliga T A. Solar-Terrestrial Influence on Weather and Climate. Dordrecht: D Reidel Pub Co. 243.

Rishbeth H. 1975. F-region storms and thermospheric circulation. J Atmos Terr Phys, 37: 1055.

Rishbeth H. 1998. How the thermospheric circulation affects the ionospheric F2-layer. Journal of Atmospheric and Solar-Terrestrial Physics, 60(14): 1385-1402.

Roberts W D, Olson R H. 1973a. Geomagnetic storms and winter time 300-mb through development in the north Pacific-north America Arca. J Atmos Sci, 30: 135.

Roberts W O, Olson R H. 1973b. New evidence for effects of variable solar corpuscular emission on the weather. Rev Geophys Space Phys, 11: 731.

Rodger C J, Clilverd M A, Green J C, et al. 2010. Use of POES SEM-2 observations to examine radiation belt dynamics and energetic electron precipitation into the atmosphere. Journal of Geophysical Research: Space Physics, 115(A4): 202.

Roosen J. 1966. The seasonal variation of geomagnetic disturbance amplitudes. Bull Astr Insts Neth, 18: 295.

Rowe J N, Ferraro A J, Lee H S, et al. 1970. Observations of electron density during a solar flare. J Atmos Terr Phys, 32: 1609.

Rozanov A, Rozanov V, Buchwitz M, et al. 2005. SCIATRAN 2.0—A new radiative transfer model for geophysical applications in the 175-2400 nm spectral region. Advances in Space Research, 36(5): 1015-1019.

Rozanov E, Calisto M, Egorova T, et al. 2012. Influence of the precipitating energetic particles on atmospheric chemistry and climate. Surveys in Geophysics, 33(3-4): 483-501.

Scherrer P H. 1979. Solar variability and terrestrial weather. Rev Geophys Space Phys, 17: 724.

Schuurmans C J E. 1979. Effects of solar flare on the atmospheric circulation. Solar-Terrestrial Influences on Weather and Climate. Dordrecht: D Reidel Pub Co. 105.

Scott C J, Stamper R, Rishbeth H. 2014. Long-term changes in thermospheric composition inferred from a spectral analysis of ionospheric F-region data.Annales Geophysicae. Copernicus Publications, 32(2): 113-119.

Seppälä A, Randall C E, Clilverd M A, et al. 2009. Geomagnetic activity and polar surface air temperature variability. Journal of Geophysical Research: Space Physics, 114(A10): 312.

Sheeley N R Jr, Harvey J W, Feldman W C. 1976. Coronal holes, solar wind streams, and recurrent geomagnetic disturbances: 1973-1976. Sol Phys, 49: 271.

Sinno K. 1959. Characteristics of solar outburst to excite geomagnetic storms. J Radio Res Lab, 6: 17.

Smart D F, Shea M A, Gall R. 1969. The daily variation of trajectory derived high latitude cutoff rigidities in a model magnetosphere. J Geophys Res, 74: 4731.

Smith E A, Haar T V, Hickky J R, et al. 1983. The nature of the short period fluctuations in solar irradiance received by the Earth. Climatic Change, 5: 211.

Stonehocker G H. 1970. Advanced telecommunication forecasting technigue. In: Ionospheric Forecasting, AGARD Conf Proc, 29: 27-1.

Švestka Z, Fritzova-Svestkova L, Nolte J T, et al. 1976. Lowenergy particle events associated with sector boundries. Sol Phys, 50: 491.

Thomas L, Venables F H. 1966. The onset of the F-region disturbance at middle latitude during magnetic storms. J Atmos Terr Phys, 28: 599.

Tsuda T, Shepherd M, Gopalswamy N. 2015. Advancing the understanding of the Sun-Earth interaction—the Climate and Weather of the Sun-Earth System (CAWSES) II program. Progress in Earth and Planetary Science, 2(1): 28.

Tu C Y, Chia C H. 1981. A model for the onset time of the negative phase ionospheric storms at middle latitude. EOS, 62(17): 369.

Wang S W, Zhao Z C, Chen Z H. 1981. Reconstruction of the summer rainfall regime for the last 500 years in China. Geo Journal, 5(2): 117.

Wilcox J M. 1975. Solar activity and the weather. J Atmos Terr Phys, 37: 237.

Wilcox J M. 1979. Influence of the solar magnetic field on tropospheric circulation. In: McCormac B M, Seliga T A. Solar-Terrestrial Influence on Weather and Climate. Dordrecht: D. Reidel Pub Co. 149.

Wilcox J M, Colburn D S. 1970. Interplanetary sector structure near the maximum of the sunsport cycle. J Geophys Rev, 75: 6366.

Wilcox J M, Scherrer P H, Svalgaard L, et al. 1974. Influence of solar magnetic sector structure on terrestrial atmospheric vorticity. J Atmos Sci, 31: 581.

Wilcox J M, Svalguard L, Scherrer P H. 1976. On the reality of a sun-weather effect. J Atmos Sci, 33: 1113.

Willson R C, Hudson H S, Chapman G A. 1981. Observations of solar irradiance variability. Science, 211: 700.

Zong Q G. 1999. Energetic oxygen ions in geospace observed by the GEOTAIL spacecraft. Ph. D Thesis, p. TU Braunschweig.

第13章 空间等离子体的理论描述

在日球层空间中，绝大多数区域均充斥着等离子体。这种空间等离子体是极为稀薄的带电气体，其基本成分包括正离子和负电子，而在部分区域(如电离层)中，中性粒子也可成为其重要组成部分。在等离子体中，一个显著的特征是带电粒子之间存在着长程电磁力，而等离子的行为也主要由这种长程作用力(而非粒子之间的直接碰撞)所控制。事实上，等离子体中的每一个带电粒子都可以同时与大量粒子发生相互作用，从而使得精确描述力场成为一件极为困难的事情。另外，这些长程力的效果也使得这些带电粒子呈现出强烈的集体行为，从而在很多情况下，人们可以使用流体力学的方法来研究等离子体。在本章中，我们将从等离子体的定义入手，对其基本性质进行描述，并简要讨论研究空间等离子体的三种主要方法及其各自的特点和适用范围。

需要指出的是，等离子体物理作为物理学的一个分支，其研究早已远远超出了日地空间的范畴。由于篇幅所限，本章仅能简要介绍有关等离子体物理的基本理论和思想，对许多问题的讨论不能详尽，希望进一步了解的读者可参阅相关专著，包括(Chen, 1974)、(Baumjohann and Treumann, 1997)、(Gurnett and Bhattacharjee, 2017)等离子体物理经典教材。对这些教材中选取的材料，本章中将不再逐一列出。

13.1 等离子体的定义

通常，人们使用如下的定义来描述等离子体：等离子体是带电粒子和中性粒子组成的，表现出集体行为的一种准中性气体。在这里，“集体行为”的意义十分明确，即等离子体中的任一带电粒子行为都不仅取决于该粒子所在位置的局部条件，而更多取决于远距离区域的等离子体状态。在等离子体中，粒子运动所携带的电流可引起磁场，而粒子运动也可造成电荷的局部集中并导致电场的出现。与此同时，这些电磁场又支配了带电粒子的运动。这种情况与普通气体的情况截然相反：在普通气体中，中性粒子的碰撞支配了气体的行为。

在等离子体的定义中出现的另一个关键词是“准中性”，也就是说，等离子体应呈现整体电中性。然而，这一要求显然与空间尺度有关：可以想象，在一个仅能容纳一个带电粒子的空间尺度内，任一带电粒子的存在都将使得电中性条件无法获得满足。那么，在多大的空间尺度上才可以满足电中性的要求呢？

假设存在一个电荷为 q 的正离子，其库仑静电势的空间分布可写为

$$\varphi = q / 4\pi\varepsilon_0 r \tag{13.1.1}$$

其中，r 代表任一空间位置与粒子的距离。如果将这一离子放置于包含大量带电粒子的等离子体中，那么等离子体中的大量电子将迅速受到这一静电势的影响，被该离子所吸

引并在其周围形成电子云。这种电子的分布将改变库仑势，使得远处的电势减小。当然，此时等离子体中的正离子也会被排斥，但由于其惯性较大，响应较为缓慢，因而其作用可被忽略。这种由于电子重新分布所造成的电势称为屏蔽电势(或德拜势)，其形式可写成

$$\varphi = q / 4\pi\varepsilon_0 r \cdot \exp\left(-r / \lambda_\mathrm{D}\right) \tag{13.1.2}$$

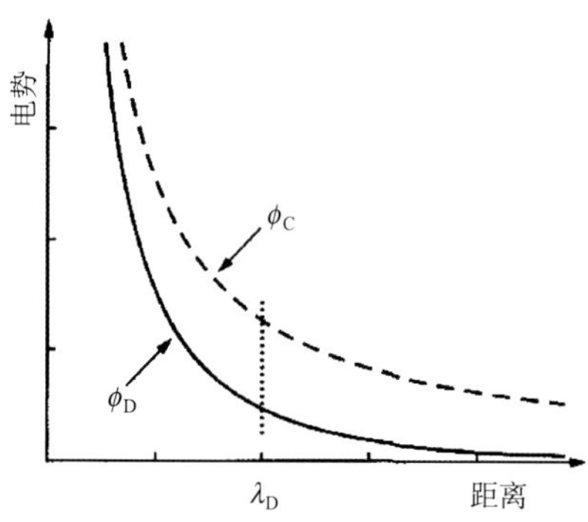

图 13.1.1 带电粒子的德拜势 ϕ_D 与库仑势 ϕ_C 随距离的变化

其中，λ_D 称为德拜长度或德拜半径。该式给出了德拜势与库仑势的关系，这一关系也可参见图 13.1.1。可以看出，随着空间距离的增大，德拜势与库仑势的比值将逐渐减小。当空间距离大于德拜长度时，该带电粒子的德拜势将降低至库仑势的 1/e 倍以下。因此，德拜长度表征了等离子体中的特征屏蔽距离，带电粒子对距离较远(超过德拜长度)的等离子体静电影响可忽略。德拜长度的大小可写为

$$\lambda_\mathrm{D} = \left(\frac{\varepsilon_0 kT}{nq_\mathrm{e}^2}\right)^{1/2} \tag{13.1.3}$$

其中，n 为电子数密度；T 为电子温度。德拜长度的大小是等离子体区分于普通电离气体的主要判据之一：只有当系统的空间尺度大于德拜长度时，“准中性”条件才得以满足，而此时的电离气体才可被视为等离子体。

在本章中，我们略过德拜长度的推导过程(可参考任一等离子体物理教材)，仅就其形式进行进一步解释。可以看出，德拜长度随等离子体温度的增高而上升。考虑温度极低的等离子体，如果电子热运动可忽略，等离子体中的冷电子运动将完全由静电场所控制。此时，电子将迅速被正电荷所吸引直至静电场完全消失，即带电粒子被电子完全屏蔽。这种情况对应于极小的德拜长度。反之，若等离子体的温度较高，具有较高热能的电子将可以逃脱这一静电势阱，因此该正电荷很难被完全屏蔽，从而拥有较大的德拜半径。另外，从德拜长度的公式中可以看出，当等离子体密度较大时，德拜长度较小。这一性质同样很容易理解：在密度较低的等离子体中，较少的电子意味着德拜屏蔽较难达成。

我们还可构建一个以正离子为圆心，以德拜长度为半径的球体。在这一德拜球内的电子数称为等离子体参量。利用德拜半径，可以很容易得出等离子体参量的形式：

$$N_\mathrm{D} = n\frac{4}{3}\pi\lambda_\mathrm{D}^3 = \frac{4\pi\varepsilon_0^{3/2}k^{3/2}}{3q_\mathrm{e}^3}\cdot\frac{T^{3/2}}{n^{1/2}} \tag{13.1.4}$$

显然，只有当等离子体参量远大于 1 时，德拜屏蔽才是一个统计上正确的概念，而这一条件也被视为等离子体的另一条主要判据。可以看出，等离子体参量随温度的上升而上升，且随密度上升而下降。事实上，等离子体往往都是高温而低密的。

在等离子体中，另一个重要的特性是等离子体振荡。这种振荡来源于带电粒子的扰动，其频率也常简称为等离子体频率。为了理解这一振荡过程，我们可以想象在空间分

布均匀的等离子体中，所有的电子均偏离了其平衡位置，如图 13.1.2 所示。由于电子与离子本底之间的偏移，在等离子体中将出现电场，试图把电子拉回平衡位置并恢复电中性。但由于电子的惯性，它们将不能在其平衡位置停下，而是围绕着平衡位置振荡。当然，电荷分离所形成的电场也会对正离子产生作用，但由于正离子质量较大，往往不能及时响应，因此人们可以将这些离子视为固定不动的。在不存在磁场且不存在电子热运动的近似下，我们可简要地推导出这一静电振荡的频率。

如图 13.1.2 所示，若电子偏离平衡位置的距离为 δ，则该等离子体区域可被视为一个电容，其电场大小为 $en\delta / \varepsilon_0$，指向 x 方向。此时电子运动方程可表示为

$$\frac{\mathrm{d}^2\delta}{\mathrm{d}t^2}+\frac{nq_{\mathrm{e}}^2\delta}{m\varepsilon_0}=0 \tag{13.1.5}$$

其解呈现简谐振动的形式，即 $\delta=\sin\omega_{\mathrm{pe}}t$，其振荡频率 ω_{pe} 即为等离子体频率：

$$\omega_{\mathrm{pe}}=\left(\frac{nq_{\mathrm{e}}^2}{m\varepsilon_0}\right)^{1/2} \tag{13.1.6}$$

若这一频率远大于带电粒子与中性原子碰撞的频率，则说明等离子体中的碰撞效应远小于电磁效应。这一条件通常被视为等离子体的第三条主要判据。

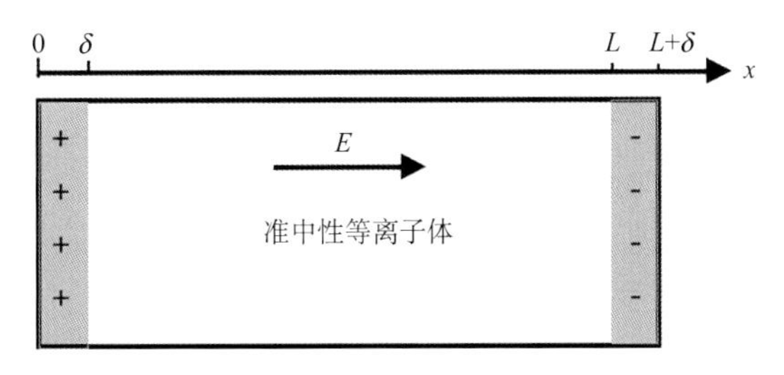

图 13.1.2　电子相对离子的位移引发等离子体振荡的机制

综上所述，等离子体需满足的三个条件分别为：①等离子体空间尺度远大于德拜长度；②德拜半球内的电子数(即等离子体参量)远大于 1；③等离子体频率远大于带电粒子与中性粒子碰撞的频率。这些条件决定了等离子体的特性(通常是热而稀薄的)，也决定了等离子体的行为具有双重特性：集体效应决定了其行为与流体有某些类似之处，而电磁力的远程作用又使得人们常常需要考虑单个粒子的运动。

事实上，等离子体通常可以从下列三种不同的角度来描述：①描述等离子体中单个粒子的运动；②描述等离子体的磁流体力学特性；③分析等离子体分布函数的演化特性。这三种描述方法有各自的特点，也有各自的适用范围。单粒子的描述是最基本的，它可以直观地给出等离子体中各带电粒子在电磁场作用下运动的清晰图像。然而，这一理论的局限性在于电磁场需预先确定，且不受带电粒子的影响。因此，这一理论的适用条件颇为有限：仅当等离子体中粒子分布所引起的电磁场和外加场相比可以忽略，且等离子体无碰撞时，这一理论方可较为准确地描述等离子体的行为图像。在描述地球及行星辐射带时，鉴于辐射带中的高能粒子往往密度很低，其运动所产生的电磁场往往远小于背景场，因此人们常常采用单粒子轨道理论对其进行分析。在更多的情况下，电磁场和等

离子体的运动是相互耦合在一起的。在日地空间中，一个典型的例子是太阳风和行星际激波的情况。此时，由于电磁场不能事先给出，单粒子轨道理论将不再适用。求解这类问题通常需要利用磁流体力学的方程,即在普通流体力学方程中增加有关电磁场的各项。如果在所讨论的问题中，等离子体中没有持续存在的流体元，例如在讨论一些波动与粒子的相互作用的情况下，则需要讨论等离子体在速度和位置空间中的分布函数，并利用动理学理论对其演化进行描述。

这三种描述方法又是互相联系的。如果等离子体中的带电粒子在回旋半径的空间尺度和回旋周期的时间尺度内，电磁场没有显著的变化，那么由单粒子运动理论得到的结果可以导出磁流体力学的运动方程。另外，磁流体力学方程组也可被视为描述等离子体分布函数变化的 Vlasov 方程的矩方程。磁流体力学方程组中常常出现的反常输运系数也可由等离子体中波和粒子的相互作用决定。在接下来的各节中，我们将分别简要讨论这三种描述方法，以供查阅。

13.2　单粒子运动

正如前文所描述的，等离子体的单粒子运动理论假设外界电磁场已知，且不受带电粒子运动的影响。在这一简化的理论框架中，带电粒子之间相互作用的集体效应已被略去。换言之，我们已不再考虑等离子体的整体行为，而只能分析作为等离子体组成单元的每个粒子的运动行为。显然，这一理论的出发方程是带电粒子的运动方程。在非相对论近似下，这一方程可写为

$$m\frac{\mathrm{d}\boldsymbol{v}}{\mathrm{d}t}=q\left(\boldsymbol{E}+\boldsymbol{v}\times\boldsymbol{B}\right)+\boldsymbol{F} \tag{13.2.1}$$

其中，$\boldsymbol{E}$ 为电场强度；$\boldsymbol{B}$ 为磁感应强度；$\boldsymbol{v}$ 为粒子的运动速度；$\boldsymbol{F}$ 为作用于该粒子的外力(非电磁力)。一般而言，这一方程的解是很复杂的，仅在特定的简化条件下存在解析解。接下来我们从最简单的情况入手，逐步深入地讨论带电粒子运动的基本性质。

13.2.1　均匀恒定磁场下的粒子回旋运动

作为最简单的情况，我们考虑不随时空变化的均匀恒定磁场 $\boldsymbol{B}_0$。此时，带电粒子的运动方程可简化为

$$m\frac{\mathrm{d}\boldsymbol{v}}{\mathrm{d}t}=q\boldsymbol{v}\times\boldsymbol{B}_0 \tag{13.2.2}$$

其中，$q\boldsymbol{v}\times\boldsymbol{B}_0$ 为洛伦兹力。注意，洛伦兹力对粒子不做功(这是因为其方向始终垂直于粒子运动方向)，因此粒子的动能保持不变。为方便起见，我们将磁场方向设定为 z 轴方向，则粒子运动方程可被分解为分量形式：

$$m\frac{\mathrm{d}v_x}{\mathrm{d}t}=qB_0v_y,\quad m\frac{\mathrm{d}v_y}{\mathrm{d}t}=-qB_0v_x,\quad \frac{\mathrm{d}v_z}{\mathrm{d}t}=0 \tag{13.2.3}$$

显然，带电粒子沿 z 方向(平行磁场方向)的运动速度始终保持恒定，而该粒子在 xy 平面(垂直磁场方向)上的运动可通过对上式求微分得到

$$\begin{cases} \dfrac{\mathrm{d}^2 v_x}{\mathrm{d}t^2} = \dfrac{qB_0}{m}\dfrac{\mathrm{d}v_y}{\mathrm{d}t} = -\left(\dfrac{qB_0}{m}\right)^2 v_x \\ \dfrac{\mathrm{d}^2 v_y}{\mathrm{d}t^2} = -\dfrac{qB_0}{m}\dfrac{\mathrm{d}v_x}{\mathrm{d}t} = -\left(\dfrac{qB_0}{m}\right)^2 v_y \end{cases} \tag{13.2.4}$$

这一方程的解可写为如下形式：

$$\begin{cases} v_x = v_\perp \sin\left(\dfrac{qB_0}{m}t + \phi\right) \\ v_y = v_\perp \cos\left(\dfrac{qB_0}{m}t + \phi\right) \end{cases} \tag{13.2.5}$$

其中，$v_\perp$ 为粒子在垂直磁场平面内的运动速度。再次积分可得

$$\begin{cases} x = -\dfrac{mv_\perp}{qB_0}\cos\left(\dfrac{qB_0}{m}t + \phi\right) + x_0 \\ y = \dfrac{mv_\perp}{qB_0}\sin\left(\dfrac{qB_0}{m}t + \phi\right) + y_0 \end{cases} \tag{13.2.6}$$

因此可知，带电粒子在垂直于磁场的平面内做周期性圆周运动。这一匀速圆周运动称为回旋运动(或称为拉莫尔回旋)，其圆心(x_0, y_0)称为粒子的引导中心。从上式可看出，粒子的回旋半径（也称为拉莫尔半径）为 $r_\mathrm{c} = |mv_\perp / qB_0|$，回旋频率为 $\omega_\mathrm{c} = |qB_0 / m|$。鉴于电子与正离子的质量差异巨大，这两种带电粒子的回旋半径和回旋频率均存在着显著的不同。另外，带电粒子的回旋方向与粒子电荷有关：若将拇指指向磁场方向，则电子和正离子的回旋运动分别是右旋和左旋的。在图 13.2.1 中，(a)给出了垂直磁场平面内的正离子和电子的回旋运动图像。若同时考虑粒子沿磁场方向的恒定运动速度，则粒子轨道可被视为一条螺旋线[图 13.2.1(b)]。

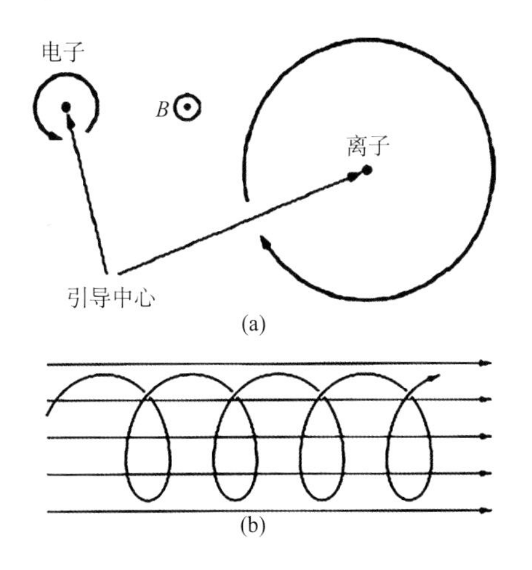

图 13.2.1　带电粒子在均匀磁场中的运动轨迹

从图 13.2.1 中可以看出，正离子与电子的回旋运动均可在垂直于磁场的平面内产生环形电流。这种环形电流的出现意味着这些带电粒子均可被视为磁偶极子，其磁矩方向与外加磁场方向相反。也就是说，等离子体整体呈抗磁性，其强弱取决于带电粒子的磁矩。在粒子回旋过程中，每秒环绕其回旋中心 $\omega_\mathrm{c} / 2\pi$ 次，其产生的环形电流强度为 $I_\mathrm{c} = |q\omega_\mathrm{c} / 2\pi|$。将电流强度乘上环形电流的回路面积 πr_c^2，即可得到带电粒子的磁矩：

$$\mu = I_\mathrm{c}\pi r_\mathrm{c}^2 = \frac{mv_\perp^2}{2B_0} \tag{13.2.7}$$

即粒子在垂直磁场方向的动能与磁场强度的商。在单位体积内，所有带电粒子磁矩的叠

加可被定义为等离子体的磁化强度 $\boldsymbol{M}$（其方向与外加磁场相反），而 $\boldsymbol{M}$ 的旋度则对应于等离子体中的磁化电流密度。

除了表征等离子体的抗磁性以外，磁矩 μ 还是一个描述粒子运动的重要参量，通常称为第一绝热不变量。关于这部分讨论将在 13.2.8 节中进行。

13.2.2 粒子在均恒磁场与电场下的漂移运动

现在考虑一个稍复杂的情况，即电场和磁场一样都为均匀恒定的。我们仍然将磁场方向设定为 z 轴方向，而电场 $\boldsymbol{E}_0$ 则可分解成平行磁场和垂直磁场两个分量的叠加。

在平行磁场方向上，由于不存在洛伦兹力，粒子的运动完全由平行磁场的电场分量(通常称为平行电场)决定。因此，带电粒子可在沿磁力线方向上做匀加速运动，从而最终获得很高的能量。这一运动形式十分简单，在此不做过多讨论。值得一提的是，正离子与电子在沿磁场方向上的加速方向相反，因此平行电场往往可造成二者之间的电荷分离，从而导致电场反转，并最终造成等离子体的静电振荡(见 13.1 节与 13.3.4 节)。因此，人们常常认为平行电场很难在等离子体中维持，仅在一些特殊的情况下可较为稳定的存在(如极区电离层中，见 11.1.5 节)。

以下我们考虑垂直磁场方向的电场，并将其方向设定为 x 轴的方向。此时，带电粒子在垂直磁场平面内的运动方程为

$$m\frac{\mathrm{d}v_x}{\mathrm{d}t}=q\left(E_x+B_0v_y\right),\quad m\frac{\mathrm{d}v_y}{\mathrm{d}t}=-qB_0v_x \tag{13.2.8}$$

对上式求微分得

$$\begin{cases}\dfrac{\mathrm{d}^2v_x}{\mathrm{d}t^2}=\dfrac{qB_0}{m}\dfrac{\mathrm{d}v_y}{\mathrm{d}t}=-\left(\dfrac{qB_0}{m}\right)^2v_x\\[2ex]\dfrac{\mathrm{d}^2v_y}{\mathrm{d}t^2}=-\dfrac{qB_0}{m}\dfrac{\mathrm{d}v_x}{\mathrm{d}t}=-\left(\dfrac{qB_0}{m}\right)^2\left(v_y+\dfrac{E_x}{B_0}\right)\end{cases} \tag{13.2.9}$$

如果我们令 $v_y'=v_y+\dfrac{E_x}{B_0}$，则上式可写成与方程组(13.2.4)完全一致的形式，其解为

$$\begin{cases}v_x=v_\perp\sin\left(\dfrac{qB_0}{m}t+\phi\right)\\[2ex]v_y=v_y'-\dfrac{E_x}{B_0}=v_\perp\cos\left(\dfrac{qB_0}{m}t+\phi\right)-\dfrac{E_x}{B_0}\end{cases} \tag{13.2.10}$$

由此可知，带电粒子仍在垂直于磁场的平面内做回旋运动，但其引导中心不再保持固定，而是沿 y 方向运动。有趣的是，这一引导中心的运动方向(y 方向)同时垂直于磁场(z 方向)和电场(x 方向)，其矢量表达式为

$$\boldsymbol{v}_{\mathrm{E}}=\boldsymbol{E}_0\times\boldsymbol{B}_0/B_0^2 \tag{13.2.11}$$

因此人们常常将其称为 $\boldsymbol{E}\times\boldsymbol{B}$ 漂移运动，其物理图像如图 13.2.2 所示。

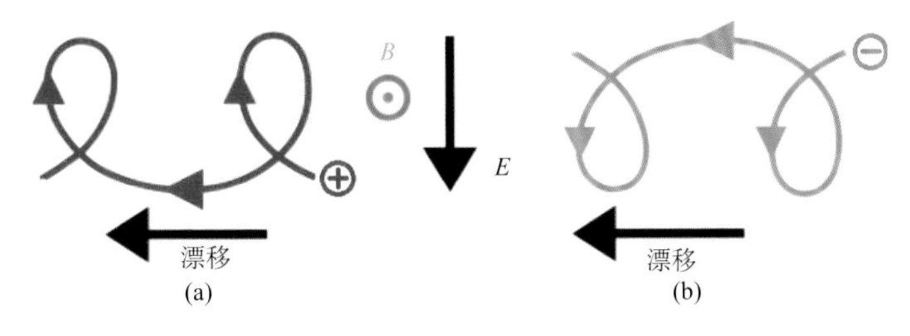

图 13.2.2　带电粒子在均恒磁场与电场下的横向漂移运动

我们首先讨论正离子的运动轨道，见图 13.2.2(a)。从图中可以看出，离子的回旋为顺时针方向，但其回旋轨道同时还受到电场的明显扰动。当离子向上方运动时，其能量将逐渐下降，因此其回旋半径 $r_c = |mv_\perp / qB_0|$ 也将逐渐下降，并在轨道最上方处(此时粒子沿电场方向的速度由负转正)达到极小值。随后，离子的回旋半径将逐渐增大，并在轨道的最下方处达到极大值。这种回旋半径在粒子轨道上下部分的差异使得粒子在回旋一周后无法回到初始位置，从而造成了离子向左侧的横向漂移运动。对于带负电的粒子而言[图 13.2.2(b)]，其回旋方向与正离子相反(沿逆时针方向)，但其能量和回旋半径的极大值位置(轨道最上方)也与正离子相反，因此其漂移方向与正离子一致。事实上，从式(13.2.11)中可以看出，粒子引导中心的漂移速度仅与电场和磁场强度有关，与粒子本身的性质(如电荷和质量等)无关。这一性质的一个明显后果是，在等离子体中，垂直磁场方向的均恒电场只能引起正电荷和负电荷在同一方向上漂移，而不会引起电流。

这种引导中心的横向漂移运动还可以用参照系之间的洛伦兹变换来理解。现考虑一个在原始惯性参照系中以速度 $\boldsymbol{v}_\mathrm{E} = \boldsymbol{E}_0 \times \boldsymbol{B}_0 / B_0^2$ 运动的参照系。如果 $\boldsymbol{v}_\mathrm{E}$ 远小于光速(这一假设在空间等离子体中几乎始终成立)，则根据洛伦兹变换可知，在新参照系中的磁场维持不变，而电场强度变为 0。换言之，带电粒子在这一新参照系中的运动仅仅是环绕磁场方向的回旋运动。因此，在原始参照系中，带电粒子的运动可被描述为回旋运动与 $\boldsymbol{v}_\mathrm{E}$ 的叠加。显然，这里 $\boldsymbol{v}_\mathrm{E}$ 即为引导中心的漂移速度[见式(13.2.11)]，而这一新参照系则称为引导中心参照系。这一概念在单粒子轨道理论中极为重要：引导中心的位置代表了粒子的平均位置，因此在比回旋半径大得多的空间尺度上，粒子运动的问题通常可被简化为引导中心的运动问题。

13.2.3　均恒磁场中外力引起的漂移运动

上述结果可被推广至任意定常外力场中：只需将任一外力 $\boldsymbol{F}$ 视为等效电场，并将其代替 $q\boldsymbol{E}_0$，则可将式(13.2.11)变为该外力所对应的引导中心漂移速度：

$$\boldsymbol{v}_\mathrm{F} = \boldsymbol{F} \times \boldsymbol{B}_0 / qB_0^2 \tag{13.2.12}$$

若这一外力为重力，则上式给出了重力所对应的漂移速度：

$$\boldsymbol{v}_\mathrm{g} = m\boldsymbol{g} \times \boldsymbol{B}_0 / qB_0^2 \tag{13.2.13}$$

它们与 $\boldsymbol{E} \times \boldsymbol{B}$ 漂移类似，均同时垂直于磁场和外力方向。然而，它们之间也存在着明显的不同：这些外力所对应的漂移速度与粒子电荷有关。对于重力漂移而言，漂移速度还和粒子的质量有关。因此，在重力作用下，质子和电子可沿着相反方向漂移，从而在等离子体中形成一个横向电流。由于重力漂移速度与质量成正比，该电流主要由质子携带。

13.2.4　磁场梯度引起的漂移

至此，我们已确立了引导中心漂移的概念。这一概念将有助于讨论更加复杂的情况，即带电粒子在非均匀电磁场中的运动。非均匀性的引入使问题复杂性大大增强，尤其当粒子回旋半径与磁场空间尺度可比时，其轨道甚至可能呈现出明显的混沌特征。以下我们将避免这一复杂情况，而更多地讨论回旋半径远小于磁场空间尺度的情况(即弱不均匀外场条件)。在此情况下，带电粒子的轨道往往可被视为回旋运动与引导中心漂移运动的叠加。

我们首先讨论带电粒子在不均匀磁场中的运动。在弱不均匀外场条件下，我们可以对磁场做泰勒展开：

$$\boldsymbol{B}(\boldsymbol{r}) = \boldsymbol{B}_0 + (\boldsymbol{r} \cdot \nabla_0)\boldsymbol{B} \tag{13.2.14}$$

其中高阶项已被忽略。在上式中，$\boldsymbol{B}_0$为引导中心处的磁场，$\boldsymbol{r}$为由引导中心指向粒子位置的矢量，∇_0则表示对引导中心处的磁场求梯度。为方便起见，我们将$\boldsymbol{B}_0$方向定义为z轴方向，并将磁场梯度表达为

$$\nabla_0 \boldsymbol{B} = \begin{pmatrix} \partial B_x / \partial x & \partial B_x / \partial y & \partial B_x / \partial z \\ \partial B_y / \partial x & \partial B_y / \partial y & \partial B_y / \partial z \\ \partial B_z / \partial x & \partial B_z / \partial y & \partial B_z / \partial z \end{pmatrix} \tag{13.2.15}$$

其中对角项的和为零。因此，上式中共存在八个独立的分量。我们接下来讨论这些分量是如何影响粒子运动的。

首先，我们讨论$\partial B_z / \partial x$和$\partial B_z / \partial y$的影响。在其他各项均为 0 的情况下，磁场仅存在 z 分量，且磁场强度的梯度∇B与磁场$\boldsymbol{B}$垂直。可以想象，粒子的回旋半径在强场区相对较小，而在弱场区相对较大。这一图像与此前介绍的$\boldsymbol{E} \times \boldsymbol{B}$漂移颇为类似：粒子在回旋一周后无法回到初始位置，因此会出现一个横向的引导中心运动，即磁场梯度漂移。这种漂移的物理图像如图 13.2.3 所示。

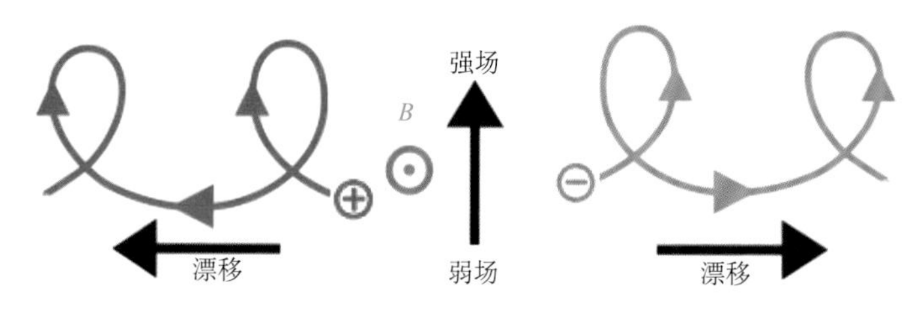

图 13.2.3　带电粒子的磁场梯度漂移运动

磁场梯度漂移的速度$\boldsymbol{v}_{\nabla B}$可通过外力漂移速度[见式(13.2.12)]求得。已知带电粒子在回旋运动中可以被视为一个磁矩为μ[见式(13.2.7)]的磁偶极子，该偶极子在磁场中受力为

$$\boldsymbol{F} = -\mu \nabla B = -\frac{m v_{\perp}^{2}}{2B} \nabla B \tag{13.2.16}$$

这一外力可被视为粒子在回旋轨道上所受到的平均净作用力。将上式代入式(13.2.12)中，可得

$$\boldsymbol{v}_{\nabla B} = \frac{m v_{\perp}^{2}}{2 q B^{3}} \left(\boldsymbol{B} \times \nabla B \right) \tag{13.2.17}$$

显然，以上推导成立的条件是在一个回旋尺度内磁场强度的变化很小。如果这一条件不能成立，则不能使用引导中心近似，带电粒子也无法被视为一个磁偶极子进行处理。这一条件正是此前提及的弱不均匀外场条件。通过简单的计算可知，这一条件等价于粒子的漂移速度 $v_{\nabla B}$ 远小于 $v_{\perp}$，即梯度漂移速度为一阶小量。

从式(13.2.17)中可以看出，磁场梯度漂移的速度与粒子电荷有关。在图 13.2.3 中，携带正电荷与负电荷的粒子分别向左和向右漂移，因此可以产生一个横向电流。另外，磁场梯度漂移的速度也正比于带电粒子的垂直动能。这一特性也与 $\boldsymbol{E} \times \boldsymbol{B}$ 漂移(漂移速度与粒子动能无关)明显不同。因此在空间等离子体中，$\boldsymbol{E} \times \boldsymbol{B}$ 漂移往往主导了较低能量粒子的运动，而较高能量的粒子则更多地受磁场梯度的影响。

13.2.5　磁场曲率引起的漂移

在磁场梯度漂移的讨论中，磁场方向始终保持不变。然而在真实的空间等离子体中，磁场强度大小的改变几乎总是对应着磁场方向的改变。下面我们考虑磁力线弯曲的情况。在式(13.2.15)中，磁场梯度张量的非对角项 $\partial B_x / \partial z$ 和 $\partial B_y / \partial z$ 可导致磁力线弯曲，其弯曲程度可由磁力线的曲率半径表征。在不考虑其他各项的情况下，弱不均匀外场条件意味着磁力线的曲率半径远大于粒子回旋半径。此时，带电粒子的运动仍可被视为回旋运动与引导中心运动的叠加。

考虑一个引导中心沿磁力线运动的带电粒子(图 13.2.4)。由于磁力线的弯曲，该粒子的引导中心沿着磁场方向前进时逐渐向左弯曲，因此可受到惯性离心力的作用。这一惯性离心力可写为

$$\boldsymbol{F} = \frac{m v_{\parallel}^{2}}{R_{\mathrm{c}}} \boldsymbol{r} = \frac{m v_{\parallel}^{2}}{R_{\mathrm{c}}^{2}} \boldsymbol{R}_{\mathrm{c}} \tag{13.2.18}$$

其中，$\boldsymbol{R}_{\mathrm{c}}$ 为磁力线的曲率半径(其指向为径向向外，即图 13.2.4 中的 $\boldsymbol{r}$ 方向)。将此离心力作为外力代入式(13.2.12)，即可获得磁场曲率漂移的速度：

$$\boldsymbol{v}_{R} = \frac{m v_{\parallel}^{2}}{q B^{2} R_{\mathrm{c}}^{2}} \left(\boldsymbol{R}_{\mathrm{c}} \times \boldsymbol{B} \right) \tag{13.2.19}$$

在图 13.2.4 所示的磁场位形下，携带正电荷与负电荷的粒子所对应的磁场曲率漂移方向分别垂直于纸面向外和向内。

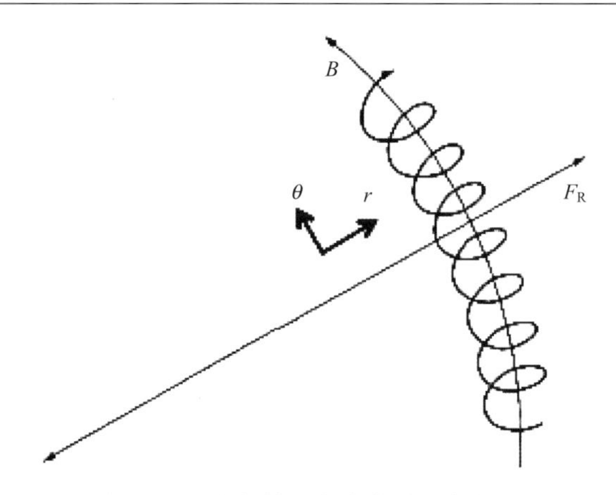

图 13.2.4　带电粒子在弯曲磁场中的运动

可以证明，当空间中无电流(无旋磁场位形)或电流方向处处与磁场平行(无力场位形)时，上式可被进一步简化为

$$\boldsymbol{v}_{\mathrm{R}}=\frac{mv_{\parallel}^{2}}{qB^{3}}\left(\boldsymbol{B}\times\nabla B\right) \tag{13.2.20}$$

这一形式与磁场梯度漂移(见式(13.2.17))颇为接近。鉴于磁场方向的变化与磁场大小的变化往往会同时出现，人们也时常将这两种漂移速度叠加，以获得一个由磁场不均匀性所造成的漂移速度：

$$\boldsymbol{v}_{\nabla B}+\boldsymbol{v}_{\mathrm{R}}=\frac{2W_{\parallel}^{2}+W_{\perp}^{2}}{qB^{3}}\left(\boldsymbol{B}\times\nabla B\right) \tag{13.2.21}$$

其中，$W_{\parallel}$ 和 $W_{\perp}$ 分别代表平行磁场方向与垂直磁场方向的粒子动能。显然，磁场曲率漂移与磁场梯度漂移的方向相同(均与电荷有关)，因此在等离子体中可形成漂移电流。在地球内磁层中，这两种漂移运动共同造成了离子的西向漂移和电子的东向漂移，从而产生了西向环电流并使得地球磁场强度出现下降趋势。

在式(13.2.15)中，剩余的另外两个非对角项($\partial B_x/\partial y$ 与 $\partial B_y/\partial z$)主要表征磁力线的扭曲与剪切。在一阶近似下，这种磁场位形不会造成带电粒子的漂移运动。另一种常见的磁场位形为磁场的会聚与发散，其对应的磁场梯度张量则为对角项 $\partial B_z/\partial z$ (由于磁场无散，另两项对角项之和，即 $\partial B_y/\partial y+\partial B_x/\partial x$，必须等于 $-\partial B_z/\partial z$)。在这种情况下，粒子运动可由磁矩守恒进行描述，这部分内容将在 13.2.8 节中进行详细介绍。

13.2.6　电场时空分布所带来的带电粒子漂移

以上三种漂移运动(电场 $\boldsymbol{E}\times\boldsymbol{B}$ 漂移、磁场梯度漂移和磁场曲率漂移)提供了空间等离子体中最为重要的漂移图像。需要指出的是，带电粒子的漂移还可能来自于其他因素。在本质上，这些漂移运动均来源于粒子在回旋过程中回旋半径的变化，使其在经历一个回旋周期后无法回到初始位置，从而形成漂移。这种回旋半径的变化可以源自空间的不均匀性，也可以源自时间的演化。在多数情形下，除了三种主要的漂移运动外，其他因素所导致的漂移速度可视为高阶小量，因此常常被人所忽略。然而在某些特殊情形下，它们同样有可能产生重要作用。受篇幅所限，此处仅简要讨论其中较为常见的部分漂移运动，即由电场时空分布所造成的带电粒子漂移。对其他因素所造成的漂移图像有兴趣的读者可以参阅(Northrop, 1963)和(Roederer, 1970)等经典著作。

我们首先考虑电场随时间的变化，并假设这一变化的时间尺度远大于带电粒子的回旋周期。此时，带电粒子的 $\boldsymbol{E}\times\boldsymbol{B}$ 漂移速度(式(13.2.11))将随时间变化，而这一漂移速度的变化可被等效为一个惯性力。将这一惯性力视为外力代入式(13.2.12)，即可获得其漂移速度。这种由电场随时间变化所造成的惯性漂移称为极化漂移，其漂移速度为

$$\boldsymbol{v}_\mathrm{p}=\frac{m}{qB^2}\frac{\mathrm{d}\boldsymbol{E}_\perp}{\mathrm{d}t} \tag{13.2.22}$$

其方向与电场随时间的变化方向一致，且与粒子的电荷有关。因此，粒子的极化漂移可产生空间电流，即极化电流。其表达式为

$$\boldsymbol{J}_\mathrm{p}=\sum nq\boldsymbol{v}_\mathrm{p}=\frac{\rho_\mathrm{m}}{B^2}\frac{\mathrm{d}\boldsymbol{E}_\perp}{\mathrm{d}t} \tag{13.2.23}$$

其中，ρ_m 为等离子体的总质量密度。在由正离子和电子组成的空间等离子体中，由于离子质量远大于电子质量，ρ_m 常用离子质量密度代替。显然，这是由于极化漂移速度[式(13.2.22)]正比于粒子的质量，因此极化电流主要由离子携带。

电场在空间中的不均匀分布同样可能导致额外的漂移运动。由于空间中电场分布的不均匀，粒子在单个回旋周期中即可经历不同的电场。那么，如果使用粒子引导中心的电场来计算 $\boldsymbol{E}\times\boldsymbol{B}$ 漂移速度的话，则需要对其进行修正以反映电场的空间不均匀性。可以想象，如果电场在空间中线性变化，那么在单个回旋周期中，粒子在较强电场区域与较弱电场区域所经历的时间相同，因而无需对这一电场漂移图像进行修正。然而，如果电场在空间中的分布存在非零的二阶导数，这一修正就必须行。我们可以想象一个引导中心位于电场极大值处的带电粒子，在其回旋周期内绝大部分的时间都处于电场较弱的区域，因此其漂移速度也小于使用引导中心处电场值计算得到的漂移速度。此处我们略去推导过程，直接给出修正后的 $\boldsymbol{E}\times\boldsymbol{B}$ 漂移速度：

$$\boldsymbol{v}_\mathbf{E}=\left(1+\frac{1}{4}r_\mathrm{c}^2\nabla^2\right)\frac{\boldsymbol{E}\times\boldsymbol{B}}{B^2} \tag{13.2.24}$$

其中的修正项(第二项)因取决于回旋半径 r_c，常被称为有限回旋半径效应(又称拉莫尔半径效应，finite Larmor radius effect)。需要指出的是，此前我们曾经提过，$\boldsymbol{E}\times\boldsymbol{B}$ 漂移速度与粒子种类无关，因此这种漂移将不会携带电流或造成电荷的分离。但如果我们考虑修正项的影响，以上陈述将不再成立。

13.2.7　带电粒子在缓变磁场中的运动

下面我们讨论带电粒子在随时间缓慢变化的磁场中的运动。由于磁场随时间变化时会产生感应电场，该电场对粒子做功即可造成粒子动能的改变。为简单起见，我们假定磁场的变化方向平行于原磁场方向。根据法拉第定律，感应电场垂直于背景磁场，因此

无须考虑粒子平行方向速度的变化。下面我们讨论在单个回旋周期内带电粒子在垂直磁场方向上的动能变化：

$$\delta E_{k\perp} = q\oint \boldsymbol{E}\cdot \mathrm{d}\boldsymbol{l} = -q\oiint \frac{\partial \boldsymbol{B}}{\partial t}\cdot \mathrm{d}\boldsymbol{S} \tag{13.2.25}$$

其中，$\mathrm{d}\boldsymbol{l}$ 为沿着粒子回旋运动方向的弧元；$\boldsymbol{S}$ 为粒子回旋轨道所包围的区域(其方向由右手定则给出)。显然，上式用到了法拉第电磁感应定律。如果磁场在一个回旋半径的空间尺度内变化很小，则上式可进一步简化为

$$\delta E_{k\perp} = q\pi r_{\mathrm{c}}^2 \frac{\partial \boldsymbol{B}}{\partial t} = \frac{E_{k\perp}}{B}\cdot \frac{2\pi}{\omega_{\mathrm{c}}}\frac{\partial \boldsymbol{B}}{\partial t} \tag{13.2.26}$$

注意在上式中，$\dfrac{E_{k\perp}}{B}$ 为带电粒子的磁矩(见式(13.2.7))，$\dfrac{2\pi}{\omega_{\mathrm{c}}}$ 为带电粒子的回旋周期，因此，

$$\delta E_{k\perp} = \mu \delta B \tag{13.2.27}$$

其中，δB 为磁场在粒子单个回旋周期内的改变。也就是说，如果磁场随时间逐渐上升，带电粒子的垂直能量也将按比例上升。这种加速机制称为回旋加速(betatron acceleration)。根据磁矩的定义，上式左边可写为$\delta E_{k\perp} = \delta(\mu B)$，因此可得

$$\delta \mu = 0 \tag{13.2.28}$$

即在随时间缓慢变化的磁场中，带电粒子的磁矩是守恒的。显然，通过这一结论，我们还可推导出以下推论：**在缓变磁场中，通过粒子回旋轨道的磁通量保持恒定。**

13.2.8 第一绝热不变量

在 13.2.7 节中，我们推导得出的带电粒子在缓变磁场中磁矩守恒的概念在等离子体物理中有极为重要的应用。事实上，粒子的磁矩也常称为第一绝热不变量(或第一浸渐不变量)。在这里，绝热不变量的定义来自经典力学：当一个系统中存在周期运动时，对一个周期的作用积分 $\oint p\mathrm{d}q$ 可视为一个运动常数，其中 p 和 q 分别代表广义动量和广义坐标。即使系统存在变化，只要这一变化与运动周期相比更为缓慢，这一运动常数仍然维持不变。在本节中，我们将进一步讨论磁矩的守恒问题。

容易证明，如果系统中的周期性运动为带电粒子的回旋运动，p 和 q 分别为该粒子的回旋角动量及其对应的回旋相位，则作用积分可写为

$$\oint p\mathrm{d}q = \oint m v_\perp r_{\mathrm{c}} \mathrm{d}\theta = 2\pi \frac{m^2 v_\perp^2}{|q|B} = \frac{2\pi m}{|q|}\cdot \mu \tag{13.2.29}$$

即磁矩 μ 可视为绝热不变量。在 13.2.8 节的讨论中，我们证明了当磁场随时间缓慢变化时，磁矩是守恒的。下面我们将简要证明另一种情况：当磁场在空间中缓慢变化，且其变化尺度远大于带电粒子回旋尺度时，粒子的磁矩仍然保持不变。

我们仍假设磁场方向主要沿 z 轴方向，并令其大小在 z 方向上变化。需要注意的是，此处必须引入一个非 z 方向上的磁场方可满足磁场散度为 0 的条件。如果使用柱坐标系，

这一条件可写为

$$\nabla\cdot\boldsymbol{B}=\frac{1}{r}\frac{\partial}{\partial r}\left(rB_r\right)+\frac{1}{r}\frac{\partial B_\theta}{\partial\theta}+\frac{\partial B_z}{\partial z}=0 \tag{13.2.30}$$

现讨论其中较为简单的情况：$\partial/\partial\theta=0$，$B_\theta=0$，此时磁场是轴对称的。考虑一个引导中心位于轴上的一个粒子，并假设在其回旋半径的尺度上$\partial B_z/\partial z$保持定值，则上式可转化为磁场B_r分量的表达式：

$$B_r=-\frac{r}{2}\frac{\partial B_z}{\partial z} \tag{13.2.31}$$

这种磁镜位形及其对应的带电粒子运动轨迹如图 13.2.5 所示。从图中可以看出，磁场径向分量的出现可以被理解成磁力线疏密程度(反映磁场的强弱)沿轴向的上升。鉴于磁场B_z分量占主导地位，图 13.2.5 中的带电粒子运动可被视为两种运动的叠加，即垂直于z轴的回旋运动与沿z轴的平行运动。值得指出的是，B_r的存在使得洛伦兹力存在着一个较小的z方向分量(图 13.2.5)，从而改变粒子的平行运动速度。在z轴方向上，其运动方程可写为

$$m\frac{\mathrm{d}v_z}{\mathrm{d}t}=-qB_rv_\theta=\frac{1}{2}qv_\theta r\frac{\partial B_z}{\partial z} \tag{13.2.32}$$

其中，v_θ在一个回旋周期内可视为常数(即垂直磁场方向上的速度)，而r则对应于该粒子的回旋半径(因粒子引导中心位于z轴上)。

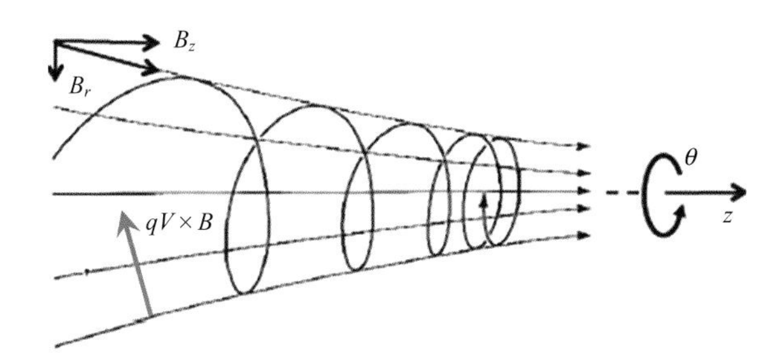

图 13.2.5　在磁镜位形下的带电粒子运动

因此，式(13.2.32)可被改写为

$$m\frac{\mathrm{d}v_z}{\mathrm{d}t}=-\frac{mv_\perp^2}{2B}\frac{\partial B_z}{\partial z}=-\mu\frac{\partial B_z}{\partial z} \tag{13.2.33}$$

也就是说，当图 13.2.5 中的带电粒子沿z轴往强场区域运动时，其平行速度v_z将逐渐减小。当这一平行速度降至 0 时，该粒子甚至可以发生转向，往$-z$方向运动，即粒子在这一位置被反射。因此，人们形象地将这种磁场位形命名为磁镜结构，而粒子被反射的位置通常称为磁镜点。

考虑粒子在平行方向上的动能随时间的变化，可得

$$\frac{\mathrm{d}E_{k\|}}{\mathrm{d}t}=-mv_z\frac{\partial v_z}{\partial t}=-\mu v_z\frac{\partial B_z}{\partial z}=-\mu\frac{\mathrm{d}B_z}{\mathrm{d}t} \tag{13.2.34}$$

在此，$\mathrm{d}B_z / \mathrm{d}t$ 指粒子所处位置的磁场变化，而 B_z 本身不随时间改变。在此情况下，因不存在感应电场，粒子的总能量守恒，即

$$\frac{\mathrm{d}E_{k\perp}}{\mathrm{d}t}+\frac{\mathrm{d}E_{k\|}}{\mathrm{d}t}=\frac{\mathrm{d}\left(\mu B_z\right)}{\mathrm{d}t}-\mu\frac{\mathrm{d}B_z}{\mathrm{d}t}=0 \tag{13.2.35}$$

在上式的推导中，我们利用了式(13.2.34)以及磁矩 μ 的定义[式(13.2.7)]。对上式进行化简，即可得到

$$\frac{\mathrm{d}\mu}{\mathrm{d}t}=0 \tag{13.2.36}$$

换言之，粒子的磁矩在磁镜结构中保持不变。

磁矩守恒的概念可以帮助我们更为容易地分析带电粒子的行为。仍以图 13.2.5 中的带电粒子为例，当粒子从弱场区向强场区运动时，由于磁场不断增大，粒子在垂直磁场方向上的动能也将不断上升，以满足磁矩守恒的要求。鉴于总能量维持不变，粒子平行方向的动能将不断减小。当平行动能逐渐降为 0(即粒子的垂直动能与总动能相等)时，粒子将不再前行，而是被反射回到磁场较弱的区域。因此，如果在某根磁力线上存在着一个磁场极小值，带电粒子会被其前后两端的两个磁镜所反射，从而被束缚在此结构中。需要指出的是，并非所有的带电粒子都可被磁镜结构反射。例如，严格沿磁力线运动的粒子磁矩为 0，根据式(13.2.33)，该粒子无法感受到任何沿 z 方向的力，因而其平行速度维持不变，自然也不会被磁镜反射。事实上，如果给定粒子所在位置的磁场强度 B_i 以及该磁力线上的磁场极大值 B_m，人们可以很容易地利用磁矩守恒计算出该粒子被磁镜反射的条件：只有投掷角 α (粒子平行速度与磁场的夹角)大于特定临界投掷角 α_m 的粒子才可以被磁镜反射，而这一临界投掷角由下式给出：

$$\alpha_\mathrm{m}=\sin^{-1/2}\left(B_\mathrm{i} / B_\mathrm{m}\right) \tag{13.2.37}$$

这是因为对于临界投掷角的粒子而言，其磁矩大小为

$$\mu=\frac{mv_\perp^2}{2B_\mathrm{i}}=\frac{m\left(v_\perp^2+v_\|^2\right)}{2B_\mathrm{i}}\sin^2\alpha_\mathrm{m}=\frac{m\left(v_\perp^2+v_\|^2\right)}{2B_\mathrm{m}} \tag{13.2.38}$$

其中，$v_\perp$ 和 $v_\|$ 分别代表粒子初始时刻的垂直速度和平行速度。当该粒子到达磁场极大值 B_m 处时，磁矩守恒要求其垂直速度达到其总速度，即平行速度为 0。此时粒子可以被磁镜反射。若粒子的初始投掷角更小，根据磁矩守恒，粒子在磁场极大值处的平行速度仍未能下降至 0，因此这个粒子将继续向前运动。

可以看出，临界投掷角的大小与粒子质量或电荷均无关，仅取决于磁镜本身的性质，即沿平行方向的磁场强弱分布。值得一提的是，在日地空间中存在着许多天然的磁镜结构，如地球内磁层(两极磁场比赤道磁场强)和日冕大尺度闭合磁场等，因此，这一临界投掷角的概念在日地空间物理的研究中极为重要。

13.2.9 第二与第三绝热不变量

从 13.2.8 节的讨论中可知，如果在一根磁力线上存在着磁场极小值，带电粒子可被

其前后两端的两个磁镜来回反射，从而被束缚在二者之间磁场较弱的区域。这种周期性的弹跳运动同样对应于一个作用积分：

$$J = \oint m v_{\|} \mathrm{d}s \tag{13.2.39}$$

其中，$\mathrm{d}s$ 代表沿着磁力线方向的线元，而积分区间则是引导中心在两个磁镜之间的一个完整来回。这一作用积分 J 称为第二绝热不变量，其守恒条件为：磁场在粒子弹跳运动的一个周期内没有显著的变化。由于粒子的弹跳周期通常远大于回旋周期，因此这一守恒条件比磁矩守恒的条件要严格得多。

第二绝热不变量在讨论带电粒子的加速过程中有着重要的应用。考虑一个被两个相邻磁镜所捕获，在二者之间做来回弹跳运动的带电粒子。如果两个磁镜逐渐靠近，根据式(13.2.39)，带电粒子将在平行方向获得加速。这种粒子加速机制称为费米加速，其基本物理图像见图 13.2.6。可以想象，如果两个磁镜所对应的磁场极大值在此过程中维持不变(即临界投掷角维持不变)，随着粒子在平行方向的加速将会有越来越多的粒子在磁场极大值处未能被反射而最终逃离这一束缚区域。

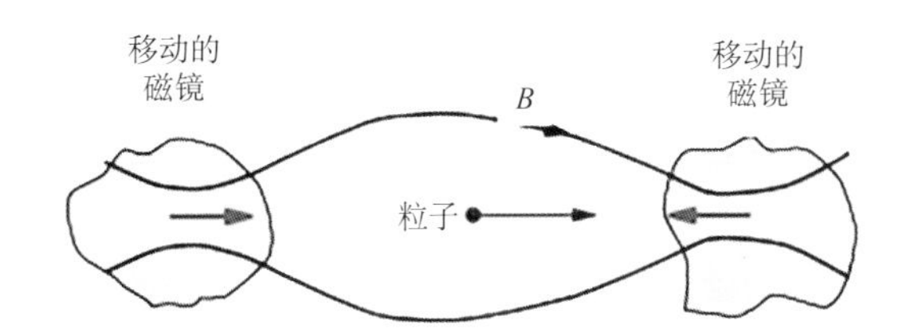

图 13.2.6　逐渐靠近的两个磁镜对弹跳粒子的费米加速过程

第二绝热不变量的守恒同样被广泛地应用于地球内磁层的研究中，尽管其守恒条件在一些具体问题中未必能够获得满足(需针对具体问题进行分析)。但如果不考虑磁场随时间的变化，且假设第一和第二绝热不变量均保持守恒，我们可以证明粒子在环绕地球漂移一周后仍回到原磁力线上。以下为简要证明：假设粒子环绕地球一周后无法回到出发点 A，而是到达了同一经度上位于 A 点外侧的 B 点。地球磁场的性质要求 B 点的磁场强度低于 A 点，且通过 B 点的磁力线长度较长。根据磁矩守恒可知，粒子在 B 点处时的垂直动能应低于在 A 点处时的垂直动能。根据第二绝热不变量的守恒，可知粒子在 B 点处时的平行动能也应低于在 A 点处时的平行动能。这显然违背了能量守恒的要求。

需要说明的是，这一证明无须假设地球磁场的对称性，因此适用于受太阳风影响而发生变形的磁场结构。事实上，利用第一和第二绝热不变量的守恒，人们可以确定任一带电粒子引导中心轨迹所构成的三维闭合曲面。这一系列曲面也称为漂移壳。它们的存在使得粒子可以较长时间地被束缚在地球磁场特定的区域，从而形成了地球辐射带。

漂移壳的定义说明带电粒子在地球磁层中还存在着另一个周期性运动，即环绕地球的漂移运动。类似的，我们可构建一个作用积分，其在满足相应的绝热条件下是一个不变量(即第三绝热不变量)。可以证明，这一绝热不变量对应于闭合漂移壳中所通过的净磁通量：

$$\Phi = \oiint \boldsymbol{B} \cdot \mathrm{d}\boldsymbol{S} \tag{13.2.40}$$

可以想象，如果地磁场缓慢地增强或减弱，带电粒子的漂移壳也将缓慢地扩张或收缩以维持磁通的守恒。需要强调的是，第三绝热不变量的守恒条件更为苛刻：磁场在粒子环向漂移一周的时间内没有显著的变化。鉴于辐射带粒子的漂移周期通常为小时数量级，而在这一时间尺度内，地磁场的实际变化往往较大，因此第三绝热不变量的守恒条件经常遭到破坏，它的实际应用价值较为有限。

13.2.10 引导中心近似的破坏

在以上章节中，带电粒子的运动总被视为两种运动的叠加，即粒子环绕引导中心的回旋运动与引导中心本身的漂移与弹跳运动。这一缓变场中的引导中心近似及其相应的绝热不变量理论在很大程度上勾画了日地空间中带电粒子的运动图像。然而，在讨论带电粒子在较小尺度结构中的运动时，如果该结构的空间尺度与带电粒子的回旋半径可比，则这一理论将不再适用。例如，在日地空间中存在着各种类型的电流片，其两侧磁场往往有很显著的差异，而带电粒子在其中的运动也远比此前的轨道复杂得多。在本节中，我们将以电流片为例，简要介绍带电粒子在引导中心近似被破坏时的运动图像。

图 13.2.7 展示了典型的地球磁尾电流片磁场拓扑形态。可以看出，在电流片南北两侧的磁场分别指向$-x$ 和$+x$ 方向，而电流片中心(z=0 处)的磁场指向$+z$ 方向，且强度最弱。当讨论带电粒子在这一电流片中的运动图像时，人们首先需要定义电流片的特征空间尺度。Buechner 和 Zelenyi(1989)提出，这一特征空间尺度可由电流片中的磁力线曲率半径所表征。从图中可以看出，这一曲率半径通常在电流片中心达到极小值。

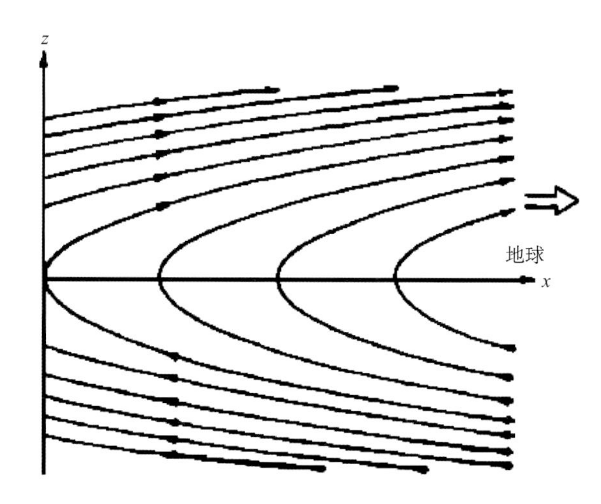

图 13.2.7 典型的地球磁尾电流片磁场拓扑形态

Buechner 和 Zelenyi(1989)提出，带电粒子在电流片中的行为可由一个特征参量 κ 表示，其定义为

$$\kappa = \left(R_{\mathrm{c}} / r_{\mathrm{c}}\right)^{1/2} \tag{13.2.41}$$

其中，R_c 代表电流片中心处的磁力线曲率半径；r_c 代表由电流片中心磁场计算得出的粒子回旋半径(尽管粒子轨道可能远比围绕 $\boldsymbol{B}_z$ 的回旋运动更为复杂)。当 $\kappa \gg 1$ 时，粒子回旋半径远小于电流片特征空间尺度，因此粒子的运动仍可用引导中心近似描述，且其磁矩保持不变。当 $\kappa \sim 1$ 时，磁矩守恒条件被破坏，粒子轨道将呈现出强烈的混沌特性。有趣的是，当 $\kappa \ll 1$ 时，尽管粒子回旋半径远大于电流片特征尺度，但粒子轨道却变得较为规则，并出现一个近似的绝热不变量。这一新的绝热不变量称为电流片不变量。

为了介绍这一绝热不变量，我们首先展示带电粒子在电流片中的典型运动轨道，如图 13.2.8 所示。这种轨道首次由 Speiser(1965)展现。图中左侧的电流片法向磁场强度为 0(即电流片两侧的磁力线反平行)，而右侧的电流片存在一个较小的法向磁场分量。

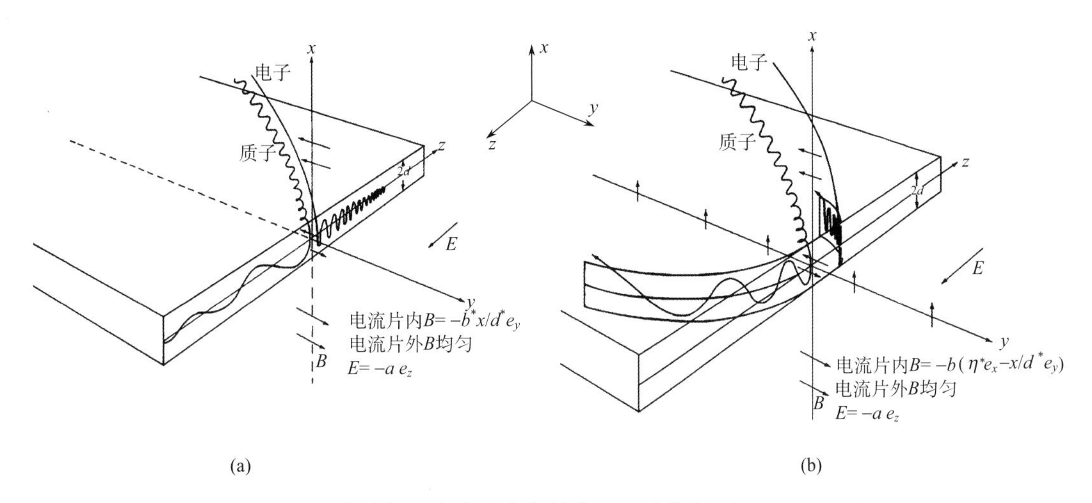

图 13.2.8　带电粒子在电流片中的典型运动轨道 (Speiser, 1965)

从左图中可以看出，带电粒子可多次穿越电流片中心(此处磁场为 0，因而又称为中性片)，并在其上下两侧来回运动。这是因为在中性片两侧，磁场分别指向图中的 $+y$ 和 $-y$ 方向，因此粒子在这两个区域的回旋方向相反。这种反复穿越中性片的粒子轨道称为蜿蜒轨道或蛇形轨道。显然，这种轨道无法用引导中心来进行描述。值得注意的是，粒子在反复穿越中性片的同时，还可在横向(同时垂直于磁场和电流片法线的方向，即图中 z 方向)沿着电流片运动。Speiser(1965)还讨论了电流片中存在着一个横向电场的情况：该粒子可通过横向运动获得能量，并最终被加速至无穷远处。

这种蜿蜒轨道展现出了明显的周期性，因此人们同样可以构建一个积分不变量。Sonnerup(1971)提出，如果将粒子在电流片法线方向上的动量 mV_x 视为广义动量 p，其在法线方向上的位置 x 视为广义坐标 q，则构建的作用积分

$$I = \oint p\mathrm{d}q = \oint mv_x \mathrm{d}x \tag{13.2.42}$$

是一个新的绝热不变量。Sonnerup(1971)进一步推导出了该绝热不变量与多个参数(包括电流片磁场梯度、粒子在 xz 平面内的速度及粒子的轨道参数等)的关系，从而展示了如何利用其守恒性分析粒子在电流片中的轨道特征。受篇幅所限，我们不对其做详细介绍，

仅简要展示一个利用该绝热不变量分析带电粒子轨道的例子，见图 13.2.9。

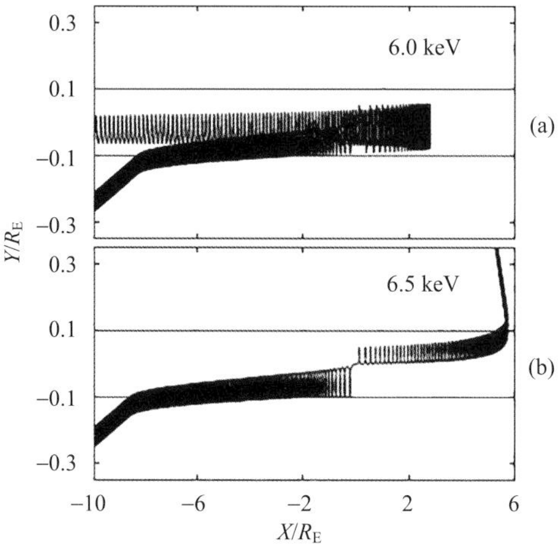

图 13.2.9　初始条件接近的两个电子进入电流片后所经历的不同轨道（Zhou et al., 2007）

图 13.2.9 描绘了两个初始速度十分接近的电子进入电流片后所经历的不同轨道。在这一电流片中，电场指向 x 方向，电流片上下两侧的磁场分别垂直于纸面向外和向内，且在电流片上方存在着一个 x 方向上的磁场梯度。可以发现，(a) 中能量稍低的粒子很快可被中性片捕获，并沿着蜿蜒轨道在电流片内运动，而 (b) 中能量稍高的粒子则穿越了电流片。Zhou 等 (2007) 通过绝热不变量 I 的守恒，详细地分析了在此模型电流片中的粒子轨道，并解析地计算出了粒子穿越电流片的临界能量。这一模型作为对这一绝热不变量的应用，被用于解释地球磁尾中带电粒子密度和温度随行星际磁场的变化。

当电流片中存在法向磁场时，带电粒子的轨道将变得更加复杂。图 13.2.8 (b) 展示了一个典型的粒子运动轨道。Speiser (1965) 将这种轨道描述为叠加在环绕法向磁场回旋路径上的蜿蜒轨道。当存在横向 (图中 z 方向) 电场时，这一粒子无法完成完整的回旋路径，而是在其偏转 90° 后被弹射出电流片。这种轨道后来被称为 Speiser 轨道。由于横向电场的作用，这一粒子在此过程中可获得加速度，而这一机制也被认为是磁重联过程中的一种重要的粒子加速机制。Buechner 和 Zelenyi (1989) 进一步分析发现，当存在法向磁场时，这种 Speiser 轨道仅是一系列可能轨道中的一个特解，而电流片不变量 I 也会在特定时刻出现随机扰动 (因此 I 被称为准绝热不变量)。Artemyev 等 (2013a, b) 进一步推广了这一绝热不变量理论，并将其用于讨论当电流片存在横向磁场 (图 13.2.8 中的 z 分量) 时的粒子运动。有兴趣的读者可参阅以上文献以进一步了解这一理论。

13.3　等离子体动理论初步

单粒子运动理论为描述等离子体的行为提供了一个简洁而清晰的手段。然而，在真实的空间环境中，等离子体集体效应的出现意味着每一个带电粒子都在其运动过程中产生电场和磁场，从而影响其他所有带电粒子的行为。换言之，等离子体中的电磁场来自于系统中所有带电粒子贡献的叠加，因此在绝大多数情况下不能被简单地视为已知。鉴于空间环境中带电粒子的数目极为巨大，这种电磁场可呈现出极端复杂的空间与时间分布，因此即使在计算资源极为丰富的今天，人们仍然不可能计算出每一个带电粒子的轨道。为此，人们必须寻求统计力学的方法来解决这一困难。这种方法被称为等离子体动理论。

等离子体动理论是一门相对艰深的学问。受篇幅所限，我们仅在本节中对其基本概念和方程进行介绍，并适当说明其在等离子体物理中的简单应用。此外，正如本章开头所指出的，人们常使用的磁流体力学方程正是动理论方程的矩方程，因此也可视为等离子体动理论的一种简化形式。我们也将在本节中展示这一推导过程。

13.3.1 分布函数的概念

等离子体是一个由大量粒子组成的体系。在任一时刻，体系中每一个粒子的运动状态均可由其所在位置 $\boldsymbol{r}(t)$ 和速度 $\boldsymbol{v}(t)$ 来表示。因此，人们可以定义一个由三维位置坐标和三维速度坐标所组成的六维空间(称为相空间)，从而将粒子的运动视为六维相空间中一个随时间移动的点 $\left(\boldsymbol{r}(t),\boldsymbol{v}(t)\right)$。也就是说，针对等离子体中任意一种带电粒子(如电子或质子，在此标记为 s 粒子)，在任一时刻 t，其在相空间中的数密度为

$$F_{\mathrm{s}}(\boldsymbol{r},\boldsymbol{v},t)=\sum_{i}\delta\left(\boldsymbol{r}-\boldsymbol{r}_{i}(t)\right)\delta\left(\boldsymbol{v}-\boldsymbol{v}_{i}(t)\right) \tag{13.3.1}$$

其中，δ 代表狄拉克 δ 函数，即仅在粒子所处的相空间位置上其密度不为零。将上式在整个相空间中求积分，即可获得等离子体中 s 粒子的总个数。

由于等离子体中大量带电粒子的存在，对这一严格的粒子相空间密度 F_{s} 进行处理仍是极其困难的。为此，人们可对 F_{s} 进行平均处理，将六维相空间中任一单位体积元内的 s 粒子个数定义为 s 粒子的速度分布函数 $f_{\mathrm{s}}(\boldsymbol{r},\boldsymbol{v},t)$。显然，在六维体积元 $\{\boldsymbol{r},\boldsymbol{r}+\mathrm{d}\boldsymbol{r}\}$，$\{\boldsymbol{v},\boldsymbol{v}+\mathrm{d}\boldsymbol{v}\}$ 内，s 粒子的总个数为

$$\mathrm{d}N_{\mathrm{s}}=F_{\mathrm{s}}(\boldsymbol{r},\boldsymbol{v},t)\mathrm{d}\boldsymbol{r}\mathrm{d}\boldsymbol{v}=f_{\mathrm{s}}(\boldsymbol{r},\boldsymbol{v},t)\mathrm{d}\boldsymbol{r}\mathrm{d}\boldsymbol{v} \tag{13.3.2}$$

由于人们很少使用 F_{s}，为方便起见，分布函数 f_{s} 也常被称为粒子的相空间密度。显然，当使用 f_{s} 讨论等离子体行为时，人们已不再考虑各粒子的严格位置，而更多地将 f_{s} 视为一个概率分布进行处理，从而对等离子体的运动状态进行描述。

显然，将 f_{s} 在速度空间中做积分，即可获得 s 粒子在位置空间中的数密度 n_{s}，即

$$n_{\mathrm{s}}(\boldsymbol{r},t)=\int f_{\mathrm{s}}(\boldsymbol{r},\boldsymbol{v},t)\mathrm{d}\boldsymbol{v} \tag{13.3.3}$$

换言之，粒子数密度 n_{s} 为分布函数 f_{s} 的零阶矩。类似地，人们可以用 f_{s} 的一阶矩来定义粒子的平均速度 $\boldsymbol{u}_{\mathrm{s}}$：

$$\boldsymbol{u}_{\mathrm{s}}(\boldsymbol{r},t)=\frac{1}{n_{\mathrm{s}}(\boldsymbol{r},t)}\int \boldsymbol{v}f_{\mathrm{s}}(\boldsymbol{r},\boldsymbol{v},t)\mathrm{d}\boldsymbol{v} \tag{13.3.4}$$

另一个常用的等离子体参数为等离子体压强，其数值可表示为 f_{s} 的二阶矩：

$$\boldsymbol{P}_{\mathrm{s}}(\boldsymbol{r},t)=m_{\mathrm{s}}\int(\boldsymbol{v}-\boldsymbol{u}_{\mathrm{s}})(\boldsymbol{v}-\boldsymbol{u}_{\mathrm{s}})f_{\mathrm{s}}(\boldsymbol{r},\boldsymbol{v},t)\mathrm{d}\boldsymbol{v} \tag{13.3.5}$$

可以看出，被积函数中出现了两个速度矢量的并矢积，因此等离子体压强 $\boldsymbol{P}_{\mathrm{s}}$ 是一个张量。对于各向同性的等离子体而言，这一压强张量的非对角项为零。此时，人们可将 $\boldsymbol{P}_{\mathrm{s}}$ 的迹定义为压强标量 $p_{\mathrm{s}}=n_{\mathrm{s}}k_{\mathrm{B}}T_{\mathrm{s}}$，其中，$k_{\mathrm{B}}$ 为玻尔兹曼常量，T_{s} 为等离子体温度。人们也可以直接使用分布函数来定义等离子体温度：

$$T_{\mathrm{s}}(\boldsymbol{r},t)=\frac{m_{\mathrm{s}}}{3k_{\mathrm{B}}n_{\mathrm{s}}(\boldsymbol{r},t)}\int(\boldsymbol{v}-\boldsymbol{u}_{\mathrm{s}})\cdot(\boldsymbol{v}-\boldsymbol{u}_{\mathrm{s}})f_{\mathrm{s}}(\boldsymbol{r},\boldsymbol{v},t)\mathrm{d}\boldsymbol{v} \tag{13.3.6}$$

这一温度的定义大致反映了粒子分布函数在速度空间上分散的程度。

图 13.3.1 展示了空间等离子体中一些典型的粒子分布函数。需要说明的是，我们不可能画出六维空间中的分布函数，因此暂不考虑 f_{s} 在位置空间中的变化，而更多地关注速度空间。即使在速度空间中，人们也往往只能选取两个速度分量作为自变量，而将 f_{s} 用颜色或灰度表示。由于等离子体行为一般与磁场紧密相关，粒子平行与垂直磁场方向的运动往往大不相同，因此人们时常选择平行磁场的速度 $v_{\parallel}$ 与垂直磁场的速度 $v_{\perp}$ 作为自变量(并假设 f_{s} 与粒子的回旋相位无关)进行绘图。

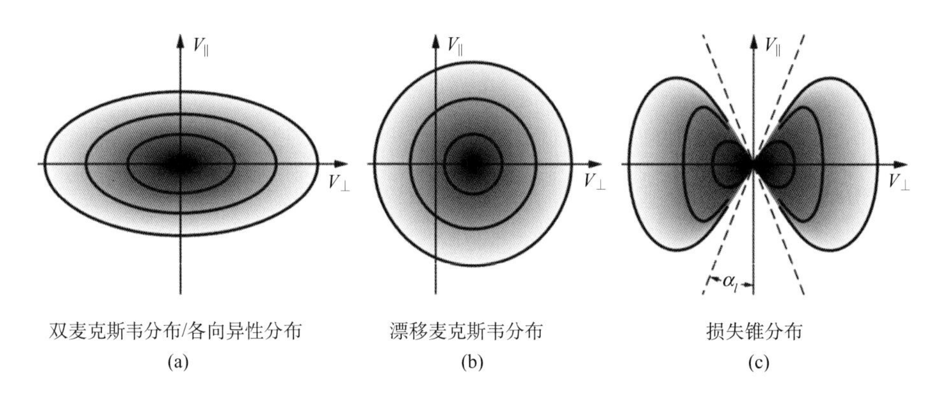

图 13.3.1　一些常见的粒子分布函数(Baumjohann and Treumann, 1997)

在图 13.3.1 中，(a)所展示的粒子分布函数称为双麦克斯韦分布，其函数形式为

$$f_{\mathrm{s}}(v_{\perp},v_{\parallel})=\frac{n}{T_{\perp}T_{\parallel}^{1/2}}\left(\frac{m_{\mathrm{s}}}{2\pi k_{\mathrm{B}}}\right)^{3/2}\exp\left(-\frac{m_{\mathrm{s}}v_{\perp}^{2}}{2k_{\mathrm{B}}T_{\perp}}-\frac{m_{\mathrm{s}}v_{\parallel}^{2}}{2k_{\mathrm{B}}T_{\parallel}}\right) \tag{13.3.7}$$

显然，这一分布函数可视为在平行和垂直磁场方向上两个麦克斯韦分布的乘积，且可展现出明显的各向异性。当粒子的平行温度 $T_{\parallel}$ 与垂直温度 $T_{\perp}$ 相等时，双麦克斯韦分布则可退化为普通的麦克斯韦分布。图 13.3.1(c)展示了漂移麦克斯韦分布，即

$$f_{\mathrm{s}}(v_{\perp},v_{\parallel})=\frac{n}{T^{3/2}}\left(\frac{m_{\mathrm{s}}}{2\pi k_{\mathrm{B}}}\right)^{3/2}\exp\left(-\frac{m_{\mathrm{s}}(v_{\perp}-u)^{2}+m_{\mathrm{s}}v_{\parallel}^{2}}{2k_{\mathrm{B}}T}\right) \tag{13.3.8}$$

此时粒子的运动可视为其平均速度 u 与粒子热运动的叠加。图 13.3.1(c)则展示了地球辐射带中常见的一种粒子分布函数，即损失锥分布。如果将地球内磁层中的磁场位形视为

一对磁镜结构的话(见 13.2.8 节)，当某个粒子的投掷角小于临界投掷角 α_l 时，该粒子将不能被磁镜结构所束缚，并最终在地球大气层中沉降。因此，粒子分布函数可在小于临界投掷角的速度空间(称为损失锥)中显著下降。

以上仅简要介绍了一些较为简单的典型分布函数。在真实的空间环境中，粒子的分布函数往往更加复杂，且几乎总与空间位置及时间密切相关。决定分布函数 f_s 的方程称为动理论方程，我们将在 13.3.2 节中对其进行介绍。

13.3.2　玻尔兹曼方程与弗拉索夫方程

在等离子体动理论中，人们使用了统计力学的概念，将玻尔兹曼(Boltzmann)方程视为粒子分布函数 $f_s(\boldsymbol{r},\boldsymbol{v},t)$ 必须满足的基本方程。这一方程的形式为

$$\frac{\partial f_s}{\partial t}+\boldsymbol{v}\cdot\nabla_r f_s+\frac{\boldsymbol{F}}{m_s}\cdot\nabla_v f_s=\left(\frac{\partial f_s}{\partial t}\right)_c \tag{13.3.9}$$

其中，∇_r 和 ∇_v 分别代表位置空间与速度空间的梯度；$\boldsymbol{F}$ 为作用在粒子上的力。在空间等离子体环境中，人们通常较为关注电磁力 $\boldsymbol{E}+\boldsymbol{v}\times\boldsymbol{B}$，而重力 $m_s\boldsymbol{g}$ 在多数情况下可忽略不计。方程右侧代表由碰撞引起的 f_s 随时间变化率。

玻尔兹曼方程的详细推导可参见(Gurnett and Bhattacharjee, 2017)中的第 5.2 节，本书仅简要介绍其物理意义。由于 $f_s(\boldsymbol{r},\boldsymbol{v},t)$ 是七个独立变量的函数，玻尔兹曼方程可写为全微分的形式，即

$$\frac{\mathrm{d}f_s}{\mathrm{d}t}=\left(\frac{\partial f_s}{\partial t}\right)_c \tag{13.3.10}$$

其中，$\mathrm{d}f_s/\mathrm{d}t$ 代表随粒子运动的坐标系中 f_s 的变化率。玻尔兹曼方程说明，在不考虑碰撞的情况下，粒子的相空间密度 f_s 沿着其运动轨迹保持不变。

为了理解这一过程，我们考虑六维相空间中一个无限小的体积元。在这一体积元内，所有粒子均具有相同的位置与速度。在不考虑碰撞的情况下，这些粒子相同的速度可使它们在下一时刻一同运行至另一个空间位置。对同一类粒子而言，它们受到的作用力仅取决于粒子的位置与速度，因此体积元内所有粒子均可获得同样大小的加速度，即在速度空间内一同移动至下一个位置。尽管在这一过程中，粒子所在的体积元位置和形状均可发生改变，但其在六维相空间中的体积保持不变(即六维坐标变换的雅可比行列式为 1，证明可参见(Gurnett and Bhattacharjee, 2017)。由于总粒子数没有变化，因此其相空间密度 f_s 在此过程中也保持不变，仅当出现碰撞时，粒子的散射可造成 f_s 的变化。

在玻尔兹曼方程中，碰撞项的具体形式取决于碰撞类型。当存在带电粒子与中性粒子的碰撞时，这一碰撞项被称为 Krook 碰撞项，即

$$\left(\frac{\partial f_s}{\partial t}\right)_c=\nu_n\left(f_n-f_s\right) \tag{13.3.11}$$

其中，f_n 为中性粒子的分布函数；ν_n 为带电粒子与中性粒子的碰撞频率。对于完全电离的等离子体而言，带电粒子之间几乎不可能发生直接的二体碰撞：粒子可同时受德拜球内大量粒子的长程库仑力作用，其效果可视为大量小角度偏转的叠加。这种碰撞形式称

为库仑碰撞，其对应的碰撞项则相当复杂。这一库仑碰撞项的近似形式为

$$\left(\frac{\partial f_{\mathrm{s}}}{\partial t}\right)_{\mathrm{c}}=\frac{\partial}{\partial v_i}\left\{-A_i f_{\mathrm{s}}+\frac{1}{2}\frac{\partial}{\partial v_j}\left(B_{ij} f_{\mathrm{s}}\right)\right\} \tag{13.3.12}$$

其中，A_i 与 B_{ij} 分别为摩擦系数与扩散系数，而其对应的玻尔兹曼方程则称为 Fokker-Planck 方程（Dougherty, 1964）。

在空间等离子体中，带电粒子的碰撞频率往往非常低。如果忽略碰撞项，并假设 $\boldsymbol{F}$ 完全是电磁力，则玻尔兹曼方程可写为以下特殊形式：

$$\frac{\partial f_{\mathrm{s}}}{\partial t}+\boldsymbol{v}\cdot\nabla_{\boldsymbol{r}} f_{\mathrm{s}}+\frac{q_{\mathrm{s}}}{m_{\mathrm{s}}}\left(\boldsymbol{E}+\boldsymbol{v}\times\boldsymbol{B}\right)\cdot\nabla_{\boldsymbol{v}} f_{\mathrm{s}}=0 \tag{13.3.13}$$

这一方程称为弗拉索夫方程。由于其相对简单的形式，这一方程在等离子体动理论中获得了极为广泛的应用。由于弗拉索夫方程中含有电场与磁场信息，人们常常将其与麦克斯韦方程组联立，并通过对 f_{s} 求积分，为麦克斯韦方程组提供空间电流和电荷的信息。在接下来的几个小节中，我们将从弗拉索夫-麦克斯韦方程组出发，简要讨论等离子体动理论的具体应用。

13.3.3 动理论平衡态

在等离子体物理的研究中，相当一部分工作与等离子体平衡态有关：在真实的卫星观测中，人们会时而发现等离子体各参数几乎不随时间变化。更重要的是，人们常常需要构建一个平衡态，以便将其作为初始条件分析等离子体中的各种不稳定性，或模拟等离子体环境随时间的演化过程。一个常见的例子是人们对磁场重联的数值模拟。在这一模拟过程中，初始条件通常设定为 Harris（1962）电流片模型，而这一电流片模型正是一个典型的动理论平衡态。本节将以这一模型为例，简要介绍动理论平衡态的基本原理。

在动理论框架中，等离子体平衡态可被视为弗拉索夫-麦克斯韦方程组的定常解。在此情况下，弗拉索夫方程可简化为

$$\boldsymbol{v}\cdot\nabla_{\boldsymbol{r}} f_{\mathrm{s}}+\frac{q_{\mathrm{s}}}{m_{\mathrm{s}}}\left(\boldsymbol{E}+\boldsymbol{v}\times\boldsymbol{B}\right)\cdot\nabla_{\boldsymbol{v}} f_{\mathrm{s}}=0 \tag{13.3.14}$$

或

$$\frac{\mathrm{d}f_{\mathrm{s}}}{\mathrm{d}t}=\frac{\partial f_{\mathrm{s}}}{\partial t}=0 \tag{13.3.15}$$

为方便理解，我们可考虑两个不同的时间 t_1 与 t_2，在此期间内，六维相空间中的一个无穷小的体积元从 $(\boldsymbol{r}_1,\boldsymbol{v}_1)$ 点运动至 $(\boldsymbol{r}_2,\boldsymbol{v}_2)$ 点。由式（13.3.12）可知：

$$f_{\mathrm{s}}\left(\boldsymbol{r}_1,\boldsymbol{v}_1,t_1\right)=f_{\mathrm{s}}\left(\boldsymbol{r}_2,\boldsymbol{v}_2,t_2\right)=f_{\mathrm{s}}\left(\boldsymbol{r}_2,\boldsymbol{v}_2,t_1\right) \tag{13.3.16}$$

也就是说，在相空间内任一体积元的运动轨道上，f_{s} 始终保持定值。因此，如果 f_{s} 可写为粒子运动常数的函数形式，则弗拉索夫方程将自动满足。

在 Harris（1962）模型中，作者首先建立了电流片坐标系[电磁场及等离子体参数均只沿 x 方向变化，电流方向为 y 方向，磁场仅存在 z 分量，如图 13.3.2（a）所示]，随后使用

了两个运动常数来构建 f_s。第一个运动常数是带电粒子的总能量：

$$W_s = m_s\left(v_x^2 + v_y^2 + v_z^2\right)/2 + q_s\varphi(x) \tag{13.3.17}$$

其中，φ 为粒子所在位置的静电势。第二个运动常数为粒子在 y 方向上的正则动量：

$$P_{ys} = m_s v_y + q_s A_y(x) \tag{13.3.18}$$

其中，A_y 代表粒子所在位置的磁矢势。

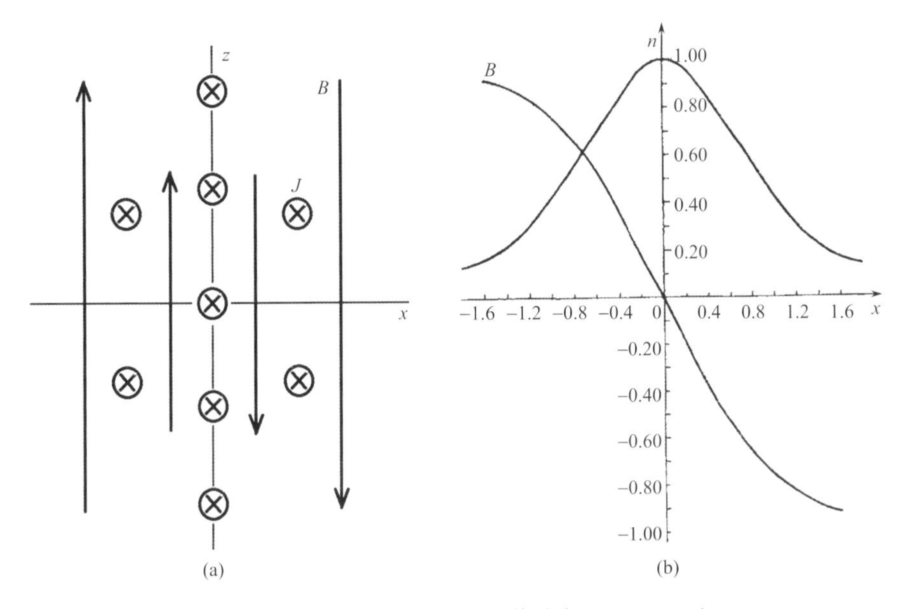

图 13.3.2　Harris 电流片模型(修改自 Harris, 1962)

原则上，f_s 可以取任何一个关于 W_s 和 P_{ys} 的非负函数，弗拉索夫方程均自动成立。在 Harris(1962)模型中，作者将二者加权叠加后，选用了指数函数的形式，即

$$f_s \propto \exp\left(-\frac{W_s - v_{Ds}P_{ys}}{k_B T_s}\right) \tag{13.3.19}$$

其中，s 粒子包括质子与电子两种，而 v_{Ds} 代表电流片中 s 粒子的平均速度。如果将式(13.3.17)与式(13.3.18)代入式(13.3.19)，可得

$$f_s \propto \exp\left[\frac{q_s v_{Ds} A_y(x) - q_s\varphi(x)}{k_B T_s}\right]\cdot\exp\left[-\frac{m_s v_x^2 + m_s\left(v_y - v_{Ds}\right)^2 + m_s v_z^2}{2k_B T_s}\right] \tag{13.3.20}$$

由此可看出，粒子始终呈现漂移麦克斯韦分布[图 13.3.1(b)]，且其数密度 n_s 取决于磁矢势 $A_y(x)$ 和电势 $\varphi(x)$：

$$n_s \propto \exp\left[\frac{q_s v_{Ds} A_y(x) - q_s\varphi(x)}{k_B T_s}\right] \tag{13.3.21}$$

考虑到质子和电子分布函数的不同，人们可获得电荷与电流的空间分布(同样取决于 A_y 和 φ)。随后，人们可将电荷与电流的分布代入麦克斯韦方程组(高斯定律与安培定律)，即可最终求得等离子体电流片的一系列定常解。

Harris(1962)考虑了其中的一个特殊解。假设空间中的电场处处为零，则在式(13.3.20)与式(13.3.21)中，电势$\varphi(x)$的数值可取零。与此同时，高斯定律要求质子与电子的数密度处处相等，因此

$$v_{\mathrm{Di}} / T_{\mathrm{i}} = -v_{\mathrm{De}} / T_{\mathrm{e}} \tag{13.3.22}$$

其中，下标i与e分别代表质子与电子。在这一条件下，安培定律可写为

$$\frac{\mathrm{d}^2 A_y}{\mathrm{d}x^2} = -\mu_0 j_y \propto -\mu_0 q_i \left(v_{\mathrm{Di}} - v_{\mathrm{De}}\right) \exp\left(\frac{q_{\mathrm{i}} v_{\mathrm{Di}}}{k_{\mathrm{B}} T_{\mathrm{i}}} A_y\right) \tag{13.3.23}$$

求解这一方程，并取合适的边界条件：$B_z(0)=0$及$B_z(-\infty)=B_0$，即可获得 Harris 电流片的磁矢势A_y及磁场B_z随x的函数：

$$\begin{cases} A_y(x) = -B_0 L \ln\left[\cosh(x/L)\right] \\ B_z(x) = -B_0 \tanh(x/L) \end{cases} \tag{13.3.24}$$

其中，$L = 2k_{\mathrm{B}}T_{\mathrm{i}} / q_{\mathrm{i}} v_{\mathrm{Di}} B_0$为电流片的特征半厚度。利用安培定律，人们还可以计算出电流片中的电流分布：

$$j_y(x) = -\frac{1}{\mu_0}\frac{\mathrm{d}B_z}{\mathrm{d}x} = \frac{B_0}{\mu_0 L} \cdot \cosh^{-2}(x/L) \tag{13.3.25}$$

及其对应的等离子体密度分布：

$$n(x) = \frac{j_y(x)}{q_{\mathrm{i}}\left(v_{\mathrm{Di}} - v_{\mathrm{De}}\right)} = \frac{B_0}{q_{\mathrm{i}}\mu_0 L\left(v_{\mathrm{Di}} - v_{\mathrm{De}}\right)} \cdot \cosh^{-2}(x/L) \tag{13.3.26}$$

可以看出，式(13.3.26)中的等离子体分布满足式(13.3.21)。图 13.3.2(b)展示了 Harris 电流片中的归一化的磁场与密度随x的分布。其中，磁场的双曲正切分布作为空间电流片的标准图像，在空间物理学界中已被广泛应用。

需要强调的是，Harris(1962)只提供了弗拉索夫−麦克斯韦方程组的一个特殊解。事实上，人们可以构建各种不同格式的解，用以描述定常态的等离子体电流片。例如，Channell(1976)将式(13.3.19)替换为更为普遍的粒子分布函数，即

$$f_{\mathrm{s}} \propto \exp\left(-\frac{W_{\mathrm{s}}}{k_{\mathrm{B}} T_{\mathrm{s}}}\right) \cdot g\left(P_{y\mathrm{s}}\right) \tag{13.3.27}$$

其中，$g\left(P_{y\mathrm{s}}\right)$可为任一非负函数。Yoon 和 Lui(2004)则在式(13.3.19)的基础上叠加了一个较冷的麦克斯韦分布。这一改变使得粒子数密度在远离电流片中心的区域(如磁尾尾瓣区)不至于趋近于零，同时也无须假设空间电场处处为零，从而与观测更为接近。Sitnov 等(2003)进一步将电流片不变量I_{s}(见 13.2.10 节)作为另一个运动常数，与W_{s}和$P_{y\mathrm{s}}$一同构建粒子分布函数,从而可用于表征电流片观测中出现的更为复杂的电磁场形态(如电流片的镶嵌与分岔)及粒子的各向异性分布。

在以上模型中，电流片均被视为一维空间结构，即带电粒子与电磁场的空间分布都只在一个方向上变化。这是因为在式(13.3.17)和式(13.3.18)中，磁矢势A_y与电势φ均仅

为 x 的函数。为了构建二维的空间结构，可令 f_s 维持式(13.3.19)或式(13.3.27)的形式，但允许 A_y 与 φ 在另一方向上发生变化。这些工作在本节中不再赘述，有兴趣的读者可参阅 Lembége 和 Pellat(1982)及 Schindler 和 Birn(2002)等。

13.3.4　等离子体振荡与朗道阻尼

在 13.1 节中，我们曾利用单个电子的运动方程推导了等离子体的静电振荡频率。显然，这一推导过程不可能考虑电子热运动的影响。在本节中，我们将从弗拉索夫-麦克斯韦方程组出发，在等离子体动理论的框架下重新回顾这一问题。

我们仅考虑一种较为简单的情况。假设等离子体中磁场始终为零，则弗拉索夫方程可简化为

$$\frac{\partial f_{\mathrm{s}}}{\partial t}+\boldsymbol{v}\cdot\nabla_{\boldsymbol{r}}f_{\mathrm{s}}+\frac{q_{\mathrm{s}}}{m_{\mathrm{s}}}\boldsymbol{E}\cdot\nabla_{\boldsymbol{v}}f_{\mathrm{s}}=0 \tag{13.3.28}$$

而这一电场的分布需满足高斯定律：

$$\nabla_{\boldsymbol{r}}\cdot\boldsymbol{E}=\frac{q_{\mathrm{i}}}{\varepsilon_0}\int\left[f_{\mathrm{i}}(\boldsymbol{r},\boldsymbol{v},t)-f_{\mathrm{e}}(\boldsymbol{r},\boldsymbol{v},t)\right]\mathrm{d}\boldsymbol{v} \tag{13.3.29}$$

显然，这个方程组是高度非线性的。

一种常见的处理方法为线性化：假设电磁场及粒子分布函数均为背景值和扰动值的叠加，其中背景值已处于动理论平衡态(因此已满足弗拉索夫方程)，而扰动值的振幅为小量。通常，人们用下标 0 代表任一参量的平衡背景态，下标 1 代表其扰动部分，即

$$\begin{cases}\boldsymbol{E}=\boldsymbol{E}_0+\boldsymbol{E}_1\\ f_{\mathrm{s}}=f_{\mathrm{s}0}+f_{\mathrm{s}1}\end{cases} \tag{13.3.30}$$

将上式代入式(13.3.28)，并略去高阶小量，即可获得线性化后的弗拉索夫方程。针对等离子体振荡问题，人们常做进一步简化：假设等离子体中的背景电场 $\boldsymbol{E}_0$ 为 0，粒子的背景分布函数 $f_{\mathrm{s}0}$ 仅取决于能量，与粒子速度方向及空间位置均无关，且忽略质子分布函数的扰动 $f_{\mathrm{i}1}$。在此假设下，人们只需讨论线性化的电子弗拉索夫方程，即

$$\frac{\partial f_{\mathrm{e}1}}{\partial t}+\boldsymbol{v}\cdot\nabla_{\boldsymbol{r}}f_{\mathrm{e}1}+\frac{q_{\mathrm{e}}}{m_{\mathrm{e}}}\boldsymbol{E}_1\cdot\nabla_{\boldsymbol{v}}f_{\mathrm{e}0}=0 \tag{13.3.31}$$

其中高阶小量 $\dfrac{q_{\mathrm{e}}}{m_{\mathrm{e}}}\boldsymbol{E}_1\cdot\nabla_{\boldsymbol{v}}f_{\mathrm{e}1}$ 已被略去。类似地，线性化后的高斯定律可写为

$$\nabla_{\boldsymbol{r}}\cdot\boldsymbol{E}_1=\frac{q_{\mathrm{e}}}{\varepsilon_0}\int f_{\mathrm{e}1}(\boldsymbol{r},\boldsymbol{v},t)\mathrm{d}\boldsymbol{v} \tag{13.3.32}$$

显然，只有当扰动振幅确实为小量时，这种线性化的处理方法才是准确的。

随后，人们可假设扰动为平面波形式。这一假设也可理解为对各参量在时间与空间上进行傅里叶变换：

$$\begin{cases}\boldsymbol{E}_1=\hat{\boldsymbol{E}}_1\exp\left[\mathrm{i}(\boldsymbol{k}\cdot\boldsymbol{r}-\omega t)\right]\\ f_{\mathrm{e}1}=\hat{f}_{\mathrm{e}1}\exp\left[\mathrm{i}(\boldsymbol{k}\cdot\boldsymbol{r}-\omega t)\right]\end{cases} \tag{13.3.33}$$

在这一框架下，人们可将时间导数$\partial/\partial t$替换为$-\mathrm{i}\omega$，将空间梯度$\nabla_{\boldsymbol{r}}$替换为$\mathrm{i}\boldsymbol{k}$，从而将式(13.3.31)改写为

$$-\mathrm{i}\omega f_{\mathrm{e}1}+\boldsymbol{v}\cdot\mathrm{i}\boldsymbol{k}f_{\mathrm{e}1}+\frac{q_{\mathrm{e}}}{m_{\mathrm{e}}}\boldsymbol{E}_1\cdot\nabla_{\boldsymbol{v}}f_{\mathrm{e}0}=0 \tag{13.3.34}$$

由此可写出$f_{\mathrm{e}1}$的表达式：

$$f_{\mathrm{e}1}=-\frac{\mathrm{i}q_{\mathrm{e}}}{m_{\mathrm{e}}}\boldsymbol{E}_1\cdot\frac{\nabla_{\boldsymbol{v}}f_{\mathrm{e}0}}{\omega-\boldsymbol{k}\cdot\boldsymbol{v}} \tag{13.3.35}$$

若假设平面波沿x方向传播，即上式可简化为标量形式：

$$f_{\mathrm{e}1}=-\frac{\mathrm{i}q_{\mathrm{e}}}{m_{\mathrm{e}}}E_{x1}\cdot\frac{\nabla_{\boldsymbol{v}}f_{\mathrm{e}0}}{\omega-k_x v_x} \tag{13.3.36}$$

其中电场扰动仅存在x分量。这是因为在磁场扰动为0的情况下，法拉第定律要求电场的旋度为0，即$\mathrm{i}\boldsymbol{k}\times\boldsymbol{E}_1=0$。在上式中，另一个显著的特点是右边的系数中出现了虚数i，即$f_{\mathrm{e}1}$与E_{x1}之间存在着90°（或–90°，取决于右侧其他各项的正负）的相位差。将上式中$f_{\mathrm{e}1}$的表达式代入式(13.3.32)，则可消去E_{x1}：

$$1=-\frac{q_{\mathrm{e}}^2}{m_{\mathrm{e}}\varepsilon_0}\frac{1}{k}\int_{-\infty}^{+\infty}\frac{\partial f_{\mathrm{e}0}/\partial v_x}{\omega-k_x v_x}\mathrm{d}v_x \tag{13.3.37}$$

做分部积分，可得

$$1=\frac{q_{\mathrm{e}}^2}{m_{\mathrm{e}}\varepsilon_0}\int_{-\infty}^{+\infty}\frac{f_{\mathrm{e}0}}{\left(\omega-k_x v_x\right)^2}\mathrm{d}v_x \tag{13.3.38}$$

在 Vlasov(1945)中，作者假设ω远大于$k_x v_x$，从而试图利用泰勒级数的方法将上式中的积分展开。若只考虑前三项，则上式可写为

$$1=\frac{q_{\mathrm{e}}^2}{m_{\mathrm{e}}\varepsilon_0}\int_{-\infty}^{+\infty}\frac{f_{\mathrm{e}0}}{\omega^2}\left(1+\frac{2k_x v_x}{\omega}+\frac{3k_x^2 v_x^2}{\omega^2}\right)\mathrm{d}v_x \tag{13.3.39}$$

利用式(13.3.3)、式(13.3.4)和式(13.3.6)中对粒子数密度、平均速度和温度的定义，上式可化简为

$$\omega^2=\omega_{\mathrm{pe}}^2+\frac{\omega_{\mathrm{pe}}^2}{\omega^2}\frac{3k_{\mathrm{B}}T_{\mathrm{e}}}{m_{\mathrm{e}}}k_x^2 \tag{13.3.40}$$

其中，$\omega_{\mathrm{pe}}=\left(\dfrac{nq_{\mathrm{e}}^2}{m_{\mathrm{e}}\varepsilon_0}\right)^{1/2}$为等离子体频率。将上式与式(13.1.6)直接对比，可发现在上式右侧中多了与电子温度成正比的一项。由于这一项与k_x相关，可知在这一理论框架内，原本被认为与空间位置无关的等离子体振荡变成了一种静电波。这种波动被称为朗缪尔波，其色散关系由式(13.3.40)给出。

需要指出的是，Vlasov(1945)的推导显然是不严谨的。这是因为在式(13.3.38)中，积分路径上出现了一个奇点($v_x=\omega/k_x$)。这一奇点的出现可被理解为粒子与波的共振：当电子运动速度v_x与波传播的相速度ω/k_x相等时，该电子所在位置的电场保持不变，

从而导致电子能量的持续上升或下降(取决于二者之间的相位关系)。由于这一能量变化源自波与粒子之间的相互作用，可以想象，在这一过程中波场的能量同样可发生持续变化。因此，人们意识到在这一问题中，对各参量在时间上做傅里叶变换是存在问题的。

Landau(1946)对此进行了修正。为了考虑波动随时间的演化，Landau(1946)在时间上使用了拉普拉斯变换，从而将这一问题转化为了初值问题。在这一情况下，ω将变为一个复数，其中虚部的大小也决定了波场的增强或衰减。因此，式(13.3.37)中的积分应视为复平面中的周线积分，从而利用留数定理进行处理。这一数学推导在多本等离子体教材中(如 Chen, 1974、Baumjohann and Treumann, 1997、Gurnett and Bhattacharjee, 2017等)均有详细讨论，在本书中不再赘述，仅对其结果进行简要介绍。

Landau(1946)发现，即使在呈麦克斯韦分布的无碰撞等离子体中，朗缪尔波仍会出现阻尼现象。这种无碰撞的阻尼过程称为朗道阻尼。这是一个此前从未被预料到的结果，因此当朗道阻尼现象在观测中被证实时，人们也将其视为应用数学在等离子体物理中的一个巨大成功。可以想象，朗道阻尼的发生原理与波-粒子共振有关。正如此前所提到的，当电子运动速度与波的相速度接近时，二者之间可以发生持续的相互作用，从而导致能量交换。这一能量交换过程可被类比为两个粒子的碰撞，其中一个粒子是动量为$m_e v$的电子，而另一个则是动量为$\hbar k_x$的中性粒子(其中$\hbar$为约化普朗克常量)。如图 13.3.3(b)所示，当波的相速度稍大于电子速度时，二者之间的相互作用更倾向于加速电子，即波将能量转移给电子；反之，当波的相速度稍小于电子速度时，电子将能量转移给波。若等离子体电子数量众多，波的增长和阻尼取决于两种电子数量的多少。对于麦克斯韦分布的电子而言，速度较高的电子数量少于速度较低的电子[图 13.3.3(a)]，因此造成了波场能量的下降。

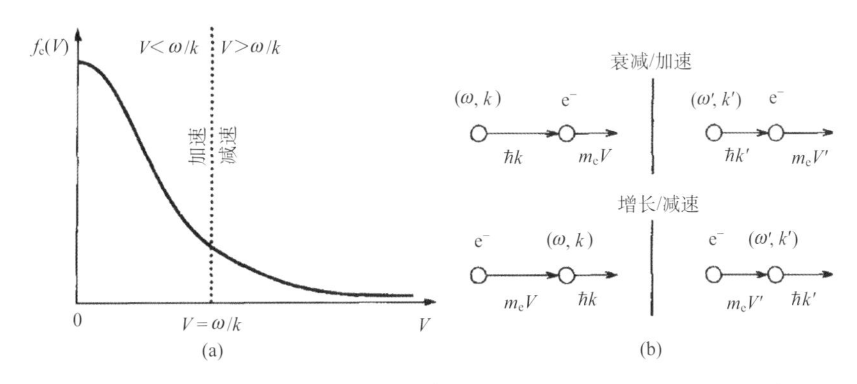

图 13.3.3　朗道阻尼的简化物理图像(Baumjohann and Treumann, 1997)

如果背景电子分布并非麦克斯韦分布，而是在某个速度范围内出现了正梯度，那么相速度在这一区间的波将从共振电子中获得能量，从而得以增长。这种逆朗道阻尼效应意味着等离子体不稳定性的发生。事实上，等离子体波动与不稳定性的数学推导十分类似，其区别主要源自初始条件的不同。另外，需要指出的是，无论等离子体波的增长还是衰减都对应于粒子分布函数的变化(否则能量守恒条件将无法满足)，而改变后的粒子分布函数又修正了等离子体波动的增长或衰减率，从而造成波动的增长或衰减逐渐减慢，甚至停止。显然，这是一种非线性效应，因而本节中介绍的线性理论无法对此进行处理。对等离子体中非线性效应的描述可参见 Chen(1974)及 Gurnett 和 Bhattacharjee(2017)等经典教材，或 Sagdeev 和 Galeev(1969)等非线性等离子体物理专著。

13.3.5 粒子分布函数的矩方程

在第 13.3.1 节中，我们用粒子分布函数的零阶及高阶矩定义了等离子体密度、速度与温度等概念。因此，如果对弗拉索夫方程各项求矩，其对应的方程将可用于描述这些等离子体参数的演化过程。这些粒子分布函数的矩方程与流体力学方程极为相似。在本节中，我们将从弗拉索夫方程出发推导出这些矩方程。

我们首先对弗拉索夫方程(13.3.13)在速度空间中求积，即求弗拉索夫方程的零阶矩：

$$\int\left[\frac{\partial f_{\mathrm{s}}}{\partial t}+\boldsymbol{v}\cdot\nabla_{\boldsymbol{r}}f_{\mathrm{s}}+\frac{q_{\mathrm{s}}}{m_{\mathrm{s}}}\left(\boldsymbol{E}+\boldsymbol{v}\times\boldsymbol{B}\right)\cdot\nabla_{\boldsymbol{v}}f_{\mathrm{s}}\right]\mathrm{d}\boldsymbol{v}=0 \tag{13.3.41}$$

根据等离子体密度的定义(13.3.3)，并注意到速度空间中的单位体积元 $\mathrm{d}\boldsymbol{v}$ 不取决于时间 t，上式第一项可写为

$$\int\frac{\partial f_{\mathrm{s}}}{\partial t}\mathrm{d}\boldsymbol{v}=\frac{\partial}{\partial t}\int f_{\mathrm{s}}\mathrm{d}\boldsymbol{v}=\frac{\partial n_{\mathrm{s}}}{\partial t} \tag{13.3.42}$$

类似地，由于在六相空间中速度与位置互相独立，式(13.3.41)中第二项可根据等离子体平均速度的定义(13.3.4)改写为

$$\int\boldsymbol{v}\cdot\nabla_{\boldsymbol{r}}f_{\mathrm{s}}\mathrm{d}\boldsymbol{v}=\int\left[\nabla_{\boldsymbol{r}}\cdot\left(f_{\mathrm{s}}\boldsymbol{v}\right)-f_{\mathrm{s}}\left(\nabla_{\boldsymbol{r}}\cdot\boldsymbol{v}\right)\right]\mathrm{d}\boldsymbol{v}=\nabla_{\boldsymbol{r}}\cdot\left(n_{\mathrm{s}}\boldsymbol{u}_{\mathrm{s}}\right) \tag{13.3.43}$$

对式(13.3.41)中第三项进行化简时，同样需要注意到电场 $\boldsymbol{E}$ 与速度 $\boldsymbol{v}$ 无关。随后在速度空间中利用高斯散度定理，可得

$$\int\left(\frac{q_{\mathrm{s}}}{m_{\mathrm{s}}}\boldsymbol{E}\cdot\nabla_{\boldsymbol{v}}f_{\mathrm{s}}\right)\mathrm{d}\boldsymbol{v}=\frac{q_{\mathrm{s}}}{m_{\mathrm{s}}}\int\nabla_{\boldsymbol{v}}\cdot\left(f_{\mathrm{s}}\boldsymbol{E}\right)\mathrm{d}\boldsymbol{v}=\frac{q_{\mathrm{s}}}{m_{\mathrm{s}}}\iint_{S\infty}\left(f_{\mathrm{s}}\boldsymbol{E}\right)\cdot\mathrm{d}\boldsymbol{S}=0 \tag{13.3.44}$$

在以上推导中，我们利用了 f_{s} 在速度为 ∞ 处为 0 的条件。这一条件也可用于式(13.3.41)中第四项的化简，从而将其化为

$$\int\left[\frac{q_{\mathrm{s}}}{m_{\mathrm{s}}}\left(\boldsymbol{v}\times\boldsymbol{B}\right)\cdot\nabla_{\boldsymbol{v}}f_{\mathrm{s}}\right]\mathrm{d}\boldsymbol{v}=\frac{q_{\mathrm{s}}}{m_{\mathrm{s}}}\int f_{\mathrm{s}}\nabla_{\boldsymbol{v}}\cdot\left(\boldsymbol{v}\times\boldsymbol{B}\right)\mathrm{d}\boldsymbol{v}=\frac{q_{\mathrm{s}}}{m_{\mathrm{s}}}\int f_{\mathrm{s}}\boldsymbol{B}\cdot\left(\nabla_{\boldsymbol{v}}\times\boldsymbol{v}\right)\mathrm{d}\boldsymbol{v}=0 \tag{13.3.45}$$

因此，弗拉索夫方程的零阶矩可改写为

$$\frac{\partial n_{\mathrm{s}}}{\partial t}+\nabla\cdot\left(n_{\mathrm{s}}\boldsymbol{u}_{\mathrm{s}}\right)=0 \tag{13.3.46}$$

这一方程也称为等离子体 s 成分的连续性方程。注意，我们在此处用 ∇ 替换了 $\nabla_{\boldsymbol{r}}$，这是因为在矩方程中，粒子分布函数在速度空间中的梯度已不再出现。该方程的物理意义是，在 s 粒子没有被创造或湮灭的情况下，s 粒子在任一体积元内数目的改变都源自穿过体积元表面的粒子净通量。这一方程耦合了等离子体的密度与速度，但如果将等离子体视为流体进行处理，方程的数量显然是不足的。人们需要找到另一个方程来描述等离子体速度。为此，可对弗拉索夫方程做一阶矩：

$$\int \boldsymbol{v}\left[\frac{\partial f_{\mathrm{s}}}{\partial t}+\boldsymbol{v}\cdot\nabla_{\boldsymbol{r}} f_{\mathrm{s}}+\frac{q_{\mathrm{s}}}{m_{\mathrm{s}}}(\boldsymbol{E}+\boldsymbol{v}\times\boldsymbol{B})\cdot\nabla_{\boldsymbol{v}} f_{\mathrm{s}}\right]\mathrm{d}\boldsymbol{v}=0 \tag{13.3.47}$$

根据式(13.3.4)，上式第一项可写为

$$\int \boldsymbol{v}\frac{\partial f_{\mathrm{s}}}{\partial t}\mathrm{d}\boldsymbol{v}=\frac{\partial}{\partial t}\int \boldsymbol{v} f_{\mathrm{s}}\mathrm{d}\boldsymbol{v}=\frac{\partial\left(n_{\mathrm{s}}\boldsymbol{u}_{\mathrm{s}}\right)}{\partial t} \tag{13.3.48}$$

在式(13.3.47)中，第二项的处理则因为出现了并矢张量而稍显复杂。根据并矢的散度公式

$$\nabla\cdot(f\boldsymbol{a}\boldsymbol{b})=(\nabla\cdot f\boldsymbol{a})\boldsymbol{b}+f\boldsymbol{a}\cdot\nabla\boldsymbol{b}=\boldsymbol{b}(\boldsymbol{a}\cdot\nabla f)+f\boldsymbol{b}(\nabla\cdot\boldsymbol{a})+f\boldsymbol{a}\cdot\nabla\boldsymbol{b} \tag{13.3.49}$$

可知

$$\boldsymbol{v}\left(\boldsymbol{v}\cdot\nabla_{\mathrm{r}} f_{\mathrm{s}}\right)=\nabla_{\mathrm{r}}\cdot\left(f_{\mathrm{s}}\boldsymbol{v}\boldsymbol{v}\right)-f_{\mathrm{s}}\boldsymbol{v}\left(\nabla_{\mathrm{r}}\cdot\boldsymbol{v}\right)-f_{\mathrm{s}}\boldsymbol{v}\cdot\nabla_{\mathrm{r}}\boldsymbol{v}=\nabla_{\mathrm{r}}\cdot\left(f_{\mathrm{s}}\boldsymbol{v}\boldsymbol{v}\right) \tag{13.3.50}$$

对于任意粒子速度 $\boldsymbol{v}$，人们均可将其写为所有粒子平均速度 $\boldsymbol{u}_{\mathrm{s}}$ 与 $\boldsymbol{w}=\boldsymbol{v}-\boldsymbol{u}_{\mathrm{s}}$ 叠加的形式。因此，式(13.3.47)中的第二项可写为

$$\int \boldsymbol{v}\left(\boldsymbol{v}\cdot\nabla_{\mathrm{r}} f_{\mathrm{s}}\right)\mathrm{d}\boldsymbol{v}=\nabla_{\mathrm{r}}\cdot\int f_{\mathrm{s}}\boldsymbol{u}_{\mathrm{s}}\boldsymbol{u}_{\mathrm{s}}\mathrm{d}\boldsymbol{v}+\nabla_{\mathrm{r}}\cdot\int f_{\mathrm{s}}\boldsymbol{w}\boldsymbol{w}\mathrm{d}\boldsymbol{v}+2\nabla_{\mathrm{r}}\cdot\int f_{\mathrm{s}}\boldsymbol{u}_{\mathrm{s}}\boldsymbol{w}\mathrm{d}\boldsymbol{v} \tag{13.3.51}$$

利用式(13.3.5)等离子体压强张量的定义，上式可化简为

$$\int \boldsymbol{v}\left(\boldsymbol{v}\cdot\nabla_{\mathrm{r}} f_{\mathrm{s}}\right)\mathrm{d}\boldsymbol{v}=\nabla_{\mathrm{r}}\cdot n_{\mathrm{s}}\boldsymbol{u}_{\mathrm{s}}\boldsymbol{u}_{\mathrm{s}}+\frac{1}{m_{\mathrm{s}}}\nabla_{\mathrm{r}}\cdot\boldsymbol{P}_{\mathrm{s}} \tag{13.3.52}$$

使用类似的方法也可将式(13.3.47)中的第三项与第四项化简为

$$\int \boldsymbol{v}\left[\frac{q_{\mathrm{s}}}{m_{\mathrm{s}}}(\boldsymbol{E}+\boldsymbol{v}\times\boldsymbol{B})\cdot\nabla_{\mathrm{v}} f_{\mathrm{s}}\right]\mathrm{d}\boldsymbol{v}=-\frac{q_{\mathrm{s}}}{m_{\mathrm{s}}}n_{\mathrm{s}}\left(\boldsymbol{E}+\boldsymbol{u}_{\mathrm{s}}\times\boldsymbol{B}\right) \tag{13.3.53}$$

因此，弗拉索夫方程的一阶矩可写为

$$\frac{\partial\left(n_{\mathrm{s}}\boldsymbol{u}_{\mathrm{s}}\right)}{\partial t}+\nabla\cdot n_{\mathrm{s}}\boldsymbol{u}_{\mathrm{s}}\boldsymbol{u}_{\mathrm{s}}+\frac{1}{m_{\mathrm{s}}}\nabla\cdot\boldsymbol{P}_{\mathrm{s}}-\frac{q_{\mathrm{s}}}{m_{\mathrm{s}}}n_{\mathrm{s}}\left(\boldsymbol{E}+\boldsymbol{u}_{\mathrm{s}}\times\boldsymbol{B}\right)=0 \tag{13.3.54}$$

这一方程也称为等离子体 s 成分的运动方程。将式中前两项分别展开，化简可得

$$n_{\mathrm{s}}\frac{\partial\boldsymbol{u}_{\mathrm{s}}}{\partial t}+n_{\mathrm{s}}\boldsymbol{u}_{\mathrm{s}}\cdot\nabla\boldsymbol{u}_{\mathrm{s}}+\frac{1}{m_{\mathrm{s}}}\nabla\cdot\boldsymbol{P}_{\mathrm{s}}-\frac{q_{\mathrm{s}}}{m_{\mathrm{s}}}n_{\mathrm{s}}\left(\boldsymbol{E}+\boldsymbol{u}_{\mathrm{s}}\times\boldsymbol{B}\right)=0 \tag{13.3.55}$$

该方程将流体的速度与力联系在一起，但与单粒子轨道理论不同的是，除电磁力以外，等离子体压强也可对流体元的运动造成影响。这一运动方程也可视为流体力学中纳维-斯托克斯方程在等离子体中的拓展，即增加了电磁力的效应。

然而，(13.3.55)与(13.3.46)两式仍不足以描述流体状态的演化。这是因为在式(13.3.55)中出现了一个新的物理量，即压强张量。为了描述压强张量的变化，可将弗拉索夫方程求二阶矩，从而获得等离子体热流方程。然而，在热流方程中又将出现一个新的物理量，即热流通量。事实上，对弗拉索夫方程求 n 阶矩时，方程中总会出现粒子分布函数的 $n+1$ 阶矩。也就是说，基于对弗拉索夫方程求矩所获得的方程组永远不能闭合。通常，人们在获得等离子体运动方程后就不再继续求矩，而是使用热力学状态方程来实现方程组的封闭。

综上所述，通过对弗拉索夫方程求矩，人们可以获得等离子体中各粒子成分的连续性方程和运动方程。这些方程构成了等离子体多流体理论的核心。尽管在这一求矩过程中，等离子体粒子分布函数的信息已被丢弃，但由于这些矩方程与流体力学方程极为接近，人们可较为直观地理解等离子体中发生的众多物理过程。因此，这一简化的处理方法也获得了极为广泛的应用。事实上，等离子体多流体理论及其衍生的单流体理论共同构建了等离子体物理中极为重要的第三种描述方法——磁流体力学。在 13.4 节中，将进一步介绍磁流体力学的基本概念和应用。

13.4　磁流体力学简介

正如此前所描述的，磁流体力学描述忽略了等离子体中单个粒子的行为，而只关注流体元的运动。尽管这一描述与传统的流体力学极为接近，但二者之间仍存在着极为明确的区别。在传统流体力学中，流体元中的粒子之所以可以一起运动，是因为它们之间的碰撞足够频繁。在等离子体中，碰撞频率通常很低，因此，流体描述的有效性更多地依赖于磁场对粒子的约束以及等离子体波与粒子之间的相互作用。正因为如此，磁流体力学描述一般不适用于较小空间尺度(如小于粒子回旋半径的空间结构)与时间尺度(如变化快于粒子回旋频率的物理过程)的等离子体问题。

13.4.1　等离子体多流体理论

在 13.3.5 节中，我们通过对弗拉索夫方程求矩获得了等离子体多流体理论中的连续性方程(13.3.46)与运动方程(13.3.55)。为了让方程组闭合，人们通常使用等离子体的状态方程对等离子体压强进行描述。可以想象，等离子体状态方程的形式很大程度上取决于粒子分布是否是各向同性的：当粒子分布各向同性时，等离子体压强 $\boldsymbol{P}_{\mathrm{s}}$ 可改写为标量进行处理，即

$$\boldsymbol{P}_{\mathrm{s}} = p_{\mathrm{s}}\boldsymbol{I} = \begin{pmatrix} p_{\mathrm{s}} & 0 & 0 \\ 0 & p_{\mathrm{s}} & 0 \\ 0 & 0 & p_{\mathrm{s}} \end{pmatrix} \tag{13.4.1}$$

其中，$\boldsymbol{I}$ 为单位张量。此时，压强张量的散度可写为压强标量梯度的形式，即 $\nabla\cdot\boldsymbol{P}_{\mathrm{s}} = \nabla p_{\mathrm{s}}$。这时我们只需要一个等离子体状态方程即可使方程组封闭。该方程通常可写为

$$p_{\mathrm{s}} n_{\mathrm{s}}^{-\gamma} = 常数 \tag{13.4.2}$$

其中，γ 为多方系数。这一系数的大小取决于具体情况，也与等离子体中的不同流体成分(如电子和正离子)有关。

当考虑时间变化足够慢的过程时，由于等离子体有足够的时间重新分配能量，人们常常可以假设温度维持不变。在这种等温过程中，由 $p_{\mathrm{s}} = n_{\mathrm{s}} k_{\mathrm{B}} T_{\mathrm{s}}$ 可知 n_{s} 与 p_{s} 成正比，因此多方系数 γ 取值为 1。另一种常见的情况称为绝热过程。在这一过程中，系统的快速演化使得热流传输可忽略。此时，通过对热流方程的简化，发现多方系数 γ 等于热容比 $C_{\mathrm{p}} / C_{\mathrm{v}} = (d+2)/d$ (其中 d 为粒子的自由度，因此在三维系统中 γ 取 $5/3$)。多方系数还

可能为其他数值。例如，当压强或密度维持恒定时，γ 分别取 0 或∞。需要指出的是，状态方程(13.4.2)在多流体理论中可视为热流方程的替代方程，因此，当人们需要讨论能量输运问题时，往往仍需回到热流方程进行分析。

下面简要讨论粒子分布呈现各向异性时的情况。在等离子体中，一种常见的各向异性与磁场相关：在平行磁场与垂直磁场方向，等离子体可以有不同的压强和温度[其对应的分布函数可参见图 13.3.1(a)]。此时压强张量 $\boldsymbol{P}_{\mathrm{s}}$ 可写为

$$\boldsymbol{P}_{\mathrm{s}}=\begin{pmatrix} p_{\mathrm{s}\perp} & 0 & 0 \\ 0 & p_{\mathrm{s}\perp} & 0 \\ 0 & 0 & p_{\mathrm{s}\parallel} \end{pmatrix} \tag{13.4.3}$$

其中，$p_{\mathrm{s}\perp}$ 与 $p_{\mathrm{s}\parallel}$ 可以各自满足不同的状态方程。例如，在绝热过程中，由于热容比取决于粒子的自由度 d：$\gamma=C_p/C_v=(d+2)/d$，因此 γ 在有两个自由度的垂直方向上取值为 2，而在只有一个自由度的平行方向上取值为 3。

当 $\boldsymbol{P}_{\mathrm{s}}$ 的非对角项不为 0 时，情况则更加复杂。在传统流体力学中，压强张量 $\boldsymbol{P}_{\mathrm{s}}$ 的非对角项一般代表由碰撞所导致的流体黏滞性。对于无碰撞等离子体而言，这种黏滞性来自粒子环绕磁场的回旋运动，从而使粒子进入了等离子体的不同区域。

综上所述，在多流体理论中，重要的方程包括流体连续性方程(13.3.46)、运动方程(13.3.55)以及等离子体状态方程(13.4.2)。如果考虑由电子和正离子(如质子)两种流体成分所构成的等离子体，且假定粒子分布均呈各向同性，则方程组中含 4 个未知标量(n_{e}、n_{i}、p_{e} 和 p_{i})和 4 个未知矢量($\boldsymbol{u}_{\mathrm{e}}$、$\boldsymbol{u}_{\mathrm{i}}$、$\boldsymbol{E}$ 和 $\boldsymbol{B}$)。也就是说，求解需要 16 个标量方程，而式(13.3.46)、式(13.3.55)和式(13.4.2)仅能提供 10 个标量方程。剩余的 6 个标量方程来自麦克斯韦方程组(尤其是法拉第定律与安培定律，因为电场与磁场的散度方程通常是冗余的)。

13.4.2　多流体理论所描述的波动

利用多流体理论，人们可以对各种等离子体波动的性质进行研究。我们注意到，多流体理论中的 16 个标量方程是耦合在一起的。尽管如此，在处理特定种类的波动时，人们还可通过适当的假设减少方程的数量。下面，我们将以非磁化冷等离子体中的高频电磁波为例，讨论在多流体框架内如何推导出波动的色散方程。

首先，由法拉第定律与安培定律：

$$\nabla\times\boldsymbol{B}=\mu_0\boldsymbol{J}+\mu_0\varepsilon_0\partial\boldsymbol{E}/\partial t \tag{13.4.4}$$

$$\nabla\times\boldsymbol{E}=-\partial\boldsymbol{B}/\partial t \tag{13.4.5}$$

与真空中的电磁波相比，式(13.4.4)中多了一项等离子体电流的贡献。对于高频电磁波而言，可假设离子来不及响应而保持静止，电流完全由电子流体携带：$\boldsymbol{J}=n_{\mathrm{e}}q_{\mathrm{e}}\boldsymbol{u}_{\mathrm{e}}$。因此，我们还需讨论电子流体的运动方程(13.3.55)：

$$n_{\mathrm{e}}\frac{\partial\boldsymbol{u}_{\mathrm{e}}}{\partial t}+n_{\mathrm{e}}\boldsymbol{u}_{\mathrm{e}}\cdot\nabla\boldsymbol{u}_{\mathrm{e}}-\frac{q_{\mathrm{e}}}{m_{\mathrm{e}}}n_{\mathrm{e}}\boldsymbol{E}=0 \tag{13.4.6}$$

因为我们仅考虑非磁化冷等离子体的情况，上式中压强与磁场项均已被忽略。在这一简

化条件下，以上方程组已闭合，因此我们可仿照此前的处理方法(见 13.3.4 节)，首先对这些方程做线性化处理：

$$\nabla \times \boldsymbol{B}_1 = \mu_0 n_{e0} q_e \boldsymbol{u}_{e1} + \mu_0 \varepsilon_0 \partial \boldsymbol{E}_1 / \partial t \tag{13.4.7}$$

$$\nabla \times \boldsymbol{E}_1 = -\partial \boldsymbol{B}_1 / \partial t \tag{13.4.8}$$

$$\frac{\partial \boldsymbol{u}_{e1}}{\partial t} - \frac{q_e}{m_e} \boldsymbol{E}_1 = 0 \tag{13.4.9}$$

在以上推导中，我们假设在背景等离子体中，电子流速 $\boldsymbol{u}_{e0}$、磁场 $\boldsymbol{B}_0$ 与电场 $\boldsymbol{E}_0$ 均为 0。随后假设扰动为平面波形式，从而将 $\partial / \partial t$ 替换为 $-\mathrm{i}\omega$，将 ∇ 替换为 $\mathrm{i}\boldsymbol{k}$：

$$\mathrm{i}\boldsymbol{k} \times \boldsymbol{B}_1 = \mu_0 n_{e0} q_e \boldsymbol{u}_{e1} - \mathrm{i}\mu_0 \varepsilon_0 \omega \boldsymbol{E}_1 \tag{13.4.10}$$

$$\boldsymbol{k} \times \boldsymbol{E}_1 = \omega \boldsymbol{B}_1 \tag{13.4.11}$$

$$-\mathrm{i}\omega m_e \boldsymbol{u}_{e1} = q_e \boldsymbol{E}_1 \tag{13.4.12}$$

将以上三式合并可得

$$\mu_0 \frac{n_{e0} q_e^2}{m_e} \boldsymbol{E}_1 - \mu_0 \varepsilon_0 \omega^2 \boldsymbol{E}_1 = \boldsymbol{k} \times (\boldsymbol{k} \times \boldsymbol{E}_1) = (\boldsymbol{k} \cdot \boldsymbol{E}_1)\boldsymbol{k} - k^2 \boldsymbol{E}_1 \tag{13.4.13}$$

显然，要使上式成立，$\boldsymbol{k}$ 与 $\boldsymbol{E}_1$ 必须互相垂直。将 $\boldsymbol{E}_1$ 消去，即可得到非磁化冷等离子体中的电磁波色散关系：

$$\omega^2 = \omega_{pe}^2 + c^2 k^2 \tag{13.4.14}$$

其中，$c = \left(\dfrac{1}{\varepsilon_0 \mu_0}\right)^{1/2}$ 为真空中的光速；$\omega_{pe} = \left(\dfrac{n q_e^2}{m \varepsilon_0}\right)^{1/2}$ 为等离子体频率[见式(13.1.6)]。从色散关系可以看出，低于等离子体频率的电磁波将无法在冷等离子体中传播。人们还可计算得出电磁波在等离子体中传播的相速度：

$$v_p = \frac{\omega}{k} = \left(c^2 + \frac{\omega_{pe}^2}{k^2}\right)^{1/2} \tag{13.4.15}$$

有趣的是，这一速度始终大于真空中的光速，也就是说，等离子体的折射率小于 1。需要指出的是，由于信息与能量的传播速度并非相速度，这一结果并不影响因果律。事实上，等离子体中电磁波传播的群速度为

$$v_g = \frac{d\omega}{dk} = \frac{c^2}{v_p} \tag{13.4.16}$$

其大小明显低于真空中的光速。

另一种等离子体中重要的波动是 13.3.4 节中介绍过的朗缪尔波。在多流体框架内，人们依然可以推导出朗缪尔波的色散方程，尽管由于粒子分布函数并不在多流体理论中出现，朗道阻尼的信息不可能从中得出。下面我们将对此进行简要推导。

正如此前所描述的，在讨论朗缪尔波的激发与传播时，可假定磁场为 0，且离子保持不动。因此，我们只需关注电子流体的相关方程，即

$$\frac{\partial n_e}{\partial t} + \nabla \cdot (n_e \boldsymbol{u}_e) = 0 \tag{13.4.17}$$

$$n_e \frac{\partial \boldsymbol{u}_e}{\partial t} + n_e \boldsymbol{u}_e \cdot \nabla \boldsymbol{u}_e + \frac{1}{m_e} \nabla p_e - \frac{q_e}{m_e} n_e \boldsymbol{E} = 0 \tag{13.4.18}$$

$$p_e n_e^{-\gamma} = \text{常数} \tag{13.4.19}$$

其中假设了电子分布呈各向同性(电子压强可表现为标量的形式)。由于朗缪尔波是一种静电波，其磁场扰动为 0，因此在麦克斯韦方程组中，仅需考虑高斯定律及法拉第定律：

$$\nabla \cdot \boldsymbol{E} = \rho_c / \varepsilon_0 \tag{13.4.20}$$

$$\nabla \times \boldsymbol{E} = 0 \tag{13.4.21}$$

仿照此前的处理方法，对这些方程做线性化处理并假设扰动为平面波形式，可得

$$-\omega n_{e1} + n_{e0} \boldsymbol{k} \cdot \boldsymbol{u}_{e1} = 0 \tag{13.4.22}$$

$$\mathrm{i} m_e n_{e0} \omega \boldsymbol{u}_{e1} = \mathrm{i} \boldsymbol{k} p_{e1} + e n_{e0} \boldsymbol{E}_1 \tag{13.4.23}$$

$$p_{e1} / p_{e0} = \gamma n_{e1} / n_{e0} \tag{13.4.24}$$

$$\mathrm{i} \boldsymbol{k} \cdot \boldsymbol{E}_1 = q_e n_{e1} / \varepsilon_0 \tag{13.4.25}$$

$$\mathrm{i} \boldsymbol{k} \times \boldsymbol{E}_1 = 0 \tag{13.4.26}$$

由式(13.4.26)及式(13.4.23)可知，矢量 $\boldsymbol{E}_1$、$\boldsymbol{k}$ 及 $\boldsymbol{u}_{e1}$ 均沿同一方向。因此，朗缪尔波的传播可被视为一维问题，而这三个矢量均可作为标量处理。由于这一绝热过程中只存在一个自由度，多方系数 γ 应取 3。将式(13.4.22)、式(13.4.24)及式(13.4.25)三式代入式(13.4.23)，可得

$$m_e \omega^2 n_{e1} = 3 k_B T_e k^2 n_{e1} + n_{e0} e^2 n_{e1} / \varepsilon_0 \tag{13.4.27}$$

在左右两侧消去 n_{e1}，并利用等离子体振荡频率 ω_{pe} 的定义，可得

$$\omega^2 = \omega_{pe}^2 + \frac{3 k_B T_e}{m_e} k^2 \tag{13.4.28}$$

可以发现，利用多流体理论所推导出的朗缪尔波色散关系与此前利用弗拉索夫方程推导的结果式(13.3.40)相当接近。

在以上对高频电磁波和朗缪尔波进行推导的过程中，仅考虑了电子流体的行为。这是因为高频电磁波与朗缪尔波的周期均小于离子的典型响应时间。在考虑等离子体中频率较低的波动时，离子保持静止的假设将不再成立，人们也需在多流体理论框架内同时考虑离子与电子流体的行为。等离子体中一种典型的低频静电波动为离子声波，其色散关系正是通过对电子和离子流体的连续性方程、运动方程、状态方程以及高斯定律和法拉第定律求解得出的。受篇幅所限，本节不再对其进行详细推导，仅将其色散关系列出：

$$\omega^2 = k^2 \left[\frac{\gamma_e k_B T_e}{m_i \left(1 + \gamma_e k^2 \lambda_D^2\right)} + \frac{\gamma_i k_B T_i}{m_i} \right] \tag{13.4.29}$$

可以看出，多方系数的取值与粒子成分有关。这是因为在离子声波中，对于电子流体而言是缓变过程，因此可使用等温条件，取 $\gamma = 1$；对于离子流体而言，这一过程为一维绝

热过程，因此取$\gamma = 3$。

在以上推导过程中，还忽略了背景磁场的影响。背景磁场不仅改变了流体的运动方程(13.3.55)，还在等离子体中提供了特征方向。因此在这一情况下，人们往往需要讨论平行及垂直磁场传播的各种波动。尽管如此，这些波动的色散方程仍可通过线性化及平面波假设求得。详细推导可参见 Chen(1974)及 Gurnett 和 Bhattacharjee(2017)。

13.4.3　等离子体单流体理论

在多流体理论中，电子和离子流体的行为是分开进行讨论的。若将这些流体的运动进行叠加，从而将等离子体视为一种导电流体，则可推导出等离子体单流体理论。在这一理论框架内，不同种类流体运动速度的不同将体现在等离子体电流的强弱上。因此，在单流体理论中，人们最为关注的物理量包括：等离子体质量密度ρ、流体速度$\boldsymbol{u}$、压强$\boldsymbol{P}$以及电流$\boldsymbol{J}$。它们的定义分别如下：

$$\rho = n_{\mathrm{i}} m_{\mathrm{i}} + n_{\mathrm{e}} m_{\mathrm{e}} = n\left(m_{\mathrm{i}} + m_{\mathrm{e}}\right) \tag{13.4.30}$$

$$\boldsymbol{u} = \frac{n_{\mathrm{i}} m_{\mathrm{i}} \boldsymbol{u}_{\mathrm{i}} + n_{\mathrm{e}} m_{\mathrm{e}} \boldsymbol{u}_{\mathrm{e}}}{n_{\mathrm{i}} m_{\mathrm{i}} + n_{\mathrm{e}} m_{\mathrm{e}}} = \frac{m_{\mathrm{i}} \boldsymbol{u}_{\mathrm{i}} + m_{\mathrm{e}} \boldsymbol{u}_{\mathrm{e}}}{m_{\mathrm{i}} + m_{\mathrm{e}}} \tag{13.4.31}$$

$$\boldsymbol{P} = \boldsymbol{P}_{\mathrm{i}} + \boldsymbol{P}_{\mathrm{e}} \tag{13.4.32}$$

$$\boldsymbol{J} = n_{\mathrm{i}} q_{\mathrm{i}} \boldsymbol{u}_{\mathrm{i}} + n_{\mathrm{e}} q_{\mathrm{e}} \boldsymbol{u}_{\mathrm{e}} = n q_{\mathrm{i}} \left(\boldsymbol{u}_{\mathrm{i}} - \boldsymbol{u}_{\mathrm{e}}\right) \tag{13.4.33}$$

其中假设了等离子体由电子和一价正离子(如质子)组成，且根据等离子体的准中性条件，我们有：$n_{\mathrm{i}} = n_{\mathrm{e}} = n$。

为了获得单流体的连续性方程，可在多流体连续性方程(13.3.46)中，将电子与离子成分所对应的方程分别乘上m_{e}与m_{i}，并将二者相加可得

$$\frac{\partial \rho}{\partial t} + \nabla \cdot \left(\rho \boldsymbol{u}\right) = 0 \tag{13.4.34}$$

类似地，在多流体运动方程(13.3.55)中，将电子与离子成分所对应的方程分别乘上m_{e}与m_{i}并相加，即可获得单流体的运动方程：

$$\rho \frac{\mathrm{d}\boldsymbol{u}}{\mathrm{d}t} + \nabla \cdot \boldsymbol{P} - \boldsymbol{J} \times \boldsymbol{B} = 0 \tag{13.4.35}$$

在这一方程中，我们可对洛伦兹力$\boldsymbol{J} \times \boldsymbol{B}$做进一步分析：

$$\boldsymbol{J} \times \boldsymbol{B} = -\frac{1}{\mu_0} \boldsymbol{B} \times \left(\nabla \times \boldsymbol{B}\right) = -\nabla\left(\frac{B^2}{2\mu_0}\right) + \frac{\left(\boldsymbol{B} \cdot \nabla\right)\boldsymbol{B}}{\mu_0} \tag{13.4.36}$$

上式右侧第一项为磁压梯度力，其中磁压为标量，其定义为

$$p_{\mathrm{B}} = \frac{B^2}{2\mu_0} \tag{13.4.37}$$

可以想象，磁压与等离子体热压的相对大小决定了等离子体行为是否由磁场主导。在式(13.4.36)中，右侧第二项则抵消了平行磁场方向上的磁压梯度(或者说，磁压仅在垂直磁场方向上起作用)，同时还提供了磁张力。这一磁张力的效果倾向于将磁力线拉直。

将电子与离子成分对应的运动方程相减，则可得到广义欧姆定律：

$$\boldsymbol{E}=-\boldsymbol{u}\times\boldsymbol{B}+\frac{1}{q_{\mathrm{i}}n}\boldsymbol{J}\times\boldsymbol{B}-\frac{1}{q_{\mathrm{i}}n}\nabla p_{\mathrm{e}}+\frac{m_{\mathrm{e}}}{nq_{\mathrm{i}}^{2}}\left[\frac{\partial\boldsymbol{J}}{\partial t}+\nabla\cdot\left(\boldsymbol{J}\boldsymbol{u}+\boldsymbol{u}\boldsymbol{J}\right)\right]\tag{13.4.38}$$

其中右侧各项分别为对流项、霍尔项、电子压强梯度项和电子惯性项。在讨论广义欧姆定律时，还时常需要考虑碰撞造成的后果，从而在上式右侧增加一项，变为

$$\boldsymbol{E}=-\boldsymbol{u}\times\boldsymbol{B}+\eta\boldsymbol{J}+\frac{1}{q_{\mathrm{i}}n}\boldsymbol{J}\times\boldsymbol{B}-\frac{1}{q_{\mathrm{i}}n}\nabla p_{\mathrm{e}}+\frac{m_{\mathrm{e}}}{nq_{\mathrm{i}}^{2}}\left[\frac{\partial\boldsymbol{J}}{\partial t}+\nabla\cdot\left(\boldsymbol{J}\boldsymbol{u}+\boldsymbol{u}\boldsymbol{J}\right)\right]\tag{13.4.39}$$

其中，$\eta\boldsymbol{J}$ 为电阻项。在大多数情况下，对流项远大于右侧其他各项，此时流体元与磁力线一起振荡。人们常常将磁力线视为张力作用下的有质量加载弦。若其他项不可忽略，则流体元不再与磁力线冻结。

单流体理论在等离子体物理中应用极广。在本书的其他章节中，我们已介绍了磁流体的对流，磁流体力学波、间断面和激波等概念。这些单流体理论的应用在本节中不再赘述。

参考文献

Artemyev A V, Neishtadt A I, and Zelenyi L M. 2013a. Ion motion in the current sheet with sheared magnetic field—Part 1: Quasi-adiabatic theory, Nonlin. Processes Geophys, 20: 163-178.

Artemyev A V, Neishtadt A I, and Zelenyi L M. 2013b. Ion motion in the current sheet with sheared magnetic field—Part 2: non-adiabatic effects, Nonlin. Processes Geophys, 20: 899-919.

Baumjohann W, Treumann R A. 1997. Basic space plasma physics. London, UK: Imperial College Press,

Buechner J, Zelenyi L M. 1989. Regular and chaotic charged particle motion in magnetotaillike field reversals: 1. Basic theory of trapped motion. J Geophys Res, 94(A9): 11821-11842.

Channell P J. 1976. Exact Vlasov-Maxwell equilibria with sheared magnetic fields. Phys Fluids, 19: 1541-1545.

Chen F F. 1974. Introduction to Plasma Physics. New York: Springer.

Dougherty J P. 1964. Model Fokker-Planck equation for a plasma and its solution. Phys Fluids, 7(11): 1788-1799.

Gurnett D A, Bhattacharjee A. 2017. Introduction to plasma physics with space, laboratory and astrophysical applications, 2nd edition. Cambridge: Cambridge University Press.

Harris E G. 1962. On a plasma sheath separating regions of oppositely directed magnetic field. Nuovo Cimento, 23(115): 115-121.

Landau L. 1946. On the vibration of the electronic plasma. Journal of Physics, 10(1): 25-34.

Lembége B, Pellat R. 1982. Stability of a thick two-dimensional quasineutral sheet. Phys Fluids, 25(1995): 1995-2004.

Northrop T G. 1963. Adiabatic charged-particle motion. Rev Geophys, 1(3): 283-304.

Roederer J G. 1970. Dynamics of geomagnetically trapped radiation. Berlin: Springer-Verlag.

Sagdeev R Z, Galeev A A. 1969. Nonlinear Plasma Theory. New York: Benjamin.

Schindler K, Birn J. 2002. Models of two-dimensional embedded thin current sheets from Vlasov theory. J Geophys Res, 107(A8): 1197.

Sitnov M I, Guzdar P N and Swisdak M. 2003. A model of the bifurcated current sheet. Geophys Res Lett, 30(13): 1712.

Sonnerup B U. 1971. Adiabatic particle orbits in a magnetic null sheet. J Geophys Res, 76(34): 8211-8222.

Speiser T W.1965. Particle trajectories in model current sheets: 1. Analytical solutions. J Geophys Res, 70(17): 4219-4226.

Vlasov A A. 1945. On the kinetic theory of an assembly of particles with collective interaction. J Phys USSR, 9(1): 25.

Yoon P H, Lui A T Y. 2004. Model of ion-or electron-dominated current sheet. J Geophys Res, 109: A11213.

Zhou X Z, Pu Z Y, Zong Q G, et al. 2007. Energy filter effect for solar wind particle entry to the plasma sheet via flank regions during southward interplanetary magnetic field. J Geophys Res, 112: A06233.

索　引